“十三五”普通高等教育本科系列教材

电源变换技术及应用

主编　沈锦飞
编写　吴　雷　卢闻州
主审　段善旭

中国电力出版社
CHINA ELECTRIC POWER PRESS

内 容 提 要

本书是“十三五”普通高等教育本科系列教材，是根据供电电源的特点和各种用电设备的要求，以电力电子技术为基础，综合现代电子技术、计算机技术、自动控制等技术，介绍了将供电电源变换成用电设备需要电源的技术与方法。主要内容包括：电源变换电路设计基础，高功率因数 AC-DC 变换电路，开关电源应用电路，调速系统变换电源，不间断电源 UPS 应用技术，负载谐振式逆变电源，无线电能传输与电源变换技术，新能源发电与电源变换技术。

本书适用于电气工程及其自动化专业、自动化专业和其他相关专业的本科生，也可供相近专业本科生选用或工程技术人员参考。

图书在版编目（CIP）数据

电源变换技术及应用/沈锦飞主编 . —北京：中国电力出版社，2020.1（2022.1 重印）
“十三五”普通高等教育本科规划教材
ISBN 978-7-5123-8527-6

Ⅰ.①电… Ⅱ.①沈… Ⅲ.①电源—变流技术—高等学校—教材 Ⅳ.①TM46

中国版本图书馆 CIP 数据核字（2020）第 023717 号

出版发行：中国电力出版社
地　　址：北京市东城区北京站西街 19 号（邮政编码 100005）
网　　址：http：//www.cepp.sgcc.com.cn
责任编辑：罗晓莉（010－63412547）
责任校对：黄　蓓　常燕昆
装帧设计：郝晓燕
责任印制：吴　迪

印　　刷：北京天宇星印刷厂
版　　次：2020 年 7 月第一版
印　　次：2022 年 1 月北京第二次印刷
开　　本：787 毫米×1092 毫米　16 开本
印　　张：19.25
字　　数：473 千字
定　　价：58.00 元

前言

电源变换技术及应用是电力电子的一门应用技术课程。电源变换的功能是实现电能变换和功率传递，将供电电源变换为用电设备需要的各种电源。电源变换技术是一种技术含量高、涉及知识范围宽、更新换代快的电力电子技术，已广泛应用于工业、能源、交通、运输、信息、航空、航天、国防、教育、文化等领域。

电源变换装置位于供电电源与用电设备或负载之间。供电电源一般为交流电源，主要由电网提供，其电压等级和交流频率是固定的。同时，用电设备或负载有直流和交流之分，有各种电压和频率要求。电源变换装置就是将供电电源变换成直流或交流、各种电压和各种频率，向用电设备或负载提供优质电能的变换装置。

电源变换装置是一种应用功率器件，包括半导体开关器件、功率电容器、磁性器件等。电源变换技术是综合电力电子技术、现代电子技术、计算机技术、自动控制技术等多学科的边缘交叉技术。随着科学技术的发展，电源变换技术又与现代控制理论、材料科学、电机工程、微电子技术等许多领域密切相关，近来人们又逐步将微处理器、物联网等新技术应用到电源变换中。电源变换技术已逐步发展成为一门多学科交叉的综合性技术。

目前许多高新技术与电网的电压、电流、频率、相位和波形等基本参数的变换与控制相关。电源变换技术能够实现对这些参数的精准控制和高效率处理，特别是能够实现大功率电能的电压与频率变换，从而为多项高新技术的发展提供有力的支持。电源变换技术及其产业的进一步发展必将为大幅度节约电能、降低材料消耗以及提高生产效率提供重要的技术支持。

电源变换技术的发展离不开新理论、新技术的指导，谐振变换、移相谐振、零开关PWM、零转换 PWM 等电路拓扑理论以及功率因数校正、有源箝位、并联均流、同步整流、高频磁放大器、高速编程、遥感遥控、计算机监控等新技术，指导了现代电源技术的发展。

电源变换技术的发展离不开新器件、新材料的支撑，绝缘栅双极型晶体管（IGBT）、功率场效应晶体管（MOSFET）、智能 IGBT 功率模块（IPM）、MOS 栅控晶闸管（MCT）、静电感应晶体管（SIT）、超快恢复二极管、无感电容器、无感电阻器、新型铁氧体、非晶和微晶软磁合金、纳米晶软磁合金等元器件及新型材料，装备了现代电源技术，促进了电源的升级换代。

电源变换技术的发展离不开控制的智能化，控制电路、驱动电路、保护电路采用集成组件，控制电路采用全数字化，控制手段采用微处理器和单片机组成的软件控制方式，这些均达到了较高的智能化程度，进一步提高了电源设备的可靠性。电力电子电路的模块化、集成化，单片电源和模块电源取代整机电源，功率集成技术简化了电源的结构。

电源变换技术及应用作为电力电子技术的后续课程，介绍电源变换技术的设计基础和应用电路。

本书是作者在多年电源变换技术教学的基础上，综合电源变换技术及应用的发展编写而成。

本书共8章。第1章为电源变换电路设计基础，介绍电源变换技术的常用电路及其参数计算；第2章为高功率因数AC-DC变换电路，包括谐波抑制与无功功率补偿，单相和三相功率因数校正电路，PWM高频整流电路；第3章为开关电源应用电路，介绍开关电源的结构，正激和反激式开关电源、半桥开关电源、全桥开关电源应用电路及大功率模块化开关电源；第4章为调速系统变换电源，介绍PWM脉宽调制直流调速变换电源，变频器的结构、主电路工作原理、控制电路组成与电路形式及变频器应用实例；第5章为不间断电源UPS应用技术，介绍UPS的类型、电路形式、在线式UPS、串并联调整在线式UPS；第6章为负载谐振式逆变电源，介绍串联谐振式逆变电源、并联谐振式逆变电源、串并联谐振式逆变电源及应用实例；第7章为无线电能传输与电源变换技术，介绍了电磁感应式和磁耦合谐振式无线电能的传输原理和应用实例；第8章为新能源发电与电源变换技术，介绍了太阳能光伏发电与电源变换技术、风力发电与电源变换技术、燃料电池发电与电源变换技术。

本书由江南大学沈锦飞主编，吴雷和卢闻州参加编写。绪论，第2章～第6章由沈锦飞编写，第1章和第8章由吴雷编写，第7章由卢闻州编写。

在本书完稿之际，对本书所附参考文献的作者和参加编写的研究生所做的工作表示衷心的感谢。

福州大学段善旭教授在审阅本书中提出了许多宝贵意见，编者在此表示衷心感谢。

限作者学识且时间仓促，书中若有疏漏之处，殷切希望广大读者批评指正。

编　者

2019年7月

于江南大学

目　　录

绪 论

在当今高速发展的信息时代，用电设备对电源变换技术提出了更多更高的要求，如节约能源、提高效率、减小体积、减轻质量、防止污染、改善环境、运行可靠、使用安全等。当前在电源变换技术及应用领域，占主导地位的有各种线性稳压电源、AC-DC开关电源、DC-DC开关电源、调速电源、电解电镀电源、高频逆变式焊接电源、中高频感应加热电源、电力操作电源、正弦波逆变电源、大功率高频高压直流稳压电源、绿色照明电源、化学电源、UPS不间断电源、可靠高效低污染的光伏逆变电源、风光互补型电源等，同时无线电能传输技术正推动电动汽车向无线充电电源方向发展。而与电源相关的技术有高频变换技术、功率转换技术、数字化控制技术、全谐振高频软开关变换技术、同步整流技术、高度智能化技术、电磁兼容技术、功率因数校正技术、保护技术、并联均流控制技术、脉宽调制技术、变频调速技术、智能监测技术、智能化充电技术、计算机控制技术、集成技术、网络技术、各种形式的驱动技术和先进的工艺技术等。

0.1 电源变换系统

供电电源和用电设备总体上分为交流和直流两大类。直流用电设备有高压和低压之分，有各种电压等级，还有电压可调的要求。交流用电设备除了电压等级、电压可调要求外，还有交流频率的要求，频率的范围从小于1Hz的低频到几十兆赫兹的高频，频率范围比较宽。供电电源主要有电网交流供电电源和蓄电池、太阳能光伏电池、燃料电池等直流供电电源，这些供电电源不能满足各种用电设备的要求。

电源变换系统包括供电电源、电源变换装置和用电设备，如图0-1所示。

供电电源 → 电源变换装置 → 用电设备

图0-1 电源变换系统

1. 供电电源

从发电厂生产的交流电源经变压器升压后，有交流和直流两种高压输电方式。交流输电方式是直接将升压后的交流电通过三相三线传输，终端通过变压器降压后供给用户；直流输电方式是将升压后的高压经过整流（AC-DC变换）变成直流电压，通过正负两线传输，终端再将直流逆变成交流电压（DC-AC变换），通过变压器降压后供给用户。直流输电的优点是节约输电成本，减小无功损耗。直流输电方式就是电源变换的实际应用之一。无论是交流输电还是直流输电，在用户终端都是交流电源。

蓄电池作为一种直流电源，其应用也越来越广泛，大到电动机车、电动汽车、电动自行车、用电设备的备用电源等，小到手机、数码相机等，都采用蓄电池作为供电电源。蓄电池需要充电，充电电源一般都采用电网交流电源，因此充电器将交流电通过整流（AC-DC变换）变换成直流电作为蓄电池的充电电源。无线电能传输技术近年发展较快，电动汽车无线充电技术也正在迅速发展，带动了以超级电容等为直流电源的短期储能技术的发展。

太阳能光伏电池作为一种新的直流电源近几年发展迅速，由于太阳光的强度受季节、天气、昼夜的影响很大，因此太阳能光伏电源不是一种稳定的直流电源，需要经过直流变换（DC-DC 变换）变成稳定的直流电源。

风能发电也是近几年发展迅速的一种新能源，由于风的强度受地域、季节、天气的影响很大，因此风能发电电源也不是一种稳定的电源，需要经过电源变换变成稳定的交流电源。

燃料电池目前已发展成为固定式的燃料电池和汽车专用的燃料电池。燃料电池的特点是变换效率高，对环境的污染几乎为零，体积小，可以在任何时候和地方方便地使用。燃料电池发出的是直流电，需要经过变换变成稳定的交流电源。

2. 用电设备

直流用电设备主要有直流电动机、直流弧焊机、电解电镀设备、半导体材料生产过程中的直流加热设备、蓄电池充电器和各种电子设备的稳压电源等。根据直流用电设备对电源的要求，电源主要分为两类：一类是电压可调型，如直流电动机调压调速、直流弧焊机要求调压范围大等；另一类是固定电压型，如电子设备用的各种电压等级的稳压电源，要求电压纹波小，稳定性好。

交流用电设备对电源的要求主要是频率和电压，有的要求调压，有的要求调频，有的要求固定的高频（50kHz 以上）、超音频（20～50kHz）、中频（20kHz 以下），还有单相和三相之分。高频电源主要用于金属工件的热处理和焊接等领域，超音频电源主要用于中型金属工件的热处理和焊接领域，中频电源主要用于中小型熔炼炉、大型金属工件的热处理和焊接等领域，三相变频电源主要用于交流电动机的变频调速，它要求电源的输出频率可调。大型熔炼炉等领域直接用工频电网交流电源。由于用电设备随负载的变化需要对输出功率进行调节，因此要求供电电源有功率调节的功能。

3. 电源变换装置

由于供电电源不能直接满足用电设备的要求，故必须有一个中间环节将供电电源转变成用电设备需要的电源，这个环节就是电源变换装置。交流供电的电源变换系统如图 0-2 所示。图 0-2（a）为交流—直流变换（AC-DC），这种变换系统要求直流用电设备的最高电压和交流供电电源的电压有效值接近。图 0-2（b）为交流—直流—交流—直流变换（AC-DC-AC-DC），在这种变换系统中，当直流用电设备的电压要求远小于交流供电电源的电压有效值时，可采用高频变压器降压，当直流用电设备的电压要求大于交流供电电源的电压有效值时，可采用高频变压器升压。图 0-2（c）为交流—直流—交流变换（AC-DC-AC），当交流用电设备需要变频或变压时，可采用交流—直流变换环节进行变压、直流一交流变换环节进行变频，也可以在直流—交流变换环节中同时实现变压和变频。如果交流用电设备的电压要求和交流供电电源的电压相差比较大，可以在直流一交流输出加变压器降压或升压，如图 0-2（d）所示。

直流供电的电源变换系统如图 0-3 所示。图 0-3（a）为直流—直流变换（DC-DC），这种变换系统要求直流用电设备的最高电压和直流供电电源的电压接近。图 0-3（b）为直流—交流—直流变换（DC-AC-DC），这种变换系统中，当直流用电设备的电压要求远小于直流供电电源的电压值时，可采用高频变压器降压，当直流用电设备的电压要求大于直流供电电

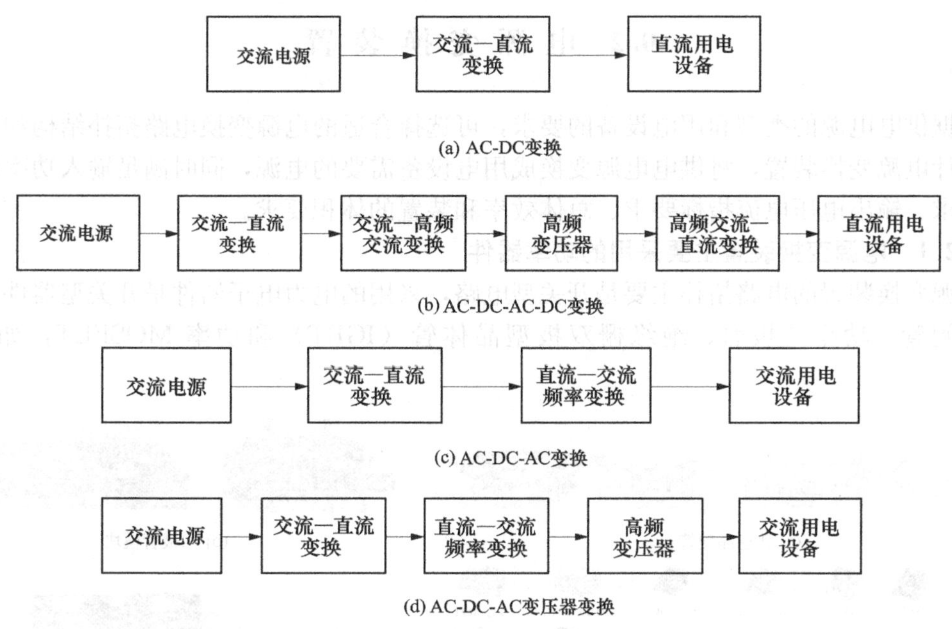

图 0-2 交流供电的电源变换系统

源的电压值时，可采用高频变压器升压。图 0-3（c）为直流—交流变换（DC-AC），当交流用电设备需要变频或变压时，可在直流—交流变换环节中同时实现变压和变频。如果交流用电设备的电压要求和直流供电电源的电压相差比较大，可以在直流—交流输出加变压器降压或升压，如图 0-3（d）所示。

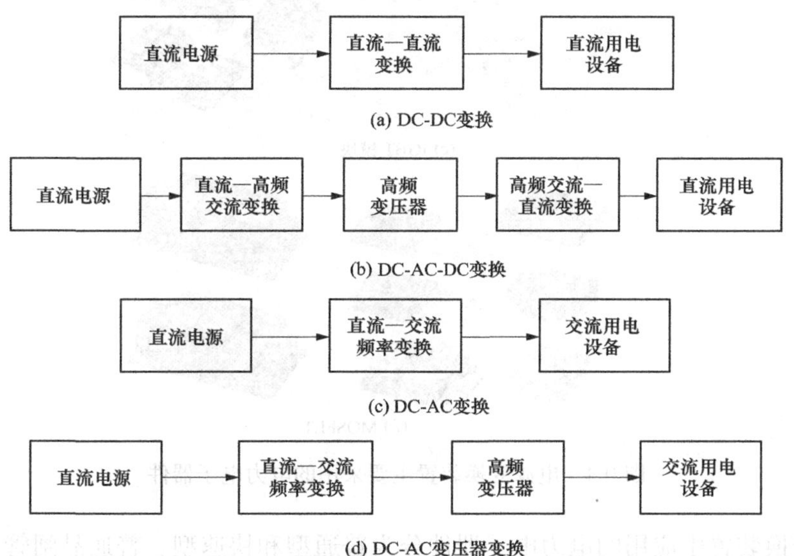

图 0-3 直流供电的电源变换系统

0.2 电源变换装置

根据供电电源的类型和用电设备的要求，可选择合适的电源变换电路拓扑结构和功率器件来设计电源变换装置，将供电电源变换成用电设备需要的电源，同时满足输入功率因数和谐波要求、输出电压电流指标要求、总体效率和装置的体积要求。

0.2.1 电源变换装置主要采用的功率器件

电源变换装置的电路拓扑主要是开关型电路，采用的电力电子器件是开关型器件，主要包括晶闸管、功率二极管、绝缘栅双极型晶体管（IGBT）和功率 MOSFET，如图 0-4 所示。

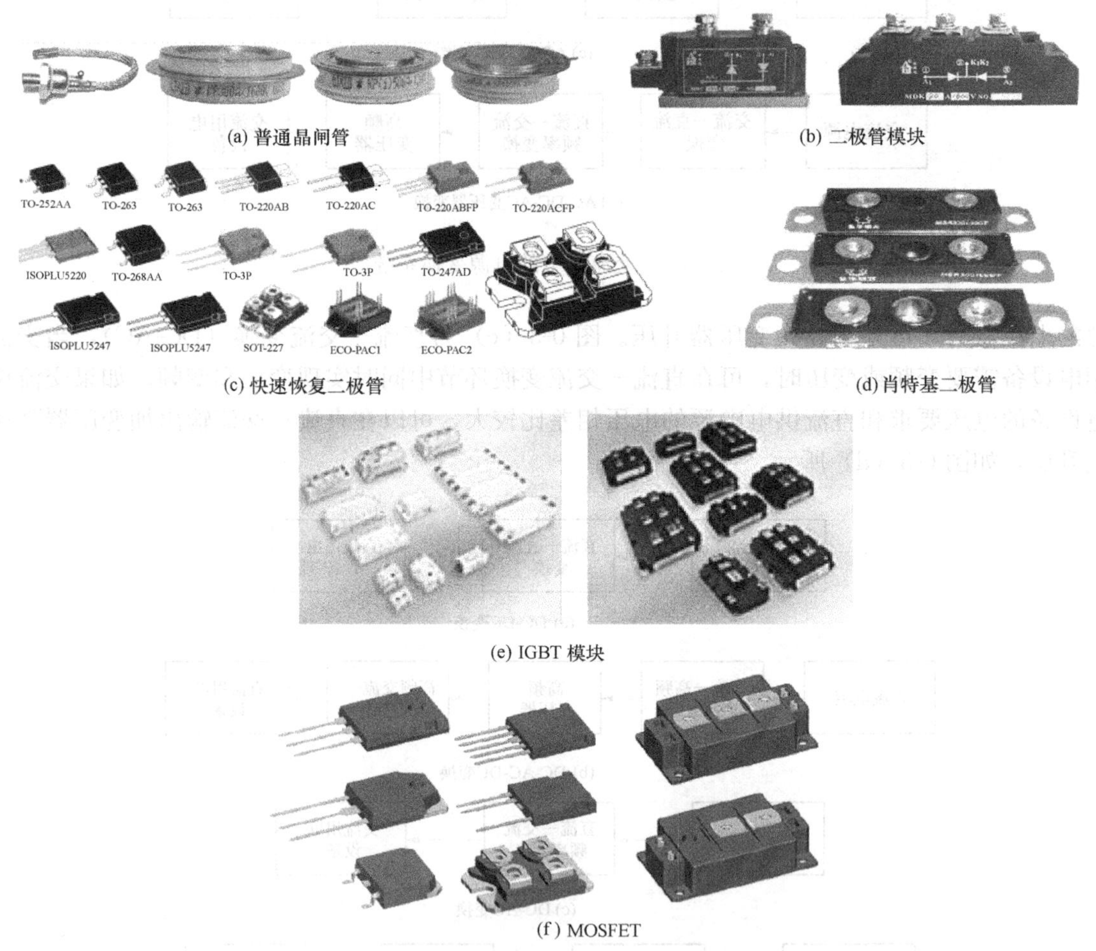

(a) 普通晶闸管　(b) 二极管模块

(c) 快速恢复二极管　(d) 肖特基二极管

(e) IGBT 模块

(f) MOSFET

图 0-4　电源变换装置主要采用的电力电子器件

在电源变换装置中应用的电力电子器件分为普通型和快速型。普通晶闸管、普通二极管一般用在工频 50Hz 的变换电路中，快速晶闸管目前可达到的开关频率为 8kHz 左右；快速恢复二极管和肖特基二极管开关频率可达到几百千赫兹到数兆赫兹。快速恢复二极管和肖特基二极管的主要区别是肖特基二极管的导通压降小，一般在 0.6V 左右，但耐压低，目前常用的肖特基二极管一般耐压在 200V 以下，快速恢复二极管导通压降在 1～1.2V，耐压在 1200V 左右。绝缘栅双极型晶体管 IGBT 耐压可达 6.5kV，电流可达 1.2kA，在选择 IGBT 时，除了增加电压和电流裕量，对 IGBT 的保护设计也极为重要。功率 MOSFET 是目前发展最快的功率器件之一，但耐压不高，目前较先进的技术水平下电压可达 1200V，电流可达 60A，频率可达 2MHz，导通电阻可达 0.1Ω 左右。

电源变换装置采用的功率电容器主要包括电解电容、薄膜电容等，如图 0-5 所示。电解电容主要用于直流电压滤波，在含有高频谐波的直流电压滤波电路中，还要并联高频薄膜滤波电容吸收高频谐波，避免电解电容吸收高频谐波引起发热而损坏。薄膜电容主要用在高频场合，主要有薄膜滤波电容、谐振电容、大电流电容和高频吸收电容等。

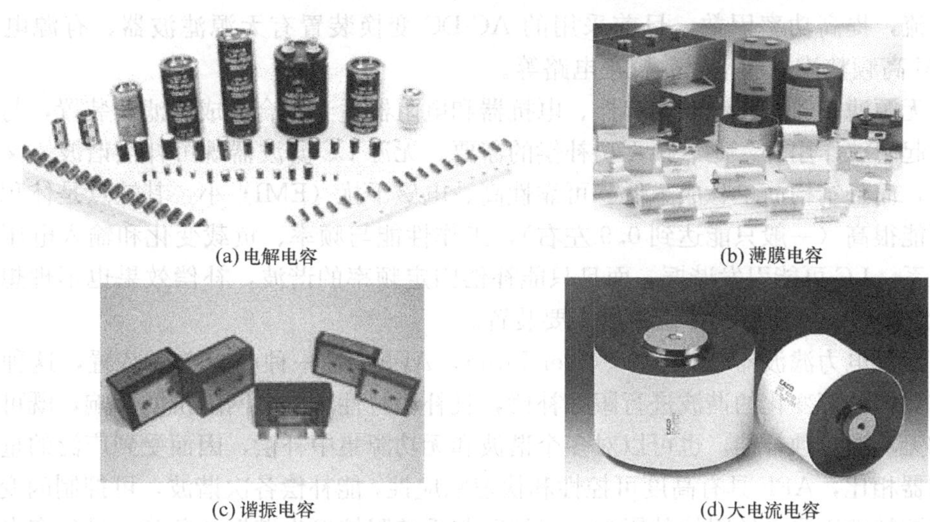

(a) 电解电容　(b) 薄膜电容

(c) 谐振电容　(d) 大电流电容

图 0-5　电源变换装置主要采用的电容器

电源变换装置采用的磁性元件主要有变压器和电感。磁性元件是电源中的功能元件，其体积、质量、功率损耗在整机中占相当比例，同时还是影响电源输出动态性能和输出纹波的一个重要因素。要提高电源变换装置的功率密度、效率和输出品质，在电源变换装置的设计中要综合考虑磁性元件的体积、质量及功率损耗的相关技术。其中高频变压器的频率为 20～500kHz，功率可做到数百千瓦，所用材料主要是非晶、微晶、超微晶、软磁铁氧体。当变压器工作频率大于 700kHz 时，变压器中的涡流损耗将急剧增加，约占总功率损耗的 80%。为减小其功率损耗，必须在软磁铁氧体材料中加纳米添加剂，从而出现了用纳米晶软磁合金和纳米晶磁材料制成的变压器。以上这些材料所制成的变压器有贴片式变压器、印制焊接式变压器、变压器模块、各种形式的分体式变压器、插入式变压器、PCB 平面变压器及多层线路板平面变压器。电子变压器未来发展的目标是轻量、高效、高密度化，电源变压器发展的目标是表面安装、高功率和高压化。采用磁集成技术，可将变换器中的两个或多个分立磁体绕制在一副磁芯中，在结构上集中一起。集中后的磁性元件称为集成磁件，通过一定的耦合方式及合理的参数设计，能有效地减小磁体的体积和损耗，在一定应用场合，还可以减小电源输出纹波，提高电源输出的动态性能。另外，磁集成技术能明显减小连接端，可有效减少大电流场合端子的损耗。

0.2.2 电源变换装置的结构

电源变换装置基本上是由交流—直流（AC-DC）变换环节、直流—直流（DC-DC）变换环节和直流—交流（DC-AC）变换环节单独或组合而成。

1. AC-DC 变换

AC-DC 变换通常称为整流，一般采用二极管整流和晶闸管可控整流，整流装置结构简单，得到了广泛的应用。

二极管整流和晶闸管可控整流技术有一个很大的缺点就是输入电流含有大量谐波，波形严重失真，降低了电网的功率因数。特别是晶闸管可控整流技术，会对电网造成严重的污染。提高 AC-DC 变换电路的功率因数，减小谐波干扰，是电源变换技术的发展方向。为限制谐波电流，提高功率因数，目前采用的 AC-DC 变换装置有无源滤波器、有源电力滤波器、PWM 高频整流、功率因数校正电路等。

（1）无源滤波器是由滤波电容器、电抗器和电阻器适当组合而成的滤波装置，与谐波源并联，除起滤波作用外，还兼顾无功补偿的需要。无源 LC 滤波器既可补偿谐波，又可补偿无功功率，而且结构简单、成本低、可靠性高、电磁干扰（EMI）小，其缺点是体积大，功率因数不能很高（一般只能达到 0.9 左右），工作性能与频率、负载变化和输入电压的变化有很大关系，LC 可能引发谐振，而且只能补偿固定频率的谐波，补偿效果也不理想，但无源 LC 滤波器还是目前谐波补偿的最主要装置。

（2）有源电力滤波器（Active Power Filter，APF）是一种电力电子装置，这种滤波器能对频率和幅值都变化的谐波进行跟踪补偿，且补偿特性不受电网阻抗的影响，既可以对一个谐波和无功源单独补偿，也可以对多个谐波和无功源集中补偿，因而受到广泛的重视。与无源滤波器相比，APF 具有高度可控性和快速响应性，能补偿各次谐波，可抑制闪变、补偿无功，滤波特性不受系统阻抗的影响，可消除与系统阻抗发生谐振的危险，且具有自适应功能，可自动跟踪补偿变化的谐波。

（3）PWM 整流电路是把逆变电路中的 SPWM 控制技术用于整流电路，通过适当控制，可以使交流输入端输入的交流电流非常接近正弦波，且和输入电压同相位，功率因数近似为 1。

（4）功率因数校正电路是在二极管整流电路和负载之间插入一个 Boost 变换电路，采用电流和电压反馈技术，使输入交流电流接近正弦波，并和交流输入电压同相，功率因数可提高到接近 1。

AC-DC 变换的另一种电路称为同步整流电路。在高频低压大电流整流电路中，快速恢复二极管或超快恢复二极管的压降达到 1～1.2V，即使是肖特基二极管，它的压降也有 0.6V，对于输出电压只有 5V 的开关电源，用快速恢复二极管损耗可达 20%～24%，用肖特基二极管损耗可达 12%。同步整流是采用通态电阻极低的专用功率 MOSFET 来取代整流二极管以降低整流损耗的一项新技术。功率 MOSFET 属于电压控制型器件，它在导通时的伏安特性呈线性关系。用功率 MOSFET 作整流器时，栅极电压必须与被整流电压的相位保持同步才能完成整流，故称之为同步整流。

同步整流适用于高频低压整流。单端自激、隔离式降压同步整流电路如图 0-6 所示。

VT1 及 VT2 为功率 MOSFET，在二次电压的正半周，VT1 导通，VT2 关断，VT1 起整流作用；在二次电压的负半周，VT1 关断，VT2 导通，VT2 起到续流作用。同步整流电路的功率损耗主要包括 VT1 及 VT2 的导通损耗及栅极驱动损耗。当开关频率低于 1MHz 时，导通损耗占主导地位；开关频率高于 1MHz 时，以栅极驱动损耗为主。

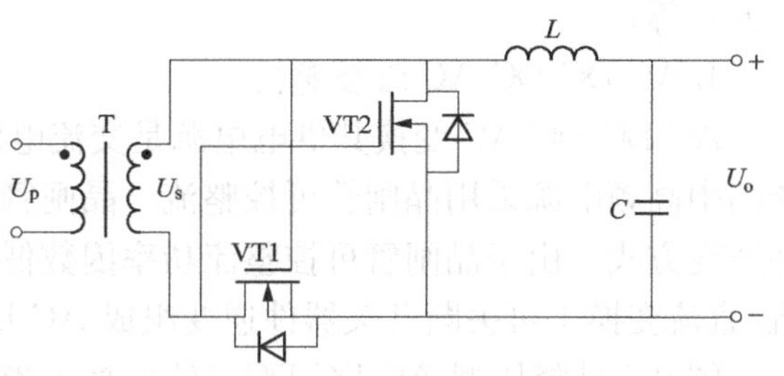

图 0-6 单端自激、隔离式降压同步整流电路

2. DC-DC 变换

DC-DC 变换通常称为直流斩波，它将一种固定的直流电压变换成可调的直流电压或另一种固定电压等级的直流电压。

Buck 变换器是一种降压型 DC-DC 变换电路，输出电压小于或等于输入电压，输入电流断续。Boost 变换器是一种升压型 DC-DC 变换电路，输出电压大于输入电压，输入电流连续。Buck-Boost 变换器是一种升降压型 DC-DC 变换电路，输出电压大于或小于输入电压，输出电压极性和输入电压极性相反，输入电流断续。Cúk 变换器是一种升降压型 DC-DC 变换电路，输出电压大于或小于输入电压，输出电压极性和输入电压极性相反，输入电流连续。Sepic 变换器是一种升降压型 DC-DC 变换电路，输出电压大于或小于输入电压，输出电压极性和输入电压极性相同，输入电流断续。Zeta 变换器是一种升降压型 DC-DC 变换电路，输出电压大于或小于输入电压，输出电压极性和输入电压极性相同，输入电流连续。

DC-DC 变换电路的供电电源一般是蓄电池，变换电路根据用电设备的要求可采用降压型或升压型变换电路。降压型可采用 Buck 直流斩波电路，升压型可采用 Boost 直流斩波电路，也可采用软开关 DC-DC 变换电路。由于电源变换都采用开关电路，在导通和关断时有电压和电流作用在开关器件上，造成了很大的开关损耗和高次谐波，特别是在高频情况下更为严重，所以将软开关技术应用到 DC-DC 变换电路中，也是近年来的主要研究领域。

3. DC-AC 变换

DC-AC 变换通常称为逆变，它将直流电源变换成频率可调或固定的交流电源。供电电源是固定电压的直流电源，用电设备是交流电。这种供电电源一般是蓄电池，用电设备是交流电。DC-AC 变换电路一般采用全桥逆变电路，正弦波脉宽调制（SPWM），输出加 LC 滤波电路，在负载上可得到正弦波电压。三相变频电源一般用于驱动三相交流电动机，频率变化范围从几赫兹到几百赫兹，高速交流变频电源有的达到几千赫兹。单相变频电源根据负载的类型决定频率的范围，有的固定在某一个很小的频率范围内。DC-AC 变换电路也是开关电路，为减小开关损耗及谐波干扰，也要研究软开关技术。DC-AC 变换电路有的采用负载谐振创造软开关条件，有的采用直流输入侧谐振创造软开关条件，有的在变换电路内部产生部分谐振创造软开关条件。将软开关技术应用到 DC-AC 变换电路中，也是近年来的主要研究领域。

电压型单相半桥逆变电路负载上的电压幅值为 U_d 的一半，负载上的功率为全桥逆变器的四分之一，开关管 VT1、VT2 上承受的电压为 U_d。电压型单相全桥逆变电路负载上的电压幅值为 U_d，负载上的功率为半桥逆变器的四倍，开关管 VT1～VT4 上承受的电压为 U_d，控制方式有 PWM 脉宽调制方式、双极性控制方式和移相控制方式等。电流型单相全桥逆变电路负载上的电流波形为方波，幅值为 I_d，开关管 VT1～VT4 上承受的电压为负载上的电压。负载上的电压和相位由负载阻抗情况决定。电压型三相桥式逆变电路负载上的相电压幅值为 U_d，开关管 VT1～VT6 上承受的电压为 U_d，控制方式有 PWM 脉宽调制方式、180°导电方式等。

4. AC-DC-DC-AC 组合变换

AC-DC-DC-AC 变换其供电电源是交流电源，用电设备是某一频率范围内的交流电。传统的中高频电源采用晶闸管可控整流＋晶闸管逆变电路，或晶闸管可控整流＋可关断开关器件逆变方式。由于晶闸管可控整流功率因数低次谐波大，目前很多电源采用二极管整流＋直流/直流变换＋可关断开关器件逆变组成 AC-DC-DC-AC 系统。

图 0-7 是降压型 AC-DC-DC-AC 变换电路，其中 AC-DC 变换采用常规的二极管整流，DC-DC 变换采用 Buck 降压型直流斩波电路，DC-AC 变换采用全桥逆变电路。图 0-8 所示为升压型 AC-DC-DC-AC 变换电路，其中 DC-DC 变换采用 Boost 升压型直流斩波电路。功率调节在直流斩波电路中实现，采用脉宽调制方式来调节逆变电路输入端的直流电压实现功率调节。电路的工作原理是：输入交流电压经二极管整流变换成直流电压，经 Buck 变换器或 Boost 变换器组成的直流斩波电路变换成降压式或升压式可调的直流电压，经桥式逆变器输出负载所需频率的交流电压。这种组合电路一般用于中高频电源，输出功率采用直流调压实现功率调节，负载上的电压频率通过调节逆变器的开关频率实现。

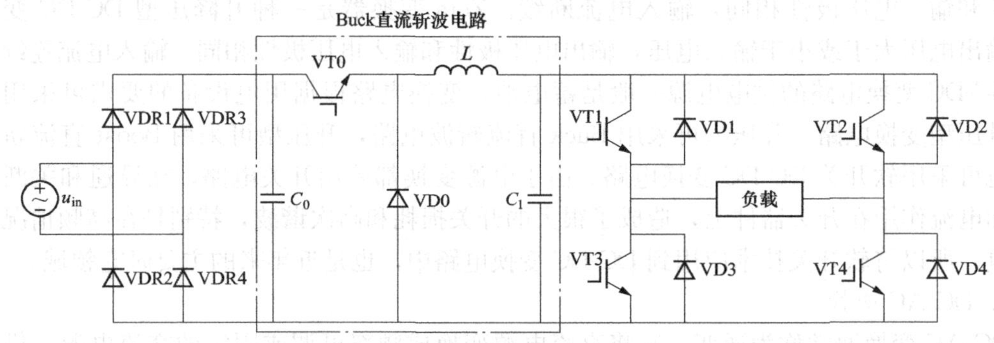

图 0-7　降压型 AC-DC-DC-AC 变换电路

降压型 AC-DC-DC-AC 变换一般用于负载要求低压大电流的场合，如小直径工件的高频淬火电源，在 1s 左右的瞬间要求输出几百安的电流。

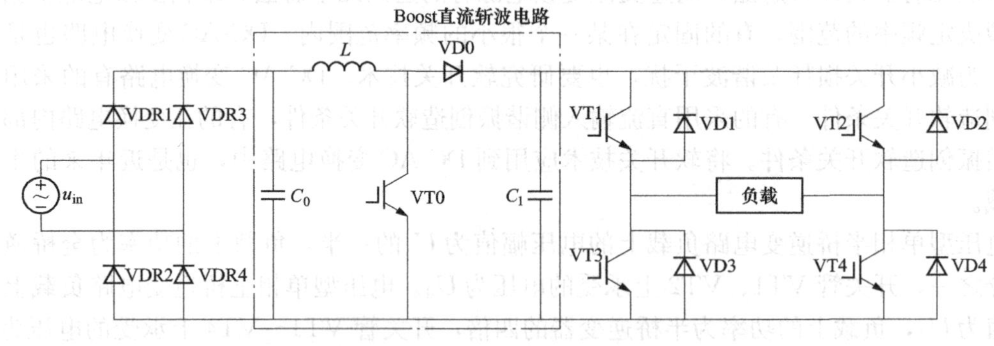

图 0-8　升压型 AC-DC-DC-AC 变换电路

升压型 AC-DC-DC-AC 变换一般用于负载要求高电压小电流的场合，如大直径工件的高频加热电源，要求电压高，电流小。

5. AC-DC-AC-DC 组合变换

AC-DC-AC-DC 变换其供电电源是交流电源，用电设备是直流电，一般采用二极管整流电路，直流需要调压的，一般采用晶闸管可控整流。由于晶闸管可控整流存在谐波干扰和功率因数低的问题，而且输入端变压器体积大，目前中小功率装置，特别是开关电源逐步被 AC-DC-DC 或 AC-DC-AC-DC 系统代替。AC-DC 系统还可以将二极管整流和 Boost 升压电路组成功率因数校正电路。

图 0-9 所示为降压型 Buck 变换器调压 AC-DC-AC-DC 变换电路。它主要采用 AC-DC 变换环节和 DC-AC 变换环节变成高频交流。电路的工作原理是：输入交流电压经二极管整流变换成直流电压，经 Buck 变换器组成的直流斩波电路变换成降压式可调的直流电压，经桥式逆变器，输出高频交流电压，经高频变压器变压，全波二极管整流电路整流，变换成直流电压。这种组合电路一般用于低压直流电源。逆变器采用 PWM 脉宽调制方式，在输出低电压时出现占空比丢失，也就是低压不能调节。采用直流斩波电路，输出电压可从零开始调节，实现全范围电压调节。

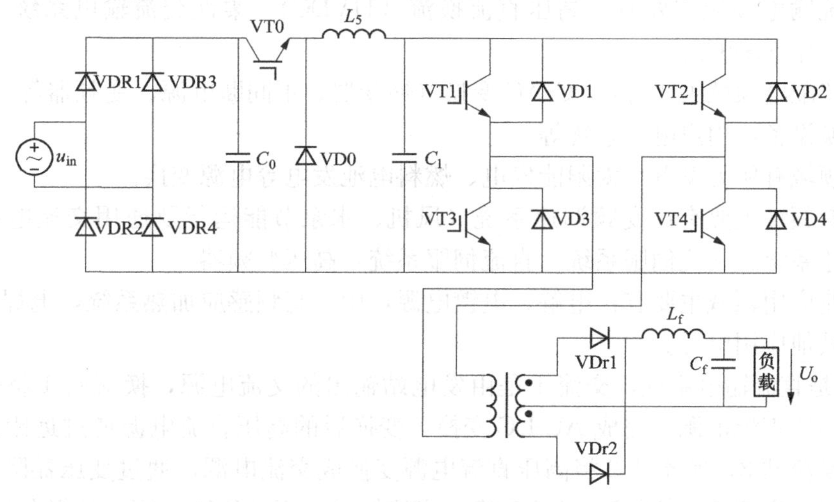

图 0-9 降压型 Buck 变换器调压 AC-DC-AC-DC 变换电路

6. DC-AC-DC 组合变换

对于直流供电电源，用电负载有直流升压或降压的用电设备，可以直接采用 Buck 或 Boost DC-DC 变换器实现，这种方式输入、输出没有隔离，而且输入、输出电压变比不能太大。如果需要输入输出隔离，或输入、输出电压变比较大，可采用 DC-AC-DC 系统，如图 0-10 所示。主电路采用逆变—高频变压器变压—高频整流结构，变压器固定变比实现变压，逆变器采用 PWM 脉宽调制实现调压。

DC-AC-DC 变换和 DC-DC 变换的主要区别通过插入 AC 环节，加入高频变压器隔离，使输入和输出之间有更大的电压变化范围，并使输入和输出电压之间完全隔离。这种变换电路有正激式、反激式、推挽式、半桥式、全桥移相变换式等。

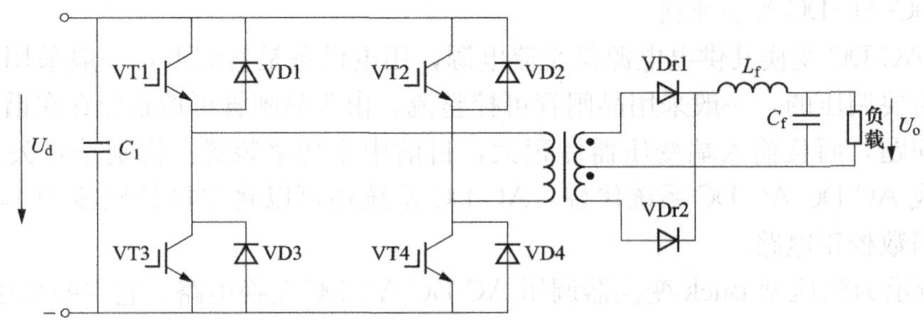

图 0-10 降压型逆变器调压 DC-AC-DC 变换电路

0.3 电源变换技术的应用

常用的电源变换装置主要采用组合式变换结构。电源变换技术的应用领域主要包括电力系统输电领域、配电领域、新能源领域、运动控制领域和其他工业应用领域。

电力系统输电领域主要有：高压直流换流（HVDC）、柔性交流输电系统（FACTS）、静止无功补偿器（SVC）。

电力系统配电领域主要有：DC-AC 变换（逆变器、不间断电源、变频器等），动态滤波器，频率转换设备，用户电力系统等。

新能源领域有风力发电、太阳能发电、燃料电池发电等电源变换。

运动控制领域主要有：变频调速系统（风机、水泵节能运行及通用交流电机的调速），直流电机调速系统，交流伺服系统，直流伺服系统，高压变频器。

其他工业应用领域主要有：电解，电镀电源，中、高频感应加热系统，电焊电源，各种开关电源等其他应用电源。

图 0-11 是直流输电系统，交流 1 是由发电站输出的交流电源，换流站 1 将交流电源升压后变换成高压直流电源，完成 AC-DC 变换，变换后的高压直流电源通过远距离高压直流传输线送到换流站 2，换流站 2 将高压直流电源变换成交流电源，通过变压器降压，变换成各种电压等级的交流 2，完成 DC-AC 变换。直流输电属于 AC-DC-DC-AC 组合式变换系统。

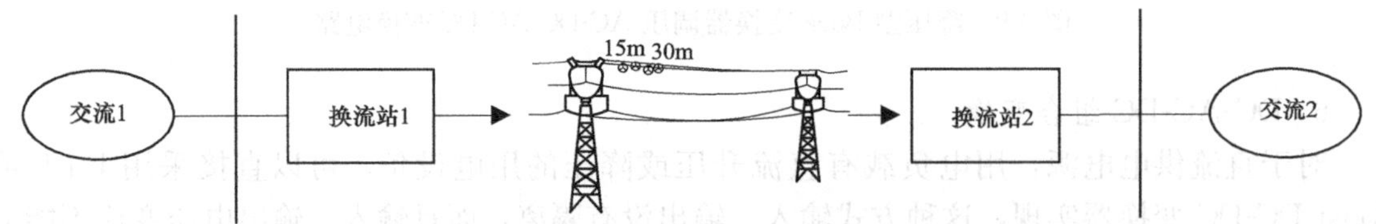

图 0-11 直流输电系统

风光互补发电系统中太阳能发电系统采用 DC-DC-AC-DC 变换给蓄电池充电，DC-DC-AC 变换并接到电网，风力发电采用 AC-DC-DC-AC-DC 变换给蓄电池充电，AC-DC-DC-AC 变换并接到电网，结构如图 0-12 所示。风力发电机发出三相交流电，经过三相不控整流、滤波模块，将整流之后的直流电输入双输入 DC-DC 变换器，光伏电池组的直流电直接输入双输入 DC-DC 变换器，双输入 DC-DC 变换器模块将光电和整流滤波后的风电进行功率合成，合成后一路输出至逆变器模块，将直流电逆变成交流电，进行并网或给交流负载，另一路通过蓄电池双向 DC/DC 变换器给蓄电池充电，蓄电池作为储能装置可给直流负载供电，也可以通过双向 DC/DC 变换器输送到逆变器输入侧的直流母线上，通过逆变器变换成交流电源。智能控制中心负责控制整个系统稳定合理的运行，对各个模块运行参数进行监测。状态显示模块负责显示整个系统的运行状态、运行参数，还具有报警功能。

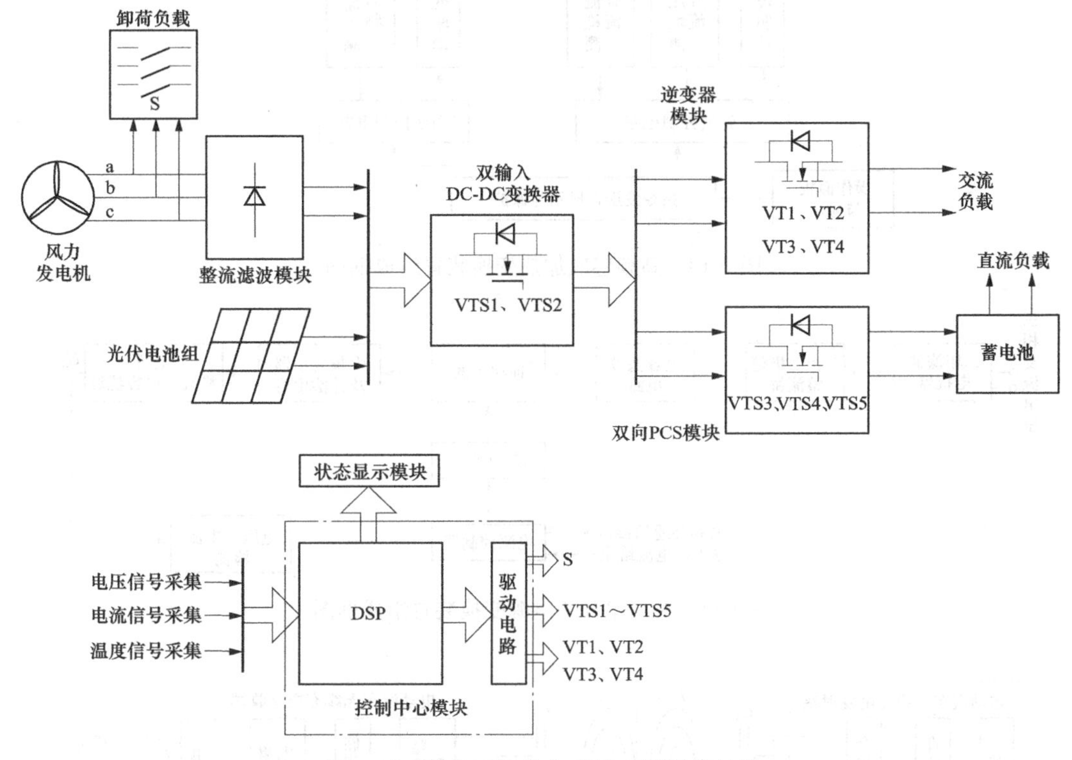

图 0-12　风光互补发电系统电源变换结构

图 0-13 是采用 AC-DC-DC-AC 变换结构组成的高频感应加热装置组成框图。主电路部分工作过程如下：输入三相交流经三相全桥二极管整流，电容滤波、直流斩波调压实现功率调节，单相全桥逆变变换成交流电压，变压器变压进行负载匹配，感应线圈和谐振电容 C_O 组成 *RLC* 谐振负载，对感应线圈中的金属材料进行不接触加热。控制部分工作过程如下：直流斩波采样直流电压和电流，通过斩波控制电路控制占空比来实现功率的调节。逆变部分检测谐振负载回路电流，通过频率跟踪电路、逆变控制电路实现频率的控制。

图 0-14 是采用 AC-DC-AC-DC 变换结构组成的大功率开关电源变换装置组成框图。主电路部分工作过程如下：交流三相电压经三相滤波电抗器、三相二极管整流桥、电容滤波电路变换成直流电压，由 IGBT 组成的高频逆变电路将直流电压变换成中频电压，在中频变压器一次回路和二次回路通过串接补偿电容产生谐振，变压器二次侧的电能经高频整流滤波变换成直流电压输出。根据检测的电压和电流信号通过移相控制电源控制器，分别控制直流输出电压或电流。

图 0-15 是电动汽车无线充电 AC-DC-AC-DC 变换装置组成框图。主电路部分：交流输入电压经二极管整流变换成直流电压进行第一次 AC-DC 变换，直流斩波电路根据输出负载

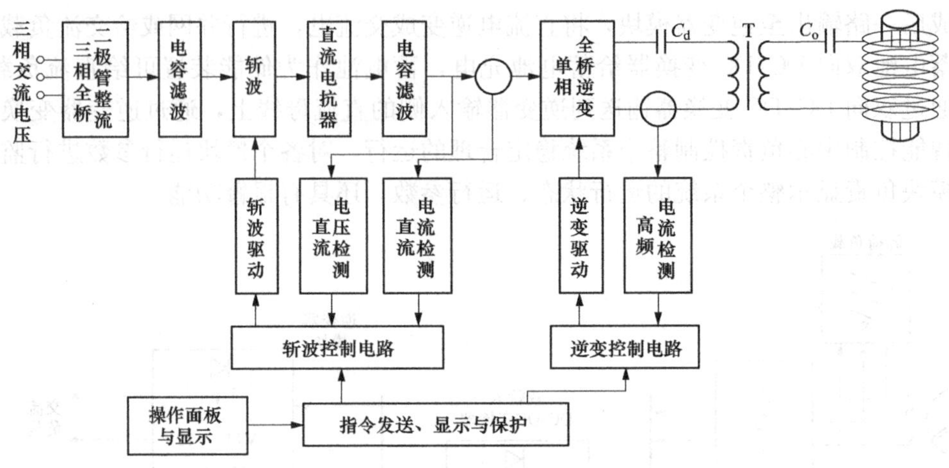

图 0-13 高频感应加热变换装置组成框图

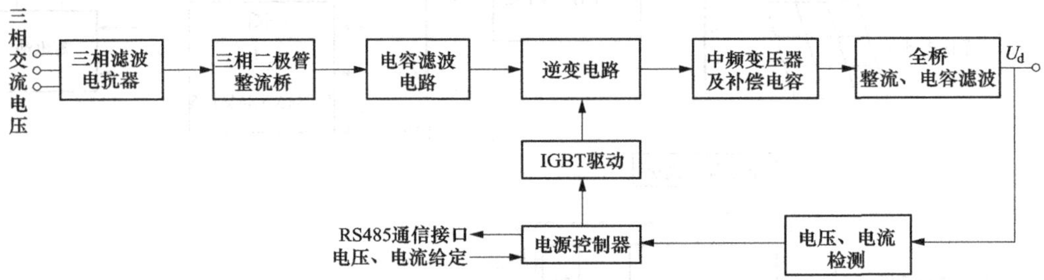

图 0-14 大功率开关电源变换装置组成框图

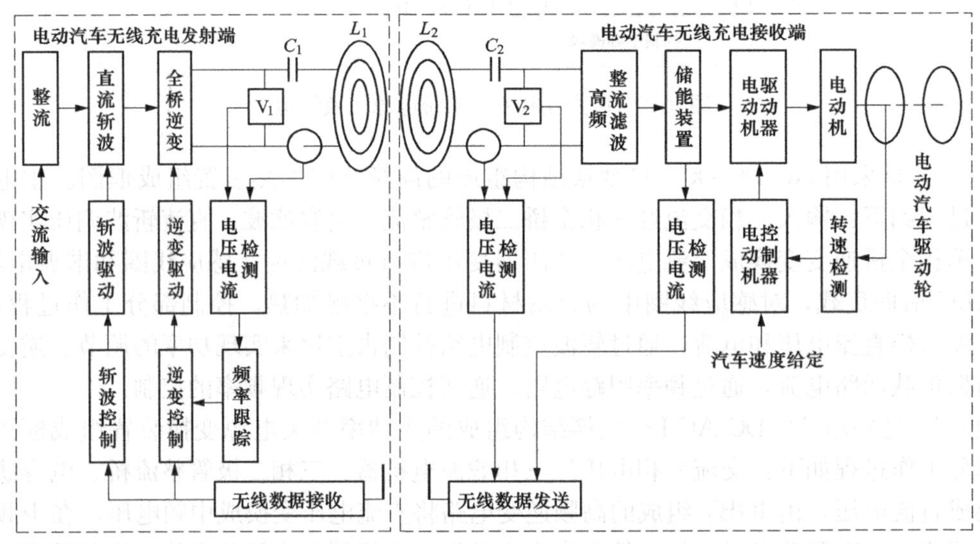

图 0-15 电动汽车无线充电 AC-DC-AC-DC 变换装置组成框图

功率要求控制全桥逆变器输入端直流电压进行 DC-DC 变换，经全桥逆变电路变换成高频方波电压输送给无线电能传输发射端进行 DC-AC 变换，谐振补偿电容和发射线圈电感形成发射端谐振回路，通过电磁耦合，在接收端回路谐振补偿电容和接收线圈形成电磁共振，接收端的电能经输出整流变换成直流电压进行第二次 AC-DC 变换，提供给储能装置充电。控制部分：分为直流电压控制和频率跟踪逆变控制两部分。直流电压控制采用 PWM 脉宽调制技术，逆变器频率跟踪采用锁相环电压电流相位控制技术，当发射端和接收端谐振回路参数变化时，及时改变逆变频率，保持逆变器输出电压和电流的相位稳定在逆变电路允许的最小相位角，此时功率因数最大。控制电路由电压电流检测电路、斩波驱动电路、逆变电流检测电路、频率跟踪和逆变控制电路、逆变驱动电路等组成。

电源变换技术的主要任务是将供电电源变换成各种用电设备需要的电源，架起供电电源和用电设备之间的桥梁。电源变换的类型主要有 AC-DC 变换，它包括二极管整流和晶闸管可控整流技术；DC-DC 变换，将一种固定的直流电压变换成可调的直流电压或者是另一种固定的直流电压；DC-AC 变换，将直流电源变换成频率可调或固定的交流电源。电源变换装置更多的是将 AC-DC 变换、DC-DC 变换、DC-AC 变换组合起来，构成组合式变换结构。

本课程的主要目的是使学者掌握电源变换应用电路的基本工作原理、结构和电路组成，了解电源变换电路的实际应用和电路分析。通过对电源变换技术在实际应用中的电路分析，加深对电源变换技术及应用的认识，掌握电源变换装置的设计技术。

第 1 章　电源变换电路设计基础

在现代电源应用中，电源变换技术起到承上启下的作用。发电厂生产出来的电能通常是高压传输的，经过变电所将其变换成标准的交流电压。由于不同负载对电源的要求不同，很多负载都需要对电能加以变换才能应用，因此电源变换技术在实际电力应用中起到重要作用。在实际电力转换过程中，需要用电力电子器件构成电源变换电路，来实现不同电源之间的转换。

本章从电路的设计角度介绍基本电源变换电路的设计、参数计算、驱动与保护电路，最后介绍软开关电路的基本原理。

1.1　AC-DC 变换电路参数计算与器件选择

AC-DC 变换电路即整流电路，根据整流电路的输出端采用的滤波器件不同，分别将电容滤波或电感电容滤波称为输出电压型，电感滤波称为输出电流型。根据负载的要求不同，整流电路输出端采用的滤波电路也不同。要求电流稳定的负载一般只加电感滤波，要求电压稳定的负载、一般只加电容滤波，既要求电压稳定又要求电流稳定的负载需要加电感、电容组成 *LC* 滤波电路。加电感滤波可提高输入交流电源的功率因数，减小谐波。

1.1.1　AC-DC 变换电路类型选择

根据电源变换装置的要求，合理选择 AC-DC 变换电路类型。AC-DC 变换电路有二极管不控整流电路和晶闸管可控整流电路。如果输出直流电压恒定，可选用二极管不控整流电路，如表 1-1 所示。

表 1-1　　常用二极管整流电路

名称	输出电压型	输出电流型
单相半波	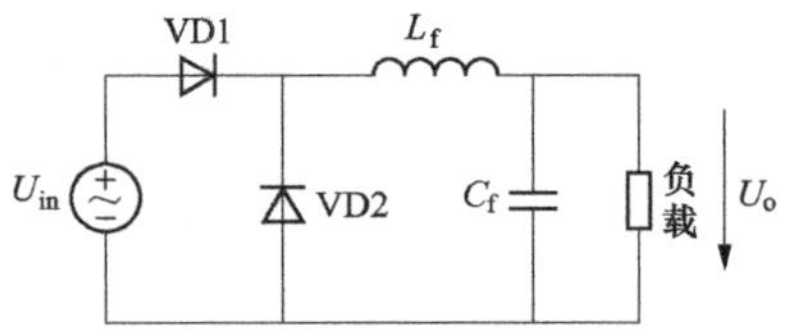 VD1, L_f, U_{in}, VD2, C_f, 负载, U_o	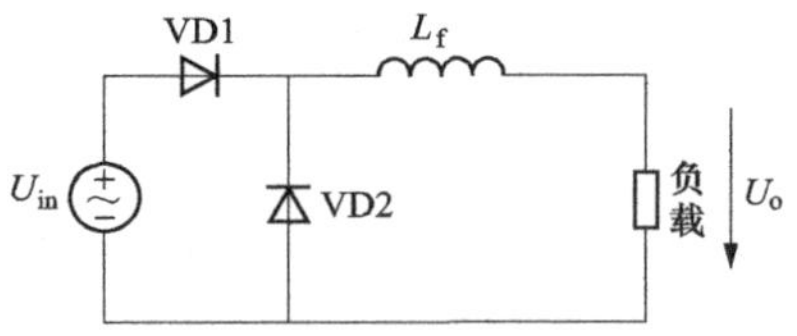 VD1, L_f, U_{in}, VD2, 负载, U_o
单相全波	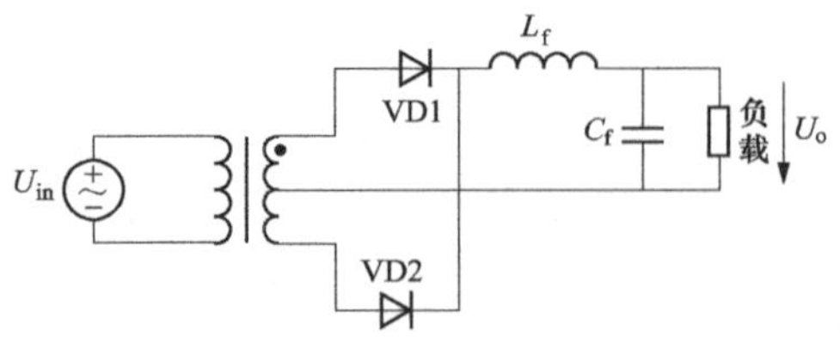 L_f, VD1, C_f, 负载, U_o, U_{in}, VD2	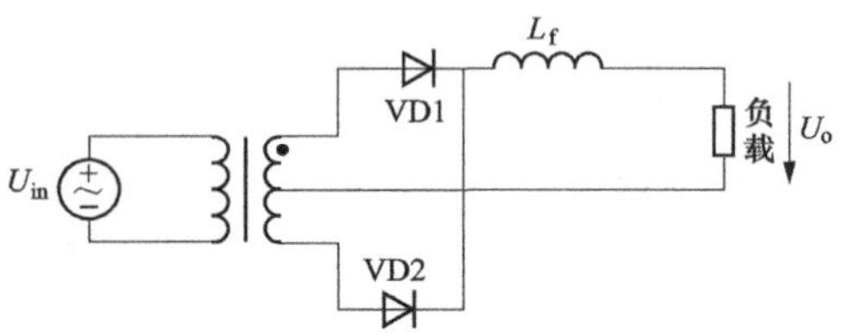 L_f, VD1, 负载, U_o, U_{in}, VD2

续表

名称	输出电压型	输出电流型
单相桥式	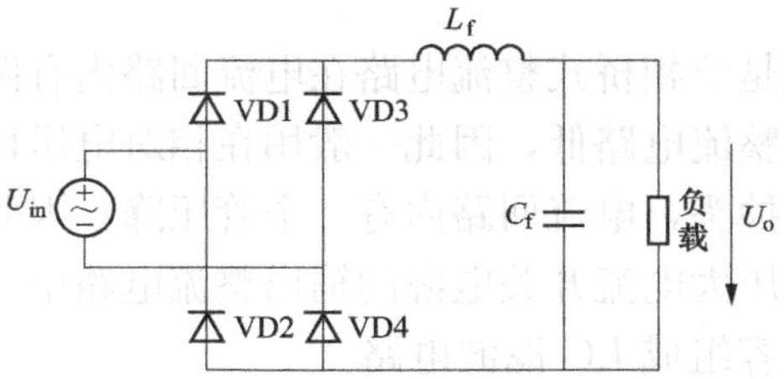 L_f VD1 VD3 U_{in} C_f 负载 U_o VD2 VD4	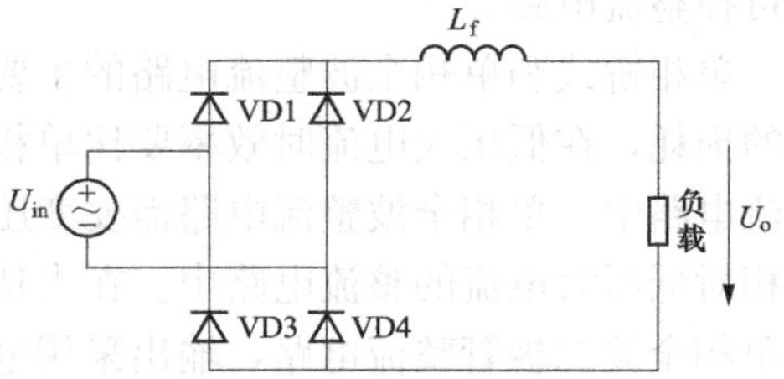 L_f VD1 VD2 U_{in} 负载 U_o VD3 VD4
三相半波	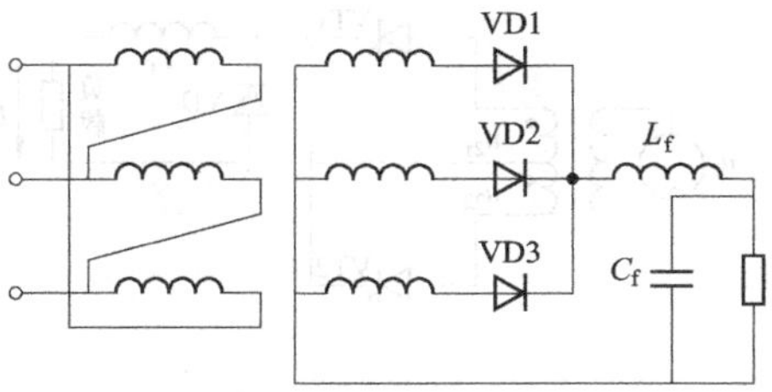 VD1 VD2 L_f VD3 C_f 负载 U_o	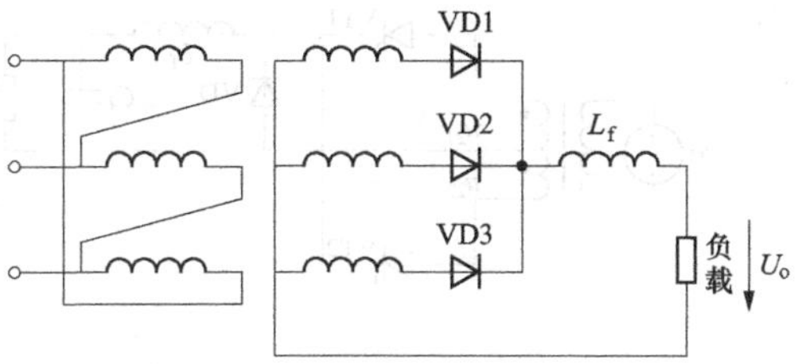 VD1 VD2 L_f VD3 负载 U_o
三相桥式	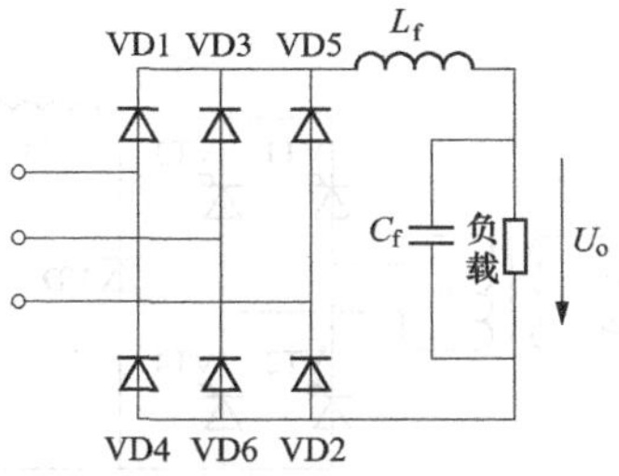 VD1 VD3 VD5 L_f C_f 负载 U_o VD4 VD6 VD2	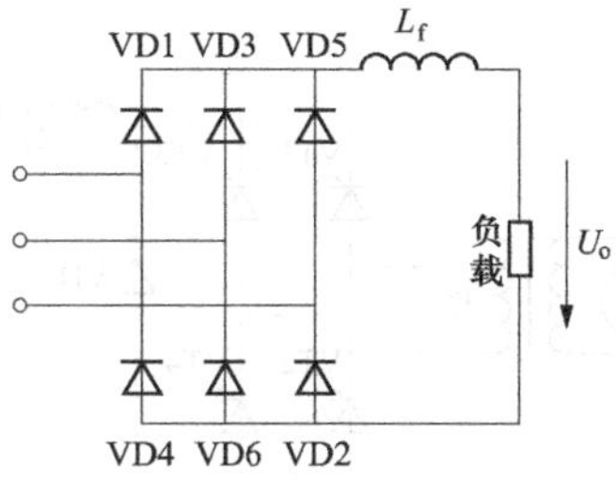 VD1 VD3 VD5 L_f 负载 U_o VD4 VD6 VD2

单相半波整流电路由于一个周期只有正半波导通，交流侧只有半个周期流过电流，电流谐波大，功率因数低，整流电压只有正半波，电压波动大，整流电压的脉动频率为 50Hz，一般用在用电设备对电压脉动要求不高的小功率场合。

图 1-1（a）采用电感电容滤波，是电压型单相半波晶闸管可控整流电路，图 1-1（b）采用电感滤波，是电流型单相半波晶闸管可控整流电路。

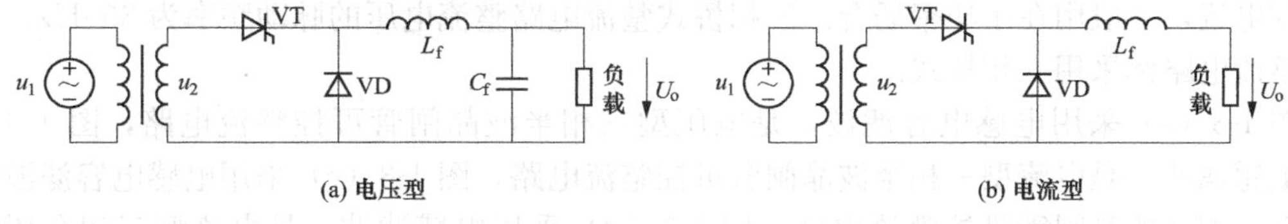

图 1-1　单相半波晶闸管可控整流电路

在小功率开关电源的高频输出整流中常采用单相半波二极管整流电路，如后面介绍的单端正激式和单端反激式开关电源中采用的是单相半波整流电路，由于是高频整流，一般在整流后加电感电容组成 LC 滤波，是输出电压型电路。

单相桥式和单相全波整流电路整流电压一个周期有两个半波电压，整流电压的脉动频率为 100Hz。

图 1-2（a）采用电感电容滤波，是电压型单相全波晶闸管可控整流电路，图 1-2（b）

采用电感滤波，是电流型单相全波晶闸管可控整流电路。图 1-2（c）采用电感电容滤波，是电压型单相全桥晶闸管可控整流电路，图 1-2（d）采用电感滤波，是电流型单相全桥晶闸管可控整流电路。

单相桥式和单相全波整流电路的主要区别是单相桥式整流电路在电流回路内有两个管压降的损耗，在低压大电流时效率要比单相全波整流电路低，因此一般用在相对电压比较高的整流电路中。单相全波整流电路需要变压器有抽头，电流回路内有一个管压降，因此一般用在相对低压大电流的整流电路中。在大功率低压大电流开关电源的输出整流电路中，一般采用单相全波二极管整流电路，输出采用电感电容组成 LC 滤波电路。

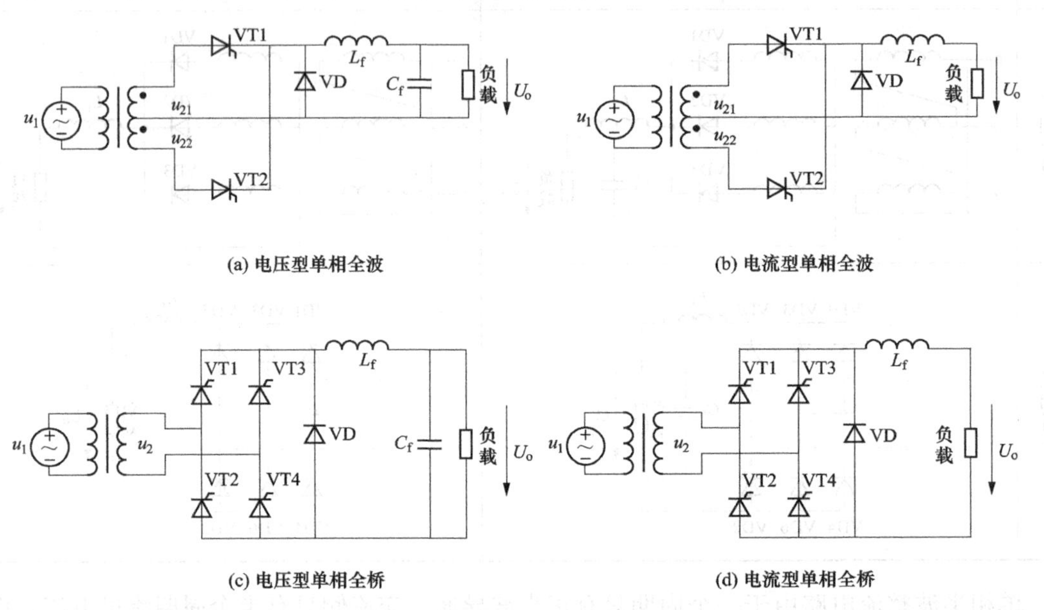

图 1-2 单相全波和单相全桥晶闸管可控整流电路

三相整流电路主要有三相半波和三相桥式。三相半波整流电路由于相电压一个周期只有正半波导通，交流侧相电压只有半个周期流过电流，电流谐波大，功率因数低，整流电压只有正半波，电压波动大，整流电压的脉动频率为 150Hz，而且变压器需要中心线，中心线流过负载电流，一般用在小功率场合。三相桥式整流电路整流电压的脉动频率为 300Hz，一般三相整流电路都采用三相桥式。

图 1-3（a）采用电感电容滤波，是电压型三相半波晶闸管可控整流电路，图 1-3（b）采用电感滤波，是电流型三相半波晶闸管可控整流电路，图 1-3（c）采用电感电容滤波，是电压型三相全桥晶闸管可控整流电路，图 1-3（d）采用电感滤波，是电流型三相全桥晶闸管可控整流电路。

1.1.2 不控整流电路二极管参数计算与选择

交流供电的电源变换装置基本以电网 50Hz 的交流电源作为供电电源，以下 1.1.2 节和 1.1.3 节主要介绍不控整流电路中二极管和可控整流晶闸管的参数计算与选择，在电源变换装置高频整流中的二极管参数计算与选择在后面的章节中介绍。

1. 单相半波二极管整流电路参数计算与器件选择

单相半波二极管整流电路中，二极管 VD1、VD2 承受的最大反向电压为$\sqrt{2}U_{in}$，流过

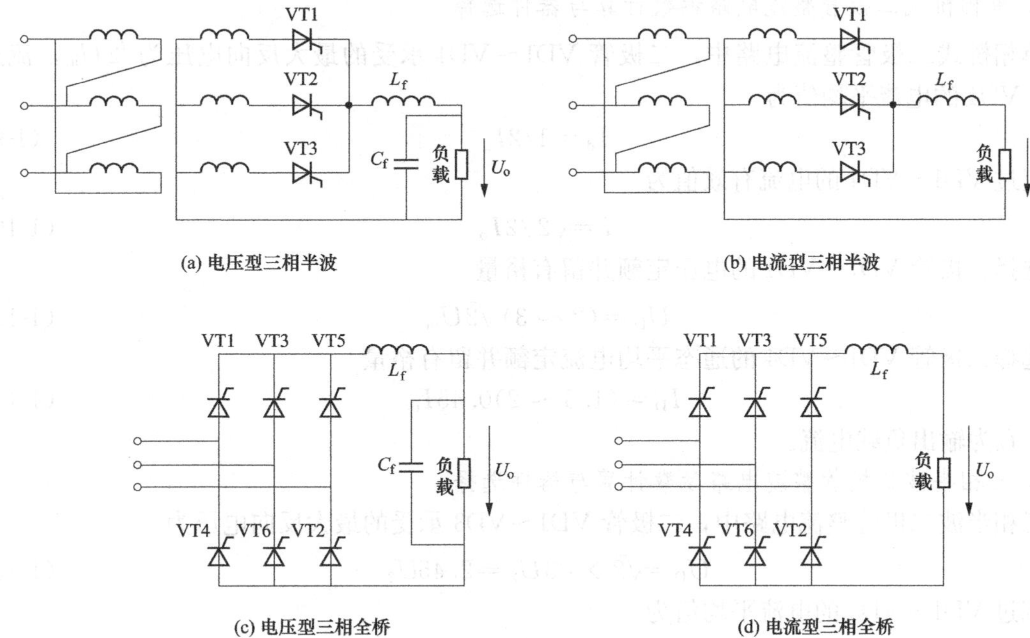

图 1-3　三相半波和三相全桥晶闸管可控整流电路

VD1、VD2 的电流平均值为

$$I_d = 1/2I_o \tag{1-1}$$

流过 VD1、VD2 的电流有效值为

$$I = \sqrt{2}/2I_o \tag{1-2}$$

选择二极管 VD1、VD2 的电压定额并留有裕量

$$U_D = (2 \sim 3)\sqrt{2}U_{in} \tag{1-3}$$

选择二极管 VD1、VD2 的通态平均电流定额并留有裕量

$$I_D = (1.5 \sim 2)I/1.57 = (1.5 \sim 2)0.45I_o \tag{1-4}$$

式中，I_o为输出负载电流。

2. 单相全波二极管整流电路参数计算与器件选择

单相全波二极管整流电路中，二极管 VD1、VD2 承受的最大反向电压为 $2\sqrt{2}U_{in}$，流过 VD1、VD2 的电流平均值为

$$I_d = 1/2I_o \tag{1-5}$$

流过 VD1、VD2 的电流有效值为

$$I = \sqrt{2}/2I_o \tag{1-6}$$

选择二极管 VD1、VD2 的电压定额并留有裕量

$$U_D = (2 \sim 3)2\sqrt{2}U_{in} \tag{1-7}$$

选择二极管 VD1、VD2 的通态平均电流定额并留有裕量

$$I_D = (1.5 \sim 2)0.45I_o \tag{1-8}$$

式中，I_o为输出负载电流。

3. 单相桥式二极管整流电路参数计算与器件选择

单相桥式二极管整流电路中，二极管 VD1～VD4 承受的最大反向电压为$\sqrt{2}U_{in}$，流过 VD1～VD4 的电流平均值为

$$I_d = 1/2I_o \tag{1-9}$$

流过 VD1～VD4 的电流有效值为

$$I = \sqrt{2}/2I_o \tag{1-10}$$

选择二极管 VD1～VD4 的电压定额并留有裕量

$$U_D = (2 \sim 3)\sqrt{2}U_{in} \tag{1-11}$$

选择二极管 VD1～VD4 的通态平均电流定额并留有裕量

$$I_D = (1.5 \sim 2)0.45I_o \tag{1-12}$$

式中，I_o为输出负载电流。

4. 三相半波二极管整流电路参数计算与器件选择

三相半波二极管整流电路中，二极管 VD1～VD3 承受的最大反向电压为

$$U_D = \sqrt{2} \times \sqrt{3}U_2 = 2.45U_2 \tag{1-13}$$

流过 VD1～VD3 的电流平均值为

$$I_d = 1/3I_o \tag{1-14}$$

流过 VD1～VD3 的电流有效值为

$$I = 1/\sqrt{3}I_o = 0.577I_o \tag{1-15}$$

选择二极管 VD1～VD3 的电压定额并留有裕量

$$U_D = (2 \sim 3)\sqrt{6}U_2 = (2 \sim 3)2.45U_2 \tag{1-16}$$

选择二极管 VD1～VD3 的通态平均电流定额并留有裕量

$$I_D = (1.5 \sim 2)0.368I_o \tag{1-17}$$

式中 I_o为输出负载电流；U_2 是输入变压器二次侧电压。

5. 三相桥式二极管整流电路参数计算与器件选择

三相桥式二极管整流电路中，二极管 VD1～VD6 承受的最大反向电压为

$$U_D = \sqrt{2} \times \sqrt{3}U_2 = 2.4U_2 \tag{1-18}$$

流过 VD1～VD6 的电流平均值为

$$I_d = 1/3I_o \tag{1-19}$$

流过 VD1～VD6 的电流有效值为

$$I = 1/\sqrt{3}I_o = 0.5771I_o \tag{1-20}$$

选择二极管 VD1～VD6 的电压定额并留有裕量

$$U_D = (2 \sim 3)\sqrt{6}U_2 = (2 \sim 3)2.45U_2 \tag{1-21}$$

选择二极管 VD1～VD6 的通态平均电流定额并留有裕量

$$I_D = (1.5 \sim 2)0.368I_o \tag{1-22}$$

式中，I_o为输出负载电流；U_2 是输入变压器二次侧电压。

1.1.3 可控整流电路晶闸管参数计算与选择

1. 单相半波晶闸管整流电路参数计算与器件选择

单相半波晶闸管整流电路中，晶闸管 VT 承受的最大反向电压为$\sqrt{2}U_2$，流过 VT 的电

流平均值为

$$I_d = \frac{\pi - \alpha}{2\pi} I_o \tag{1-23}$$

流过 VT 的电流有效值为

$$I = \frac{\sqrt{\pi - \alpha}}{\sqrt{2\pi}} I_o \tag{1-24}$$

选择晶闸管 VT 的电压定额并留有裕量

$$U_{VT} = (2 \sim 3)\sqrt{2}U_2 \tag{1-25}$$

选择晶闸管 VT 的通态平均电流定额并留有裕量（$\alpha = 0°$时最大）

$$I_D = (1.5 \sim 2)0.45 I_o \tag{1-26}$$

式中，I_o为输出负载电流。

2. 单相全波晶闸管整流电路参数计算与器件选择

单相全波晶闸管整流电路中，晶闸管 VT1、VT2 承受的最大反向电压为 $2\sqrt{2}U_2$，流过 VT1、VT2 的电流平均值为

$$I_d = 1/2 I_o \tag{1-27}$$

流过 VT1、VT2 的电流有效值为

$$I = \sqrt{2}/2 I_o \tag{1-28}$$

选择晶闸管 VT1、VT2 的电压定额并留有裕量

$$U_{VT} = (2 \sim 3) 2\sqrt{2}U_2 \tag{1-29}$$

选择晶闸管 VT1、VT2 的通态平均电流定额并留有裕量

$$I_D = (1.5 \sim 2)0.45 I_o \tag{1-30}$$

式中，I_o为输出负载电流。

3. 单相桥式半控晶闸管整流电路参数计算与器件选择

单相桥式半控晶闸管整流电路中，晶闸管 VT1、VT3 和二极管 VD2、VD4 承受的最大反向电压为$\sqrt{2}U_2$，流过 VT1、VT3、VD2、VD4 的电流平均值为

$$I_d = \frac{\pi - \alpha}{2\pi} I_o \tag{1-31}$$

流过 VT1、VT3、VD2、VD4 的电流有效值为

$$I = \frac{\sqrt{\pi - \alpha}}{\sqrt{2\pi}} I_o \tag{1-32}$$

选择 VT1、VT3、VD2、VD4 的电压定额并留有裕量

$$U_D = (2 \sim 3)\sqrt{2}U_2 \tag{1-33}$$

选择 VT1、VT3、VD2、VD4 的通态平均电流定额并留有裕量（$\alpha = 0°$时最大）

$$I_D = (1.5 \sim 2)0.45 I_o \tag{1-34}$$

式中，I_o为输出负载电流。

4. 单相桥式全控晶闸管整流电路参数计算与器件选择

单相桥式全控晶闸管整流电路中，晶闸管 VT1～VT4 承受的最大反向电压为$\sqrt{2}U_2$，流过晶闸管 VT1～VT4 的电流平均值为

$$I_d = \frac{\pi - \alpha}{2\pi} I_o \tag{1-35}$$

流过晶闸管 VT1～VT4 的电流有效值为

$$I = \frac{\sqrt{\pi - \alpha}}{\sqrt{2\pi}} I_o \tag{1-36}$$

选择晶闸管 VT1～VT4 的电压定额并留有裕量

$$U_D = (2 \sim 3)\sqrt{2}U_2 \tag{1-37}$$

选择晶闸管 VT1～VT4 的通态平均电流定额并留有裕量

$$I_D = (1.5 \sim 2)0.45I_o \tag{1-38}$$

式中，I_o为输出负载电流。

5. 三相半波晶闸管整流电路参数计算与器件选择

三相半波晶闸管整流电路中，晶闸管 VT1、VT2、VT3 承受的最大反向电压为

$$U_D = \sqrt{2} \times \sqrt{3}U_2 = 2.45U_2 \tag{1-39}$$

流过 VT1、VT2、VT3 的电流平均值为

$$I_d = 1/3I_o \tag{1-40}$$

流过 VT1、VT2、VT3 的电流有效值为

$$I = 1/\sqrt{3}I_o = 0.5771I_o \tag{1-41}$$

选择晶闸管 VT1、VT2、VT3 的电压定额并留有裕量

$$U_D = (2 \sim 3)\sqrt{6}U_2 = (2 \sim 3)2.45U_2 \tag{1-42}$$

选择晶闸管 VT1、VT2、VT3 的通态平均电流定额并留有裕量

$$I_D = (1.5 \sim 2)0.368I_o \tag{1-43}$$

式中，I_o为输出负载电流；U_2 是输入变压器二次侧电压。

6. 三相桥式半控整流电路参数计算与器件选择

三相桥式半控整流电路中，晶闸管 VT1、VT2、VT3 和二极管 VD2、VD4、VD6 承受的最大反向电压为

$$U_D = \sqrt{2} \times \sqrt{3}U_2 = 2.45U_2 \tag{1-44}$$

流过 VT1、VT2、VT3 和 VD2、VD4、VD6 的电流平均值为

$$I_d = 1/3I_o \tag{1-45}$$

电流有效值为

$$I = 1/\sqrt{3}I_o = 0.5771I_o \tag{1-46}$$

选择晶闸管 VT1、VT2、VT3 和二极管 VD2、VD4、VD6 的电压定额并留有裕量

$$U_D = (2 \sim 3)\sqrt{6}U_2 = (2 \sim 3)2.45U_2 \tag{1-47}$$

选择晶闸管 VT1、VT2、VT3 和二极管 VD2、VD4、VD6 的通态平均电流定额并留有裕量

$$I_D = (1.5 \sim 2)0.368I_o \tag{1-48}$$

7. 三相桥式全控整流电路参数计算与器件选择

三相桥式全控整流电路中，晶闸管 VT1～VT6 承受的最大反向电压为

$$U_D = \sqrt{2} \times \sqrt{3}U_2 = 2.45U_2 \tag{1-49}$$

流过 VT1～VT6 的电流平均值为

$$I_d = 1/3 I_o \tag{1-50}$$

流过 VT1～VT6 的电流有效值为

$$I = 1/\sqrt{3} I_o = 0.577 I_o \tag{1-51}$$

选择晶闸管 VT1～VT6 的电压定额并留有裕量

$$U_D = (2 \sim 3)\sqrt{6} U_2 = (2 \sim 3) 2.45 U_2 \tag{1-52}$$

选择晶闸管 VT1～VT6 的通态平均电流定额并留有裕量

$$I_D = (1.5 \sim 2) 0.368 I_o \tag{1-53}$$

式中，I_o为输出负载电流；U_2 是输入变压器二次侧电压。

1.1.4　输出电流型整流电路滤波电感计算

整流电路的输出滤波采用电感滤波，使输出电流稳定。电感滤波的等效电路如图 1-4 所示，电感滤波的特点是电感 L 上的电势 U_L其极性始终和两端的电压差相反，所以叫作反电势。当输入电压 U_d大于输出电压 U_o时，U_L左正右负，这时电感 L 储存电能；当输入电压 U_d小于输出电压 U_o时，U_L左负右正，这时电感 L 释放电能，其结果使得流过电感的电流 I_d波动减小，电感 L 越大 I_d波动越小。

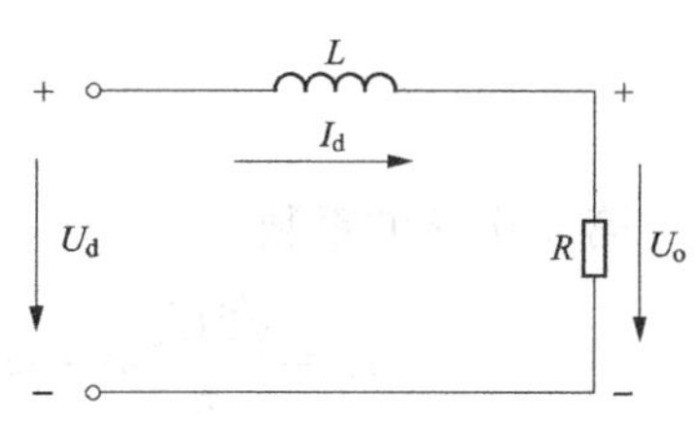

图 1-4　电感滤波等效电路

电感 L 的反电势 U_L不考虑极性，其值为

$$U_L = I_d \omega L = I_d 2\pi f L = U_d - U_o$$

输出电流型整流电路采用电感滤波，输出电压 U_2是脉动波。在电感的滤波作用下，流过电感的电流 I_d脉动大小和电感量成反比，当 L 很大时，电流脉动接近零，电流 I_d为恒定的直流。负载电阻 R 上的电压 U_o的波形和电流 I_d的波形相同。例如，对于直流电动机负载来说，过大的电流 I_d脉动使电动机的换向恶化和因铁耗增大而引起电机过热等。因此，在整流电路输出端串联滤波电感，使输出电压中的交变分量基本上降落在电感上，输出电流中的交变分量减少，从而使负载得到比较恒定的电流。

定义电流脉动系数 δ_i 为输出脉动电流中最低频率的交流分量幅值 I_{dm} 与输出脉动电流平均值 I_d 之比，即 $\delta_i = I_{dm}/I_d$。通常要求三相整流电路中的 $\delta_i < 5\%\sim10\%$，单相整流电路中 $\delta_i < 10\%$。因此可以采用运行时允许的电流脉动系数 δ_i 作为计算滤波电感 L 的依据。

在整流电路中，U_d是整流电路含有 n 次谐波的输出电压，其交流成分为 $U_d - U_o$加在滤波电感 L 上，也就是反电势 U_L。整流电路输出电压中的最低次谐波电压幅值最大，因此用最低次谐波电压幅值来计算滤波电感。

定义整流电路输出电压的最低次谐波电压幅值为 U_{dm}，最低次谐波频率为 f_d，流过滤波电感的最低次谐波电流幅值为 I_{dm}，滤波电感上的反电势 $U_L = U_{dm}$为

$$U_{dm} = I_{dm} 2\pi f_d L \tag{1-54}$$

流过滤波电感 L 的最低次谐波电流幅值为

$$I_{dm} = \frac{U_{dm}}{2\pi f_d L} \tag{1-55}$$

在计算滤波电感时，电流脉动系数 $\delta_i = I_{dm}/I_d$ 是给定的设计指标，频率 f_d和 U_{dm}/U_2由整流电路得到，因此可以得到计算滤波电感 L 的公式为

$$L=\frac{U_{\mathrm{dm}}}{2\pi f_{\mathrm{d}}I_{\mathrm{dm}}}=\frac{\dfrac{U_{\mathrm{dm}}}{U_2}\dfrac{U_2}{\delta_i I_{\mathrm{d}}}}{2\pi f_{\mathrm{d}}} \tag{1-56}$$

式中，U_2为整流电路输入端交流相电压有效值。

文献［5］给出了m脉波相控整流电压通用公式。在一个交流电源周期2π中，有m个形状相同相位差为$2\pi/m$的电压脉波，若脉波的周期为T_{p}，则$\omega T_{\mathrm{p}}=2\pi/m$，即$U_{\mathrm{d}}(\omega t)=U_{\mathrm{d}}(2\pi/m+\omega t)$，$m$脉波整流输出直流脉动电压波形如图1-5所示。

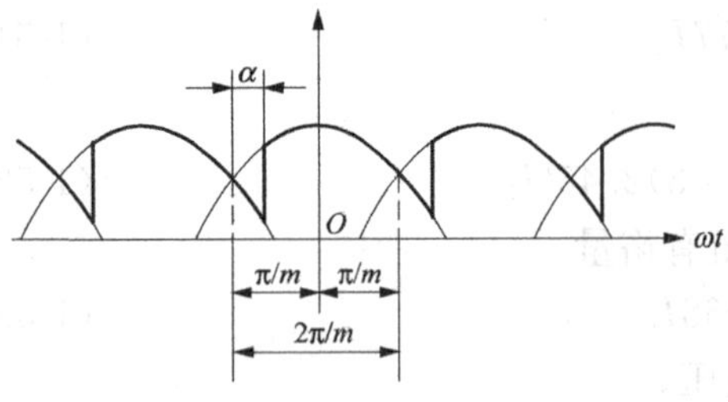

图1-5　m脉波整流输出直流脉动电压波形

用傅里叶级数表示为

$$U_{\mathrm{d}}(\omega t)=U_{\mathrm{do}}+\sum_{n=1,2,\cdots}^{\infty}[a_n\cos n\omega t+b_n\sin n\omega t] \tag{1-57}$$

第n次谐波系数

$$a_n=\frac{\sqrt{2}U_2}{\pi}m\cdot\sin\frac{\pi}{n}\cdot\cos k\pi\left\{\frac{\cos(km+1)\alpha}{km+1}-\frac{\cos(km-1)\alpha}{km-1}\right\}$$

$$b_n=\frac{\sqrt{2}U_2}{\pi}m\cdot\sin\frac{\pi}{n}\cdot\cos k\pi\left\{\frac{\sin(km+1)\alpha}{km+1}-\frac{\sin(km-1)\alpha}{km-1}\right\}$$

$$k=1,2,3,\cdots,m=2,3,6,n=km \tag{1-58}$$

第n次谐波幅值

$$U_{\mathrm{nm}}=\sqrt{a_n^2+b_n^2} \tag{1-59}$$

电流型晶闸管整流电路输出中的电压和电流交变分量随控制角α的变化而变化。当n取最低次谐波时，U_{nm}用U_{dm}表示。

1．输出电流型晶闸管可控整流电路最低次谐波幅值U_{dm}计算

（1）单相全波和单相桥式输出电流型晶闸管整流电路最低次谐波幅值计算。单相全波和单相桥式输出电流型晶闸管整流电路的直流电压和电流波形如图1-6所示，当$\alpha=90°$时，整流电压是一个脉动电压，其中包括直流和各次谐波，直流电压平均值为零，整流电压脉动周期是π。

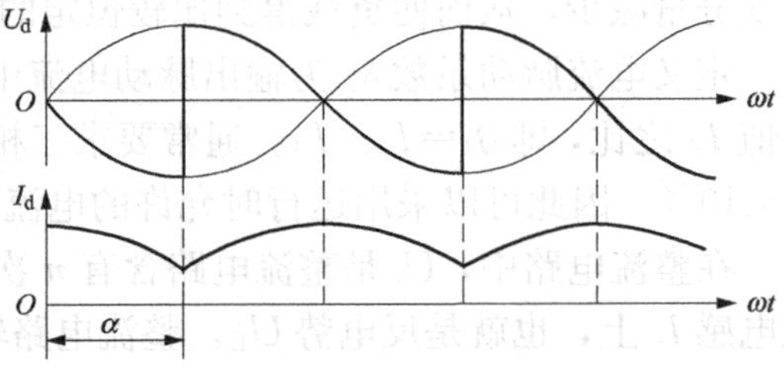

图1-6　单相全波和单相桥式电流型晶闸管整流电路的直流电压和电流波形

由式（1-57）～式（1-59）得，$m=2$为单相全波、单相全桥整流电路，最低次谐波为$k=1$，$n=2$为二次谐波，计算得$a_n=0$，$b_n=1.2U_2$，最低次谐波幅值$U_{\mathrm{dm}}=\sqrt{a_2^2+b_2^2}=1.2U_2$。

（2）三相半波输出电流型晶闸管整流电路最低次谐波幅值计算。三相半波输出电流型晶闸管整流电路的直流电压和电流波形如图1-7所示，当$\alpha=90°$时，整流电压是一个脉动电压，其中包括直流和各次谐波，直流电压平均值为零。整流电压脉动周期是$\pi/3$。

由式（1-57）～式（1-59）得，$m=3$为三相半波整流电路，最低次谐波为$k=1$，$n=3$

为三次谐波，计算得 $a_n=0.877$，$b_n=0$，最低次谐波幅值 $U_{dm}=\sqrt{a_2^2+b_2^2}=0.877U_2$。

(3) 三相桥式输出电流型晶闸管整流电路最低次谐波幅值计算。三相桥式输出电流型晶闸管整流电路的直流电压和电流波形如图 1-8 所示，当 $\alpha=90°$时，整流电压是一个脉动电压，直流电压平均值为零，其中包括直流和各次谐波。整流电压脉动周期是 $\pi/6$。

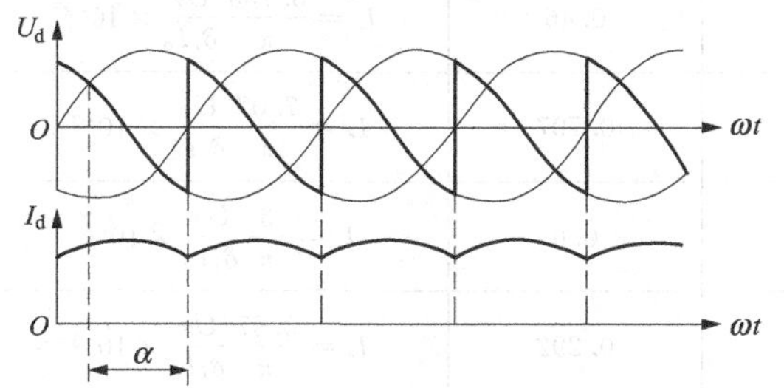

图 1-7　三相半波电流型晶闸管整流电路的直流电压和电流波形

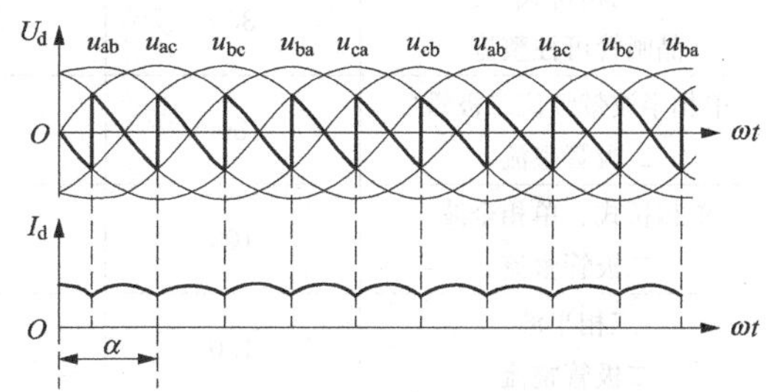

图 1-8　三相桥式电流型晶闸管整流电路的直流电压和电流波形

由式 (1-57) ～式 (1-59) 得，$m=6$ 为三相桥式整流电路，最低次谐波为 $k=1$，$n=6$ 为六次谐波，计算得 $a_n=0$，$b_n=0.46$，最低次谐波幅值 $D_{dm}=\sqrt{a_2^2+b_2^2}=0.46U_2$。

(4) 单相半波带有续流二极管输出电流型晶闸管整流电路最低次谐波幅值计算。单相半波带有续流二极管输出电流型晶闸管整流电路的直流电压和电流波形如图 1-9 所示，整流电压是一个脉动的直流电压，其中包括直流和各次谐波。整流电压脉动周期是 2π，用傅里叶级数进行分析，可求出各次谐波幅值。

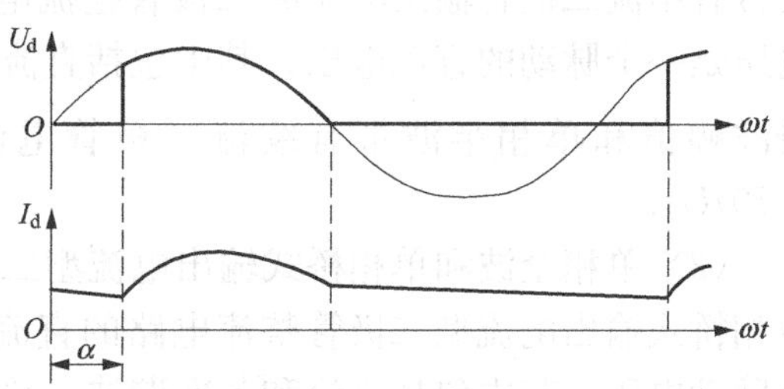

图 1-9　单相半波带有续流二极管电流型晶闸管整流电路的直流电压和电流波形

对于图 1-9 的电压波形，当 $\alpha=0°$时，一次谐波幅值最大，式 (1-58) 中，$n=1$，有

$$a_1=\frac{\sqrt{2}U_2}{\pi}\int_{\alpha}^{\pi}\sin\omega t\cos\omega t\,\mathrm{d}(\omega t)=\frac{\sqrt{2}U_2}{\pi}\left(\frac{\pi}{2}-\frac{\alpha}{2}-\frac{\sin2\alpha}{4}\right)=\frac{\sqrt{2}U_2}{2\pi}=0.707U_2$$

$$b_1=\frac{\sqrt{2}U_2}{\pi}\int_{\alpha}^{\pi}\sin\omega t\sin\omega t\,\mathrm{d}(\omega t)=\frac{\sqrt{2}U_2}{\pi}\left(\frac{1}{4}-\frac{\cos2\alpha}{4}\right)=0$$

$$U_{dm}=\sqrt{a_2^2+b_2^2}=0.707U_2$$

将输出电流型晶闸管主要整流电路最低次谐波频率 f_d、最大脉动时的 α 值、最低次谐波幅值 U_{dm}和相电压有效值的比值 U_{dm}/U_2列于表 1-2 中。

表 1-2　输出电流型整流电路滤波电感计算公式

整流电路名称	f_d/Hz	最大脉动时的 α	U_{dm}/U_2	滤波电感计算公式
单相半波带续流二极管晶闸管可控整流	50	0°	0.707	$L=\frac{7.07}{\pi}\frac{U_2}{\delta_i I_d}\times10^{-3}$
单相桥式、单相全波晶闸管可控整流	100	90°	1.2	$L=\frac{6}{\pi}\frac{U_2}{\delta_i I_d}\times10^{-3}$

续表

整流电路名称	f_d/Hz	最大脉动时的 α	U_{dm}/U_2	滤波电感计算公式
三相半波晶闸管可控整流	150	90°	0.88	$L=\frac{2.93}{\pi}\frac{U_2}{\delta_i I_d}\times 10^{-3}$
三相桥式晶闸管可控整流	300	90°	0.46	$L=\frac{0.766}{\pi}\frac{U_2}{\delta_i I_d}\times 10^{-3}$
单相半波带续流二极管二极管整流	50	—	0.707	$L=\frac{7.07}{\pi}\frac{U_2}{\delta_i I_d}\times 10^{-3}$
单相桥式、单相全波二极管整流	100	—	0.6	$L=\frac{3}{\pi}\frac{U_2}{\delta_i I_d}\times 10^{-3}$
三相半波二极管整流	150	—	0.292	$L=\frac{0.97}{\pi}\frac{U_2}{\delta_i I_d}\times 10^{-3}$
三相桥式二极管整流	300	—	0.134	$L=\frac{0.22}{\pi}\frac{U_2}{\delta_i I_d}\times 10^{-3}$

2. 输出电流型二极管整流电路最低次谐波幅值 U_{dm} 计算

(1) 单相半波带有续流二极管输出电流型二极管整流电路最低次谐波幅值计算。单相半波带有续流二极管输出电流型二极管整流电路的直流电压和电流波形如图 1-10 所示，整流电压是一个脉动的直流电压，其中包括直流和各次谐波。整流电压脉动周期是 2π，最低 1 次谐波幅值和单相半波带有续流二极管电流型晶闸管整流电路相同，$U_{dm}=\sqrt{a_2^2+b_2^2}=0.707U_2$。

(2) 单相全波和单相桥式输出电流型二极管整流电路最低次谐波幅值计算。单相全波和单相桥式输出电流型二极管整流电路的直流电压和电流波形如图 1-11 所示，整流电压是一个脉动电压，其中包括直流和各次谐波，整流电压脉动周期是 π。

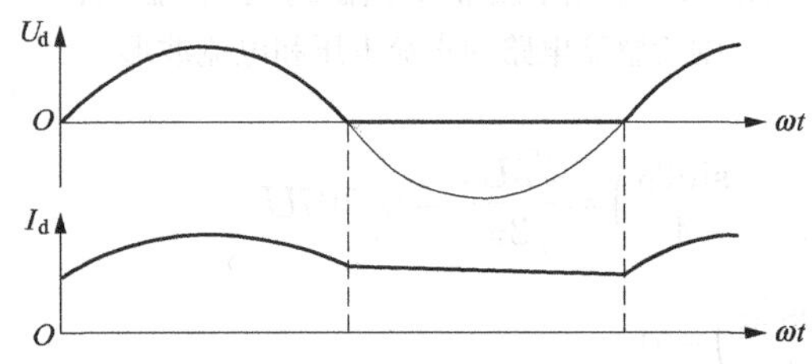

图 1-10 单相半波带有续流二极管电流型二极管整流电路的直流电压和电流波形

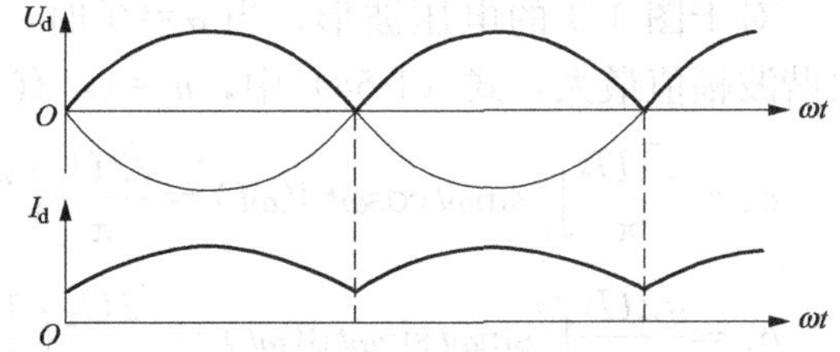

图 1-11 单相全波和单相桥式电流型二极管整流电路的直流电压和电流波形

由式 (1-57)～式 (1-59) 得，$\alpha=0°$，$m=2$ 为单相全波、单相全桥整流电路，最低次谐波为 $k=1$，$n=2$ 为二次谐波，计算得最低 2 次谐波幅值 $U_{dm}=0.6U_2$。

(3) 三相半波输出电流型二极管整流电路最低次谐波幅值计算。三相半波输出电流型二极管整流电路的直流电压和电流波形如图 1-12 所示，整流电压是一个脉动电压，其中包括直流和各次谐波。整流电压脉动周期是 $\pi/3$。

由式 (1-57)～式 (1-59) 得，$\alpha=0°$，$m=3$ 为三相半波整流电路，最低次谐波为 $k=1$，$n=3$ 为三次谐波，计算得最低 3 次谐波幅值 $U_{dm}=0.292U_2$。

(4) 三相桥式输出电流型二极管整流电路最低次谐波幅值计算。三相桥式输出电流型二极管整流电路的直流电压和电流波形如图 1-13 所示，整流电压是一个脉动电压，其中包括直流和各次谐波。整流电压脉动周期是 π/6。

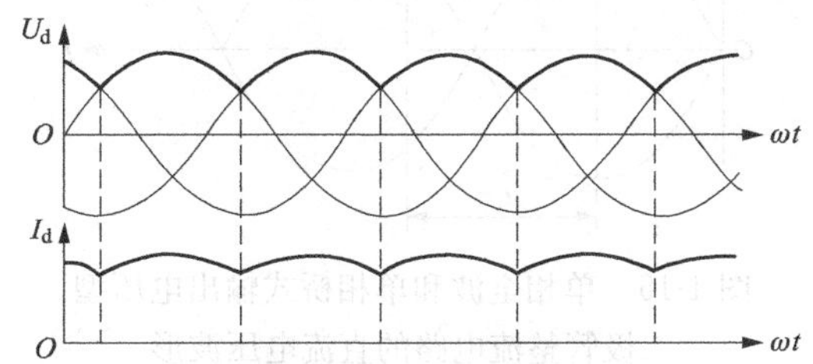

图 1-12　三相半波电流型二极管整流电路的直流电压和电流波形

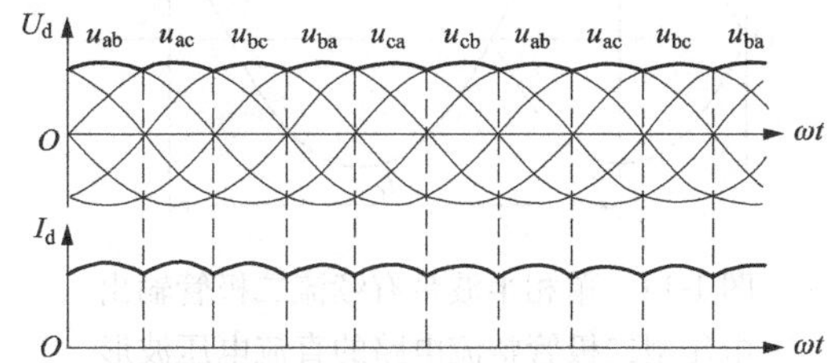

图 1-13　三相桥式电流型二极管整流电路的直流电压和电流波形

由式（1-57）~式（1-59）得，$\alpha=0°$，$m=6$ 为三相桥式整流电路，最低次谐波为 $k=1$，$n=6$ 为六次谐波，计算得最低 6 次谐波幅值 $U_{dm}=0.134U_2$。

将输出电流型整流电路最低次谐波频率 f_d、最大脉动时的 α 值、最低次谐波幅值 U_{dm}、相电压有效值的比值 U_{dm}/U_2 和滤波电感计算公式列入表 1-2 中。

例 1-1：单相桥式二极管整流电路，输入交流电压 $U_2=220$V/50Hz；输出功率 $P=$ 5kW；直流侧采用电感滤波，输出电流脉动系数 $\delta_i=0.05$，计算滤波电感。

解：直流电压平均值 $U_d=0.9U_2=198$V。

直流输出电流平均值 $I_d=P/U_d=5000/198=25$(A)。

滤波电感为

$$L=\frac{3}{\pi}\frac{U_2}{\delta_i I_d}\times 10^{-3}=\frac{3}{\pi}\times\frac{220}{0.05\times 25}\times 10^{-3}=168\times 10^{-3}=168(\text{mH})$$

如果增加电流脉动系数 δ_i 或增加输出电流，滤波电感 L 减小。

例 1-2：三相桥式二极管整流电路，输入交流电压三相 380V/50Hz；输出功率 $P=$ 100kW；直流侧采用电感滤波，输出电流脉动系数 $\delta_i=0.05$，计算滤波电感。

解：交流相电压 $U_2=220$V。

直流电压平均值 $U_d=2.34U_2=515$V。

直流输出电流平均值 $I_d=P/U_d=100000/515=194$(A)。

滤波电感为

$$L=\frac{0.22}{\pi}\frac{U_2}{\delta_i I_d}\times 10^{-3}=\frac{0.22\times 220}{0.05\times 194\pi}\times 10^{-3}=1.59\times 10^{-3}=1.588(\text{mH})$$

三相桥式二极管整流电路，输出电压脉动小，滤波电感 L 相对减小。

1.1.5　输出电压型整流电路滤波电容计算

单相半波带有续流二极管输出电压型二极管整流电路的直流电压波形如图 1-14 所示，整流电压是一个脉动的直流电压，整流电压脉动周期是 2π，加入滤波电容后，直流电压的纹波可以减小，图中 t_f 为滤波电容的放电时间。

单相全波和单相桥式输出电压型二极管整流电路的直流电压波形如图 1-15 所示，整流电压是一个脉动电压，其中包括直流和各次谐波，整流电压脉动周期是 π。加入滤波电容后，直流电压的纹波可以减小，图中 t_f 为滤波电容的放电时间。

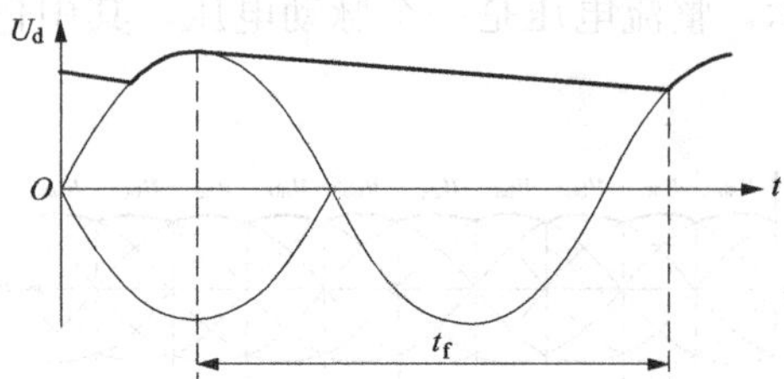

图 1-14 单相半波带有续流二极管输出电压型二极管整流电路的直流电压波形

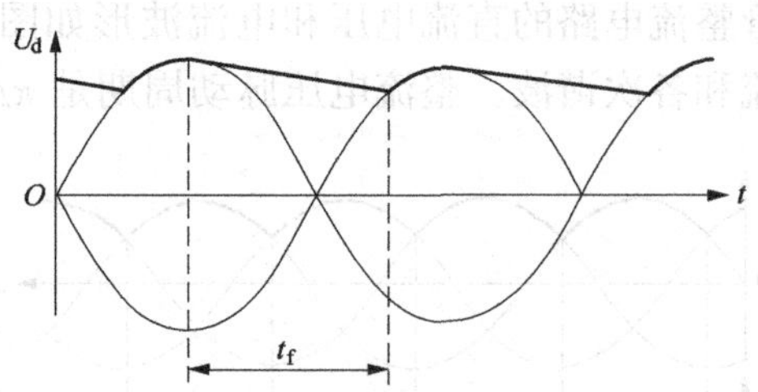

图 1-15 单相全波和单相桥式输出电压型二极管整流电路的直流电压波形

三相半波输出电压型二极管整流电路的直流电压波形如图 1-16 所示，整流电压是一个脉动电压，其中包括直流和各次谐波，整流电压脉动周期是 2π/3。加入滤波电容后，直流电压的纹波可以减小，图中 t_f 为滤波电容的放电时间。

三相桥式输出电压型二极管整流电路的直流电压波形如图 1-17 所示，整流电压是一个脉动电压，其中包括直流和各次谐波，整流电压脉动周期是 π/3。加入滤波电容后，直流电压的纹波可以减小，图中 t_f 为滤波电容的放电时间。

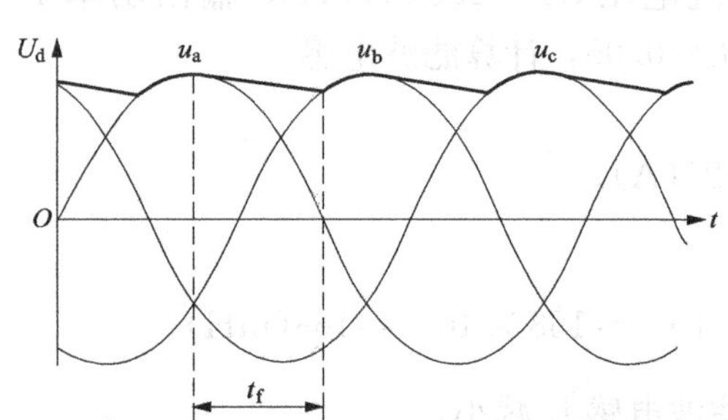

图 1-16 三相半波输出电压型二极管整流电路的直流电压波形

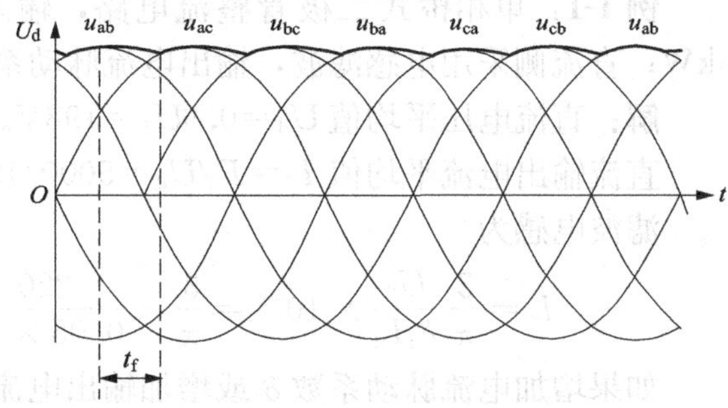

图 1-17 三相桥式输出电压型二极管整流电路的直流电压波形

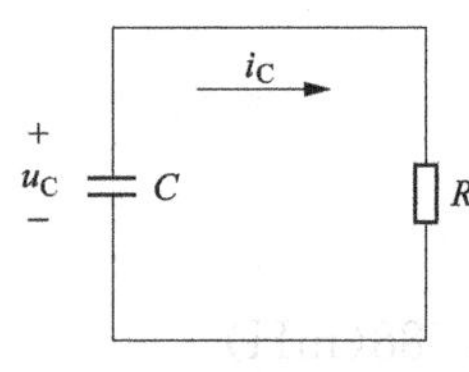

图 1-18 滤波电容放电等效电路

对于晶闸管可控整流输出电压型整流电路，其脉动周期对应于二极管整流电路的脉动周期。滤波电容 C 向负载电阻 R 放电的等效电路如图 1-18 所示。

假设电容上的初始电压为 U_o，放电过程中电容 C 上的电压表达式为

$$u_C = U_o e^{-\frac{t}{RC}}$$

整流后的直流电压纹波系数为 γ_u，则直流电压波动的最小值为

$$U_{dmin} = U_o(1-\gamma_u) \tag{1-60}$$

滤波电容上的电压应满足

$$u_C > U_{dmin} \tag{1-61}$$

即

$$e^{-\frac{t}{RC}} > (1-\gamma_u)$$

从而有

$$C > \frac{t_f}{R\ln\frac{1}{1-\gamma_u}} \tag{1-62}$$

假设整流电压的脉波周期为 T，由于 $t_f \leqslant T$，为了简化计算，式（1-62）可简化为

$$C > \frac{T}{R\ln\frac{1}{1-\gamma_u}} \tag{1-63}$$

如果直流电压波动幅度为 γ_u%取 18%～28%，式（1-63）可简化为

$$C > \frac{(3-5)T}{R} \tag{1-64}$$

式中单相半波整流电压脉动周期 $T=20\text{ms}$，单相桥式和单相全波整流电压脉动周期 $T=10\text{ms}$，三相半波整流电压脉动周期 $T=6.67\text{ms}$，三相桥式整流电压脉动周期 $T=3.33\text{ms}$。式（1-64）是一般计算滤波电容的经验公式。

对于整流电路输出采用 LC 滤波，LC 滤波器构成二阶系统，其阻尼比

$$\xi = \frac{1}{2R}\sqrt{\frac{L}{C}} \tag{1-65}$$

滤波器工作在欠阻尼状态时才能达到稳态，因而必须使系统的阻尼比满足 $0<\xi<1$，一般取 $\xi=0.5$，代入式（1-65）得

$$L = R^2C \tag{1-66}$$

因此在计算 LC 滤波器参数中，先按表 1-2 中的电感计算公式计算电感参数，按式（1-62）或式（1-63）或式（1-64）计算电容参数，再按式（1-66）进行校验。

在 LC 滤波电路中，截止频率 $f_r = 1/(2\pi\sqrt{LC})$，取 f_r 为 1/10 电压脉动频率，得到滤波电感和滤波电容的关系为

$$L = \frac{1}{(2\pi f_r)^2C} = \frac{1}{(2\pi f/10)^2C} = \frac{100T^2}{(2\pi)^2C} \tag{1-67}$$

例 1-3：单相桥式二极管整流电路，输入交流电压：$U_2=220\text{V}/50\text{Hz}$；输出功率 $P=5\text{kW}$；直流侧采用电容滤波，输出电压纹波系数 $\gamma_u=0.05$，计算滤波电容。

解：直流电压平均值按输出电压纹波系数 $\gamma_u=0.05$ 计算，$U_d=1.414\times(1-0.05/2)U_2=303(\text{V})$。

直流输出电流平均值 $I_d=P/U_d=5000/303=16.5(\text{A})$。

负载等效电阻 $R=303/16.5=18.36(\Omega)$。

单相桥式整流电压脉动周期 $T=10\text{ms}$。

滤波电容

$$C > \frac{T}{R\ln\frac{1}{1-\gamma_u}} = \frac{10\times10^{-3}}{18.36\times\ln\frac{1}{1-0.05}} = 10.6\times10^{-3} = 10000(\mu\text{F})$$

如果增加电压脉动系数 $\gamma_u=0.2$，滤波电容 C 减小为 2440μF。

例 1-4：三相桥式二极管整流电路，输入交流电压：三相 380V/50Hz；输出功率 $P=100\text{kW}$；直流侧采用电容滤波，输出电压纹波系数 $\gamma_u=0.05$，计算滤波电容。

解：交流相电压 $U_2=220\text{V}$。

直流电压平均值按脉动系数 $\gamma_u=0.05$ 计算，$U_d=2.45\times(1-0.05/2)\times220=525(V)$。

直流输出电流平均值 $I_d=P/U_d=100000/525=190(A)$。

负载等效电阻 $R=525/190=2.76(\Omega)$。

三相桥式整流电压脉动周期 $T=3.3ms$。

滤波电容

$$C>\frac{T}{R\ln\frac{1}{1-\gamma_u}}=\frac{3.3\times10^{-3}}{2.76\times\ln\frac{1}{1-0.05}}=23.3\times10^{-3}(F)=23300(\mu F)$$

如果增加电压脉动系数 $\gamma_u=0.2$，滤波电容 C 减小为 5358μF。

例 1-5：三相桥式二极管整流电路参数计算与器件选择。输入交流电压：三相交流 380V/50Hz；输出功率 100kW，直流侧采用 LC 滤波。输出电流脉动系数 $\delta_i=0.02$，输出电压纹波系数 $\gamma_u=0.15$。

解：直流电压平均值按脉动系数 $\gamma_u=0.15$ 计算，$U_d=2.45\times(1-0.15/2)\times220=498.5(V)$。

直流输出电流平均值 $I_o=P/U_d=100000/498.5=200.6(A)$。

负载等效电阻 $R=498.5/200.6=2.485(\Omega)$。

三相桥式整流电压脉动周期 $T=3.3ms$。

滤波电容

$$C>\frac{T}{R\ln\frac{1}{1-\gamma_u}}=\frac{3.3\times10^{-3}}{2.485\times\ln\frac{1}{1-0.15}}=8.17\times10^{-3}(F)=8170(\mu F)$$

滤波电感

$$L=\frac{0.22}{\pi}\frac{U_2}{\delta_i I_d}\times10^{-3}=\frac{0.22\times220}{0.02\times200.6\pi}\times10^{-3}=3.84\times10^{-3}=3.84(mH)$$

按式（1-66）4 倍的电感量 $L<4R^2C$ 检验，满足要求。如果按式（1-64）和式（1-67）经验公式计算

$$C=\frac{(3\sim5)T}{R}=\frac{(3\sim5)\times3.3\times10^{-3}}{2.485}=3983\sim6640(\mu F)$$

$$L=\frac{100}{(2\pi)^2}\frac{T^2}{C}=\frac{100}{(2\pi)^2}\frac{(3.3\times10^{-3})^2}{6640\times10^{-6}}=4.15(mH)$$

二极管 $VD_1\sim VD_6$ 承受的最大反向电压为

$$U_D=\sqrt{2}\times\sqrt{3}U_2=220\sqrt{6}=540(V)$$

流过 $VD_1\sim VD_6$ 的电流有效值为

$$I=1/\sqrt{3}I_o=0.577\times200.6=115(A)$$

选择二极管 $VD_1\sim VD_6$ 的电压定额并留有裕量

$$U_D=(2\sim3)\sqrt{6}U_2=(2\sim3)2.45U_2=1080\sim1620(V)$$

选择二极管 $VD_1\sim VD_6$ 的通态平均电流定额并留有裕量

$$I_D=(1.5\sim2)0.368I_o=110\sim148A$$

式中，I_o 为输出负载电流；U_2 是输入变压器二次侧电压。

选 150A/1200V 整流二极管。

1.2　DC-DC 变换电路参数计算与器件选择

DC-DC 变换电路也叫作直流斩波电路。变换器按输入输出间是否有电气隔离分两类，一类是不隔离 DC-DC 变换器，包括单管 Buck 变换器、单管 Boost 变换器，单管 Buck-Boost 变换器，单管 Cúk 变换器，单管 Sepic 变换器，单 Zeta 变换器；另一类是双管串接升压型 Buck-Boost 变换器等。

隔离 DC-DC 变换器：单管正激式变换器、单管反、激式变换器；双管正激式变换器、双管反激式变换器；推挽式变换器、半桥变换器、全桥变换器等。

1.2.1　单管不隔离 DC-DC 变换器参数计算与器件选择

1. Buck 变换器的参数计算与器件选择

Buck 变换器是一种降压型 DC-DC 变换电路，如图 1-19 所示，其输出电压小于或等于输入电压，输出电压连续可调，输入电流断续，一般用在输出最高电压和输入直流电压比较接近的场合。

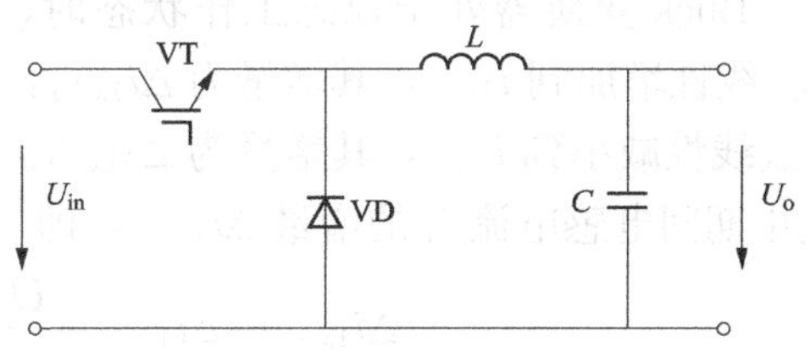

图 1-19　Buck 变换电路

Buck 变换器的工作过程等效电路和波形如图 1-20（a）和图 1-20（b）所示，波形如图 1-20（c）所示，其工作过程分为两个阶段。

0-T_{ON}期间，开关管 VT 导通，VD 截止，等效电路如图 1-20（a）所示，其回路方程为

$$L\frac{\mathrm{d}i_L}{\mathrm{d}t}=U_{in}-U_o \tag{1-68}$$

电感电流 i_L线性增加。写成增量方程

$$\Delta i_{L(+)}=\frac{U_{in}-U_o}{L}\Delta t=\frac{U_{in}-U_o}{L}D_yT_s \tag{1-69}$$

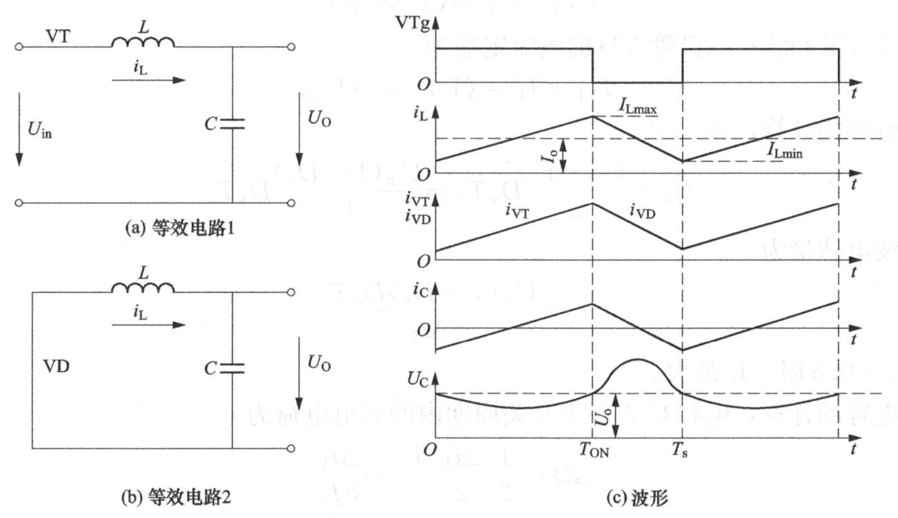

图 1-20　Buck 变换器的工作过程等效电路和波形

式中，$D_y=T_{ON}/T_s$；$\Delta t=T_{ON}=D_yT_s$；D_y 为占空比；T_s 为开关周期。

T_{ON}-T_S期间，开关管 VT 截止，VD 导通，等效电路如图 1-20（b）所示，其回路方程为

$$L\frac{di_L}{dt}=U_o \tag{1-70}$$

电感电流 i_L线性减小。写成增量方程

$$\Delta i_{L(-)}=\frac{U_o}{L}\Delta t=\frac{U_o}{L}(1-D_y)T_s \tag{1-71}$$

式中，$\Delta t=T_s-T_{ON}=(1-D_y)T_s$。

如果电感 L 电感量小，使得电感电流 i_L断续，VD 在 T_s 前截止。

Buck 变换器处于稳态工作状态时，在开关管 VT 导通的 0-T_{ON}期间，电感电流 i_L从 i_{Lmin}线性增加到 i_{Lmax}，其增量为 $\Delta i_{L(+)}$，在开关管 VT 截止的 T_{ON}-T_s期间，电感电流 i_L从 i_{Lmax}线性减小到 i_{Lmin}，其增量为 $\Delta i_{L(-)}$。VT 导通期间电感电流 i_L增量为 $\Delta i_{L(+)}$，等于 VT 截止期间电感电流 i_L的增量 $\Delta i_{L(-)}$，即

$$\Delta i_{L(+)}=\Delta i_{L(-)}=\frac{U_{in}-U_o}{L}D_yT_s=\frac{U_o(1-D_y)}{L}T_s \tag{1-72}$$

得到输出电压和输入电压的变比为

$$\frac{U_o}{U_{in}}=D_y \tag{1-73}$$

流过电感 L 的电流最大值

$$I_{Lmax}=I_o+\frac{1}{2}\Delta i_L \tag{1-74}$$

I_o 为负载电流。开关管 VT 和续流二极管 D 承受的最大电压为 U_{in}。开关管 VT 和续流二极管 VD 的电压定额为

$$U_{VT}=U_D=(2\sim 3)U_{in} \tag{1-75}$$

开关管 VT 和续流二极管 VD 的电流定额为

$$I_{VT}=I_D=(1.5\sim 2)I_{Lmax} \tag{1-76}$$

滤波电感的计算，由

$$\Delta i_L=\frac{U_{in}-U_o}{L}D_yT_s=\frac{U_{in}(1-D_y)}{L}D_yT_s \tag{1-77}$$

得滤波电感量为

$$L=\frac{U_{in}(1-D_y)D_yT_s}{\Delta i_L} \tag{1-78}$$

当 $D_y=0.5$ 时，L 最大。

滤波电容的计算，电容 C 在一个开关周期内的充电电荷为

$$\Delta Q=\frac{1}{2}\frac{\Delta i_L}{2}\frac{T_s}{2}=\frac{\Delta i_L}{8f_s} \tag{1-79}$$

输出脉动电压为

$$\Delta U_o=\frac{\Delta Q}{C}=\frac{(1-D_y)U_o}{8LCf_s^2} \tag{1-80}$$

滤波电容量为

$$C=\frac{(1-D_y)U_o}{8Lf_s^2\Delta U_o} \tag{1-81}$$

例 1-6：Buck 变换器的参数计算与器件选择。输入电压 U_{in} 为 500V，输出平均电流 I_o 为 100A，电感电流波动量 Δi_L 为 10A，开关频率 f 为 20kHz，输出电压 U_o为 250V，输出电压波动量 ΔU_o 为 10V。

解：流过电感 L 的电流最大值

$$I_{Lmax}=I_o+\frac{1}{2}\Delta i_L=100+0.5\times10=105(A)$$

开关管 VT 和续流二极管 VD 承受的最大电压为 U_{in}。开关管 VT 和续流二极管 VD 的电压定额为

$$U_{VT}=U_D=(2\sim3)U_{in}=1080\sim1620(V)$$

开关管 VT 和续流二极管 VD 的电流定额为

$$I_{VT}=I_D=(1.5\sim2)I_{Lmax}=158\sim210(A)$$

滤波电感的计算

$$L=\frac{U_{in}(1-D_y)D_yT_s}{\Delta i_L}=\frac{500\times(1-0.5)\times0.5\times0.05\times10^{-3}}{10}=0.625(mH)$$

当 $D_y=0.5$ 时，L 最大。滤波电容计算

$$C=\frac{(1-D_y)U_o}{8Lf_s^2\Delta U_o}=\frac{(1-0.5)\times250}{8\times0.625\times10^{-3}\times(20\times10^3)^2\times10}=6.25(\mu F)$$

2. Boost 变换器的参数计算与器件选择

Boost 变换器是一种升压型 DC-DC 变换电路，如图 1-21 所示，输出电压大于输入电压，VT 的占空比 D_y 必须小于 1，输入电流连续。

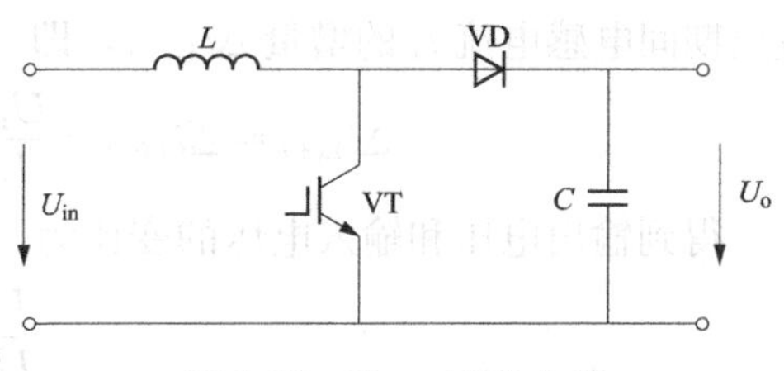

图 1-21　Boost 变换电路

Boost 变换器的工作过程等效电路和波形如图 1-22 所示，其工作过程分为两个阶段。

0-T_{ON}期间，开关管 VT 的驱动信号 VTg 为高电平，VT 导通，VD 截止，等效电路如图 1-22 (a) 所示，其回路方程为

$$L\frac{di_L}{dt}=U_{in} \tag{1-82}$$

电感电流 i_L线性增加。写成增量方程

$$\Delta i_{L(+)}=\frac{U_{in}}{L}\Delta t=\frac{U_{in}}{L}D_yT_s \tag{1-83}$$

式中，$D_y=T_{ON}/T_s$；$\Delta t=T_{ON}=D_yT_s$；D_y 为占空比；T_s 为开关周期。

T_{ON}-T_s期间，开关管 VT 的驱动信号 VTg 为低电平，VT 截止，VD 导通，等效电路如图 1-22（b）所示，其回路方程为

$$L\frac{di_L}{dt}=U_o-U_{in} \tag{1-84}$$

电感电流 i_L线性减小。写成增量方程

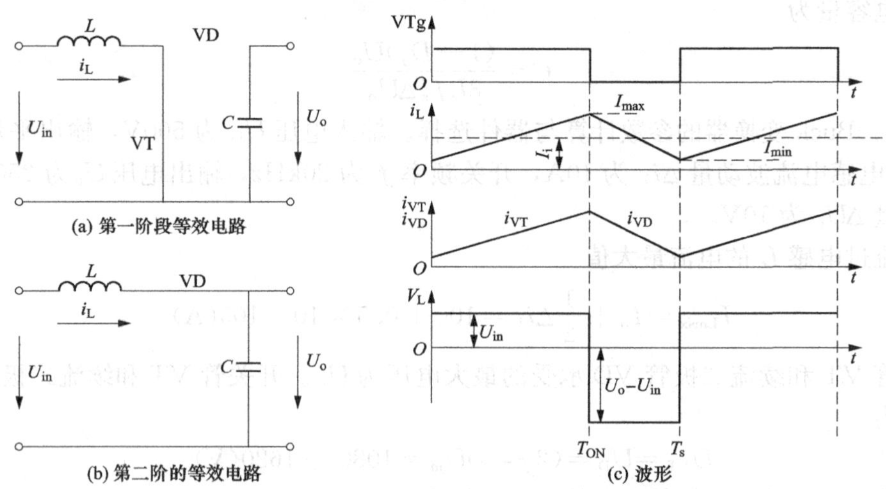

图 1-22 Boost 变换器的工作过程等效电路和波形

$$\Delta i_{L(-)}=\frac{U_o-U_{in}}{L}\Delta t=\frac{U_o-U_{in}}{L}(1-D_y)T_s \tag{1-85}$$

式中，$\Delta t=T_s-T_{ON}=(1-D_y)T_S$。

如果电感 L 电感量小，使得电感电流 i_L 断续，VD 在 T_s 前截止。

Boost 变换器处于稳态工作状态时，在开关管 VT 导通的 $0\text{-}T_{ON}$ 期间，电感电流 i_L 从 i_{Lmin} 线性增加到 i_{Lmax}，其增量为 $\Delta i_{L(+)}$，在开关管 VT 截止的 $T_{ON}\text{-}T_s$ 期间，电感电流 i_L 从 i_{Lmax} 线性减小到 i_{Lmin}，其增量为 $\Delta i_{L(-)}$。VT 导通期间电感电流 i_L 增量为 $\Delta i_{L(+)}$，等于 VT 截止期间电感电流 i_L 的增量 $\Delta i_{L(-)}$，即

$$\Delta i_{L(+)}=\Delta i_{L(-)}=\frac{U_{in}}{L}D_yT_s=\frac{U_{in}-U_o}{L}(1-D_y)T_s \tag{1-86}$$

得到输出电压和输入电压的变比为

$$\frac{U_o}{U_{in}}=\frac{1}{1-D_y} \tag{1-87}$$

流过电感 L 的电流最大值

$$I_{Lmax}=I_i+\frac{1}{2}\Delta i_L=\frac{I_o}{1-D_y}+\frac{(1-D_y)D_yU_o}{2Lf_s} \tag{1-88}$$

式中，I_i 为输入电流；I_o 为负载电流；D_y 为占空比；f_s 为开关频率。

开关管 VT 和续流二极管 VD 承受的最大电压为 U_o。开关管 VT 和续流二极管 VD 的电压定额为

$$U_{VT}=U_D=(2\sim 3)U_o \tag{1-89}$$

开关管 VT 和续流二极管 VD 的电流定额为

$$I_{VT}=I_D=(1.5\sim 2)I_{Lmax} \tag{1-90}$$

滤波电感的计算，由

$$\Delta i_L=\frac{U_{in}}{L}D_yT_s \tag{1-91}$$

得滤波电感量为

$$L=\frac{U_{in}D_yT_s}{\Delta i_L} \tag{1-92}$$

滤波电容的计算，在 0-T_{ON}期间，开关管 VT 导通，VD 截止，电容C以负载电流I_o放电，其放电电荷为

$$\Delta Q=I_oD_yT_s \tag{1-93}$$

如果输出电压脉动很小，则输出脉动电压由下式决定

$$\Delta U_o=\frac{\Delta Q}{C}=\frac{D_yI_o}{Cf_s} \tag{1-94}$$

滤波电容量为

$$C=\frac{D_yI_o}{f_s\Delta U_o} \tag{1-95}$$

3. Buck-Boost 变换器基本工作原理

Buck-Boost 变换器是一种升降压型 DC-DC 变换电路，如图 1-23 所示，输出电压大于或小于输入电压。输出电压极性和输入电压极性相反，输入电流断续。

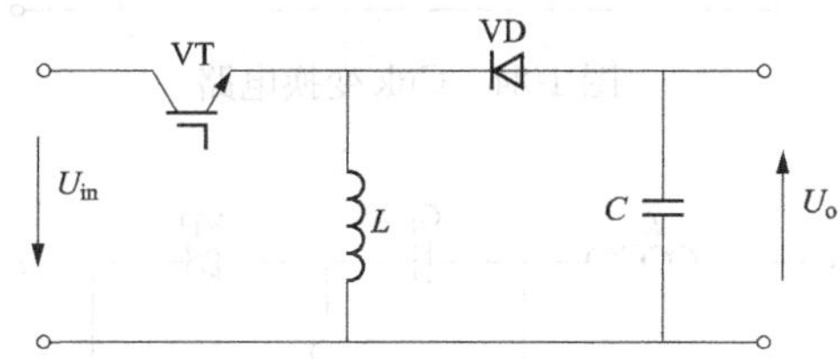

图 1-23　Buck-Boost 变换电路

开关管 VT 导通，VD 截止，其回路方程为

$$L\frac{di_L}{dt}=U_{in} \tag{1-96}$$

电感电流 i_L线性增加。写成增量方程

$$\Delta i_{L(+)}=\frac{U_{in}}{L}\Delta t=\frac{U_{in}}{L}D_yT_s \tag{1-97}$$

式中，$D_y=T_{ON}/T_s$；$\Delta t=T_{ON}=D_yT_s$；D_y为占空比；T_s为开关周期。

开关管 VT 截止，VD 导通，其回路方程为

$$L\frac{di_L}{dt}=-U_o \tag{1-98}$$

电感电流 i_L线性减小。写成增量方程

$$\Delta i_{L(-)}=\frac{-U_o}{L}\Delta t=\frac{-U_o}{L}(1-D_y)T_s \tag{1-99}$$

VT 导通期间电感电流 i_L 增量为 $\Delta i_{L(+)}$，等于 VT 截止期间电感电流 i_L 的增量 $\Delta i_{L(-)}$，即

$$\Delta i_{L(+)}=\Delta i_{L(-)}=\frac{U_{in}}{L}D_yT_s=\frac{-U_o}{L}(1-D_y)T_s$$

得到输出电压和输入电压的变比为

$$\frac{-U_o}{U_{in}}=\frac{D_y}{1-D_y}$$

当 $D_y<0.5$ 时，$U_o<U_{in}$ 为降压；当 $D_y>0.5$ 时，$U_o>U_{in}$ 为升压。

4. Cúk 变换器基本电路

Cúk 变换器和 Buck-Boost 变换器一样，也是一种升降压型 DC-DC 变换电路，如图 1-24 所示，其输出电压极性和输入电压极性也相反，输出电压和输入电压变比的计算公式和

Buck-Boost 变换器相同。与 Buck-Boost 变换器的主要区别是 Cúk 变换器的输入电流和输出电流都连续。图中增加的电容 C_1 的作用是将电感 L_1 的储能传递给电感 L_2。

5. Sepic 变换器基本电路

Sepic 变换器也是一种升降压型 DC-DC 变换电路，输出电压大于或小于输入电压，如图 1-25 所示。和 Cúk 变换器的主要区别是输出电压极性和输入电压极性相同，输入电流断续。输出电压和输入电压变比的计算公式和 Buck-Boost 变换器相同，但极性为正。

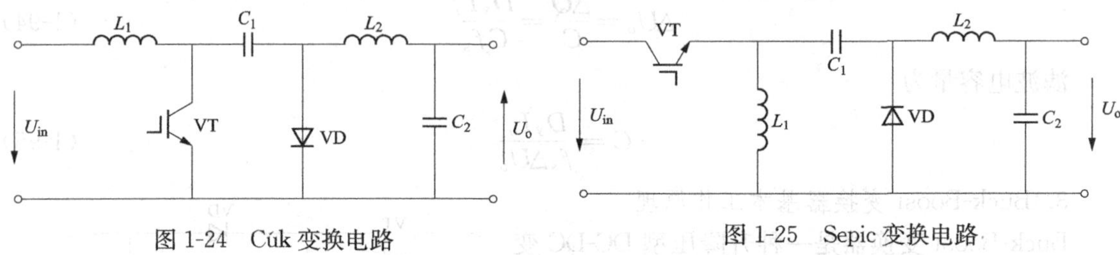

图 1-24 Cúk 变换电路

图 1-25 Sepic 变换电路

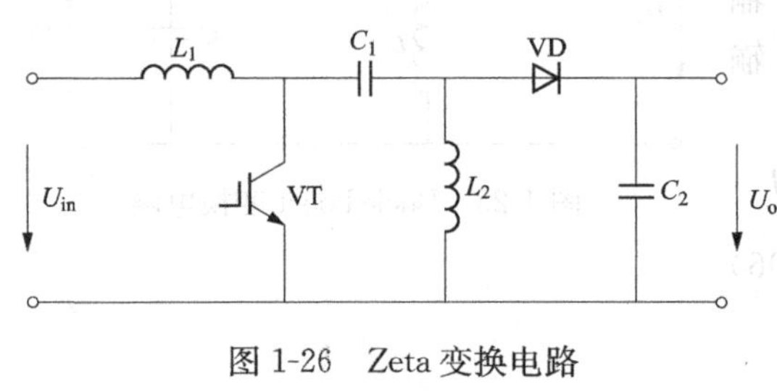

图 1-26 Zeta 变换电路

6. Zeta 变换器基本电路

Zeta 变换器也是一种升降压型 DC-DC 变换电路，输出电压大于或小于输入电压，如图 1-26 所示。和 Sepic 变换器的主要区别是输出电流断续。输出电压和输入电压变比的计算公式和 Buck-Boost 变换器相同，但极性为正。

1.2.2 单管隔离 DC-DC 变换器参数计算与器件选择

有隔离的变换器可以实现输入与输出间的电气隔离，通常采用变压器实现变压和隔离，有利于扩大变换器的应用范围，还可实现多路输出。

1. 单端正激式变换电路的参数计算与器件选择

单端正激变换器实际上是在降压型 Buck 变换器中插入隔离变压器而成，主电路如图 1-27 所示，工作波形如图 1-28 所示。开关管按 PWM 方式工作，VD1 是输出整流二极管，VD2 是续流二极管，L 是输出滤波电感，C_1 是输出滤波电容。变压器有三个绕组，一次侧 W_1，二次侧 W_2，复位绕组 W_3，VD3 是复位绕组 W_3 的串联二极管。

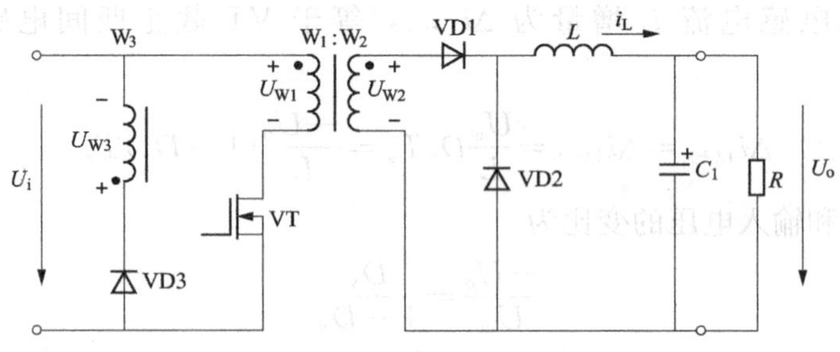

图 1-27 单端正激变换器主电路

(1) 开关模态 1 $[0, T_{ON}]$。如图 1-27 所示，$t=0$ 时 VT 导通，电源电压 U_i 加在一次侧 W_1 上，铁芯磁化，原边回路的微分方程为

$$W_1 \frac{d\Phi}{dt} = U_i \tag{1-100}$$

在此期间，铁芯磁通 Φ 的增量为

$$\Delta\Phi_{(+)} = \frac{U_i}{W_1} D_y T_s \tag{1-101}$$

变压器的励磁电流 i_M 从零线性增加

$$i_M = \frac{U_i}{L_M} t = \frac{U_i}{L_M} D_y T_s \tag{1-102}$$

二次侧 W_2 上的感应电压为

$$U_{W2} = \frac{W_2}{W_1} U_i = \frac{U_i}{K_{12}} \tag{1-103}$$

其工作波形如图 1-28 所示。

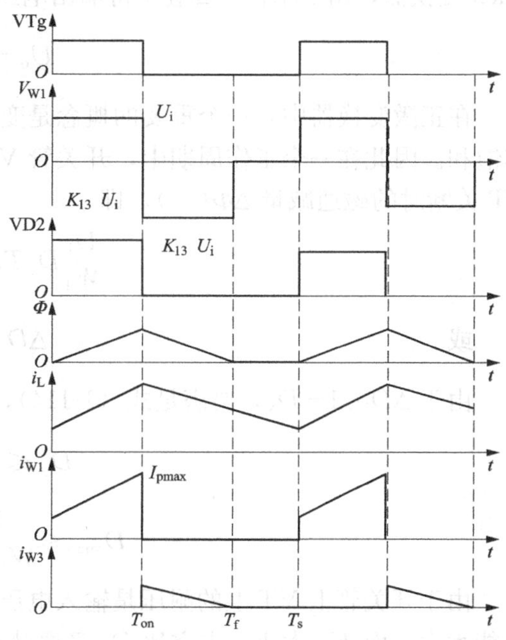

图 1-28　正激变换器工作波形

此时整流二极管 VD1 导通，续流二极管 VD2 承受反向电压而截止，滤波电感电流 i_L 线性增加，副边回路的微分方程为

$$L \frac{di_L}{dt} = \frac{U_i}{K_{12}} - U_o$$

$$\Delta i_{L(+)} = \frac{\frac{U_i}{K_{12}} - U_o}{L} D_y T_s \tag{1-104}$$

根据变压器的工作原理，原边电流 i_{W1} 等于副边折算到原边的电流加上励磁电流 i_M，即

$$i_{W1} = \frac{i_L}{K_{12}} + i_M \tag{1-105}$$

(2) 开关模态 2 $[T_{ON}, T_f]$。$t = T_{ON}$时，VT 的驱动信号 VTg 为低电平，VT 关断，一次侧和二次侧中没有电流流过，这时变压器通过复位绕组 W_3进行磁复位，励磁电流 i_M 通过复位绕组 W_3、二极管 VD3 回馈到输入电源。此时复位绕组上的电压为

$$U_{W3} = -U_i \tag{1-106}$$

一次侧和二次侧上的电压分别为

$$U_{W1} = -K_{13} U_i \tag{1-107}$$

$$U_{W2} = -K_{23} U_i \tag{1-108}$$

这时二极管 VD1 关断，滤波电感电流 i_L 通过续流二极管 VD2 续流，与 Buck 变换器类似，有

$$L \frac{di_L}{dt} = U_o$$

$$\Delta i_{L(-)} = \frac{U_o}{L}(1 - D_y) T_s \tag{1-109}$$

加在 VT 上的电压为

$$U_{VT}=U_i+K_{13}U_i=(1+K_{13})U_i \tag{1-110}$$

电源电压 U_i反向加在复位绕组 W_3上，铁芯去磁，磁通 Φ 减小

$$\Delta\Phi_{(-)}=\frac{U_i}{W_3}\Delta DT_s \tag{1-111}$$

式中，$\Delta D=(T_r-T_{ON})/T_s$，$\Delta D\leqslant 1-D_y$。励磁电流 i_M 从一次侧中转移到复位绕组中，并且开始线性减小。T_r 时刻，$i_{W3}=i_M=0$，变压器完成磁复位。

(3) 开关模态 3 $[T_r, T_s]$。在这个开关模态中，所有的绕组电流都为零，滤波电感电流 i_{Lf}继续通过续流二极管 VD2 续流，加在 VT 上的电压为 U_f。

(4) 单端正激变换器基本关系。从以上分析可知，正激变换器实际上是一个隔离的 Buck 变换器，由 $\Delta i_{L(+)}=\Delta i_{L(-)}$ 得输出电压与输入电压的关系为

$$U_o=D_y\frac{U_i}{K_{12}} \tag{1-112}$$

在正激变换器中，一个重要的概念是变压器必须磁复位，否则磁通将不断增加，导致磁芯饱和。因此在一个工作周期中，开关管 VT 导通时的磁通增量 $\Delta\Phi(+)$，应该等于开关管 VT 关断时的磁通减量 $\Delta\Phi(-)$，即

$$\frac{U_i}{W_1}D_yT_s=\frac{U_i}{W_3}\Delta DT_s \tag{1-113}$$

或

$$\Delta D=\frac{W_3}{W_1}D_y \tag{1-114}$$

由于 $\Delta D\leqslant 1-D_y$，要满足式 (1-114)，有 $D_y\leqslant 1-\Delta D$，即

$$D_y\leqslant 1-\frac{W_3}{W_1}D_y \tag{1-115}$$

$$D_{ymax}\leqslant\frac{W_1}{W_1+W_3}=\frac{K_{13}}{1+K_{13}}$$

由于开关管上 VT 上的耐压是输入电压 U_i 与复位绕组 W_3的电压 $K_{13}U_i$ 之和，所以 K_{13}不能太大，而 K_{13}太小，占空比 D_y 又要减小，为了充分提高占空比 D_y，又减小 U_{VT}，一般取 K_{13}等于 1，这时 D_y 等于 0.5，U_{VT}等于 $2U_i$。

在 VT 导通期间，铁芯磁化，续流二极管 VD2 上的电压为

$$V_{VD2}=\frac{W_2}{W_1}U_i \tag{1-116}$$

二极管 VD3 上的电压为

$$V_{VD3}=(1+\frac{W_3}{W_1})U_i \tag{1-117}$$

在 VT 截止期间，铁芯退磁，整流二极管 VD1 上的电压为

$$V_{VD1}=\frac{W_2}{W_3}U_i \tag{1-118}$$

流过电感 L 的电流最大值为

$$I_{Lmax}=I_o+\frac{\Delta i_L}{2}=I_o+\frac{1}{2}\cdot\frac{V_{VD2}}{L}\cdot D_yT_s=I_o+\frac{1}{2}\cdot\frac{U_i}{K_{12}}\cdot\frac{1}{Lf_s}\cdot D_y \tag{1-119}$$

I_{Lmax} 就是流过 VD1、VD2 的最大电流。流过开关管 VT 的电流最大值为

$$I_{\mathrm{VTmax}}=\frac{W_2}{W_1}I_{\mathrm{Lmax}}+I_{\mathrm{Mmax}}=\frac{1}{K_{12}}\left(I_o+\frac{U_i}{K_{12}}\cdot\frac{1}{2L_f f_s}\cdot D_y\right)+\frac{U_i}{L_M f_s}\cdot D_y \tag{1-120}$$

Buck 变换器引入变压器，实现了电源侧与负载侧的电气隔离，也使正激变换器的输出电压可高于电源电压或低于电源电压，还可实现多路输出。

2. 单端反激式（Flyback）变换电路的参数计算与器件选择

单端反激式变换器在变压器的初级是降压型 Buck 变换器，变压器的次级是 Boost 变换器，也是一种隔离型直流变换器。单端反激变换器中变压器的磁通也只在单方向变化，开关管导通时电源将能量转为磁能存储在变压器的电感中，当开关管阻断时再将磁能转变为电能传送给负载。图 1-29 为反激式（Flyback）变换器主电路，它由开关 VT、整流二极管 VD、电容 C_1 和变压器构成。开关管 VT 按 PWM 方式工作。变压器的一次侧 W_1 和二次侧 W_2 要求紧密耦合，变压器铁芯采用普通导磁材料时必须加气隙，以保证在最大负载电流时铁芯不饱和，因为变压器通过的电流有直流成分。

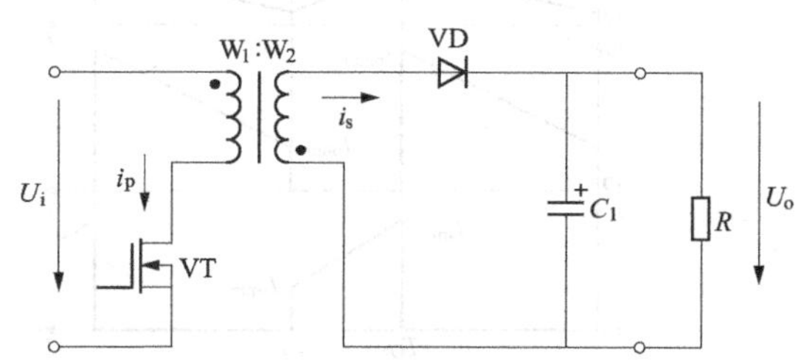

图 1-29　反激式变换器主电路

单端反激式变换器有电流连续和断续两种工作方式。在单端反激式变换器中，变压器是耦合电感，对一次侧 W_1 的自感 L_1 来说，当开关管 VT 断开后其电流必然为零，因此它的电流不可能连续，但这时在二次侧 W_2 的自感 L_2 上必产生电流，故对反激变换器来说，电流连续是指变压器两个绕组的合成安匝在一个开关周期内不为零。而电流断续是指变压器两个绕组的合成安匝在一个开关周期内有一段时间为零。

（1）电流连续时单端反激式变换器的工作原理和基本关系。

①工作原理。开关模态 1［0，T_{ON}］：如图 1-30（a）所示，$t=0$ 时，VT 的驱动信号 VTg 为高电平，VT 导通，电源电压 U_i 加在一次侧 W_1 上，这时二次侧 W_2 上的感应电压为

$$U_{W2}=(-W_2/W_1)U_i \tag{1-121}$$

其极性为上负下正。由于二极管 VD1 承受反向电压而截止，负载电流由滤波电容 C_1 提供，因此二次侧 W_2 处于开路状态，只有一次侧工作，一次侧 W_1 相当于一个电感，其电感量为 L_1，原边电流 I_p 从 I_{pmin} 开始线性增加，一次侧回路的微分方程为

$$\begin{gathered}\frac{\mathrm{d}i_p}{\mathrm{d}t}=\frac{U_i}{L_1}\\ \Delta i_{p(+)}=\frac{U_i}{L_1}D_y T_s\end{gathered} \tag{1-122}$$

当 $t=T_{\mathrm{ON}}$ 时，I_p 达到最大值 I_{pmax}

$$I_{\mathrm{pmax}}=I_{\mathrm{pmin}}+\frac{U_i}{L_1}D_y T_s \tag{1-123}$$

在 I_p 增加过程中，变压器磁芯被磁化，磁通 Φ 线性增加，其增量为

$$\begin{gathered}W_1\frac{\mathrm{d}\Phi}{\mathrm{d}t}=U_i\\ \Delta\Phi_{(+)}=\frac{U_i}{W_1}D_y T_s\end{gathered} \tag{1-124}$$

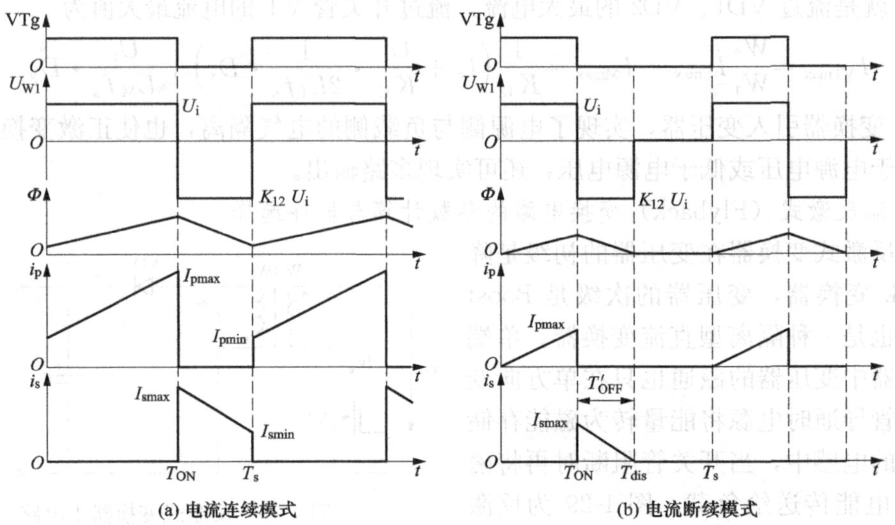

图 1-30　反激式变换器工作波形

开关模态 2[T_{ON}，T_s]：$t=T_{ON}$时，VT 的驱动信号 VTg 为低电平，VT 关断，一次侧开路，二次侧的感应电压改变极性，其极性为上正下负，二极管 VD1 导通，储存在变压器中的磁场能通过 VD2 释放，同时向滤波电容 C_1和负载供电。这时只有变压器的副边在工作，二次侧相当于一个电感，其电感量为 L_2，二次侧上的电压为 U_o，电流 I_s从 I_{smax}线性下降，副边回路的微分方程为

$$\frac{di_s}{dt}=\frac{U_o}{L_2} \tag{1-125}$$

$$\Delta i_{s(-)}=\frac{U_o}{L_2}(1-D_y)T_s$$

$t=T_s$ 时，I_s达到最小值 I_{smax}

$$I_{smin}=I_{smax}-\frac{U_o}{L_2}(1-D_y)T_s \tag{1-126}$$

在 I_s下降过程中，变压器被去磁，磁通 Φ 线性减小，副边回路的微分方程为

$$W_2\frac{d\Phi}{dt}=U_o \tag{1-127}$$

其磁通减小量为

$$\Delta\Phi_{(-)}=\frac{U_o}{W_2}(1-D_y)T_s \tag{1-128}$$

②基本关系。稳态工作时，VT 导通时磁通 Φ 的增加量必等于 VT 关断时磁通 Φ 的减小量，即

$$\Delta\Phi_{+}=\Delta\Phi_{(-)} \tag{1-129}$$

$$\frac{U_i}{W_1}D_yT_s=\frac{U_o}{W_2}(1-D_y)T_s \tag{1-130}$$

$$\frac{U_o}{U_i}=\frac{W_2}{W_1}\frac{D_y}{1-D_y}=\frac{1}{K_{12}}\frac{D_y}{1-D_y} \tag{1-131}$$

式中 $K_{12}=W_1/W_2$是变压器原边和副边的匝数比。

(2) 电流断续时单端反激式变换器的工作原理。开关模态 1[0，T_{ON}]：如图 1-30（b）所示，$t=0$ 时，VT 导通，原边电流从零开始线性增加。当 $t=T_{ON}$时，I_p达到最大值 I_{pmax}。

开关模态 2[T_{ON}，T_{dis}]：$t=T_{ON}$时，VT 关断，一次侧开路，二次侧的感应电压改变极性，二极管 VD1 导通，储存在变压器中的磁场能通过 VD2 释放，同时向滤波电容 C_1和负载供电。这时只有变压器的副边在工作，二次侧相当于一个电感，其电感量为 L_2，电流 I_s从 I_{smax}线性下降，$t=T_{dis}$时，$i_s=0$。

开关模态 3[T_{dis}，T_s]：在这个阶段，VT 关断，VD1 截止，变压器原副边都开路，负载由滤波电容 C_1提供能量。

1.3　DC-AC 变换电路参数计算与器件选择

DC-AC 变换是通过逆变器实现的。

1.3.1　DC-AC 变换电路负载类型

DC-AC 变换电路常用的负载有电阻性负载、电感性负载和电阻电感性负载，很少有电容性负载。对于电阻电感性负载，阻抗 $Z=R+j\omega L$，可求出模 $z=\sqrt{R^2+(\omega L)^2}$，相位 $\phi=\arctan(\omega L/R)$。

为了提高逆变器输出功率因数，减小无功损耗，在负载回路加补偿电容或补偿电感，组成 RLC 谐振负载。谐振负载有串联谐振、并联谐振和串并联谐振。表 1-3 为串联谐振和并联谐振电路的谐振特性。

对于串联谐振负载，其等效阻抗为

$$Z=R+j(\omega L-\frac{1}{\omega C}) \tag{1-132}$$

谐振时，负载的等效阻抗 Z_o和谐振频率为

$$Z_o=R\quad \omega_o=\frac{1}{\sqrt{LC}} \tag{1-133}$$

品质因数为

$$Q=\frac{\omega_o L}{R}=\frac{1}{R\omega_o C}=\frac{1}{R}\sqrt{\frac{L}{C}} \tag{1-134}$$

对于并联谐振负载，其等效导纳为

$$Y=\frac{R}{R^2+(\omega L)^2}-j\left(\frac{\omega L}{R^2+(\omega L)^2}\right)+j\omega C \tag{1-135}$$

谐振时，负载的等效阻抗 Z_o和谐振频率为

$$Z_o=\frac{R^2+(\omega_o L)^2}{R},\quad \omega_o=\frac{1}{\sqrt{LC}}\sqrt{1-\frac{CR^2}{L}} \tag{1-136}$$

将 ω_o 代入 Z_o，得

$$Z_o=\frac{L}{RC} \tag{1-137}$$

表 1-3 谐振电路特性

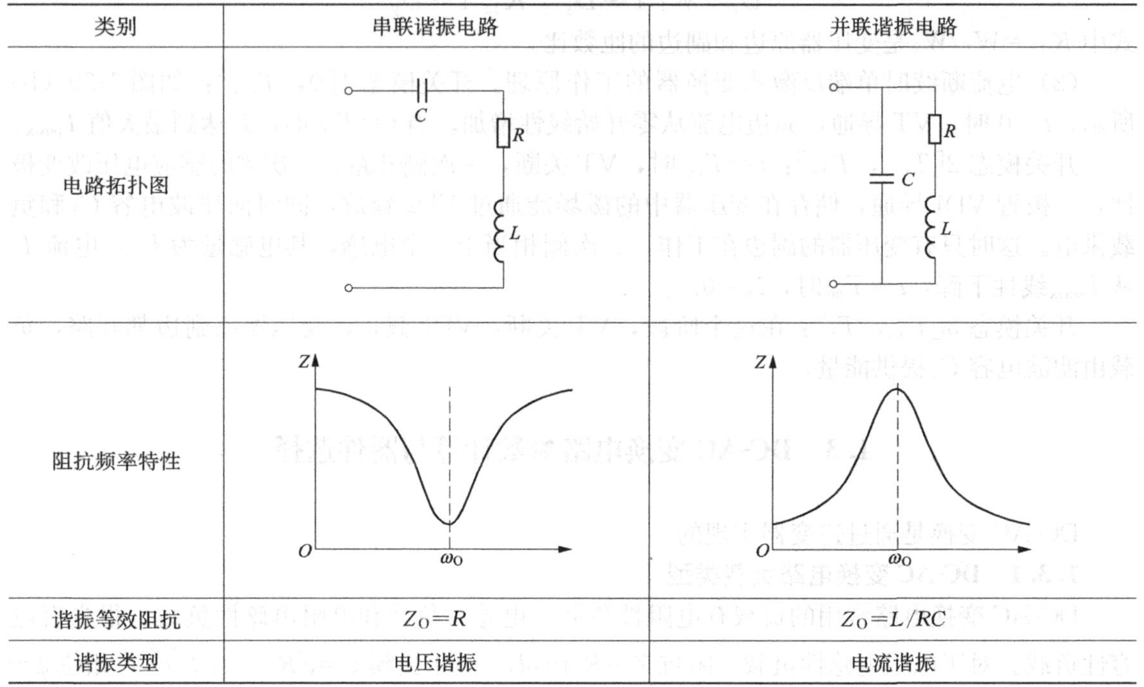

类别	串联谐振电路	并联谐振电路
电路拓扑图		
阻抗频率特性		
谐振等效阻抗	$Z_O=R$	$Z_O=L/RC$
谐振类型	电压谐振	电流谐振

1.3.2 电压型逆变电路的参数计算与器件选择

电压型逆变器输入端并接有大电容，逆变器由电容稳压提供恒电压，逆变桥输出到负载两端的电压为方波，其幅值为电容电压，而逆变桥的输出电流大小由负载决定，电流波形由负载的性质决定。

(1) 电阻型负载的电流波形和电压波形一样是方波。

(2) 电阻电感型负载的电流波形根据其阻抗角的大小在方波和三角波之间。

(3) 纯电感负载的电流波形是三角波，而且功率因数为零。

(4) 对于电阻电感型负载，为了提高逆变器输出功率因数，加补偿电容，组成 RLC 谐振负载，当逆变器的开关频率和谐振负载频率一致时，谐振负载等效为电阻 R，而负载 R 上的电压和电流都是正弦波，相位差为零，这时逆变器输出最大的有功功率。串联谐振逆变器采用电压型逆变器，由恒电压供电。

1. 电压型单相半桥逆变电路的参数计算与器件选择

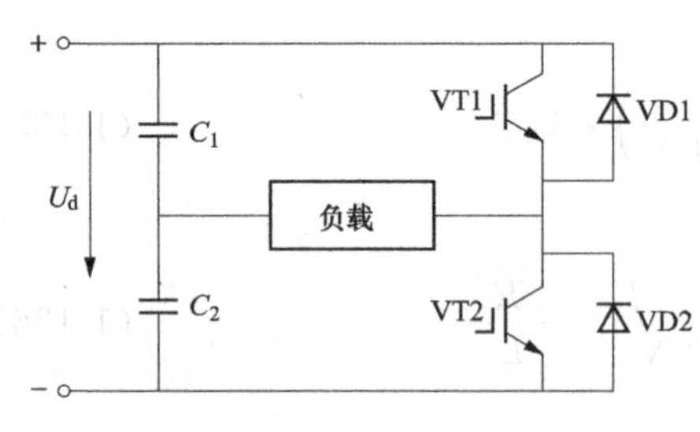

图 1-31 单相半桥逆变器

单相半桥逆变器有两个桥臂，其中一个桥臂由开关器件和反并联二极管组成，另一个桥臂由两个大容量电容串接而成，负载连接在两个桥臂的中点，如图 1-31 所示。负载两端的电压幅值是外加电源电压的一半，因此负载上的最大功率只是全桥逆变器的四分之一。

根据不同的负载类型，负载的等效阻抗是不同的。对于电阻型负载，其等效阻抗 Z 就是负载电阻

R；对于电阻电感型负载，阻抗 Z 为 $Z=R+j\omega L$，可求出模和相位

$$z=\sqrt{R^2+(\omega L)^2},\phi=\arctan(\omega L/R) \quad (1\text{-}138)$$

对于电阻电感型负载，为了提高输出功率因数，有时采用电容补偿，组成 RLC 串联谐振负载，其等效阻抗为 $Z=R+j[\omega L-1/(\omega C)]$。谐振时，虚部为零，负载为等效电阻 R。

设逆变器的输入电压为 U_d，输出功率为 P，对于电阻型负载和谐振负载，由 $P=U_d i_o/2$ 可得负载上的电流有效值为

$$i_o=\frac{2P}{U_d}=\frac{U_d}{2R} \quad (1\text{-}139)$$

对于电阻电感型负载

$$i_o=\frac{2P}{U_d\cos\phi}=\frac{U_d}{2z} \quad (1\text{-}140)$$

开关管 VT1、VT2 上的电压定额为

$$U_{VT}=(2\sim 3)U_d \quad (1\text{-}141)$$

开关管 VT1、VT2 上的电流定额为

$$I_{VT}=(1.5\sim 2)\sqrt{2}i_o \quad (1\text{-}142)$$

开关管 VT1、VT2 除了选择电压和电流等级外，还要根据逆变器的开关频率选择开关管的开关时间。

例 1-7：逆变器输入电压 U_d 为 550V，输出功率 P 为 20kW，逆变器开关频率为 20kHz，RLC 谐振负载，计算单相半桥逆变器开关管的参数和器件选择。

解：单相半桥逆变电路 RLC 谐振负载，其等效电阻为

$$R=\frac{U_d^2}{4P}=\frac{550^2}{4\times 20\times 10^3}=3.78(\Omega)$$

负载上的电流有效值为

$$i_o=\frac{U_d}{2R}=\frac{550}{2\times 3.78}=72.75(\text{A})$$

开关管 VT1、VT2 上的电压定额为

$$U_{VT}=(2\sim 3)U_d=1100\sim 1650\text{V}$$

开关管 VT1、VT2 上的电流定额为

$$I_{VT}=(1.5\sim 2)\sqrt{2}i_o=154\sim 205\text{A}$$

选开关管 VT1、VT2 为 1200V/200A。

2. 电压型单相全桥逆变电路的参数计算与器件选择

电压型单相全桥逆变器负载上的电压幅值为 U_d，负载上的功率为半桥逆变器的四倍，开关管 VT1～VT4 上承受的电压为 U_d，控制方式有 PWM 脉宽调制方式、双极性控制方式和移相控制方式等。电压型单相全桥逆变器的电路原理如图 1-32 所示。

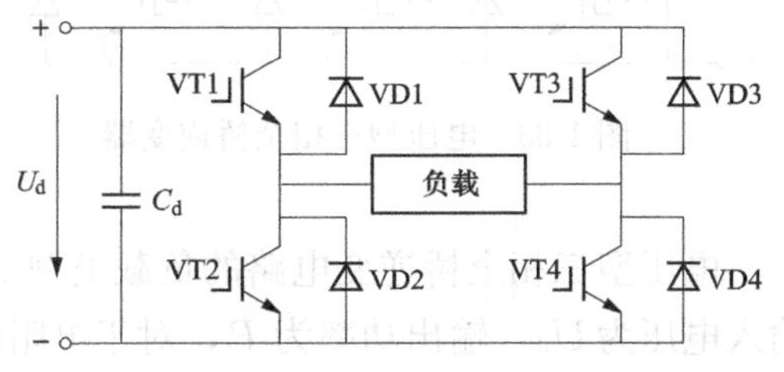

图 1-32　电压型单相全桥逆变器

电压型单相全桥逆变器负载类型同电压型单相半桥逆变器。设逆变器的输入电压为 U_d，

输出功率为 P，对于电阻型负载和谐振负载，可得负载上的电流有效值为

$$i_o=\frac{P}{U_d}=\frac{U_d}{R} \tag{1-143}$$

对于电阻电感型负载

$$i_o=\frac{P}{U_d\cos\phi}=\frac{U_d}{z} \tag{1-144}$$

开关管 VT1、VT2 上的电压定额为

$$U_{VT}=(2\sim3)U_d \tag{1-145}$$

开关管 VT1、VT2 上的电流定额为

$$I_{VT}=(1.5\sim2)\sqrt{2}i_o \tag{1-146}$$

开关管 VT1、VT2 除了选择电压和电流等级外，还要根据逆变器的开关频率选择开关时间。

例 1-8：逆变器输入电压 U_d 为 550V，输出功率 P 为 20kW，逆变器开关频率为 20kHz，RLC 谐振负载，计算逆变器开关管的参数和器件选择。

解：单相全桥逆变电路，RLC 谐振负载其等效电阻为

$$R=\frac{U_d^2}{P}=\frac{550^2}{20\times10^3}=15.125(\Omega)$$

负载上的电流有效值为

$$i_o=\frac{U_d}{R}=\frac{550}{15.125}=36.36(\text{A})$$

开关管 VT1、VT2 上的电压定额为

$$U_{VT}=(2\sim3)U_d=1100\sim1650\text{V}$$

开关管 VT1、VT2 上的电流定额为

$$I_{VT}=(1.5\sim2)\sqrt{2}i_o=77\sim102\text{A}$$

选开关管 VT1、VT2 为 1200V/100A。

3. 电压型三相全桥逆变电路的参数计算与器件选择

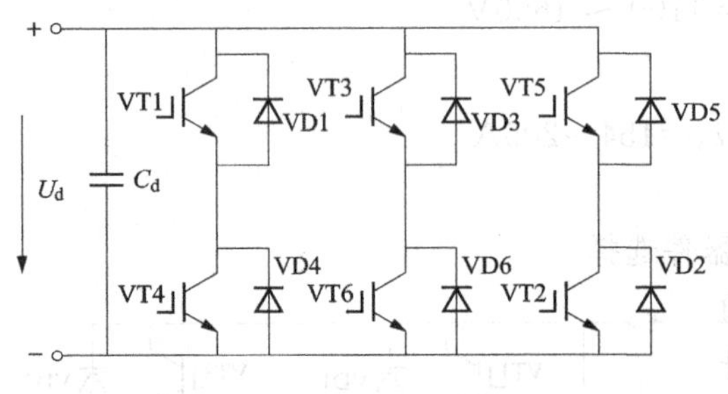

图 1-33 电压型三相全桥逆变器

在三相逆变电路中，应用最广泛的是三相桥式逆变器，如图 1-33 所示。电压型三相桥式逆变器常用 180°导电型，六个开关管的换相顺序为 VT1→VT2→VT3→VT4→VT5→VT6，每个开关管的导通角度为 180°。为了防止同一相上下两个开关管同时导通，两个开关管要先关后开，并留有余量，称为死区时间。死区时间的长短根据开关器件的速度来决定。

电压型三相全桥逆变电路的负载类型一般是电阻型负载或电阻电感型负载。设逆变器的输入电压为 U_d，输出功率为 P，对于电阻型负载，可得负载上的线电流有效值为

$$i_o=\frac{P}{\sqrt{3}U_d} \tag{1-147}$$

对于电阻电感型负载

$$i_o = \frac{P}{\sqrt{3}U_d\cos\phi} \tag{1-148}$$

开关管 VT1～VT6 上的电压定额为

$$U_{VT} = (2 \sim 3)U_d \tag{1-149}$$

开关管 VT1～VT6 上的电流定额为

$$I_{VT} = (1.5 \sim 2)\sqrt{2}i_o \tag{1-150}$$

1.3.3　电流型逆变电路的参数计算与器件选择

电流型逆变器输入端串接有大电感，逆变器由电感稳流提供恒电流，逆变桥输出到负载两端的电流为方波，其幅值为电感电流，而逆变桥的输出电压大小由负载决定，电压波形由负载的性质决定。①电阻型负载的电压波型和电流波形一样是方波。②电阻电感型负载的电压波形根据其阻抗角的大小在方波和三角波之间。③纯电感负载的电压波形是三角波，而且功率因数为零。④对于电阻电感型负载，为了提高逆变器输出功率因数，加补偿电容，组成 RLC 并联型谐振负载，当逆变器的开关频率和谐振负载频率一致时，谐振负载等效为电阻 $R_o = L/RC$，这时逆变器输出最大的有功功率。并联谐振逆变器采用电流型逆变器，由恒电流供电。

组成电流型逆变器时，开关管上不能加反并联二极管，如果开关器件自身带有反并联二极管，则必须在每个开关管上串接二极管，防止在桥臂换流时引起内部环流。

图 1-34 是电流型单相全桥逆变器原理图，其负载上的电流波形为方波，幅值为 I_d，开关管 VT1～VT4 上承受的电压为负载上的电压，负载上的电压和相位由负载阻抗情况决定。

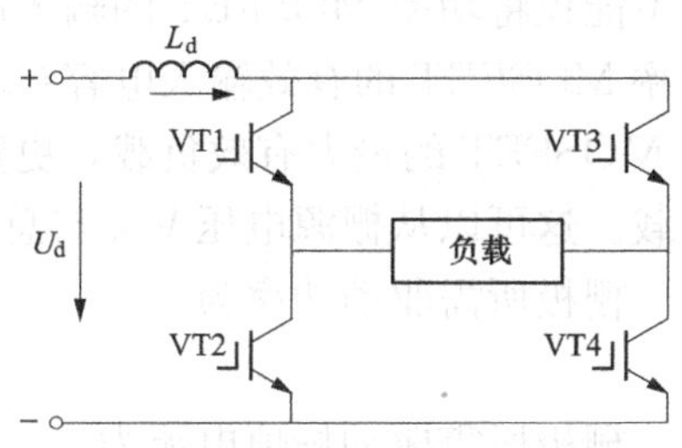

图 1-34　电流型单相全桥逆变器

设逆变器的输入电流为 I_d，逆变器的输入电压为 U_d，RLC 并联谐振负载，谐振电容 C 上的电压峰值为 U_C，逆变器负载阻抗为 Z，由负载输出功率 P 求得 I_d

$$P = I_d^2 Z \qquad I_d = \sqrt{\frac{P}{Z}} \qquad U_d = ZI_d \tag{1-151}$$

开关管 VT1、VT2 上的电压定额为

$$U_{VT} = (2 \sim 3)U_C \tag{1-152}$$

开关管 VT1、VT2 上的电流定额为

$$I_{VT} = (1.5 \sim 2)I_d \tag{1-153}$$

开关管 VT1、VT2 除了选择电压和电流等级外，还要根据逆变器的开关频率选择开关时间。

例 1-9：逆变器输出功率 P 为 50kW，输入电流 I_d为 100A，负载并联谐振时的等效阻抗 Z_O为 5Ω，谐振电容 C 上的电压峰值为

$$U_C = \sqrt{2}I_dZ_O = \sqrt{2} \times 100 \times 5 = 707(\text{V})$$

开关管 VT1、VT2 上的电压定额为

$$U_{VT} = (2 \sim 3)U_C = 1414 \sim 2121(\text{V})$$

开关管 VT1、VT2 上的电流定额为

$$I_{VT}=(1.5\sim 2)I_d=150\sim 200(A)$$

选开关管 VT1、VT2 为 1700V/200A。

1.4 功率器件的驱动与保护电路

典型全控器件的驱动电路包括电流驱动型器件的驱动电路和电压驱动型器件的驱动电路。电流驱动型器件主要有 GTO 和 GTR，电压驱动型器件主要有 MOSFET 和 IGBT。本节主要介绍电压驱动型器件的驱动电路。

1.4.1 MOSFET 和 IGBT 驱动电路

1. 功率 MOSFET 驱动电路

功率 MOSFET 导通电阻低，和双极型晶体管不同，它的栅极电容比较大，在导通之前要先对该电容充电，当电容电压超过阈值电压时 MOSFET 才开始导通。因此，栅极驱动器的负载能力必须足够大，以保证在系统要求的时间内完成对等效栅极电容的充电。功率 MOSFET 驱动不足将造成转换过程长、开关功率损耗大。功率 MOSFET 栅极输入电路本质上是容性的，但它的实际负载由于米勒效应的影响与一个真正的容性负载有很大的差别，更不能仅将功率 MOSFET 的输入电容 C_{iss} 当作驱动电路的实际负载来考虑。实际上，一个功率 MOSFET 的有效输入电容 C_{ie} 要比 C_{iss} 高得多，所以驱动电路设计选型，不仅要知道功率 MOSFET 的最大有效负载，更重要的是要知道驱动电路在一次给定的开关过程中的瞬时负载。这可以从栅源电压 V_{GS} 与总的栅极电荷 Q_G 之间的曲线上得到，如图 1-35 所示。

栅极所需驱动功率为

$$P_{drive}=Q_G\times V_{GS}\times f \tag{1-154}$$

栅极所需驱动峰值电流为

$$I_{PEK}=\pm(U_{GS}/R_g) \tag{1-155}$$

式中，R_g 为栅极串联电阻。

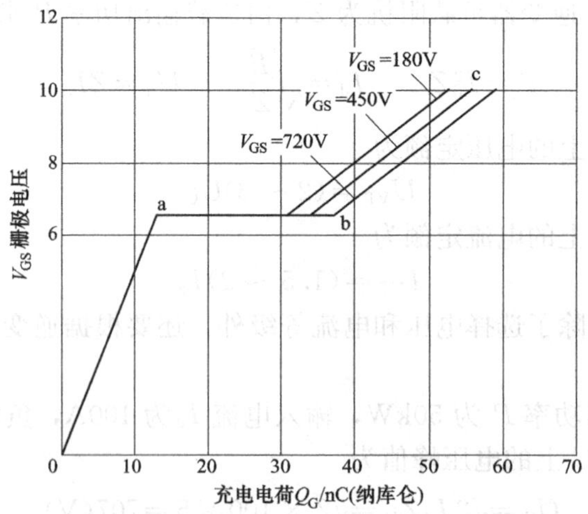

图 1-35 栅极电荷特性曲线（FQAF11N90C）

例 1-10：型号为 FQAF11N90C 的功率 MOSFET，工作频率 f 为 1MHz，栅极电荷 Q_G 为 70nC，驱动电压 U_{GS}为 12V，R_g 取 10Ω。计算它对驱动电流和驱动功率的要求。

解：平均驱动功率按式（1-154）计算

$$P_{drive}=Q_G \times U_{GS} \times f=70 \times 12 \times 1=840(mW)$$

驱动电流按式（1-155）计算

$$I_{PEK}=\pm U_{GS}/R_g=\pm 12/10=\pm 1.2(A)$$

需要注意的是，上述计算出来的驱动电流值是近似值，所以选择驱动电路时要留一定的裕量，一般为 1.5～2 倍的计算值。

MOSFET 的触发和关断要求给其栅极和基极之间加上正向电压，一般还要加负向电压，栅极电压可由不同的驱动电路产生。对 MOSFET 驱动电路的一般要求如下。

（1）栅极驱动电压 MOSFET 开通时，正向栅极电压值应该足够令 MOSFET 产生完全饱和，并使通态损耗减至最小，同时也应限制短路电流和功率应力。在任何情况下，开通时的栅极驱动电压，应该在 8～12V。当栅极电压为零时，MOSFET 处于断态。但是，为了保证 MOSFET 在漏极-源极上出现 dv/dt 噪声时仍保持关断，必须在栅极上施加一个反向关断偏压，采用反向偏压还减少了关断损耗。反向偏压一般在−5V。

（2）选择适当的栅极串联电阻 R_g 对 MOSFET 栅极驱动相当重要。MOSFET 的开通和关断是通过栅极电路的充放电来实现的，因此栅极电阻值将对 MOSFET 的动态特性产生极大的影响。数值较小的电阻使栅极电容的充放电较快，从而减小开关时间和开关损耗。所以，较小的栅极电阻增强了器件工作的快速性（可避免 dv/dt 带来的误导通），但与此同时，它只能承受较小的栅极噪声，并可能导致栅极-源极电容和栅极驱动导线的寄生电感产生振荡。

2. IGBT 驱动电路

IGBT 的触发和关断要求给其栅极和基极之间加上正向电压和负向电压，栅极电压可由不同的驱动电路产生。选择这些驱动电路时，必须考虑器件关断负偏压的要求、栅极电荷的要求、快速性要求和电源的供电功率。因为 IGBT 栅极-发射极阻抗大，故可使用 MOSFET 驱动技术进行触发，不过由于 IGBT 的输入电容比 MOSFET 大，故 IGBT 的关断负偏压应该比 MOSFET 驱动电路高。对 IGBT 驱动电路的一般要求如下。

（1）栅极驱动电压 IGBT 开通时，正向栅极电压值应该足够令 IGBT 产生完全饱和，并使通态损耗减至最小，同时也应限制短路电流和功率应力。在任何情况下，开通时的栅极驱动电压，应该在 12～15V。当栅极电压为零时，IGBT 处于断态。但是，为了保证 IGBT 在集电极-发射极电压上出现 dv/dt 噪声时仍保持关断，必须在栅极上施加一个反向关断偏压，采用反向偏压还减少了关断损耗。反向偏压应该在−15～−5V。

（2）选择适当的栅极串联电阻 R_g 对 IGBT 栅极驱动相当重要。IGBT 的开通和关断是通过栅极电路的充放电来实现的，因此栅极电阻值将对 IGBT 的动态特性产生极大的影响。数值较小的电阻使栅极电容的充放电较快，从而减小开关时间和开关损耗。所以，较小的栅极电阻增强了器件工作的快速性（可避免 dv/dt 带来的误导通），但与此同时，它只能承受较小的栅极噪声，并可能导致栅极-发射极电容和栅极驱动导线的寄生电感产生振荡。

（3）IGBT 要消耗来自栅极电源的功率，其功率受栅极驱动负、正偏置电压的差值 ΔU_{CE} 、栅极总电荷 Q_G 和工作频率 f 的影响。

例 1-11：型号为 FF300R12KS4 的 IGBT，Q_G为 3.2μC，最小驱动电阻 R_g 为 3Ω，驱动电压 V_{GS}为 15V，工作频率 f 为 20kHz，计算它对驱动电流和驱动功率的要求。

解：峰值电流按式（1-155）计算

$$I_{PEK}=V_{GS}/R_g=15/3=5(A)$$

平均驱动功率按式（1-154）计算

$$P_{drive}=Q_G\times V_{GS}\times f=3.2\times10^{-6}\times15\times20\times10^3=0.96(W)$$

1.4.2 具体 MOSFET 和 IGBT 驱动电路介绍

1. TLP250 功率驱动电路及应用

TLP250 是一种可直接驱动小功率 MOSFET 和 IGBT 的功率型光耦，其最大驱动峰值电流达 1.5A。选用 TLP250 光耦既保证了功率驱动电路与 PWM 脉宽调制电路的可靠隔离，又具备了直接驱动 MOSFET 的能力，使驱动电路特别简单。东芝公司的专用集成功率驱动电路 TLP250 是 8 脚双列封装，适合用作功率 MOSFET 栅极驱动电路。TLP250 驱动主要具备以下特征：输入阈值电流 5mA（max）；电源电流 11mA（max）；电源电压 10～35V；输出电流±0.5A（min）；开关时间 0.5μs（max），可用于 300kHz 的开关电路的驱动中。

图 1-36 是 TLP250 组成的驱动电路，经推挽功率放大可驱动 50A/600V 的 MOSFET 功率管。

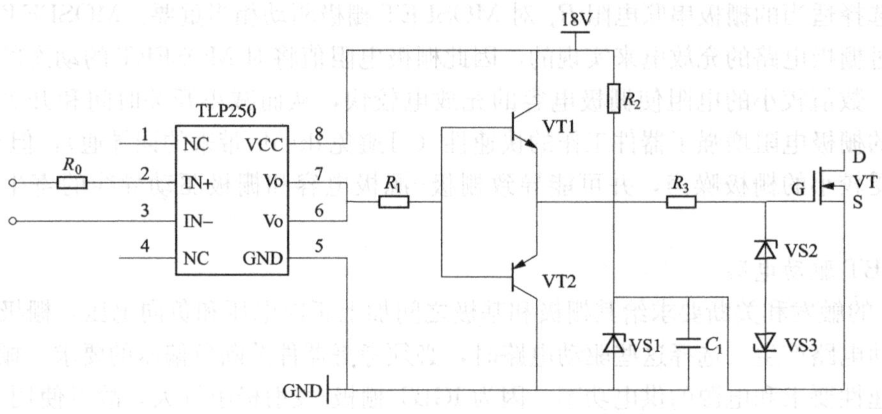

图 1-36 TLP250 组成的驱动电路

图中 R_0是 TLP250 输入限流电阻，VT1、VT2 组成推挽输出功率放大电路，R_2、C_1、VS1 组成负偏压电路，负偏压的大小决定于稳压管 VS1 的值，一般 VS1 用 5V 稳压管，R_2 是 C_1的充电电阻，R_3是栅极驱动电阻。VS2、VS3 是栅极过压保护稳压管。

2. UC3724/UC3725 驱动电路

由 UC3724/UC3725、一个脉冲变压器和一些无源器件构成的基本驱动电路如图 1-37 所示。UC3724/UC3725 驱动电路采用独特的调制方法使脉冲变压器能够同时传输驱动所需的信号和功率，内部含有欠压、过流保护电路。依照输入 TTL 电平的高低不同，UC3724 生成不同的载波信号。这种独特的载波设计，不仅可设置载波的频率，而且通过保证激磁电流在下一个振荡周期之前为零，可防止变压器饱和。提高载波频率可以减小变压器的体积和重量。UC3725 对隔离变压器传来的调制信号进行整流，并进行功率放大；同时，UC3725 中的比较器通过对输入信号的检测，从载波信号中分离出控制信息，为功率 MOSFET 门极提供浮动的驱动信号。

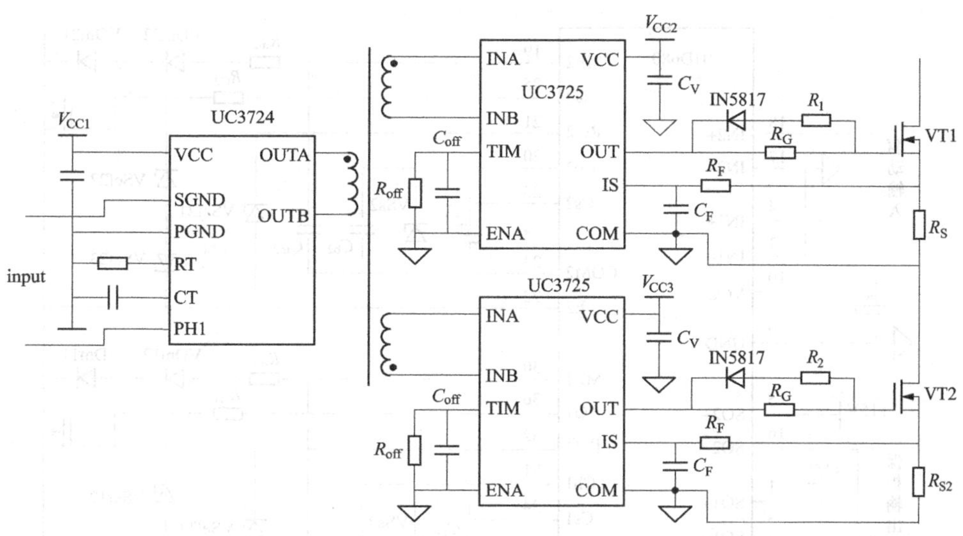

图 1-37　UC3724/3725 功率 MOSFET 驱动电路

UC3724/UC3725 功率 MOSFET 驱动电路的优点是可以在任意占空比下工作、响应速度快、输出阻抗小、实用性强、电路结构简单；缺点是载波频率的高低限制了最大的开关频率，载波频率的上限受变压器磁芯参数限制，下限至少要高于信号频率的 4 倍，以确保磁芯可靠复位。

3. IHD680 驱动电路

由 IHD680 构成的驱动电路如图 1-38 所示。IHD680 是 CONCEPT 公司生产的驱动功率 MOSFET 的集成芯片，采用脉冲变压器隔离，具有完善的保护功能，可以在 0～1MHz 的频率范围内驱动单管或半桥的上下管两个 IGBT 或功率 MOSFET，可以提供 8A 的峰值输出电流，是高频大功率驱动模块的理想选择。其主要参数：开通延迟时间 $t_{d(on)}$＝60ns，关断延迟时间 $t_{d(off)}$＝60ns，电流上升时间 t_r＝30ns，电流下降时间 t_f＝30ns，峰值输出电流 I_{PEK}＝8A，工作电源电压 12～16V，最高工作频率 f_{max}＝1MHz。IHD680 驱动电路具有完善的保护功能，驱动能力强，工作频率高。

4. MAX4428 驱动电路

MAX4428 驱动电路是 MAXIM 公司生产的专用驱动 MOSFET 的集成芯片，可以可靠地工作在 1～3MHz 频率下，其输入与 TTL/CMOS 电平兼容。它的主要参数：开通延迟时间 $t_{d(on)}$ = 10ns，关断延迟时间 $t_{d(off)}$ = 25ns，电流上升时间 t_r = 20ns，电流下降时间 t_f＝20ns，峰值输出电流 I_{PEK}＝1.5A，工作电源电压 4.5～18V。

由 MAX4428 构成的驱动电路如图 1-39 所示，采用光耦 6N137 隔离，其中 In 接来自控制回路的驱动控制信号，GND_1 接驱动控制信号的地，Out 接被驱动功率 MOSFET 的栅极，GND_2 接被驱动功率 MOSFET 的源极。

类似的 MAX44 系列驱动电路有：MAX4420 集成驱动电路，工作频率 1MHz 以上，开通延迟时间 $t_{d(on)}$＝35ns，关断延迟时间 $t_{d(off)}$＝40ns，电流上升时间 t_r＝25ns，电流下降时间 t_f＝25ns，峰值输出电流 I_{PEK}＝6A；IXDD404 集成驱动电路，可以工作在兆赫级频率，开通延迟时间 $t_{d(on)}$＝36ns，关断延迟时间 $t_{d(off)}$＝35ns，电流上升时间 t_r＝16ns，电流下降时间 t_f＝13ns，峰值输出电流 I_{PEK}＝4A；IXDD414 集成驱动电路，开通延迟时间 $t_{d(on)}$＝

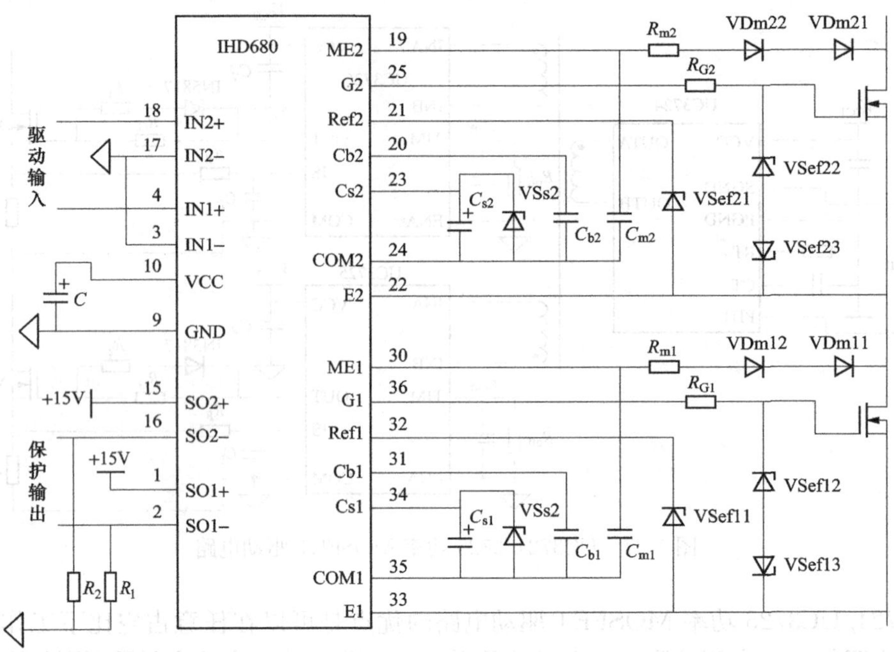

图 1-38 IHD680 驱动电路

30ns，关断延迟时间 $t_{d(off)}=31\text{ns}$，电流上升时间 $t_r=22\text{ns}$，电流下降时间 $t_f=20\text{ns}$，峰值输出电流 $I_{PEK}=14\text{A}$。

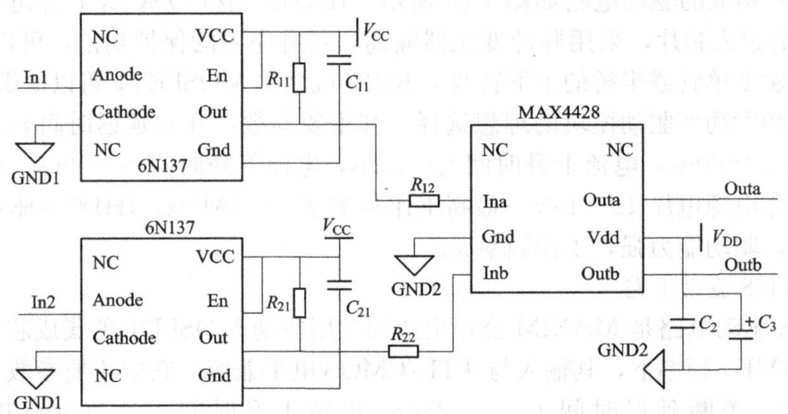

图 1-39 MAX4428 驱动电路

5．IR2110 驱动电路

IR2110 是 IR 公司制作的 MOSFET 和 IGBT 专用驱动集成电路，内部应用自举操作设计了悬浮电源，可以在不单独使用浮地电源的前提下同时驱动高、低端的功率 MOSFET，具有快速完整的保护功能。它的主要参数如下：开通延迟时间 $t_{d(on)}=120\text{ns}$，关断延迟时间 $t_{d(off)}=94\text{ns}$，电流上升时间 $t_r=25\text{ns}$，电流下降时间 $t_f=17\text{ns}$，峰值输出电流 $I_{PEK}=2\text{A}$。

IR2110 驱动电路如图 1-40 所示。VD 是自举二极管，采用恢复时间几十纳秒、耐压在 500V 以上的超快恢复二极管。C_H是自举电容，采用 0.1μF 的陶瓷圆片电容。C_L是旁路电容，采用一个 0.1μF 的陶瓷圆片电容和 1μF 的钽电容并联。V_{DD}、V_{CC}分别是输入级逻辑电源和低端输出级电源，它们使用同一个＋12V 电源，而 VB 是高端输出级电源，它与 V_{CC}使用同一电源通过自举技术来产生。考虑到在功率 MOSFET 漏极产生的浪涌电压会通过漏栅极之间的米勒电容耦合到栅极上击穿氧化层，在 VT1、VT2 的栅源之间接上 12V 稳压管 VS1、VS2，以限制栅源电压，保护功率 MOSFET。

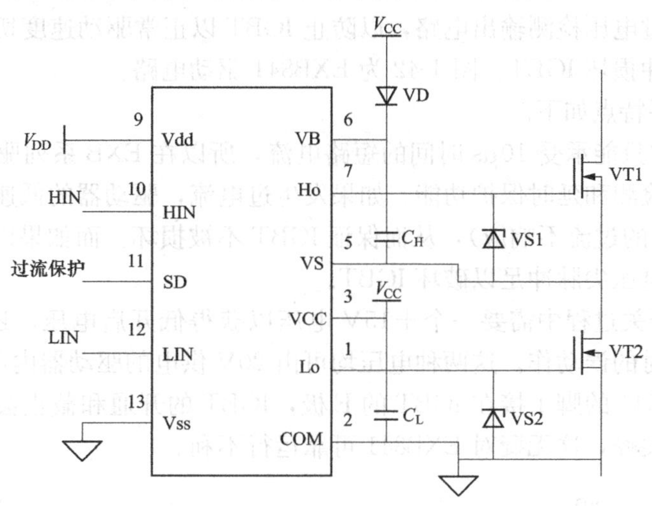

图 1-40　IR2110 驱动电路

IR2110 的优点是应用自举技术可实现同一集成电路同时输出同一桥臂上高压侧与低压侧的两个通道信号，体积小，集成度高，响应快，内设欠压封锁，外设保护封锁端口，成本低，易于调试；最大的不足是不能产生负偏压，如果用于驱动桥式电路，由于米勒效应的作用，在开通与关断时刻，容易在栅极上产生干扰，造成桥臂短路。

6. MIC4421 驱动电路

图 1-41 为 MIC4421 驱动电路，由光耦 6N137、驱动电路 MIC4421 组成，5V 电压供给 6N137，同时为输出驱动信号提供负电压。

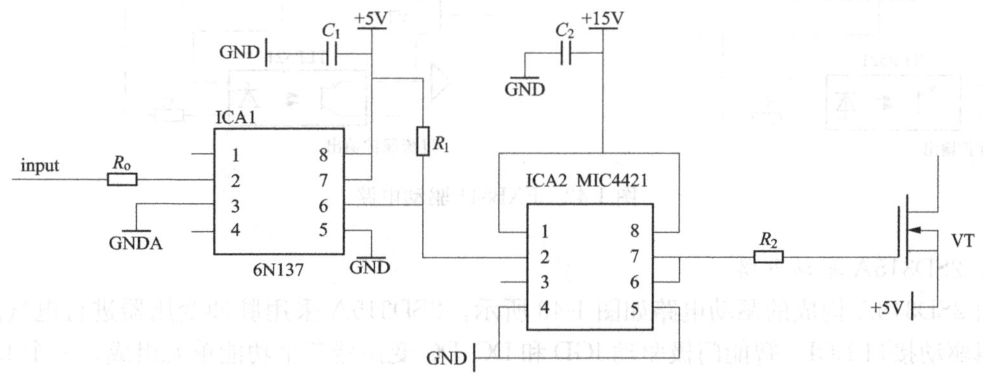

图 1-41　MIC4421 驱动电路

MIC4421 是美国 Micrel Semiconductor 公司生产的集成驱动芯片。MIC4421 和 MIC4422 主要驱动 MOSFET，要求的外围电路简单，使用方便。MIC4421 是反相驱动，而

MIC4422 是非反相驱动。MIC4421/4422 接受任何从 2.4V～V_{cc}的逻辑输入，没有外部加速电容和电阻。

7. EXB841 驱动电路

EXB841 是日本富士公司生产的高速型 IGBT 专用驱动模块，其驱动信号延迟小于 1μs，最高工作频率可达 40kHz，内部采用高隔离电压光耦作为信号隔离，单 20V 电源供电，并有内部过流保护和过电压检测输出电路，以防止 IGBT 以正常驱动速度切断过流时产生过高的集电极电压尖脉冲损坏 IGBT。图 1-42 为 EXB841 驱动电路。

EXB841 的主要特点如下。

(1) IGBT 通常只能承受 10μs 时间的短路电流，所以在 EXB 系列驱动器内设有过流保护电路，实现过流检测和延时保护功能。如果发生过电流，驱动器的低速切断电路就慢速关断 IGBT（小于 1μs 的过流不响应），从而保证 IGBT 不被损坏。而如果以正常速度切断过电流，集电极产生的电压尖脉冲足以破坏 IGBT。

(2) IGBT 在开关过程中需要一个＋15V 电压以获得低开启电压，还需要一个－5V 关栅电压以防止关断时的误动作。这两种电压均可由 20V 供电的驱动器内部电路产生。

(3) 由于 EXB841 的脚 1 接在 IGBT 的 E 极，IGBT 的开通和截止会造成电位很大的跳动，可能会有浪涌尖峰，这无疑对 EXB841 可靠运行不利。

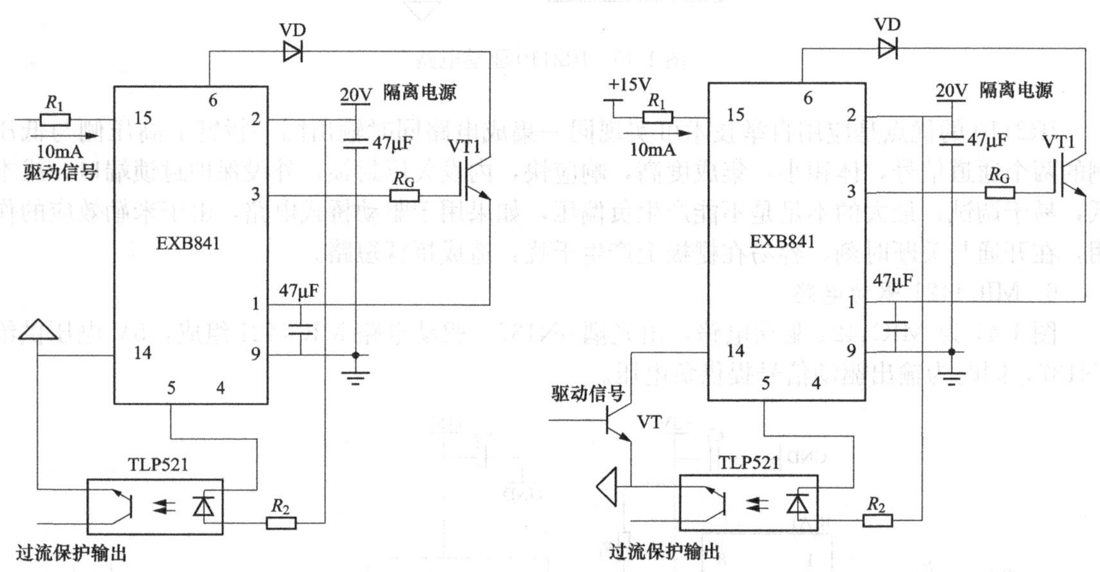

图 1-42 EXB841 驱动电路

8. 2SD315A 驱动电路

由 2SD315A 构成的驱动电路如图 1-43 所示。2SD315A 采用脉冲变压器进行电气隔离，由逻辑驱动接口 LDI、智能门极驱动 IGD 和 DC/DC 变换器三个功能单元组成。一个 LDI 驱动两个通道。LDI 对加到输入端的 PWM 信号进行编码，以便通过脉冲变压器传输；IGD 对通过脉冲变压器传来的信号进行解码和放大，并检测 MOSFET 过流和短路状态，产生响应和封锁时间，同时输出状态信号到控制单元 LDI；DC/DC 变换器为各个驱动通道提供＋15V 电源。

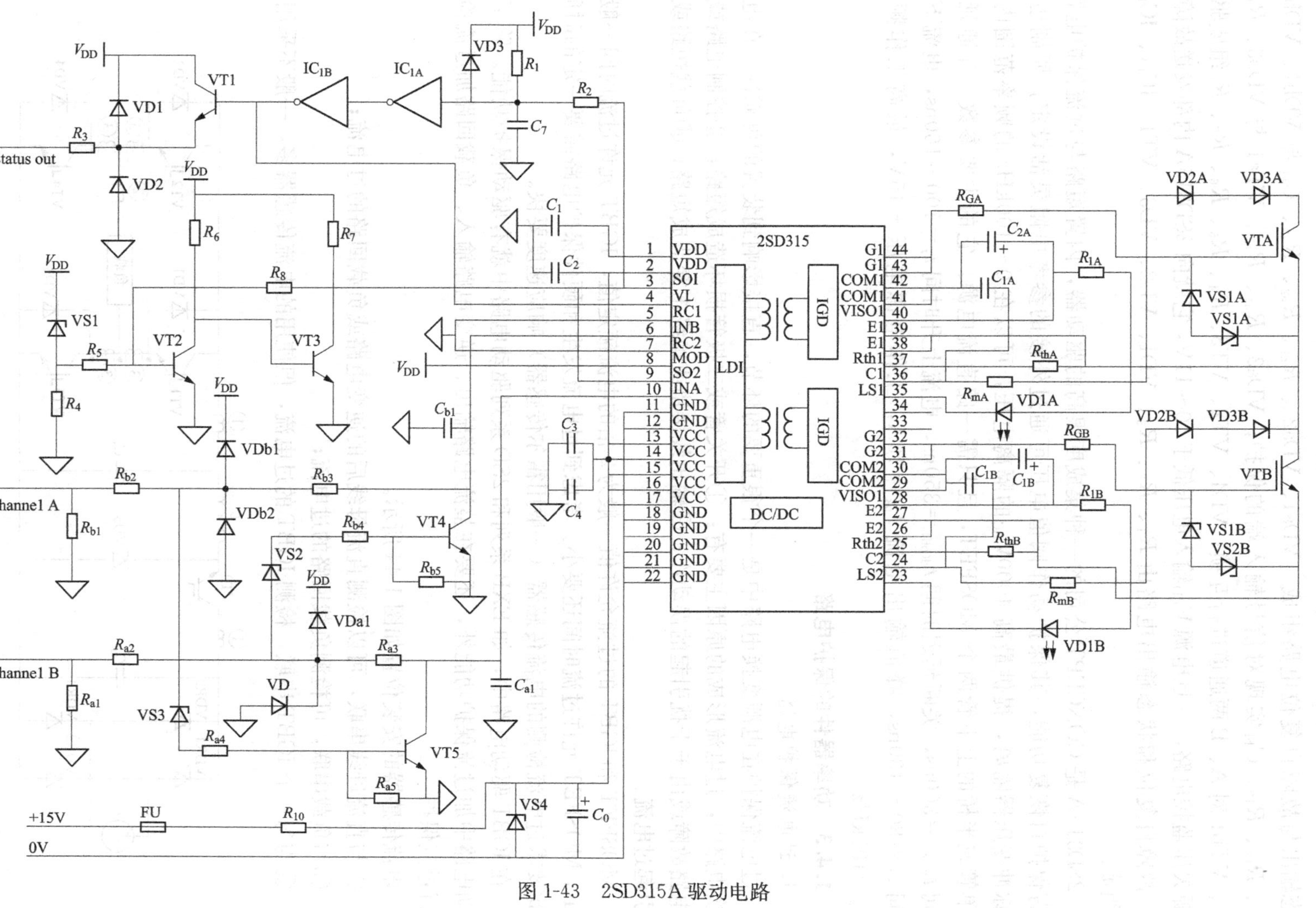

图 1-43　2SD315A 驱动电路

2SD315A外围电路由信号输入端保护与输入通道互锁电路、驱动电源智能监控电路及状态输出与故障自复位电路组成。VDa1、VDa2 、R_{a1}、R_{a2}、R_{a3}、C_{a1}与VDb1、VDb2、R_{b1}、R_{b2}、R_{b3}、C_{b1}实现对信号输入端的保护；VDa3、R_{a4}、R_{a5}、VTa1与VDb3、R_{b4}、R_{b5}、VTb1对A、B两通道进行互锁；VD4、VT2、VT3、R_4、R_5、R_6、R_7、R_8组成驱动电源欠压监控电路，一旦电源V_{DD}输入电压低于10～11V，它就向2SD315A内部发送故障信号；故障自复位和状态输出电路由R_1、R_2、R_3、VD1、VD2、VD3、VT1、IC_{1A}、IC_{1B}、C_7组成。

2SD315A是CONCEPT公司的一种集成度很高的驱动器，内置短路与过流保护电路，具有保护自恢复功能，其保护动作阈值电压可通过外接的参考电阻灵活设定；原副边采用脉冲变压器隔离，提供最高4000V_{AC}的隔离电压，可以在0～100kHz的频率范围内驱动单管或半桥的上下管两个MOSFET，且只需一路直流电源。它的主要参数：开通延迟时间$t_{d(on)}=300$ns，关断延迟时间$t_{d(off)}=350$ns，电流上升时间$t_r=100\sim160$ns，电流下降时间$t_f=80\sim130$ns，峰值输出电流$I_{pk}=15$A，工作电源电压+15V，最高工作频率$f_{max}=100$kHz。

1.4.3 功率器件的保护电路

1. 过电流保护电路

过电流保护在电源变换电路中是一个很重要的环节，直接影响到装置的可靠性。在电源变换电路中，过电流形成的原因主要有：①开关管或二极管损坏造成短路；②控制电路或驱动电路故障或由于干扰引起的误动作；③输出线接错或绝缘击穿造成短路；④负载短路或过载引起过电流。

MOSFET和IGBT的过流允许值一般为2倍的电流额定值，IGBT允许过流时间一般≤20μs，MOSFET允许过流时间还要小。考虑到过电流发生和硬件保护电路需要一定的时间，因此要求过电流检测的电流传感器（一般用霍尔传感器）响应速度要快。

在IGBT驱动电路中，如EXB系列和2SD系列驱动电路中就有驱动保护功能。除了在驱动电路中加过流保护功能外，还要在整流电路输出、逆变电路输入、负载回路加过流检测进行过流保护。

电流传感器的安装位置如图1-44所示。

①与直流母线串联，可以检测直流母线后的逆变电路或负载回路的过电流；

②与负载串联，可检测负载回路的过电流；

③与每一个IGBT串联，检测IGBT的过电流，但使用的电流传感器多，一般不采用。

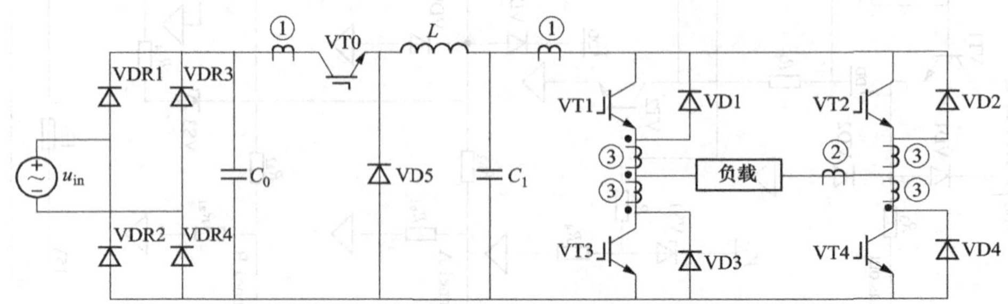

图1-44 电流传感器的安装位置

2. 过电压保护电路

IGBT 的开关时间约为 1 μs，MOSFET 的开关时间小于 1 μs，高速的 MOSFET 小于 100ns。当 IGBT 或 MOSFET 由通态迅速关断时，有很大的 $-di/dt$ 产生，在主回路的布线电感上引起较大的尖峰电压 $-L\,di/dt$，如图 1-45 所示。这个尖峰电压与直流电源电压叠加后加在关断的 IGBT 的 C-E 极之间。如果尖峰电压很大，可能使叠加后的 U_{cesp} 超出反向安全工作区，或者由于 du/dt 太大引起误导通。

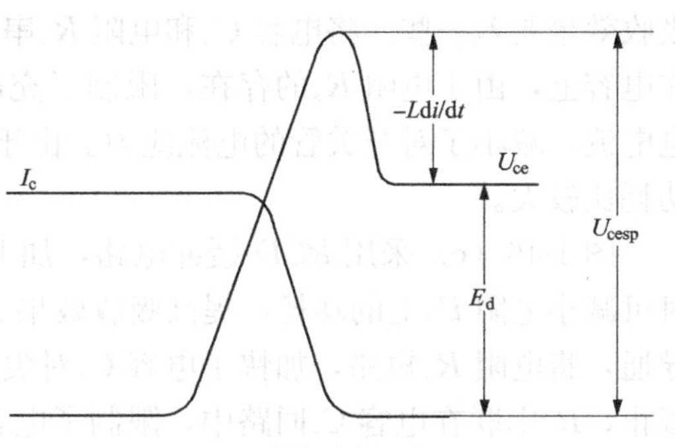

图 1-45　开关管关断时的电压波形

过电压的抑制方法可采用缓冲电路吸收方式或采用软开关技术。软开关技术在下一节介绍，本节主要介绍缓冲电路。

采用性能良好的缓冲电路，可使功率 MOSFET 或 IGBT 工作在较理想的开关状态，缩短开关时间，减少开关损耗，对装置的运行效率、可靠性、安全性都有重要的意义。缓冲电路的主要形式如图 1-46 所示。

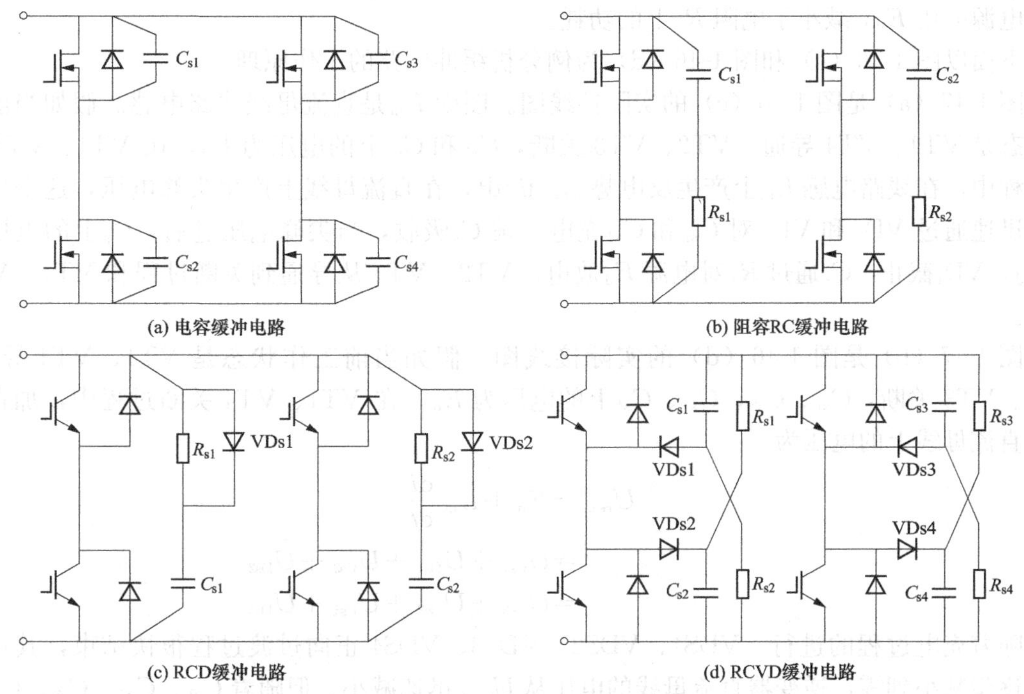

图 1-46　缓冲电路的主要形式

图 1-46（a）采用电容 C_s 缓冲电路，可以每个开关管各用一个，也可以一个桥臂上下两个开关管共用一个。电容 C_s 缓冲电路将开关管关断时尖峰电压的电能储存在电容上，当开关管下一次导通时，电容的储能要经过开关管放电，由于开关管在导通时电阻很小，因此这个放电电流很大，会对开关管造成很大的电流应力。电容缓冲电路一般用在小功率 MOSFET 开关管电路中。

图 1-46（b）采用阻容 RC 缓冲电路，一个桥臂共用一个，也可两个桥臂用一个，当然，吸收效果要差一些。将电容 C_s 和电阻 R_s 串联，电容 C_s 将开关管关断时尖峰电压的电能储存在电容上，由于电阻 R_s 的存在，限制了充电电流。当开关管下一次导通时，限制了电容放电电流，减小了对开关管的电流应力。由于电阻 R_s 通过充电和放电两个电流，电阻 R_s 上的功耗比较大。

图 1-46（c）采用 RCD 缓冲电路，加上二极管 D_s 的作用是减小电容 C_s 的充电时间，同时可减小电阻 R_s 上的功耗，提高吸收效果。当开关管关断时，电容 C_s 充电储能，二极管 D_s 导通，将电阻 R_s 短路，加快了电容 C_s 对尖峰电压的吸收。当开关管下一次导通时，二极管截止，R_s 串联在电容 C_s 回路中，限制了电容放电电流，减小了对开关管的电流应力。

图 1-46（d）采用 $RCVD$ 缓冲电路每个开关管用一个缓冲电路，提高峰值电压吸收效果。如果将 RCD 缓冲电路直接并联接到每个开关管上，开关管关断时，电容 C_s 上的最大电压约为 $1/2E_d+L\mathrm{d}i/\mathrm{d}t$，当开关管下一次导通时，如果电阻还是和二极管并联，电容 C_s 上的电压必须放到零，充放电过程中在电阻 R_s 上的功耗比较大。采用图 1-46（d）的接法，将上桥臂的缓冲电阻 R_s 接到电源负端，将下桥臂的缓冲电阻 R_s 接到电源正端，开关管关断时，电容 C_s 通过二极管 D_s 吸收峰值电压，当开关管下一次导通时，电容 C_s 通过电阻 R_s 放电到电源电压 E_d，减小了电阻 R_s 上的功耗。

下面以图 1-46（c）和图 1-46（d）为例分析缓冲电路的工作原理。

图 1-47（a）是图 1-46（c）的实际接线图。图中 L_m 是直流母线线路电感。假如当前工作状态是 VT1、VT4 导通，VT2、VT3 关断，C_{s1} 和 C_{s2} 上的电压为 E_d。在 VT1、VT4 关断过程中，在线路电感 L_m 上产生反电势 $L_m\mathrm{d}i/\mathrm{d}t$，在直流母线上产生尖峰电压，这个尖峰电压迅速通过 VD_{s1} 和 VD_{s2} 对 C_{s1} 和 C_{s2} 充电，被 C_s 吸收，当尖峰电压过后，C_s 上的电压大于 E_d，VD_s 截止，C_s 通过 R_s 对电源 E_d 放电。VT2、VT3 从导通到关断过程和 VT1、VT4 相同。

图 1-47（b）是图 1-46（d）的实际接线图。假如当前工作状态是 VT1、VT4 导通，VT2、VT3 关断，C_{s1}、C_{s2}、C_{s3}、C_{s4} 上的电压为 E_d。在 VT1、VT4 关断过程中，加在逆变器直流母线上的电压为

$$
\begin{aligned}
U_{cesp} &= E_d + L_m\frac{\mathrm{d}i}{\mathrm{d}t} \\
&= U_{Cs1} + U_{Ds1} + U_{Cs2} + U_{Ds2} \\
&= U_{Cs3} + U_{Ds3} + U_{Cs4} + U_{Ds4}
\end{aligned}
$$

随着充电过程的进行，VDS1、VDS2、VDS3、VDS4 正向过渡过程很快结束，其正向压降逐步减小到零，逆变器直流母线的电压从 U_{cesp} 迅速减小。但随着 C_{s1}、C_{s2}、C_{s3}、C_{s4} 的充电，其两端电压又逐步升高，达到 U_{cep}。同时，C_{s1}、C_{s2}、C_{s3}、C_{s4} 通过 R_{s1}、R_{s2}、R_{s3}、R_{s4} 放电，但放电时间常数大，放电速度慢。当 C_{s1}、C_{s2}、C_{s3}、C_{s4} 的充电过程结束，VDS1、VDS2、VDS3、VDS4 截止，C_{s1}、C_{s2}、C_{s3}、C_{s4} 继续通过 R_{s1}、R_{s2}、R_{s3}、R_{s4} 放电到 E_d。

产生过电压的根本原因是主回路布线电感 L_m，在关断过程的储能为

$$
P_{Lm} = \frac{1}{2}L_m I_o^2 \tag{1-156}
$$

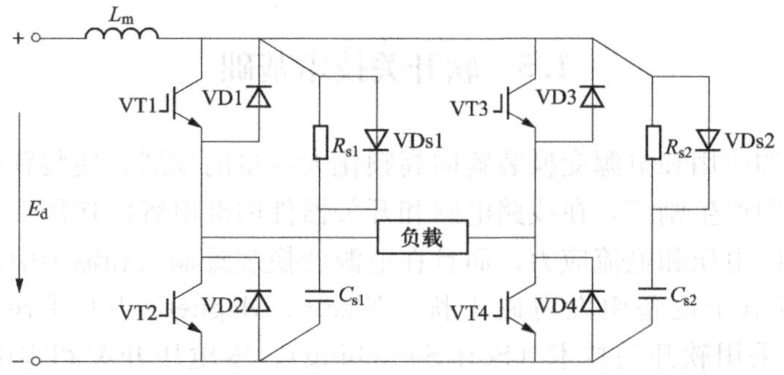

(a) 图1-46(c)实际接线图

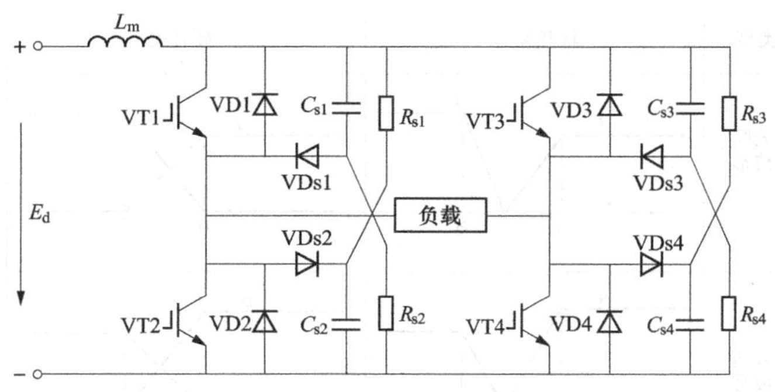

(b) 图1-46(d) 实际接线图

图 1-47　RCD 缓冲电路

缓冲电路吸收的能量为

$$P_{Cs}=\frac{1}{2}C_s(U_{cep}^2-E_d^2) \tag{1-157}$$

令缓冲电路吸收的能量和 L_m的储能相等，有

$$C_s(U_{cep}^2-E_d^2)=L_m I_o^2 \tag{1-158}$$

为确保 L_m的储能全部被 C_s吸收，应有

$$C_s\geqslant\frac{L_m I_o^2}{U_{cep}^2-E_d^2} \tag{1-159}$$

式中，布线电感 $L_m=1\mu H/m$；$I_o=2I_C$（I_C为额定值）；$U_{cep}=0.9U_{cesp}$，$E_d=400V$（交流 220V 电网）或 700V（交流 380V 电网）。

缓冲电阻的要求是当开关管关断时，C_s上的积累电荷 90%能及时释放掉。阻值过小，缓冲电路可能振荡，开关管导通时的电流增加。R_s的取值为

$$R_s\leqslant\frac{1}{2.3C_s f} \tag{1-160}$$

缓冲电阻产生的功耗与阻值无关，由下式确定

$$P_{RS}\geqslant 10\,\frac{L_m I_o^2 f}{2} \tag{1-161}$$

系数 10 是电阻 R_s的功率裕量，以防温度过高，f 为开关频率。

1.5 软开关技术基础

电源变换技术的应用和电源变换装置向高频化大容量的发展，使装置内部电压和电流在开关器件切换过程中产生剧变，在线路电感和开关器件内部电容的作用下发生谐振，不但使开关器件承受很大的电压和电流应力，而且在电源变换装置输入和输出引线及周围空间产生高频电磁噪声，对电子设备引发电磁干扰（Electro Magnetic Interference，EMI）。防御EMI的措施，一般采用软开关技术（Soft Switching），零电压开关和零电流开关统称软开关。图1-48为硬开关和软开关波形比较。

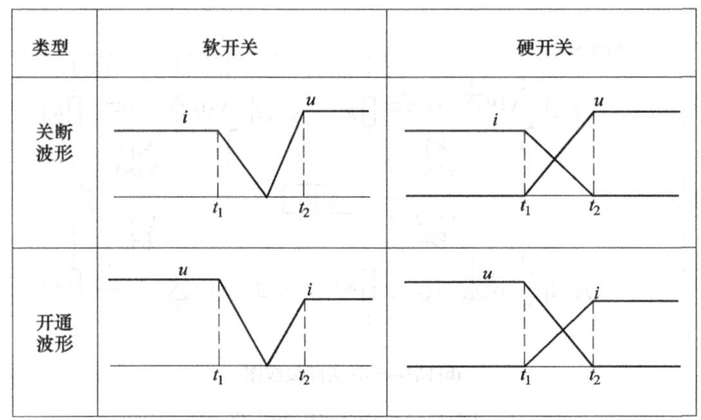

图1-48 硬开关和软开关波形比较

最理想的软开通过程：电压先下降到零后，电流再缓慢上升到通态值，所以开通损耗近似为零。另外，因器件开通前电压已下降到零，器件结电容上的电压亦为零，故解决了容性开通问题，这意味着二极管已经截止，其反向恢复过程结束，因此二极管反向恢复问题亦不复存在。

由此可见，软开关技术可以解决硬开关PWM变换器的开关损耗问题、容性开通问题、感性关断问题、二极管反向恢复问题，同时也能解决由硬开关引起的EMI问题。

最理想的软关断过程：电流先下降到零，电压再缓慢上升到断态值，所以关断损耗近似为零。由于器件关断前电流已下降到零，即线路电感中电流亦为零，所以感性关断问题得以解决。软开关包括软开通和软关断，软开通有零电流开通和零电压开通两种；软关断有零电流关断和零电压关断两种。

零电压开通：开通驱动信号给出后，开关器件端电压先下降到通态值（约等于零）后，开关器件电流从断态值上升到通态值，开关器件进入导通状态。

零电流开通：开通驱动信号给出后，开关器件电流必须维持在零值，开关器件端电压从断态值下降到通态值以后，电流才从断态值上升到通态值，开关器件进入导通状态。

零电流关断：关断驱动信号给出后，开关器件通过的电流先降到零后，开关器件端电压从通态值上升到断态值，开关器件进入截止状态。

零电压关断：关断驱动信号给出后，开关器件通过的电流从通态值下降到断态值后，端电压才从通态值上升到断态值，开关器件进入截止状态。在电流下降到断态值前，开关器件的端电压必须维持在通态值（约等于零）。

1.5.1　开关损耗

开关器件在工作过程的损耗包括关断损耗、导通损耗和开关损耗。图 1-49 是开关器件三种工作在硬开关状态的电压、电流和损耗示意图。

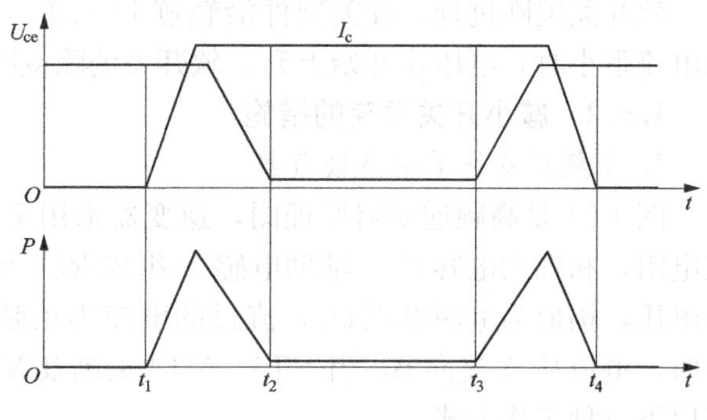

图 1-49　开关器件三种工作状态的电压、电流和损耗示意图

0～t_1阶段，开关器件处于关断状态，开关器件承受的电压由输入电压和电路决定，而流过的电流近似为零，所以关断损耗近似为零；

t_1～t_2阶段，开关器件在控制电路的驱动下导通，由于开关器件存在导通时间，故在导通过程中，流过的电流逐步增加，器件上承受的电压逐步下降，这段时间电压和电流重叠，在开关器件上产生损耗，称为开通损耗；

t_2～t_3阶段，开关器件完全导通，由于开关器件存在导通压降，因此会产生导通损耗；

t_3～t_4阶段，开关器件在控制电路的驱动下关断，由于开关器件存在关断时间，故在关断过程中，流过的电流逐步减小，器件上承受的电压逐步上升，这段时间电压和电流重叠，在开关器件上产生损耗，称为关断损耗。

t_4以后，开关器件又回到关断状态。

导通损耗和关断损耗统称为开关损耗。

如果开关器件在关断时承受的电压为 E，导通时流过的电流为 I，则开关损耗近似用下式表示为

$$P_a=\frac{1}{2}EIt_s f \tag{1-162}$$

式中，t_s为导通和关断时间之和；f 为器件的开关频率。

例如，IGBT 的开关时间为 2μs，$E=500$V，$I=100$A，当开关频率 $f=5$kHz 时，开关损耗为 250W。如果 IGBT 的导通压降为 2.5V，则导通损耗为 250W。开关损耗和导通损耗相等。当开关频率小于 5kHz 时，开关损耗比导通损耗小，当开关频率大于 5kHz 时，开关损耗超过导通损耗。如果开关频率上升到 50kHz，则开关损耗上升到 2500W，这个损耗不能不考虑。如果开关器件的开关时间减小，在相同开关频率的条件下，开关损耗响应减小。

开关损耗不但降低了电源变换装置的效率，而且也给开关器件的散热带来很大的问题。减小导通损耗的措施是选择导通压降小的开关器件，而减小开关损耗是要消除或减小开关过程的电压和电流重叠时间，这不能靠器件本身解决，而要通过外部电路来改变开关过程的电压和电流轨迹，实现消除或在很小的电压电流重叠时间状态下进行开关动作，这种方法称为软开关技术。

如图 1-50 所示，硬开关导通过程，开关器件沿轨迹 A 工作，电压在下降以前，电流已经超过额定值。

硬开关关断过程，开关器件沿轨迹 B 工作，电流在下降以前，电压已经超过额定值。

软开关导通过程，开关器件沿轨迹 C 工作，电压在下降过程中，电流保持为零，一直

到电压很小时，电流才开始上升。

软开关关断过程，开关器件沿轨迹D工作，电流在下降过程中，电压保持为零，一直到电流很小时，电压才开始上升。软开关消除或减小了电压电流的重叠时间。

1.5.2 减小开关损耗的措施

1. 高频逆变器采用谐振负载

图1-51是高频逆变器原理图，逆变器采用全桥型，负载经变压器折算到初级为一个等效电阻，和辅助电容C_r、辅助电感L_r组成RLC谐振负载，等效负载A、B两端的电压为方波电压，幅值为电源电压U_d，流过的电流为正弦波，当VT1、VT4导通及VT2、VT3关断时，电流从A流向B，当VT1、VT4关断及VT2、VT3导通时，电流从B流向A。电路有以下三种工作方式。

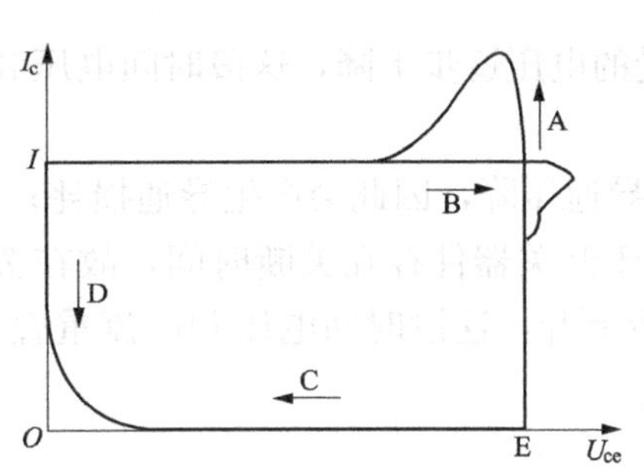

图1-50 开关过程的电压和电流轨迹

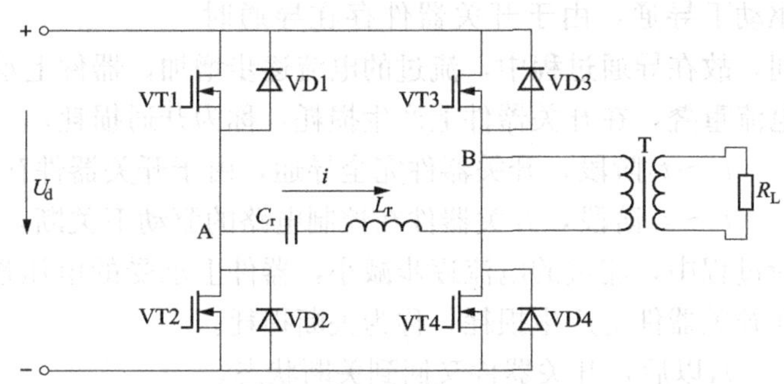

图1-51 高频逆变器原理图

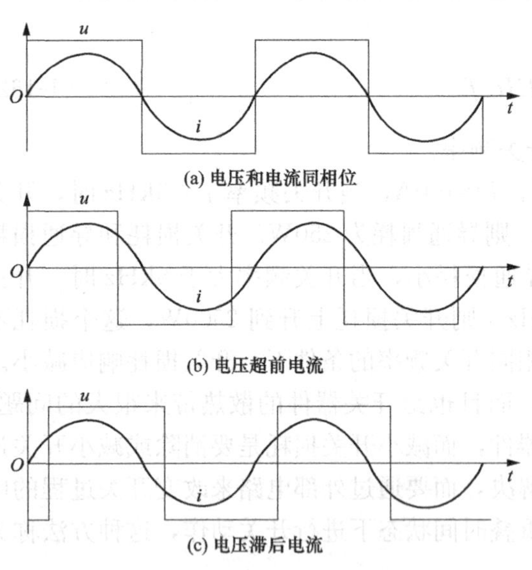

图1-52 高频逆变器输出波形

(1) 电压和电流同相位，如图1-52(a)所示。逆变器的开关频率和谐振负载的频率一致，开关管VT1、VT2、VT3、VT4在切换时流过开关管的电流为零，避开了电压和电流的重叠时间，实现了零电流开关。

(2) 电压超前电流，如图1-52(b)所示。逆变器的开关频率高于谐振负载的频率，开关管VT1、VT2、VT3、VT4在切换时流过开关管的电流不为零，不能实现零电流关断，但可实现零电压导通。如VT1、VT4关断时，电流继续从A流向B，使反并联二极管VD2、VD3导通，VT2、VT3上的电压为零，当电流i反向后，VT2、VT3在零电压导通。如果在VT1、VT2、VT3、VT4上并联电容，则du/dt变缓，关断时开关管上的电压维持较小，避开了电压和电流的重叠时间，实现了零电压开关。

(3) 电压滞后电流，如图1-52(c)所示。逆变器的开关频率低于谐振负载的频率。如果开关管VT1、VT2导通，当电流i过零反向时，反并联二极管VD1、VD4导通，电流i

通过VD1、VD4，VT1、VT4在零电流、零电压下关断。当驱动VT2、VT3时，如果VD1、VD4的反向恢复时间较长，VD1、VD4来不及关断，很可能造成桥臂上下直通，因此一般不工作在第三种工作方式。

2. 使用缓冲电路

缓冲电路有电压缓冲电路和电流缓冲电路。在开关管的两端并联电容，可消除开关器件的电压、电流重叠区，从而减小开关损耗。在开关回路串联电感，可实现零电流开关。为了使开关器件不消耗能量，在电容上附加电阻和二极管，组成RCD缓冲电路，在电感上附加电阻和二极管，组成RLD缓冲电路。这样，有部分开关损耗加在电阻上，装置的总体损耗还是增加了。一般缓冲电路不称为软开关。

3. 采用谐振开关技术

对于硬性开关方式所固有的问题，解决的方式只有从根本上改变传统电路的拓扑结构。20世纪80年代迅速发展起来的谐振开关技术为降低器件的开关损耗和提高开关频率找到了有效的办法，引起了电力电子技术领域的极大兴趣和普遍重视。

谐振开关技术的实质就是在主电路上增加储能元件L、C，利用谐振原理使功率器件两端的电压或流过的电流呈区间性正弦波规律变化，消除电压电流在开关过程的重叠，以实现功率器件零电流开关（Zero Current Switching，ZCS）或零电压开关（Zero Votlage Switc-hing，ZVS），使开关损耗理论上降到为零。同时谐振参数中吸收了高频变压器漏抗、电路中寄生电感和功率器件的寄生电容，可以消除高频时产生的电压尖峰和浪涌电流，达到降低器件开关应力、消除电磁干扰和电源噪声的目的。

谐振开关（Resonant Switch）是一个由开关器件、谐振电感和谐振电容组成的电子电路，分为电流型和电压型谐振开关。电流型谐振开关为ZCS，电感与开关是串联的，电压型谐振开关为ZVS，电容与开关是并联的。

谐振开关代替PWM开关可以产生许多准谐振（VTRC）电路拓扑，如零电压准谐振（ZVS VTRC）、零电流准谐振（ZCS VTRC）和零电压多谐振（ZVS MRC）、零电流多谐振（ZCS MRC）。这些准谐振和多谐振变换器实质上都是PWM变换器在考虑了寄生参数以后的高频等效电路，其拓扑结构比较接近实际情况。

谐振开关的三种基本结构为：①串联电感；②并联电容；③反并联二极管。

串联电感是零电流开关ZCS的基本结构，它和电容、反并联二极管组成零电流准谐振开关，如图1-53（a）所示。开关S导通时，由于电感L_r的存在，电流i_c缓慢上升，抑制了di/dt，U_{ce}在电流i_c上升前下降到零，消除了U_{ce}和i_c的重叠时间，减小了开通损耗，可在任意时刻使开关S以零电流导通。开关S关断之前，电感L_r上的储能通过L_rC_r谐振转换到电容C_r上。S关断后，电感L_r上的电流为零，电容C_r上的电压为电路外加电压E。

并联电容是零电压开关ZVS的基本结构，它和电感、反并联二极管组成零电压准谐振开关，如图1-53（b）所示。开关S关断时，由于电容C_r的存在，电压U_{ce}缓慢上升，抑制了du/dt，电流i_c在U_{ce}上升前下降到零，消除了i_c和U_{ce}的重叠时间，减小了开通损耗，可在任意时刻使开关S以零电压关断。开关S导通之前，电容C_r上的储能通过L_rC_r谐振转换到电感L_r上。S导通后，电容C_r上的电压为零，电感L_r上的电流为负载电流。

反并联二极管通过反向电流时，开关S处于零电压零电流状态，这时开通或关断开关器件，都是零电压、零电流动作。反并联二极管和电感L_r、电容C_r、开关S组成准谐振开关，如图1-53（c）所示。

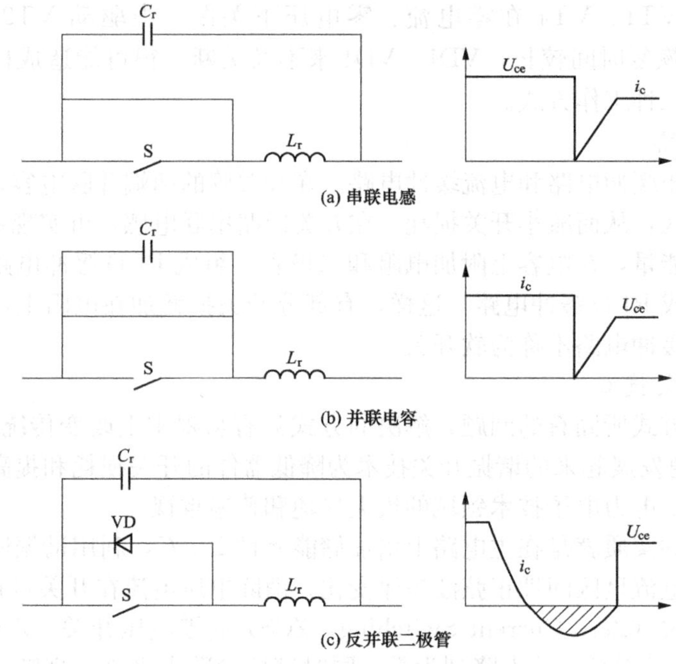

图 1-53 谐振开关的三种基本结构

1.5.3 典型软开关变换电路

1. 零电流型准谐振 Buck 变换器

在基本 Buck 变换器电路中加入谐振电感 L_r 和谐振电容 C_r，变成串联电感型零电流开关，构成零电流型准谐振 Buck 变换器，如图 1-54 所示，工作波形如图 1-55 所示（其中 VTg1 为 VT1 的驱动脉冲，u_{VT1} 为 VT1 承受的电压）。在分析过程中，假定电感 L_f 很大，输出电流为恒电流 I_o。

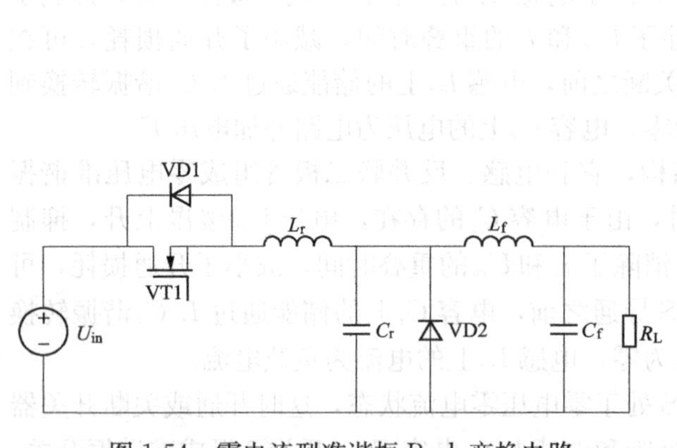

图 1-54 零电流型准谐振 Buck 变换电路

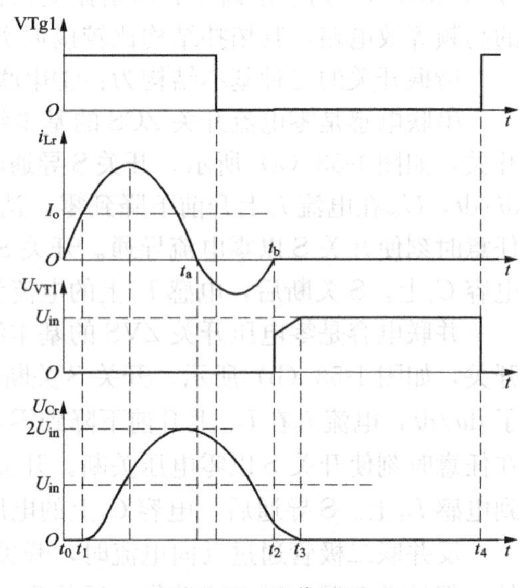

图 1-55 工作波形

$t_0 \sim t_1$阶段，开关管 VT1 在t_0时刻导通，由于电感L_r的作用，VT1 在零电流下导通。由于$i_{Lr}<I_o$，i_{Lr}在U_{in}的作用下线性上升。t_1时刻，i_{Lr}上升到输出电流I_o，这个阶段结束。

$t_1 \sim t_2$阶段，t_1时刻，i_{Lr}上升到输出电流I_o，二极管 VD2 截止，电感L_r和电容C_r开始谐振，通过开关管 VT1 上的电流i_{Lr}近似为正弦波，加在二极管 VD2 上的电压和谐振电容上的电压一样，也是正弦波，其峰值达到两倍的输入电压。i_{Lr}上升后下降，t_a时刻，i_{Lr}下降到零后，i_{Lr}通过 VT1 的反并联二极管 VD1 继续向反方向谐振，并将能量反馈给输入电源。t_b时刻当i_{Lr}再次谐振回到零，这个阶段结束。在t_a到t_b时间段内，VT1 是以零电流关断。

$t_2 \sim t_3$阶段，在这一个时间段，开关管 VT1 已断开，二极管 VD2 还处于截止状态，输出电流I_o通过C_r流通，电容处于线性放电状态。

$t_3 \sim t_4$阶段，t_3时刻C_r上的电压为零，二极管 VD2 导通，输出电流I_o通过二极管 VD2 续流，电容电压被箝位在零，这时有：$i_{Lr}=0$。$V_{Cr}=0$。这个时间段长度取决于开关周期。调节这个时间段长度可调节输出电压，这种调节方式是调节开关周期实现调压，也就是调频调压。VT1 的导通时间固定，不能小于$t_0 \sim t_a$时间段。

2. 零电压型准谐振 Buck 变换器

在基本 Buck 变换器电路中加入L_r、C_r，变成并联电容型零电压开关，构成零电压型准谐振 Buck 变换器，如图 1-56 所示。其工作波形如图 1-57 所示（其中 VTg1 为 VT1 的驱动脉冲，U_{VD2}是 VD2 承受的电压）。

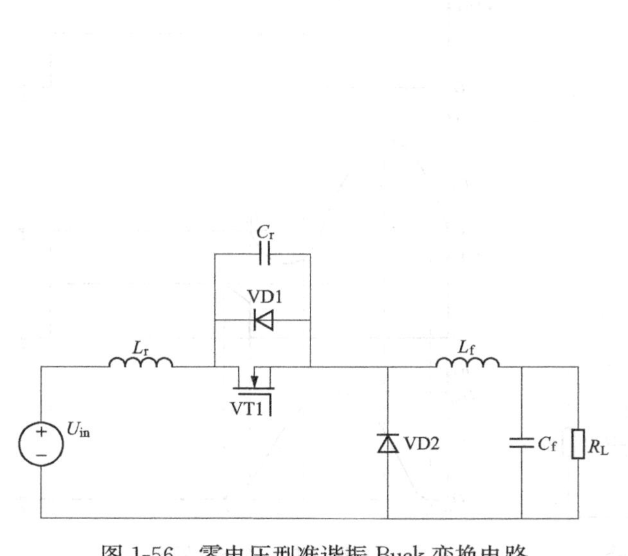

图 1-56　零电压型准谐振 Buck 变换电路

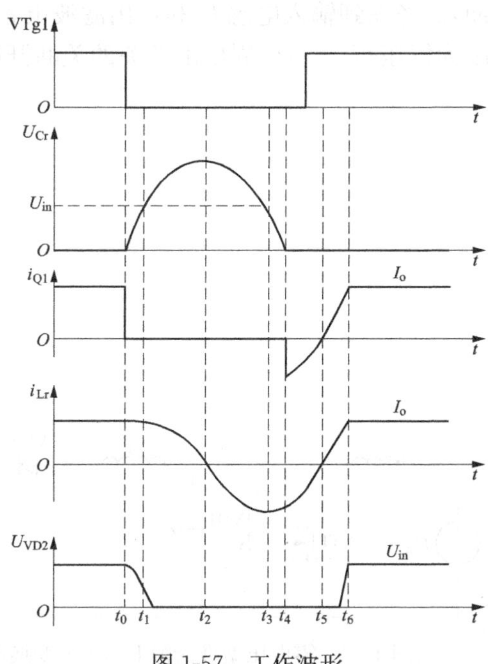

图 1-57　工作波形

零电压型准谐振 Buck 变换器也可分为六个工作阶段，选择开关 VT1 的关断时刻为起始点。

t_0之前，开关管 VT1 处于导通状态，二极管 VD2 处于截止状态，C_r上的电压$U_{Cr}=0$，流过L_r的电流为输出电流I_o。

$t_0 \sim t_1$阶段，开关管 VT1 在t_0时刻关断，输出电流I_o流过电容C_r，对C_r充电，C_r两端

的电压U_{Cr}线性上升，二极管VD2还是处于截止状态，VD2两端的电压U_{VD2}下降。当U_{Cr}上升到输入电压U_{in}时，二极管VD2两端的电压U_{VD2}下降到零，VD2导通，这个阶段结束。

$t_1 \sim t_2$阶段，t_1时刻$U_{Cr}=U_{in}$，$U_D=0$，二极管VD2导通，电感L_r和电容C_r开始谐振，开关管VT1上的电压U_{Cr}为正弦波，U_{Cr}上升，i_{Lr}下降。当U_{Cr}谐振到峰值时，i_{Lr}下降到零，这个阶段结束。

$t_2 \sim t_3$阶段，t_2时刻，$i_{Lr}=0$，L_rC_r继续谐振，i_{Lr}改变方向，U_{Cr}下降，当$U_{Cr}=U_{in}$时，i_{Lr}达到反向谐振峰值，这个阶段结束。

$t_3 \sim t_4$阶段，t_3时刻以后，U_{Cr}继续下降，i_{Lr}反向减小，直到$U_{Cr}=0$，这个阶段结束。

$t_4 \sim t_5$阶段，U_{Cr}箝位在零，VT1的反并联二极管VD1导通，i_{Lr}反向线性减小，直到$i_{Lr}=0$，这个阶段结束。这个阶段VT1在零电压导通。

$t_5 \sim t_6$阶段，VT1已导通，i_{Lr}线性上升，直到t_6时刻，$i_{Lr}=I_o$，VD2关断。一个周期结束。

调节这个时间段长度可调节输出电压，这种调节方式也是调节开关周期实现调压。VT_1的关断时间固定，不能小于$t_0 \sim t_4$时间段。

3. 零电压型准谐振Boost变换器

在基本Boost变换器电路中加入L_r、C_r，变成并联电容型零电压开关，构成零电压型准谐振Boost变换器，如图1-58所示。其工作波形如图1-59（其中VTg1为VT1的驱动脉冲）。考虑到输入电感L_f和输出滤波电容足够大，在一个周期内输入电流为恒流I_{in}，输出电压为恒压U_o。一个周期由开关的关断开始。

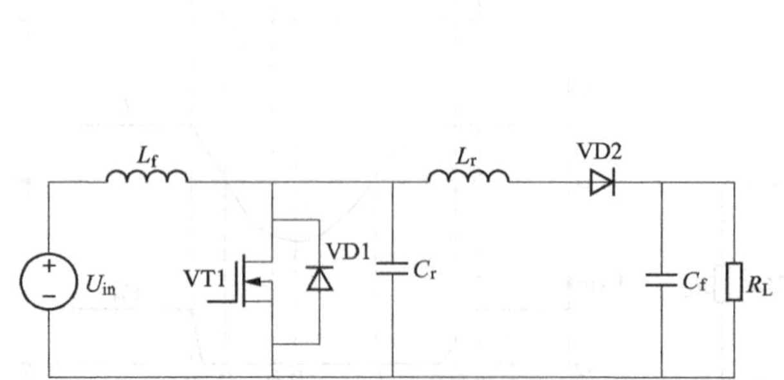

图1-58 零电压型准谐振Boost式变换电路

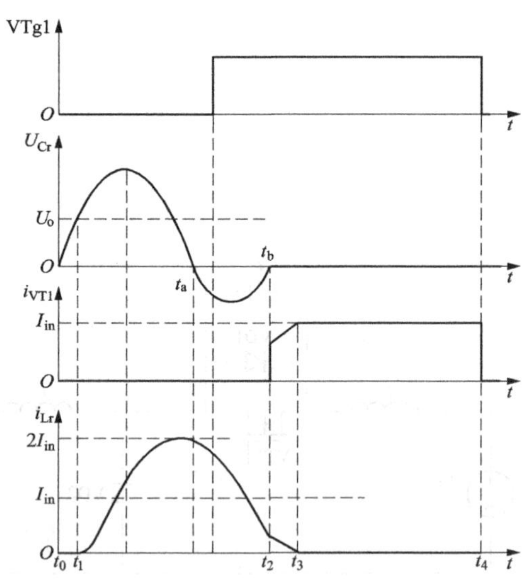

图1-59 工作波形

$t_0 \sim t_1$阶段——电容充电模式，开关管VT1在t_0时刻关断，由于电容C_r的电压U_{Cr}不能突变，VT1在零电压下关断，输入电流I_{in}给电容C_r线性充电，C_r两端的电压线性上升。这时电路处于电容充电模式。t_1时刻，U_{Cr}上升到输出电压U_o时，这个阶段结束。

$t_1 \sim t_2$阶段——谐振模式，t_1时刻，$U_{Cr}=U_o$，二极管VD2导通，电感L_r和电容C_r开始谐振，开关管VT1上的电压U_{Cr}为正弦波，电路处于谐振模式。U_{Cr}上升后下降，t_a时刻，当U_{Cr}谐振回零后，电路继续向反方向谐振，并将能量反馈给输入电源。t_b时刻当U_{Cr}再次谐振回到零时，这个阶段结束。在t_a到t_b时间段内，VT1是以零电压开通。

t_2～t_3阶段——电感放电模式，t_2时刻后，电感电流i_{Lr}线性下降，流过开关管VT1的电流i_{VT1}上升。当i_{Lr}下降到零时，这个阶段结束。

t_3～t_4阶段——续流模式，t_3时刻$i_{Lr}=0$，$U_{Cr}=0$，所有输入电流全部通过开关管VT1。这个时间段长度取决于开关周期。调节这个时间段长度可调节输出电压，这种调节方式也是调频调压。VT1的关断时间固定，不能小于t_0-t_a时间段。

谐振型变换器的主要缺点是增加了主开关上的电压和电流应力。

本章小结

本章将基本的电源变换电路进行了总结，对变换电路的参数进行了计算公式的推导和总结，通过实例对变换电路进行了参数计算和器件选择。介绍了组合电源变换电路，MOSFET和IGBT的驱动电路和软开关技术。本章的主要内容和要求包括：

1. AC-DC变换电路，要求掌握各种二极管整流电路和晶闸管整流电路的特点，掌握电路参数的计算和元器件的选择。

2. DC-DC变换电路，要求掌握Buck变换器、Boost变换器的特点，掌握Buck变换器、Boost变换器参数的计算和元器件的选择。

3. DC-AC变换电路，要求掌握电压型单相半桥逆变电路、电压型单相全桥逆变电路、电流型单相全桥逆变电路、电压型三相桥式逆变电路的特点，掌握参数的计算和元器件的选择。

4. 组合变换电路：要求掌握将AC-DC、DC-DC、DC-AC基本变换电路组合成所要求电源变换电路的方法。

5. 驱动与保护电路：要求掌握驱动电路的基本结构和驱动电路的选择，掌握保护电路的基本功能和保护原理，特别是缓冲电路的选择和参数计算。

6. 软开关技术：要求掌握软开关的要求、电路结构、工作原理和典型软开关电路的分析。

习题与思考题

1. 二极管整流电路电阻型负载，直流输出端单独加电容滤波、电感滤波，整流电路输出端电流波形有何不同？如果加电感电容LC滤波，输出电流波形如何？画出输出电流波形。

2. 晶闸管整流电路电阻型负载，$\alpha=30°$，直流输出端加电感电容LC滤波，晶闸管整流电路输出端电流波形如何？画出输出电流波形。

3. 设单相桥式二极管整流电路，LC滤波，输入交流～220V/50Hz，直流负载功率3kW，输出直流电流脉动系数$\delta_i=0.5$，输出电压纹波系数$\gamma_u=0.1$。计算滤波电感L和滤波电容C的值，并计算二极管的电压电流参数，选择二极管。

4. 设三相桥式二极管整流电路，LC滤波，输入交流三相～380V/50Hz，直流负载功率

30kW，输出直流电流脉动系数$\delta_i=0.3$，输出电压纹波系数$\gamma_u=0.13$。计算滤波电感L和滤波电容C的值，并计算二极管的电压电流参数，选择二极管。

5. 设Buck变换器的输入电压$U_{in}=500V$，输出电流$I_o=100A$，电感电流增量Δi_L小于30%，输出电压波动小于10%，开关频率$f_S=20kHz$。要求计算滤波电感L和电容C的值，并选择开关器件的电压和电流额定值。

6. 分别对于电阻型负载、电阻电感型负载、RLC串联谐振负载加交流方波电压激励，画出三种负载的电流波形。

7. 单相全桥电压型逆变器，输入电压U_d为500V，输出功率P为50kW，逆变器开关频率为20kHz，RLC负载，$L=200\mu H$，要求计算等效电阻R，补偿电容C，谐振品质因数Q，和开关管VT的电压定额和电流定额。

8. 在电源变换中，为什么采用组合变换电路？

9. 驱动电路由哪几部分组成？其功能是什么？如何选择驱动电路？

10. 缓冲电路有哪几种形式？各用在哪种场合？如何计算参数？

11. 软开关有什么特点？为什么要采用软开关？

12. 软开关有哪几种形式？各用在哪种场合？

第 2 章　高功率因数 AC-DC 变换电路

在电力电子装置中，传统的整流器采用二极管不控整流或者晶闸管可控整流，其非线性的特性使得网侧电流产生严重的畸变，功率因数很低，给电网注入大量的谐波，影响电网的安全稳定运行。因此电力电子装置中的整流器是电网谐波污染的主要来源。抑制谐波、提高功率因数所采用的方法根据应用场合的不同也有所区别。对于集中使用电力电子装置的应用场合，可以采用集中治理的方式，加装各类无源和有源功率因数校正装置。另一种方式是在电力电子装置中采用 PWM 整流器。与传统的二极管不控或晶闸管可控整流器相比，PWM 整流器网侧谐波电流低、能够实现单位功率因数运行。PWM 整流器的主要缺点是所需的功率开关器件较多，成本高，控制也更复杂。

2.1　谐波抑制与无功功率补偿

目前各种电力电子装置成为最主要的谐波源，如轧机、电气化铁路、大容量整流变频装置、炼钢炉等，这些电力电子装置的工作过程中有功和无功负荷不规则地上下波动，引起电压闪变，平均功率因数偏低。整流换流装置、变频设备、炼钢炉等非线性用电负荷会产生大量的高次谐波电流进入电力系统，造成电压电流波形畸变，供电质量下降。电力电子装置所产生的谐波污染已成为阻碍电源变换技术发展的重大障碍。

2.1.1　谐波的产生及危害

传统的 AC-DC 变换由交流电网经整流电路采用电容滤波获得直流电压，这种变换电路的主要缺点是输入交流电压是正弦波，但输入的交流电流是脉冲电流，波形严重畸变，干扰电网线电压，产生向四周辐射和沿导线传播的电磁干扰。为了得到可调的直流电压，采用晶闸管可控整流电路，但脉动很大，需要很大的滤波器才能得到平稳的直流电压。此外，交流电流中含有大量谐波电流，使电网中电流波形严重畸变。

单相二极管整流电容滤波，交流侧电流呈脉冲状不规则波形，如图 2-1（a）所示。单相二极管整流电容滤波，交流侧加电感滤波，交流侧电流波形增加了光滑度，但还是脉冲波，如图 2-1（b）所示。三相桥式二极管整流电路输出加电容滤波，其输入侧电流波形如图 2-1（c）所示。采用 LC 滤波的三相桥式二极管整流电路，其输入侧电流波形如图 2-1（d）所示。

图 2-2 是典型二极管整流电路直流侧 LC 滤波输入交流侧电流的谐波频谱，其中图 2-2（a）是单相二极管整流电路直流侧 LC 滤波输入交流侧电流的谐波频谱，图 2-2（b）是三相二极管整流电路直流侧 LC 滤波输入交流侧电流的谐波频谱。

谐波电流对电网的危害表现如下。

（1）谐波电流流过线路阻抗，造成谐波电压降，使电网的正弦波电压产生畸变；

（2）谐波电流会使线路和配电变压器过热，严重时损坏电气设备；

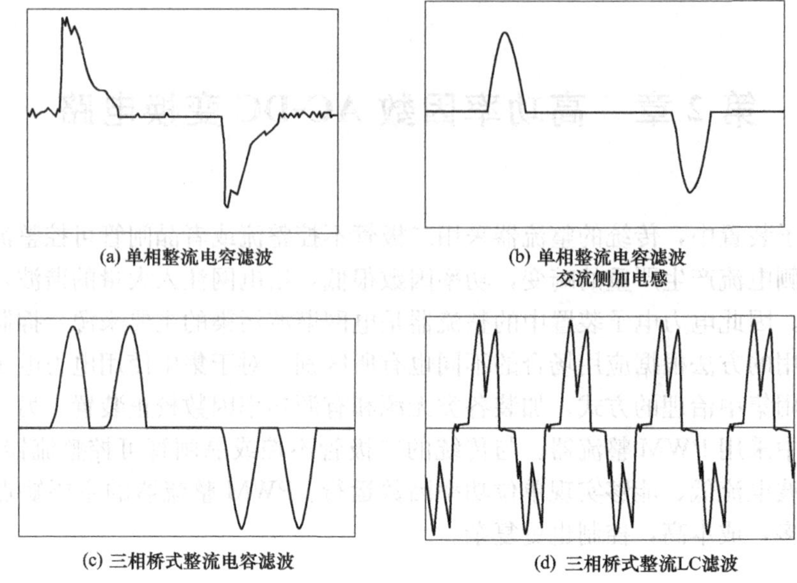

图 2-1　二极管整流交流输入电流波形

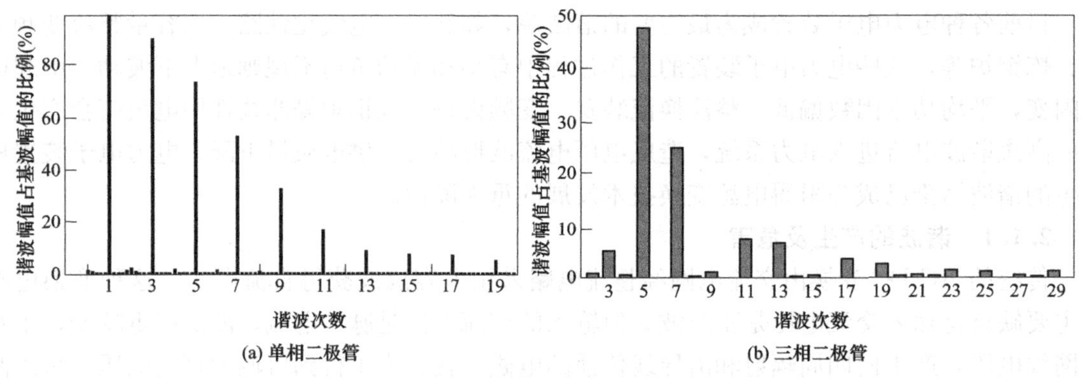

图 2-2　二极管整流电路输入交流侧电流的谐波频谱

(3) 谐波电流会引起电网 LC 谐振；

(4) 高次谐波电流流过电网的高压电容，使之过流、过热，甚至发生爆炸；

(5) 在三相四线制中，中性线流过三相高次谐波电流（三倍的 3 次谐波电流），使中性线过流；

(6) 谐波电流使交流输入端功率因数下降，结果是发电、配电及变电设备的功耗加大，效率降低。

为了减小 AC-DC 变换电路输入端谐波电流，保证电网的供电质量，提高电网的可靠性，提高功率因数，必须限制 AC-DC 变换电路输入端的谐波电流。国际标准的谐波电流限制值：2 次谐波≤2%，3 次谐波≤30%，5 次谐波≤10%，7 次谐波≤7%，…。

2.1.2　谐波的抑制

限制谐波电流，提高功率因数可采用以下措施。

1. 附加无源滤波器

装设谐波补偿装置的传统方法就是采用 LC 调谐滤波器，在交流侧并联接入 LC 谐振滤波器，使交流端输入电流中的谐波电流经 LC 谐振滤波器形成回路而不进入交流电源，如图 2-3 所示。

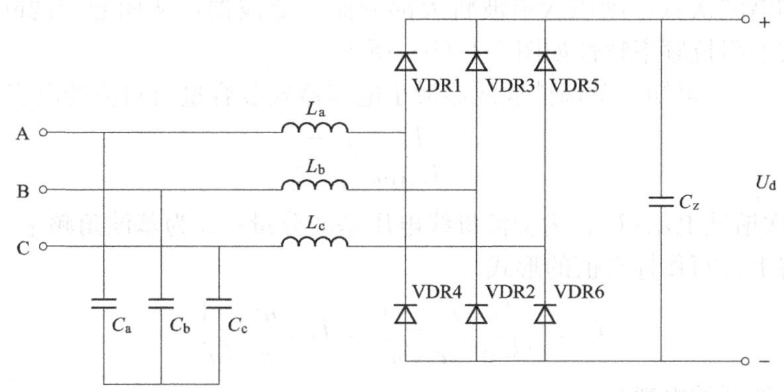

图 2-3　交流侧并联接入 LC 谐振滤波器整流电路

LC 滤波器也称为无源滤波器，是由滤波电容器、电抗器和电阻器适当组合而成的滤波装置，与谐波源并联，除起滤波作用外，还兼顾无功补偿的需要。无源 LC 滤波器既可补偿谐波，又可补偿无功功率，而且结构简单、成本低、可靠性高、电磁干扰 EMI 小。缺点是体积大，很难做到高功率因数，一般只能达到 0.9 左右，工作性能与频率、负载变化和输入电压的变化有很大关系，LC 回路有大的充放电流，还可能引发谐振，而且只能补偿固定频率的谐波，补偿效果也不理想，但还是目前谐波补偿的最主要手段。

LC 滤波器又分为单调谐滤波器、高通滤波器及双调谐滤波器等几种，实际应用中常用几组单调谐滤波器和一组高通滤波器组成滤波装置。

（1）单调谐滤波器。单调谐滤波器主要用于滤除谐波源中的主要特征谐波。若谐波源为整流装置，一般只需设置滤除奇次谐波的滤波器。例如，谐波源为三相整流装置时，可设 3、5、7、11 次等单调谐滤波器。若还需滤除更高频率的谐波，可设一组高通滤波器，将截止频率选在 12 次，滤除 13 次以上的谐波。图 2-4（a）为单调谐滤波器的电路原理图。

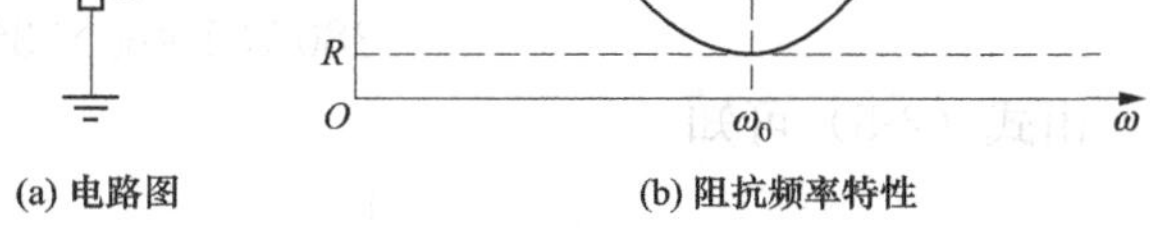

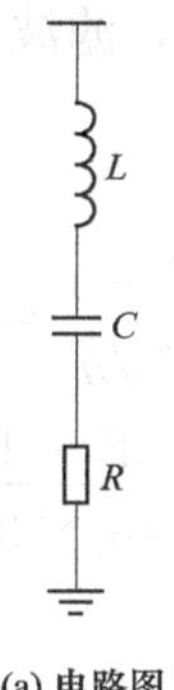

(a) 电路图

Z　R　O　ω_0　ω

(b) 阻抗频率特性

图 2-4　单调滤波器电路原理图

单调谐滤波器对 n 次谐波的阻抗为

$$Z_n = R_n + \mathrm{j}\left(n\omega L - \frac{1}{n\omega C}\right) \tag{2-1}$$

式中，n 表示第 n 次谐波的谐振次数。单调谐滤波器是利用串联 L、C 谐振原理，谐振次数为

$$n=\frac{1}{\omega\sqrt{LC}} \tag{2-2}$$

在谐振点处，$Z_n=R_n$，由于R_n很小，n次谐波电流主要通过R_n分流，很少流入电网中。而对于其他次数的谐波，$Z_n \gg R_n$，滤波器分流很少。因此只要将滤波器的谐振次数设定为需要滤除的谐波次数，则该次谐波将大部分流入滤波器，从而起到滤除该次谐波的目的。单调谐滤波器阻抗频率特性如图 2-4（b）所示。

由参考文献［7］可知，单调谐滤波器最小电容器安装容量所对应的电容量为

$$C_{\min}=\frac{I_{(n)}}{U_{(1)}\omega}\frac{n^2-1}{n^2\sqrt{n}} \tag{2-3}$$

式中，$I_{(n)}$为n次谐波电流；$U_{(1)}$为交流母线电压基波分量；ω为基波角频率。取交流系统的统一基准值，将上式写作标幺值的形式

$$C_{\min}^{*}=\frac{I_{(n)}^{*}}{U_{(1)}^{*}}\frac{n^2-1}{n^2\sqrt{n}}\approx I_{(n)}^{*}\frac{n^2-1}{n^2\sqrt{n}} \tag{2-4}$$

得单调谐滤波器的电感为

$$L=\frac{1}{\omega^2 n^2 C_{\min}} \tag{2-5}$$

定义滤波器的调谐锐度

$$Q=\frac{n\omega L}{R}=\frac{1}{n\omega CR} \tag{2-6}$$

单调谐滤波器的电阻为

$$R=\frac{n\omega L}{Q_{\mathrm{opt}}} \tag{2-7}$$

式中，Q_{opt}为Q的最佳调谐锐度，一般Q_{opt}在 30～60 的范围内。

例 2-1：单调谐滤波器参数计算。交流母线电压基波分量$U_{(1)}=380\text{V}$，3 次谐波电流$I_{(3)}=10\text{A}$，基波角频率$\omega=2\pi$，$f=100\pi$，滤波器的调谐锐度$Q=50$。计算电感L、电容C和电阻R的值。

解：由式（2-3）可知

$$C_{\min}=\frac{I_{(n)}}{U_{(1)}\omega}\frac{n^2-1}{n^2\sqrt{n}}=\frac{I_{(3)}}{U_{(1)}100\pi}\frac{3^2-1}{3^2\sqrt{3}}$$
$$=\frac{10\times(3^2-1)}{380\times100\pi\times3^2\sqrt{3}}=43\times10^{-6}=43(\mu\text{F})$$

由式（2-5）可知

$$L=\frac{1}{\omega^2 n^2 C_{\min}}=\frac{1}{(100\pi)^2\times3^2\times47\times10^{-6}}$$
$$=23.95\times10^{-3}=23.95(\text{mH})$$

由式（2-7）可知

$$R=\frac{n\omega L}{Q_{\mathrm{opt}}}=\frac{3\times100\pi\times23.95\times10^{-3}}{50}=0.45(\Omega)$$

（2）高通滤波器。图 2-5 为四种形式的高通滤波器。其中图 2-5（a）为一阶高通滤波器，图 2-5（b）为二阶高通滤波器，图 2-5（c）为三阶高通滤波器，图 2-5（d）为 C 型高

通滤波器。一阶高通滤波器需要的电容太大，基波损耗也太大，因此一般不采用。二阶高通滤波器的滤波性能最好，但与三阶的相比，其基波损耗较高。三阶高通滤波器比二阶的多一个电容 C_2，C_2 容量与 C_1 相比很小，它提高了滤波器对基波频率的阻抗，从而大大减少基波损耗，这是三阶高通滤波器的主要优点。C 型高通滤波器的性能介于二阶和三阶之间，C_2 与 L 调谐在基波频率上，故可大大减少基波损耗。其缺点是对基波频率失谐和元件参数漂移比较敏感。这四种高通滤波器中，最常用的是二阶高通滤波器。

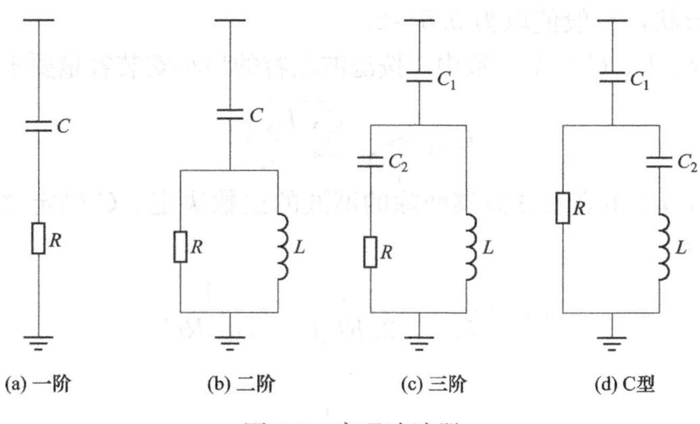

图 2-5　高通滤波器

二阶高通滤波器的阻抗为

$$Z_n = \frac{1}{\mathrm{j}n\omega C} + \left(\frac{1}{R_n} + \frac{1}{\mathrm{j}n\omega L}\right)^{-1} \tag{2-8}$$

二阶高通滤波器的阻抗随频率变化的曲线如图 2-6 所示，该曲线在一个很宽的频带范围内呈现为低阻抗，形成对次数较高谐波的低阻抗通路，使得这些谐波电流大部分流入高通滤波器。

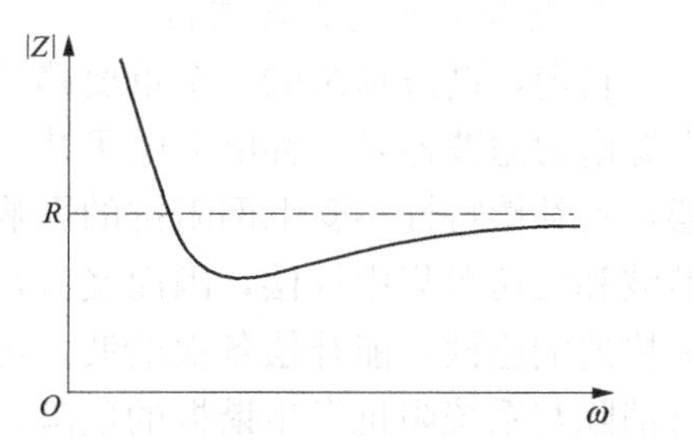

图 2-6　二阶高通滤波器的阻抗频率特性

在设计滤波器时，首先应该满足各种负载水平下对谐波限制的技术要求，根据国家标准，滤波性能应满足以下规定标准。

①各次谐波电压含有率

$$HRU_n = \frac{U_n}{U_1} \times 100\% \tag{2-9}$$

式中，U_n 为第 n 次谐波电压有效值；U_1 为基波电压有效值。

②电压总谐波畸变率

$$THD_{\mathrm{u}} = \frac{\sqrt{\sum_{n=2}^{\infty} U_n^2}}{U_1} \times 100\% \tag{2-10}$$

③注入电网的各次谐波电流大小。由于滤波装置是由各种不同形式的滤波器组合而成的，结构并非唯一，在满足前述技术要求的前提下，可有多种不同的滤波装置方案。在工程上，往往选择最经济的方案。

在设计高通滤波器时，根据已经采用的单调谐滤波器的配置和滤波对象的谐波，确定高通滤波器所要抑制的谐波次数。

由参考文献［7］可知，高通滤波器的特性可以由以下两个参数来描述：

$$f_0=\frac{1}{2\pi RC}\qquad m=\frac{L}{R^2C} \tag{2-11}$$

式中，f_0 称为截止频率，高通滤波器的截止频率一般选为略高于所装设的单调谐滤波器的最高特征谐波频率；m 是一个与谐振品质因数 $Q=\sqrt{L/C}/R$ 呈平方关系的参数，直接影响着滤波器调谐曲线的形状，一般值取为 0.5～2。

在高通滤波器 R、L、C 三个参数中，按滤波电容的最小安装容量要求，可确定电容量为

$$C_{\min}^*\approx\sqrt{\sum_{i=k}^{n}\frac{I_{(ni)}^*}{n_i}} \tag{2-12}$$

式中，$n_i(i=k，\cdots，n)$ 由高通滤波器滤除的谐波的次数决定。C 确定之后，就可以确定滤波器的 R、L 了。令

$$n_k=\frac{f_0}{f_{(1)}}=\frac{1}{2\pi RCf_1}=\frac{1}{\omega_{(1)}RC} \tag{2-13}$$

可得

$$R=\frac{1}{n_k\omega_{(1)}C} \tag{2-14}$$

由式（2-11）、式（2-14）可得

$$L=mR^2C=\frac{m}{n_k^2\omega_{(1)}^2C} \tag{2-15}$$

2. 附加有源电力滤波器

目前，谐波抑制的一个重要趋势是采用有源电力滤波器（Active Power Filter，APF）。有源电力滤波器是一种电力电子装置，这种滤波器能对频率和幅值都变化的谐波进行跟踪补偿，且补偿特性不受电网阻抗的影响，既可以对一个谐波和无功源单独补偿，也可以对多个谐波和无功源集中补偿，因而受到广泛的重视。与无源滤波器相比，APF 具有高度可控性和快速响应性，能补偿各次谐波，可抑制闪变、补偿无功，滤波特性不受系统阻抗的影响，可消除与系统阻抗发生谐振的危险；具有自适应功能，可自动跟踪补偿变化着的谐波。

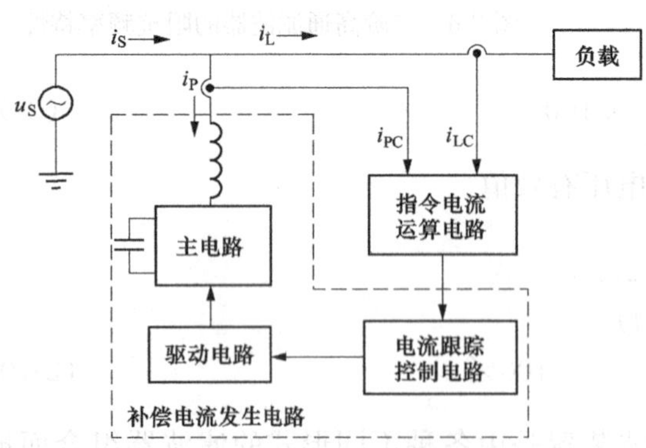

图 2-7　有源电力滤波器基本框图

（1）有源电力滤波器的基本原理。图 2-7 为最基本的有源电力滤波器系统框图。图中 u_S 表示交流电源，负载为非线性负载，它产生谐波并消耗无功功率。系统主要由两大部分组成，即指令电流运算电路和补偿电流发生电路。指令电流运算电路的核心是检测出补偿对象当中的谐波电流分量和无功电流分量等。补偿电流发生电路的作用是根据指令电流运算电路得出的补偿电流的指令信号，产生实际的补偿电流。

图 2-7 有源电力滤波器的工作原理为：指令电流计算电路在检测到负载电流后，通过算法检测负载电流信号中的谐波电流、无功电

流、负序电流和零序电流，将这些电流检测信号转换成相应的变流器触发信号，通过电流跟踪控制电路形成触发脉冲去驱动电路，驱动变流器主电路，使变流器产生的电流为上述电流之和，极性相反，再回注入电网，则电网中的谐波电流、无功电流、负序电流和零序电流被抵消为零，只剩下基波有功正序电流。

(2) 有源滤波器的结构与类型。图 2-8 给出了有源电力滤波器的分类。根据接入电网的方式不同，可以分为交流 APF 和直流 APF。交流 APF 分为串联 APF、并联 APF 和统一电能调节器。串联 APF 包括单独和混合两种方式。并联 APF 包括单独、混合、注入回路三种方式。并联混合型有与 *LC* 串联和并联两种方式，注入回来有串联和并联谐振两种方式。

并联型电力有源滤波器与负载并联接入电网，主要适用于电流型负载的谐波、无功和负序电流的补偿。串联型电力有源滤波器与负载串联接入电网，主要消除电压型谐波源对系统的影响。串联型电力有源滤波器中流过的是正常负载电流，损耗较大，其投切、故障后的退出及各种保护也比并联型电力有源滤波器复杂，因此使用范围受到很大的限制。

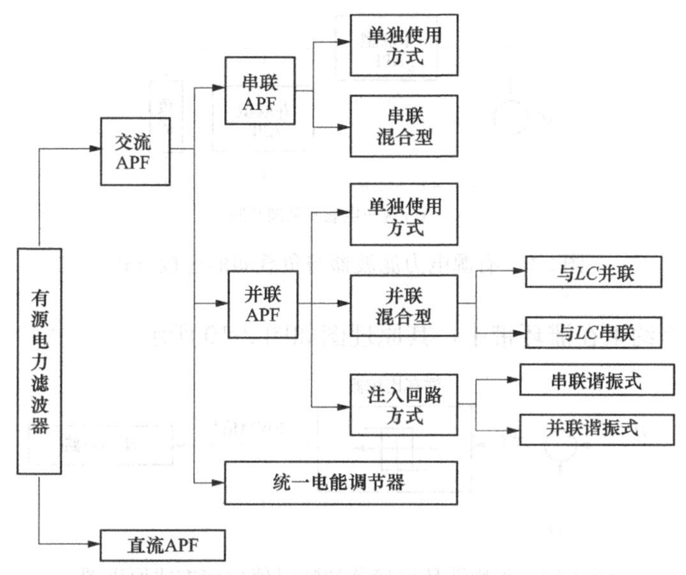

图 2-8 有源电力滤波器的分类

图 2-9 是有源电力滤波器与供电系统、负载之间的连线示意图。图 2-9 (a) 为串联型 APF；图 2-9 (b) 为并联型 APF；图 2-9 (c) 为串联混合型 APF；图 2-9 (d) 为并联混合型 APF；图 2-9 (e) 为统一电能质量调节器。图 2-9 (a)、(b) 是单独 APF 补偿方式，很少用，大多数 APF 采用并联或混合型补偿方案。混合型 APF 中有源电力滤波器部分的容量一般仅占总补偿容量的 5%～10%。

(3) 有源滤波器的控制方法。有源电力滤波器的主电路一般由 PWM (Pulse Width Modulation) 逆变器组成，其原理是控制功率器件的开通和关断，把直流电压或电流变成一定形状的电压或电流脉冲序列，使有源电力滤波器中的静止变流器产生所需要的谐波补偿电压或电流。有源电力滤波器最常见的控制方式是滞环比较控制和三角载波电流控制。

滞环比较控制是最简单的一种电流控制方法，是不断地将实际三相电流与给定电流相比较，如果误差超出滞环带，则根据比较值的正负决定变流器每一相开关元件的通断，以便将

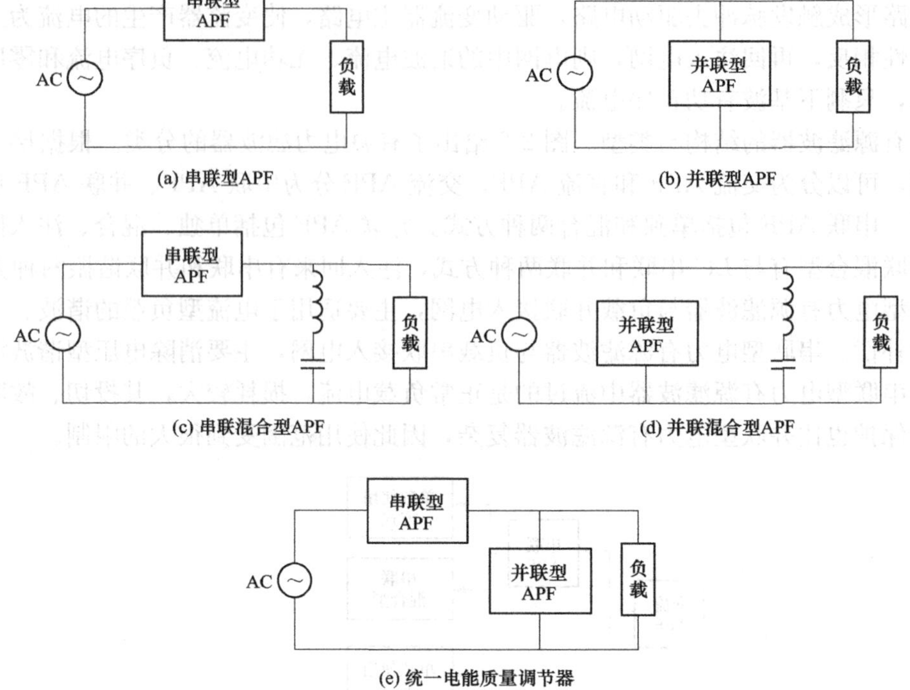

图 2-9　有源电力滤波器与负载间的连接方式

每一相的电流的误差约束在滞环带中，其原理图如图 2-10 所示。

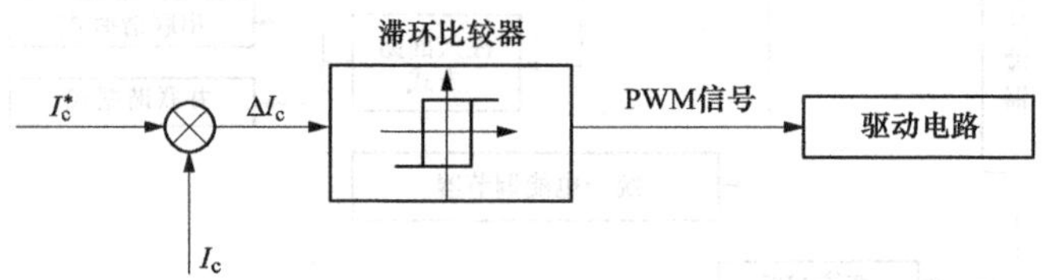

图 2-10　采用滞环比较器的瞬时值比较方式原理图

三角载波电流控制将调制后的电流实际值与参考值之间的偏差经过放大后与高频的三角调制波进行实时比较，得到它们的交点作为交流器开关动作的依据，其原理图如图 2-11 所示。

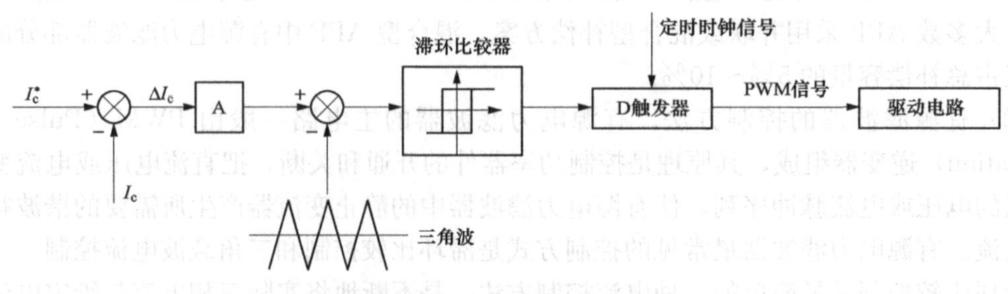

图 2-11　三角波比较方式原理图

（4）基于单周控制的三相四线制有源电力滤波器（APF）。单周控制三桥臂三相四线制 APF 的结构如图 2-12 所示。根据对零序电流补偿方式的不同，电路拓扑结构可分为四桥臂和三桥臂两种逆变器。四桥臂逆变器专门用一个桥臂对零线电流进行补偿，整个系统可以看作四相补偿装置。而采用三桥臂逆变器的滤波器，逆变器直流侧中点直接与零线相连。

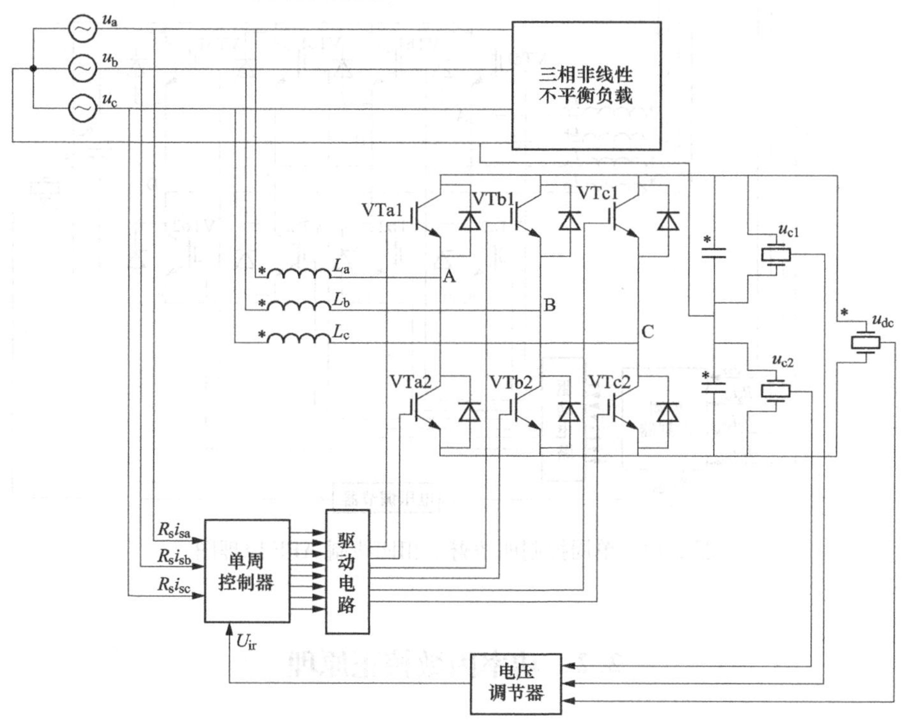

图 2-12　单周控制三桥臂三相四线制 APF 原理图

单周控制三桥臂三相四线制 APF 主体是三相两电平桥式逆变器，对三相四线制系统进行补偿，中线接在直流侧两电容中间。因为能量在交流电源和 APF 直流侧电容器间双向流动，逆变器工作在四象限状态，三个桥臂的每一对开关互补。

（5）基于单周控制的四桥臂三相四线制有源滤波器（APF）。图 2-13 给出了单周控制四桥臂三相四线制 APF 的原理图。其主电路是四相电压型变流器，与负载并联接入电网中，用于产生补偿电流对三相四线制系统进行补偿。因为能量在交流电源和 APF 直流侧电容间双向流动，变流器工作在四象限状态，四个桥臂的每一对开关互补。

3. 采用 PWM 高频整流

把逆变电路中的 SPWM 控制技术用于整流电路，就形成了 PWM 整流电路。通过对 PWM 整流电路的适当控制，可以使交流输入端的输入交流电流非常接近正弦波，且和输入电压同相位，功率因数近似为 1。这种整流器称为单位功率因数变流器或高功率因数整流器。

4. 附加有源功率因数校正器 APFC（Active Power Factor Correction）

在二极管整流电路和负载之间接入一个 DC-DC 变换电路，采用电流和电压反馈技术，使输入交流电流接近正弦波，并和交流输入电压同相，从而使输入端总谐波畸变率 THD<5%，功率因数可提高到接近 1。

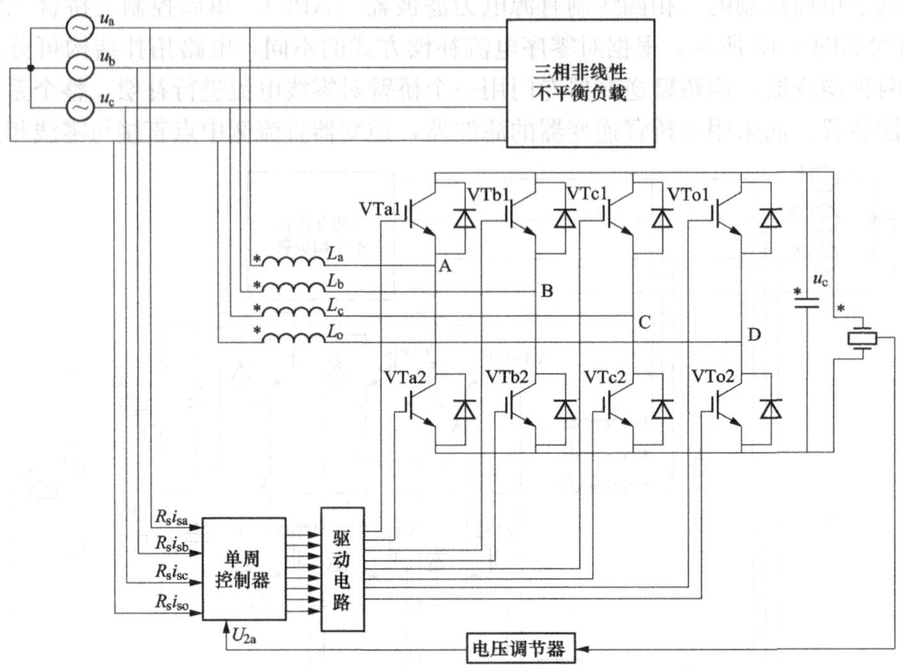

图 2-13 单周控制四桥臂三相四线制 APF 原理图

2.2 功率因数校正原理

对于作为主要谐波源的电力电子装置来说，除了采用补偿装置对其谐波进行补偿外，还有一条抑制谐波的途径，就是开发新型变换器，使其不产生谐波，且功率因数为 1。这种变换器被称为单位功率因数变换器，高功率因数变换器可近似看成单位功率因数变换器。

高功率因数变换器主要采用 PWM 整流技术。对于电流型整流器，可以直接对各开关器件进行正弦控制，使得输入电流接近正弦波且和电源电压同相位，功率因数接近 1。这样，输入电流中就只含与开关频率有关的高次谐波，这些谐波频率很高，因而容易滤除。对于电压型 PWM 整流器，需要通过电抗器与电源相连。其控制方法有直接电流控制和间接电流控制两种。直接电流控制就是设法得到与电源电压同相位、由负载电流大小决定其幅值的电流指令信号，并据此信号对整流器进行电流跟踪控制。间接电流控制就是控制整流器的输入端电压，使其为接近正弦波的波形，并和电源电压保持合适的相位，从而使流过电抗器的输入电流波形为与电源电压同相位的正弦波。

小容量整流器，为了实现低谐波和高功率因数，通常采用二极管加 Boost-PWM 斩波的方式。这种电路通常称为功率因数校正电路（Power Factor Corrector，PFC），已在开关电源中获得了广泛的应用。

2.2.1 功率因数

1. 功率因数的定义

功率因数（PF）是指交流输入有功功率（P）与输入视在功率（S）的比值，即

$$PF=\frac{P}{S}=\frac{U_1I_1\cos\Phi}{U_1I_{\mathrm{rms}}}=\frac{I_1}{I_{\mathrm{rms}}}=\cos\Phi=\gamma\cos\Phi \tag{2-16}$$

式中，I_1 表示输入基波电流有效值；I_{rms} 表示输入电流有效值；$\cos\Phi$ 表示基波电压与基波电流之间的相移因数；$\gamma=\frac{I_1}{I_{\mathrm{rms}}}$ 表示输入电流失真系数。所以功率因数可以定义为输入电流失真系数 γ 与相移因数 $\cos\Phi$ 的乘积。可见功率因数 PF 由电流失真系数 γ 和基波电压、基波电流相移因数 $\cos\Phi$ 决定。$\cos\Phi$ 低，则表示用电设备的无功功率大，设备利用率低，导线、变压器绕组损耗大。γ 值低，表示输入电流谐波分量大。

2. PF 与总谐波失真系数（The Total Harmonic Distortion，THD）的关系

由

$$PF=\frac{U_1I_1\cos\Phi}{U_1I_{\mathrm{rms}}}=\frac{I_1}{I_{\mathrm{rms}}}\cos\Phi=\frac{I_1\cos\Phi}{\sqrt{\sum\limits_{n=1}^{\infty}I_n^2}} \tag{2-17}$$

及

$$THD=\frac{\sqrt{\sum\limits_{n=2}^{\infty}I_n^2}}{I_1} \tag{2-18}$$

有

$$\frac{I_1}{\sqrt{\sum\limits_{n=1}^{\infty}I_n^2}}=\frac{1}{\sqrt{1+(THD)^2}} \tag{2-19}$$

即

$$PF=\frac{1}{\sqrt{1+(THD)^2}}\cos\Phi \tag{2-20}$$

3. 功率因数校正实现方法

由功率因数 $PF=\gamma\cos\Phi$ 可知，要提高功率因数，有以下两个途径。

（1）使输入电压、输入电流同相位。此时 $\cos\Phi=1$，所以 $PF=\gamma$；

（2）使输入电流正弦化。即 $I_1=I_{\mathrm{rms}}$（谐波为零），$PF=\gamma\cos\Phi=1$。

利用功率因数校正技术可以使交流输入电流波形完全跟踪交流输入电压波形，使输入电流波形呈纯正弦波，并且和输入电压同相位，此时整流器的负载可等效为纯电阻。

2.2.2　有源功率因数校正方法分类

1. 按有源功率因数校正电路结构分

（1）降压式：因噪声大，滤波困难，功率开关管上电压应力大，控制驱动电平浮动，很少被采用。

（2）升/降压式：需用两个功率开关管，有一个功率开关管的驱动控制信号浮动，电路复杂，较少采用。

（3）反激式：输出与输入隔离，输出电压可以任意选择，采用简单电压型控制，适用于 150W 以下功率的应用场合。

（4）升压式：简单电流型控制，PF 值高，总谐波失真（THD）小，效率高，但是输出电压高于输入电压。适用于 75～2000W 功率范围的应用场合，应用最广泛。

2. 按输入电流的控制原理分

图 2-14 是有源功率因数校正交流输入电流波形图。

（1）平均电流型：工作频率固定，输入电流连续（CCM），波形图如图 2-14（a）所示。

（2）滞后电流型：工作频率可变，电流达到滞后带内发生功率开关通与断操作，使输入电流上升、下降。电流波形平均值取决于电感输入电流，波形如图 2-14（b）所示。

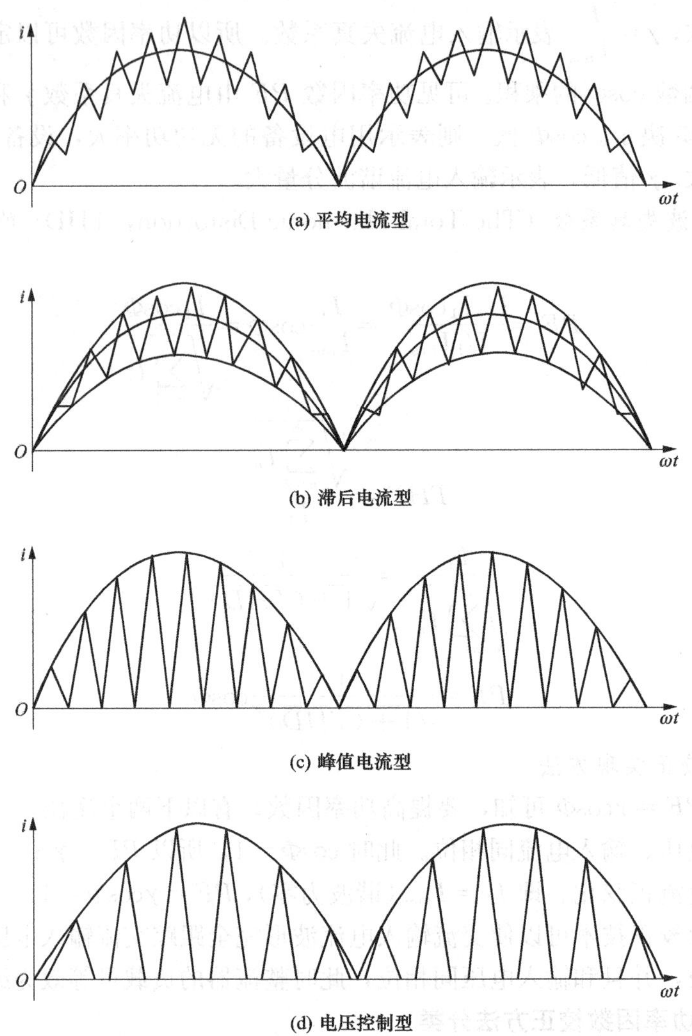

图 2-14　有源功率因数校正交流输入电流波形图

（3）峰值电流型：有电流连续（CCM）和电流不连续（DCM）两种工作方式。电流连续（CCM）工作波形图如图 2-14（c）所示。DCM 采用跟随器方法，具有电路简单、易于实现的优点。但存在以下缺点：①功率因数和输入电压 U_{in} 与输出电压 U_o 的比值 U_{in}/U_o 有关。即当 U_{in} 变化时，功率因数 PF 值也将发生变化，同时输入电流波形随 U_{in}/U_o 的加大而 THD 变大；②开关管的峰值电流大（在相同容量情况下，DCM 中通过开关器件的峰值电流为 CCM 的两倍），从而导致开关管损耗增加。所以在大功率 APFC 电路中，常采用 CCM 方式。

（4）电压控制型：工作频率固定，电流不连续（DCM），工作波形图如图 2-14（d）所示。

2.3　单相功率因数校正电路

2.3.1　单相 Boost 功率因数校正电路

图 2-15 为单相 Boost 功率因数校正电路。电路通电以后，交流电源通过二极管 VDR1～VDR4 组成的整流电路变成直流电压 U_{in}，经 L、VD 对电容 C 充电，然后以一定的开关频率和占空比使开关 VT 导通关断。当 VT 导通时，电感 L 开始储能；当 VT 截止时，L 经过二极管 VD 向 C 充电。电路可工作于连续导通模式和不连续导通模式。

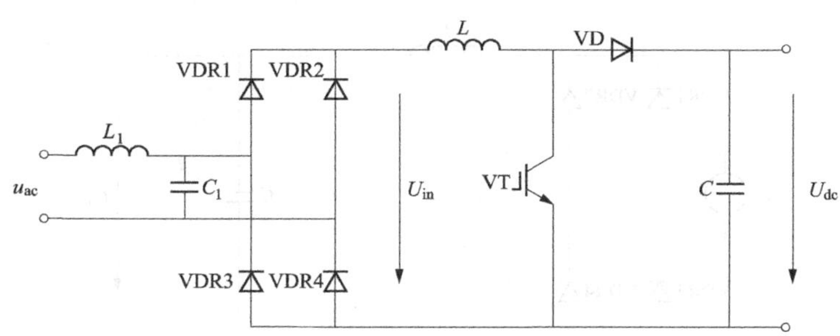

图 2-15　单相 Boost 功率因数校正电路

1. 不连续导通模式（电压控制型）

第一阶段，VT 导通，电感上的电压为整流桥输出电压 U_{in}，等效如图 2-16（a）所示。电感电流 i_L 线性上升，其值为

$$\Delta i_{L(+)} = \frac{U_{in}\Delta t_1}{L} \tag{2-21}$$

当 $\Delta t_1 = T_{on}$时，i_L 达到峰值 i_p

$$\Delta i_{L(+)} = I_P = \frac{U_{in}T_{on}}{L} \tag{2-22}$$

在此期间，负载由滤波电容 C 提供能量。

第二阶段，VT 关断，二极管 VD1 导通，等效如图 2.16（b）所示。VT 上的电压为

$$U_{VT} = U_{dc} = U_{in} + L\frac{di_L}{dt} \tag{2-23}$$

电感电流 i_L 按输出直流电压 U_{dc} 和 U_{in} 之差成比例减小，一直降到零，其值为

$$\Delta i_{L(-)} = \frac{(U_{dc} - U_{in})\Delta t_2}{L} = I_P \tag{2-24}$$

Δt_2为电感电流 i_L 从峰值 i_p 降到零的时间。

第三阶段，VT 继续关断，$i_L = 0$，二极管 VD1 截止，等效如图 2-16（c）所示。这个状态保持到下一个周期开始。这段时间负载由滤波电容 C 提供能量。这个阶段 i_L 断续。

不连续导通模式工作波形如图 2-17（a）所示。当 VT 的导通时间 T_{on}一定时，i_p 与 U_{in} 的瞬时值成正比，i_L 的波形为三角波，如图 2-17（b）所示。

图 2-17（b）中，VT 导通时电感 L 储存的电能为

$$W_{L(+)} = \frac{1}{2}I_P T_{on}U_{in} = S_1 U_{in} \tag{2-25}$$

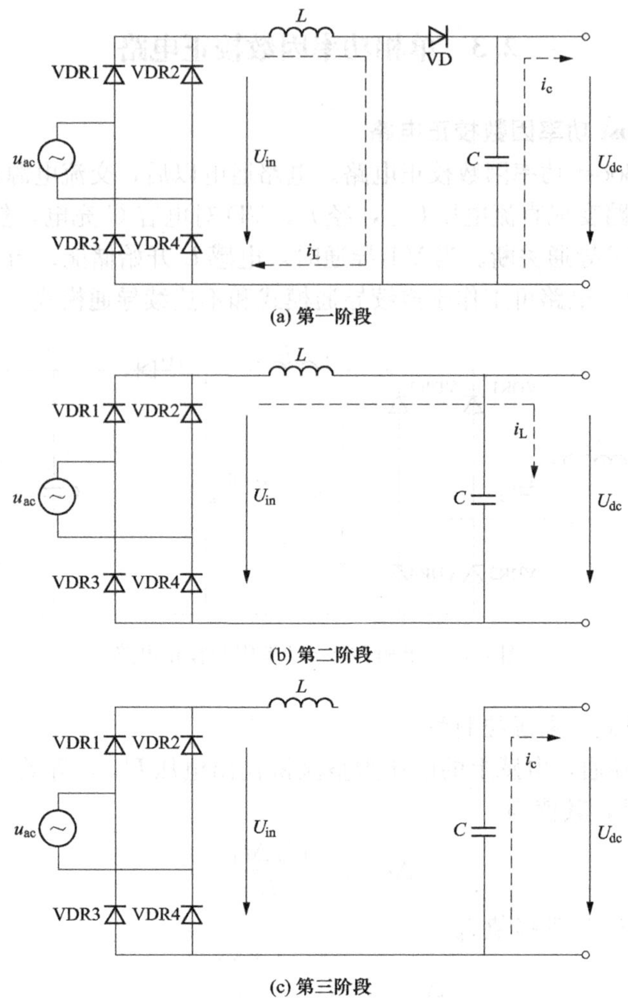

图 2-16 单相 Boost 功率因数校正电路工作模式

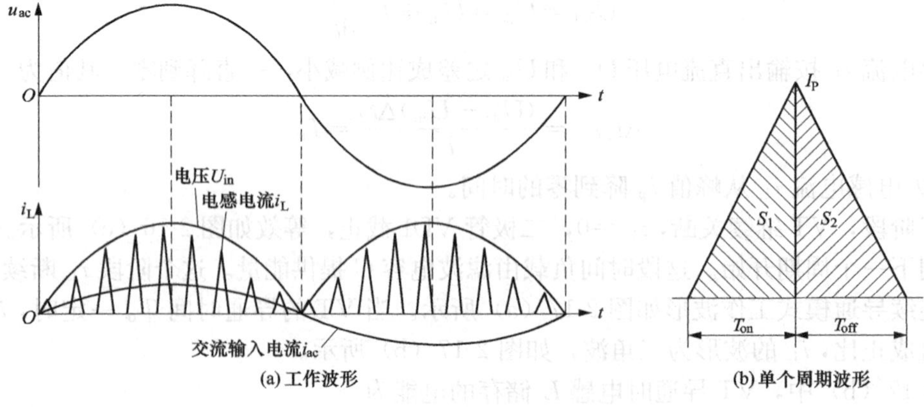

图 2-17 不连续导通模式工作波形

VT 关断后电感 L 释放的电能为

$$W_{L(-)}=\frac{1}{2}I_P T_{off}(U_{dc}-U_{in})=S_2(U_{dc}-U_{in}) \tag{2-26}$$

由能量平衡关系 $W_{L(+)}=W_{L(-)}$ 得

$$S_1U_{in}=\frac{1}{2}I_P T_{on}U_{in}=\frac{1}{2}\frac{U_{in}^2T_{on}^2}{L}=S_2(U_{dc}-U_{in}) \tag{2-27}$$

即

$$S_2\infty\frac{U_{in}^2}{(U_{dc}-U_{in})} \tag{2-28}$$

交流输入电流 i_{ac} 由于 L_1、C_1的滤波作用近于正弦波。由式（2-28）知，当 U_{dc}增大时，S_2变小，T_{off}减小，T_{on}减小，意味着 i_L 峰值 i_p 增加，相当于电感 L 的储能增大，输入电流更接近正弦波。U_{dc}越小，S_2的比例越大，相当于电感 L 的储能减小，输入电流的失真越严重。

2. 连续导通模式（峰值电流型）

连续导通模式有两个工作阶段，如图 2-18 所示。

第一阶段，VT 导通，电感 L 上的电压为整流桥输出电压 U_{in}，i_L 线性上升，当 $i_L=I_P$ 时，这一工作阶段结束。第二阶段，VT 关断，二极管 VD1 导通，i_L 线性下降，当 $i_L=0$ 时这一工作阶段结束，回到第一工作阶段。在整个工作过程中，i_L 始终连续。

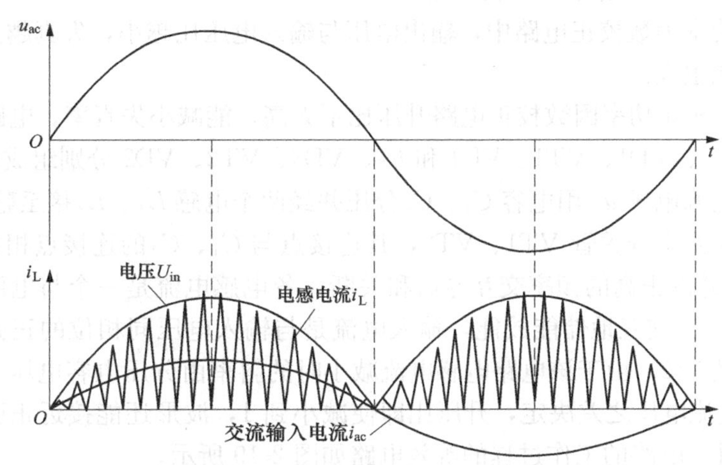

图 2-18　连续导通模式工作波形

例 2-2：单相 Boost 功率因数校正电路的参数计算与器件选择。单相 Boost 功率因数校正电路工作在峰值电流型电感电流连续模式，输入单相交流电压～220V/50Hz，直流侧电压为 600V，电流为 5A，VT 的开关频率为 20kHz，输出电压的脉动电压为 30V，计算电感 L 和滤波电容 C 的值。

解：这里峰值电压

$$U_{in}=\sqrt{2}\times 220=311(\text{V})$$

输出功率

$$P_o=600\times 5=3(\text{kW})$$

如果不考虑电路损耗，输入功率等于输出功率，输入电流有效值为

$$i_{ac}=\frac{3000}{220}=13.6(\mathrm{A})$$

输入正弦波电流的峰值为

$$i_{acm}=\sqrt{2}\times 13.6=19.2(\mathrm{A})$$

开关管 VT 和续流二极管 VD 承受的最大电压为 U_{dc} 。开关管 VT 和续流二极管 VD 的电压定额为

$$U_{VT}=U_D=(2\sim 3)U_{dc}=1200\sim 1800\mathrm{V}$$

电感 L 上的峰值电流应为 2 倍的输入正弦波电流的峰值，即 $I_P=38.4\mathrm{A}$。

开关管 VT 和续流二极管 VD 的电流定额为

$$I_{VT}=I_D=(1.5\sim 2)I_{Lmax}=57.6\sim 76.8\mathrm{A}$$

开关周期为 50μs，取 $T_{on}=25\mu\mathrm{s}$，由式（2-22）电感的值为

$$L=\frac{U_{in}T_{on}}{I_P}=\frac{311\times 25\times 10^{-6}}{38.4}=202\times 10^{-6}=202(\mu\mathrm{H})$$

由式（1-95）计算滤波电容的值，这里 $D_y=0.5$。

$$C=\frac{D_yI_O}{f_S\Delta U_O}=\frac{0.5\times 5}{20\ 000\times 30}=4.16\times 10^{-6}=4.16(\mu\mathrm{F})$$

3. 两开关单相 Boost 功率因数校正电路

单相单开关功率因数校正电路中，输出电压与输入电压比越小，失真越大。从器件耐压考虑不希望升压比很大。

两开关单相 Boost 功率因数校正电路升压比不太高，能减小失真率。电路拓扑如图 2-19（a）所示。其中 L_1、VD1、VT1、VD4 和 L_2、VD3、VT2、VD2 分别组成两个 Boost 功率因数校正电路。电源电压 u_{ac}用电容 C_1、C_2分压并经两个电感 L_1、L_2接至整流桥的输入端。整流桥的直流侧接两个开关管 VT1、VT2，其连接点与 C_1、C_2的连接点相连。VT1、VT2 使用 MOSFET，并以很高的频率交互导通和关断，各电感电流是一个与电源电压成比例的三角波电流。L_1、L_2交互地储能放能，输入电流是与输入电压同相位的正弦波，大小为两个电感电流之和的 1/2。由于该电路电感电流减小时的斜率由分压电容电压（约为交流输入电压的 1/2）和直流电压之差决定，升压比即使减小到 1，波形还能接近正弦波，因此该电路可以减小升压比。电路的工作过程的等效电路如图 2-19 所示。

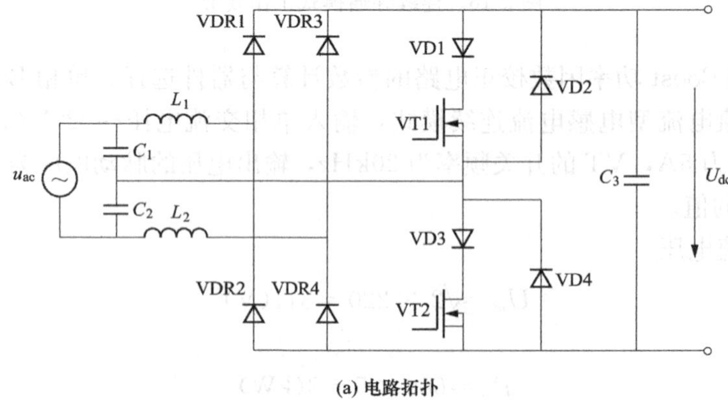

(a) 电路拓扑

图 2-19 两开关单相功率因数校正电路（一）

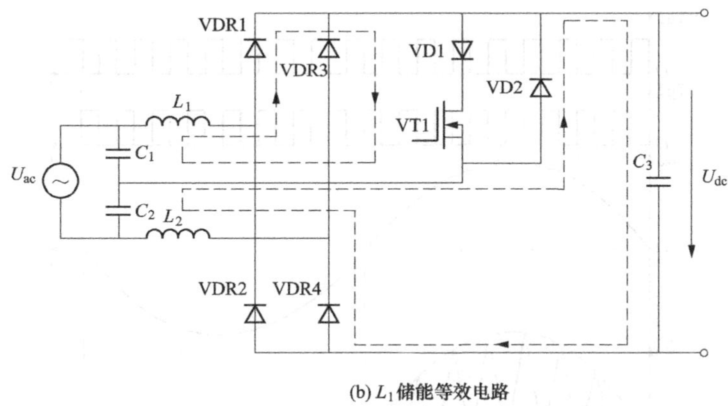

(b) L_1储能等效电路

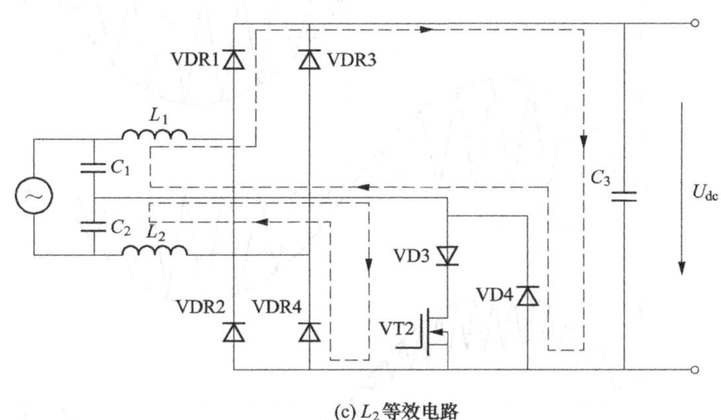

(c) L_2等效电路

图 2-19　两开关单相功率因数校正电路（二）

在 u_{ac}为正半波，当 VT1 导通，VT2 关断，L_1储能，i_{L1} 线性增加，其回路为：C_1—L_1—VDR1—VD1—VT1—C_1。L_2放能，i_{L2} 线性减小，其回路为：C_2—VD2—负载—VDR2—L_2—C_2。等效电路如图 2-19（b）所示。

在 u_{ac}为正半波，当 VT2 导通，VT1 关断，L_2储能，i_{L2} 线性增加，其回路为：C_2—VD3—VT2—VDR2—L_2—C_2。L_1放能，i_{L1} 线性减小，其回路为：C_1—L_1—VDR1—负载—VD4—C_1。等效电路如图 2-19（c）所示。

在 u_{ac}为负半波，当 VT1 导通，VT2 关断，L_2储能，i_{L2} 线性增加，其回路为：C_2—L_2—VDR3—VD1—VT1—C_2。L_1放能，i_{L1} 线性减小，其回路为：C_1—VD2—负载—VDR4—L_1—C_1。

在 u_{ac}为负半波，当 VT2 导通，VT1 关断，L_1储能，i_{L1} 线性增加，其回路为：C_1—VD3—VT2—VDR4—L_1—C_1。L_2放能，i_{L2} 线性减小，其回路为：C_2—L_2—VDR3—负载—VD4—C_2。

两开关单相功率因数校正电路工作波形如图 2-20 所示，其中 VTg1、VTg2 分别为 VT1 和 VT2 驱动信号。

4. 改进型单相 Boost 功率因数校正电路

前面介绍的单相 Boost 升压型功率因数校正电路主开关是在零电流下导通，而关断是在

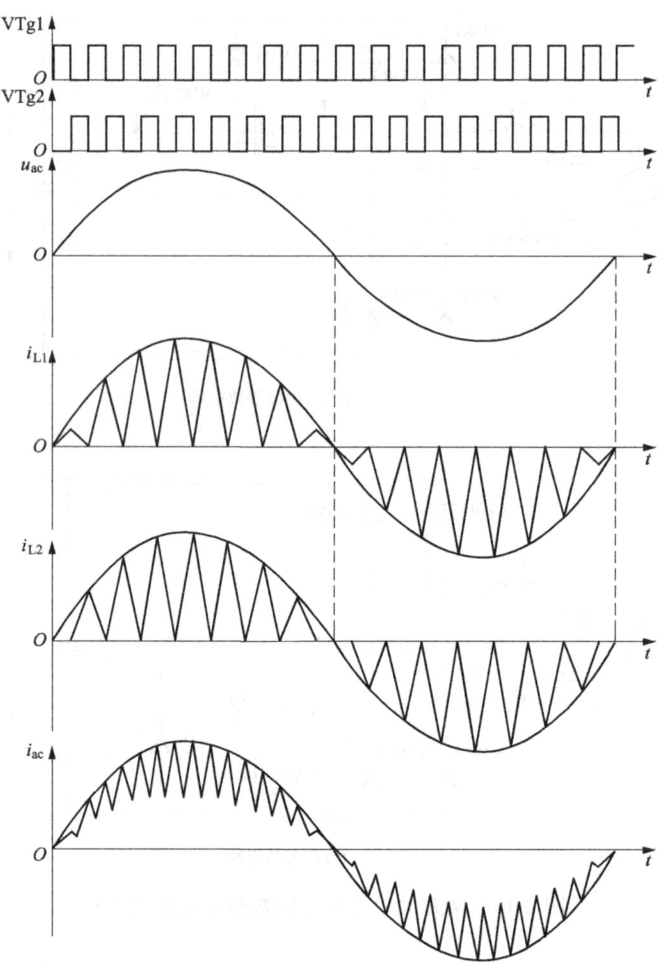

图 2-20 两开关单相功率因数校正电路工作波形

电感电流的峰值时关断，关断时开关损耗和浪涌电压很大。为了减小开关损耗，采用软开关工作方式。

如图 2-21 所示，VT1、VT2、VD1、VD2、C_r 组成无损耗缓冲电路，两个开关管 VT1、VT2 同时导通和关断。其工作过程分成两个阶段。

第一阶段，VT1、VT2 同时导通，电感 L_r 储能，i_{Lr} 经过 VT1、VD1 和 VD2、VT2 并联电路，i_{Lr} 线性上升，这时 C_r 两端的电压为零。当 i_{Lr} 上升到峰值电流时，第一个阶段结束。

第二阶段，当 i_{Lr} 上升到峰值电流时，VT1、VT2 同时关断，由于 C_r 的存在，VD1、VD2 导通，电感电流 i_{Lr} 通过 VD1、VD2 向 C_r 充电。由于 C_r 的充电时间比 VT1、VT2 关断时间长得多，因此，VT1、VT2 关断时两端的电压基本上为零，属于零电压（ZVS）关断方式，从而大大减小了开关损耗和浪涌电压。

5. 降压型单相功率因数校正电路

降压型单相功率因数校正电路采用 Buck 变换电路，如图 2-22 所示。图中 VT、L、VD 组成 Buck 变换器。VT 的驱动信号 VTg 脉冲宽度根据正弦波的幅值而变化，因此这种方式

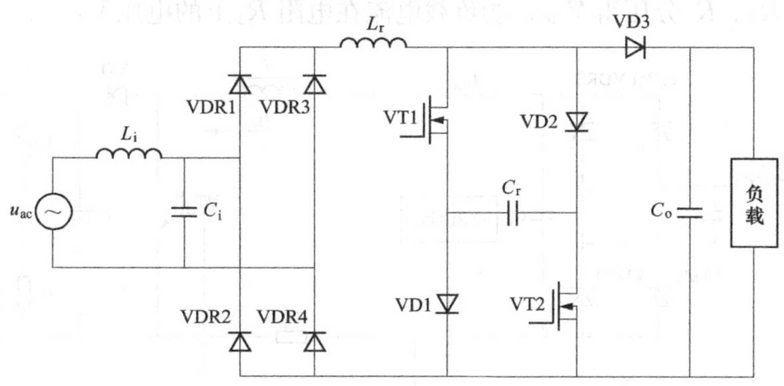

图 2-21　改进型单相 Boost 功率因数校正电路

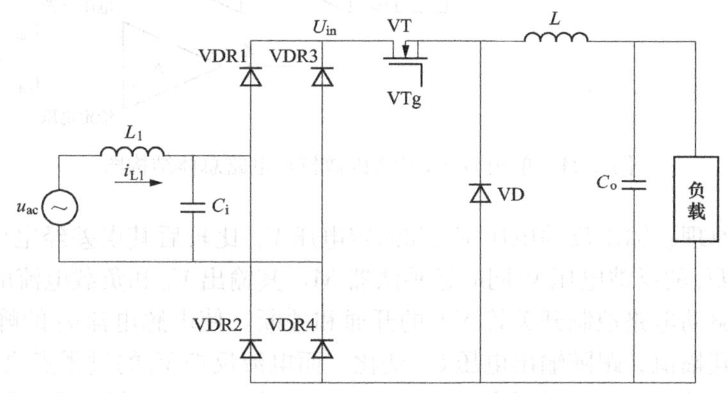

图 2-22　降压型单相功率因数校正电路

称为脉冲面积调制方式，通过控制流经开关 VT 的脉冲电流的面积，经过滤波可得输入电流为正弦波，如图 2-23 所示。这种电路的缺点是输入电流是断续的，当 VT 关断时，电感 L_1 的续流只能通过电容 C_1，因此只能用于小功率场合。

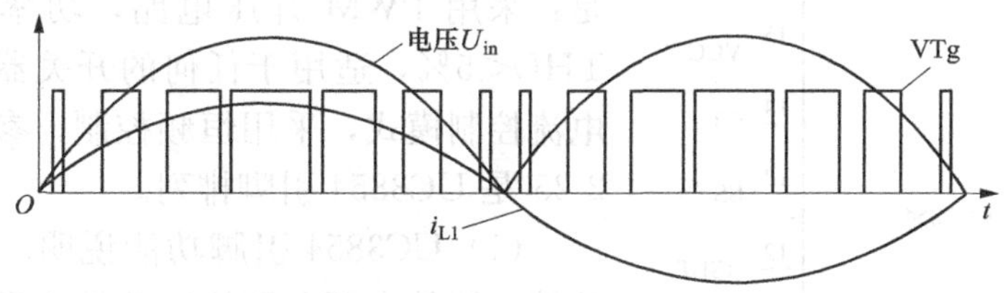

图 2-23　降压型单相功率因数校正电路工作波形

2.3.2　单相 Boost 功率因数校正电路实例

1. 电路结构

图 2-24 是单相 Boost 功率因数校正电路总体结构图。

主电路部分：单相交流电源经 L_1、C_1 滤波后通过整流变成直流电压 U_{in}，经由 L、VT、VD 组成的 Boost 功率因数校正电路，通过输出滤波电路输出直流电压 U_{dc}。

控制电路部分：有三个反馈信号，①校正电路的输入电压 U_{in} 经电阻网络得 V_f；②输出

直流电压 U_{dc} 经 R_2、R_3 分压得 V_{out}；③负载电流在电阻 R_1 上的电压 V_{if}。

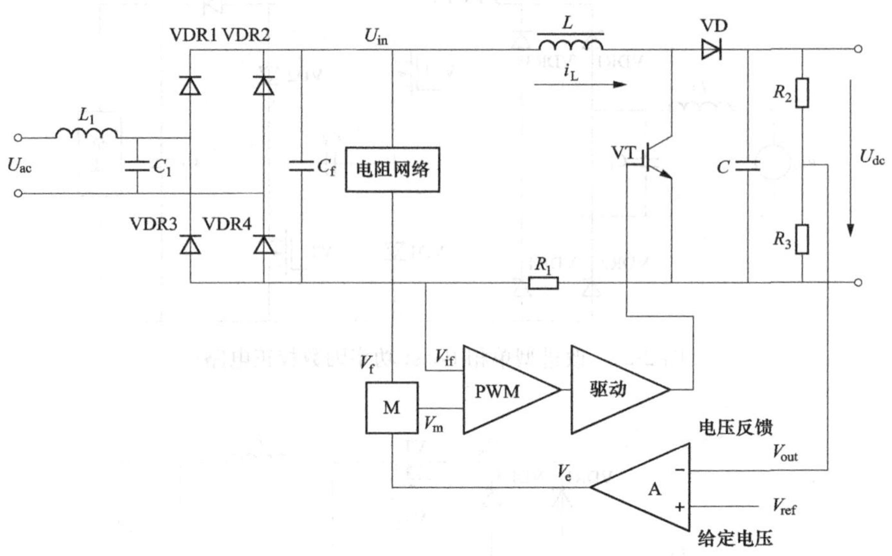

图 2-24　单相 Boost 功率因数校正电路总体结构图

电路的工作原理：输出反馈电压 V_{out} 和给定电压 V_{ref} 比较后其误差经电压调节器 A 输出 V_e，和输入电压 U_{in} 的反馈电压 V_f 同时送乘法器 M，其输出 V_m 和负载电流的反馈电压 V_{if} 通过 PWM 电路及驱动电路控制开关管 VT 的开通和关断，使电感电流 i_L 的峰值按照 U_{in} 的正弦波变化，同时其幅值又跟随输出电压 U_{dc} 变化。而电流反馈 V_{if} 的过零点决定 PWM 的开通时刻，V_{if} 的峰值点决定 PWM 的关断时刻。驱动电路将 PWM 控制信号经隔离、功率放大，控制开关管 VT 工作。

2. 控制电路

控制电路采用功率因数校正专用集成电路 UC3854（美国 Unitrode 公司的产品），是一种高功率因数校正集成控制电路芯片。其主要特点是：采用 PWM 升压电路，功率因数达到 0.99，THD<5%，适用于任何的开关器件，工作在平均电流控制模式，采用恒频控制，参考电压精确。图 2-25 是 UC3854 引脚排列。

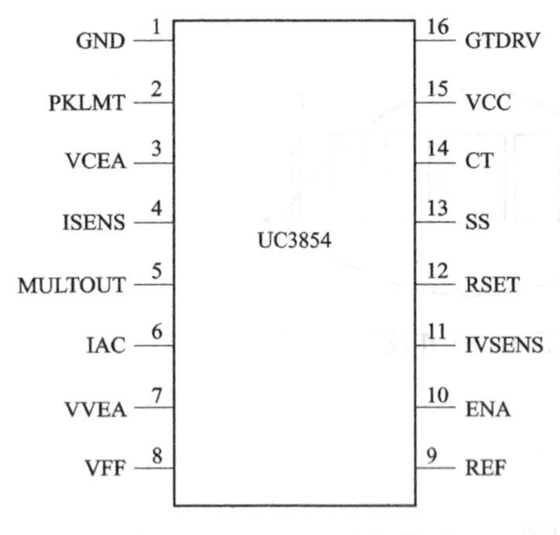

图 2-25　UC3854 引脚排列

（1）UC3854 引脚功能说明。1 脚 GND——接地端，器件内部电压均以此端电压为基准。供电脚 VCC 和基准电压脚 REF 均应接一只旁路电容到 1 脚。振荡器的定时电容也应返回到 1 脚，并且引线应尽可能短。

2 脚 PKLMT——峰值限定端，其阈值电压为零伏与芯片外检测电阻负端相连，可与芯片内接基准电压的电阻相连，使峰值电流比较器反向端电位补偿至零。

3 脚 VCEA——电流误差放大器宽带运放输出端，对输入总线电流进行检测，并向脉冲宽度调制器发出电流校正信号。该电流放大器输出级是一个 NPN 射极跟随器，并接一只 8kΩ 的电阻到地。

4 脚 ISENS——电流检测信号接至电流放大器反向输入端，4 脚电压应高于－0.5V，采用二极管对地保护。

5 脚 MULTOUT—— 乘法放大器的输出和电流误差放大器的同相输入端。由于乘法器的输出是电流，可构成差分放大器以抑制地线噪声。

6 脚 IAC——乘法器的前馈交流输入端，与 B 端相连，6 脚引脚的设定电压为 6V，通过外接电阻与整流端相连，用于检测整流电压。

7 脚 VVEA——误差电压放大器的输出。该脚是调节输出电压的放大器输出端。这个信号又与乘法器 A 端相连，如果因 ENA 或 VCC 失效，电压放大器将停止工作。电压放大器的输出低于 1V，将禁止乘法器输出。

8 脚 VFF——电网电压有效值输出端。因功率因数校正电路的输出电压与输入电压有效值成正比，故当电网电压发生变化时，其输出电压立即变化。通过对输入电网电压的变化检测，可对输出电压的变化进行补偿。

9 脚 REF——基准电压输出端，可提供 7.5V、10mA 基准电压。应加一只对地旁路电容。

10 脚 ENA——使能控制端，不用时与＋5V 电压相连。

11 脚 IVSENS——电压误差放大器反相输入端，在芯片外与反馈网络相连，或通过分压网络与功率因数校正器输出端相连。

12 脚 RSET——振荡器充电电流和乘法器限制设置端。12 脚与地接入不同的电阻，用来调节振荡器的输出和乘法器的最大输出。

13 脚 SS——软启动端，与误差放大器同相端相连。

14 脚 CT——对地电容器，作为振荡器的定时电容。振荡器的频率有如下关系：

$$f_S = \frac{1.25}{R_{SET}C_T} \tag{2-29}$$

式中，R_{SET}是 12 脚外接电阻。

15 脚 VCC—正电源阈值为 10～16V。

16 脚 GTDRV——PWM 信号的图腾输出端，串联一个 5Ω 以上的电阻，外接 MOSFET 管的栅极，该电压被箝位在 15V，最大驱动电流为 1A。

UC3854 内部结构图如图 2-26 所示。UC3854 包括电压误差放大器，模拟乘法/除法器，电流放大器，固定频率脉宽调制器，功率 MOS 管的门级驱动器，过流保护的比较器，7.5V 基准电压，以及软启动，输入电压前馈，输入电压箝位，总线预测器，加载赋能比较器，欠压检测和过流比较器。

模拟乘法/除法器是功率因数校正芯片的核心，它的输出 I_{MO}反映了输入电流，因此被作为基准电流，I_{MO}与乘法器的输入电流 I_{AC}（I_{AC}与输入电压瞬时值成比例）的关系为（对应图 2-26 中 IM＝AB/C）

$$I_{MO} = \frac{I_{AC}(U_{AO} - 1.5)}{KU_{2ms}} \tag{2-30}$$

式中，U_{AO} 为电压误差放大器的输出信号，从芯片中减去 1.5V 是芯片设计的需要；K 在乘法器中是个常数，等于1；U_{2ms}是前馈电压，为1.5～4.77V，由APFC的输入电压经分压后提供。

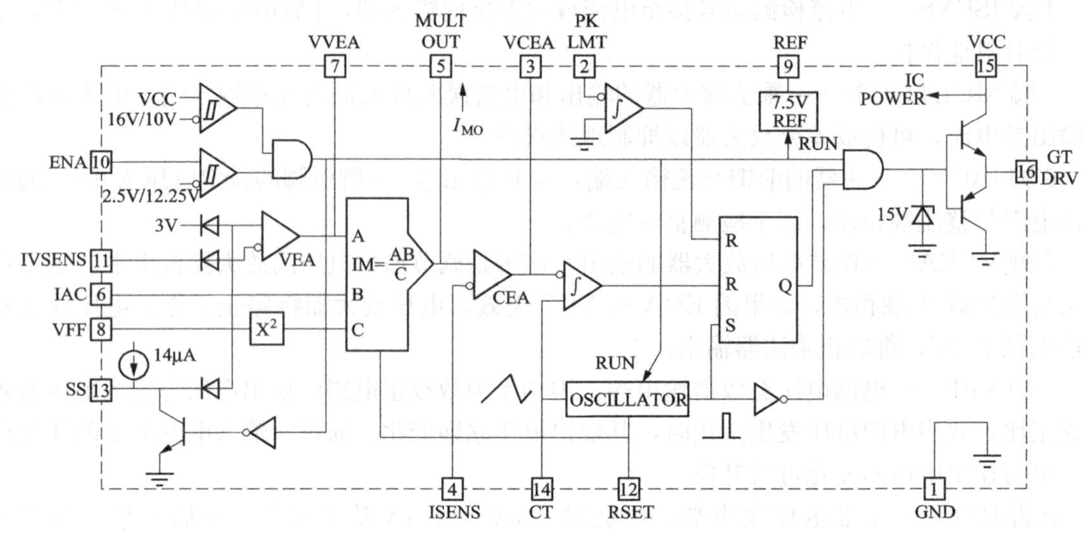

图2-26 UC3854的内部结构

模拟乘法/除法器除以U_{2ms}起了前馈作用，一方面芯片内部箝位U_{2ms}，消除了输入电压对电压环放大倍数的影响，使电压环放大倍数和输入电压无关；另一方面电压误差放大器的输出还可使输入功率稳定，不随线电压的变化而变化。例如，当输入电压变为2倍时，则反映输入电压变化的I_{AC}、U_{2ms}均变为原来的2倍。由式（2-30）可知，I_{MO}将减半，通过调制使输入电流减半，从而保持输入功率不变。另外电压误差放大器具有输出箝位，可限制电路的最大功率。前馈电压的输入采用了二阶低通滤波，这样既可提高抗干扰能力，又不影响前馈电压输入端对电网波动的快速响应。

电压误差放大器的输出电压范围为1～5.8V，当输出电压低于1V时，将会抑制乘法器的输出。电压误差放大器最大输出内部限定为5.8V是为了防止输出过冲；为了减小输入电压过低时产生的交越死区，交流输入端的标称电压是6V，同时还应用电阻将该端口与内基准连起来，这样输入电流的交越失真将最小。

（2）UC3854的工作原理。UC3854包含了采用平均电流型功率因数控制所需的全部功能，其工作过程为：输出直流电压经分压网络取样传感器到11脚，输入到电压放大器（该放大器的阈值电压为7.5V）。为迫使AC输入电流跟随AC电压而变化，线路电流波形被取样后接到6脚。6脚的输入信号在乘法器中与电压放大器的输出相乘（即AB）对电流控制回路产生一个参考信号。正比于整流电压的电压信号施加到8脚，平方后在乘法器中作为除数。横跨电流传感电阻的电压接到4脚和5脚，使AC线路电流紧紧跟踪AC电压变化。这些控制输入信号通过乘法器及放大器去触发定频脉宽调制器来控制开关管的通断及脉宽的大小，达到提高功率因数的目的。

（3）UC3854中的前馈作用。从图2-24和图2-26可以看到，乘法器的输出为AB/C，而C为前馈电压V_f的平方，之所以要除C，是为了保证在高功率因数的条件下，使APF的输入功率P_i不随输入电压U_{in}的变化而变化。工作原理分析、推导如下：

由图 2-24 可知乘法器的输出为

$$V_m = K_m \times V_f \times V_e = K_m \times K_{in} \times U_{in} \times V_e \tag{2-31}$$

式中，K_m表示乘法器的增益因子；K_{in}表示输入脉动电压缩小的比例因子。电流控制环按照乘法器输出 V_m 和电流检测电阻 R_1建立 I_f，即

$$I_f = K_i \times \frac{V_m}{R_1} \tag{2-32}$$

式中，K_i 表示 V_m 的衰减倍数。

将式（2-31）代入式（2-32），得

$$I_f = \frac{K_i \times K_m \times K_{in} \times U_{in} \times V_e}{R_1} \tag{2-33}$$

如果 $PF=1$，效率 $\eta=1$，有

$$P_0 = P_i = I_f \times U_{in} = K_i \times K_m \times K_{in} \times V_e \times \frac{U_{in}^2}{R_1} \tag{2-34}$$

由（2-34）可知，当 V_e 固定时，P_i、P_o将随 U_{in}^2 的变化而变化。而如果利用除法器，将 U_{in} 除以 $C=(K_{in} \times U_{in})^2 = K_{in}^2 \times U_{in}^2$ 后有

$$P_0 = P_i = \frac{K_i \times K_m \times K_{in} \times V_e \times U_{in}^2}{R_1 \times K_{in}^2 \times U_{in}^2} = \frac{K_i \times K_m \times V_e}{R_1 \times K_{in}} = K_i \times K_m \times K_f \times \frac{V_e}{R_1} \tag{2-35}$$

式中，$K_f = 1/K_{in}$。

可见在保证提高功率因数的前提下，在 V_e恒定情况下，P_i、P_o不随 U_{in} 的变化而变化。即通过输入电压前馈技术和乘法器、除法器后，可以使控制电路的环路增益不受输入电压 U_{in} 变化的影响，容易实现全输入电压范围内的正常工作，并可使整个电路具有良好的动态响应和负载调整特性。

在实际应用中需要注意：前馈电压中任何 100Hz 纹波进入乘法器都会和电压误差放大器中的纹波叠加在一起，不仅会增加波形失真，而且还会影响功率因数的提高。

前馈电路中前馈电容 C_f 的取值大小也会影响功率因数。如果 C_f 太小，则功率因数会降低；而 C_f过大，前馈延迟又较大，当电网电压变化剧烈时，会造成输出电压的过冲或欠冲，所以 C_f 的取值应折中考虑。

（4）UC3854 的典型应用电路原理图。图 2-27 所示为用 UC3854A 组成的 250W 功率因数校正整机电路图。

主电路：单相交流电源通过熔断器 FA 和滤波电容 C_1后，由 VDR 组成的二极管单相桥式整流电路进行整流变成直流电压。功率因数校正电路由电感 L_1、开关管 VT1、二极管 VD2 组成，C_2为输出滤波电容，R_{17}、R_{18}为输出电压采样分压电阻。

UC3854 的工作电源：起动时，由 R_{15}、R_{12}、R_{13}、C_9组成的分压电路提供起动工作电压。工作时 L_1的交流成分通过次级稳压偏置电路整流滤波，R_S、R_{12}、R_{13}、C_9组成的稳压滤波电路提供工作电压。工作电源也可另外由稳压电源提供，这部分电路可不用。

乘法器的输入：功率因数校正电路的输出电压经 R_{17}、R_{18}分压后得到分压电压 U_{OUT}，输入 11 脚，C_6、R_7组成电压调节器；功率因数校正电路的输入整流电压经 R_8输入到 6 脚；功率因数校正电路的输入整流电压经 R_{16}、R_9、R_{10}、C_8组成的分压电路输入到 8 脚。

电流调节器：R_1为电流取样电阻，R_2、R_3、R_5、C_5、C_{15}组成电流调节器。

输出驱动：由 VS、R_{19}组成输出驱动电路。

其他电路：C_{11}提供振荡频率，R_4、R_6、C_3、C_4组成过流保护电路。

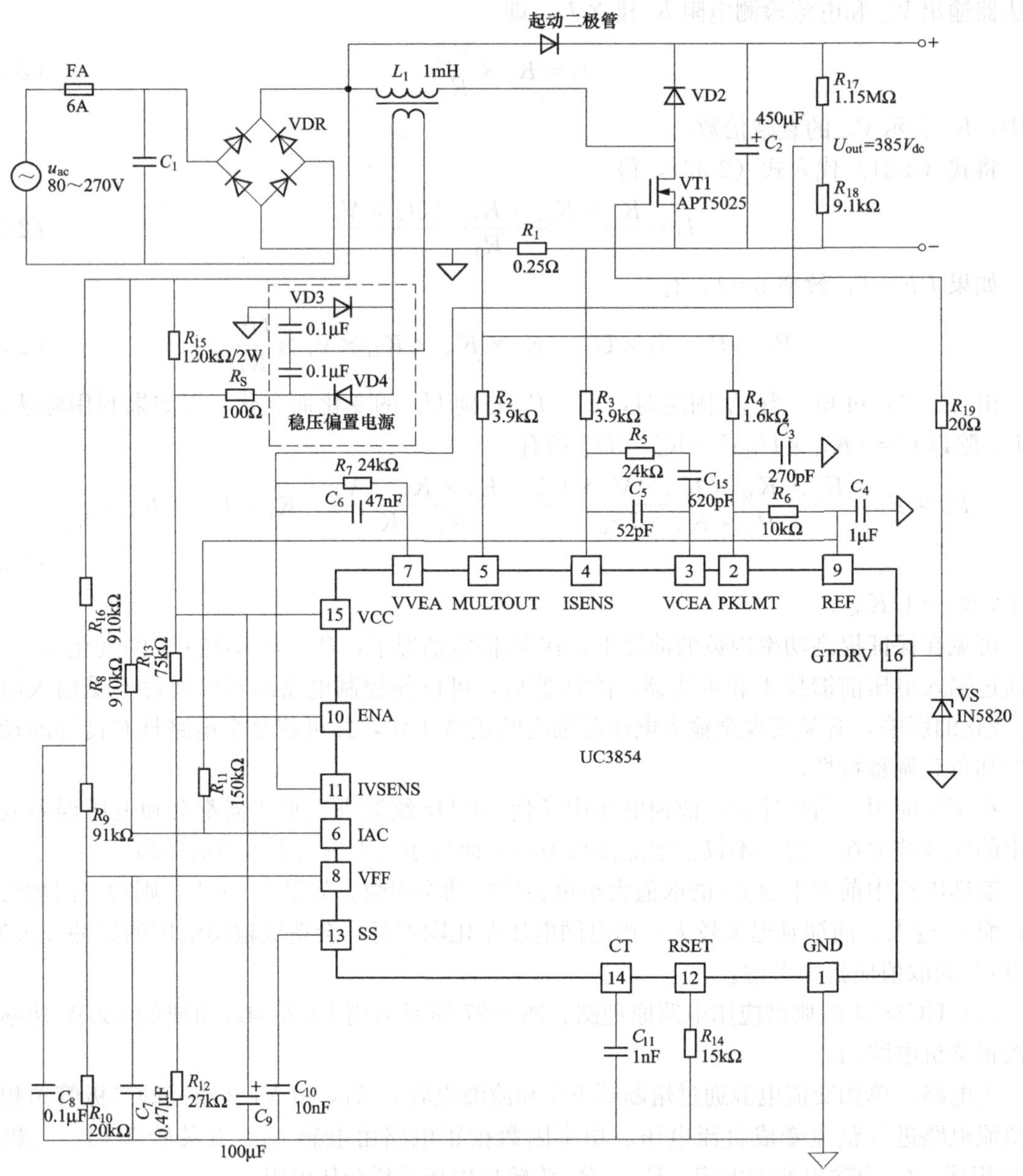

图 2-27　UC3854 典型应用电路原理图

2.3.3　单相软开关功率因数校正电路

UC3854 的开关管和二极管都工作在硬开关的状态，主要带来以下问题。

（1）开通时开关管的电流上升和电压下降同时进行，关断时开关管的电流下降和电压上升同时进行，使开关管的开通和关断损耗大；

（2）当开关器件关断时，感性元件感应出较大的尖峰电压，有可能造成开关管电压击穿；

（3）当开关器件开通时，开关器件结电容中储存的能量有可能引起开关器件过热损坏；

（4）二极管由导通变为截止时存在反向恢复问题，容易造成直流电源瞬间短路。

为了克服硬开关 APFC 的缺点，并进一步改善性能，UC 公司推出了 UC3855 软开关有源功率因数校正电路。

1. 零电压软开关功率因数校正 ZVT-PFC 电路原理

图 2-28 为 ZVT-PFC 电路，桥式整流电路以后是基本的 Boost ZVT-PWM 变换器，VT1 为主开关管，VT2、L_2、C_2、VD4 构成的谐振支路和主开关管并联。辅助开关 VT2 先于主开关 VT1 导通，使谐振网络工作，电容电压 U_{c2}（即主开关电压）谐振下降到零，创造了主开关 VT1 零电压导通的条件。在辅助开关管 VT2 导通时，二极管 VD2 电流线性下降到零，二极管 VD3 实现零电流截止（软关断）。

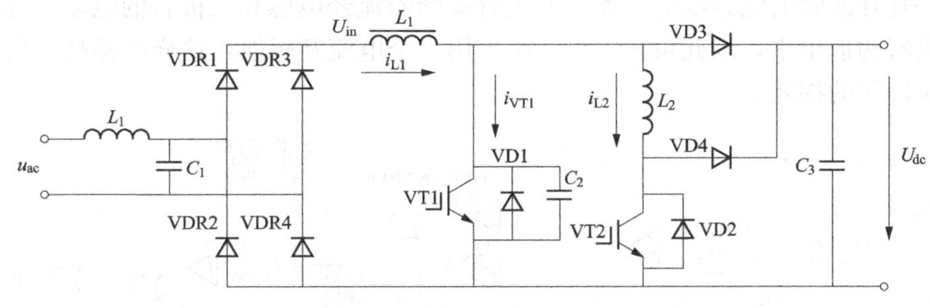

图 2-28　ZVT-PFC 电路原理

主电路的工作原理：设电路的初始状态为主开关 VT1 及辅助开关 VT2 均为关断状态，二极管 VD3 导通，电感 L_1 释放能量。其工作过程分成 6 个阶段。

第 1 阶段，辅助开关 VT2 零电流导通之后，电感 L_2储能，i_{L2} 经过 VT2 线性上升，二极管 VD3 的电流下降。

第 2 阶段，L_2的电流 $i_{L2}=I_i$，VD3 关断，之后 L_2、C_2开始谐振，C_2中的储能向 L_2转移，使 i_{L2} 继续上升。

第 3 阶段，U_{C2}下降到零，VT1 的反并联二极管 VD1 导通，L_2、C_2停止谐振，C_2上的电压箝位在零，电感电流 i_{L2} 保持恒定，这时 VT1 导通。

第 4 阶段，关断 VT2（硬关断），i_{L2} 通过 VD4 流向输出，并在输出电压的作用下线性下降。

第 5 阶段，i_{L2} 下降到零，i_{L1}上升到 I_i，VT1 保持导通。

第 6 阶段，当 i_{L1} 上升到峰值电流时，VT1 关断，由于 C_2的存在，VT1 关断时两端的电压为零，属于零电压（ZVS）关断方式。此后，C_2充电到输出电压，VD2 导通，回到第 1 阶段。

ZVT-PFC 的主要优点是：主开关管零电压导通并且保持恒频运行，二极管 VD2 零电流截止，电流、电压应力小，工作范围宽。

ZVT-PFC 的不足之处是：辅助开关 VT2 在硬开关条件下工作，但和主开关相比流经的电流很小，所以其损耗可忽略不计。

2. UC3855 工作原理

UC3855 结构如图 2-29 所示。UC3855 是一种能实现零电压转换的高功率因数校正器集成控制芯片，采用零电压转换电路、平均电流模式产生稳定的、低畸变的交流输入电流，无需斜坡补偿，最高工作频率可达 500kHz，其内部有 ZVS 检测、一个主输出驱动和一个 ZVT 输出驱动。由于采用软开关技术，可以极大地减小二极管反向恢复时间和 MOSFET 开通时的损耗，从而具有低电磁辐射和高效率的特点。

UC3855 也主要由乘法、除法、平方电路构成，为电流环提供编程的电流信号 $[I_{MO}=I_{AC}(U_{AO}-1.5)/KU_{2ms}]$。芯片内部有一个高性能、带宽为 5MHz 的电流放大器，并具有过压、过流和回差式欠压保护功能，输入线电压箝位功能，低电流起动功能。内部乘法器电流限制功能，在低线电压时能抑制功率输出。和 UC3854 相比，UC3855 增加的电路功能主要有：过电压保护；工作达 500kHz 的零电压转换（ZVT）控制电路；具有电流合成器，只需检测主开关管开通时的电感电流，而主开关管关断时流经电感和二极管的电流可通过芯片内的电流合成器构造出来，因此可比 UC3854 少用一个电流互感器，这样既提高了信噪比，又减小了电流检测的损耗。

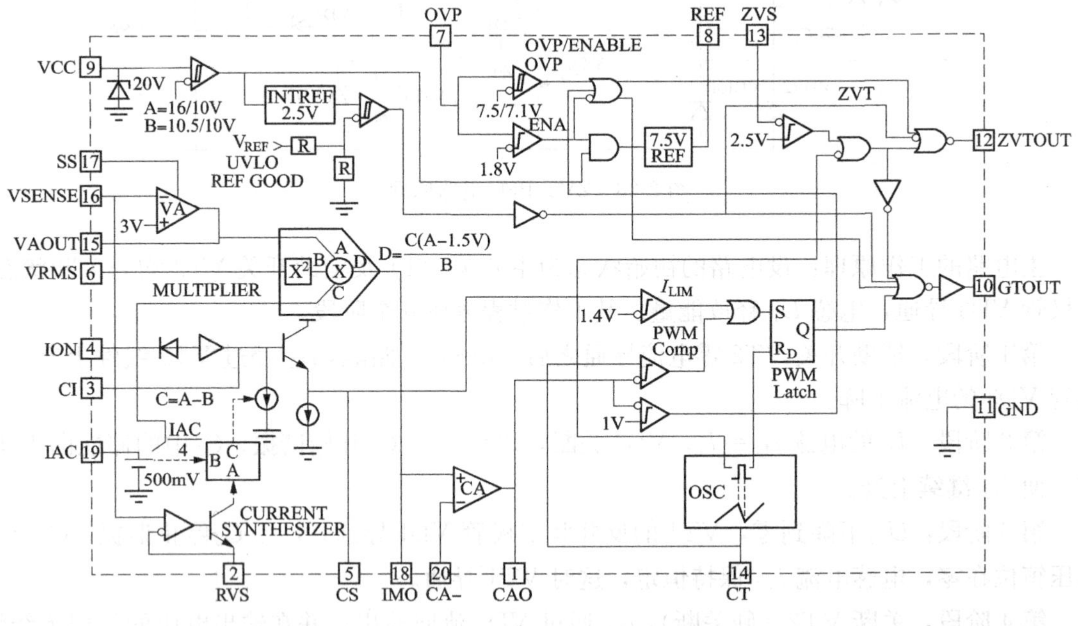

图 2-29 UC3855 的电路结构图

总体而言 UC3855 具有更高的功率因数（接近 1），更高的效率和更低的电磁干扰（EMI）。UC3855 引脚如图 2-30 所示。

1 脚 CAO——宽带电流放大器输出端，同时也是 PWM 占空比比较器的输入端。

2 脚 RVS——外接电阻端，将电流信号变成电压信号，送至电流加法器的输入端。

3 脚 CI——电平转移电流监测信号输入端，该端接电容到 GND。当升压开关管导通时，产生的信号为这个电容充电；当升压开关管关断时，电流加法器为这个电容放电，其放电速度正比于升压电感中电流的变化率。

4 脚 ION——电流检测输入端，连接到电流互感器的二次侧，一次侧串联到升压开关电路。

5脚CS——在CI端上由电流互感器产生的信号经过一个二极管的电平转移后送至CS。在电流放大器的反相输入端和CS端之间引入电流放大器的输入电阻，比较CS端和乘法器输出的波形。峰值电流限定比较器的信号也送到CS端。该端高于1.5V使比较器工作，并中止栅极驱动信号。

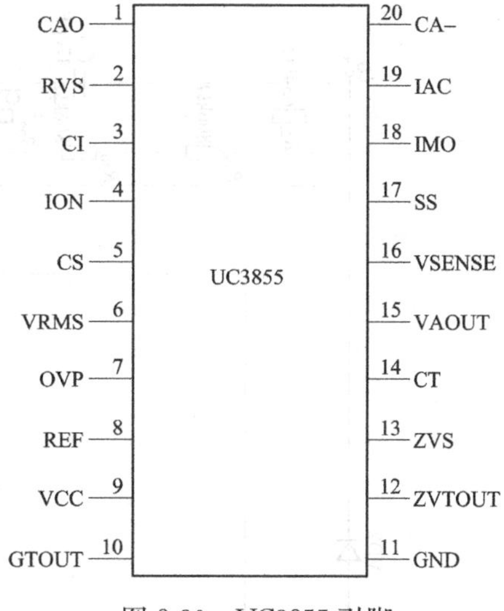

图2-30　UC3855引脚

6脚VRMS——乘法器的前馈源电压输入端，连接交流整流电路的分压器，检测交流电压。

7脚OVP——输出分压电路取样端。

8脚REF——基准电压端，提供7.5V的输出基准电压。

9脚VCC——电源供电电压端。UC3855A导通门限电压为15.5V，UC3855B导通门限电压为10.5V。

10脚GTOUT——主开关栅极驱动信号输出端。最大输出峰值电流为1.5A。

11脚GND——信号地。

12脚ZVTOUT——辅助开关栅极驱动信号输出端。

13脚ZVS——用于检测主开关的漏极电压。

14脚CT——该端到GND接电容CT，决定PWM振荡器的工作频率，计算公式为：$f_s=1/11200CT$。实用工作频率可达500kHz。

15脚VAOUT——电压放大器输入端，和给定电压端VRMS比较组成电压调节器。

16脚VSENSE——电压放大器反相输入端，通过分压器检测输出电压。

17脚SS——电压放大器输出端。

18脚IMO——乘法器的输出端，也是电流放大器的同相输入端。

19脚IAC——乘法器的电流输入端，该电流值对应于整流后的交流输入电源电压的瞬时值。

20脚CA-——电流放大器的反相输入端。在CAO和CA-之间连接补偿元件。该端的共模输入电压范围为0.3～5V。

3. UC3855典型应用电路

图2-31是用UC3855组成的零电压软开关功率因数校正电路原理图。

主电路：单相交流电源通过由VDR组成的二极管单相桥式整流电路进行整流变成直流电压，整流后通过滤波电感L_1滤波。功率因数校正电路由电感L_2、开关管VT1、二极管VD2组成，C_{17}为输出滤波电容，R_{21}、R_{22}、R_{24}为输出电压采样分压电阻。L_3、L_4、VD4、VD5、VD6、VT2、R_{17}组成辅助开关电路。

UC3855的工作电源：由分压电路和C_3组成。

乘法器的输入：功率因数校正电路的输出电压经R_{21}、R_{22}、R_{24}分压，R_9、C_8滤波后输入到15脚VOUT；功率因数校正电路的输入整流电压经R_3、R_4输入到19脚IAC；功率因数校正电路的输入整流电压经R_1、R_2、R_5、R_6、C_1、C_2组成的分压电路输入到6脚VRMS。

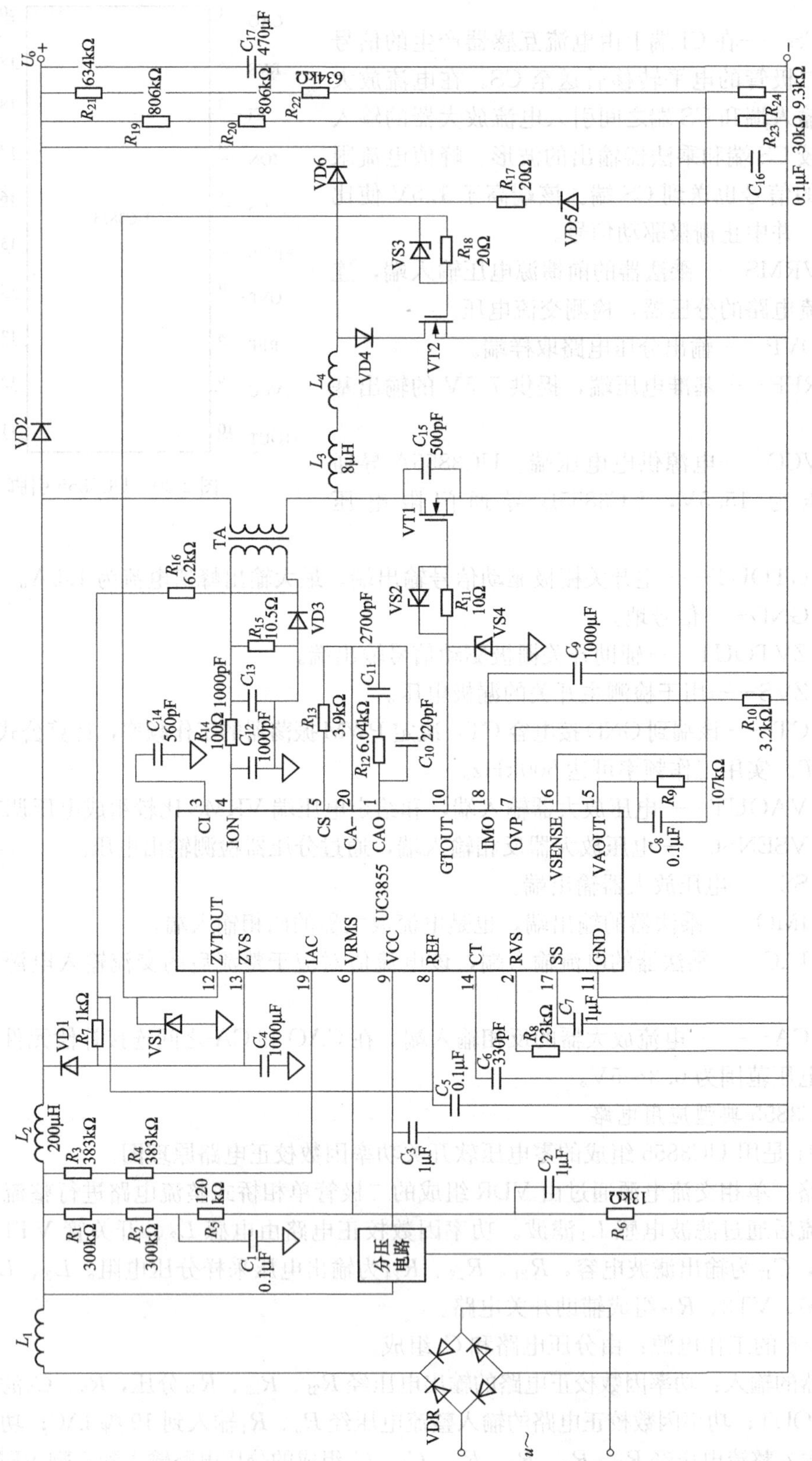

图 2-31 用 UC3855 组成的 ZVT-PFC 电路原理图

电流取样电路：电流互感器CT 进行电流取样，R_{14}、R_{15}、C_{12}、C_{13}、VD_3组成整流电流滤波电路。

电流调节器：由R_{12}、R_{13}、C_{10}、C_{11}组成电流调节器。

输出驱动：由 VS2、VS4、R_{11}组成主开关输出驱动电路，由 VS3、R_{18}组成辅助开关输出驱动电路。

其他电路：C_6提供振荡频率，R_{23}、C_{16}组成过压保护电路。

2.3.4 单相反激式功率因数校正电路

1. 不连续导电模式 DCM 反激功率因数校正电路

(1) 电路结构。图 2-32 (a) 是反激功率因数校正电路的原理结构图，图 2-32 (b) 是其工作波形。

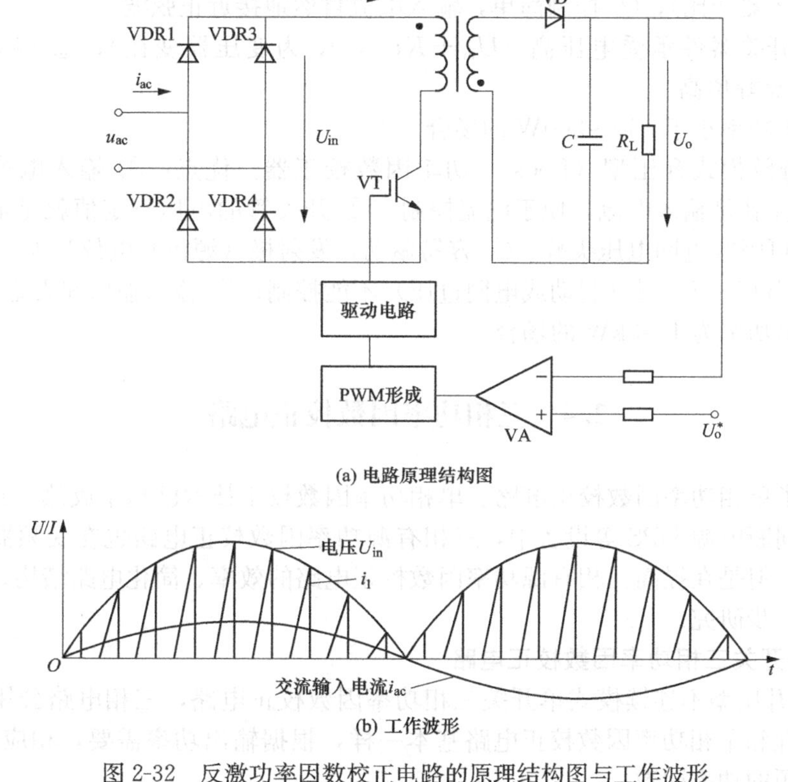

(a) 电路原理结构图

(b) 工作波形

图 2-32　反激功率因数校正电路的原理结构图与工作波形

(2) 主电路的工作原理。当开关管 VT 导通时，正弦半波电压U_{in}加在变压器一次绕组等效电感L_1两端，i_1 从零上升到峰值电流 I_p，等效电感 L_1储能，这时变压器二次侧感应电势被二极管 VD 阻断，负载由输出滤波电容 C 提供能量。

当开关管 VT 关断时，变压器一次绕组被阻断，$i_1=0$，变压器二次侧感应电势改变方向，VD 导通，负载和输出滤波电容 C 同时由变压器二次等效电感L_2提供能量，i_2 线性下降到零，等效电感 L_2释放电能。

图 2-32 (a) 中电压误差放大器 VA 为 PI 调节器，其输出取决于电压给定 U_o^* 与实时输出电压U_o的误差。当 $U_o^* > U_o$时，VA 的输出增大，当 $U_o^* < U_o$时，VA 的输出减小；当

$U_o^* = U_o$时，VA 的输出不变。PWM 形成电路根据 VA 的输出大小产生一定脉宽的脉冲信号，通过驱动电路控制开关管 VT 工作。开关管在一个周期内的导通占空比 D_y 与 VA 的输出成正比。图 2-32（b）为工频一个周期内，在高频 PWM 开关作用下的输入交流电流 i_{ac}波形、整流桥输出电压 U_{in}波形和变压器一次侧电流 i_1 波形。i_1 的峰值电流包络线为正弦波，其大小与开关管 VT 的导通时间 T_{on}和 U_{in}的乘积成正比，即

$$i_p = \frac{U_{in} T_{on}}{L_1} = \frac{U_{in}}{L_1} D_y T_S \tag{2-36}$$

当 i_1 的脉动频率很高时，i_1 的峰值电流和平均电流都正比于 u_{ac}的瞬时正弦电压，故在交流电源的输入端加上较小的 LC 滤波器即可将 i_{ac}变为与电源电压 u_{ac}同相位的正弦电流。

2. 电流不连续模式反激功率因数校正器与电流连续模式升压型功率因数校正器的比较

（1）电流不连续模式反激功率因数校正器。优点：① 有绝缘隔离；②U_o可小于或大于 U_{ac}（取决于变压器变比）；③ 控制简单，输入电流自然地接近正弦波。

缺点：① 开关器件承受电压高（$U_{in} + KU_o$，K 为变压器变比）；② 输入电流断续，EMI 高；③ 电流峰值高。

适用：输出功率小于 150～200W 的场合。

（2）电流连续模式升压型（Boost）功率因数校正器。优点：① 输入电流连续，EMI 小；② 电感电流就是输入电流，便于电流控制；③ 开关管的电压额定值就是输出电压 U_o；④ 输入端电感可吸收电网电压尖峰；⑤ 容易驱动，发射极（源极）电位为零。

缺点：① 当 $U_o < U_{ac}$时（起动或电网过压）不能控制；② 输入输出间无绝缘隔离。

适用：输出功率为 1～2kW 的场合。

2.4 三相功率因数校正电路

上节介绍了单相功率因数校正电路。单相功率因数校正技术已趋于成熟，并广泛应用于开关电源、不间断电源 UPS 等设备中，三相有源功率因数校正电路也在变频器等设备中得到了一些应用。但是在提高三相有源功率因数校正电路的效率、简化电路结构、降低成本等方面还有待进一步研究。

2.4.1 单开关三相功率因数校正电路

图 2-33 是升压型不连续模式单开关三相功率因数校正电路，三相电路公用一个开关控制。其工作原理和单相功率因数校正电路基本一样，根据输出功率需要，相应调整占空比，可提高输入电源的功率因数。

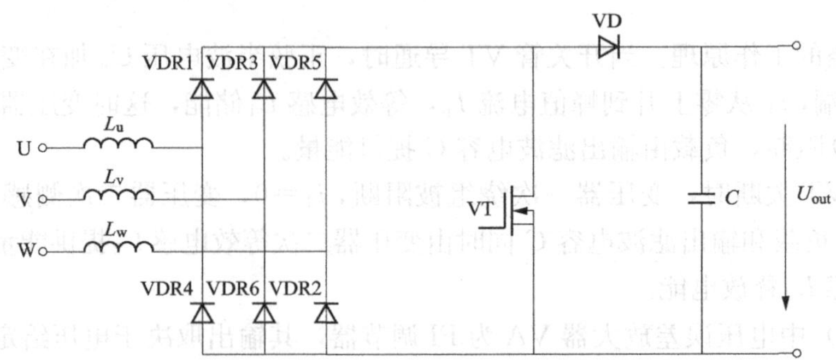

图 2-33 升压型不连续模式单开关三相功率因数校正电路

VT 导通时，三相电流经 VT 流通，电感 L_u、L_v、L_w 储能，i_u、i_v、i_w 各相电流按各相输入的时间积分成比例增加；VT 关断时，i_u、i_v、i_w 各相电流按各相输入的时间积分成比例减少。当电感电流降到零时，进入下一周期。下面分析电路的工作原理，如图 2-34 所示。

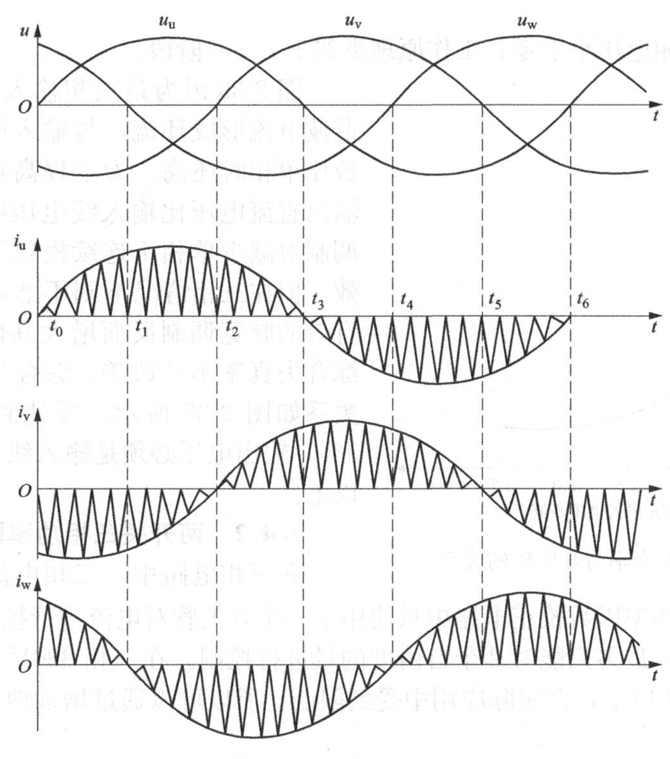

图 2-34　电路工作波形

$t_0 \sim t_1$ 阶段，U 相、W 相电压大于零，V 相电压小于零。VT 导通时，i_{Lu} 通过 U 相—L_u—VDR1—VT—VDR6—L_v—V 相，i_{Lw} 通过 W 相—L_w—VDR5—VT—VDR6—L_v—V 相，i_{Lv} 流过 i_{Lu}、i_{Lw} 两相电流，电感电流 i_{Lu}、i_{Lv}、i_{Lw} 的绝对值线性上升，其峰值电流由各相电压的包络线和输出电压决定。VT 关断时，i_{Lu} 通过 U 相—L_u—VDR1—VD—负载—VDR6—L_v—V 相，i_{Lw} 通过 W 相—L_w—VDR5— VD—负载—VDR6—L_v—V 相，i_{Lv} 流过 i_{Lu}、i_{Lw} 两相电流。电感电流 i_{Lu}、i_{Lv}、i_{Lw} 绝对值线性下降，直到零，一个周期结束，开始下一个周期。

$t_1 \sim t_2$ 阶段，U 相电压大于零，V 相、W 相电压小于零。VT 导通时，i_{Lu} 通过两条支路流通，第一条支路为 U 相—L_u—VDR1—VT—VDR6—L_v—V 相，第二条支路为 U 相—L_u—VDR1—VT—VDR2—L_w—W 相，i_{Lu} 流过 i_{Lv}、i_{Lw} 两相电流，电感电流 i_{Lu}、i_{Lv}、i_{Lw} 的绝对值线性上升，其峰值电流由各相电压的包络线和输出电压决定。VT 关断时，i_{Lu} 通过 U 相—L_u—VDR1—VD —负载—VDR6—L_v—V 相和 U 相—L_u—VDR1—VD —负载—VDR2—L_w—W 相，i_{Lu} 流过 i_{Lv}、i_{Lw} 两相电流。电感电流 i_{Lu}、i_{Lv}、i_{Lw} 绝对值线性下降，直到零，一个周期结束，开始下一个周期。

$t_2 \sim t_3$ 阶段，U 相、V 相电压大于零，W 相电压小于零。VT 导通时，i_{Lu} 通过 U 相—L_u—VDR1—VT—VDR2—L_w—W 相，i_{Lv} 通过 V 相—L_v—VDR3—VT—VDR2—L_w—W 相，i_{Lw} 流过 i_{Lu}、i_{Lv} 两相电流，电感电流 i_{Lu}、i_{Lv}、i_{Lw} 的绝对值线性上升，其峰值电流由各

相电压的包络线和输出电压决定。VT 关断时，i_{Lu} 通过 U 相—L_u—VDR1—VD—负载—VDR2—L_w—W 相，i_{Lv} 通过 V 相—L_v—VDR3—VD—负载—VDR2—L_w—W 相，i_{Lw} 流过 i_{Lu}、i_{Lv} 两相电流。电感电流 i_{Lu}、i_{Lv}、i_{Lw} 绝对值线性下降，直到零，一个周期结束，开始下一个周期。

t_3～t_6阶段 U 相电压小于零，工作原理类似于 t_1～t_3阶段。

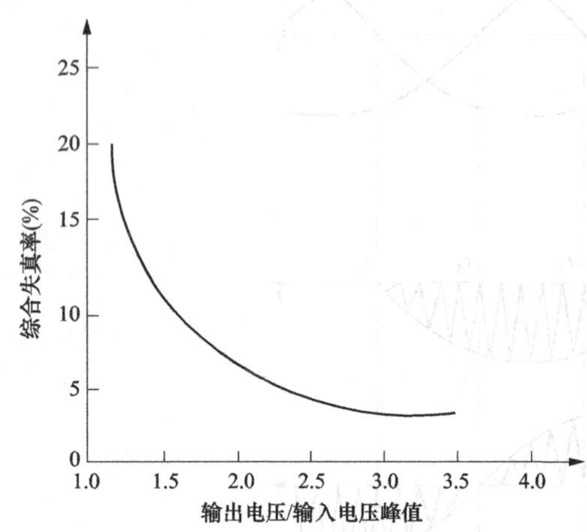

图 2-35　综合失真率与升压比的关系

图 2-33 因为是三相输入电路，3 的倍数次谐波电流形成环流，与输入电流无关，功率因数比单相时还高。为了提高功率因数，必须使输出直流电压比输入线电压峰值高得多。脉宽调制对减少单相不连续模式下的波形失真很有效，但在三相情况下则不然，对某相抑制谐波有效的脉宽调制反而增大其他相的谐波，因此综合失真率不会改善。综合失真率与升压比的关系如图 2-35 所示。要达到综合失真率小于 5%，输出电压必须是输入线电压峰值的 2.7 倍以上。

2.4.2　两开关三相功率因数校正电路

在三相电路中，三相电流总共有 3 个自由度，而三相单开关功率因数校正电路中只使用了一个开关管对电流进行控制，加上三相电流之和为零这个条件，最多只能对 2 个自由度的量进行控制。在三相 380V 交流输入时，直流输出电压高达 800V 以上，在实际应用中受到限制。所以可以通过增加两个开关管来对三相电流进行控制。

图 2-36 的电路中，用两个串联的开关管代替单管，并在输入端用 3 个 Y 形接法的电容来构造浮动中点，这个中点与两只串联开关管的中点相联。该电路 L_u、L_v、L_w 三个 Boost 电感上的电流也是工作在 DCM 下，与图 2-33 电路不同之处是：图 2-33 中的 3 个 Boost 电感是同时充电或放电的，而图 2-36 电路中电压值最高相的 Boost 电感与其余两相上的 Boost 电感充电或放电在时间上是错开的。这样工作的好处是：在电感放电起始的一段时间里输出电压全部参与电感放电，而图 2-36 电路中电感放电时输出电压是被分成两部分分别参与不同的电感放电的，这就使电感放电时间缩短，即缩短了电感电流平均值与输入电压瞬时值的非线性阶段，可减小输入电流的 THD。在较小的输出电压下就可以获得比较小的 THD。此外，Y 形接法的 3 个电容可以在一定程度上减小低次电流谐波。

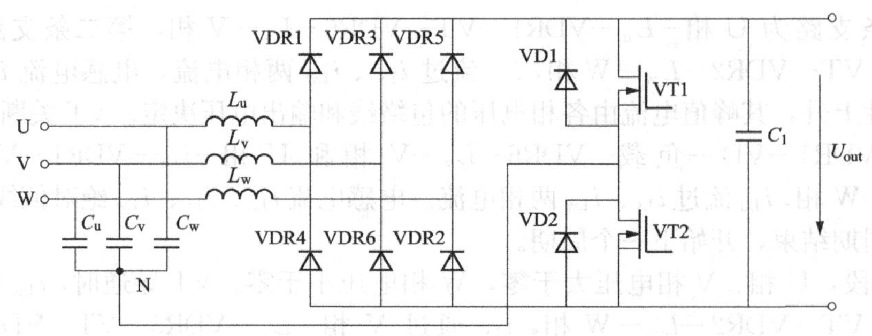

图 2-36　两开关三相功率因数校正电路

图 2-36 中 VT1、VT2 为主开关。为了降低升压电感的充电电压，用电容 C_u、C_v、C_w 在输入端接成假想的中点 N，通过 VT1、VT2 的交互导通，使整流桥输出正负端分别和 N 短路。这样，开关器件导通时升压电感的充电电压只有单开关时的 $1/\sqrt{3}$，放电/充电的电压比率最低在 $(\sqrt{3}-1)$ 以上。但是即使控制 VT1、VT2 导通，由于升压电感的作用，二极管 VD1、VD2 也导通，因此，与 VT1、VT2 导通一样，占空比不变化。这样输出电压和线电压之比在 $2/\sqrt{3}$ 以上为不连续模式。导通信号的占空比小于 1/2 时，占空比变成可控的，但由于交流的相位关系，占空比会变化，导致谐波增加，因此必须进行频率控制。

电路的不足之处是：电路工作在 DCM 下，*THD* 仍比较大。

2.4.3　三相三开关功率因数校正电路

三相三开关 PFC 电路如图 2-37 所示，其中开关 S1，S2，S3 是双向开关。由于电路的对称性，电容中点电位 U_M 与电网中点的电位近似相同，因而通过双向开关 S_1、S_2、S_3 可分别控制对应相上的电流。开关合上时对应相上的电流幅值增大，开关断开时对应桥臂上的二极管导通（电流为正时，上臂二极管导通；电流为负时，下臂二极管导通），在输出电压的作用下 Boost 电感上的电流减小，从而实现对电流的控制。

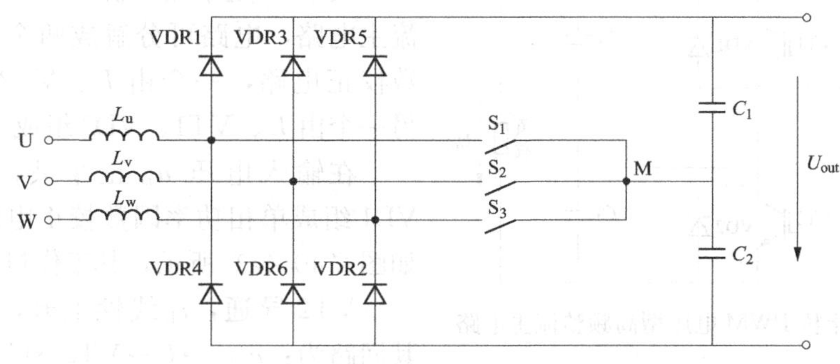

图 2-37　三相三开关 PFC 电路

2.4.4　四开关三相功率因数校正电路

在两开关三相功率因数校正电路的基础上再加两个开关，可组成四开关高功率因数校正电路。图 2-38 是在图 2-36 的基础上增加 VT3、VT4，这样可在 VT1 关断后 VT3 导通前和 VT2 关断后 VT4 导通前的时间内都能抑制升压电感的充电，可全部作为升压电感的放电时间，因此可通过占空比控制输出功率。

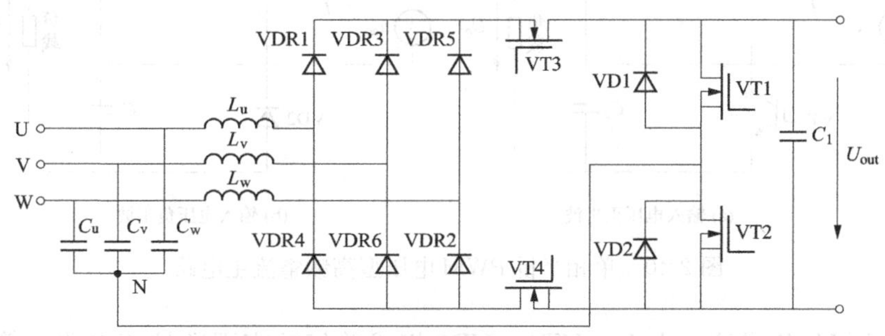

图 2-38　四开关三相功率因数校正电路

三相 PFC 电路可以使输入电流近似于正弦波，通过控制使输出电压不会因输入电压波动而波动，与二极管整流电路相比有很明显的优势，成为近年电力电子技术研究的重要方面。

2.5 PWM 高频整流电路

PWM 高频整流电路分为电压型和电流型两大类，目前应用较广泛的是电压型 PWM 整流电路。通过对 PWM 整流电路的适当控制，可以使输入电流非常接近于正弦波，且和输入电压同相位，功率因数近似为 1。这种整流电路也可称为单位功率因数变流器或高功率因数整流器。PWM 电压型高频整流电路也可看成是多个 Boost 电路的组合，因此是升压型整流电路，其输出直流电压从交流电源电压的峰值附近向高调节，如果向低调节会使输入电流波型失真，功率因数降低，以至不能工作。

2.5.1 单相 PWM 高频整流电路

1. 单相半桥 PWM 电压型高频整流电路

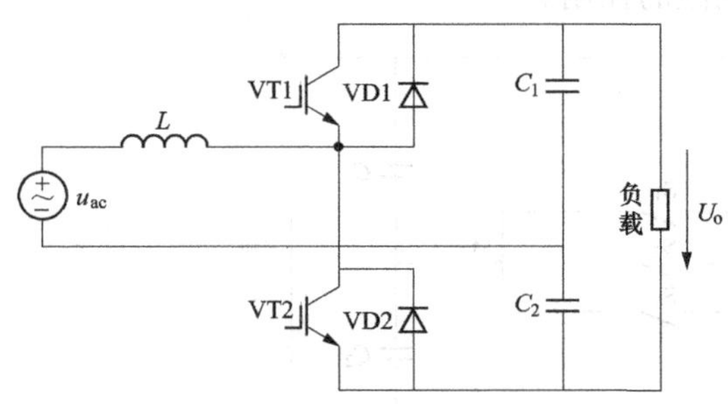

图 2-39 单相半桥 PWM 电压型高频整流主电路

图 2-39 是单相半桥 PWM 电压型高频整流主电路，电路可分解成两个 Boost 功率因数校正电路，一个由 L、VT2、VD1 组成，另一个由 L、VT1、VD2 组成。

在输入电压 u_{ac} 正半波，由 L、VT2、VD1 组成单相功率因数校正电路，等效电路如图 2-40（a）所示，其工作过程如下：

VT2 导通，i_L线性上升，L 储存能量，其回路为：$u_{ac+} \rightarrow L \rightarrow \text{VT2} \rightarrow C_2 \rightarrow u_{ac-}$，同时负载由 C_1和 C_2提供能量；

VT2 关断，i_L线性下降，L 释放能量，其回路为：$u_{ac+} \rightarrow L \rightarrow \text{VD1} \rightarrow C_1 \rightarrow u_{ac-}$，同时负载由 C_1和 C_2提供能量。工作波形如图 2-41 正半波部分，其中 i_{ac}为输入交流平均电流波形。

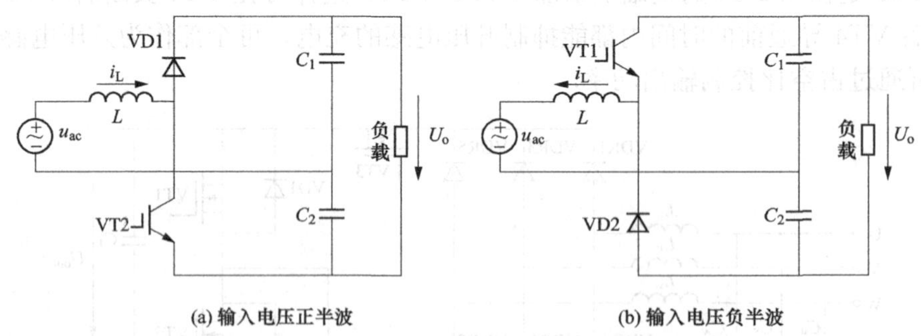

图 2-40 单相半桥 PWM 电压型高频整流主电路

在输入电压 U_{in}负半波，由 L、VT1、VD2 组成单相功率因数校正电路，等效电路如图 2-40（b）所示，其中 VTg1、VTg2 为 VT1、VT2 的驱动信号，其工作过程如下。

VT1 导通，i_L负方向线性上升，L 储存能量，其回路为：$u_{ac-} \rightarrow C_1 \rightarrow VT1 \rightarrow L \rightarrow u_{ac+}$，同时负载由 C_1和 C_2提供能量；

VT1 关断，i_L负方向线性下降，L 释放能量，其回路为：$u_{ac-} \rightarrow C_2 \rightarrow VD_2 \rightarrow L \rightarrow u_{ac+}$，同时负载由 C_1和 C_2提供能量。工作波形如图 2-41 负半波部分。

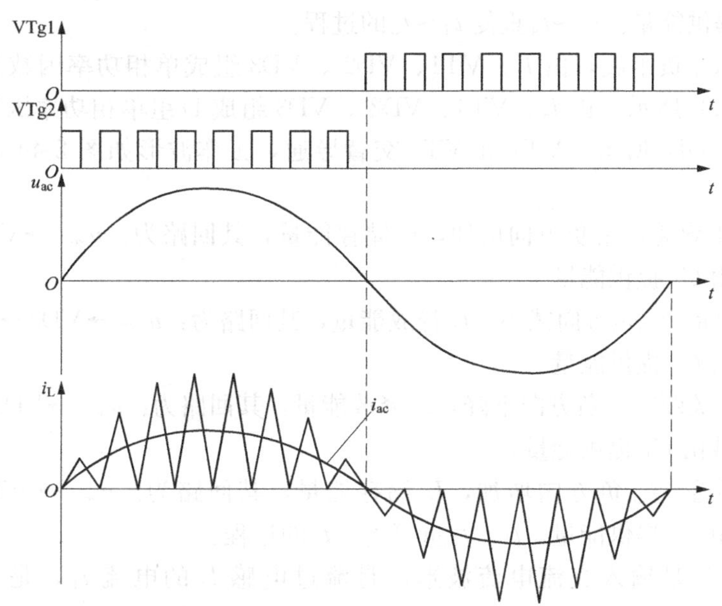

图 2-41　单相半桥 PWM 电压型高频整流电路工作波形

2. 单相全桥 PWM 电压型高频整流电路

图 2-42 是单相全桥 PWM 电压型高频整流主电路，电路可分解成四个 Boost 功率因数校正电路，A 组 Boost 功率因数校正电路由 L、VT1、VD2 、VD3 组成，B 组 Boost 功率因数校正电路由 L、VT2、VD1、VD4 组成，C 组 Boost 功率因数校正电路由 L、VT3、VD1 、VD4 组成，D 组 Boost 功率因数校正电路由 L、VT4、VD2、VD3 组成。

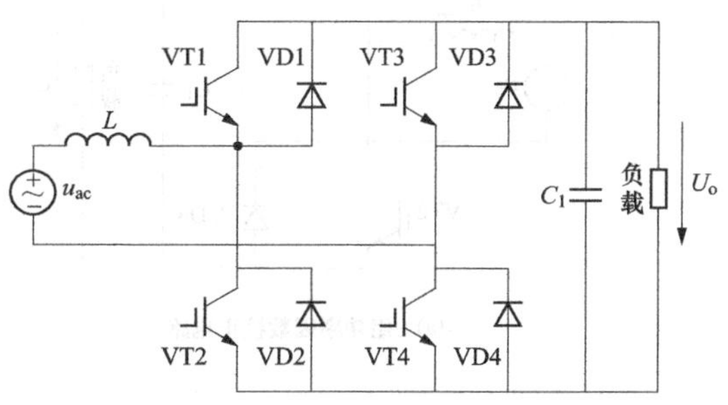

图 2-42　单相全桥 PWM 电压型高频整流主电路

为了分析方便，将流过电感 L 的电流分解成 i_{La}和 i_{Lb}，$i_{La}+i_{Lb}=i_L=i_{ac}$。

在输入电压 u_{ac}正半波，由 L、VT2、VD1、VD4 组成 B 组单相功率因数校正电路，等效电路如图 2-43（a）所示。由 L、VT3、VD1 、VD4 组成 C 组单相功率因数校正电路，等效电路如图 2-43（b）所示。VT2 和 VT3 交替导通，工作波形如图 2-44 所示。其工作过程如下。

$t_1 \sim t_2$：VT2 导通时，i_{La}线性上升，L 储存能量，其回路为：$u_{ac+} \rightarrow L \rightarrow VT2 \rightarrow VD4 \rightarrow u_{ac-}$，同时负载由 C_1 提供能量；

同时 VT3 关断，i_{Lb}线性下降，L 释放能量，其回路为：$u_{ac+} \rightarrow L \rightarrow VD1 \rightarrow C_1 \rightarrow VD4 \rightarrow$

u_{ac-}，同时负载由 C_1 提供能量。

t_2～t_3：VT2 关断，i_{La}线性下降，L 释放能量，其回路为：u_{ac+}→L→VD1→C1→VD_4→u_{ac-}，同时负载由 C_1 提供能量。

同时 VT3 导通，i_{Lb}线性上升，L 储存能量，其回路为：u_{ac+}→L→VD1→VT3→u_{ac-}，同时负载由 C_1 提供能量。t_3～t_4重复 t_1～t_2的过程。

在输入电压 U_{in}负半波，由 L、VT1、VD2 、VD3 组成单相功率因数校正电路，等效电路如图 2-43（c）所示。由 L、VT4、VD2 、VD3 组成 D 组单相功率因数校正电路，等效电路如图 2-43（d）所示。VT1 和 VT4 交替导通，工作波形如图 2-44 所示。其工作过程如下。

t_5～t_6：VT1 导通，i_{La}负方向增加，L 储存能量，其回路为：u_{ac-}→VD3→VT1→L→u_{ac+}，同时负载由 C_1 提供能量。

同时 VT4 关断，i_{Lb}负方向减小，L 释放能量，其回路为：u_{ac-}→VD3→C_1→VD2→L→u_{ac+}，同时负载由 C_1 提供能量。

t_6～t_7：VT1 关断，i_{La}负方向下降，L 释放能量，其回路为：u_{ac-}→VD3→C_1→VD2→L→u_{ac+}，同时负载由 C_1 提供能量。

同时 VT4 导通，i_{Lb}负方向增加，L 储存能量，其回路为：u_{ac-}→VT4→VD2→L→u_{ac+}，同时负载由 C_1 提供能量。t_7～t_8重复 t_5～t_6的过程。

图 2-44 中，i_{ac}是输入交流电流波形，是流过电感 L 的电流 i_L，是 i_{La}和 i_{Lb}的合成电流。

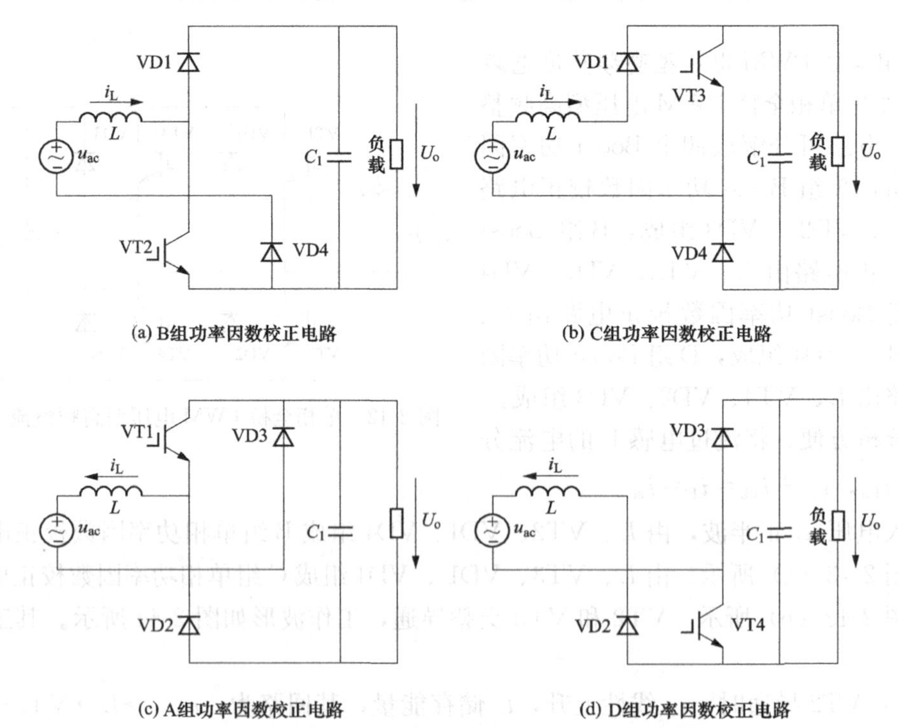

图 2-43 单相全桥 PWM 电压型高频整流主电路

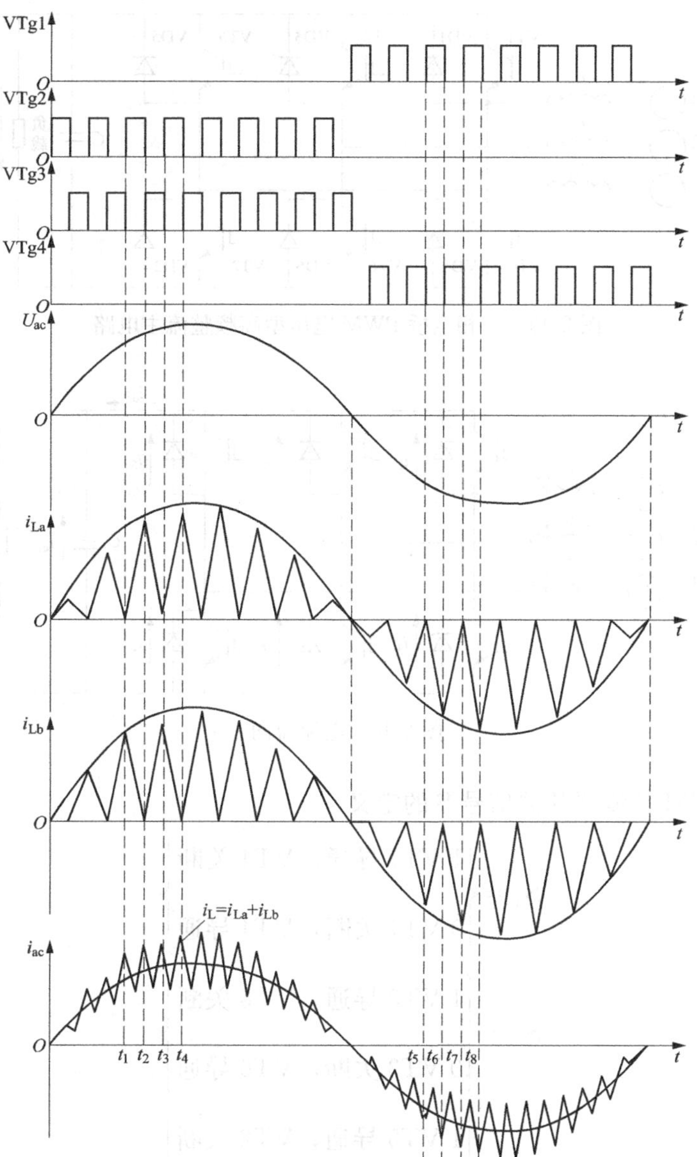

图 2-44　单相全桥 PWM 电压型高频整流电路工作波形

2.5.2　三相 PWM 高功率因数整流电路

图 2-45 是三相全桥 PWM 电压型高频整流主电路，下面基于输入电压空间矢量和输入电流的流向对 PWM 整流器的换流进行分析。

系统主电路中的电流方向如图 2-46 所示，图中 i_a、i_b 和 i_c 分别代表电网三相输入电流，i_1，i_2，…，i_6 分别代表整流桥各桥臂的电流，i_{dc} 代表直流母线电流，i_{c1} 为直流母线滤波电容电流，箭头方向代表所对应电流的正方向。

定义三相交流网侧输入电压矢量

$$\dot{U}_{ref}=2\frac{\dot{U}_a+\alpha\dot{U}_b+\alpha^2\dot{U}_c}{3}, \alpha=e^{i\pi/3} \tag{2-37}$$

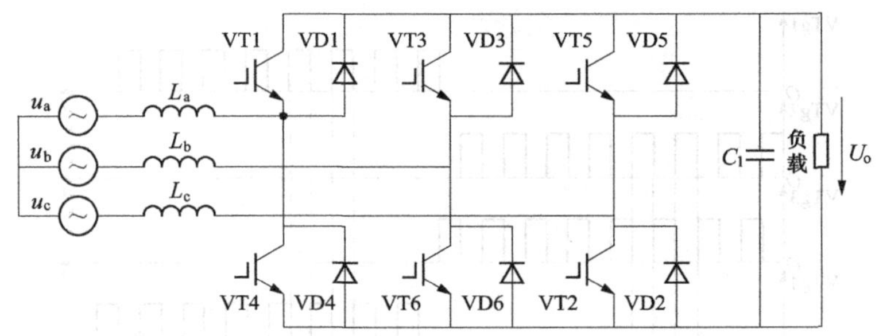

图 2-45 三相全桥 PWM 电压型高频整流主电路

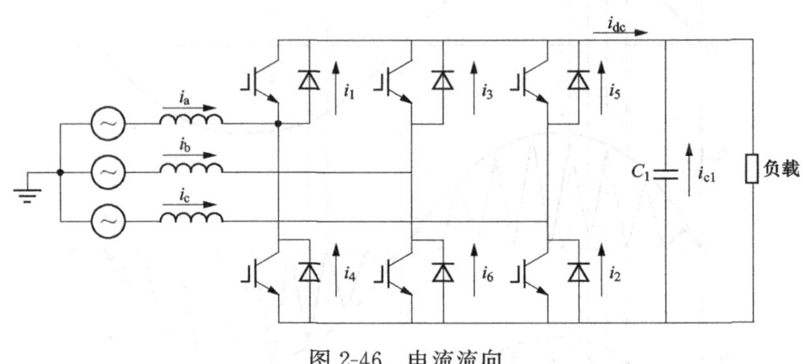

图 2-46 电流流向

根据三相 PWM 整流器开关信号 S 的定义

$$S_1=\begin{cases}1 & \text{VT1 导通，VT4 关断}\\0 & \text{VT1 关断，VT4 导通}\end{cases}$$

$$S_2=\begin{cases}1 & \text{VT3 导通，VT6 关断}\\0 & \text{VT3 关断，VT6 导通}\end{cases}$$

$$S_3=\begin{cases}1 & \text{VT5 导通，VT2 关断}\\0 & \text{VT5 关断，VT2 导通}\end{cases}$$

整流器有 8 种导通模式对应 8 个空间电压矢量，如表 2-1 所示。表 2-1 中 $\dot{U}_1\sim\dot{U}_6$ 六个非零矢量为基本有效矢量，$\dot{U}_0$(000) 和 $\dot{U}_7$(111) 为两个零矢量。

表 2-1　　整流器 8 个空间电压矢量

序号	S_1	S_2	S_3	电压矢量	序号	S_1	S_2	S_3	电压矢量
1	0	0	0	$\dot{U}_0$(000)	5	1	0	0	$\dot{U}_4$(100)
2	0	0	1	$\dot{U}_1$(001)	6	1	0	1	$\dot{U}_5$(101)
3	0	1	0	$\dot{U}_2$(010)	7	1	1	0	$\dot{U}_6$(110)
4	0	1	1	$\dot{U}_3$(011)	8	1	1	1	$\dot{U}_7$(111)

在一个电流采样周期内，开关管的导通总是以零矢量开始并以零矢量结束。用 6 个非零矢量和 2 个零矢量去逼近 PWM 脉宽调制要求，整流器输入端会得到等效的三相正弦波电流。

对任一空间电压矢量可以用 2 个相邻非零矢量和 2 个零矢量去逼近，使三相桥输入为等效正弦波。这样在系统运行的一个输入三相电压周期内，三相电压空间电压矢量所在位置可以划分为 6 个区域，如图 2-47 所示。

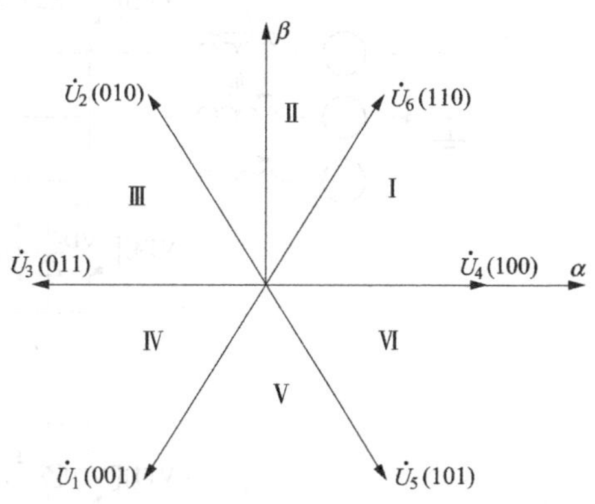

图 2-47　空间电压矢量分解图

图 2-47 中：Ⅰ区 $\theta=0\sim\pi/3$；Ⅱ区 $\theta=\pi/3\sim2\pi/3$；Ⅲ区 $\theta=2\pi/3\sim\pi$；Ⅳ区 $\theta=\pi\sim4\pi/3$；Ⅴ区 $\theta=4\pi/3\sim5\pi/3$；Ⅵ区 $\theta=5\pi/3\sim2\pi$。空间电压矢量分解图可以对应 6 个开关的开关状态。

为了分析的方便，先不考虑死区的影响。假设系统进入稳定运行时电流能够完全跟踪电压波形，根据三相输入电流的流向，同样可以将上述圆周分为 6 个区域。以 B 相电流 i_b 为基准，6 个区域的划分根据图 2-48 从 $\theta=-\pi/6$ 开始，到 $\theta=11\pi/6$ 为一个周期，具体划分为：

一区 $\theta=-\pi/6\sim\pi/6(i_a>0,\ i_b<0,\ i_c<0)$；

二区 $\theta=\pi/6\sim\pi/2(i_a>0,\ i_b>0,\ i_c<0)$；

三区 $\theta=\pi/2\sim5\pi/6(i_a<0,\ i_b>0,\ i_c<0)$；

四区 $\theta=5\pi/6\sim7\pi/6(i_a<0,\ i_b>0,\ i_c>0)$；

五区 $\theta=7\pi/6\sim3\pi/2(i_a<0,\ i_b<0,\ i_c>0)$；

六区 $\theta=3\pi/2\sim11\pi/6(i_a>0,\ i_b<0,\ i_c>0)$。

综合两者分析，可以把三相 PWM 整流器在一个电网周期划分为 12 个工作状态，每一个工作状态对应一个空间电压矢量区域，同时对应一种电流状态，以 B 相电流 i_b 为基准，从 $-\pi/6$ 开始到 $11\pi/6$ 为一个电网周期，如图 2-48 所示。

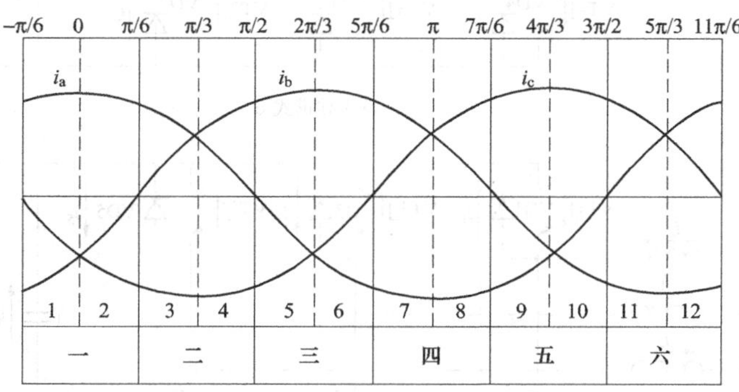

图 2-48　工作区间划分图

一区工作状态下的电流分析如下。

（1）工作状态 1 分析。此时 $\theta=-\pi/6\sim0$，空间电压矢量在Ⅰ区，输入电流状态为：$i_a>0$，$i_b<0$，$i_c<0$。在运行进入稳态时，不考虑死区及开关损耗等影响，可以得到在

工作状态 1 的一个 PWM 周期内对应开关状态和电流流向如图 2-49 所示。

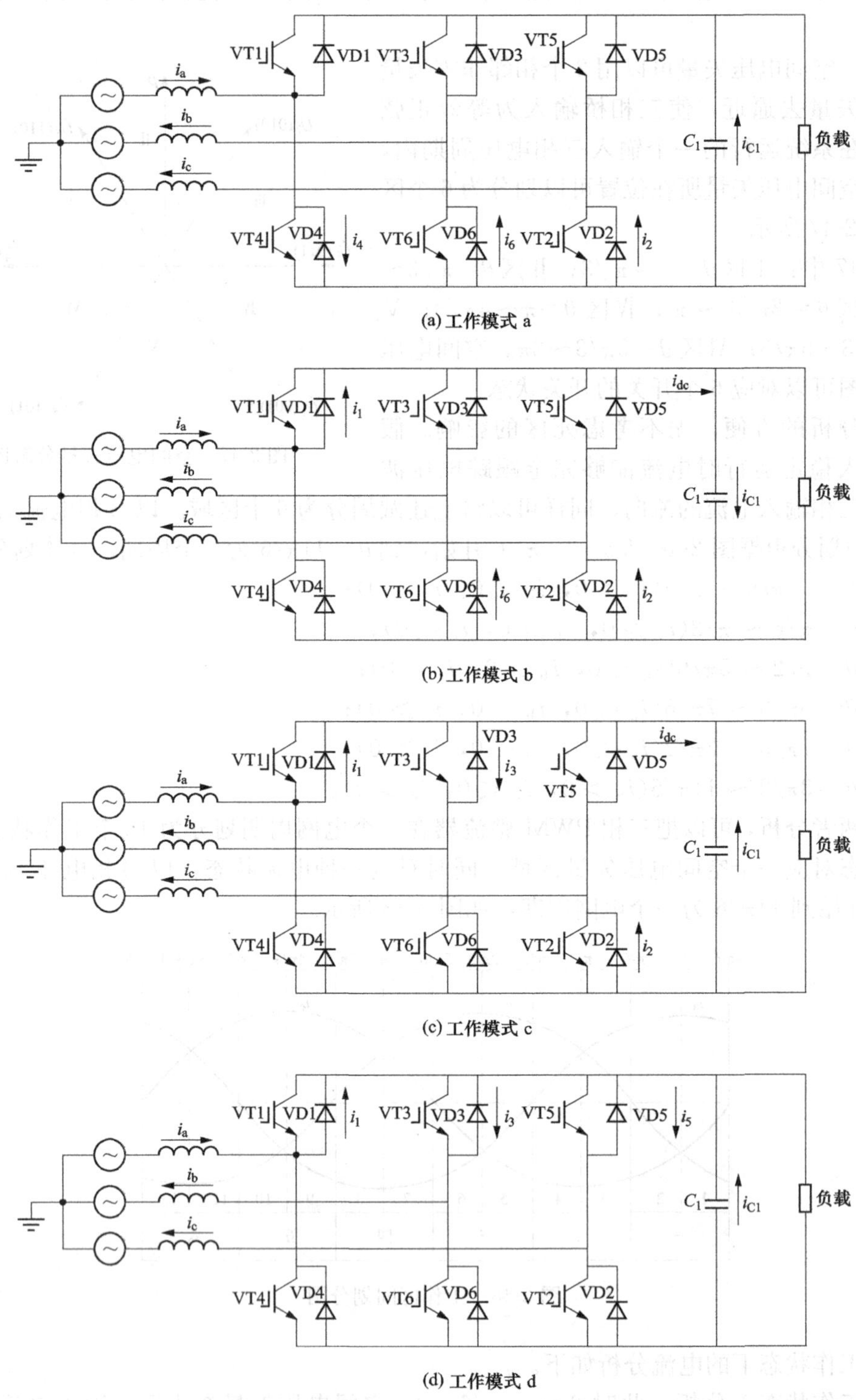

(a) 工作模式 a

(b) 工作模式 b

(c) 工作模式 c

(d) 工作模式 d

图 2-49　工作状态 1 电流分析

模式（a），开关状态为（000），电流状态为：$i_1=0$，$i_2>0$，$i_3=0$，$i_4<0$，$i_5=0$，$i_6>0$，$i_{dc}=0$，$i_{c1}>0$。对应 VT4、VD6、VD2 导通，A 相、B 相、C 相电感储存电能，负载由 C_1 提供电能，如图 2-49（a）所示。

模式（b），开关状态为（100），电流状态为 $i_1>0$，$i_2>0$，$i_3=0$，$i_4=0$，$i_5=0$，$i_6>0$，$i_{dc}>0$，$i_{c1}<0$。对应 VD1、VD2、VD6 导通，A 相、B 相、C 相电感释放电能，负载由 i_{dc} 提供电能，C_1 充电，如图 2-49（b）所示。

模式（c），开关状态为（110），电流状态为 $i_1>0$，$i_2>0$，$i_3<0$，$i_4=0$，$i_5=0$，$i_6=0$，$i_{dc}>0$，$i_{c1}>0$。对应 VD1、VD2、VT3 导通，B 相电感储存电能，A 相、C 相电感释放电能，负载由 i_{dc} 和 C_1 提供电能，如图 2-49（c）所示。

模式（d），开关状态为（111），电流状态为 $i_1>0$，$i_2=0$，$i_3<0$，$i_4=0$，$i_5<0$，$i_6=0$，$i_{dc}=0$，$i_{c1}>0$。对应 VD1、VT3 和 VT5 导通，A 相、B 相、C 相电感储存电能，负载由 C_1 提供电能，如图 2-49（d）所示。

（2）工作状态 2 分析。此时 $\theta=0\sim\pi/6$，空间电压矢量在Ⅰ区，输入电流状态：$i_a>0$，$i_b<0$，$i_c<0$。在运行进入稳态时，不考虑死区及开关损耗等影响，可以得到在工作状态 2 的一个 PWM 周期内对应开关状态和电流流向分别如下。

模式（a），开关状态为（000），电流状态为：$i_1=0$，$i_2>0$，$i_3=0$，$i_4<0$，$i_5=0$，$i_6>0$，$i_{dc}=0$，$i_{c1}>0$。对应 VT4、VT6、VD2 导通，A 相、B 相、C 相电感储存电能，负载由 C_1 提供电能，如图 2-50（a）所示。

模式（b），开关状态为（100），电流状态为：$i_1>0$，$i_2>0$，$i_3=0$，$i_4=0$，$i_5=0$，$i_6>0$，$i_{dc}>0$，$i_{c1}>0$。对应 VD6、VD1、VD2 导通，A 相、B 相、C 相电感释放电能，C_1 充电，如图 2-50（b）所示。

模式（c），开关状态为（110），电流状态为：$i_1>0$，$i_2>0$，$i_3<0$，$i_4=0$，$i_5=0$，$i_6=0$，$i_{dc}>0$，$i_{c1}<0$。虽然对应 VT1 、VT3、VT2 有驱动，但电流方向相反，因此 VD1、VD3、VD2 导通，A 相、C 相电感释放电能，同时 A 相、B 相储能，C_1 充电，如图 2-50（c）所示。

模式（d），开关状态为（111），电流状态为：$i_1>0$，$i_2=0$，$i_3<0$，$i_4=0$，$i_5<0$，$i_6=0$，$i_{dc}=0$，$i_{c1}>0$。对应 VD1、VT3、VT5 导通，A 相、B 相、C 相电感储存电能，负载由 C_1 提供电能，如图 2-50（d）所示。

同样可分析二到六区工作状态下的电流流向。

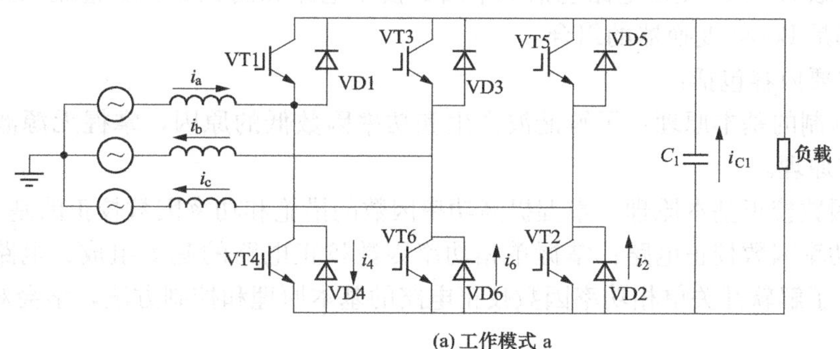

(a) 工作模式 a

图 2-50　工作状态 2 电流分析（一）

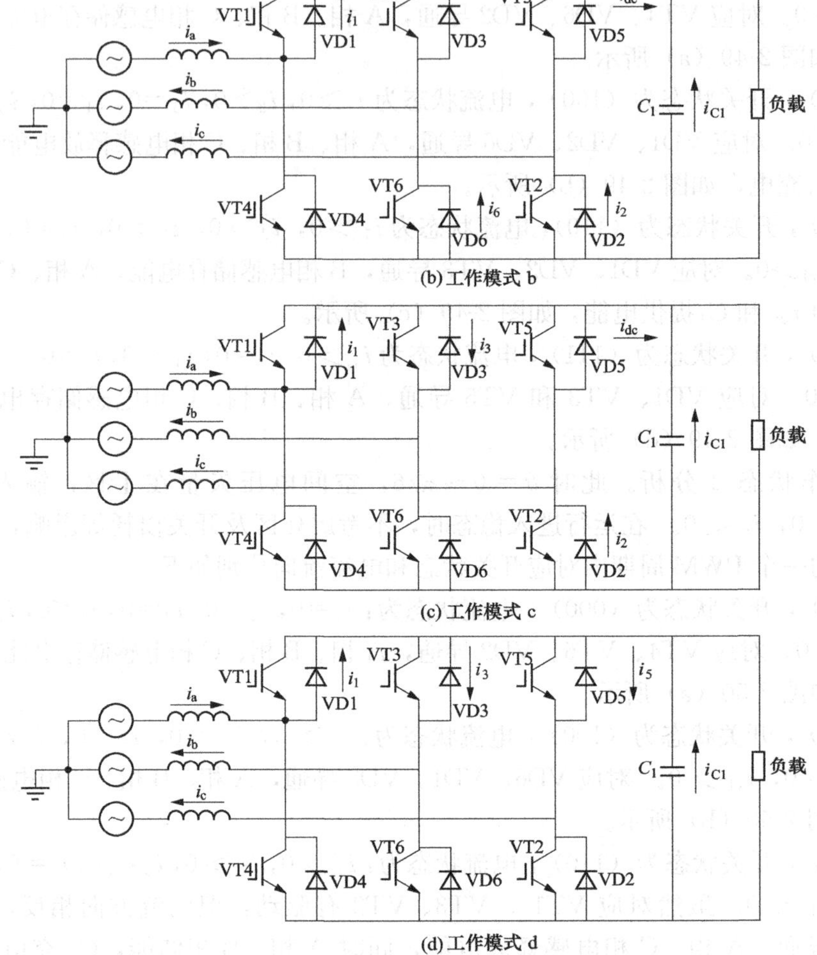

(b) 工作模式 b

(c) 工作模式 c

(d) 工作模式 d

图 2-50　工作状态 2 电流分析（二）

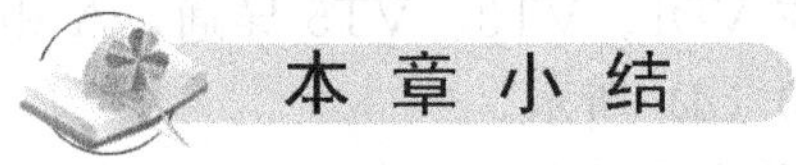

本章小结

高功率因数 AC-DC 变换电路包括功率因数校正电路和高频 PWM 整流电路两类，其基本变换电路都是 Boost 变换器的组合。

本章的主要内容包括：

1. 谐波抑制的基本原理：了解谐波产生和功率因数低的原因，掌握无源滤波器和有源滤波器的基本原理。

2. 功率因数校正基本原理：掌握提高功率因数的措施和功率因数校正的基本原理。

3. 单相功率因数校正电路：掌握单相功率因数校正电路的基本组成、电路形式、控制方法和特点，了解软开关单相功率因数校正电路的基本原理和控制方法，学会对实际电路进行分析。

4. 三相功率因数校正电路：了解三相功率因数校正电路的基本组成、电路形式和特点，了解三相功率因数校正电路的工作原理。

5. 高频 PWM 整流电路：了解高频 PWM 整流电路的基本组成、电路形式、控制方法，掌握高频 PWM 整流电路的工作原理。

习题与思考题

1. 造成功率因数低的主要原因是什么？谐波是如何产生的？

2. 谐波抑制有哪些方法？各有什么特点？

3. 提高功率因数有哪些方法？说明交流侧加 LC 滤波电路提高功率因数的基本原理。

4. 单调谐滤波器参数计算。单相交流输入电压～220V/50Hz，3 次谐波电流为 10A，5 次谐波电流为 5A，7 次谐波电流为 2A，滤波器的调谐锐度 $Q=30$。计算单调谐滤波器参数。

5. 单相功率因数校正电路，工作在峰值电流型电感电流连续模式，输入单相交流电压～220V/50Hz，直流侧电压为 600V，输出功率为 4kW，VT 的开关频率为 50kHz，输出电压脉动为 10%，计算电感 L 和滤波电容 C 的值，并选择开关器件。

6. 两开关单相 Boost 功率因数校正电路是如何减小升压比的？

7. 画出图 2-28 ZVT-PFC 电路中一个工作周期电容 C_2 上的电压波形和流过电感 L_2 的电流波形。

8. 比较三相功率因数校正电路中单开关、双开关、三开关、四开关电路的特点。

9. 分析单相全桥 PWM 电压型高频整流电路的工作原理。

第 3 章　开关电源应用电路

现代电子设备使用的直流电源有线性稳压电源和开关稳压电源两大类。所谓线性稳压电源，就是其调整管工作在线性放大区，这种稳压电源的主要缺点是变换效率低，一般只有35％～60％。开关稳压电源的调整管工作在开关状态，主要的优越性就是变换效率高，可达70％～95％。因此，目前空间技术、计算机、通信、雷达、电视及家用电器中的稳压电源逐步被开关稳压电源所取代。开关稳压电源简称开关电源，一般有三种工作模式：频率、脉冲宽度固定模式，频率固定、脉冲宽度可变模式，频率、脉冲宽度可变模式。根据开关器件在电路中连接的方式，目前比较广泛使用的开关电源大体上可分为串联式开关电源、并联式开关电源、变压器式开关电源三大类。其中，变压器式开关电源还可以进一步分成推挽式、半桥式、全桥式等多种，根据变压器的激励和输出电压的相位，又可以分成正激式、反激式、单激式和双激式等多种。

3.1　线性稳压电源与开关电源

3.1.1　线性稳压电源的特点

线性稳压电源主要由电源变压器、整流电路、滤波电路和稳压电路等组成，如图 3-1 所示。

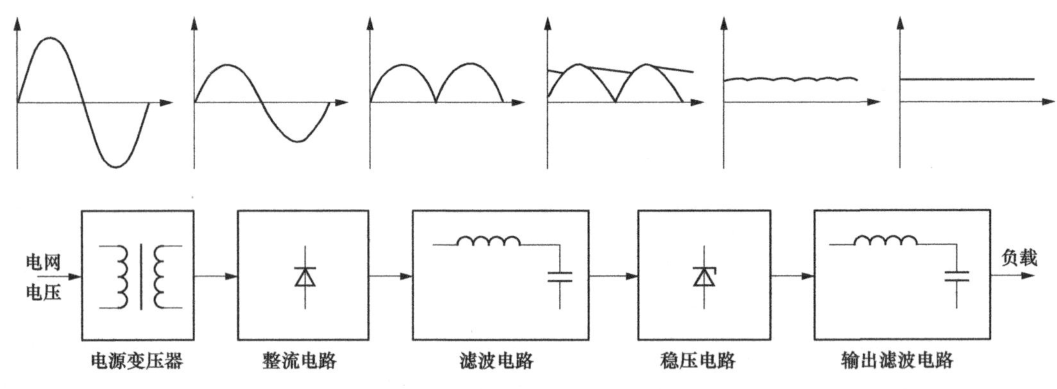

图 3-1　直流稳压电源电路组成

电源变压器：根据直流稳压电源的要求，将电网交流电压变换成对应的交流电压幅值。

整流电路：将变压后的交流电压变换成直流电压，一般采用二极管整流电路，主要分为单相半波整流电路，单相桥式整流电路，倍压整流电路。当要求的直流输出电压比较高时，如果将变压器二次电压抬高，则变压器次级匝数会增加，体积会增大，整流二极管的耐压要求也会增加。这时可采用倍压整流电路，用低压交流电源和低耐压的整流二极管获得高于输入电压许多倍的输出电压。

滤波电路：将整流后的单向脉动直流电压中的纹波成分，尽可能滤除掉，使其变成平滑的直流电；滤波电路一般由电容、电感等组成。

电容滤波的特点：输出电压的脉动成分减小，同时增加了输出直流电压平均值。对桥式整流加电容滤波，当 $R_LC=\infty$时（负载开路 $R_L=\infty$），电容没有放电通路，$U_o=\sqrt{2}U_2$，其中 U_2 是电源变压器二次侧电压有效值。当不加电容滤波时，$U_o=0.9U_2$。由此可见桥式整流加电容滤波后的平均值 U_o 在 $0.9U_2\sim\sqrt{2}U_2$ 范围内波动。

RC-π 形滤波的特点：采用这种电路可进一步降低输出电压的脉动系数。这种滤波电路的缺点是在 R 上有直流压降，所以这种电路只适合于小电流的场合。

电感滤波的特点：由于电感交流阻抗很大，而直流电阻很小，输出直流分量在电感上损失很小，所以它适用于负载电流比较大的场合。电感滤波的二极管导通角不会减小，避免了浪涌电流的产生。

为了进一步改善滤波效果，可以采用 LC 滤波电路。当 L 很小，或 R_L 很大时，相当于电容滤波。为了保证整流二极管导通角仍为 180°，L 值要大，对基波信号而言，应满足 $R_L\leqslant 3\omega L$。

稳压电路：滤波后的直流电压还不能满足用电设备的要求，其原因是：第一，电网交流电压是波动的，一般有 5%～10%的误差；第二，当输出负载变化时，整流滤波后的直流电压也随之改变。为了保证输出电压的稳定，需要加稳压电路。稳压电路有以下几种形式。

(1) 稳压管稳压电路如图 3-2 所示。由于稳压管 VS 和负载 R_L 并联，故称并联型稳压电路。R_S 为限流电阻，VS 工作在反向击穿区。由图可知，输出电压 U_o 就是稳压管电压 U_{VS}。

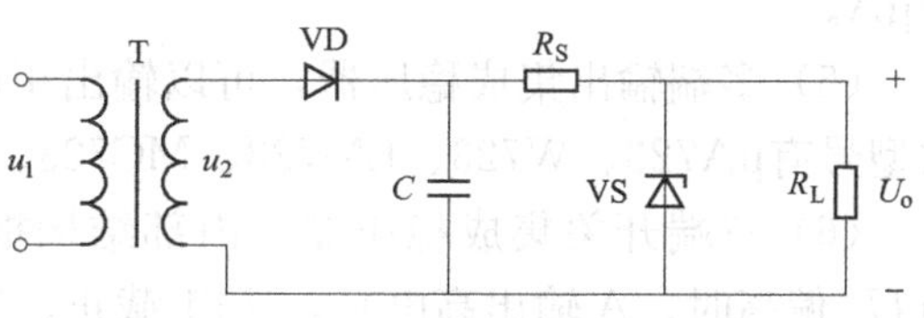

图 3-2　稳压管稳压电路

(2) 晶体管稳压电路如图 3-3 所示。图中 R 和 VS 构成稳压管稳压电路，为调整管 VT 的基极提供基准电压。该电路是用输出电压的变化去控制调整管的基极，控制作用小，稳压性能较差。

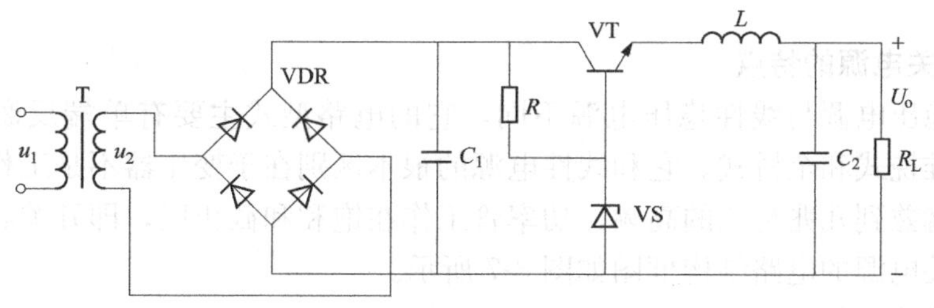

图 3-3　晶体管稳压电路

(3) 三端固定输出集成稳压器，典型应用电路如图 3-4 所示。为了改善纹波特性，在输入端加电容 C_1，在输出端加 π 形滤波电路。输入电压的选择是：$U_{2\max}>U_o+3V$。

(4) 三端可调输出集成稳压器，典型应用电路如图 3-5 所示。图中 R 和 R_P 组成可调输出的电组网络，R 取 120～240Ω，保证电路中的偏置电流和调整管的漏电流被吸收。通过 R 泄放的电流为 5～10mA。输入电容器 C_1 用于抑制纹波电压，输出电容 C_2 用于消振，缓冲

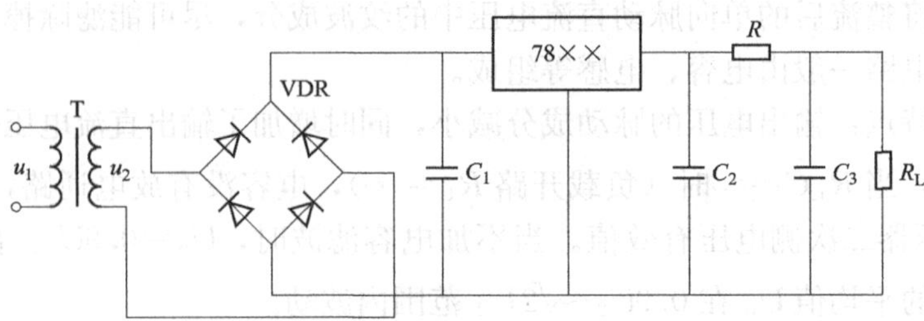

图 3-4 三端固定集成稳压电路

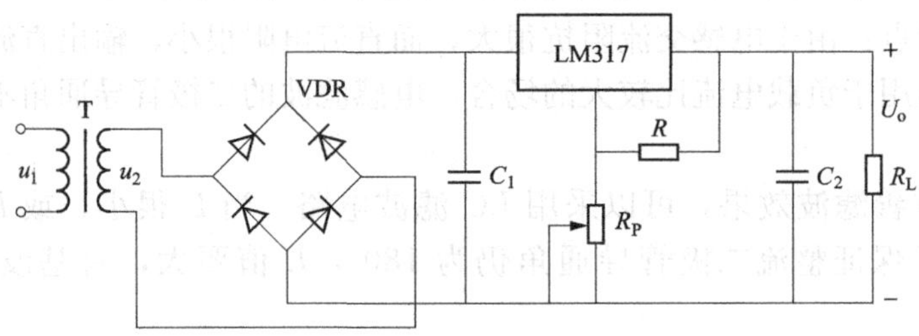

图 3-5 三端可调集成稳压电路

冲击性负载，保证电路的工作稳定。输出电压 $U_o=1.25V(1+R_{RP}/R)+I_{VD}R_{RP}$，$I_{VD}$ 通常为 50μA。

(5) 多端输出集成稳压器，可以输出正电压，也可以输出负电压，电压范围可调，相应的型号有μA723、W723、LM723、MC723、FG723、CA723 等。

(6) 三端开关集成稳压器，内部结构框图如图 3-6 (a) 所示。VT1 工作于开关状态，当 U_o 偏高时，A 输出高电平，VT1 截止，VD 续流，输出电压 U_o 下降。当 U_o 偏低时，A 输出低电平，VT1 导通，输出电压 U_o 上升。图 3-6 (b) 是降压型开关稳压电路，图 3-6 (c) 是升压型开关稳压电路。

线性直流稳压电源的主要缺点是电源变压器在交流电源的输入端，因此变压器的体积较大，特别是稳压电源功率较大时，体积很大，不能适应小型化的要求，为此发展了开关电源电路。

3.1.2 开关电源的特点

开关直流稳压电源与线性稳压电源不同，它的电路型式主要有单端反激式、单端正激式、半桥式、推挽式和全桥式。它和线性电源的根本区别在于变压器不是工作在工频，而是工作在几十千赫兹到几兆赫兹的高频，功率管工作在饱和和截止区，即开关状态，开关电源由此得名。开关电源的电路结构框图如图 3-7 所示。

开关电源的优点如下。

(1) 功耗小。由于开关管功率损耗小，故不需要采用大散热器。

(2) 稳压范围宽。当开关电源输入交流电压在 150～250V 范围内变化时，都能达到很好的稳压效果，输出电压的变化在 2%以下，始终能保持稳压电路的高效率。

(3) 体积小，重量轻。开关电源将输入的电网交流电直接整流后逆变成高频电压，再通过高频变压器获得各组不同的高频电压，这样可省去笨重的工频变压器，从而节省了大量的漆包线和硅钢片，使电源的体积大大减小，重量减轻。

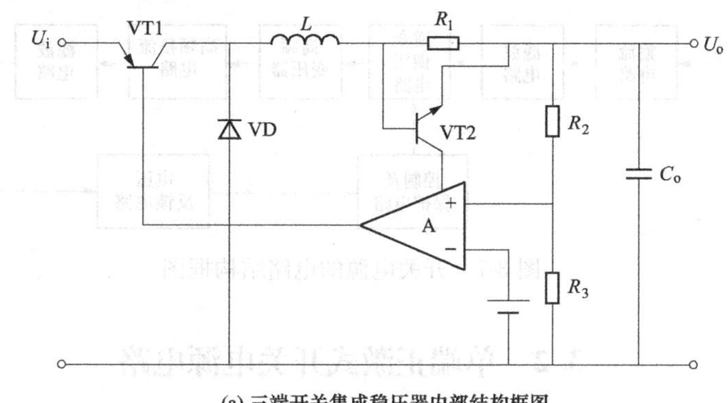

(a) 三端开关集成稳压器内部结构框图

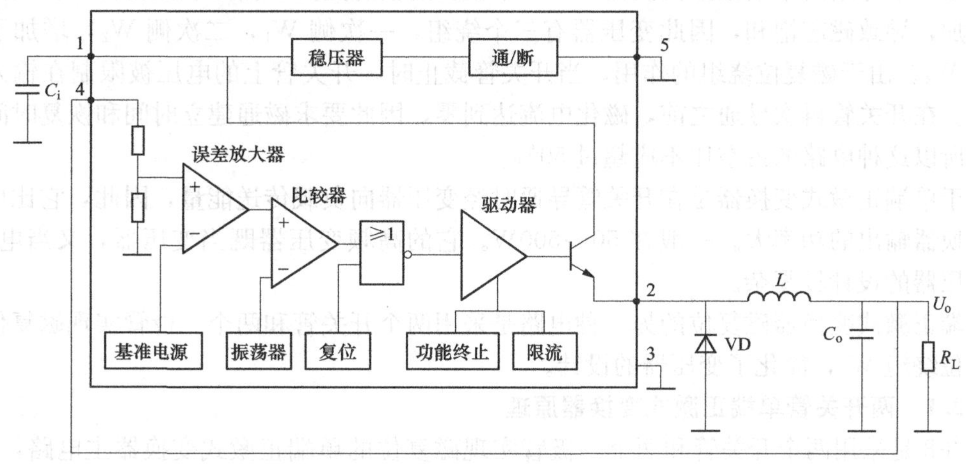

(b) LM2575降压型开关稳压电路

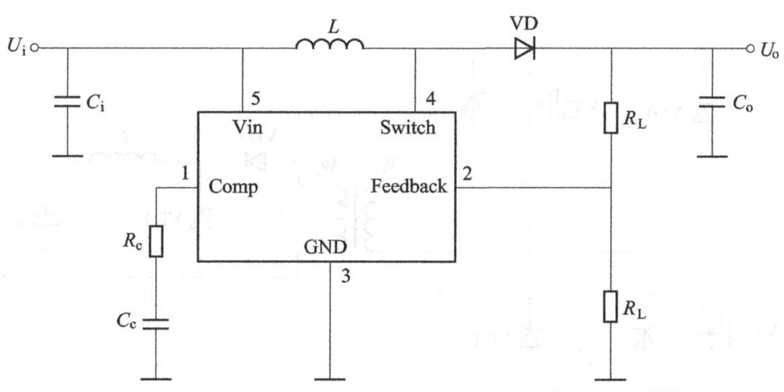

(c) LM2577升压型开关稳压电路

图 3-6　三端开关集成稳压器

(4) 稳定可靠。开关电源一般都具有自动保护电路。当稳压电路、高压电路、负载等出现故障或短路时，能自动切断电源，保护功能灵敏可靠。

开关电源的缺点是相对于线性电源来说纹波较大［一般纹波峰峰电压≤1%VO(P. P)，好的可做到十几 mV(P. P) 或更小］。它的功率可自几瓦到几千瓦。

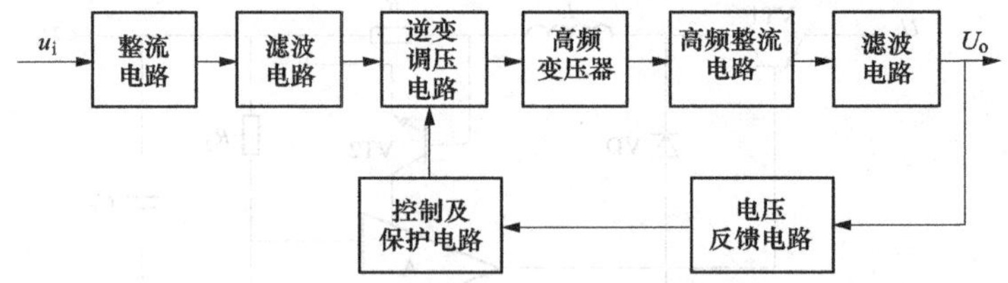

图 3-7 开关电源的电路结构框图

3.2 单端正激式开关电源电路

在第 1 章介绍的单端正激变换器中，一个重要的概念是变压器必须磁复位，否则磁通将不断增加，导致磁芯饱和，因此变压器有三个绕组，一次侧 W_1，二次侧 W_2，增加了磁复位绕组 W_3。由于磁复位绕组的作用，当开关管截止时，开关管上的电压被限制在输入电压的两倍。在开关管再次导通之前，磁化电流达到零，因此要求磁通建立时间和恢复时间应该相等，所以这种电路的占空比不应超过 50%。

由于单端正激式变换器是在开关管导通时经变压器向负载传送能量，因此，它比单端反激式变换器输出的功率大。一般在 50～500W。它的高频变压器既当变压器，又当电感器，所以变压器的设计较复杂。

单端正激式变换器磁复位的另一种电路是采用两个开关管和两个二极管实现磁复位，省去了复位绕组 W_3，简化了变压器的设计。

3.2.1 两开关管单端正激式变换器原理

图 3-8 是采用两个开关管和两个二极管实现磁复位的单端正激式变换器主电路，图 3-9 是两开关管单端正激式变换器工作波形，其中 VTg1、VTg2 分别是 VT1 和 VT2 的驱动信号。

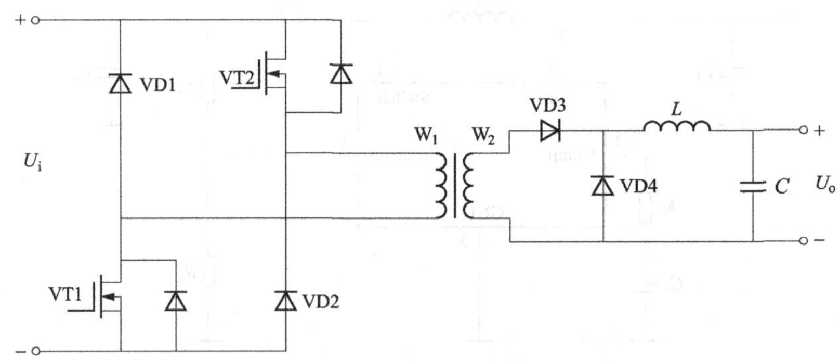

图 3-8 两开关管单端正激式变换器主电路

1. 两个开关单端正激变换器工作原理

(1) 开关模态 1[0，T_{on}]：如图 3-9 所示，$t=0$ 时，VT1、VT2 同时导通，电源电压 U_i 加在一次侧绕组 W_1 上，铁芯磁化，原边回路的微分方程为

$$W_1 \frac{d\Phi}{dt}=U_i \tag{3-1}$$

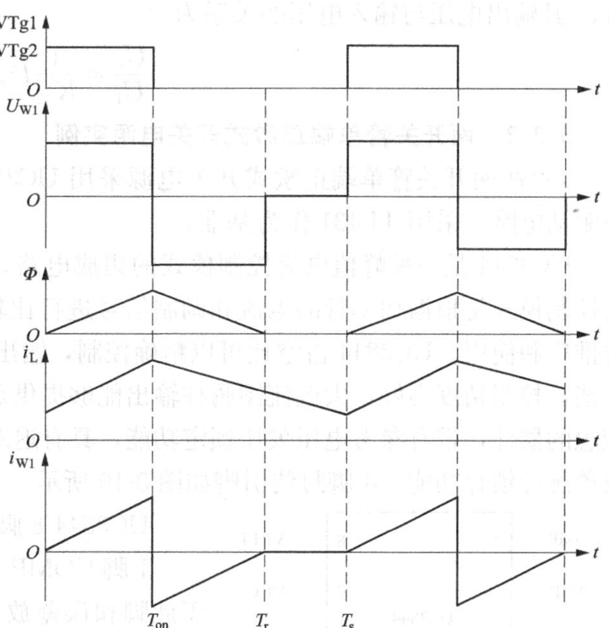

图 3-9　两开关管单端正激式变换器工作波形

在此期间，铁芯磁通 Φ 的增量为

$$\Delta\Phi_{(+)}=\frac{U_i}{W_1}D_yT_s \tag{3-2}$$

二次侧 W_2 上的感应电压为

$$U_{W2}=\frac{W_2}{W_1}U_i=\frac{U_i}{K_{12}} \tag{3-3}$$

此时整流二极管 VD3 导通，续流二极管 VD4 承受反向电压而截止，滤波电感电流 i_L 线性增加，副边回路的微分方程为

$$L\frac{di_L}{dt}=\frac{U_i}{K_{12}}-U_o \tag{3-4}$$

$$\Delta i_{L(+)}=\frac{\frac{U_i}{K_{12}}-U_o}{L}D_yT_s \tag{3-5}$$

(2) 开关模态 2$[T_{on}, T_r]$。$t=T_{on}$时，VT1、VT2 同时关断，一次侧绕组 W_1 上的电压改变极性，变为上负下正，VD1、VD2 同时导通，一次侧电流通过输入电压 U_i 进行磁复位，能量反馈给输入电源。原边回路的微分方程为

$$W_1\frac{d\Phi}{dt}=-U_i \tag{3-6}$$

在此期间，铁芯磁通 Φ 的增量为

$$\Delta\Phi_{(-)}=\frac{U_i}{W_1}\Delta DT_s \tag{3-7}$$

式中，$\Delta D=(T_r-T_{on})/T_s$，$\Delta D\leqslant 1-D_y$。$T_r$ 时刻，$i_{W1}=0$，变压器完成磁复位。

二次侧 W_2 上的电压也为上负下正，一次侧和二次侧上的电压分别为

$$U_{W1}=-U_i \tag{3-8}$$

$$U_{W2}=-K_{21}U_i \tag{3-9}$$

这时二极管 VD3 截止，滤波电感电流 i_L 通过续流二极管 VD4 续流。滤波电感电流 i_L 线性减小，副边回路的微分方程为

$$L\frac{di_L}{dt}=U_o \tag{3-10}$$

$$\Delta i_{L(-)}=\frac{U_o}{L}(1-D_y)T_s \tag{3-11}$$

加在 VT1、VT2 上的电压为

$$U_{VT}=U_i \tag{3-12}$$

(3) 开关模态 3$[T_r, T_s]$。在这个开关模态中，所有的绕组电流都为零，滤波电感电流 i_L 继续通过续流二极管 VD4 续流。

2. 单端正激变换器基本关系

从以上分析可知，当滤波电感上的电流充电增量和放电增量相等时，即 $\Delta i_{L(-)}=\Delta i_{L(+)}$

时，其输出电压与输入电压的关系为

$$\frac{U_o}{U_i}=\frac{1}{K_{12}}D_y \tag{3-13}$$

3.2.2　两开关管单端正激式开关电源实例

500W 两开关管单端正激式开关电源采用 UC3844 作为 PWM 控制器，采用 IR2110 作为驱动电路，采用 TL431 作为基准。

UC3844 是一种峰值电流控制模式的集成电路，UC3844 以固定频率方式工作。峰值电流控制模式是根据功率管的电流和调制信号进行比较得到占空比，在 DC-DC 功率变换领域被推广和使用。UC3844 占空比可以精确控制，输出精度得到保证，参考电压能够自动温度补偿，控制精度良好，大电流图腾柱输出能够提供足够的驱动电流，是驱动 MOSFET 非常理想的器件，带有参考电压欠压锁定功能，具有迟滞、逐周期限流控制、静区时间可编程以及单脉冲锁存功能。8 脚封装引脚如图 3-10 所示。

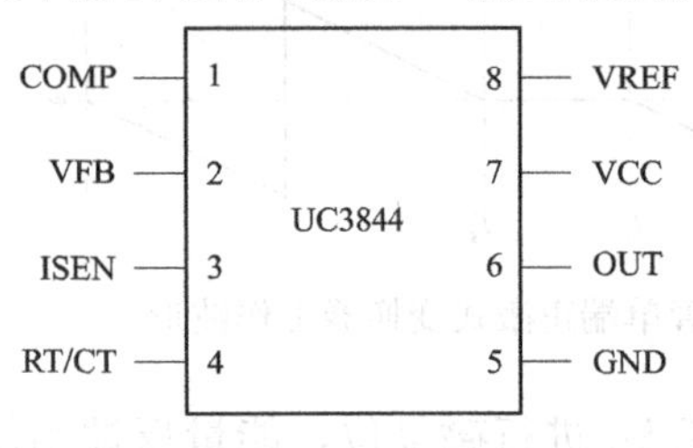

图 3-10　UC3844 8 脚封装引脚图

UC3844 8 脚封装引脚功能如下。

1 脚 COMP——误差放大器的输出引脚，补偿网络接于此脚和误差放大器负端（VFB 脚）构成负反馈。在 1 脚接上一个电阻串连电容到地，能够起到开机软启动的作用，抑制启动瞬间的冲击电流，以免损坏开关管。

2 脚 VFB——电压反馈引脚，属于误差放大器的反相输入端，检测输出电压，输出经过分压电路后约为 2.5V 接于此脚，同相输入端电压为 2.5V。通过 2 脚调整驱动信号的脉宽，从而调整输出电压，达到稳压的目的。

3 脚 ISEN——电流检测引脚，通过检测开关管源极采样电阻上的电压的方法来检测流过开关管的电流。由于流经开关管的电流不可避免的会有干扰，如果处理不好，可能造成驱动误导通，所以一般需要在 3 脚接一个低通滤波器来滤除干扰。峰值电流控制模式具有电流保护功能，当开关管的电流过大，采样电阻电压超过 lV 时，芯片关闭输出信号，系统停止工作。

4 脚 RT/CT——接电容和电阻，确定锯齿波频率。

5 脚 GND——接地端。

6 脚 OUT——图腾柱输出端（推挽输出端），有拉灌电流的能力，驱动开关管的栅极。

7 脚 VCC——芯片工作电源。

8 脚 VREF——5V 基准电压，作为精确电压参考。

UC3844 内部结构如图 3-11 所示，主要由 5.0V 基准电压源、振荡器、降压器、电流检测比较器、PWM 锁存器、高增益 E/A 误差放大器和用于驱动功率 MOSFET 的大电流推挽（图腾柱）输出电路等组成。

500W 两开关管单端正激式开关电源电路由以下几个部分组成：主电路整流电路、辅助电源电路、两开关管单端正激式逆变与驱动电路、输出整流滤波电路、UC3844 外围电路等。500W 两开关管单端正激式开关电源电路原理如图 3-12 所示。

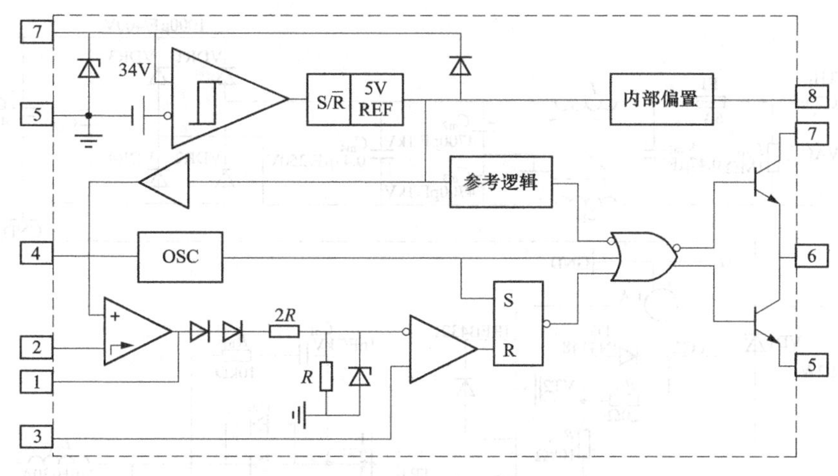

图 3-11　UC3844 内部结构

1. 主电路整流电路

交流 220V 经 TH_1 过载保护电阻、F_1 过流保护熔断器和 R_{m1}、C_{m1}、C_{m2}、C_{m3}、C_{m4}、L_a、L_b 组成的滤波电路，通过 VDR1、VDR2、VDR3、VDR4 全桥整流电路及 C_5、C_6 滤波，变换成稳定的直流电压 U_{d1}，供给逆变电路。

2. 辅助电源电路

开机时直流电压 U_{d1} 通过电阻 R_1（120kΩ/2W）和稳压管 D6 连接到 UC3844 的第 7 脚 VCC，最大电压限制在 27V，这时 UC3844 开始工作。同时 U_{d1} 通过电阻 R_7、R_8、稳压管 D9 和三极管 BG，连接到 15V。IR2110 工作驱动正激变换器工作，在变压器 19、20 脚输出交流方波电压，经 D3、D4 整流、L、C_8 滤波输出 15V 电压，供给控制电路。

3. 正激变换与驱动电路

由 VT1、VT2、VD1、VD2 组成正激变换电路，IR2110、R_{G1}、R_{G2}、R_{G3}、R_{G4}、D1、D2 组成驱动电路，电流互感器检测电流 I_1 用于过流保护。

4. 输出整流滤波电路

输出变压器的次级采用半波整流电路，D_{o1} 为半波整流二极管，D_{o2} 为续流二极管，R_{o1}、R_{o2}、C_{o1}、C_{o2} 为二极管缓冲电路，L_{o1}、C_{o4} 组成输出滤波电路。

5. UC3844 外围电路

UC3844 的 1 脚是内部误差放大器的输出端，2 脚是负相输入端，误差放大器的正相输入端内接 2.5V 给定电压。当输出电压正常时，V_o 等于 2.5V，UC3844 的 6 脚输出的驱动脉冲宽度为给定脉宽；当输出电压偏高时，V_o 大于 2.5V，UC3844 的 6 脚输出的驱动脉冲宽度减小，使输出电压减小到稳定值；当输出电压偏低时，V_o 低于 2.5V，UC3844 的 6 脚输出的驱动脉冲宽度增加，使输出电压增加到稳定值。4 脚 R_3、C_2 决定 UC3844 的内部振荡器的振荡频率。3 脚是过流封锁脚，连接 R_4、C_3、R_{I1}、D_7 到过流检测传感器 L_A 的检测电流 $+I_1$，过电流时封锁输出驱动脉冲。

6. 输出电压检测电路

输出电压检测信号 VOUT 通过 TL431、R_{o3}、R_{o4}、R_{o5}、R_{o6}、C_{o5} 组成的基准电路，输出到 IC3 线性光耦 PC817 的输入端，当 VOUT 减小时，PC817 的输入电流增加，PC817 的

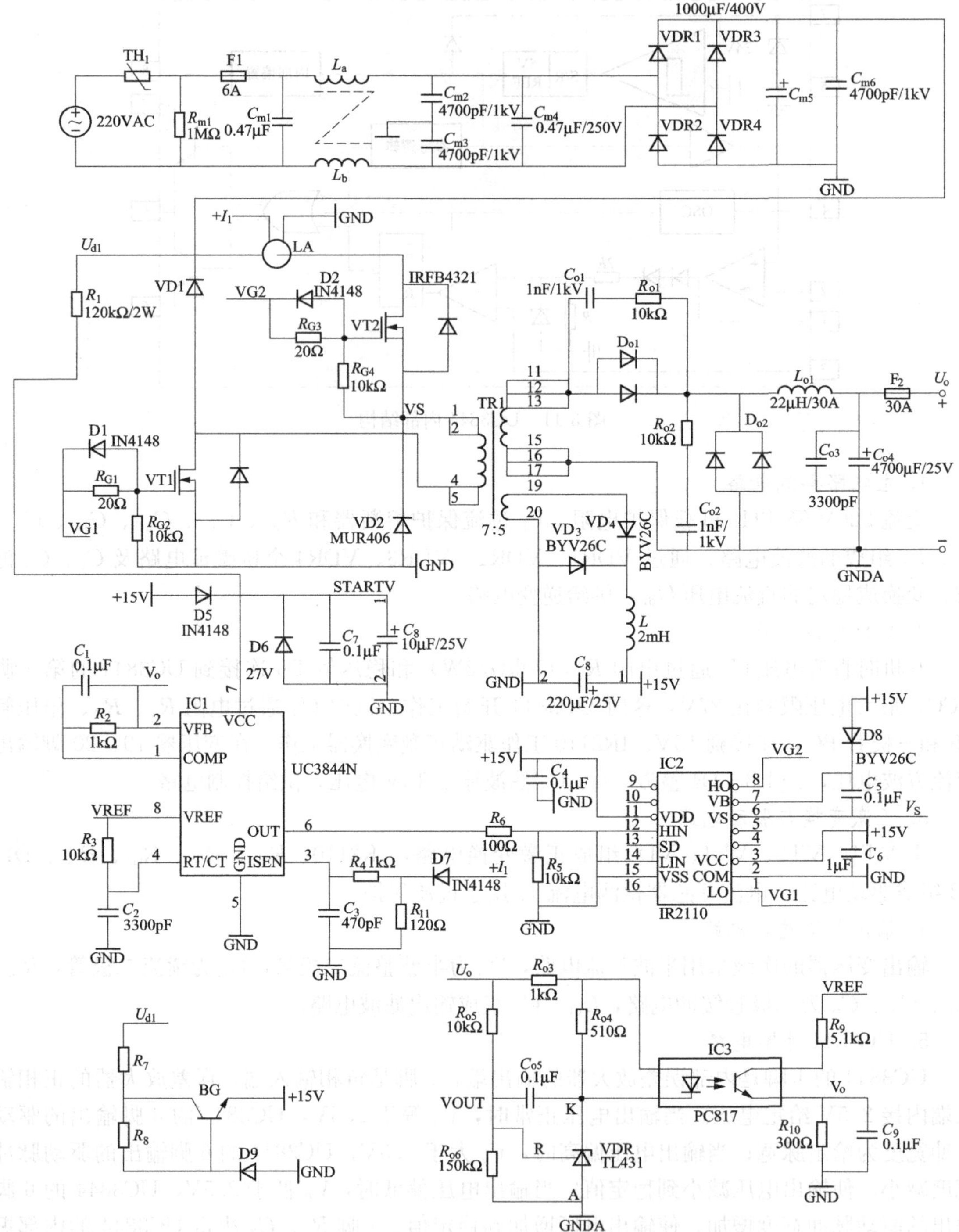

图 3-12 500W 两开关管单端正激式开关电源电路原理图

输出电压 V_o 随着增加，控制 UC3844 6 脚输出的驱动脉冲宽度减小；当 VOUT 升高时，PC817 的输入电流减小，PC817 的输出电压 V_o 随着减小，控制 UC3844 的 6 脚输出的驱动脉冲宽度增加。

3.3 单端反激式开关电源电路

单端反激式变换电路由 Buck/Boost 变换电路推演而得，由于电路简单、效率高，因此很适合于要求多组直流电压输出的电源，即由单个输入电源使用同一磁路有效地提供多组直流稳定电压。其主要缺点是输出电压中有较大的纹波电压，限制了功率扩大，通常最大功率只能在 150W 以下，而且只能在电压和负载调整率 6.10%的情况下使用。如果多组电压输出中，某一输出调整率要求较高时，可在副边输出端加上线性集成稳压器。如果输出电流不大，可采用三端线性稳压器，线性集成稳压器的输入电压略高于输出额定电压，因此损耗很小。为了减小输出纹波电压，可以增加输出滤波电容，较好的方法是在输出端加 LC 滤波器。

3.3.1 三脚 PWM/MOSFET 复合单片 TOPSwitch. II 开关电源专用集成电路

TOPSwitch 器件是美国功率集成公司（POWER Integrations Inc）于 20 世纪 90 年代中期推出的新型高频开关电源芯片。它是三端脱线式 PWM 开关的英文缩写（Three Terminal off line PWM Switch)。它的特点是将高频开关电源中的 PWM 控制器和 MOSFET 功率开关管集成在同一芯片上，是一种二合一器件。这大大简化了电源电路，提高了可靠性，使得电源的设计更加简单快捷。TOPSwitch 器件有多种封装形式，采用 DIP-8 和 SMD-8 封装的，中间 4 只为空脚，可以将它们接到印刷电路板的铜箔上，将芯片产生的热量直接传到印刷电路板上，不必另设散热器，节省了成本。采用 TO-220 封装的，只有 3 只管脚，使用起来就和一只大功率三极管一样便利。此外由于 PWM 控制器和 MOSFET 功率开关管是在管壳内连接的，连线极短，这就消除了高频辐射现象，改善了电源的电磁兼容性能，减小了器件对电路板布局和输入总线瞬变的要求。TOPSwitch. Ⅱ 的简化外围电路和封装外形如图 3-13 所示。TOPSwitch 复合单片的三个引脚的功能如下。

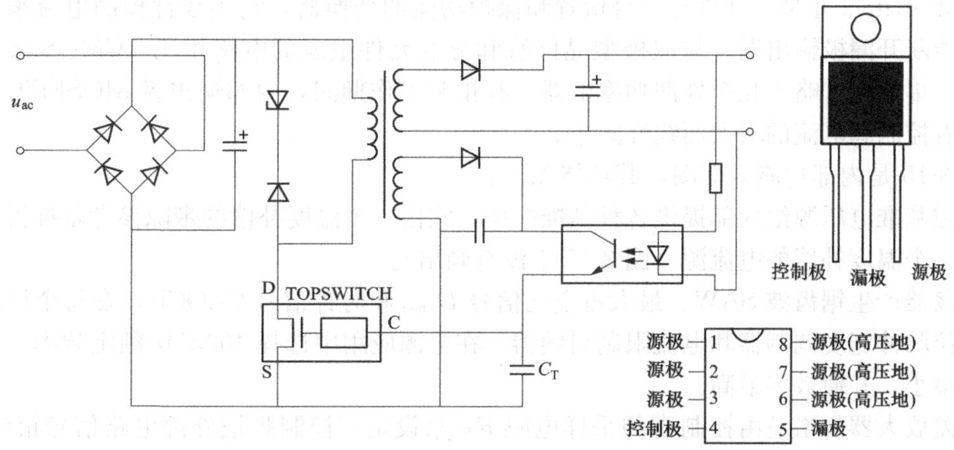

图 3-13 TOPSwitch. Ⅱ 的主要外围电路和封装外形

漏极脚（Drain）内部接输出开关管 MOSFET 的漏极，在启动工作时，经过内部开关电流源提供内部偏置电流，也是内部电流检测点。

控制脚（Control）是误差放大器和反馈电流输入脚，用以控制 PWM 脉宽的占空比。正常工作时内部分流调节器接通，提供内部偏置电流，也连接电源旁路和自动再启动/补偿

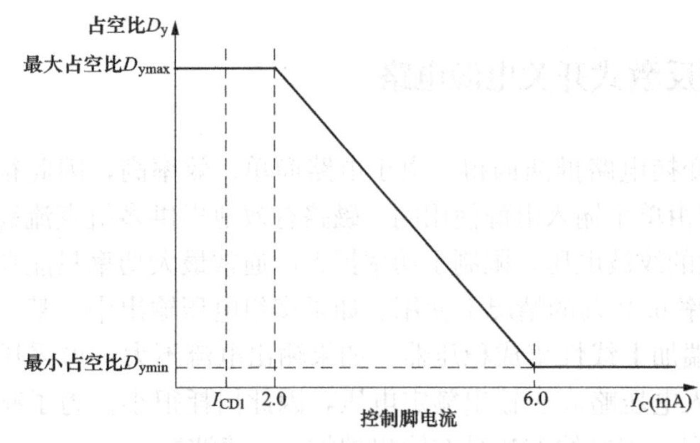

图 3-14 占空比与控制脚电流关系曲线

电容器。占空比与控制脚电流关系曲线如图 3-14 所示。

控制脚电压 U_c 是控制脚与源极之间的偏置电压，一般加外部旁路电容，如图 3-13 中的 C_T，以提供所需的栅极驱动电流，C_T 还具有自动再启动功能。U_c 被调整在两种工作状态，一种是滞后调整，用于初始启动和过载工作；另一种是分流调整，用于分离来自控制电路电源电流占空比误差信号。在启动期间，控制脚电流由高压开关电流源提供，该开关在 I_C 内部接于漏极和控制脚之间。电流源提供足够的电流供给控制电路，同时对外部电容 C_T 进行充电。当 U_c 升到较高的门限电压值（5.7V）时，高压电流源关断，脉宽调制器和输出级 MOSFET 被激活。在正常工作期间，反馈控制电流提供了 U_c 电源电流。分流调节器可维持 U_c 在典型值（5.7V）。

如果 C_T 上电压放电到较低的电平，输出级 MOSFET 将关断，此时控制电路进入一个低电流的准备状态，而高压电流源被接通，并向外部电容 C_T 再次充电。通过接通和关断高压电流源，自动再启动比较器可维持 U_c 值在 4.7～5.7V 范围内。自动再启动电路有一个八分频计数器，它能阻止输出级 MOSFET 再次启动，直到八个放电/充电周期结束为止。通过把自动再启动占空比减小到 5%，计数器能有效地限制 TOPSwitch 的功率损耗。自动再启动作用连续进行到输出电压再次变为可调节为止。

源极脚（Source）内部接输出开关管 MOSFET 的源极，外部接直流高压的负极。

TOPSwitch. Ⅱ是一种具有自身偏置和保护功能的变换器，它用线性控制电流来控制占空比，能断开漏极输出端。与双极型晶体管和分立元件组成的电路相比，CMOS 减少了偏置电流，集成化省略了几个外部功率电器。在正常工作期间，内部输出级 MOSFET 的占空比是随着控制脚电流的增大而线性减小。

图 3-15 是内部功能方框图，其功能如下。

带隙基准电压源给内部提供各种基准电压，它由一个温度补偿的带隙参考基准得出，同时产生一个温度补偿的电流源（图 3-15 中没有画出）。

振荡器产生锯齿波 SAW、最大占空比信号 D_{ymax} 和时钟信号 CLOCK，在每个周期开始时，置位脉冲宽度调制器和电流限制封锁器。在电源应用中选择 100kHz 额定频率，可使电磁干扰最小，并使效率最高。

误差放大器的增益由控制脚的采样电阻 R_E 来设定，控制脚把外部电路信号箝位在 U_c 电平上，超过电源电流的控制脚电流由分流调节器分离，并作为误差信号流过 R_E。

脉宽调制器可通过改变控制端电流 I_C 的大小，连续调节脉冲占空比，实现脉宽调制并能滤掉开关噪声电压，提供电压控制环，以驱动输出级 MOSFET，其占空比与输入控制脚的电流成反比。

栅极驱动级和输出级内含耐压为 700V 的功率开关管 MOSFET。

过流保护电路可利用 MOSFET 的漏-源通态电阻 R_{DS}(ON) 来检测过电流，当 I_D 过大

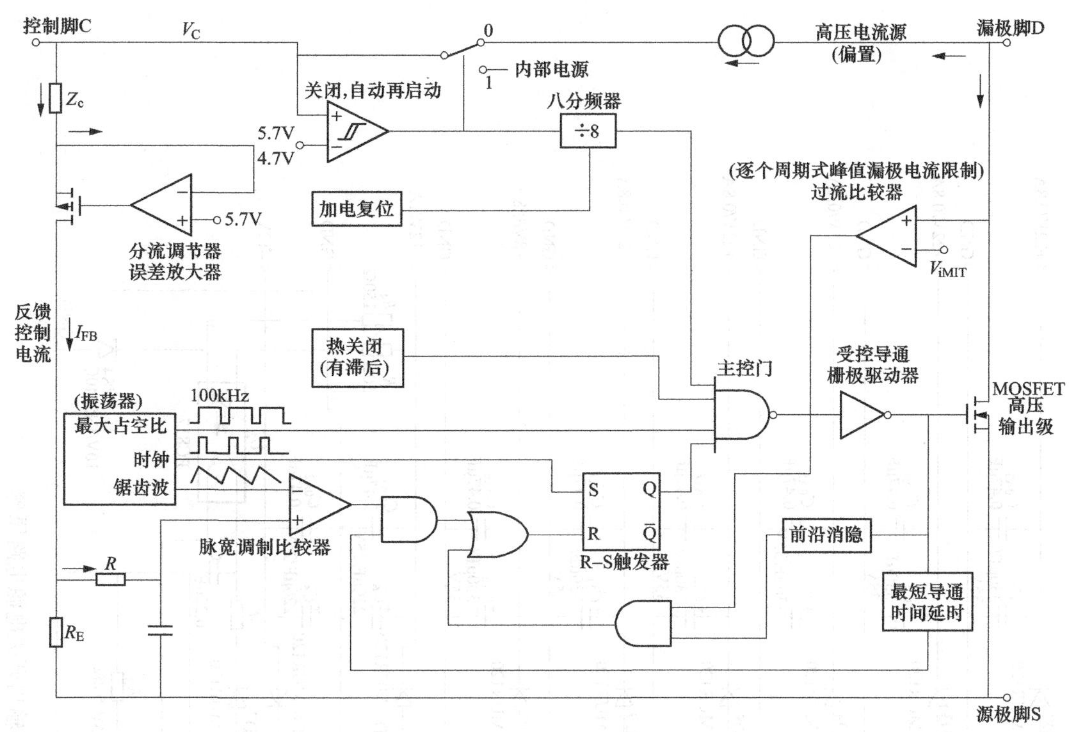

图 3-15 TOPSwitch. Ⅱ内部功能方框图

时令 MOSFET 关断，起到过流保护作用。

过热保护及上电复位电路可在芯片结温 $T_j>135$℃时，关断输出级。

关闭自动重启动电路可在调节失控时，立即使芯片在低占空比 5%下工作。倘若故障已排除，就自动重新启动电源恢复正常工作。

高压电流源提供偏流用，并在启动或滞后工作期间对外部电容 C_T 进行充电。

TOPSwitch. II 的工作原理是利用反馈电流 I_C 来调节占空比 D_y，达到稳压目的。当输出电压 $U_o\uparrow$ 时，经过光耦反馈电路使得 $I_C\uparrow\rightarrow D_y\downarrow\rightarrow U_o\downarrow$，最终使 U_o 不变。TOPSwitch. Ⅱ的型号如表 3-1 所示。

表 3-1　　TOPSwitch. Ⅱ的产品分类及最大输出功率

TOP-220 封装（Y）			DIP-8 封装（P）/SMD-8 封装（G）		
产品型号	固定输入（110/115/230VAC±15%）	宽范围输入（85～265VAC）	产品型号	固定输入（110/115/230VAC±15%）	宽范围输入（85～265VAC）
TOP221Y	12W	7W	TOP221P/G	9W	6W
TOP222Y	25W	15W	TOP222P/G	15W	10W
TOP223Y	50W	30W	TOP223P/G	25W	15W
TOP224Y	75W	45W	TOP224P/G	30W	20W
TOP225Y	100W	60W	—	—	—
TOP226Y	125W	75W			
TOP227Y	150W	90W			

3.3.2 用 TOPSwitch. Ⅱ组成的单端反激式开关电源电路

图 3-16 为用 TOP227 组成的单端反激式开关电源电路原理图。220V 电网交流电经电源

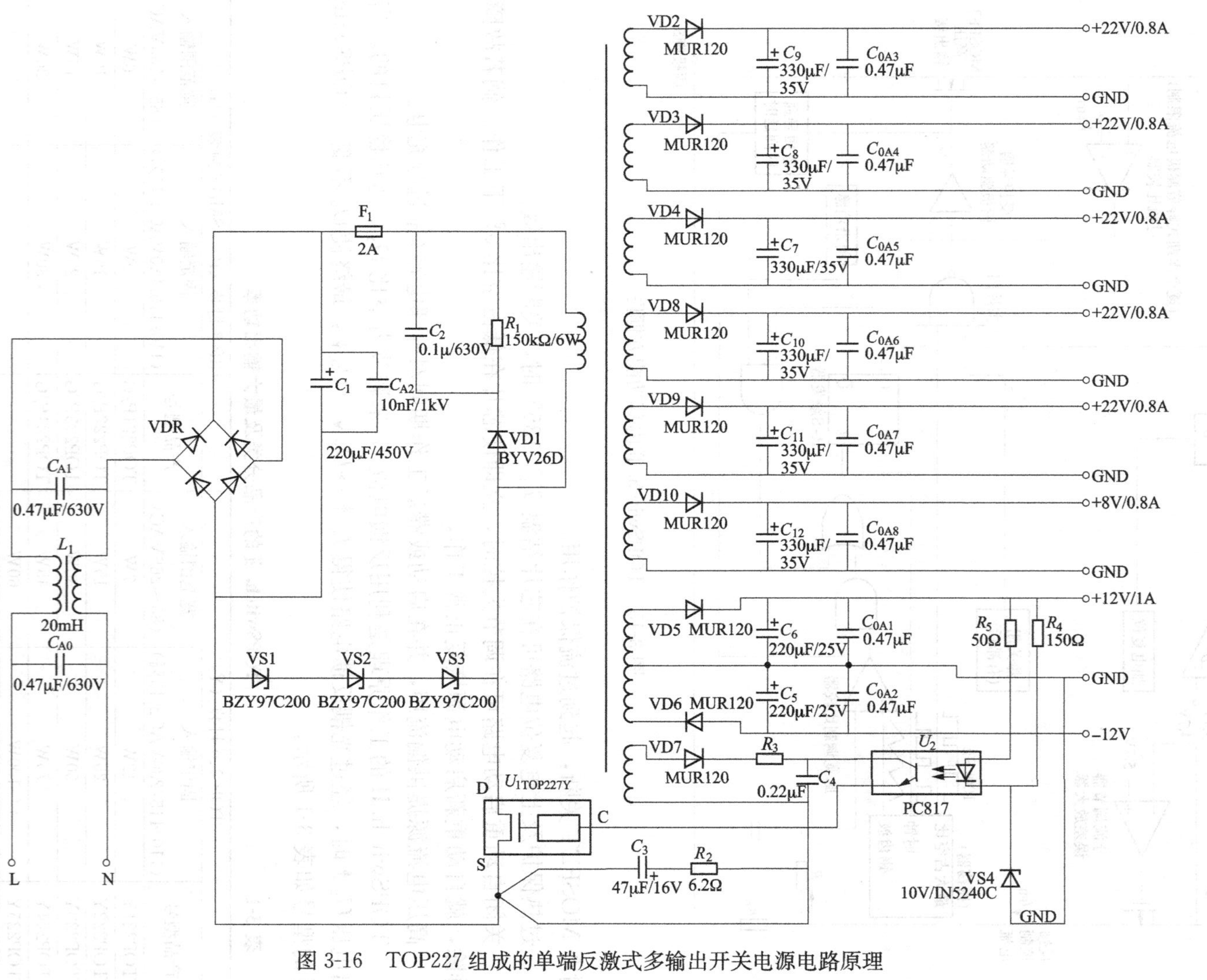

图 3-16 TOP227 组成的单端反激式多输出开关电源电路原理

噪声滤波器 L_1 后再通过桥式整流器整流。电源滤波器的作用一方面是滤除由电网传来的杂波电压，净化输入电源，另一方面阻止高频开关电源的振荡电压窜入电网，干扰其他电器。220V 电网交流电经整流和电容滤波后，变成 308V 的直流电压供给 TOPSwitch-Ⅱ器件，TOPSwitch-Ⅱ构成 DC-DC 变换器，它将输入的直流高压变成脉宽可调的高频脉冲电压，经高频变压器降压后再进行半波整流和滤波，变成所需要的直流电压输出。R_1、C_2、VD_1 组成缓冲吸收电路，吸收功率器件在关断过程中由于变压器漏感产生的电压尖峰脉冲，电路的工作频率为 100kHz，振荡元件已固化在器件内部，高频变压器的次级有 8 个绕组，其中的 12V/1A 绕组控制 TOPSwitch-Ⅱ器件的脉宽，即这一组输出电压为 PWM 稳压，由并联稳压器 VS4 和光电耦合器 U_2 及分压电阻 R_4、R_5 完成取样反馈工作。之所以选择这一绕组进行脉宽控制，是因为它的输出电压低电流大，更能体现出开关电源的优越性。

TOPSwitch. Ⅱ器件型号的选择，根据电源总输出功率为各组输出功率之和：

$$P_O = 22 \times 0.8 \times 6 + 12 \times 2 \times 1 + 8 \times 1 = 120(\text{W})$$

若电源总的效率为 80%，则电源输入的总功率应为

$$P_i = P_O/80\% = 120/0.8 = 150(\text{W})$$

从表 3-1 可以看出，在 220V 单一电压条件下，TOP227Y 的最大输出功率为 150W，能够满足本电路要求。

3.4 半桥变换式开关电源电路

3.4.1 半桥变换式开关电源电路基本组成

半桥变换式开关电源电路基本组成框图如图 3-17 所示。

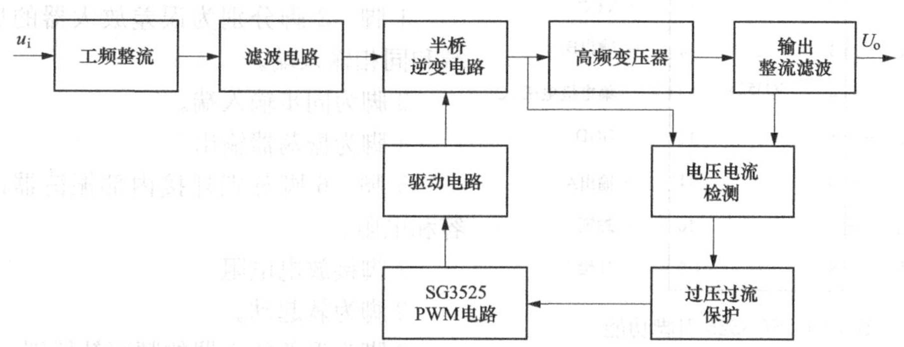

图 3-17 半桥变换式开关电源组成框图

1. 主电路组成

图 3-18 所示是由半桥式功率变换电路组成的开关电源主电路。图中 VDR1～VDR4 组成单相桥整流电路，C_0 为滤波电容，C_1、C_2、VT1、VT2 组成半桥逆变电路，VDr1、VDr2 和输出变压器组成输出全波整流电路，L_f、C_f 组成输出滤波电路。

2. PWM 脉宽调制控制器 SG3525 工作特性

SG3525 是美国通用电气公司（Silicon General）的第二代集成电路脉冲宽度调制器，是由双极型工艺制成的模拟与数字混合式集成电路，内部包含了双端输出开关电源所必需的各种基本电路，并且利用高频变压器实现电网隔离，能省掉笨重的工频变压器。SG3525 是一

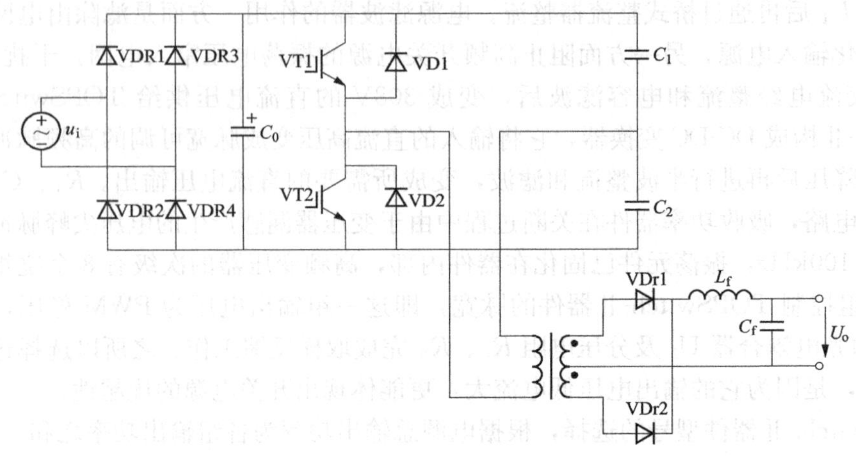

图 3-18 半桥式开关电源主电路

种性能优良、功能齐全、通用性强的单片集成 PWM 控制器。它简单、可靠及使用方便灵活，大大简化了脉宽调制器的设计及调试。

(1) SG3525 主要特性。SG3525 的主要电气特性：8～35V 工作电压；内部软起动；5.1V 参考电压，微调至±1%；逐个脉冲封锁；100Hz～500kHz 振荡器频率范围；带滞后的输入欠压锁定；分离的振荡器同步端；锁存脉冲宽度调制器（PWM）；可调整的死区时间控制；双路推挽输出驱动器。

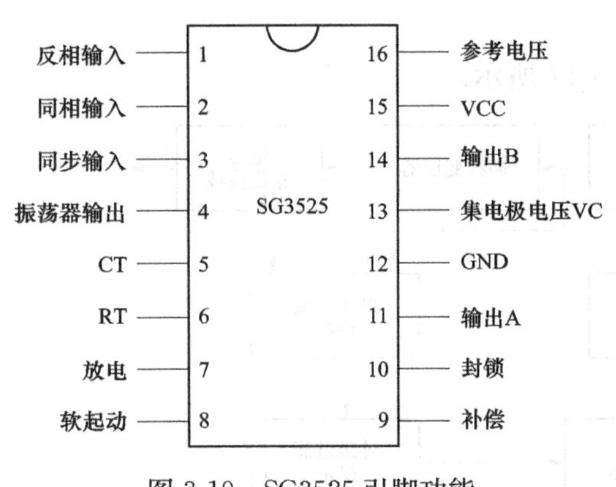

图 3-19 SG3525 引脚功能

DIP16 封装的外形如图 3-19 所示。

SG3525 各引脚功能如下。

1 脚、2 脚分别为误差放大器的反相输入端和同相输入端。

3 脚为同步输入端。

4 脚为振荡器输出。

5 脚、6 脚分别外接内部振荡器的时基电容和电阻。

7 脚接放电电阻。

8 脚为软起动。

9 脚为误差放大器的频率补偿端。

10 脚为封锁控制端。

11、14 脚为输出端。

12 脚为接地端。

13 脚接输出管集电极电源。

15 脚接 SG3525 工作电源。

16 脚为 5.1V 基准电压引出端。

(2) SG3525 的内部结构。SG3525 的内部结构框图如图 3-20 所示，它在第一代脉宽调制芯片 SG3524 的基础上作了较大的改进，主要表现在以下几个方面。

①设置了欠电压锁定和限流关断电路。为了防止在欠电压状态下（U 小于 8V）有效地

使输出保持在关断状态，电路中设置了欠电压封锁电路。SG3525 没有电流限制放大器，它采用了封锁控制电路来进行限流控制，其中包括逐个脉冲的电流限制和输出电流的限流控制，只要将信号加于 10 脚就能实现限流控制。

②改进了振荡电路。主要是将时基电容 C_T 的放电电路与充电电源分开，单独设立引脚 7，C_T 的放电通过外接电阻 R_D 来实现，改变 R_D 即可改变 C_T 的放电时间常数，从而也改变了死区时间，而 C_T 的充电是由 R_T 规定的内部电流源决定的。振荡器的振荡频率为

$$f=\frac{1}{C_T(0.67R_T+1.3R_D)} \tag{3-14}$$

SG3525 输出级采用了图腾柱输出电路，由达林顿管组成，最大驱动能力为 100mA，最大吸收电流为 50mA，它能使输出管更快地关断。在其导通时可以迅速把外接 MOS 管栅极上的电荷从它的集电极泄放至地，由图 3-20 可见，SG3525 主要由基准稳压源、振荡器、误差放大器、PWM 比较器和锁存器、分相器、或非门电路和图腾输出电路等几大部分组成。振荡器通过外接时基电容和电阻产生锯齿波振荡，同时产生时钟脉冲信号，该信号的脉冲宽度与锯齿波的下降沿相对应。时钟脉冲作为由 T 触发器组成的分相器的触发信号，用来产生误差为 180°的一对方波信号。误差放大器是一个双级差分放大器，经差分放大的信号 U_1 与振荡器输出的锯齿波电压 U_5 加至 PWM 比较器的正、负输入端，比较器输出的调制信号经锁存后作为或非门电路的输入信号 U_P，或非门在正常情况下具有三路输入：即分相器的输出信号 U_{TQ} 和 $\overline{U}_{TQ}$、PWM 调制信号 U_p 和时钟信号 U_c，或非门电路的输出 U_{01} 和 U_{02} 为图腾柱电路的驱动信号。

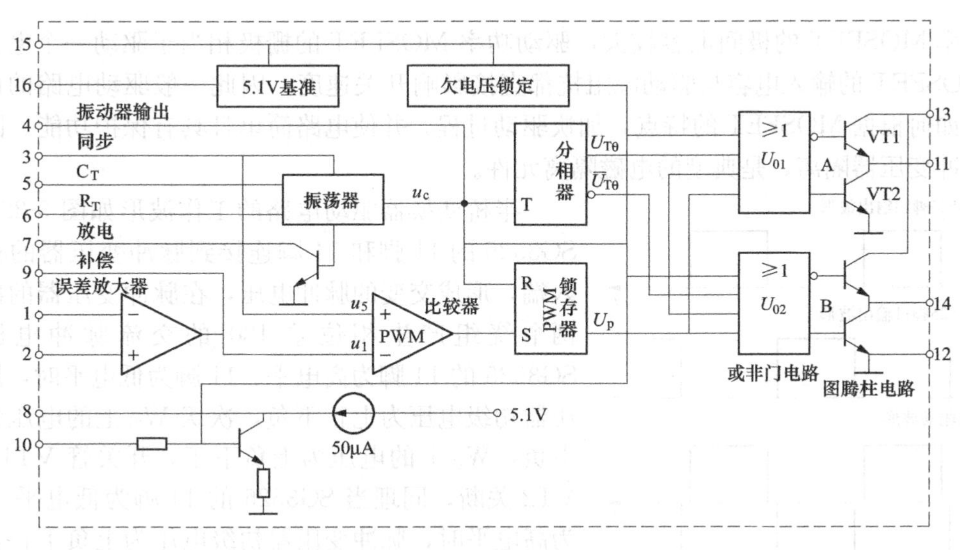

图 3-20　SG3525 内部结构图

③软启动功能的实现。欠电压使欠电压锁定电路输出端高电压传到 10 脚对应晶体管的基极，晶体管导通为 8 引脚外接电容提供放电的途径，外接电容经晶体管放电到零电压后，限制了比较器 PWM 脉冲电压输出，该电压上升为恒定的逻辑高电平。这种软启动方式，可使系统主回路及功率场效应管避免承受过大的冲击浪涌电流。

3. 半桥变换器驱动电路

半桥变换器驱动电路如图 3-21 所示。由 SG3525 产生的脉冲驱动波形由 11 脚和 14 脚输出，通过脉冲变压器 T_1 耦合到次级两个相位相反的线圈，通过驱动电阻 R_{G1}、R_{G2} 分别驱动 VT1、VT2 两个 MOSFET，图中反串联稳压管用于限制驱动脉冲最大正负幅值。

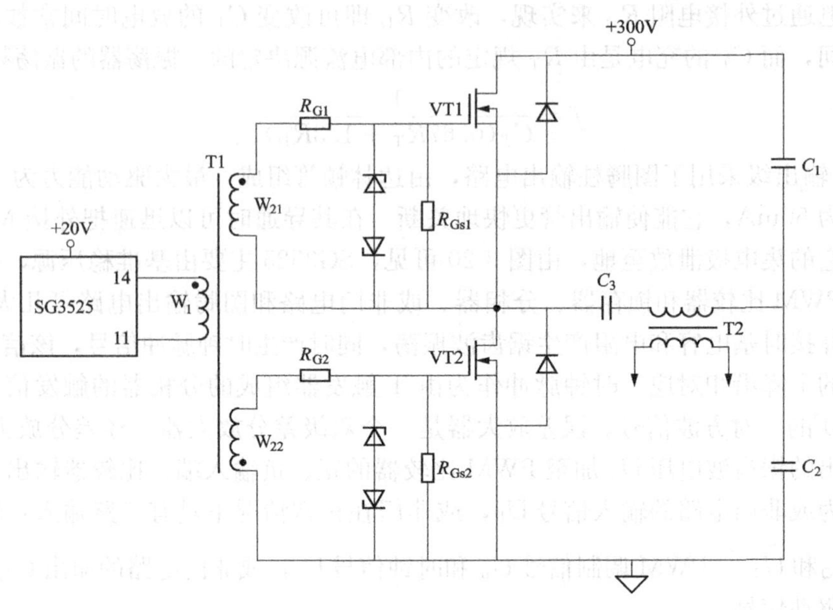

图 3-21 半桥变换器驱动电路

功率 MOSFET 的极间电容较大，驱动功率 MOSFET 的栅极相当于驱动一个电容抗网络，MOSFET 的输入电容与驱动源阻抗都直接影响开关速度。因此一般驱动电路的设计就是围绕如何根据 MOSFET 的特点，加快驱动过程，并使电路简单且具有保护功能。图 3-21 采用脉冲变压器隔离，是典型的电磁隔离元件。

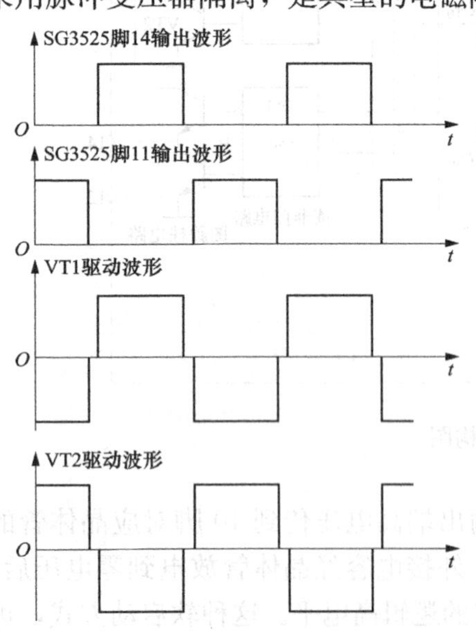

图 3-22 半桥变换器驱动电路波形

半桥变换器驱动电路的工作波形如图 3-22 所示。SG3525 的 11 脚和 14 脚连接到脉冲变压器的初级输入端，形成交变的脉冲电压，在脉冲变压器的次级的两个绕组产生相位差 180° 的交流脉冲电压。当 SG3525 的 14 脚为高电平、11 脚为低电平时，脉冲变压器初级电压为上正下负，次级 W_{21} 上的电压为上正下负，W_{22} 上的电压为上负下正，开关管 VT1 导通、VT2 关断；同理当 SG3525 的 14 脚为低电平、11 脚为高电平时，脉冲变压器初级电压为上负下正，次级 W_{21} 上的电压为上负下正，W_{22} 上的电压为上正下负，开关管 VT2 导通、VT1 关断。脉冲变压器这种接法初级绕组和次级绕组通过的电流都是交流，变压器基本没有直流磁化问题，大大提高了脉冲变压器的利用率。稳压管根据脉冲变压器初级电压选取，如果脉冲变压器初级电压为±18V，稳压管选 18V。由于栅源极间的阻抗非常高，易于振荡，这样往往会损坏 MOSFET，为此栅源极间接线要尽量短，最好采用多股绞合线，减小电感。另外图 3-21 中的 R_{G1} 和 R_{G2} 可破坏起振条件，R_{Gs1} 和 R_{Gs2} 可降低栅极源极间阻抗，防止栅极电路的振荡。

4. 半桥变换式开关电源控制电路辅助电源

控制电路辅助电源如图 3-23 所示。交流 220V/50Hz 降压方法有两种：①采用变压器降压是常用的一种方法，但变压器体积大。②在小功率 100W 以下的场合，采用两只无极性的高压低频电容直接从交流 220V 取得低频脉动电压，并串联两只电阻限流。图 3-23 中采用了第二种方法。交流 220V 电源经 C_5、C_6、R_2、R_3 组成交流分压电路，将 220V 降到 25V 左右，经全桥整流电路 VDR 变换成直流电压，经 C_3 滤波、集成电路 LM317 稳压，输出可调电压给控制电路，一般控制电路电压取 12～20V。调节电位器 R_P 可调节需要的电压。C_5、C_6 用 2～5μF/400～630V 的涤纶电容器，容量不能过大，否则整流后的电压过高。R_2、R_3 用 2～5W 的电阻。

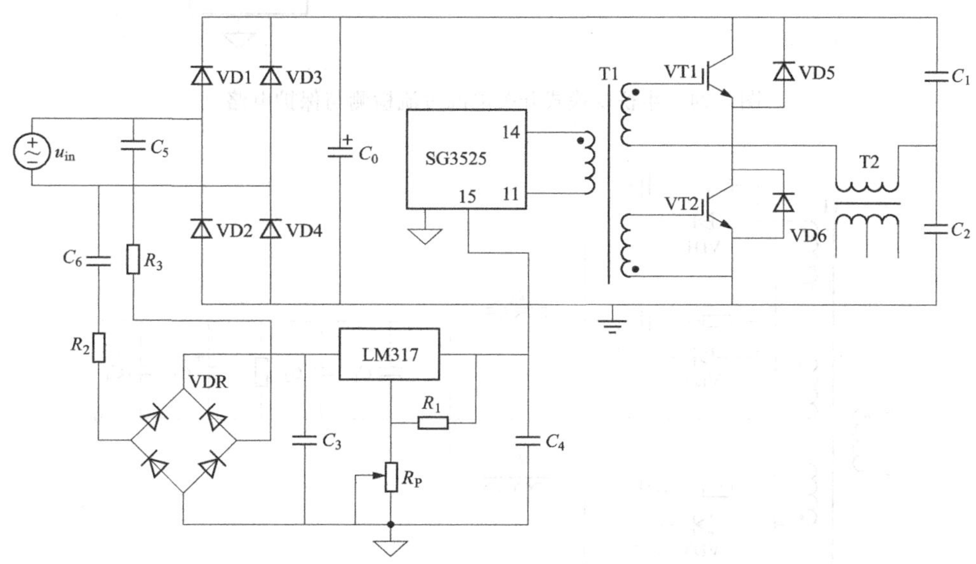

图 3-23　半桥变换式开关电源控制电路辅助电源

5. 半桥变换式开关电源过流检测与保护

开关电源过流检测与保护电路如图 3-24 所示。图中 T3 是串接在输出变压器回路的电流互感器，用于检测逆变器的输出电流。通过并接在互感器二次侧的电阻将电流变成电压，经全桥整流器变换成直流电压，当直流电压小于稳压管的值时，过流保护不起作用；当直流电压大于稳压管的值时，过流保护起作用，SG3525 的 10 脚变为高电平，11 脚和 14 脚的输出脉冲被封锁，起到了过流保护的作用。

6. 半桥变换式开关电源输出整流电路

为了提高开关电源的输出功率，输出变压器的次级采用两组全波整流电路并联的连接方式，如图 3-25 所示。在整流二极管 VD1～VD4 两端并联 RC 吸收电路，用于抑制整流二极管两端的过电压。直流输出采用 LC 滤波，电容分两级，中间加一个电阻，保证在空载时的稳压。

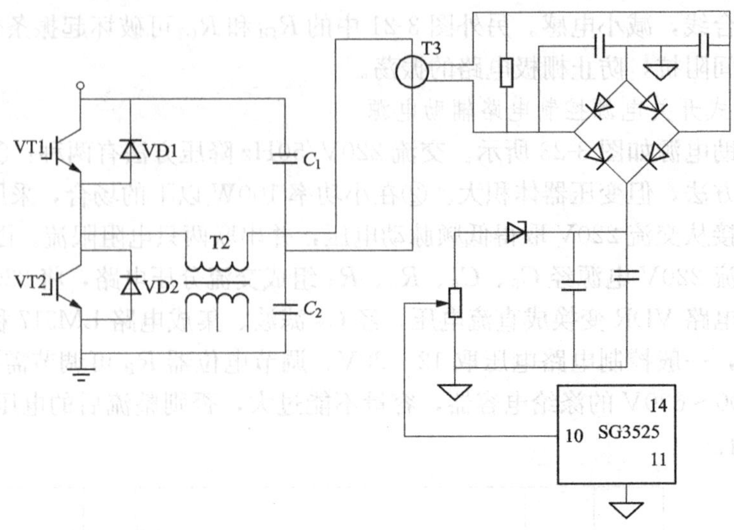

图 3-24 半桥变换式开关电源过流检测与保护电路

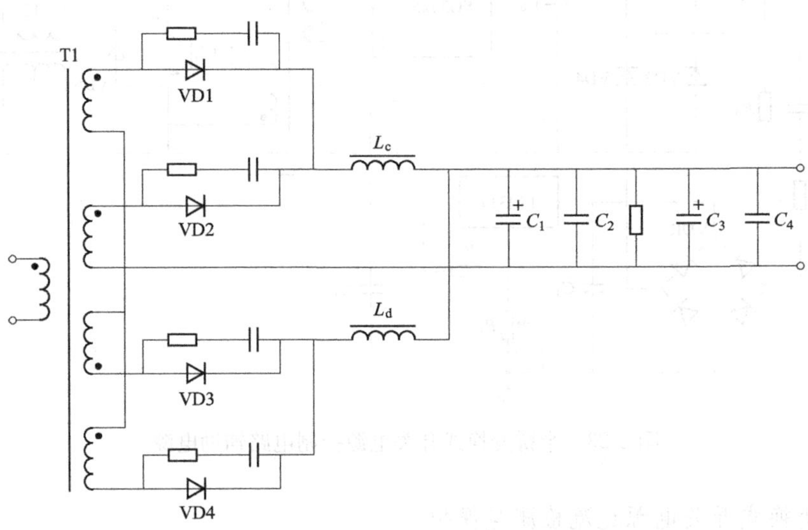

图 3-25 半桥变换式开关电源输出整流电路

3.4.2 SG3525 控制的 500W 半桥变换式开关电源实例

SG3525 控制的 500W 半桥变换式开关电源原理图如图 3-26 所示。电路由主电路整流电路、辅助电源电路、半桥逆变与驱动电路、输出整流滤波电路、SG3525 外围电路、过流过压保护电路组成。

1. 整流电路

交流 220V 经 TH_1 过载保护电阻、F_1 过流保护熔断器和 R_1、C_1、C_2、C_3、C_4、L_a、L_b 组成的滤波电路，通过 VD1、VD2、VD3、VD4 全桥整流电路、C_5、C_6 滤波，变换成稳定的直流电压，供给逆变电路。

2. 辅助电源电路

辅助电源输入取自主电路交流滤波后的 U_1、U_2 点，C_7、C_8、R_4、R_5 组成交流分压电路，将 220V 降到 25V 左右，经全桥整流电路变换成直流电压，经 C_9、C_{10}滤波，集成电路 LM317 稳压，输出稳定电压给控制电路，控制电路电压取 20V，由分压电阻 R_2、R_3 决定。

3. 半桥逆变与驱动电路

由 VT1、VT2、C_{14}、C_{15}组成半桥逆变电路。图中 R_{12}、C_{12}组成 RC 吸收电路，T_2、R_6、R_7、R_8、R_9、VD6～VD9 组成脉冲变压器隔离驱动电路。在逆变器输出负载回路中，电流互感器 T_3 检测负载电流，用于过流保护，电容 C_{13}用于消除变压器 T_1 的直流偏磁问题。C_{16}、R_{13}是变压器 T_1 初级线圈的吸收电路，用于抑制逆变电路开关过程中的浪涌电压。

4. 输出整流滤波电路

输出变压器的次级采用两组全波整流电路并联的连接方式，用于提高输出功率。其中 VD10、VD11 组成一组全波整流电路，VD12、VD13 组成另一组全波整流电路，分别通过并联后连接滤波电感 L_c、L_d。在整流二极管 VD10～VD13 两端并联 RC 吸收电路（R_{14} ～ R_{17}，C_{17} ～ C_{20}），用于抑制整流二极管两端的过电压。直流输出采用 LC 滤波，电容分两级，中间加一个电阻，由 L_c、L_d、C_{21}、C_{22}、C_{23}、C_{24}和 R_{18}组成。

5. SG3525 外围电路

SG3525 的 1 脚是内部误差放大器的反相输入端，连接到输出电压检测电路的取样电阻 R_{20}上，2 脚是正相输入端，经分压电阻 R_{29}、R_{30}、R_{31}连接到 16 脚基准电压，分压值对应于输出 15V 电压，9 脚是误差放大器的输出端，连接电容 C_{34}到地。当输出电压正常时，取样电阻 R_{20}上的电压和 2 脚的分压值相等，SG3525 的 11 脚和 14 脚输出的驱动脉冲宽度为给定脉宽；当输出电压偏高时，取样电阻 R_{20}上的电压高于 2 脚的分压值，SG3525 的 11 脚和 14 脚输出的驱动脉冲宽度减小，使输出电压减小到稳定值；当输出电压偏低时，取样电阻 R_{20}上的电压低于 2 脚的分压值，SG3525 的 11 脚和 14 脚输出的驱动脉冲宽度增加，使输出电压增加到稳定值。5 脚、6 脚和 7 脚 R_{32}、R_{33}、C_{32}决定 SG3525 的内部振荡器的振荡频率，R_{33}决定 SG3525 输出脉冲的死区时间。8 脚接软起动电容 C_{33}。10 脚是故障封锁脚，连接到过流检测电路的取样电位器 W_2 上，高电平时封锁输出驱动脉冲。图 3-26 中，当负载回路的电流大于 VS_{15}和 W_2 的设定值时，W_2 上变为高电平，10 脚封锁。13 脚接 R_{28}和 14 脚接 R_{17}，用于限制 11 脚和 14 脚输出的电流。

6. 过流保护电路

由 T_3、R_{26}、VD_{14}、C_{27}、C_{28}、C_{29}、C_{30}、VS_{15}、W_2 组成过流检测电路，R_{26}将互感器 T_3 的交流电流变成交流电压，经 VD14 整流桥变换成直流电压，经 C_{29}、C_{30}滤波，变成平稳的直流电压，在 VS_{15}和 W_2 上形成阈值电压，当过流超过阈值时，VS_{15}被击穿，W_2 上产生高电平，SG3525 的 10 脚封锁。

7. 输出电压检测电路

由 R_{19}、R_{20}、R_{21}、R_{22}、R_{23}、R_{24}、R_{25}、W_1、C_{25}、C_{26}、IC2、IC3 组成输出电压检测电路，IC2 是稳压电路 TL431，是一个基准电路，IC3 是光电耦合电路 4N35，在这里工作在线性状态。当输出电压偏高时，4N35 的输出电流增加，在 R_{20}上的电压增加；当输出电压偏低时，4N35 的输出电流减小，在 R_{20}上的电压降低。

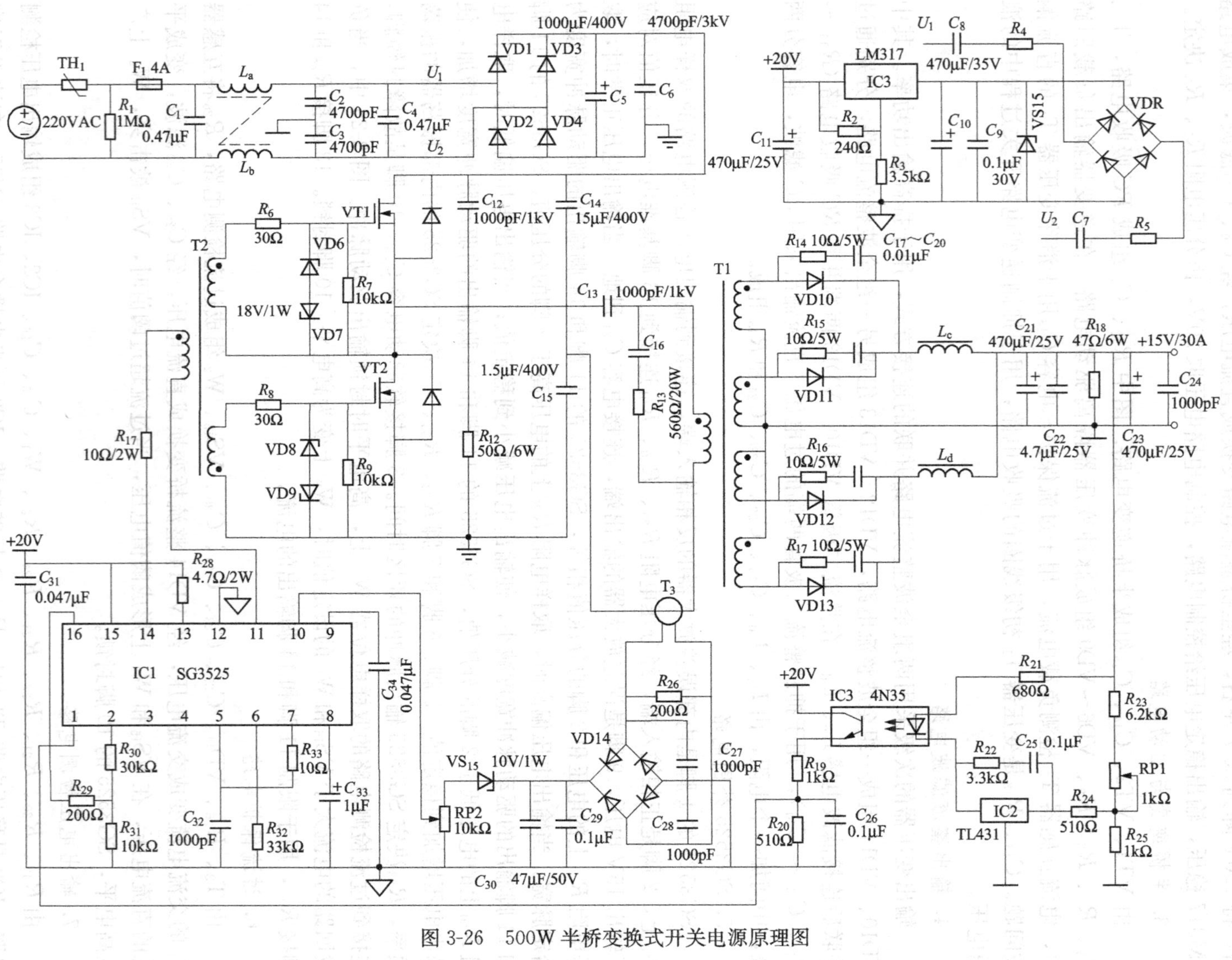

图 3-26 500W 半桥变换式开关电源原理图

3.5　全桥移相变换器开关电源电路

全桥变换电路拓扑是目前开关电源中最常用的电路拓扑形式之一，在中大功率应用场合得到广泛应用。全桥变换电路的主要特点是在相同开关器件额定电压和电流的条件下，功率变换器利用率高。电压型全桥变换电路通过控制四个开关管的通断顺序和通断时间，在变压器的原边得到按某一占空比 D_y 变化的正负半周对称的交流方波电压，通过调节占空比就可以方便地调节输出电压。

传统的 PWM 型开关电源控制简单，缺点是开关损失随开关频率的提高而增加。造成 PWM 变换器开关损失较大的原因是：开关器件工作在硬开关状态，在开关过程中会产生开关器件的电压、电流波形交叠现象，开关损耗大。随着频率的增加，开关损失在全部损失中所占的比例也随着增加。

移相式 PWM 控制器能较好地克服传统 PWM 技术的缺点，它通过移相使全桥的四个开关轮流导通，通过并联在开关管上的电容实现零电压开关。其基本工作原理为：每个桥臂的两个开关管互补 180°，两个桥臂的导通之间相差一个相位，即移相角。通过调节移相角的大小，来调节输出脉冲宽度，在变压器的副边得到占空比 D_y 可调的正负半周对称的交流方波电压，从而达到调节输出电压的目的。图 3-27（a）是全桥逆变电路，VT1、VT2 组成超前桥臂，VT3、VT4 组成滞后桥臂。图 3-27（b）是全桥移相变换器驱动波形和负载上的输出波形，其中 VTg1、VTg2、VTg3 和 VTg4 分别是 VT1、VT2、VT3 和 VT4 的驱动信号。

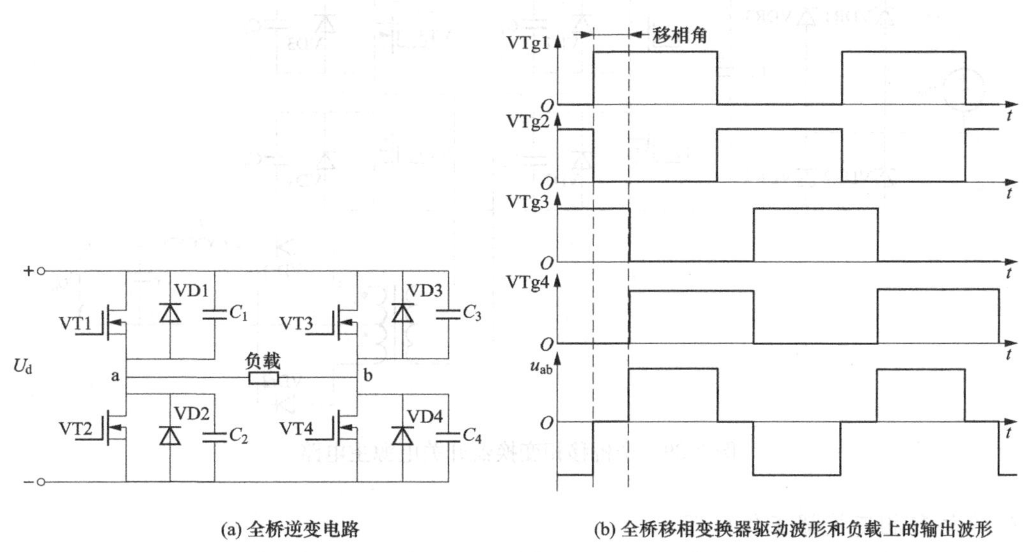

(a) 全桥逆变电路　　(b) 全桥移相变换器驱动波形和负载上的输出波形

图 3-27　全桥移相变换器逆变电路、驱动波形和输出波形

3.5.1　全桥移相功率变换器开关电源电路基本组成

全桥移相变换器开关电源电路基本组成框图如图 3-28 所示。输入 50Hz 工频交流电压 u_{ac} 经整流、滤波转换成直流电压，经全桥移相逆变电路变换成高频脉宽可调的交流方波电压，经高频变压器变压、滤波变换成稳定的直流输出电压。控制部分采用移相控制方式，通过驱动电路控制全桥移相逆变电路的四个开关管。移相角的控制是根据输出电压检测信号反

馈进行调节，当输出电压由于负载或输入电压波动下降时，减小移相角，使逆变器输出电压方波脉宽增加，从而使输出电压U_o上升到稳定值。反之，当输出电压上升时，增加移相角，使逆变器输出电压方波脉宽减小，从而使输出电压U_o下降到稳定值。

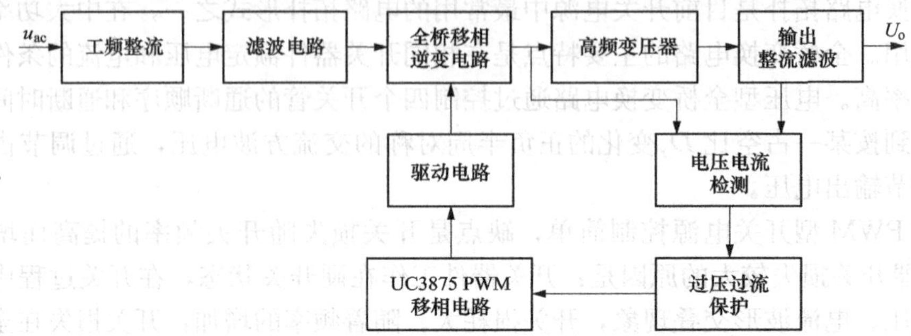

图 3-28 全桥移相变换器开关电源电路基本组成框图

1. 主电路

主电路如图 3-29 所示，全桥移相变换器开关电源主电路由五个部分组成：由 VD1～VD4 组成的单相桥式工频整流电路，由C_0组成的低频滤波电路，由 VT1～VT4、VD1～VD4、C_1～C_4组成的全桥逆变电路，由高频变压器和 VDr1、VDr2 组成的全波高频整流电路，由L_f、C_f组成的高频滤波电路。

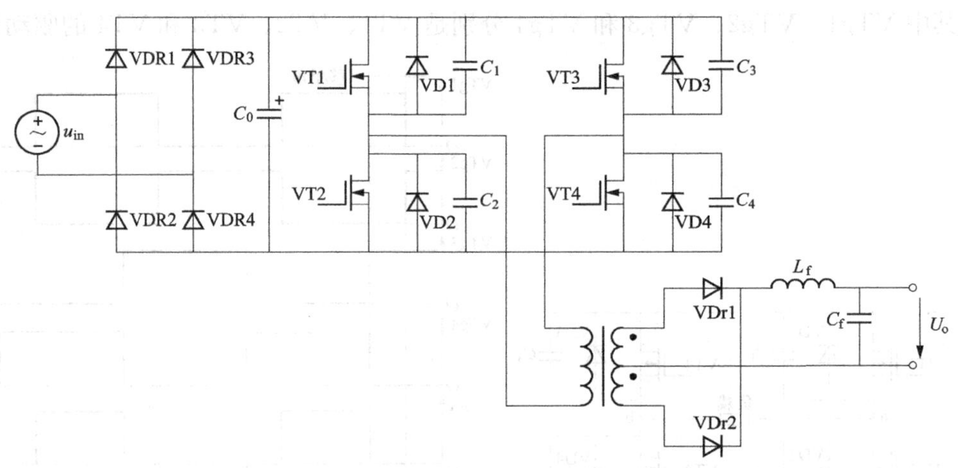

图 3-29 全桥移相变换器开关电源主电路

2. 全桥移相变换器工作原理

图 3-30 是全桥移相变换器等效电路。图中L_{lk}是变压器的漏感，n^2L_f是变压器二次侧滤波电感L_f折算到一次侧的等效电感，nU_o是变压器二次侧输出电压折算到一次侧的等效电压。

移相 PWM 控制技术利用功率 MOS 管的输出电容和变压器的漏电感作为谐振元件，在一个完整的开关周期中通过谐振使全桥变换器中的四个开关管依次在零电压下导通，在电容C_i(i=1、2、3、4）的作用下零电压下关断；通过移相控制实现占空比的调节，完成对输出电压的控制。图 3-31 是全桥零电压开关 PWM 变换电路在一个周期中四个开关管驱动信号、变压器原边电压 u_{ab}、副边整流电压 u_r 和原边电流 i_p 的波形。

图 3-30 电路在一个开关周期中的基本工作过程为：t_1 以前为电路初始状态，功率 MOS 管 VT1、VT4 导通，输出整流二极管 D01 导通，输入直流电源通过输出变压器传送能量给负载，输出滤波电感电流 i_{Lf} 上升，从而变压器原边电流 i_p 在输入电压的作用下线性上升。如图 3-31 所示为全桥移相变相器工作波形，其中 VTg1～VTg4 分别为 VT1～VT4 的驱动信号。在时刻 t_1 关断 VT1 之后负载回路的电感和开关管结电容 C_1、C_2 谐振，使 C_1 充电，C_2 放电。

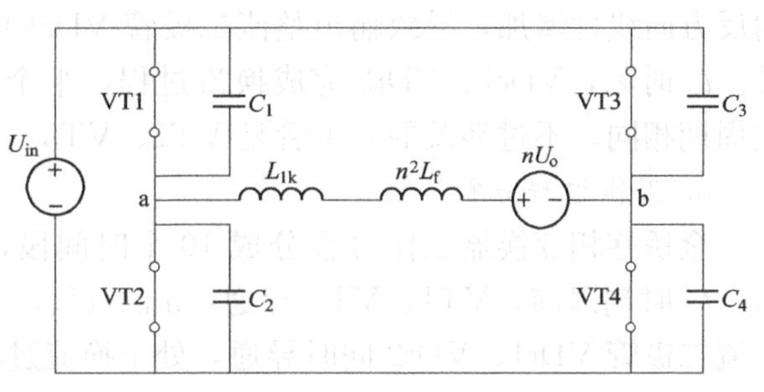

图 3-30　全桥移相变换器等效电路

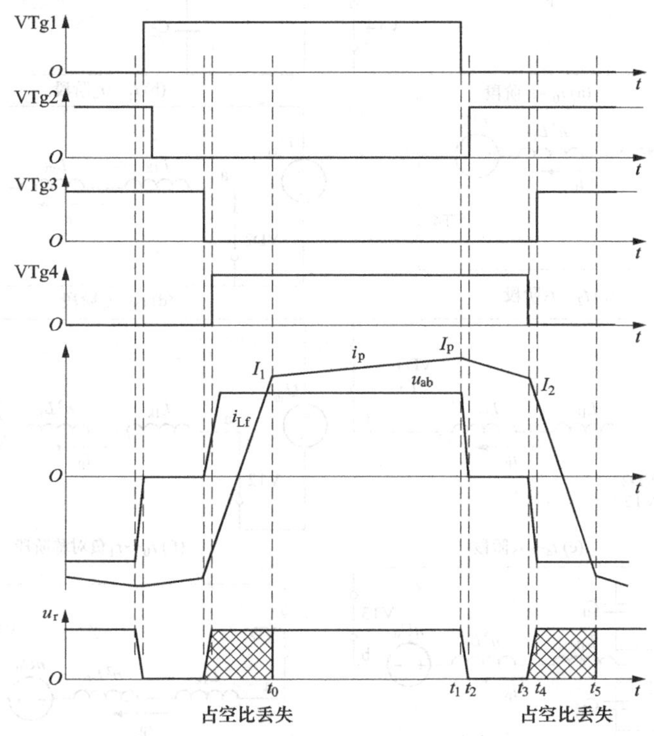

图 3-31　全桥移相变换器工作波形

t_2 时刻，当 C_2 上的电压谐振下降到零时，VT2 的反并联二极管 VD2 导通，之后 VT2 可在零电压下完成导通过程。此后电路进入环流阶段，原边电流 i_p 通过 VT4、VD2 流通，输出滤波电流 i_{Lf} 在输出电压的作用下线性下降，并导致 i_p 线性下降。t_3 时刻，关断 VT4。此后由于变压器原边电流 i_p 的下降，副边电流 i_s 也下降，使 i_s 小于 i_{Lf}。由于电感电流 i_{Lf} 不能突变，i_{Lf} 的一部分电流通过 VDr2 续流，开始了输出电流从 VDr1 向 VDr2 的换流，并将变压器副边短路，从而导致原边也短路。负载回路的电感和开关管结电容 C_3、C_4 谐振，使 C_4 充电，C_3 放电。t_4 时刻，C_3 上的电压谐振下降到零，VD3 导通，之后，VT3 在零电压下完成导通过程。此后，i_p 在输出电压的作用下线性下降，过零后通过 VT3、VT2 继续向反方向线性增加，导致输出整流二极管 VDr1 中的电流下降到零，VDr2 中的电流线性上升。t_5 时刻，VDr1、VDr2 完成换流过程，半个开关周期结束。下半个开关周期和上半开关周期相同，不过涉及的开关管是 VT2、VT3。

3. 工作过程分析

全桥移相变换器工作过程分成 10 个时间段，每个时间段对应的电路拓扑如图 3-32 所示。t_0 时刻以前，VT1、VT4 导通，$u_{ab}=U_{in}$，变压器初级电流 i_p 线性上升，变压器副边整流二极管 VDr1、VDr2 同时导通，处于换流过程。

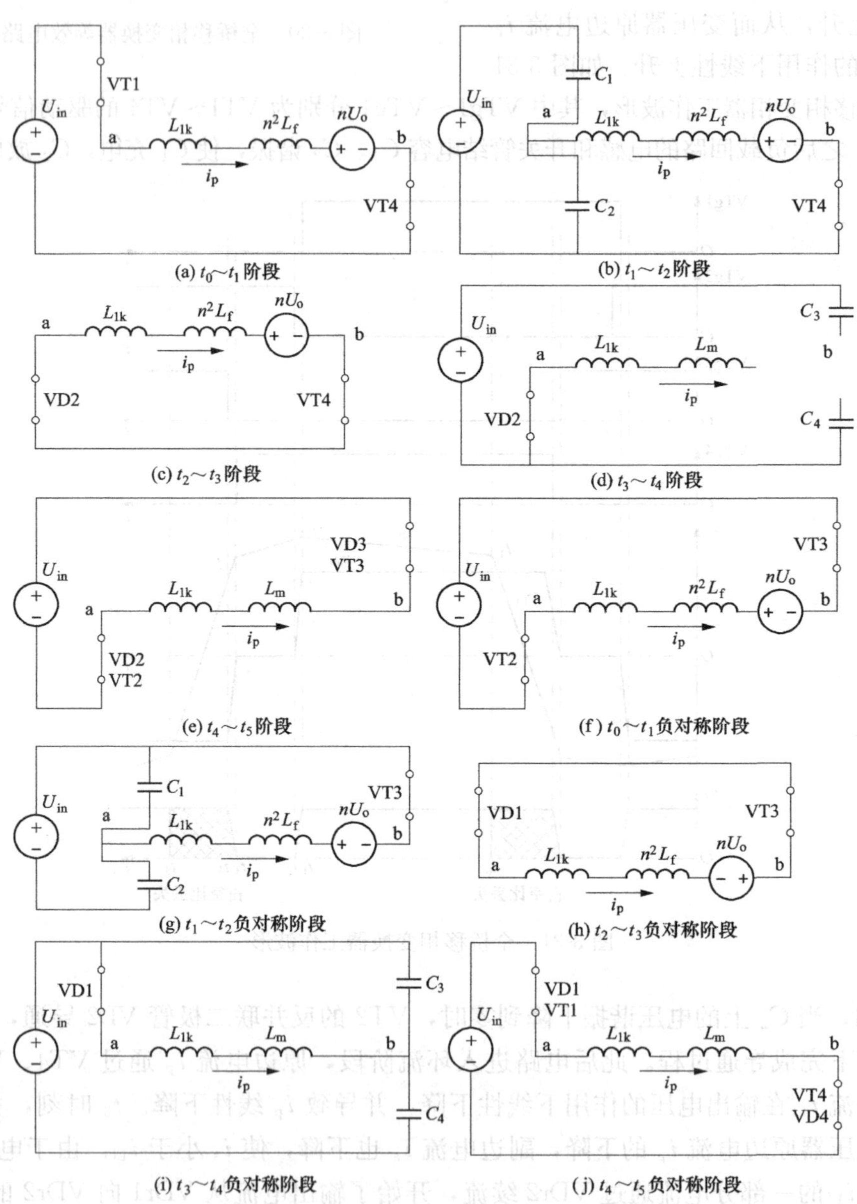

图 3-32 全桥移相变换器工作过程电路拓扑

（1）t_0～t_1 阶段，如图 3-32（a）所示。t_0 时刻，VDr1、VDr2 完成换流过程，VDr2

关断。这时，变压器原边电流 $i_p=I_1$，VT1、VT4 继续维持导通，功率由变压器的原边传递到负载。t_1 时刻，关断 VT1，这个时间段结束，这时 i_p 上升到最大值 I_p。

（2）$t_1 \sim t_2$ 阶段，如图 3-32（b）所示。t_1 时刻，VT1 在 C_1 的作用下零电压关断，变压器原边电流 i_p 从 VT1 转移到 C_1、C_2 的支路中，等效负载回路的电感与 C_1、C_2 产生谐振，C_1 充电，C_2 放电。随着 C_2 上的电压下降，u_{ab} 也下降，当 u_{ab} 下降到小于二次侧反射电压 nU_o 时，变压器初级不能提供全部的次级输出功率，不足部分由输出滤波电感储能补充。t_2 时刻，C_2 上的电压下降到零，VT2 的反并联二极管 VD2 导通，这个时间段结束。

（3）$t_2 \sim t_3$ 阶段，如图 3-32（c）所示。t_2 时刻，VD2 导通，i_p 通过 VD2、等效负载回路、VT4 形成换流，并在输出反射电压 nU_o 的作用下线性下降。VT2 两端的电压为零，之后，VT2 可在零电压下完成导通。t_3 时刻，关断 VT4，这个时间段结束。

（4）$t_3 \sim t_4$ 阶段，如图 3-32（d）所示。t_3 时刻，VT4 在 C_3、C_4 的作用下零电压关断。此后由于变压器原边电流 i_p 下降，造成变压器副边电流 i_s 下降，使 i_s 小于电感电流 i_{Lf}，故 i_{Lf} 的一部分电流通过整流二极管 VDr2，使 VDr2 导通，从而开始了输出电流从 VDr1 到 VDr2 的换流。在这个过程中，由于 VDr1、VDr2 同时导通，变压器副边被短路，并导致变压器原边短路。之后，等效负载回路电感与 C_3、C_4 谐振，C_4 充电，C_3 放电。在 t_4 时刻，C_4 上的电压上升到 U_{in}，C_3 上的电压下降到零，VD3 导通，$u_{ab}=-U_{in}$，这个时间段结束。

（5）$t_4 \sim t_5$ 阶段，如图 3-32（e）所示。t_4 时刻，C_3 上的电压下降到零，VD3 导通，VT3 两端的电压被箝位在零。此后 VT3 在零电压完成开通。副边两个整流二极管 VDr1、VDr2 还在同时导通，因此变压器原边电压和副边电压仍被箝位在零。原边电流 i_p 在输入电源电压的作用下线性下降。当 i_p 下降到零后，VD2、VD3 关断。之后，i_p 通过 VT2、VT3 继续向反方向线性上升。t_5 时刻，i_p 下降到 $-I_1$，i_{VDr1} 下降到零，i_{VDr2} 上升到 i_{Lf}，这个时间段结束。

到 t_5 时刻，半个开关周期结束。在 t_5 之后，开始下半开关周期过程，对应的电路拓扑如图 3-32（f）、（g）、（h）、（i）、（j）所示。基本的工作过程与上半个开关周期类似。

在图 3-31 中的 $t_3 \sim t_5$ 阶段，由于变压器副边整流二极管 VDr1、VDr2 同时导通，造成变压器副边和原边同时短路。这段时间，变压器输入输出电压都为零，占空比失去控制，称为占空比丢失。为了减小占空比丢失，有几种改进的方法：第一种方法是在变压器原边串接饱和电感；第二种方法是在滞后桥臂 VT3、VT4 关断后的时间内，使变压器原副边开路；第三种方法是在滞后桥臂 VT3、VT4 关断后的时间内，使副边整流二极管不能同时导通。这里不再详细讨论。

3.5.2 全桥移相控制制器 UC3875 的特性

UC3875 芯片是美国 UNITRODE 公司生产的移相式准谐振变换器控制集成电路，它可用于桥式准谐振变换器控制中，既可用来控制零电压准谐振变换器，也可用来控制零电流准谐振变换器。

1. UC3875 的电气特性

可实现 0～100％占空比控制；实用的开关频率可达 2MHz；欠电压锁定（UVLO）；软起动控制；适用于电压拓扑和电流拓扑；10MHz 误差放大器；在欠压锁定期间输出自动变为低电平；起动电流只有 150μA；5V 基准电压可微调。

2. UC3875 的引脚定义和功能

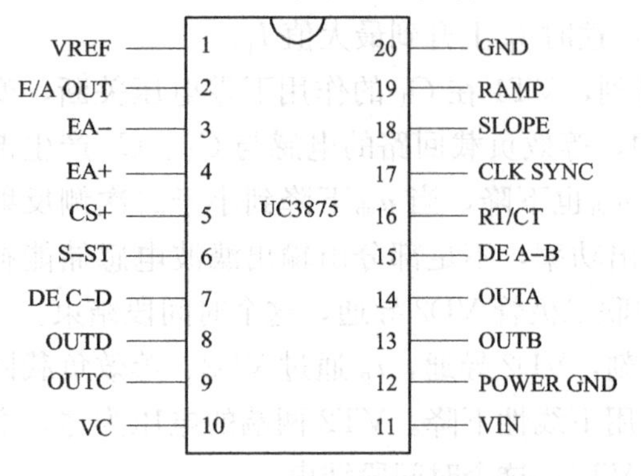

图 3-33 UC3875 管脚图

UC3875 的外形既有标准双列直插式的 20 引脚封装，也有小型双列贴面 28 引脚封装和方形 28 引脚塑料封装等多种封装形式。这里仅以 20 引脚为例将其应用做一介绍。其管脚排列如图 3-33 所示。

1 脚 VREF——5V 门槛电压，电压基准。有 60mA 容量供外围电路，并具有内部短路电流限制功能。

2 脚 E/A OUT（COMP）—— 误差放大器的输出端，当输出电压低于 1V 时为 0°移相。

3 脚 EA-——输出的反馈电压的输入端，与基准电压进行比较。

4 脚 EA+——基准电压的输入端。

5 脚 CS+——电流取样输入，是电流故障比较器的同相输入端，反相输入端为内设固定基准电压 2.5V，当 C/S 超过 2.5V 时，设置电流故障锁定，70ns 内输出强迫关断。

6 脚 S-ST——软启动开关。当 VIN 低于 UVLO 门限时，封锁输出，当 VIN 正常时，开启输出。

7 脚 DE C-D——OUTC、OUTD 死区设置引脚，为输出延迟控制端。对两个半桥提供各自的延迟来适应谐振电容充电电流的差别。

8 脚 OUTD——驱动信号的方波 D 输出端。

9 脚 OUTC——驱动信号的方波 C 输出端。

10 脚 VC——输出级电源电压。将供给输出驱动器及有关的偏置电路，VC 接 3V 以上稳压源，最好是 12V，VC 引脚一般接等效电阻 ESR 和等效电感 ESL 低的旁路电容。

11 脚 VIN——电源电压，供电给集成电路上的逻辑和模拟电路，与输出驱动极不直接相连，VIN 大于 12V，以保证得到稳定的芯片功能，VIN 低于最高欠压锁定门限（UCLO）时，封锁输出，VIN 超过 UVLO 时，电源电流将从 100μA 上升到 20mA。

12 脚 POWER GND——功率地。从 VC 到地用瓷片电容旁路 VC，功率地与信号地可以单点接地，使噪声抑制最佳，并使直流电压降尽可能小。

13 脚 OUTB——驱动信号的方波 B 输出端。

14 脚 OUTA——驱动信号的方波 A 输出端。

15 脚 DE A-B——OUTA、OUTB 死区设置引脚，为输出延迟控制端。对两个半桥提供各自的延迟来适应谐振电容充电电流的差别。

16 脚 RC/CT——振荡器频率设定端子。选择 16 脚到地电阻和电容，可以调整振荡器输出频率 f。

17 脚 CLK SYNC——时钟/同步端子。作为输出，该端子可以提供时钟信号，作为输入可被外部信号同步，也可将多个器件的 CLK SYNC 端连接在一起，按最高频率同步使用。

18 脚 SLOPE——斜坡补偿端。从 SLOPE 到 VC 连接电阻 R_{SLOPE}，可调整斜坡电流，产生适当的斜坡提供电压前馈。

19 脚 RAMP——斜坡产生端子。接斜坡电容 C，适当选择 C 和 R_{SLOPE}，可实现占空比的错位。

20脚GND——信号地。所有电压都是对GND而言的，定时电容接在RT/CT端子上，端子VREF、VIN与GND之间接旁路电容，斜坡电容接RAMP端子与GND附近的信号地。

3. UC3875的内部结构

UC3875的内部结构如图3-34所示，输出时序如图3-35所示。UC3875的核心是相位调制器，其B输出信号与A输出信号反相，D输出信号与C输出信号反相，A、C输出信号的移相相同，B、D输出信号的移相类似。由于采用了恒频脉宽调制、谐振和零电压开关等技术，因此在高频工作状态下，可以获得很高频率。为了实现快速故障保护，该电路中还具有独立的过电流保护电路。每个输出级导通前都有一个死区，而且死区时间可以调整。因此每对输出级（A/B、C/D）的谐振开关作用时间可以单独控制。振荡器的频率可超过2MHz，在实际应用中，开关频率可达1MHz，高频振荡器除了作标准的自由振荡器外，还可与时钟/同步引脚（17）引入的外部时钟信号保持同步。该器件具有欠电压封锁功能。发生欠电压封锁时所有输出端均为低电平，一直到电源电压达到10.75V门限值。为了提高欠电压封锁的可靠性，通常欠电压封锁门限制滞后1.5V，即当电源电压下降到9.25V时，欠电压封锁电路仍工作。该器件还具有过电流保护功能，过电流故障发生后70ns内，全部输出级都能转入判断状态。过电流故障消除后，器件能重新开始工作。当引脚2端输出信号高到一定值时，由内部RS触发器及门电路作用使C输出与A输出反相，即A、C输出信号移相180°；同样，当引脚2输出信号低于1V时，通过内部RS触发器及门电路作用使C输出与A输出同相，即A、C输出信号移相0°。可见通过控制引脚2端的输出可以控制A、C间相位在0～180°之间变化。B、D的工作原理与A、C相似。

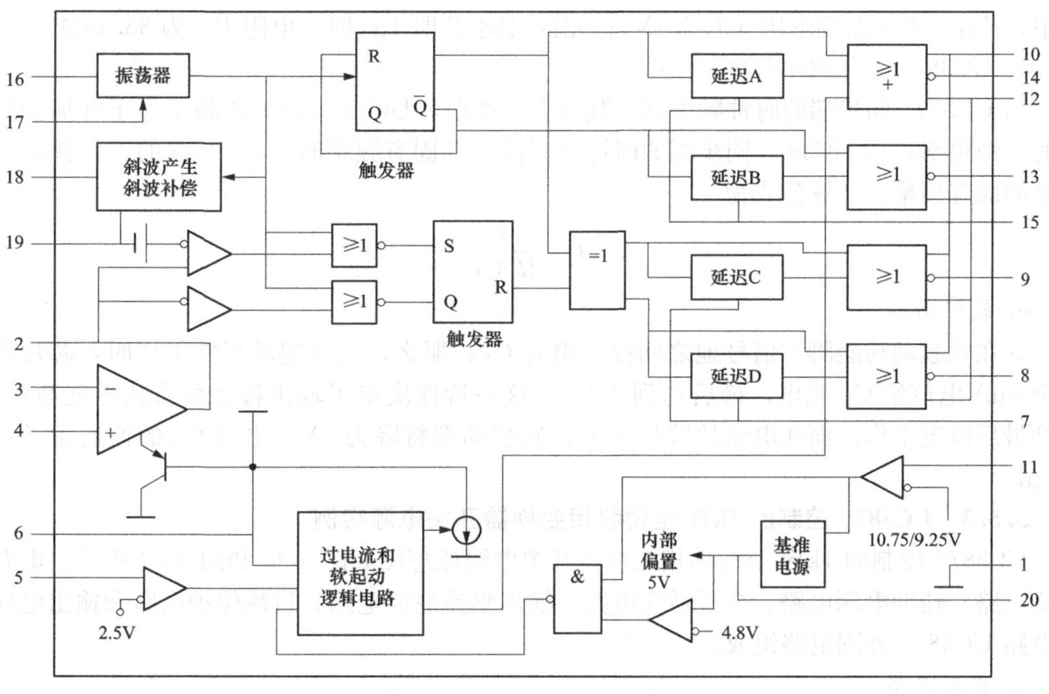

图3-34　UC3875的内部结构

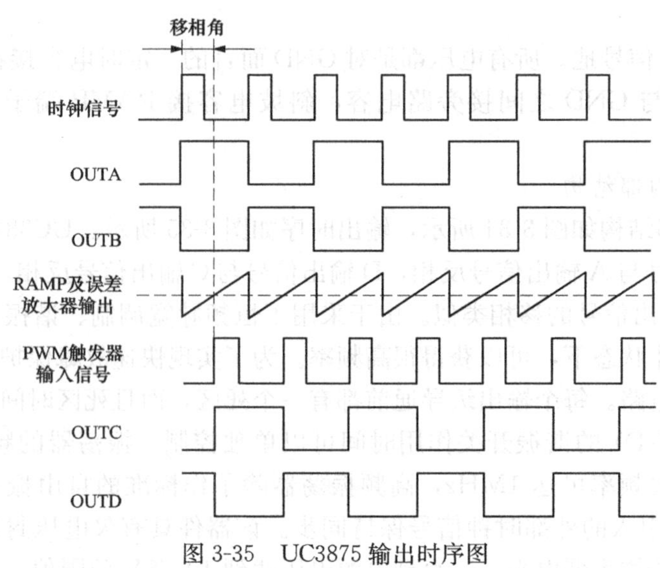

图 3-35 UC3875 输出时序图

4. UC3875 死区时间设置

为了防止同一桥臂的两个开关管同时导通，同时给开关管提供软开关时间，两个开关管的驱动信号之间应该设置一个死区时间。在 A-B 死区设置脚 DE A-B（脚 15）和 C-D 死区设置脚 DEC-D(脚 7)，就可以设置不同的死区时间。采用 UC3875 芯片在死区设置脚与信号地之间并联一个电阻 R_{AB}和一个电容 C_{AB}可设置死区时间。其公式如下：

$$T=\frac{R_{AB}\times 62.5\times 10^{-12}}{V_{DELAY}} \tag{3-15}$$

式中，V_{DELAY}为延迟端电压（取 2.4V）；死区时间 T 取 1μs 时，电阻 R_{AB}为 38.4kΩ。

5. UC3875 工作频率计算

当 UC3875 同步端的时钟频率高于其固有频率时，UC3875 的工作频率等于外加到同步端的时钟频率；当 UC3875 同步端的时钟频率低于其固有频率时，UC3875 的工作频率是其本身的固有频率。计算公式为

$$f=\frac{4}{R_F C_F} \tag{3-16}$$

6. 软起动设置

如在软起动功能脚与信号地之间接一电容 C_S，那么，当软起动正常工作时，芯片将用一个 9μA 电流给 C_S 充电，最后达到 4.8V。这一特性决定了输出移相角将从零逐渐增加，直到最后稳定工作。而在电流故障情况下，软起动端将降为 0V。电容 C_S 的值通常设计为 0.1μF。

3.5.3 UC3875 控制的 1kW 全桥移相变换器开关电源实例

UC3875 控制的 1kW 全桥移相变换器开关电源原理图如图 3-36 和图 3-37 所示。电路由整流电路、辅助电源电路、全桥逆变电路、输出整流滤波电路、过流保护电路和输出电压检测电路 UC3875 外围电路组成。

1. 整流电路

图 3-36 中交流 220V 经 TH_1 过载保护电阻、F_1 过流保护熔断器和 R_1、C_{14}、C_{15}、C_{16}、

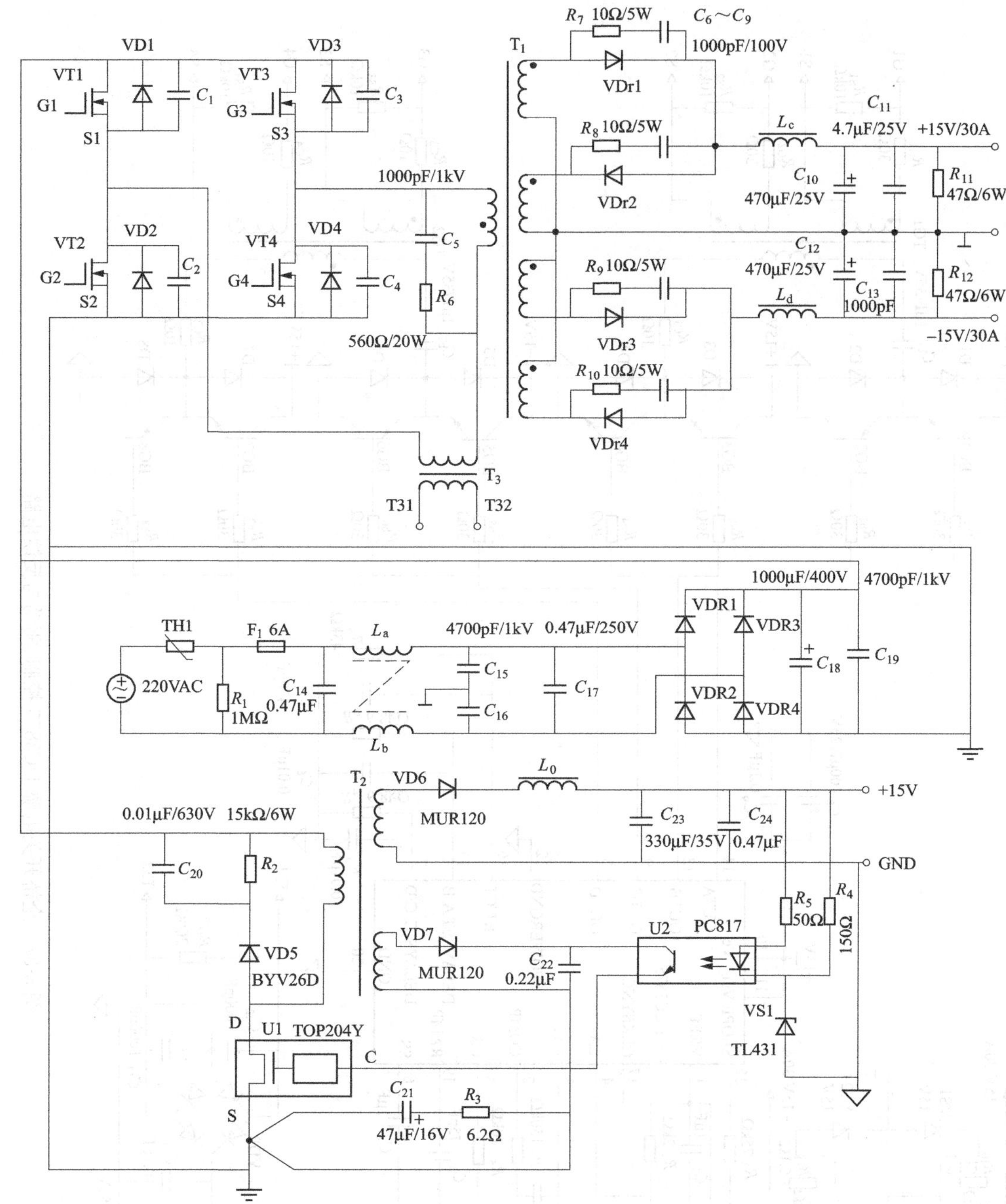

图 3-36　全桥开关电源主电路与辅助电源电路

C_{17}、L_a、L_b 组成的滤波电路，通过 VDR1、VDR2、VDR3、VDR4 全桥整流电路及 C_{18}、C_{19} 滤波，变换成稳定的直流电压，供给辅助电源和逆变电路。

2. 辅助电源电路

辅助电源输入取自全桥整流电路的输出直流电压，由 TOP204 组成反激式开关电源，输出稳定电压给控制电路，控制电路电压取 15V，由电阻 R_4、R_5、稳压管 VS1 和变压器变比决定。

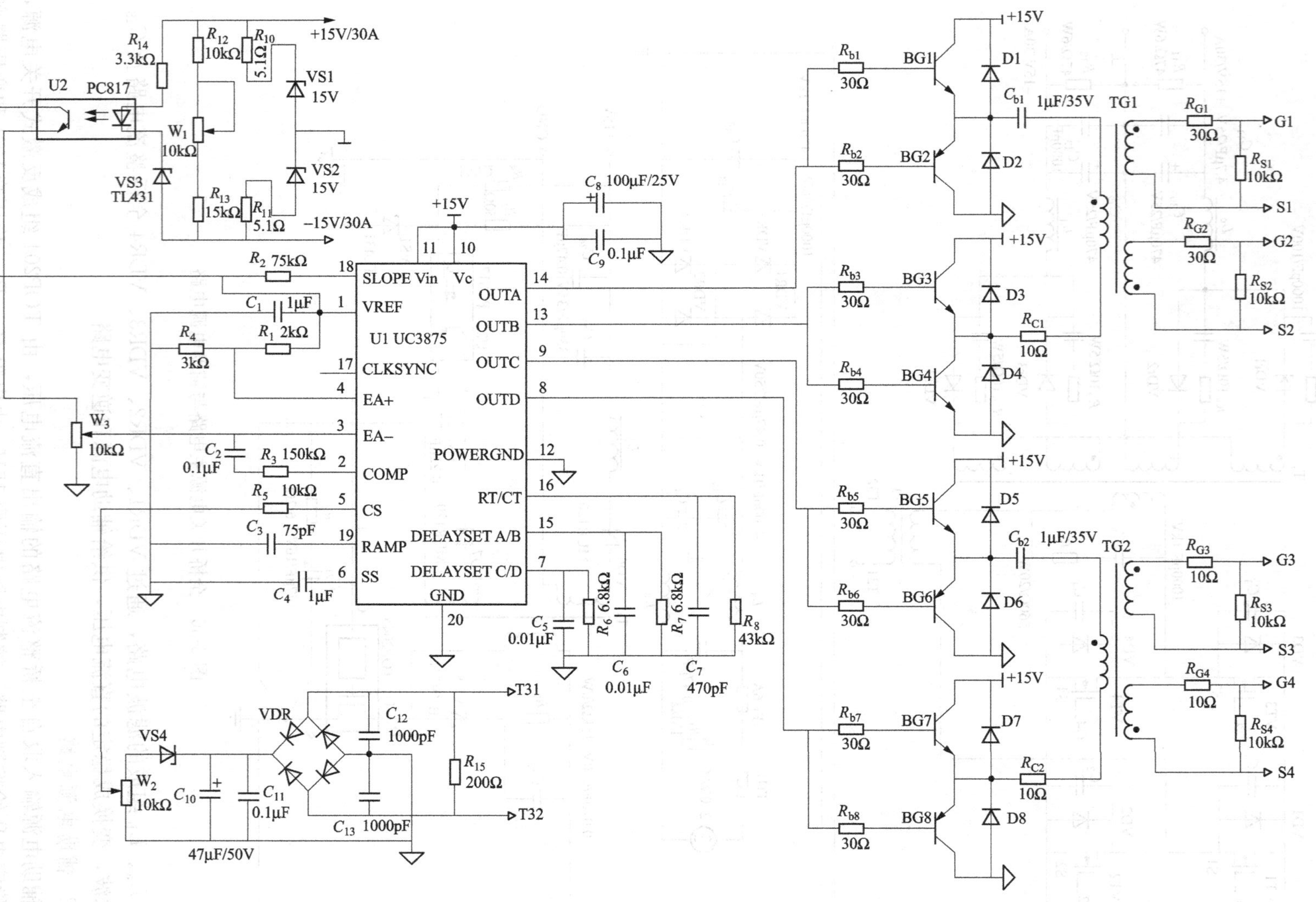

图 3-37 全桥开关电源 UC3875 控制、驱动与反馈电路

3. 全桥逆变电路

由 VT1、VT2、VT3、VT4 组成全桥逆变电路。图中 C_1、C_2、C_3、C_4 和变压器漏感组成谐振电路，在逆变器开关过程中产生零电压软开关。在逆变器输出负载回路中，串入电流互感器 T_3 检测负载电流，用于过流保护。C_5、R_6 是变压器 T_1 初级线圈的吸收电路，用于控制逆变电路开关过程中的浪涌电压。

4. 输出整流滤波电路

输出变压器的次级采用两组全波整流电路，产生±15V。其中 VDr1、VDr2 组成+15V 全波整流电路，VDr3、VDr4 组成−15V 全波整流电路。+15V 通过滤波电感 L_c、C_{10}、C_{11}滤波。−15V 通过 L_d、C_{12}、C_{13}滤波。在整流二极管 VDr1～VDr4 两端并联 RC 吸收电路（R_7～R_{10}，C_6～C_9），用于抑制整流二极管两端的过电压。电阻 R_{11}、R_{12}用于空载或轻载时给滤波电容一个放电回路。

5. 过流保护电路

图 3-37 中由 T_3 的输出 T_{31}、T_{32}、R_{15}、VDR、C_{10}、C_{11}、C_{12}、C_{13}、VS4、W_2 组成过流检测电路，R_{15}将互感器 T_3 的交流电流变成交流电压，经 VDR 整流桥变换成直流电压，经 C_{10}、C_{11}滤波，变成平稳的直流电压，在 VS4 和 W_2 上形成阈值电压，当过流超过阈值时，VS4 被击穿，W_2 上产生高电平，经 R_5 连接到 UC3875 的 5 脚过流封锁端。

6. 输出电压检测电路

图 3-37 中由 R_{10}、R_{11}、R_{12}、R_{13}、R_{14}、W_1、VS1、VS2、VS3、U_2 组成输出电压检测电路，VS3 是稳压管，U_2 是线性光电耦合电路 PC817，工作在线性放大状态。当输出电压偏高时，PC817 的输出电流增加，在 W_3 上的电压增加；当输出电压偏低时，PC817 的输出电流减小，在 W_3 上的电压降低。

7. UC3875 的外围电路

UC3875 是设计移相零电压谐振 PWM 开关电源的器件，它可对全桥开关的相位进行相位移动，实现全桥功率级定频脉宽调制控制。通过功率开关器件的输出电容充/放电，在输出电容充/放电结束（即电压为零）时实现零电压开通。相位控制的特点体现在 UC3875 的四个输出端分别驱动 A/B、D/C 两个半桥，可单独进行导通延时（即死区时间）的控制，在该死区时间内确保下一个功率开关器件的输出电容放电完毕，为即将导通的开关器件提供电压开通条件。在全桥模式下，移相控制的优点得到充分体现。UC3875 的 1 脚是基准电压输出端，经 R_1、R_4 分压，接 4 脚误差放大器的同相输入端，作为输出给定电压基准，3 脚误差放大器的反相端接 W_3，对应输出电压反馈值。2 脚、3 脚、4 脚将内部误差放大器结成 PI 调节器，差值经放大送至移相脉宽控制器，控制 A、B 与 C、D 之间的相位，最终调整输出电压波形占空比，使电源稳定在预定值上。当输出电压正常时，W_3 上的电压和 4 脚的给定电压相等，UC3875 的 8、9 脚和 13、14 脚两个桥臂的输出的驱动脉冲对应于给定移相角；当输出电压偏高时，W_3 上的电压高于 4 脚的给定电压，UC3875 的 8、9 脚和 13、14 脚两个桥臂的输出的驱动脉冲对应的移相角增加，使输出电压减小到稳定值；当输出电压偏低时，W_3 上的电压低于 4 脚的给定电压，UC3875 的 8、9 脚和 13、14 脚两个桥臂的输出的驱动脉冲对应的移相角减小，使输出电压增加到稳定值。5 脚是过流故障封锁脚，连接到过流检测电路的取样电位器 W_2 上，当负载回路的电流大于设定值，对应 W_2 上的电压高于 2.5V 时，封锁输出驱动脉冲。6 脚接电容 C_4 形成软起动。16 脚接 R_8、C_7 决定 UC3875 的内部振荡器的振荡频率。7脚、15脚接R_6、R_7、C_5、C_6决定UC3875两个桥臂输出脉冲的死区时间。6脚接软起动电容C_4。

8. 全桥开关电源的驱动电路

图3-37中UC3875的8、9脚和13、14脚两个桥臂的输出的驱动脉冲经过$R_{b1}\sim R_{b8}$、BG1～BG8、D1～D8组成的四组推挽电路进行功率放大，再推动脉冲变压器T_{G1}和T_{G2}。脉冲变压器初级串接电容C_{b1}和C_{b2}是用来消除偏磁，串接电阻R_{C1}、R_{C2}是用来限流。$R_{G1}\sim R_{G4}$是栅极限流电阻，$R_{S1}\sim R_{S4}$用于消除栅极振荡。

3.5.4 大功率模块化开关电源

由于单个大功率开关电源在有些场合的工作过程中要求不能停止，所以一旦电源发生故障会对生产过程造成很大的影响。为了保证开关电源的绝对可靠，采用模块化的设计，通过单元模块的并联运行实现大功率输出以及$N+1$冗余控制。每个模块做成标准化的设计，当其中一个故障时，可以进行不停电更换。

1. 技术指标

总功率144kW，用4个36kW单元模块合成，每个单元输出直流电流1500A可调。总电源输入交流电压三相380V/50Hz，额定输出直流电流6000A可调（4个单元总电流），额定输出直流电压24V可调，开关频率15kHz。

2. 电源主电路的设计

图3-38给出了模块化开关电源系统的主电路图，整个系统由4个单元模块并联而成。逆变器功率单元各器件之间采用容性功率母排连接，可以有效地消除由于线路寄生电感而引发的谐振，每个模块的输出通过铜排并在总输出排上，输入通过一次接插件与主断路器连接。

（1）二极管整流模块的选择。单元模块的输入电压为三相交流380V，选择二极管的电压定额为

$$U_R=(2\sim3)\times\sqrt{2}\times380=1000\sim1600(\text{V})$$

单元模块的额定功率为36kW，流过二极管的电流值为

$$I_d=\frac{P_{in}}{U_{dc}}=\frac{36000/0.9}{513}=78(\text{A})$$

式中，I_d为直流侧电流；U_{dc}为直流侧电压。选择二极管的通态平均电流定额并留有裕量

$$I_D=(1.5\sim2)0.368I_d=43\sim57(\text{A})$$

选择100A/1200V的二极管模块。

（2）36kW断路器的选择。36kW断路器不仅是单元模块主电路的开关器件，同时也是后级电路的保护器件，由输入功率36kW，求得

$$i=36000/(\sqrt{3}\times380)=55(\text{A})$$

选择额定电压690V、电流80A的断路器。

（3）直流滤波电容的选取。直流电压平均值按脉动系数$\gamma_u=0.15$计算，$U_d=2.45\times(1-0.15/2)\times220=498\text{V}$，直流输出电流平均值$I_d=78\text{A}$，负载等效电阻$R=498.5/78=6.4\Omega$，三相桥式整流电压脉动周期$T=3.3\text{ms}$，滤波电容

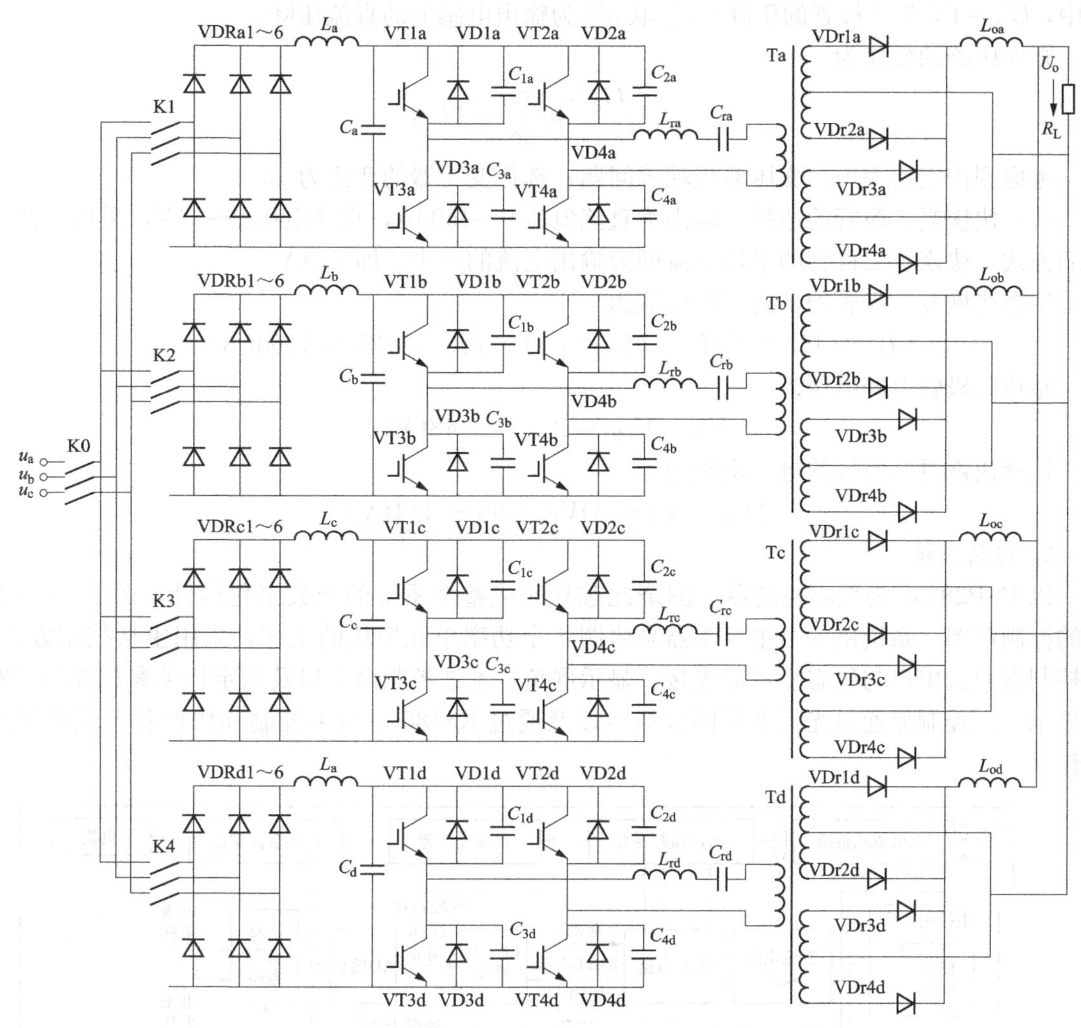

图3-38　系统主电路图

$$C=\frac{(3\sim5)T}{R}=\frac{(3\sim5)\times3.3\times10^{-3}}{6.4}=1546\sim2578(\mu\text{F})$$

取滤波电容2200μF。滤波电感

$$L=\frac{100}{(2\pi)^2}\frac{T^2}{C}=\frac{100}{(2\pi)^2}\frac{(3.3\times10^{-3})^2}{2200\times10^{-6}}=12.5(\text{mH})$$

（4）IGBT模块的选择。开关管VT1、VT2上的电压定额为：$U_{\text{VT}}=(2\sim3)U_{\text{d}}=1100\sim1650\text{V}$，开关管VT1、VT2上的电流定额为：$I_{\text{VT}}=(1.5\sim2)\sqrt{2}i_{\text{d}}=165\sim220\text{A}$，选开关管VT1、VT2为1200V/200A。

（5）高频变压器变比的确定。根据设计的技术指标，单个模块的输出功率为36kW，输出电压为24V，输出电流为1500A。为了在电压波动时也能保证变压器输出电压的要求，选择次级最大占空比$D_{\text{y}}=0.9$，输出最大电压U_{omax}为24V，则可以通过下式计算出二次电压的最小值：

$$U_{\text{smin}}=U_{\text{omax}}+U_{\text{dr}}+U_{\text{Lf}}=28(\text{V})$$

式中，$U_{dr}=1V$ 为二极管的压降；U_{Lf}取 3V 为输出电感上的直流压降。

则变压器的变比为

$$N=\frac{U_d}{U_{smin}}=\frac{500}{28}=17.8$$

考虑到占空比丢失、变压器损耗等问题，选择变压器的变比为 16。

(6) 快恢复二极管的选择。输出为直流电流 0～1500A，直流电压 0～24V，采用全波整流的方式，快恢复二极管的平均电流即为输出电流的一半，即 750A。

选择快恢复二极管的正向工作电流为

$$I_F=(1.5\sim2)I_T=(1.5\sim2)\times750=1125\sim1500(A)$$

整流二极管上的电压为

$$V_{Dr}=V_{DR2}=2\times24=48(V)$$

选择快恢复二极管的电压定额为

$$U_{VDr}=(2\sim3)V_{Dr}=96\sim144(V)$$

3. 控制系统

以 DSP28335 为核心控制器，围绕此芯片完成整个系统的全数字化设计，图 3-39 为系统的控制框图，系统由一个主控制器来协调 4 个功率单元模块的工作，采用主从控制方式，主控制器通过串口与组态显示屏连接，显示屏负责本地控制命令以及给定相关参数等的下发与显示。主控制器通过光纤下发同步信号以及通过 RS485 总线来控制和协调各单元模块的工作。

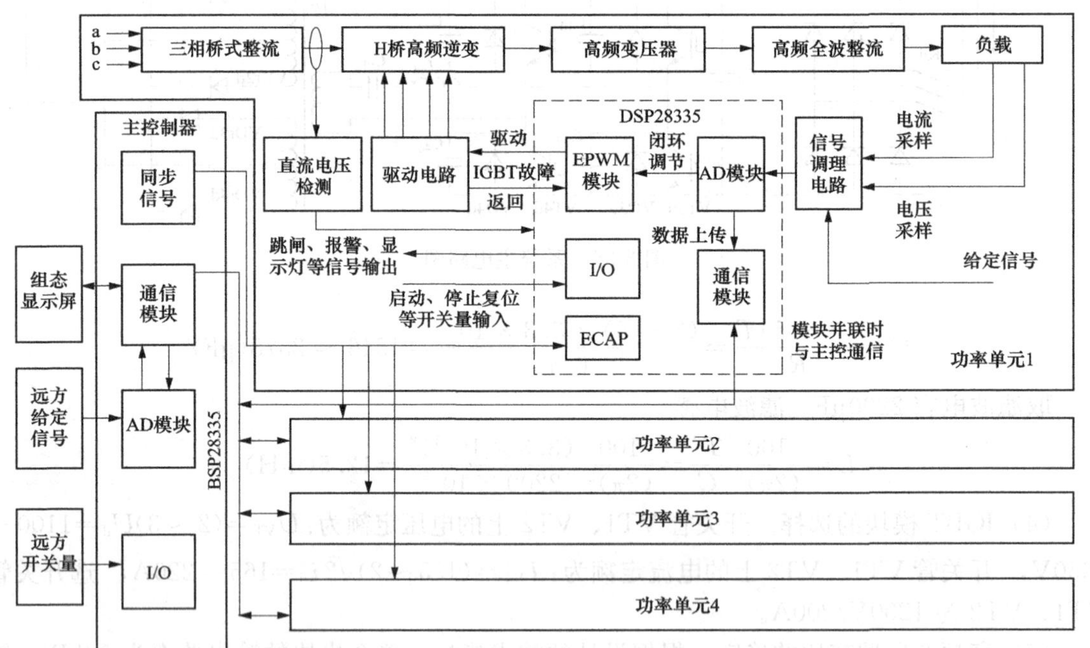

图 3-39 系统的控制框图

主控系统主要负责以下工作：①装置输出电压 U_o、总负载电流 I_L 的采样；②电压/电流远程给定 U_g/I_g 信号的检测；③系统输出端过压、过流的保护，一次回路断路器、接触器等开关量的控制，并负责声光报警以及监控通信故障的判断与保护；④通过总线与单元控制进行数据通信，接收单元输出支路的实时电流（显示用）和故障信号；⑤参数下发：包括电压/电流给定值、运行模式、控制命令等；⑥与人机界面通信进行状态显示。

单元控制系统主要完成：①单元数据检测；②稳流/稳压控制；③PWM 触发脉冲生成；④支路过流/过压保护、功率器件（IGBT）短路/过热保护、直流侧过压/欠压保护、高频整流桥温度检测；⑤与主控制器进行数据通信。

3.6　全桥移相高功率因数开关电源

提高开关电源的输入端功率因数，可用有源或无源功率因数校正（PFC）技术。无源校正技术简单，即应用 LC 滤波网络，可以满足 IEC1000-3-2 标准，功率因数可以达到 0.92 以上，只不过滤波网络体积重量较大。有源校正技术是在输入整流和 DC-DC 功率变换之间加一级有源功率因数校正（APFC）电路，利用控制电路使输入端电流波形接近正弦并保持与电压同相，从而使输入端功率因数接近于 1。

3.6.1　全桥移相高功率因数开关电源总体框图

全桥移相高功率因数开关电源前级采用有源功率因数校正技术，满足对电源功率因数的要求，选用全桥移相电路作为主功率变换，从而可通过提高开关频率而提高电源的动态响应和缩小电源体积，利用耦合电感作为输出滤波电感，大大减小了输出电压纹波，可自动限制输出电流值，提高了电源输出动态响应，使电源在负载突变的情况下，没有大的输出电压过冲。图 3-40 是其原理方框图，主要由输入整流滤波电路、功率因数校正电路、全桥移相逆变电路、输出整流滤波电路、UC3854 功率因数控制电路、UC3875 PWM 移相控制电路及驱动保护等电路组成。

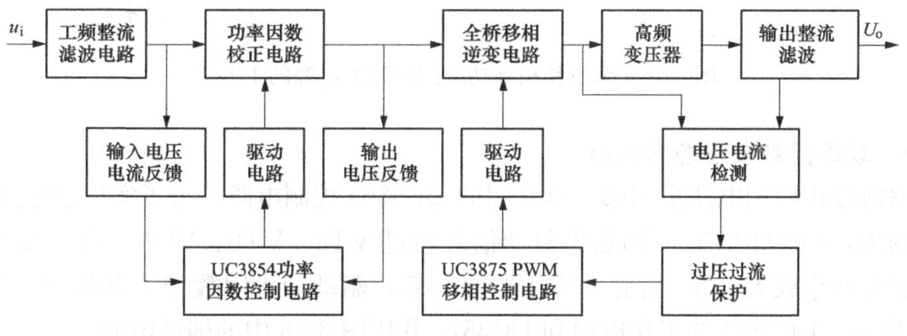

图 3-40　全桥移相高功率因数开关电源总体框图

工作原理：单相交流电网电压经工频整流滤波电路将交流变换成直流电压，经由 Boost 升压电路组成的功率因数校正电路，将直流电压升到 2 倍左右，使输入工频电流为正弦波，并和输入电压同相位，实现输入交流侧功率因数为 1，达到功率因数校正的目的。全桥移相逆变电路的输入电压比原来没有功率因数校正时升高了 1 倍，提高了逆变电路开关管的耐压要求。对单相交流 220V 输入的开关电源，逆变电路开关管的耐压由原来的 500～600V 提高到 1000～1200V。移相全桥逆变电路将直流电压变换成高频交流电压，通过高频变压器变压和整流滤波电路输出，变换成稳定的直流输出电压。UC3854 用于控制功率因数校正电路，

UC3875 PWM 移相控制电路实现输出电压的动态调节。当输入交流电压波动或输出负载波动时使输出电压波动，通过移相控制电路实现对逆变电路输出交流脉冲电压脉宽的调节，从而实现对输出电压的调节，使输出电压稳定在给定电压的误差范围内。

3.6.2 主电路组成

图 3-41 是开关电源的主电路，包括整流电路、Boost 升压斩波组成的功率因数校正电路、移相逆变电路及输出整流电路。图中 LV1、LV2 是电压传感器，用于检测功率因数校正电路的输入端和输出端电压，作为 UC3854 的反馈电压。L_1 是 Boost 升压电感，同时作为 UC3854 的反馈电流传感器。为了提高电源的抗干扰能力，所有的电压和电流检测都采用隔离方式，使主电路和控制电路完全隔离。

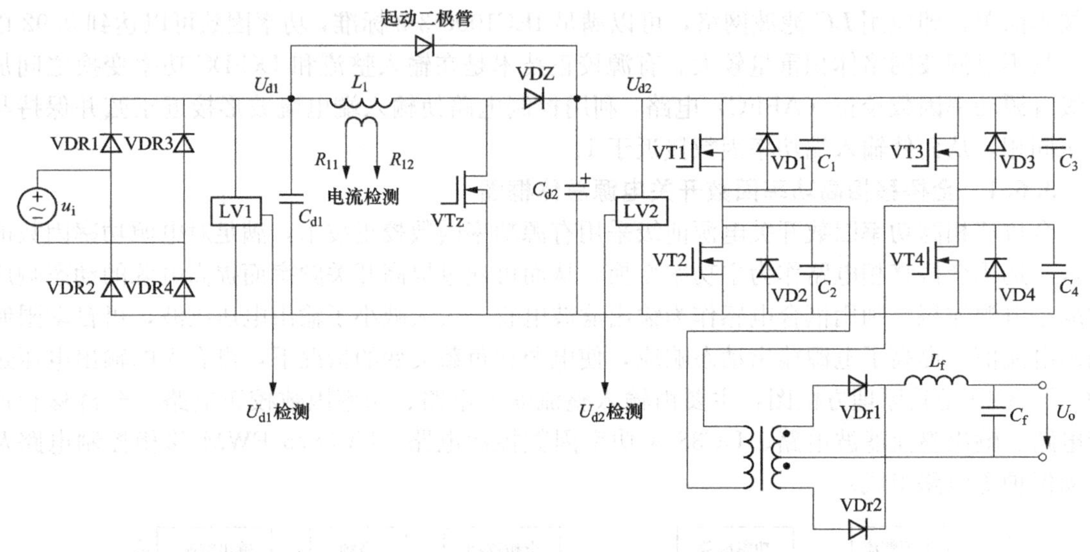

图 3-41 全桥移相高功率因数开关电源的主电路

3.6.3 功率因数校正控制电路

功率因数校正控制电路采用第 2 章介绍的 UC3854 控制电路。为了实现主电路和控制电路的完全隔离，UC3854 的 16 脚输出驱动信号通过 VTa、VTb、VD1、VD2 和 R_{14}组成的推挽电路进行功率放大，经 T_{G1}脉冲变压器隔离后，驱动功率因数校正电路的开关管 VT_Z，如图 3-42 所示。UC3854 的工作电源和 UC3875 共用图 3-36 中的辅助电源。

从整流输出端引出一个正向电压 U_{d1}，经过电阻 R_8、R_9、R_{10}分压和滤波电容 C_7 接到 UC3854 的引脚 8 上，这是一个前馈接法，在芯片的内部经过平方接到乘法/除法器的输入端口 C，同时从功率因数校正电路的输出引回一个电压信号 U_{d2}，接到 UC3854 的 7 脚，和内部的乘法器/除法器的输入端口 A 相连。乘法/除法器的另外一个输入端口 B 接的是由整流输出正端引回的电压信号 U_{d1}，经过降压电阻后连接到 UC3854 的 6 脚。通过乘法/除法器的操作后，与 4 脚的电流检测信号进行比较，得出一个控制信号。这个控制信号对引脚 16 的输出脉宽信号进行控制，驱动控制功率因数校正电路的开关管 VT_Z，这样就实现了功率因数校正的控制。

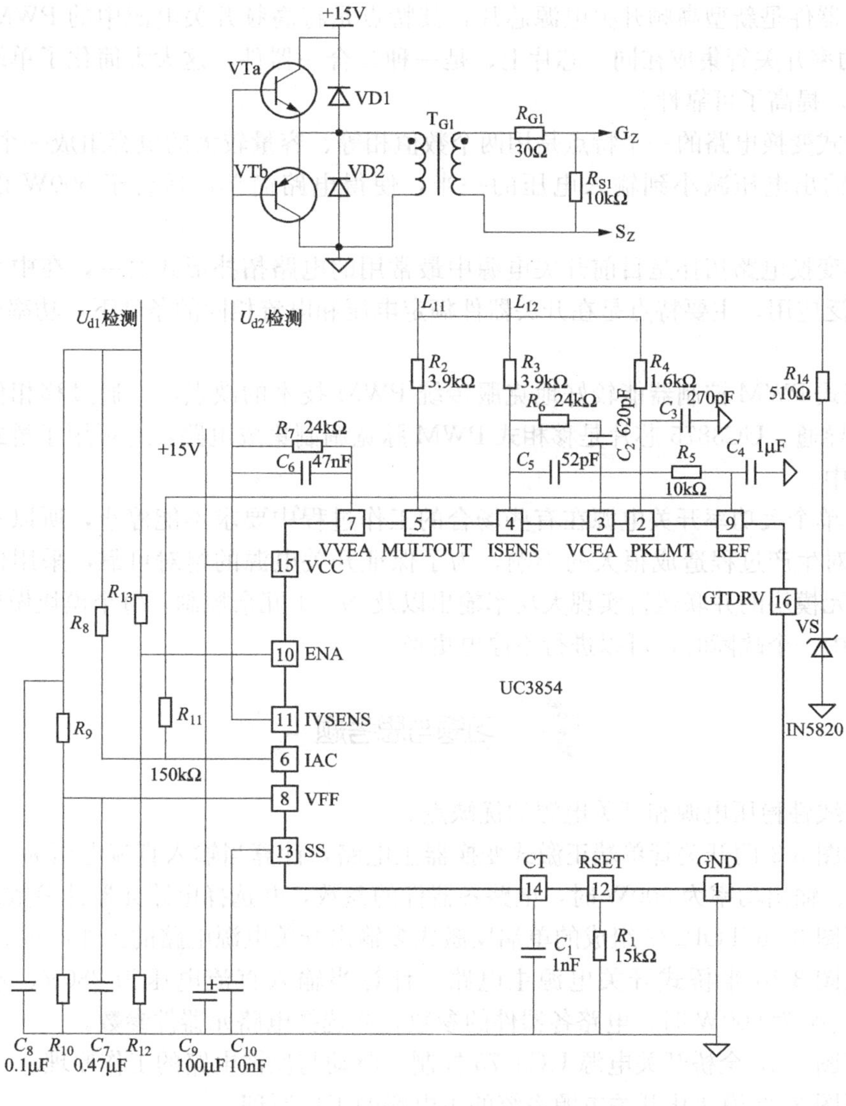

图 3-42　UC3854 功率因数校正控制电路

本章小结

本章在总结线性稳压电源的基础上，主要介绍了常用的单端正激式开关电源、单端反激式开关电源、半桥式开关电源和全桥式开关电源。

本章主要内容包括：

1. 单端正激式变换器是在开关管导通时经变压器向负载传送能量，比单端反激式变换器输出的功率大。一般在 50～500W。它的高频变压器既当变压器，又当电感器，所以变压器的设计较复杂，采用两个开关管和两个二极管实现磁复位，省去了复位绕组 W_3，简化了变压器的设计。

2. 单端反激式变换电路由于电路简单、效率高，因此很适合于多组输出的开关电源。TOPSwitch 器件是新型高频开关电源芯片，其特点是将高频开关电源中的 PWM 控制器和 MOSFET 功率开关管集成在同一芯片上，是一种二合一器件，这大大简化了单端反激式开关电源电路，提高了可靠性。

3. 半桥式变换电路的一个特点是用两个数值相等、容量较大的电容组成一个分压电路，使变换器的输出电压减小到输入电压的一半，使得电路简单，适合于 500W 以下的开关电源。

4. 全桥变换电路拓扑是目前开关电源中最常用的电路拓扑形式之一，在中大功率应用场合得到广泛应用，主要特点是在开关器件额定电压和电流相同的条件下，功率变换器利用率高。

5. 移相式 PWM 控制器能较好地克服传统 PWM 技术的缺点，它通过移相使全桥的四个开关轮流导通。UC3875 芯片是移相式 PWM 脉宽调制集成电路，它可用于桥式移相控制的开关电源中。

6. 由于单个大功率开关电源在有些场合的工作过程中要求不能停止，所以一旦电源发生故障，会对生产过程造成很大的影响，为了保证开关电源的绝对可靠，采用模块化的设计，通过单元模块的并联运行实现大功率输出以及 $N+1$ 冗余控制。每个模块做成标准化的设计，当其中一个故障时，可以进行不停电更换。

习题与思考题

1. 比较线性稳压电源和开关电源的优缺点。

2. 根据图 3-8 两开关管单端正激式变换器主电路，计算当输入直流电压为 280V、输出电压为 12V、输出功率为 500W 时，电路各器件的参数，并选择电路元器件参数。

3. 分析图 3-16 TOP227 组成的单端反激式多输出开关电源电路的工作原理。

4. 根据图 3-18 半桥式开关电源主电路，计算当输入直流电压为 280V、输出电压为 24V、输出功率为 500W 时，电路各器件的参数，并选择电路元器件参数。

5. 分析图 3-37 全桥开关电源 UC3875 控制、驱动与反馈电路的工作原理。

6. 分析图 3-38 模块化开关电源系统的主电路的工作原理。

第 4 章　调速系统变换电源

调速系统的发展经历了从直流到交流，从模拟到数字，直到基于 PC 的伺服控制系统和基于网络的发展过程，每个过程的发展都在很大程度上促进了调速系统变换电源的发展。直流调速系统要求调速平滑、方便，易于在大范围内平滑调速，过载能力大，能受频繁的冲击负载，可实现频繁无级快速起制动和反转，能满足生产过程自动化系统中各种不同的特殊运行要求，所以，直流调速系统至今仍被广泛应用。交流变频调速系统具有结构简单、成本低、工作可靠、维护方便、效率高的特点，在很多应用领域逐步取代直流调速系统。目前直流调速正在由 PWM 脉宽调制变换电源逐步取代传统的晶闸管可控整流变换电源，交流调速主要由变频调速电源取代传统的调速电源。

4.1　PWM 脉宽调制直流调速变换电源

4.1.1　PWM 脉宽调制变换器

随着电气传动系统对其控制性能要求的不断提高及大功率可关断器件制造水平的发展，PWM 技术在直流传动领域得到了广泛的应用。PWM 脉宽调制利用开关频率高的大功率开关器件将整流后的恒压直流电源变成幅值不变、脉冲宽度可调的高频矩形波，给直流电机的电枢回路供电。通过改变脉冲宽度的方法来改变电枢回路平均电压，达到直流电机调速的目的。

PWM 变换器有多种形式，可以分为不可逆和可逆两大类。不可逆结构这种电路中电流不可改变方向，因此不能实现制动或反向运转，只能作单象限运行，不能适应现代调速系统的需要；可逆结构可以实现制动或反向运转，它包括两种驱动方式：单极性驱动和双极性驱动。

1. 单极性驱动原理

单极性驱动是指在一个 PWM 周期里电动机电枢的电压极性呈单一性（或者正或者负）变化。单极性驱动电路有两种，一种为 T 型，一种为 H 型，H 型如图 4-1（a）所示，工作波形如图 4-1（b）和图 4-1（c）所示，其中 VTg1～VTg4 分别为 VT1～VT4 的驱动信号。

H 型也称为桥型，是由 4 个开关管和 4 个续流二极管组成，单电源供电，当电动机正转时，VT1 开关管根据 PWM 控制信号同步导通和关断，而 VT2 开关管则受 PWM 反向控制信号控制，VT3 保持常闭，VT4 保持常开，如图 4-1（b）所示。当电动机反转时，VT3 开关管根据 PWM 控制信号同步导通和关断，而 VT4 开关管则受 PWM 反向控制信号控制，VT1 保持常闭，VT2 保持常开，如图 4-1（c）所示。T 型驱动电路由两个开关管组成，采用正负电源，相当于两个不可逆系统的组合。

T 型单极性驱动由于电流不能反向，并且两个开关管动态切换（正反转）的工作条件是电枢电流等于零，因此，动态性能较差，很少使用。

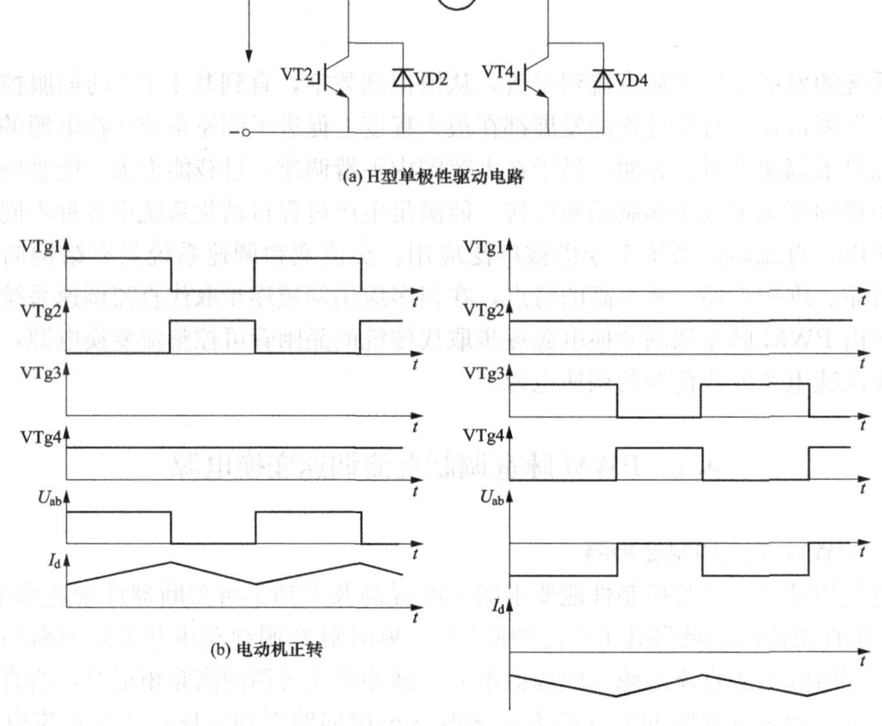

(a) H型单极性驱动电路

(b) 电动机正转

(c) 电动机反转

图 4-1　H 桥单极性驱动原理

2. 双极性驱动原理

双极性驱动是指在一个 PWM 周期里，电动机电枢的电压极性呈正负变化。双极性调速也有 T 型和 H 型两种，T 型双极性驱动由于开关管承受较高的压降，因此，只适用于小功率驱动场合。而 H 型双极性驱动应用较多。H 型双极性可逆驱动系统在每个 PWM 周期里，当 VT1 和 VT4 导通、VT2 和 VT3 截止时，电枢绕组承受从 a 到 b 的电压；当开关管 VT1 和 VT4 截止、VT2 和 VT_3 导通时，电枢绕组承受由 b 到 a 的反相电压，这就是双极性驱动。

H 型双极性可逆驱动工作原理分析如下。

(1) 正向运行。第 1 阶段，在 $0 \leqslant t < T_{on}$ 期间，VT1 和 VT4 导通，VT2 和 VT3 截止，U_{ab}为正，电枢电流 I_d 沿回路：$U_{d+} \rightarrow VT_1 \rightarrow$ 电动机 M $\rightarrow VT_4 \rightarrow U_{d-}$ 流通，等效电路如图 4-2 (a) 所示。

第 2 阶段，在 $T_{on} \leqslant t < T$ 期间，VT1、VT4、VT2 和 VT3 截止，VD2 和 VD3 导通，U_{ab}为负，电枢电流 I_d 沿回路：$U_{d-} \rightarrow VD_2 \rightarrow$ 电动机 M $\rightarrow VD_3 \rightarrow U_{d+}$ 流通，等效电路如图 4-2 (b) 所示。正向运行阶段，电动机两端平均直流电压 $U_{ab} = U_D$，VT1、VT4 的导通占空比大于 0.5，工作波形如图 4-2 (e) 所示。

(2) 反向运行。第 1 阶段，在 $0 \leqslant t < T_{on}$ 期间，VT1、VT4、VT2 和 VT3 截止，VD1

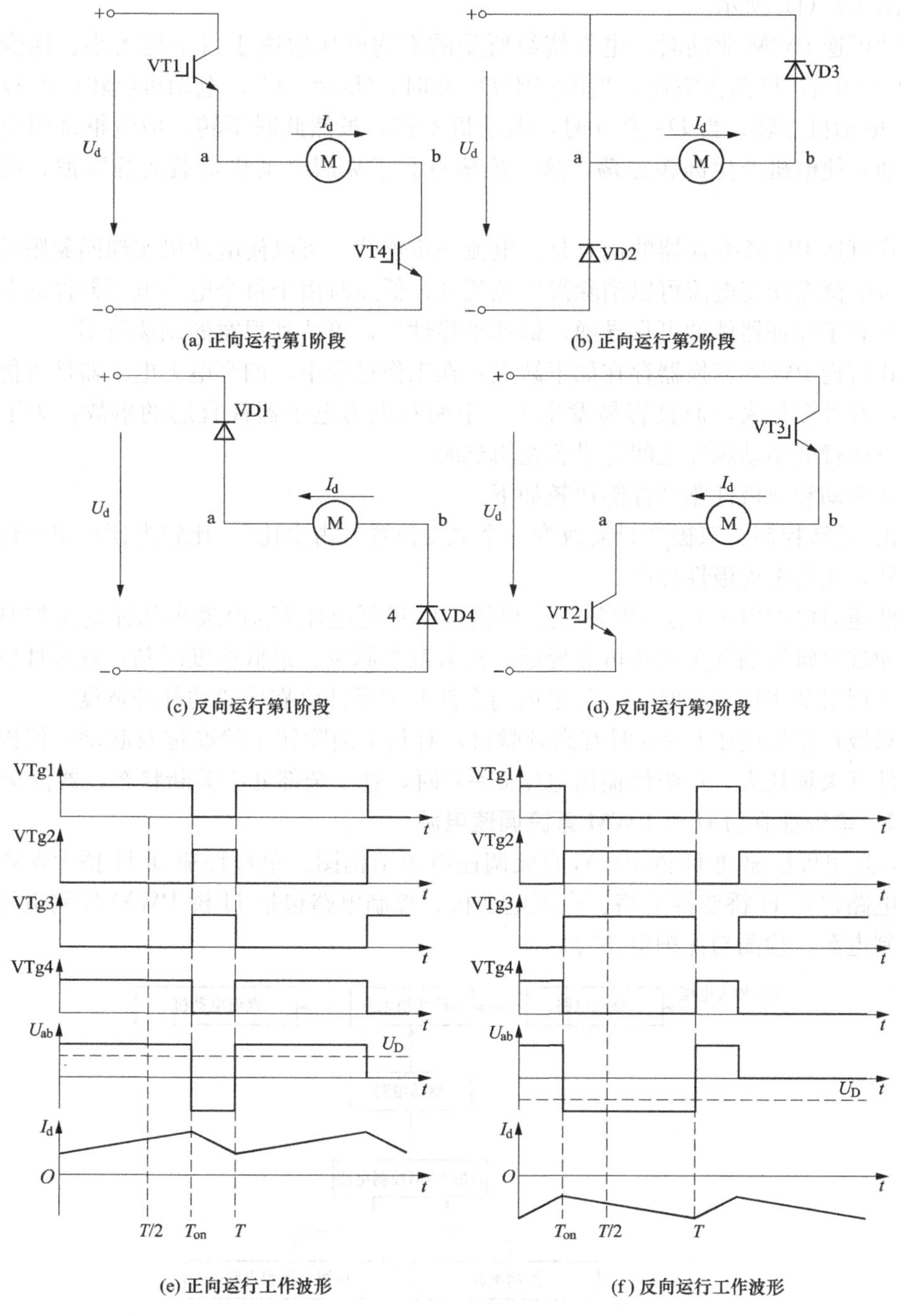

图 4-2　H 桥双极性驱动原理

和 VD4 导通，U_{ab}为正，电枢电流 I_d 沿回路：U_{d-}→VD4→电动机 M→VD1→U_{d+} 流通，等效电路如图 4-2（c）所示。

第 2 阶段，在 $T_{on} \leqslant t < T$ 期间，VT1 和 VT4 截止，VT2 和 VT3 导通，U_{ab}为负，电枢电流 I_d 沿回路：U_{d+}→VT3→电动机 M→VT2→U_{d-} 流通，等效电路如图 4-2（d）所示。反向运行阶段，电动机两端平均直流电压 $U_{ab}=-U_D$，VT1、VT4 的导通占空比小于 0.5，工

作波形如图 4-2（f）所示。

双极性可逆 PWM 驱动时，电枢绕组所受的平均电压取决于占空比大小。逆变器电压 $U_{ab}=(2D-1)U_d$，D 为占空比。当占空比 $D=0$ 时，$U_{ab}=-U_d$，电动机反转；当 $D=1$ 时，$U_{ab}=U_d$，电动机正转；当 $D=0.5$ 时，电动机不转，虽然此时不转，但电枢绕组仍然有交变电流流动，使电机产生高频振荡，这种振荡有利于克服电动机负载的静摩擦，提高动态性能。

双极式可逆 PWM 变换器的优点是：电流一定连续，可以使电动机实现四象限动行；电动机停止时的微振交变电流可以消除静摩擦死区；低速时由于每个电力电子器件的驱动脉冲仍较宽而有利于保证器件的可靠导通；低速平稳性好，可达到很宽的调速范围。

双极式可逆 PWM 变换器存在如下缺点：在工作过程中，四个电力电子器件可能都处于开关状态，开关损耗大，而且容易发生上、下两只电力电子器件直通的事故，为了防止直通，在上下桥臂的驱动脉冲之间应设置逻辑延时。

单极性驱动和双极性驱动性能比较如下。

（1）正/反转控制：双极性只需改变一个触发位置（占空比），比较方便；单极性除基极驱动信号外，还需考虑极性控制。

（2）低速时电枢电压 U_{ab} 获取机理：单极性时最低电压 U_{ab} 由最小脉冲宽度控制，但基极驱动脉冲过窄将影响开关元件可靠导通，故有最小脉宽、最低速度限制；双极性电枢电压靠正、负半周对消实现，此时正、负半周均有使开关元件可靠导通的脉冲宽度。

（3）双极性输出电压 $U=0$ 时有高频微抖，有利于消除转子静摩擦及起动，但因四管均导通，器件开关损耗大；单极性输出电压 $U=0$ 时，管子全部处于关断状态，器件功耗小。

4.1.2 单极性驱动 H 桥 PWM 直流调速电源

图 4-3 是单极性驱动 H 桥 PWM 直流调速电源结构图。单极性驱动 H 桥 PWM 直流调速电源主电路包括 H 桥变换电路、直流电动机。控制电路包括 H 桥 PWM 控制电路和驱动电路、控制电源、检测与保护电路等。

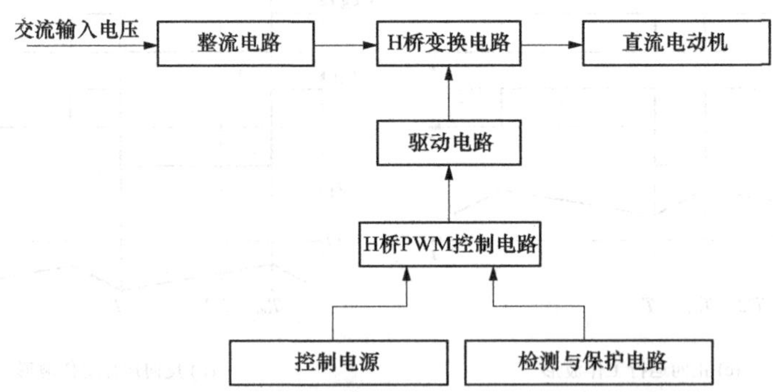

图 4-3 单极性驱动 H 桥 PWM 直流调速电源结构图

1. 单极性驱动 H 桥 PWM 直流调速电源主电路

主电路由 VT1、VT2、VT3、VT4 组成 H 桥逆变器，C_1 为滤波电容，R_1、R_2 为电压采样电阻，M 为直流电动机，如图 4-4 所示。

2. H 桥控制原理图

如图 4-5 给定电路主要将给定阶跃信号转变为斜坡信号，主要由运算放大器 IC101A、

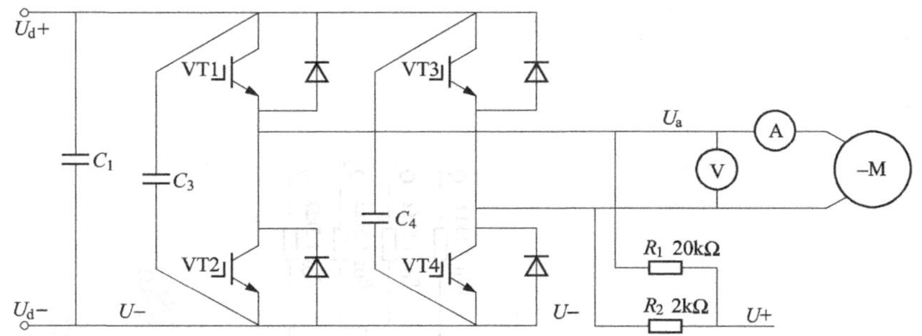

图 4-4　单极性驱动 H 桥 PWM 直流调速电源主电路

IC101B、积分电容 C_{105}、C_{106} 和积分电阻 R_{104} 组成。PI 调节器主要由运算放大器 IC104A、电容 C_{115B}、电阻 R_{125}、R_{126}、R_{127}、R_{128} 和 R_{130} 组成，一般情况下，改变电容 C_{115B} 和电阻 R_{130} 可改变 PI 调节器的参数。

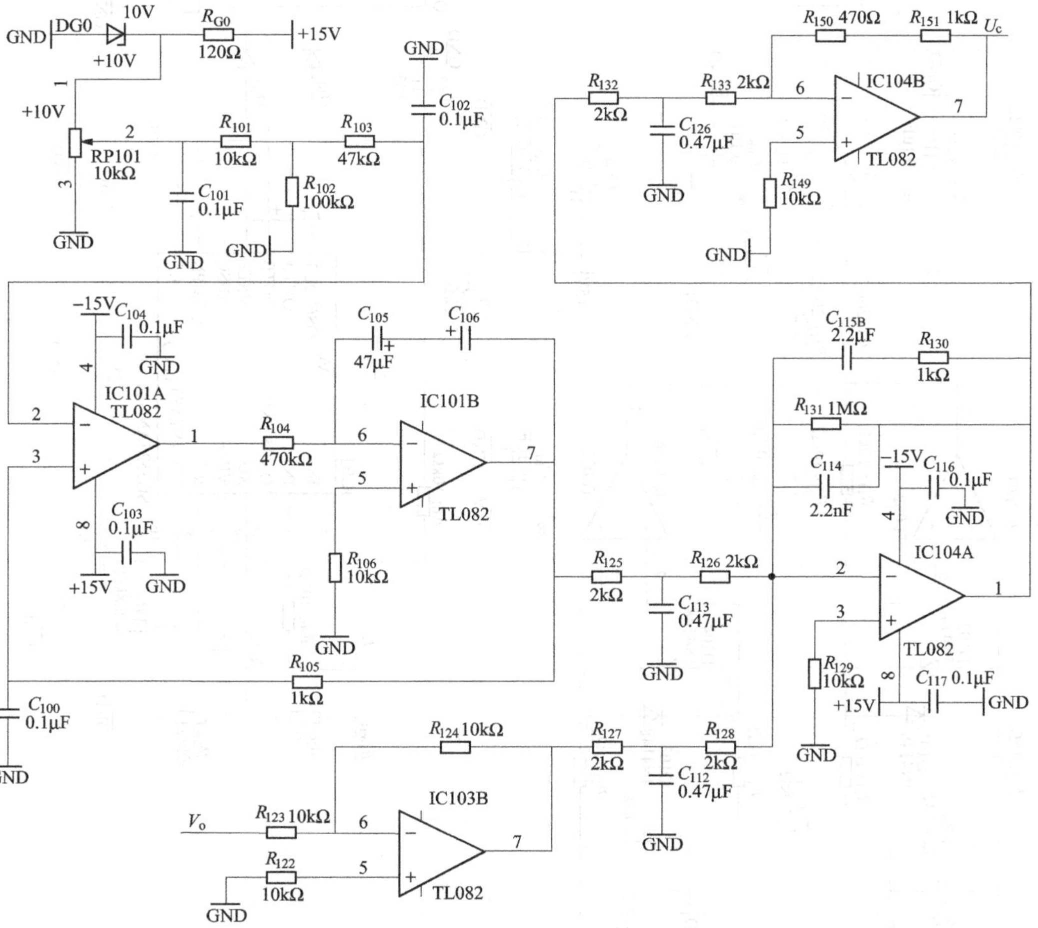

图 4-5　给定与 PI 调节器原理图

图 4-6H 桥控制电路由电压采样差分放大器（由三个运算放大器 IC102A、IC102B、IC103A 组成）采样直流电压。

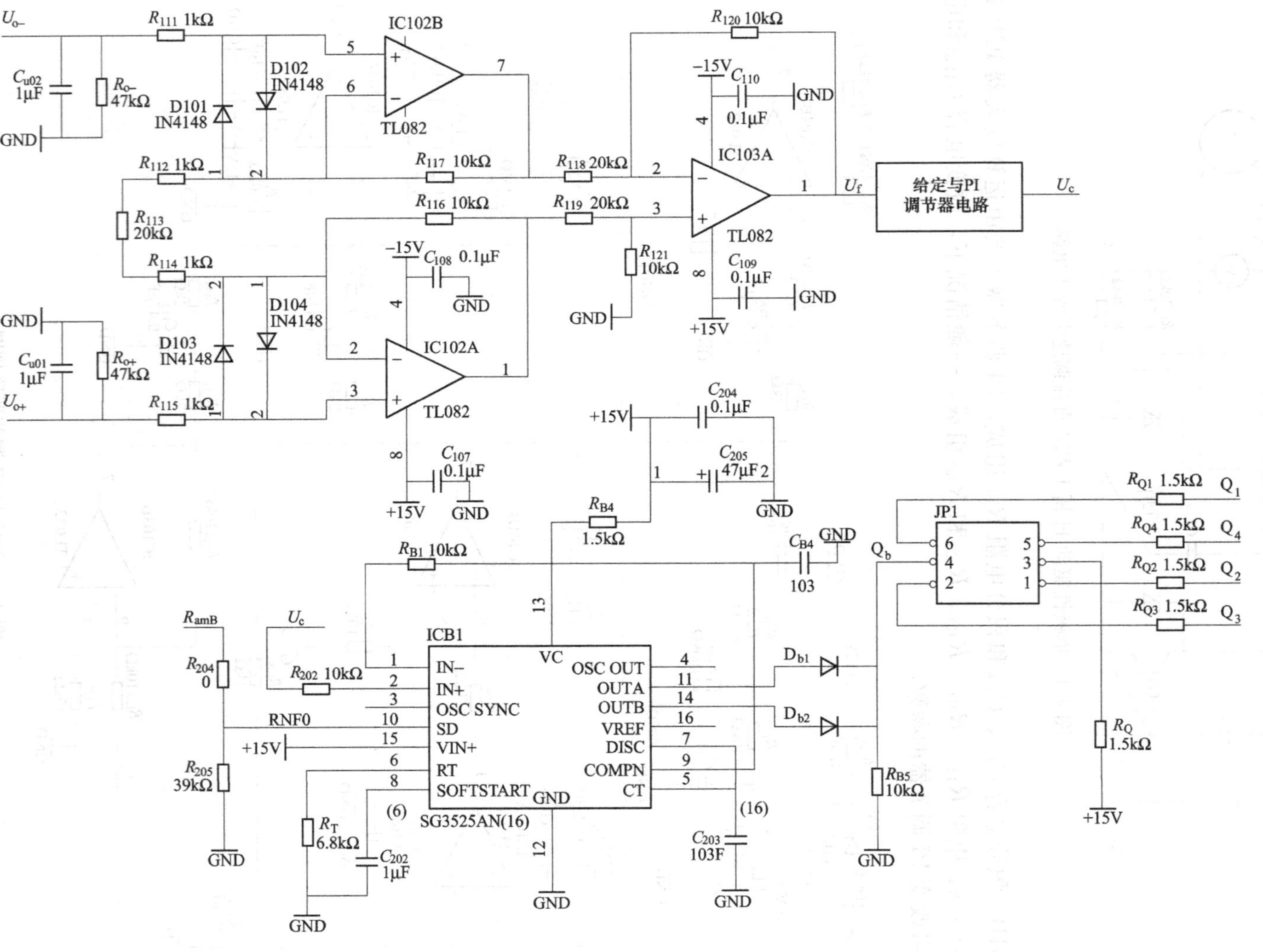

U_{o-}
R_{111} 1kΩ
IC102B
TL082
C_{u02} 1μF
R_{o-} 47kΩ
D101 IN4148
D102 IN4148
GND
R_{112} 1kΩ
R_{113} 20kΩ
R_{114} 1kΩ
R_{117} 10kΩ
R_{116} 10kΩ
R_{118} 20kΩ
R_{119} 20kΩ
R_{120} 10kΩ
−15V
C_{110} 0.1μF
IC103A
TL082
R_{121} 10kΩ
C_{109} 0.1μF
+15V
U_f
给定与PI
调节器电路
U_c
C_{108} 0.1μF
D103 IN4148
D104 IN4148
C_{u01} 1μF
R_{o+} 47kΩ
U_{o+}
R_{115} 1kΩ
IC102A
TL082
C_{107} 0.1μF
C_{204} 0.1μF
C_{205} 47μF
R_{B4} 1.5kΩ
R_{B1} 10kΩ
C_{B4} 103
R_{Q1} 1.5kΩ
R_{Q4} 1.5kΩ
R_{Q2} 1.5kΩ
R_{Q3} 1.5kΩ
Q_1
Q_4
Q_2
Q_3
JP1
Q_b
R_{amB}
R_{204} 0
R_{202} 10kΩ
RNF0
R_{205} 39kΩ
ICB1
IN−
IN+
OSC SYNC
SD
VIN+
RT
SOFTSTART
GND
VC
OSC OUT
OUTA
OUTB
VREF
DISC
COMPN
CT
SG3525AN(16)
R_T 6.8kΩ
C_{202} 1μF
C_{203} 103F
D_{b1}
D_{b2}
R_{B5} 10kΩ
R_Q 1.5kΩ

图 4-6 H桥控制原理图

JP1 为正反转控制开关，正转控制时，Q_4 通过 R_{Q4} 接＋15V，H 桥的 VT4 连续导通，不受控制，Q_1 通过 R_{Q1} 接 Q_b，H 桥的 VT1 为 PWM 脉宽调节。反转控制时，Q_2 通过 R_{Q2} 接＋15V，H 桥的 VT2 连续导通，不受控制，Q_3 通过 R_{Q3} 接 Q_b，H 桥的 VT3 为 PWM 脉宽调节。

双极性驱动 H 桥 PWM 直流调速电源的控制原理图中将正反转控制开关 JP1 去除了，如图 4-7 所示。

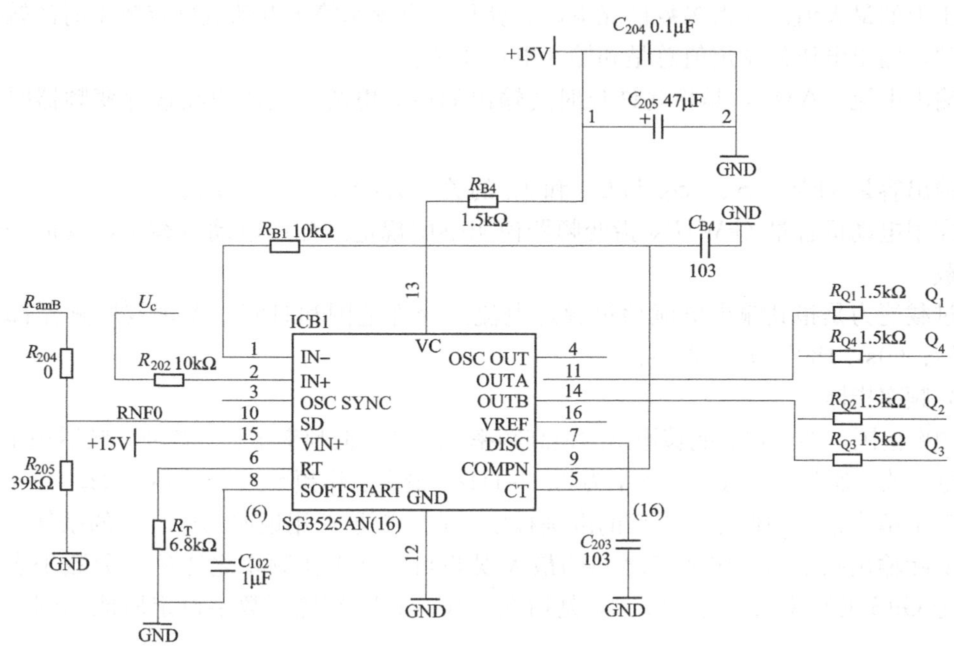

图 4-7　双极性驱动 H 桥 PWM 直流调速电源控制原理图

4.2　交流调速变频电源

交流调速变频电源一般称为变频器。变频器是将固定频率的交流电变换为频率连续可调的交流电的装置，主要应用于交流电机的调速。交流电机变频调速技术具有节能、易维护、高性价比等诸多优点，被普遍认为是最有前途的调速方式之一，也是目前发展最为迅速的技术之一。变频器的产生使得交流调速取代直流调速成为可能。

4.2.1　变频器的技术性能

现在的变频器已经使用微处理器（CPU）和数字处理器（DSP）共存的双处理器的结构，解决了缩短运算处理时间与内置大规模程序两者之间的矛盾，同时，可以大幅度提高变频器的控制性能与功能。应用该技术的 V/F 控制与矢量控制兼备的变频器适用于各个行业。

由于实现了与用户界面的对话方式，变频器的状态显示与操作用的数字式操作器的操作性能得到提高。若采用自动调节功能，可以既简单又准确地设定电动机的参数。另外，利用其内置的程序功能及各种通信功能可以很容易地扩展系统。

变频器的技术指标如下。

（1）输入侧的额定值。输入侧的额定值主要是电压、频率和相数。一般变频器输入侧的额定值有以下几种。

①380V/50Hz/三相，绝大多数变频器属于这种。

②230V/50Hz 或 60Hz/三相。

③200～230V/50Hz/单相，主要用于小功率设备和家用电器。

（2）输出侧的额定值。

①输出电压（V）U_N，由于变频器在变频的同时也要变压，所以输出电压的额定值是指输出电压中的最大值。在大多数情况下，它就是输出频率等于电动机额定频率时的输出电压值。通常，输出电压的额定值总是和输入电压相等。

②输出电流（A）I_N，是指允许长时间输出的最大电流，是用户在选择变频器时的主要依据。

③输出容量（kVA）S_N，S_N 与 U_N 和 I_N 的关系为：$S_N=\sqrt{3}U_NI_N$。

④配用电动机容量（kW）P_N 指变频器说明书中规定的配用电动机容量，仅适合于长期连续负载。

⑤过载能力是指其输出电流超过额定电流的允许范围和时间。大多数变频器都规定为 150% I_N、60s，180% I_N、0.5s。

（3）频率指标。

①频率范围，即变频器能够输出的最高频率 f_{max} 和最低频率 f_{min}。各种变频器规定的频率范围不尽一致。通常，最低工作频率为 0.1～1Hz，最高工作频率为 120～650Hz。

②频率精度指变频器输出频率的准确程度。在变频器使用说明书中规定的条件下，由变频器的实际输出频率与设定频率之间的最大误差与最高工作频率之比的百分数来表示。例如，富士 G9S 的频率精度为±0.01，是指在－10～15℃环境下数字设定所能达到的最高频率精度。

③频率分辨率指输出频率的最小改变量，即每相邻两档频率之间的最小差值，如 ABB 变频器 ACS400 系列分辨率为 0.1Hz，ACS600 系列为 0.01Hz。

（4）控制方式。变频器的控制方式有以下几种。

①恒压频比控制方式，这是变频器最早使用的控制方式，现在仍在使用。

②矢量控制方式，现在大部分变频器采用这种控制方式。

③直接转矩控制方式，这是目前最新的控制方式，其代表是 1995 年 ABB 公司的 ACS600 系列。当然，有些高性能的变频器可能同时具备两种以上的控制方式，在使用时可以通过参数进行选择，以满足不同的传动控制要求，这也是选用变频器的一个重要技术指标。

（5）控制端子功能和数量。变频器通常设置有多个控制端子，其电路形式和 PLC（可编程序控制器）差不多。变频器使用时，通过控制端子实现控制功能，满足不同的工业需求。变频器控制端子一般包括以下方面。

①模拟输入（AI），常见变频器设置有 1～3 个，用作速度给定、反馈等功能，每个端子的具体功能通过变频器参数可以设置。

②模拟输出（AO），通常用作远程测量仪表的信号，用以显示变频器的输出电流、频率、转速等参数。

③开关量输入（DI），用作变频器的起停、正反转、多种速度选择等功能，常见变频器设置有 1～8 个，各端子功能也是通过参数设置，可单独使用，也可组合使用，也叫可编程

控制端子。

④开关量输出（DO），变频器的运行、故障等信号由此输出。

（6）通信功能。现在的变频器大都带有通信接口，可以和可编程序控制器（PLC）或上位计算机通信，由 PLC 或上位机控制其起停，设定转速等，也可以通过上位机监视变频器的运转状态。

4.2.2 变频器结构与功能

变频器一般采用交-直-交电压型结构，主要包括主电路、控制电路、操作面板三部分。

主电路的结构包括由进线端（R、S、T）输入，经过整流、滤波、逆变，变换成电压、频率连续可调的交流电压，由出线端（U、V、W）输出接电动机的电路。主电路属于强电部分。

控制电路的功能是接收控制命令，如起停、正反转、转速给定等，输出控制信号到主电路，控制功率器件工作，属于弱电部分。

操作面板是人机联系的接口，由按钮、显示器、指示灯、连接线等组成。通用变频器基本结构如图 4-8 所示。

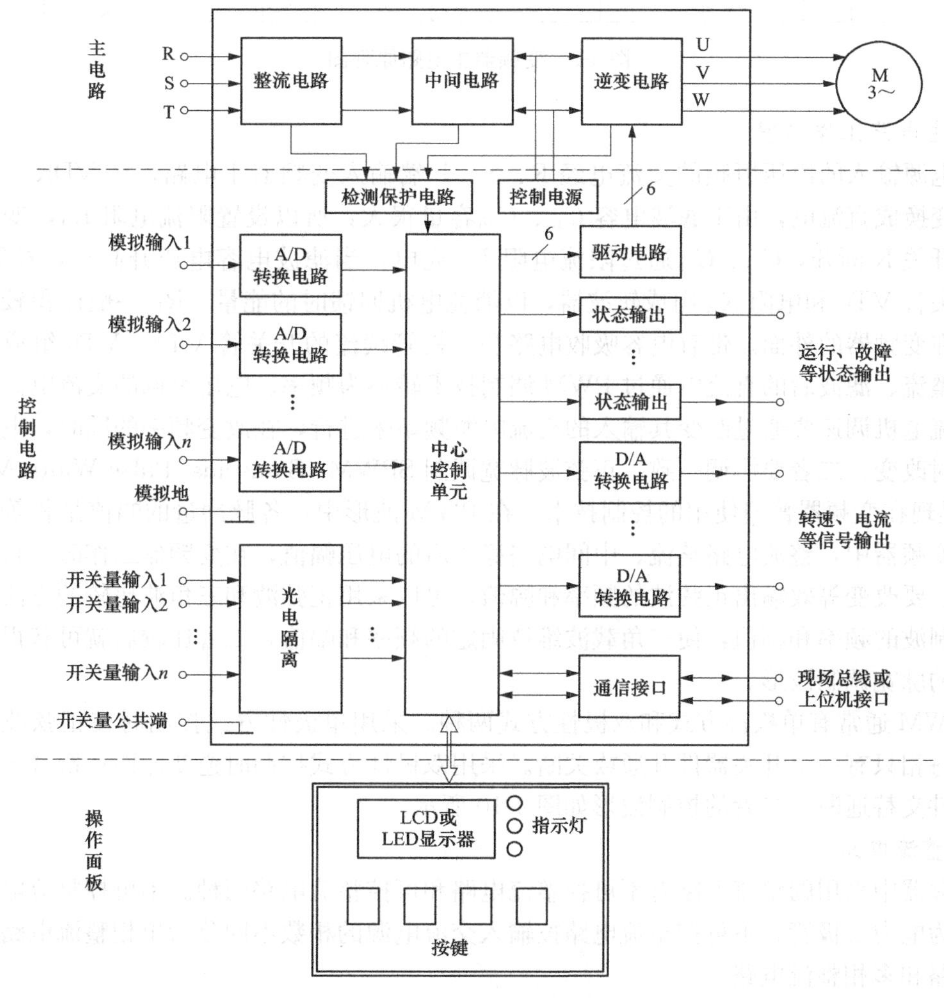

图 4-8　变频器基本结构

4.2.3 变频器主电路

变频器主电路原理图如图4-9所示，主要有三个组成部分：整流电路、中间电路和逆变电路。整流电路由VDR1～VDR6组成三相二极管整流。中间电路包括由限流电阻R_0和开关K组成的启动限流电路，由开关管VT0、外接电阻R_B组成的制动电路。逆变电路由VT1、VT2、VT3、VT4、VT5、VT6和VD1、VD2、VD3、VD4、VD5、VD6组成，另外C_2、C_3和C_4为开关管吸收电路。

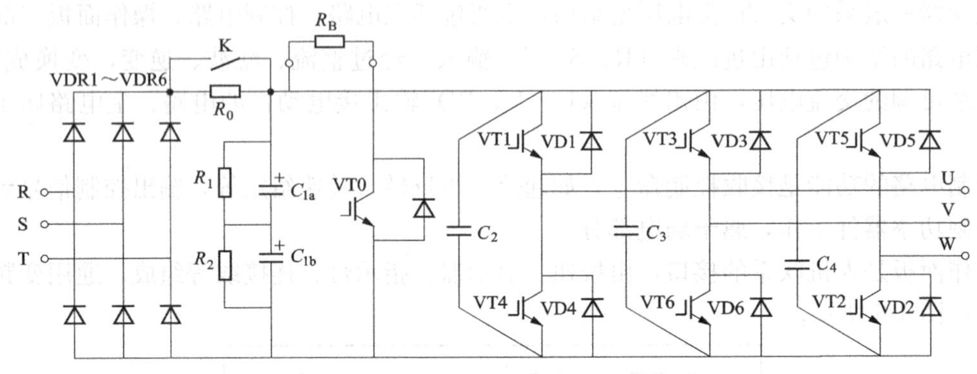

图4-9 变频器主电路原理图

1. 主电路工作原理

由电源输入的恒压恒频的交流电经R、S、T端输入变频器主电路，经VDR1～VDR6整流后变换成直流电，由于滤波电容C_{1a}、C_{1b}容量很大，所以设置限流电阻R_0，变频器通电前，开关K断开，C_{1a}、C_{1b}通过限流电阻R_0充电，当滤波电容电压升高后，控制K导通。开关管VT0和电阻R_B组成斩波器，以消耗电机回馈时的能量，R_B一般体积较大，通常安装在变频器的外面。带有电容吸收电路和二极管续流的开关管VT1～VT6组成逆变电路，将整流、滤波后的直流电通过PWM调制技术转换为频率、电压可调的交流电。

交流电机调速要通过改变其输入的交流电源频率来进行，在改变频率的同时，电源电压也要同时改变，二者要协调一致。正弦波脉宽调制SPWM（Sinusoidal Pulse Width Modulation）是现在变频器普遍使用的控制技术。在PWM波形中，各脉冲量的幅值是相等的，也就是在变频器中，整流电路整流、中间电路稳压后的电压幅值，在变频器工作时一直基本保持不变。要改变等效输出正弦波的频率和幅值，可以采用正弦波和三角波比较的方法。改变正弦调制波的频率和幅值，使三角载波维持固定的频率和幅值，二者比较后就可获得基波为正弦波的脉宽调制波形。

SPWM通常有单极性方式和双极性方式两种。采用单极性方式控制时在正弦波的半个周期内每相只有一个开关器件开通或关断。采用双极性方式控制时逆变器同一桥臂上下两个开关器件交替通断。二者的控制波形如图4-10所示。

2. 整流电路

变频器中采用的整流电路有不可控整流电路和可控整流电路两种。不可控整流电路使用的器件为电力二极管，不可控整流电路按输入交流电源的相数不同分为单相整流电路、三相整流电路和多相整流电路。

整流电路的功率因数。以不可控三相整流桥为例来分析变频器的功率因数，整流电路可

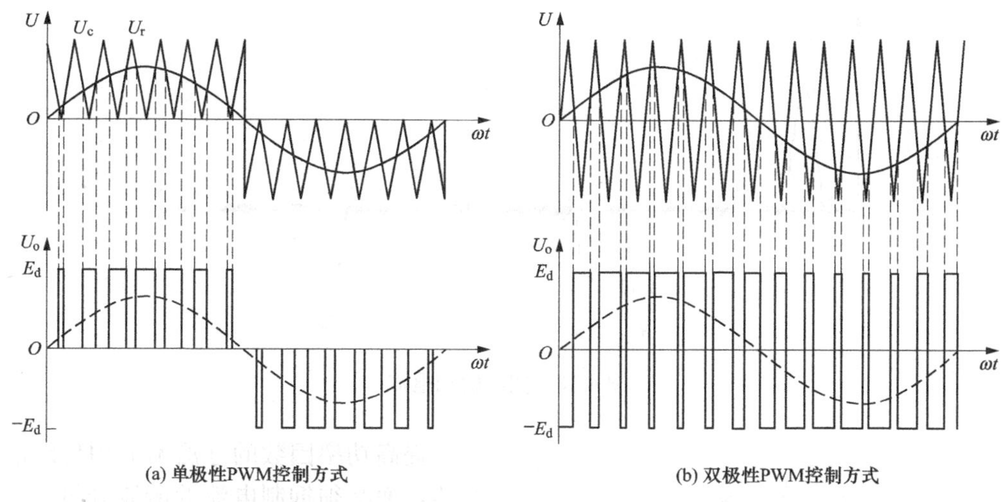

图 4-10　PWM 调制图

近似画成图 4-11 的形式，其相电压为 u_R、u_S、u_T，整流桥每相线路等效的输入阻抗为 Z_R、Z_S、Z_T，C 是滤波电力电容。

输入电压与电流的波形如图 4-12 所示。E_d 为经整流滤波后的平稳的直流电压，若不考虑 C 的滤波作用，整流后的电压应该是脉动的，每个周期有 6 个波头，当整流后的脉动电压高于直流电压 E_d 时才有电流通过，当三相中 R 相正电压最高时，才有 R 相正电流。在 u_{RS}、u_{RT}的峰值范围内有电流 i_{R1}、i_{R2}流过。反之，在 u_{SR}、u_{TR}的峰值附近有$-i_{R1}$、$-i_{R2}$流过。由于 u_{RS}超前 u_R $\pi/6$ 电角度，而 u_{RT}落后 u_R $\pi/6$ 电角度，故 i_{R1}、i_{R2}恰好位于相电压 u_R 的 $\pi/3$ 和 $2\pi/3$ 处；同理，$-i_{R1}$、$-i_{R2}$位于相电压 u_R 的 $4\pi/3$ 和 $5\pi/3$ 处。

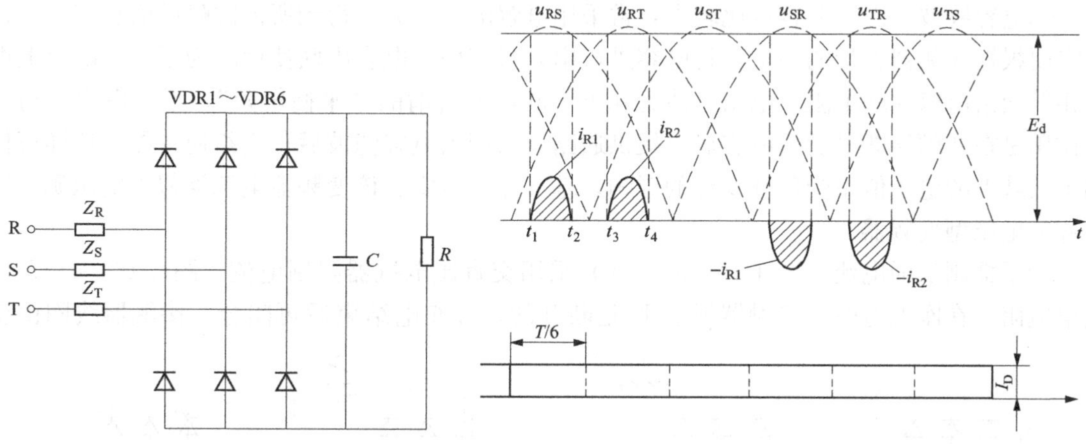

图 4-11　三相不可控桥式整流近似电路

图 4-12　输入电压与电流的波形

实际 R 相电流 i_R 波形如图 4-13 所示。i_{R1}和 i_{R2}的基波分量与 u_R 的相位差角 Φ 几乎为零，所以电压电流相位差功率因数 $\cos\Phi=1$。但电流有很大的谐波分量，虽然基波电流和电压同相位，相位差功率因数几乎等于 1，但输入电流里包含 5、7、…谐波分量（3 次谐波三相合成后为零），总功率因数很差。

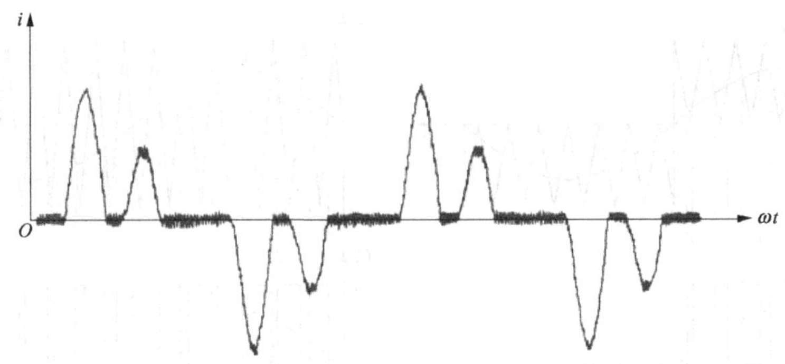

图 4-13 实际的相电流

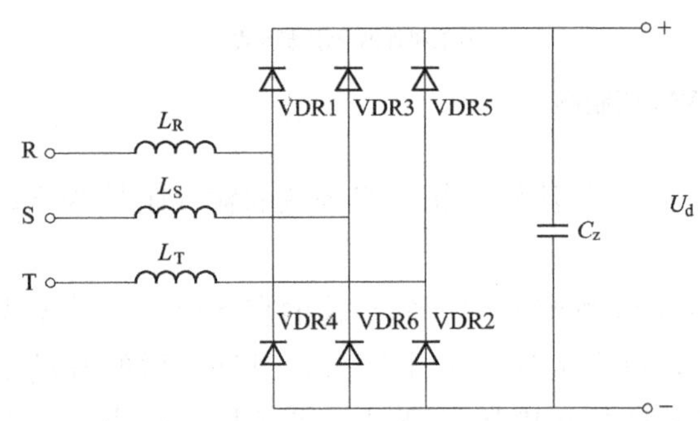

图 4-14 交流侧加电抗器的整流电路

提高功率因数的办法不能用传统的电容补偿，而必须抑制电流的谐波分量，通常使用在交流侧加电抗器的方法，如图 4-14 所示。

3. 中间电路

变频器的中间电路有滤波电路、制动电路和缓冲电路等不同的形式。

(1) 滤波电路。虽然利用整流电路可以从电网的交流电源得到直流电压或直流电流，但这种电压或电流含有频率为电源频率 6 倍的纹波，会影响逆变电路。因此，必须对整流电路的输出进行滤波，以减少电压或电流的波动。

①电容滤波：由于电容量比较大，常采用电解电容。为了得到所需的耐压值和容量，往往需要根据变频器容量的要求，将电容进行串并联使用。电容串联使用时为了使各电容上电压相等而给电容并联电阻，电阻阻值为几十千欧，即所谓的“平衡电阻”，平衡电阻的另一个作用是在变频器断电后给电容放电提供通路。采用大电容滤波后再送给逆变器，这样可使加于负载上的电压值不受负载变动的影响，基本保持恒定。该变频器电源类似于电压源，因而称为电压型变频器。

为了抑制浪涌电流，图 4-15 (a)、(b) 采用交直流电抗器限制电流，图 4-16 (c) 采用充电电阻。在刚上电时，接触器触点 K 是断开的，等充电结束后再闭合，接触器线圈由变

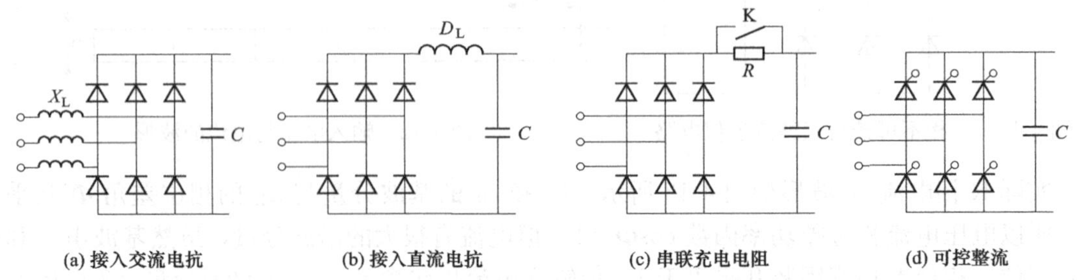

图 4-15 抑制浪涌电流的方式

频器控制电路根据检测到的直流电压控制。控制电路检测电容两侧的直流电压，电压接近整流电压时控制接触器吸合，从而切除充电电阻 R。图 4-15（d）采用晶闸管整流，在上电时，由单独的晶闸管触发驱动电路控制晶闸管的触发角，使直流输出电压 U_d 缓慢上升，从而抑制浪涌电流，充电结束后晶闸管整流桥全开通，类似于二极管整流。

②电感滤波：由于经电感滤波后加在逆变器的电流值稳定不变，所以输出电流基本不受负载的影响，电源外特性类似于电流源，因而称为电流型变频器。

（2）制动电路。利用设置在直流回路中的制动电阻吸收电动机的再生电能的方式称为斩波制动或再生制动。制动电路可由制动电阻或斩波制动单元构成，图 4-16 为制动电路的原理图。制动电路介于整流器和逆变器之间，接在整流后的直流回路中，图中的制动单元包括开关管 VTB 和制动电阻 R_B。一般 R_B 通过变频器接线端外接。在制动时能量经逆变器回馈到直流侧，使直流侧滤波电容上的电压升高，也就是通常所说的“泵升电压”，当该值超过设定值时，控制电路即自动给 VTB 基极施加占空比可变的斩波信号，使之高频的导通关断，则存储于电容 C 中的再生能量经 R_B 消耗掉。

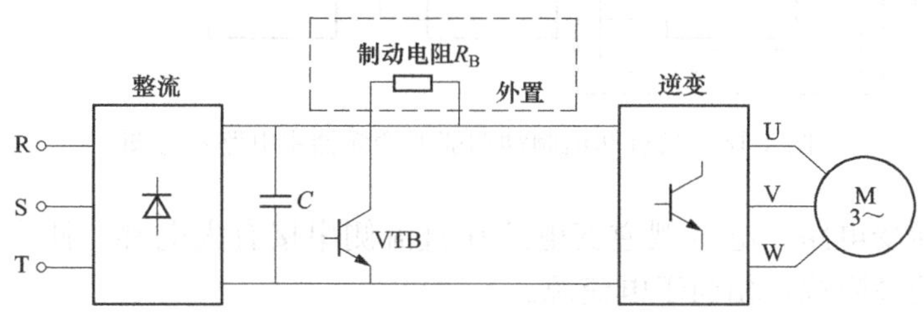

图 4-16　制动电路原理图

还有一种直流制动方式，即异步电动机定子加直流的情况下，转动着的转子产生制动力矩，使电动机迅速停止。这种方式在变频调速中也有应用，称为“DC 制动”，即变频器输出直流制动方式。当变频器向异步电动机的定子通直流电时（逆变器某几个器件连续导通），异步电动机便进入能耗制动状态。此时变频器的输出频率为零，异步电动机的定子产生静止的磁场，转动着的转子切割此磁场产生制动转矩。电动机存储的动能转换成电能消耗于异步电动机的转子回路中。直流制动方式主要用于：需要准确停车的控制；也常用于制止起动前电动机由外因引起的不规则自由旋转，如风机，由于风筒中的风压作用而自由旋转，甚至可能反转，起动时可能会产生过电流故障。

（3）缓冲电路。为了让变频器开关器件工作在软开关的环境中，在中间电路部分除了设置滤波电路和制动电路外，还可以设置电容缓冲电路。

4. 逆变电路

（1）电压型逆变电路。电压型逆变电路直流侧一定接有大电容滤波，直流电压基本无脉动，直流回路呈现低阻抗，相当于电压源。图 4-17 为电压型三相桥式逆变电路。

电压型逆变电路由于能量只能单方向传送，电机回馈制动时能量只能通过中间电路的斩波制动单元的电阻 R_B 消耗掉，不能回馈到电网。为实现变频器回馈制动，可在整流器端增设再生反馈通路，反并联一组逆变桥，如图 4-18 所示。此时，C 上电压的极性仍然不变，但直流电流可以借助于反并联晶闸管三相桥（工作在有源逆变状态）改变方向，使再生电能回馈到交流电网。

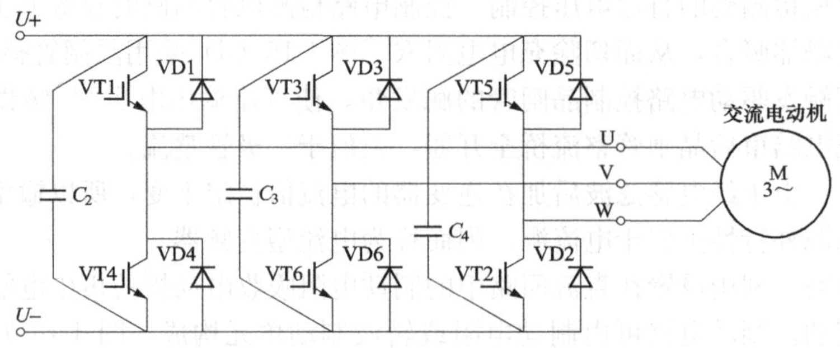

图 4-17 电压型三相桥式逆变电路

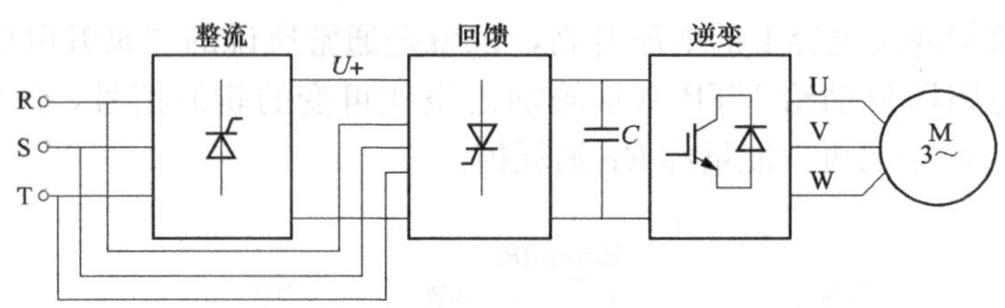

图 4-18 具有回馈制动功能的变频器主电路示意图

(2) 电流型逆变电路。电流型逆变电路在直流侧串接有大电感，使直流电流基本无脉动，直流回路呈现高阻抗，相当于电流源。

常用的电流型逆变电路主要有单相桥式和三相桥式逆变电路。图 4-19 是电流型三相桥式逆变电路，图中的 VT1～VT6 为门极可关断晶闸管 GTO 晶闸管。而使用逆导电型 GTO 时，必须给每只器件串联二极管以承受反向电压。

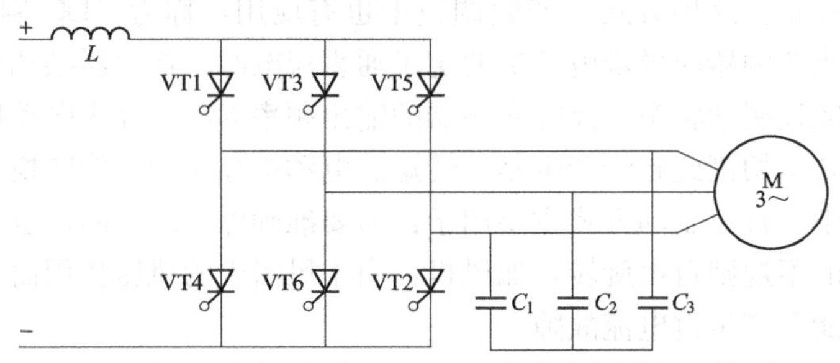

图 4-19 电流型三相桥式逆变电路

在电流型逆变电路中，为了吸收换相时负载电感中的能量，在交流侧设置电容器。在换相时，由于负载电感中的电流给电容充电，使电流型逆变电路的输出中出现了浪涌电压。

(3) 逆变电路使用的开关器件。对电机来说，所提供的电压越接近正弦越好，否则会有谐波干扰和机械振动。这就要用正弦脉宽调制（SPWM）的方法来控制逆变电路开关的通断。逆变电路开关器件通断的频率很高，往往达到几千赫兹甚至数十千赫兹。

4.2.4 变频器控制电路结构及功能

常用变频器控制电路包括：信号输入输出部分、中心控制单元、检测电路、通信接口、控制电源、驱动电路等部分。

1. 信号输入输出部分

变频器的信号输入输出部分，包括模拟量的输入输出和开关量的输入输出，用于变频器和外围控制电路的联系。

开关量输入接口接收外部的逻辑控制命令，如起停、正反转、多种速度选择等，不同品牌的变频器接口数量和功能不同，如ABB公司的ACS600系列有DI1～DI6共6个开关量输入接口，每一个接口的功能由参数设置；三菱FR-A540系列有12个不同功能的开关量输入接口；三肯IHF系列有9个等。变频器的输入电路特征和PLC（可编程序控制器）相似：输入都有光电隔离，有一个公共端，都是触点输入，用变频器自带的DC24V电源。

开关量输出接口向外部提供变频器运行、故障等信号。ACS600系列有三个输出；FR-A540有6个；IHF有3个。其电路形式有继电器触点输出、集电极开路输出等。

模拟量输入接口接收外部参数，如频率设定、速度反馈信号等。输入电路大都设计成既可以接收0～10V电压信号，又可以接收4～20mA电流信号。

模拟量输出接口向外部提供变频器的工作频率、电机电流等信息，用于远程操作时安装电流表、速度表。

2. 中心控制单元

中心控制单元是变频器的核心器件，它通过输入接口和通信接口取得外部控制信号，通过检测电路取得电压、电流、温度等运行参数，根据设置的运行方式，进行恒压频比控制、矢量控制或直接转矩控制，将控制命令传送给PWM专用集成电路，通过驱动电路，触发逆变器工作。

中心控制单元包括一个功能完善的计算机或单片机系统和一个专用的SPWM集成电路。各种信号接口电路都在系统板上，系统板上的微处理器的控制程序存储在存储器中，用户设置参数可以改变程序的计算参数和结构。

有些微处理器带有SPWM输出接口，可以不用SPWM集成电路，但因为微处理器计算量庞大，只能用在一些功能简单的变频器中。

3. 检测电路

变频器的直流母线电压、输出电压、输出电流、散热器温度等参数，直接与运行控制或者保护有关。因此变频器内部有一系列的检测元件，检测到的信号送给中心控制单元，为其提供控制和保护信息。

4. 通信接口

变频器的通信接口以通信方式与外部其他设备交换信息。变频器的所有控制、状态判断都可以通过通信接口来实现，和输入输出接口不同的是，通信接口可以交换更多的信息。有些变频器将通信接口作为标准配置，如ACS400、ACS600系列变频器主板自身带有MODBUS协议现场总线的通信接口；有些变频器提供通信模块式的可选件。

5. 控制电源

变频器的控制电源为所有的控制电路提供电源。一般的变频器为交—直—交电压型，其滤波电容比较大，存有较多的电能，能够在变频器断电后维持一段时间的电压，这个特点对于控制电路很有用处，在突然停电时，中心控制单元可以利用电容存储的电能完成停机的处理工作。所以，变频器的控制电源多数从滤波电容两端也就是从直流母线上取得。

6. 驱动电路

驱动电路是中心控制单元和逆变电路之间的联系纽带。中心控制单元计算出的脉宽调制波通过驱动电路放大后加在逆变器上，所以驱动电路因逆变器的不同而不同。为了保证参数的统一，对于不同的逆变器模块有不同的专用集成驱动电路，称为“混合驱动模块”(Hybrid IC)，如日本英达公司的HR065，富士电机的EXB840、EXB841、EXB844等，它们的输出能力、开关速度及 du/dt 承受力方面都不同，使用时应根据实际情况进行选择。

驱动电路设计时应注意以下几点。

①能将主电路和控制电路完全电气隔离，实现高低压分离。

②能提供足够的电压或电流，采用可靠开关功率器件。

③能传递几十千赫兹的脉冲信号。

④电路应尽可能简单，工作可靠，有较强的抗干扰能力。

7. 散热控制电路

变频器的散热是由安装在散热器上的风扇来解决的。散热风扇有的直接接在电源上，变频器上电后即运转，有的通过中心控制单元来控制，散热器温度高时运转，温度低时停止。

图4-20是一个中小功率通用变频器外观结构示意图。

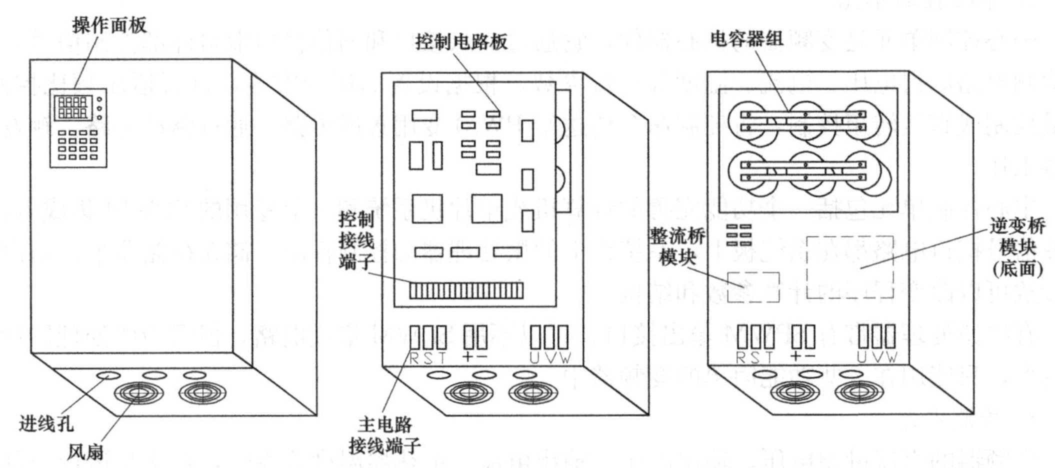

图4-20 变频器外观结构示意图

4.3 基于MC3PHAC控制的三相变频器

4.3.1 基于MC3PHAC控制的三相变频系统

1. 基于MC3PHAC控制的三相变频器结构

MC3PHAC是摩托罗拉公司开发的智能单片电机控制器，是一种可预先编程的三相变频调速交流电机控制单元，它提供了全面的电机控制解决方案，无须高额的开发投资和软件专业技术，即可实现复杂的电机控制，适用于小功率HVAC电机、家用电器、商用电器、过程控制等领域。基于MC3PHAC控制的三相变频调速小功率交流电机控制系统包含了完成三相交流电机开环变频调速的主要控制功能，用户可编程、可重构具有通用性，能适应不同的应用环境。系统包括主电路和控制电路。主电路包括整流滤波电路、制动电路、H桥电路。控制电路包括 MC3PHAC 三相变频控制电路和三相驱动电路等，如图 4-21 所示。

2. MC3PHAC 的基本功能

MC3PHAC 的基本功能是产生三相 SPWM 波形的 6 路控制信号，分别用于控制主变频电路的上端与下端开关元件。为了适应不同的功率开关元件的需要，PWM 信号的控制极性是可选的。通过外接电路或串行通信接口，有关的 SPWM 信号的参数，如频率、死区、极性、标准电网频率、低速电压提升、升降速特性等，都能进行有效和准确的调整。为了减少输入信号的干扰，在速度信号输入端设有一个 24 位的数字滤波器，使得输出频率的稳定性大为提高。滤波器的采样周期为 3ms 。速度控制的信号分辨率高达 32 位，这意味着电动机的转速分辨率可以达到千分之四赫兹。除此之外，MC3PHAC 还能够对主电路的电压波动进行有效的补偿，以消除输出正弦信号的抖动，使输出波形更加平滑。当主电路的电压过高时，还能够输出一个制动控制信号 RBRAKE，通过制动电路释放部分能量以保护主电路的安全。当外部故障信号有效时，MC3PHAC 能够立即切断所有 PWM 信号输出，对整个系统形成有效的故障保护。

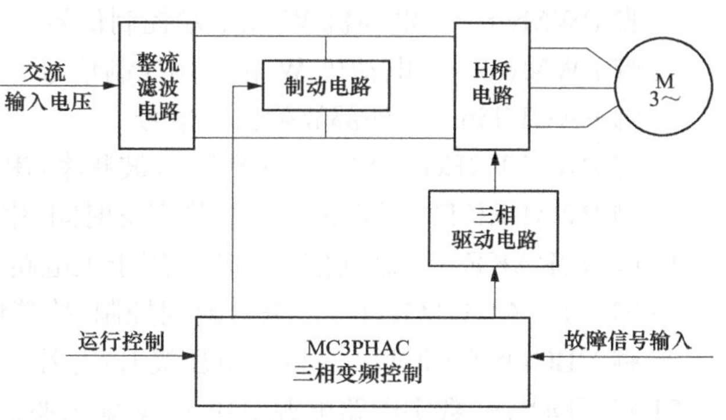

图 4-21　三相 SPWM 变频器结构图

MC3PHAC 主要由三相脉宽调制器（PWM）、4 通道模数转换器（ADC）、基于系统振荡器的锁相环欠压检测电路、串行连接口（SCI）等组成。MC3PHAC 通过三相波形发生器产生 6 路 PWM 信号，可以被调制成变压变频的三相电压信号，通过在正弦波调制信号中叠加适当大小的 3 次谐波，可以提高总线电压的综合利用率。图 4-22 是 MC3PHAC 引脚图。

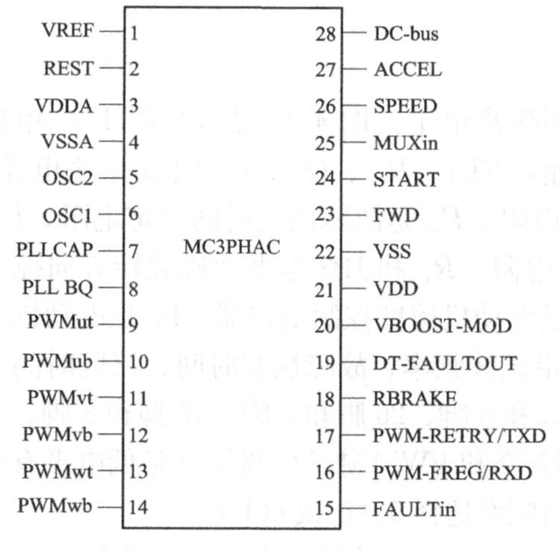

图 4-22　MC3PHAC 引脚图

MC3PHAC 的引脚定义与功能说明如下。

1 脚 VREF——作为 MC3PHAC 模拟部分电路 ADC 5V 参考电压。

2 脚 REST—— 双向复位信号，低电平有效。

3 脚 VDDA——MC3PHAC 模拟部分电路外接＋5V 电压，用于 ADC 和内部时钟 PLL 电源。

4 脚 VSSA——模拟电路地。

5 脚 OSC2——MC3PHAC 内部振荡电路输出脚。

6 脚 OSC1——MC3PHAC 内部振荡电路输入脚。

7 脚 PLLCAP——PLL 的滤波电容，典型值为 0.1μF。

8 脚 PLL BQ——控制信号极性/电网频率选择（与其他引脚配合使用）。

9 脚 PWMut——电动机 U 相上端控制信号。

10 脚 PWMub——电动机 U 相下端控制信号。

11 脚 PWMvt——电动机 V 相上端控制信号。

12 脚 PWM-vb——电动机 V 相下端控制信号。

13 脚 PWMwt——电动机 W 相上端控制信号。

14 脚 PWMwb——电动机 W 相下端控制信号。

15 脚 FAULTin——外部故障输入信号。

16 脚 PWM-FREG/RXD——PWM 载波频率/串行通信接收脚。

17 脚 PWM-RETRY/TXD——故障恢复时间/串行通信发送脚。

18 脚 RBRAKE——制动信号输出（用于主电路过电压保护）。

19 脚 DT-FAULTOUT——死区时间控制/故障信号输出。

20 脚 VBOOST-MOD——低速电压提升/芯片工作方式。

21 脚 VDD——数字电路电源电压＋5V 输入脚。

22 脚 VSS——数字电路地。

23 脚 FWD——电动机旋转方向控制。

24 脚 START——电动机起动/停机控制，低电平有效。

25 脚 MUXin——多路输入设定脚（与其他引脚联用决定有关运行控制参数）。

26 脚 SPEED——电动机速度控制。

27 脚 ACCEL——电动机加减速控制。

28 脚 DC-bus——主电路直流电压检测。

MC3PHAC 有两种运行模式，第一种是单独工作模式，在接通电源或复位期间，当引脚 VBOOST-MOD 是高电平时，MC3PHAC 进入单独工作模式。在单独工作模式下，系统参数通过连接在 MC3PHAC 周围的元件参数来定义，在运行期间，这些器件参数持续地被读入芯片。第二种是 PC 主控软件模式，当初始化时如果引脚 VBOOSt-MOD 接收到一个低电平，则 MC3PHAC 进入 PC 主控软件模式，该模式要求有 PC 或微处理器的配合才能执行，所有系统参数都由 PC 输入。

3. MC3PHAC 的单独工作方式

MC3PHAC 单独使用时 VBOOST-MOD 端必须接高电平。图 4-23 是 MC3PHAC 单独工作模式基本原理图。图中 R_{a1}、K_1 组成复位电路，XL1、R_{a2}、C_{a3}、C_{a4} 组成振荡电路，C_{a5} 是 PLL 的滤波电容，R_{a3} 是 PWM 载波频率设定电阻，R_{a4} 是故障恢复时间设定电阻，R_{a6} 是死区时间控制设定电阻，R_{a7} 是低速电压提升设定电阻，R_{a8} 和 JP3 是电动机旋转方向控制电路，R_{a12} 和 JP4 是电动机起动/停机控制电路，P_1 是电动机速度控制电位器，P_2 是电动机加减速控制电位器，R_{a11} 和 R_{a3}、R_{a4}、R_{a6}、R_{a7} 联用决定载波频率、故障恢复时间、死区时间控制、低速电压提升等控制参数，JP1、JP2 分别将 25 脚和 8 脚、26 脚和 8 脚、27 脚和 8 脚、28 脚和 8 脚连接，一共有四种组合，分别决定标准电网频率和 PWM 脉冲的极性（是低电平有效还是高电平有效），用于和控制信号极性的选择。电网频率选择 50Hz 或 60Hz。

上电后 MC3PHAC 进行初始化时，便对 PWMPOL-BAS 的连接状态（25～28 脚）进行检测，从而确定控制信号的极性与标准电网频率。随后，MUXin 脚成为多路输入引脚，轮流检测 4 个引脚的模拟信号，从而确定低速电压提升量、死区时间、恢复时间和 PWM 载波频率，然后便进入运行控制状态。

4. MC3PHAC 联机使用工作方式

MC3PHAC 联机使用的应用电路如图 4-24 所示。此时 VBOOST-MOD 端必须接地。由

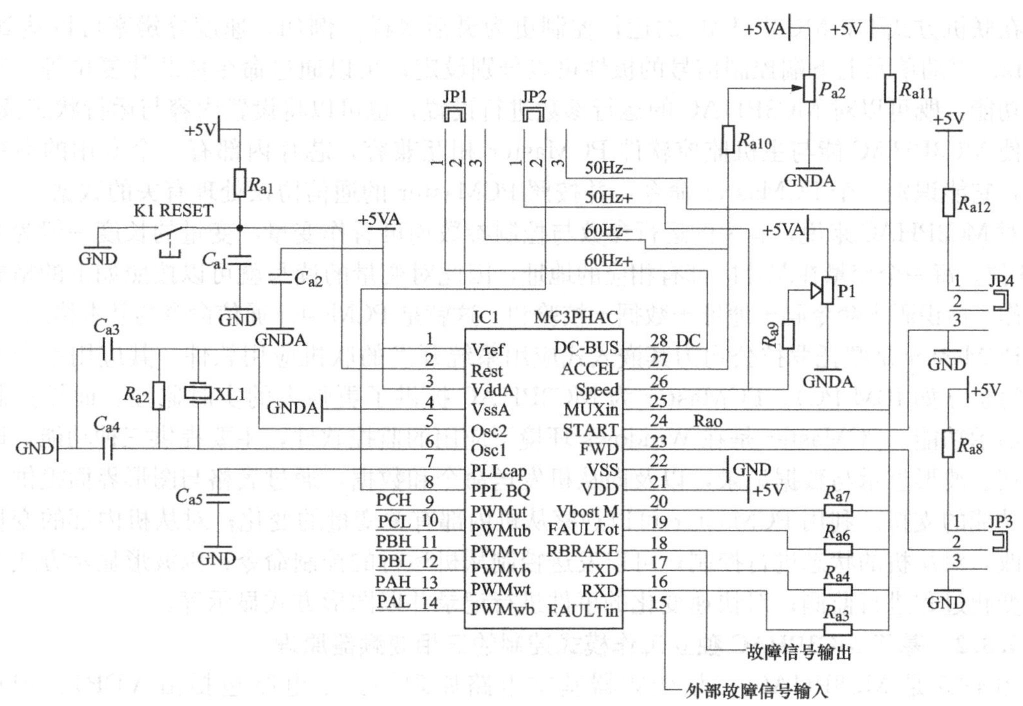

图 4-23　MC3PHAC 单独工作模式基本原理图

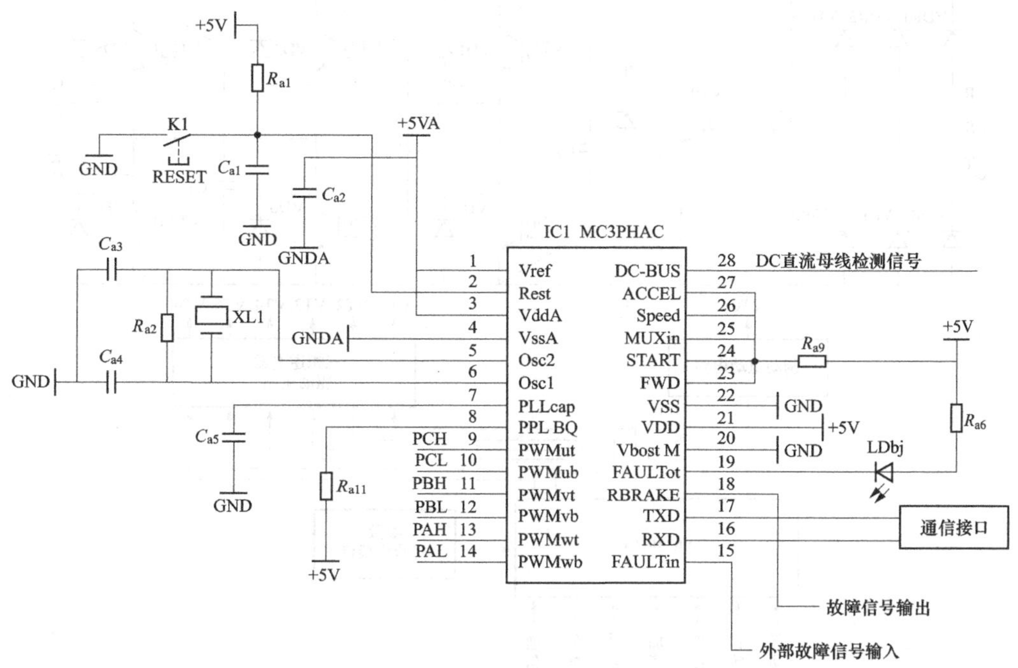

图 4-24　MC3PHAC 联机使用的应用电路

于所有的运行控制参数均由主机通过串行通信接口进行设置，其外围电路要简单得多。其中的通信接口是为了与相同接口的主机通信而配置的。如果配置其他通信接口，就可以以其他方式实现联机运行。摩托罗拉公司为此类应用系统开发了相应的主机监控软件 PCMaster。

在联机方式下，MC3PHAC 的运行控制更为灵活多样。例如，速度分辨率可以达到 1/256Hz；驱动单元上下端控制信号的极性可以分别设定；可以通过命令使芯片复位等。利用通信功能，既可以对 MC3PHAC 的运行参数进行设置，也可以将设置内容与运行状态读出。为了使 MC3PHAC 能与主机监控软件 PCMaster 相互兼容，芯片内部有一个专用的命令处理器，它能识别 6 个 PCMaster 命令，并按照 PCMaster 的通信协议处理有关的数据。

对 MC3PHAC 来说，有关的运行参数与控制参数均可看作变量，变量的长度一般为 8 位或 16 位。每一个变量在芯片内都有相应的地址，因此对变量的读写就可以按照如下的格式进行操作：标识码＋命令码＋地址＋数据＋校验和，这就是 PCMaster 通信命令的基本格式。

PCMaster 是摩托罗拉公司为其嵌入式应用系统开发的联机应用软件，其应用平台为个人计算机（如 IBM-PC）。PCMaster 为 MC3PHAC 提供了更强大的实时监控、面板控制和功能演示功能。PCMaster 是在 Windows 环境下应用的监控软件，主要提供三种功能，即变量观察、波形显示与数据记录，以及向从机发送命令和数据，通过表格与图形界面提供了对上述功能的支持。利用 PCMaster 可以观察从机内部有关变量的变化；对从机内部的变量进行修改，对从机的状态进行控制；可以发送控制从机运行的控制命令；以波形显示方式对变量的变化过程进行监测；对快速变化的事件进行记录并以图形方式显示等。

4.3.2 基于 MC3PHAC 独立工作模式控制的三相变频器原理

图 4-25 是 MC3PHAC 三相变频器基本电路原理图。主电路包括由 VDR1、VDR2、

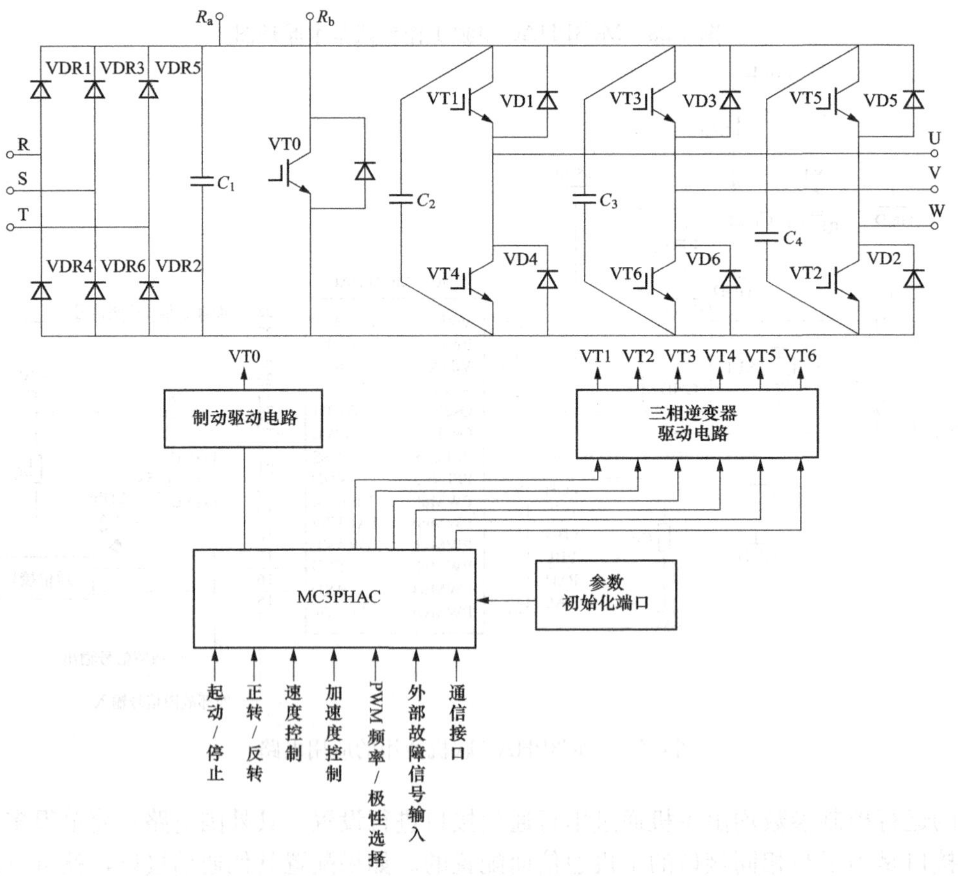

图 4-25 MC3PHAC 三相变频器基本电路原理图

VDR3、VDR4、VDR5、VDR6 组成的三相桥式二极管整流电路，VT0 加上外加制动电阻组成制动电路，由 VT1、VT2、VT3、VT4 、VT5、VT6 组成三相全桥逆变器，C_1 为滤波电容，C_2、C_3、C_4 为缓冲电路。控制电路包括 MC3PHAC 智能单片三相变频控制器，外部输入信号有：起动/停止、正转/反转、调速控制、加速度控制、PWM 频率选择、驱动极性选择、外部故障输入、通信接口等，MC3PHAC 的初始化可以由外接电路设定，还可以通过通信口由外部微处理器通过软件进行。MC3PHAC 的输出信号包括三相逆变器的 SPWM 驱动信号，通过驱动电路控制逆变器的 6 个开关管 VT1、VT2、VT3、VT4、VT5、VT6 和制动开关管 VT0。

图 4-26 是 MC3PHAC 独立工作模式控制的三相 SPWM 变频原理图。XL_1 取 4MHz，C_{a5} 是 PLL 的滤波电容，取 0.1μF，R_{a3} 取 3.9kΩ，PWM 载波频率对应为 10.582kHz，R_{a4} 取 8.2kΩ，对应故障恢复时间为 33μs，R_{a6} 取 1kΩ，对应死区时间为 1.3μs，R_{a7} 取 10kΩ，对应低速电压提升 24%，JP1 将 26 脚和 8 脚连接，决定标准电网频率 50Hz 和 PWM 脉冲为正极性。

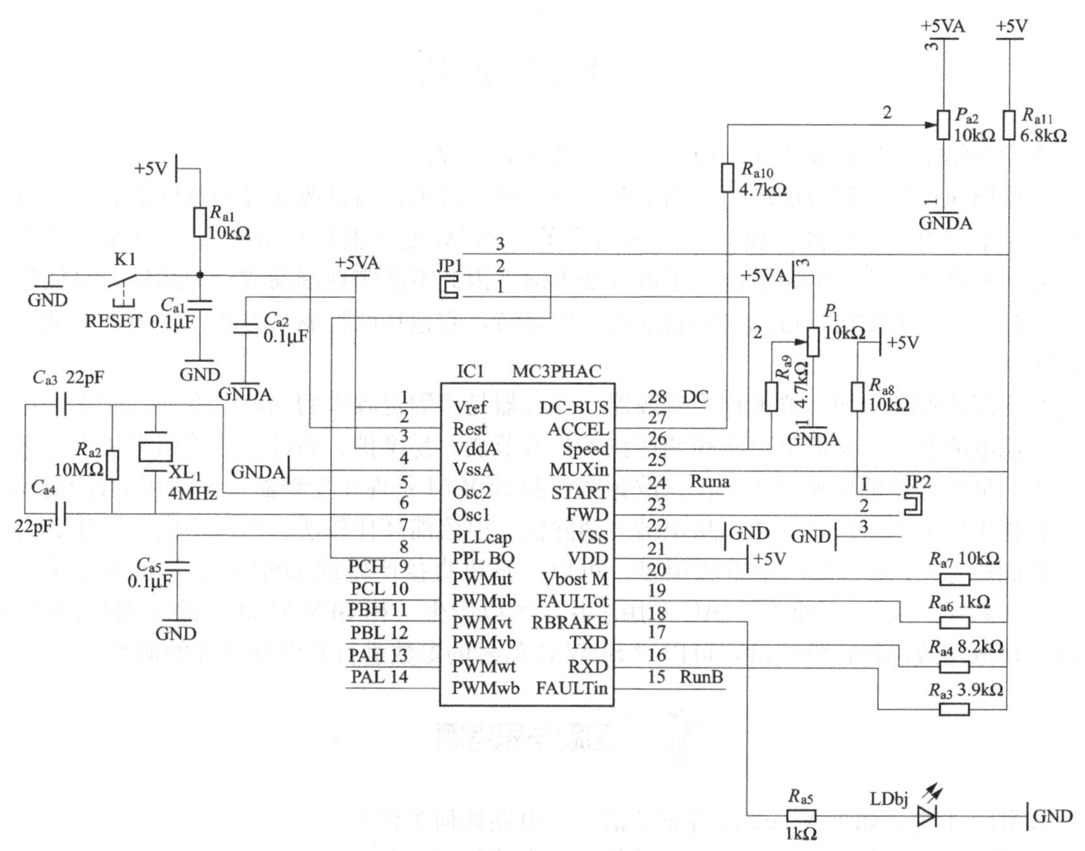

图 4-26　MC3PHAC 独立工作模式控制的三相 SPWM 变频原理图

图 4-27 是 IGBT 驱动原理图。IGBT 驱动电路由驱动电路 ACPL331 组成，驱动信号输入端 PWM 和 MC3PHAC 的 9～14 脚中的 1 脚连接，跟控制电路，保护输出信号 SO 输出到控制电路。BG1、BG2 为输出功率放大电路。MC3PHAC 需要 6 路驱动电路。

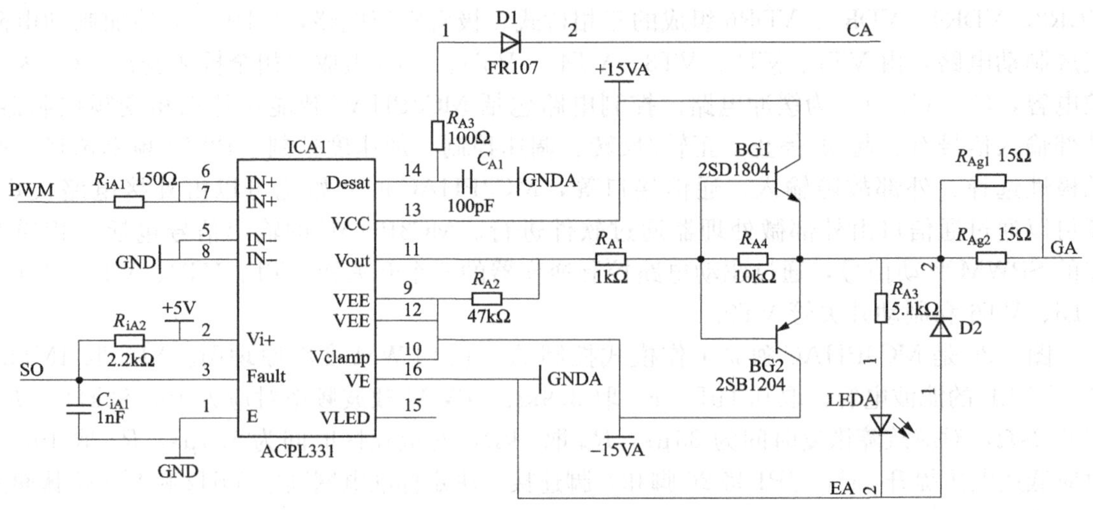

图 4-27 IGBT 驱动原理图

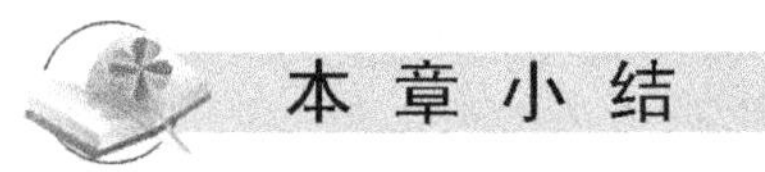

本章小结

本章介绍了直流调速变换电源和交流调速变频电源。

直流调速变换电源目前广泛采用 PWM 脉宽调制技术，通过改变脉冲宽度的方法来改变电枢回路平均电压，达到直流电机调速的目的。PWM 变换器可以分为不可逆和可逆两大类。对于不可逆结构，电路中电流不可改变方向，因此不能实现制动或反向运转，只能作单象限运行；对可逆结构，可以实现制动或反向运转，它包括两种驱动方式：单极性驱动和双极性驱动。

交流调速变频电源一般被称为变频器。变频器是将固定频率的交流电变换为频率连续可调的交流电的装置。交流电机变频调速技术具有节能、易维护、高性价比等诸多优点，被普遍认为是最有前途的调速方式。正弦波脉宽调制 SPWM 是现在变频器普遍使用的控制技术，还有其他生成 PWM 波的办法：指定谐波消除法、电流滞环比较法、电压空间矢量法、直接转矩控制法等。PWM 波产生方法很多，可以计算机直接产生或 DSP 产生，也可以采用专用 PWM 芯片产生，如 MC3PHAC 专用芯片，可以产生三相 SPWM 波形的 6 路控制信号，通过外接电路或串行通信接口，可以对 SPWM 信号的参数进行有效和准确的调整。

习题与思考题

1. 图 4-1 中，如果 VTg2 没有驱动信号，电路如何工作?
2. 图 4-2 中，如果 VTg3 没有驱动信号，电路如何工作?
3. 如何区别交—直—交变频器是电压型变频器还是电流型变频器? 它们在性能上有什么差异?
4. 通用型变频器有哪些组成部分? 各部分的作用是什么?
5. 变频器中为什么要有驱动电路? 驱动电路设计时应注意哪些问题?
6. 变频器中如何应用软开关技术?

第5章　不间断电源UPS应用技术

5.1　概　　述

5.1.1　UPS的发展趋势

随着计算机应用的日益普及和全球信息网络技术的迅速发展，用电设备对供电质量的要求越来越高。UPS（Uninterrupted Power Supply）是指不间断供电设备或通称不停电电源，是一种含有储能的装置（常用蓄电池储能）。当电网输入电压正常时，UPS将电网电压经过整流、逆变或直接稳压后供给负载，此时的UPS就是一台交流稳压器，同时还可向机内蓄电池充电。当电网输入电压中断时，UPS立即将蓄电池电能经过逆变继续供给负载使用，使负载维持正常工作。因此为了保证信息系统工作稳定，必须使用UPS不间断电源。

UPS电源可以解决电源断电、电压下陷、电源浪涌、减幅振荡、电源干扰、电源波动、谐波失真等电源质量问题。一旦电网异常乃至停电，即由蓄电池自动向逆变器供电，因此从负载侧看，供电不受电网影响。

UPS不间断电源要完成的主要任务是向用户的关键设备，如互联网的数据中心、银行的清算中心和通存通取网控系统、证券交易及期货贸易系统等提供高质量的、无时间中断的交流电源。随着网络应用的逐渐普及，特别是互联网规模的日趋扩大，UPS在网络与电子商务飞速发展的年代里迎来了它的黄金时期。网络时代的UPS产品已经由独立的外设产品发展成为整个计算机和网络系统不可分割的一部分。

目前UPS的发展主要有以下特点。

1. 绿色无污染

采用配置有输入功率因数校正的高频脉宽调制技术的UPS输入功率因数一般都可被提高到0.99以上，可使UPS电源的输入电压和输入电流在几乎同相位的条件下，其输入电流波形也呈现为正弦波。这样，就可在大大提高对电能利用率的同时，消除传统的UPS电源对电网所产生的谐波干扰和污染，加强抗电磁干扰能力，降低辐射干扰，从而引出绿色无污染UPS的新概念。此外，高频脉宽调制技术在UPS的整流滤波电路上的利用，大大提高了UPS电源对电网电压波动的适应能力。传统的UPS允许的电网电压的范围可以波动20%，然而采用高频脉宽调制技术的UPS的电网电压输入范围可达25%左右。

2. 智能化

可在计算机网络的各种监视平台上实时监视UPS电源的运行。利用这种控制功能可在计算机网络终端上实时监视UPS电源的运行参数（如输入输出电压、电流和频率，UPS电池组的充放电，UPS的输出功率及有关的故障报警信息）。此外还可在计算机网络终端上对UPS电源的输出执行定时的自动开机关机操作。为实现上述功能，在目前较先进的UPS电源上可向用户提供RS232、RS485通信接口。

3. 小型化

由于功率器件工作频率的提高，在UPS中采用体积更小、重量较轻的高频铁氧体磁芯变压器来代替硅钢片变压器，特别是在小型 UPS 电源中普遍采用无逆变器输出变压器设计方案后，使得小型 UPS 得以向体积小、重量轻、噪声小的方向发展。

4. 高可靠性

从寿命角度出发，电解电容、光电耦合器及排风扇等器件的寿命影响着电源的寿命，所以应尽可能使用较少的器件，以提高集成度。从结构设计方面着眼，应注意器件的布局和散热。采用模块化方式可方便用户扩容和管理，同时也便于安装和维修。

5. 高效率

PWM 开关控制变换器运行的频率范围一般为 30～50kHz，在这个范围内，整个系统无论体积、重量、效率、可靠性和价格都基本实现了最佳。

6. 并联运行的分布电源系统

电源技术的发展方向之一是并联运行的分布电源系统。并联技术是实现大功率电源系统的关键技术，用多个开关电源模块并联可以灵活地组合成分布式电源，由于各个模块的高密度，使整个电源体积重量下降，模块中半导体器件的电流应力小，提高了系统的可靠性。

7. 控制电路的数字化

模拟系统存在元器件数量大、分散性强、不利于生产与调试的缺点，且具有漂移、老化等不良特性，系统可靠性难以提高。而高档微处理器和数字信号处理器（DSP）的数字化控制，则具有很强的数据、逻辑运算能力，可以实现一些复杂的先进算法和智能算法。

5.1.2 UPS 的主要形式

目前 UPS 品种很多，按其输出波形可分为方波输出、正弦波输出和梯形波输出；按输入、输出方式分可分为单相输入单相输出、三相输入单相输出、三相输入三相输出；按容量分可分为小功率 5kVA 以下、中功率 5～30kVA、大功率 30kVA 以上。以下是 UPS 常用的几种形式。

1. 后备式 UPS

后备式 UPS 不间断电源的功率变换主回路的构成比较简单。主要由滤波电路和电池充电与逆变电路组成，滤波电路可对电网的干扰起到一定的抑制作用，如图 5-1 所示。电网电压正常时，UPS 一方面通过滤波电路向用电设备供电，另一方面通过充电回路给后备电池充电。当电池充满时，充电回路停止工作，在这种情况下，UPS 的逆变电路不工作。当电网发生故障时，逆变电路开始工作，后备电池放电，在一定时间内维持 UPS 的输出。可见 UPS 存在一个从电网供电到电池供电的转换过程，这种转换一般是通过继电器来实现的，因此会有转换时间，切换期间 UPS 的输出会出现瞬间掉电的现象。不过转换时间很短，一般小于 15ms，并不会影响普通计算机的正常工作，但对于服务器等高端设备来说，后备式

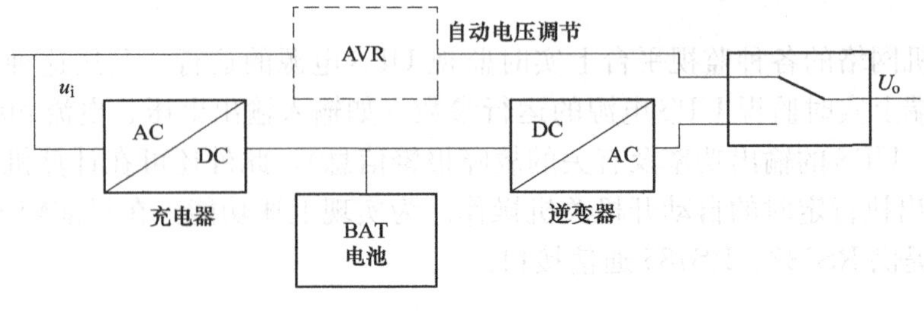

图 5-1 后备式 UPS 框图

UPS 的供电质量是远远不够的。出于成本考虑，后备式 UPS 电源工作在逆变状态时输出电压波形失真比较大，普通后备式 UPS 输出波形是方波或梯形波，部分高档产品的可以实现准正弦波输出。后备式 UPS 电源由于在电网供电时不使用变换器，因此具有很高的效率。

2. 在线式 UPS

在线式 UPS 无论电网供电是否正常，它对负载的供电都是由 UPS 电源的逆变器提供的，因此它有如下优点。

(1) 能消除电网的任何电压波动和干扰对负载工作的影响。从电网正常供电到电网中断时，UPS 内部没有产生任何转换动作，能真正实现不间断供电。

(2) 有优良的电压瞬变特性，即负载变化时，对输出电压的影响很好。

在线路设计时采用了输入变压器、输出变压器及光电耦合器件等技术手段，将“强电”驱动与“弱电”控制隔离开来，因而故障率低。

3. 在线互动式 UPS

在线互动式 UPS 电源也称之为三端口式 UPS 电源，使用的是工频变压器。从能量传递的角度来考虑，其变压器存在三个能量流动的端口，如图 5-2 所示，端口 1（变压器的引脚 1、2、3、4、5 和 6）连接电网输入，端口 2（变压器的引脚 7 和 8）通过双向变换器与蓄电池相连，端口 3（变压器的引脚 3 和 6）接输出。电网供电时，交流经端口 1 流入变压器，在稳压电路的控制下选择合适的变压器抽头接入，同时在端口 2 的双向变换器的作用下借助蓄电池的能量转换来共同调节端口 3 上的输出电压，以此来达到比较好的稳压效果。电网掉电时，蓄电池通过双向变换器经端口 2 给变压器供电，维持端口 3 上的交流输出。在线互动式 UPS 电源在变压器抽头切换的过程中，双向变换器作为逆变器方式工作，蓄电池供电，因此能实现输出电压的不间断，同样在由电网供电到电池供电的切换过程中也能做到没有转换时间。

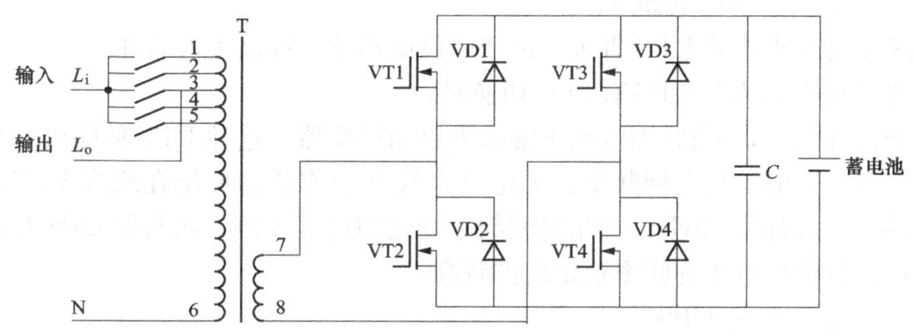

图 5-2　在线互动式 UPS 电路拓扑

在线互动式 UPS 电源的电路实现简单，没有单独的充电器，带来的是生产成本的降低和可靠性的提高，另一方面这类产品在电网供电工作时也不存在 AC/DC，DC/AC 的转换，使整机效率有所提高。可以说在线互动式 UPS 很好地结合了后备式 UPS 和在线式 UPS 的许多优点，是一种比较实用的变换形式，但是由于在线互动式 UPS 使用的是工频变压器，同样有笨重、体积大的问题。

在线互动式 UPS 中有一个双向变换器，既可作为逆变器使用，又可用作蓄电池充电器。当电网电压正常时，在线互动式 UPS 供给负载的是经过改善的电网电压；当电网故障时，负载完全由蓄电池提供的电能经逆变器变换后供电。

图 5-2 中包括了变压器 T、输入开关、变换器和蓄电池。当电网供电中断或不正常时，将输入开关断开，防止逆变器向电网馈电。当电网电压波动时，由输入开关调节变压器抽头 1、2、3、4、5，完成 UPS 输出电压的调整。VT1～VT4 和 VD1～VD4 组成双向变换器。当电网供电时，变压器抽头 3、6 之间输出交流电压给负载，同时绕组 7、8 输出降压交流电压，经 VD1～VD4 组成的桥式整流电路变换成直流电压，经 C 滤波提供蓄电池充电。当电网供电中断或不正常时，输入开关断开，蓄电池通过 VT1～VT4 组成的桥式逆变电路变换成交流电，通过变压器绕组 7、8 提供变压器次级电压，经升压后，在变压器 3、6 之间输出交流电压向负载供电。当输入电网电压在规定范围内变化时，UPS 通过调整变压器的抽头来大致稳定输出电压。调整抽头时，双向变换器工作在逆变状态，再进行抽头换接。当抽头换接结束后，停止双向变换器的逆变工作状态进入充电，输出电压由电网供给。图 5-2 中 VD1～VD4 在逆变工作时用作各开关管的反并联二极管，提供变压器漏感产生的反电势的回路；在充电方式时组成全桥整流电路。只要蓄电池不工作，充电过程一直进行。

在线互动式 UPS 由于没有经过两次变换，整机效率高，可达 95%以上。在电网供电时过载能力达 200%。其主要存在的缺点有：电网供电时，输出电压只是幅度的调整，对于输入电压的失真、干扰等电网污染将直接传递给输出；输出电压幅度的调整是有级的，如果要提高输出电压的调节精度，则必须增加变压器抽头个数；当输入电压或负载电流突变时，输出电压波动较大，恢复时间长；UPS 整机的功率因数由输出负载决定；当双向变换器工作在充电状态时，其充电电压和充电电流不可控，大大降低了蓄电池的使用寿命。

此外，在线互动式 UPS 的出现，兼顾了后备式和在线式两种 UPS 的优点，在线互动式 UPS 和传统在线式的主要区别如下。

（1）在线互动式小功率 UPS 省去了过细的稳压环节，提高了可靠性。

（2）在线互动式小功率 UPS 有 2ms 切换时间。

（3）由于在线互动式 UPS 当电网正常时不启动逆变器。这种 UPS 的输出频率随电网频率而变，即负载接受的就是电网频率。无论是在线互动式还是传统在线式 UPS，一般对输入电压频率的要求大都是 50Hz。如果电网频率变化超过这个值，此两种 UPS 都改变到蓄电池供电状态，这时输出电压的频率稳定度都较高。

4. 串并联调整在线式 UPS

串并联调整在线式 UPS 是当前性能最优越的一种新型在线式 UPS。采用 Delta 逆变的串并联调整原理，使 UPS 电网输入侧电流无谐波，输入功率因数等于 1，负载输出侧保持电压稳定，波形无失真。正常工作时 UPS 的容量小于负载容量，其相差的容量与电网电压波动和负载的功率因数有关，UPS 的过载能力强，效率高。Delta UPS 作为一种互动式 UPS，相当于一台串联调控型的交流稳压电源，它的主要功能是对电网电压进行稳压处理，将原来不稳定的普通电网电源变成电压稳压精度为 380V±1%的交流稳压电源。当电网电压超出工作范围时，电池逆变输出，为负载提供电力供应。

本章主要介绍在线式 UPS 和串并联调整在线式 UPS 不间断电源的电路结构和工作原理。

5.2　在线式 UPS 的结构及工作原理

在线式 UPS 的主要任务是在市电供电正常时，将供电质量较差的市电首先经过整流和滤波器变为直流电，再利用 SPWM（即正弦脉宽调制）技术，在逆变器内将直流电转换为纯净的、高质量的正弦波交流电源；在市电供电出现故障或完全停电时，立即改由蓄电池向逆变器继续提供直流电，从而保证了 UPS 电源的逆变器向用户提供无时间间断的高质量的正弦波交流电源。

5.2.1　在线式 UPS 的主电路结构及工作原理

采用后备式 UPS 供电时其供电的技术指标不如在线式 UPS。在线式 UPS 一般采用双变换结构，即电能经过 AC/DC 和 DC/AC 两次变换后再供给负载。为了提高系统的可靠性，双变换在线式 UPS 一般增加了自动旁路电路，小功率采用继电器转换，大功率采用晶闸管切换开关。

1. 双变换在线式 UPS

在线式 UPS 的系统结构框图如图 5-3 所示。当电网电压正常时，电网电源通过输入滤波器、转换开关 1、功率因数校正电路产生±370V 直流电压，再经逆变器将直流变换成交流输出；另一路电网电源通过输入滤波器、充电器（AC/DC 变换），将交流电压变换成 110V 的直流电压对蓄电池充电；当电网电压中断时，蓄电池所储存的能量经 DC/DC 变换器转换为+400V 的直流电压输入到逆变器，使输出实现不间断供电。在线式 UPS 的另外一种工作方式是转换开关 1 和 2 接到旁路通道，电网电压直接通过输入、输出滤波器输出给负载，不经过转换电路，这种工作方式要求电网电源供电质量较好。

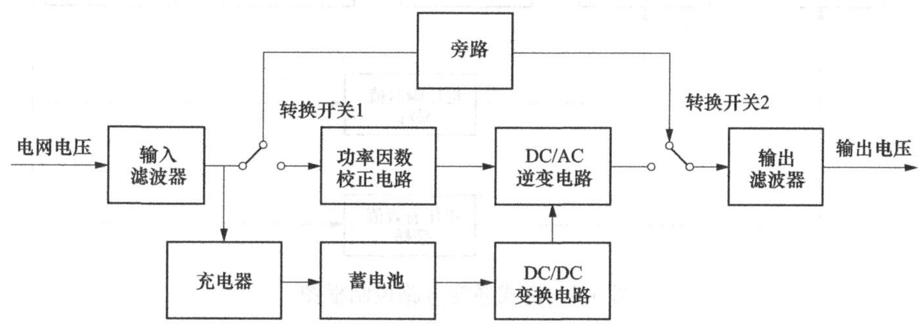

图 5-3　在线式 UPS 的系统结构框图

在线式 UPS 系统的典型框图如图 5-4 所示。电网交流电压经滤波、整流后，变换成直流电压，经 PWM 逆变器变换成交流电压，通过输出变压器、交流滤波器输出稳定的工频电压。蓄电池在电网电压正常工作时储存能量，并且维持在一个正常的充电电压上。一旦电网供电中断，蓄电池立即对逆变器供电，实现 UPS 输出电压的不间断供电。UPS 电源还包括保护电路、电网供电和 UPS 逆变器供电之间的自动切换装置、控制电路等。

在线式 UPS 一般采用桥式逆变电路，其控制框图如图 5-5 所示，它是电压型逆变电源，采用正弦脉宽调制（SPWM）方式，其基本原理是首先反馈电压和基准正弦波进行比较，经过电压调节器综合后，生成的误差信号再与三角波进行比较，产生 SPWM 开关信号，控

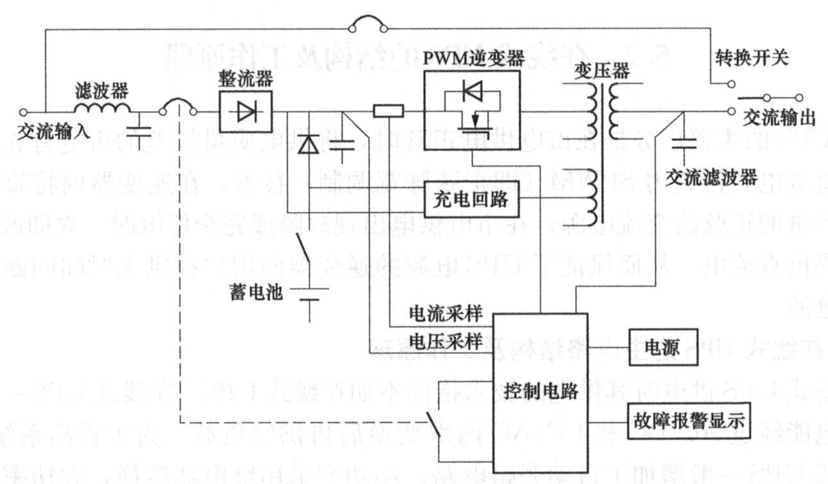

图 5-4　在线式 UPS 系统的典型框图

制各桥臂 IGBT 管的导通与关断。使输出电压的波形、幅值和相位尽量接近给定基准。根据仿真分析和实验，电压调节器（一般为 PI 型）的参数设计直接影响到输出波形的质量及动态特性。为了提高输出电压的稳态精度，一般还采用了输出电压有效值调节。

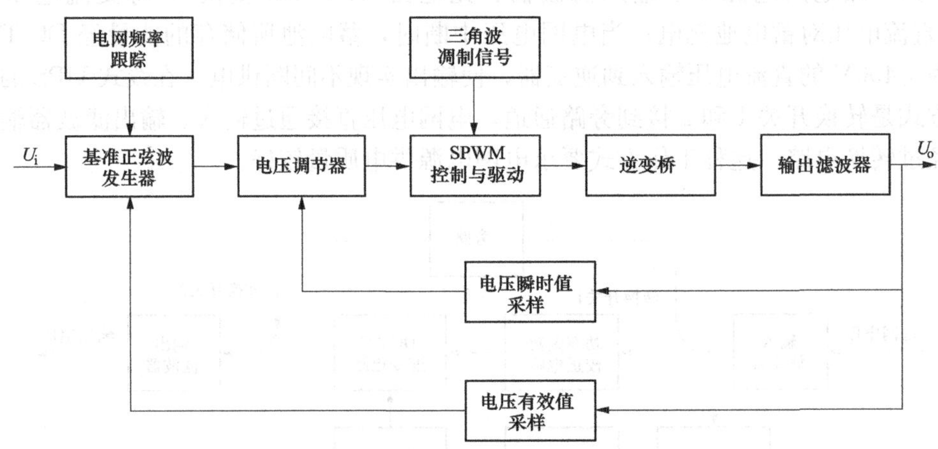

图 5-5　桥式逆变电路控制框图

传统的在线式双变换 UPS 主电路如图 5-6 所示。AC/DC 采用单相桥式整流电路，整流器可为晶闸管全控整流（SCR）、半控整流及不控整流。晶闸管整流一般在大中功率 UPS 中运用，技术相当成熟，SCR 工作在低频，控制简单，运用稳定可靠，效率高，整流器造价低。而对于小功率 UPS 来说，则将 220VAC 直接整流滤波，可更简单，更可靠，成本更低，但 UPS 的稳压作用则完全由逆变器来完成。

晶闸管全控整流这种 UPS 拓扑结构输入功率因数低，一般为 0.7 左右，输入电流谐波大，最大达 30%，改用 12 相整流（三相输入）或加输入谐波电感，输入功率因数可提高到 0.9 左右，谐波电流降到 10%以下。输入功率因数低，意味着输入无功功率大，输入谐波电流污染电网，以脉动的断续方式向电网索取电流，这种脉动电流在外电网沿路阻抗上形成脉动电压叠加在电网电压的正弦波上，造成电压失真。这就是所谓的电力公害。

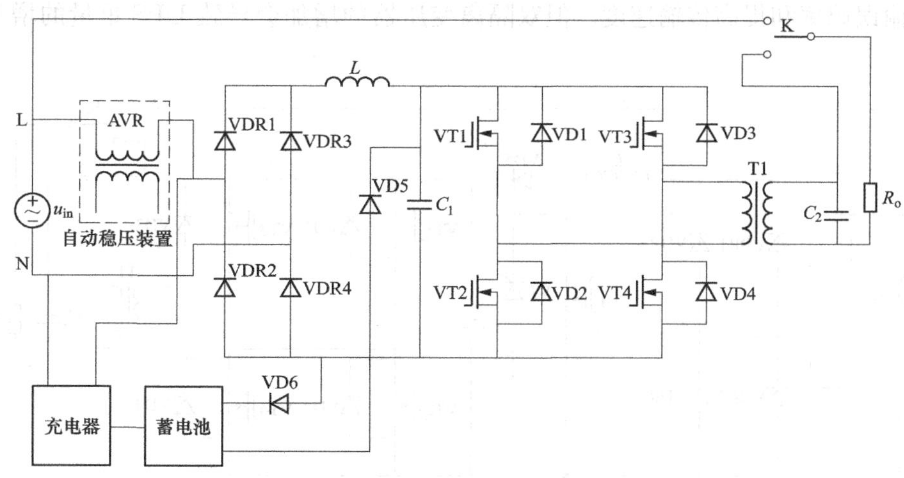

图 5-6　传统在线式双变换 UPS 主电路

图 5-6 中蓄电池一般采用 16×12V=192V，通过二极管或晶闸管与直流母线（BUS）连接在一起。当整流后的电压低于电池电压时，则由电池供电。逆变桥一般由 600V 的 IGBT 构成，IGBT 一般工作在 20kHz 左右的 SPWM 状态。变压器 T_1 具有电气隔离、升压以及起漏感的滤波作用，也有的在变压器 T_1 的初级侧串接隔离电容，防止变压器饱和电流大而损害功率器件。如果要拓宽输入电压范围，可在输入整流前加一个自动稳压装置 AVR，如图 5-6 中虚线部分。当三相输入时，可在输入端加 Y/△形工频变压器。

2. 带有源功率因数校正的双变换在线式 UPS

采用电感等无源功率因数校正电路的 UPS 体积大，抑制高次谐波的效果差。在 UPS 的输入端加有源功率因数校正电路，能有效地抑制高次谐波。比较典型的电路拓扑是采用 UC3854 功率因数校正集成控制电路，主电路为 Boost 升压型 DC/DC 变换器，采用平均电流控制模式，具有较好的效果，校正后的功率因数可达 0.99，输入电流谐波（THD）小于 5%，输入电压在 160～270V 范围内都有较好的稳压效果，输入在 120～160V 范围内 UPS 也能工作，但必须降低负载 33%～50%使用。

图 5-7 是带有源功率因数校正的双变换在线式 UPS 主电路拓扑。图中蓄电池组一般采用 24 节 12V 蓄电池。蓄电池供电输出采用 Boost 升压式 DC/DC 变换电路，升压值和有源功率因数校正电路升压值相等，一般达到直流 380V 供给逆变电路。图中开关管 VT0 和二极管 VD5 工作在硬开关状态。在 VT0 开通过程中，电流上升和电压下降出现重叠现象；在 VT0 关断过程中，电压上升和电流下降出现重叠现象，存在开关损耗。当开关管 VT0 硬关断时，感性元件和线路电感感应出较高的尖峰电压，易造成开关管高压击穿；二极管由导电变为截止时，存在反向恢复时间，易造成直流电源瞬间短路。为了解决上述问题，特别在大功率应用中，采用第 2 章介绍的 UC3855 零电压软开关功率因数校正集成控制电路。

3. 双隔离双变换在线式 UPS

在图 5-6 和图 5-7 电路中，当系统处于旁路状态时，输入电压的干扰直接传输到输出，影响负载上的电能质量。如果在输出端加双隔离变压器，变压器初级分别接输入电压和 UPS 的输出电压，变压器次级接负载，如图 5-8 所示，采用双隔离变压器后，可彻底隔离逆变和旁路输入干扰对输出的影响，同时可以使输出的零地电压低于 1V，在计算机网络中可以减小传输误码率和提高传输速度。但双隔离变压器的增加会导致 UPS 重量的增加和成本的提高。

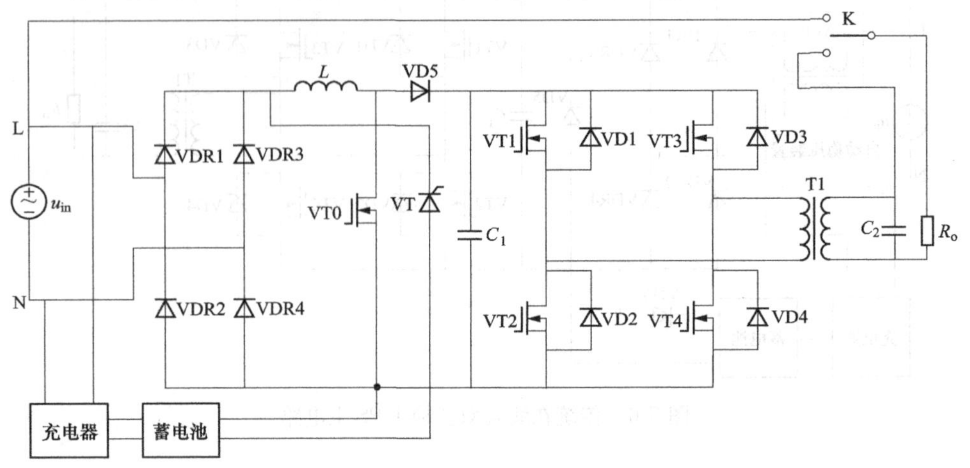

图 5-7 带有源功率因数校正的双变换在线式 UPS 主电路

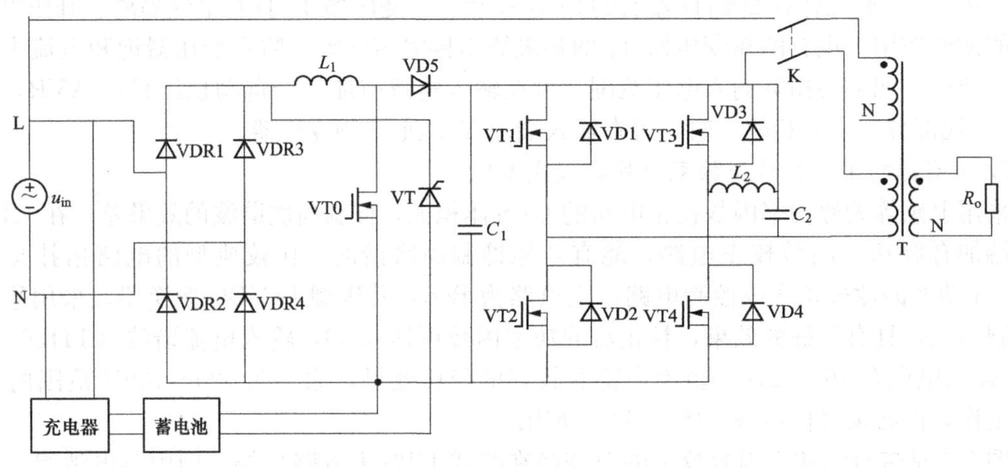

图 5-8 双隔离双变换在线式 UPS 主电路

4. 全高频单功率因数校正（PFC）半桥式 UPS

全高频单功率因数校正半桥式 UPS 的出现解决了传统双变换 UPS 体积大、效率低和造价高的问题，主要是去除了输出隔离变压器，因此也就没有隔离和缓冲的功能，对直流母线上的电压要求更严格。为了满足这个要求，必须采用两组蓄电池，其输出电压直接受负载变化的影响，逆变器功率管在接近满载时比传统式 UPS 容易损坏，输出电压零线上有不易限制的谐波电流，因而零线电位不为零，输出电压的直流分量以及负载上的直流分量也不易消除，容量也不易做大，一般为 30kVA 左右。

双变换电路即使在电网电压很稳定时，也要进行两次变换后才能输出给负载，增加了系统损耗，降低了效率。如果当电网电压稳定在某一范围内，不进行两次变换，只进行必要的滤波，然后输送给负载，这样可以减小损耗，提高效率，提高系统可靠性。全高频单功率因数校正半桥式 UPS 是传统双变换 UPS 的经济运行模式。

图 5-9 是小功率高频单功率因数校正半桥在线式 UPS 的主电路。图中 L_1、VDR1、VDR2、VDR3、VDR4、VT0、VD5、VD6 组成整流加功率因数校正电路，C_1、C_2、VT1、VT2、VD1、VD2 组成半桥逆变电路，L_2、C_3 为输出滤波电路。K 为切换开关，当 K 放到 2，负载电压由 UPS 提供；当 K 放到 1，负载电压由电网直接提供。

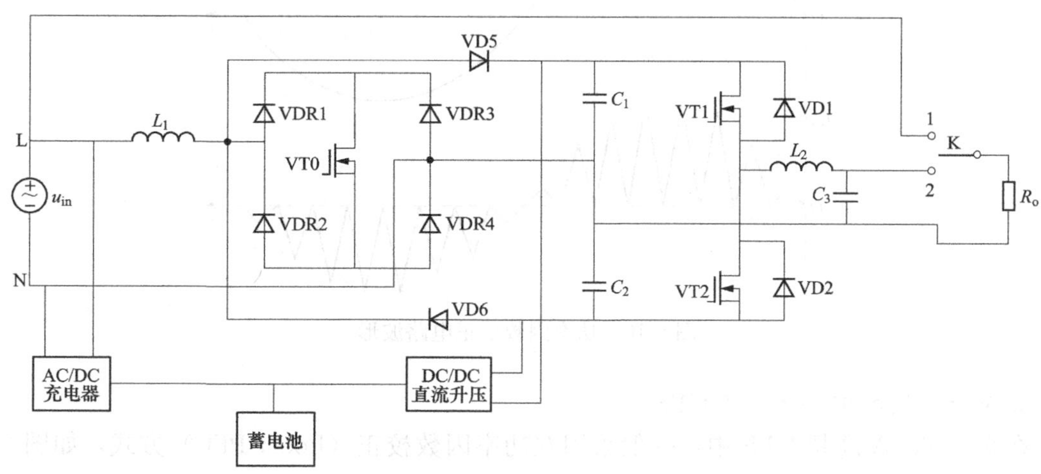

图 5-9　小功率高频单功率因数校正半桥在线式 UPS 主电路

功率因数校正电路开关管 VT0 一般采用 UC3854 控制；充电器采用二极管整流加 Buck 降压式 DC/DC 变换器，控制 Buck 变换器的占空比，即可控制充电电流。蓄电池输出采用 Boost 升压式 DC/DC 变换器，将蓄电池电压升到直流母线电压，提供给逆变器。DC/DC 变换一般升压至直流 375V。当电网超过规定范围时，退出 PFC 工作。一旦 C_1、C_2 上直流母线电压由 380V 降至 375V，蓄电池开始供电，对输出电压来说不存在转换时间。电路的工作原理如下。

电网输入电压 u_{in}为正半波，VT_0 导通时，电感 L_1 储能，电感电流 i_{L1}的回路为

$$u_{in}(L) \rightarrow L_1 \rightarrow VD_{R1} \rightarrow VT0 \rightarrow VDR4 \rightarrow u_{in}(N)$$

VT0 关断时，电感 L_1 放能，电感电流 i_{L1}的回路为

$$u_{in}(L) \rightarrow L_1 \rightarrow VD5 \rightarrow C_1 \rightarrow u_{in}(N)$$

电网输入电压 U_{in}为负半波，VT0 导通时，电感 L_1 储能，电感电流 i_{L1}的回路为

$$u_{in}(N) \rightarrow VDR3 \rightarrow VT0 \rightarrow VDR2 \rightarrow L_1 \rightarrow u_{in}(L)$$

VT_0 关断时，电感 L_1 放能，电感电流 i_{L1}的回路为

$$u_{in}(N) \rightarrow C_2 \rightarrow VD6 \rightarrow L_1 \rightarrow u_{in}(L)$$

图 5-10 是功率因数校正电路 VT0 的驱动波形、电感 L_1 的电流波形和输入电压波形。AC/DC 变换部分的高频化提高了 UPS 的输入功率因数（0.98 以上）及输入电压的范围（20%以上），DC/AC 逆变部分的高频化减小了输出滤波电感的体积。由于无输出隔离变压器，零地电压受到供电电网及负载的影响较高，影响计算机网络的传输速度。一旦逆变器上桥臂的 IGBT 被击穿短路，直流母线高电压将加到负载上，危及负载的安全。因此如果加上输出隔离变压器，性能将高于传统的双变换 UPS。

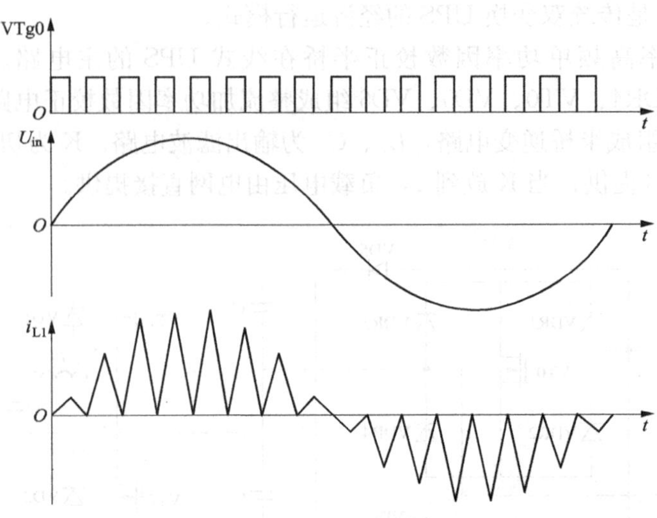

图 5-10 功率因数校正电路波形

5. 双功率因数校正全高频 UPS

在 5～10kVA 高频 UPS 中，一般采用双功率因数校正（Boost PFC）方式，如图 5-11 所示。

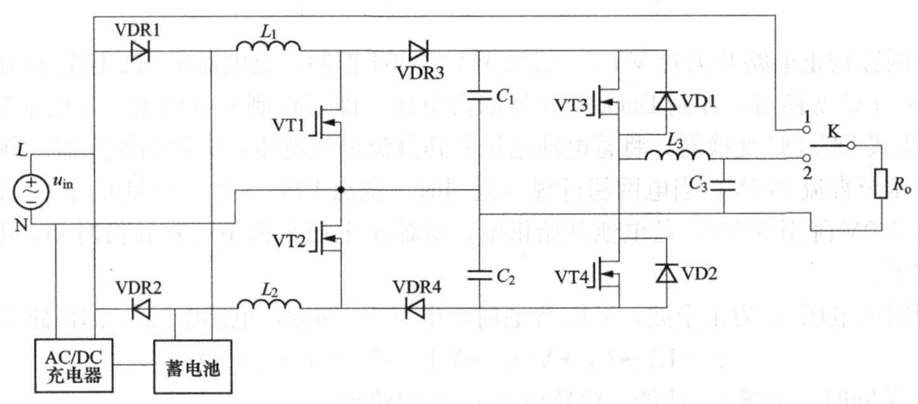

图 5-11 双功率因数校正 UPS 主电路

电路的工作原理如下。

电网输入电压 u_{in} 为正半波，VT1 导通时，电感 L_1 储能，电感电流 i_{L1} 的回路为

$$u_{in}(L) \rightarrow VDR1 \rightarrow L_1 \rightarrow VT1 \rightarrow u_{in}(N)$$

VT_1 关断时，电感 L_1 放能，电感电流 i_{L1} 的回路为

$$u_{in}(L) \rightarrow VDR1 \rightarrow L_1 \rightarrow VDR3 \rightarrow C_1 \rightarrow u_{in}(N)$$

电网输入电压 U_{in} 为负半波，VT2 导通时，电感 L_2 储能，电感电流 i_{L2} 的回路为

$$u_{in}(N) \rightarrow VT2 \rightarrow L_2 \rightarrow VDR2 \rightarrow u_{in}(L)$$

VT2 关断时，电感 L_2 放能，电感电流 i_{L2} 的回路为

$$u_{in}(N) \rightarrow C_2 \rightarrow VDR4 \rightarrow L_2 \rightarrow VDR2 \rightarrow u_{in}(L)$$

蓄电池工作时，电路的工作原理如下。

VT1、VT2同时导通时，电感L_1、L_2储能，电感电流i_{L1}、i_{L2}的回路为

蓄电池+→L_1→VT1、VT2→L_2→蓄电池−

VT1导通VT2关断时，电感L_1储能、C_2充电，电感电流i_{L1}、i_{L2}的回路为

蓄电池+→L_1→VT1→C_2→VDR4→L_2→蓄电池−

VT1、VT2同时关断时，电容C_1、C_2充电，电感电流i_{L1}、i_{L2}的回路为

蓄电池+→L_1→VDR3→C_1、C_2→VDR4→L_2→蓄电池−

VT1关断VT2导通时，电容C_1充电，电感L_2储能，电感电流i_{L1}、i_{L2}的回路为

蓄电池+→L_1→VDR3→C_1→VT2→L_2→蓄电池−

双功率因数校正技术与单功率因数校正技术相比，主要是整机功率可扩大。

5.2.2 高频环节变换方式UPS的主电路结构及工作原理

1. 高频环节DC/AC变换方式

(1) 高频环节DC/AC变换电路类型。如图5-12所示，高频环节DC/AC变换电路变压器一次侧高频逆变器的控制方式有高频方波输出控制、高频PWM脉宽控制和高频谐振正弦波输出控制，变压器二次侧逆变器的控制方式有PWM脉宽调制控制、电源换流逆变控制、高频循环换流逆变控制、高频相控循环换流逆变控制等方式。

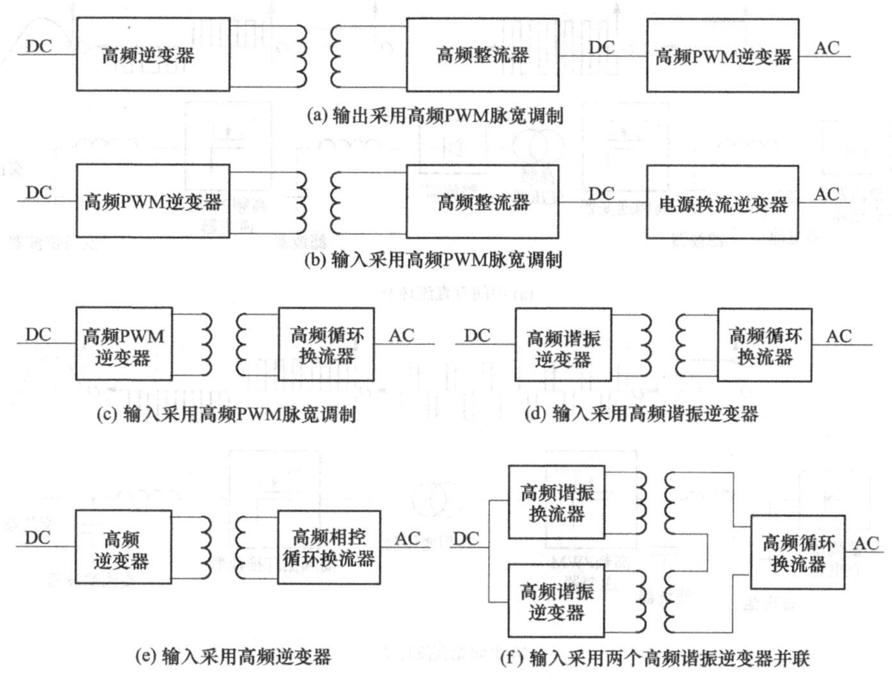

图5-12　高频环节DC/AC变换方式

图5-12 (a) 输出采用高频PWM脉宽调制方式，将输出电压的幅值和频率稳定在电网额定值。图5-12 (b) 输入采用高频PWM脉宽调制方式，将输出电压的幅值稳定在电网额定值，输出采用电源换流逆变器，使输出电压的频率跟踪电网频率。图5-12 (c) 输入采用高频PWM脉宽调制方式，将输出电压的幅值稳定在电网额定值，输出采用高频循环换流器，使输出电压的频率稳定在电网频率。图5-12 (d) 输入采用高频谐振逆变器，减小开关损耗，输出采用高频循环换流器，使输出电压的频率稳定在电网频率。图5-12 (e) 输入采

用高频逆变器，输出采用高频相控循环换流器，使输出电压的电压和频率稳定在电网频率。图 5-12（f）输入采用两个高频谐振逆变器并联，输出采用高频循环换流器，使输出电压的频率稳定在电网频率。其中（d）和（f）没有稳压功能。UPS 的变换方式一般采用（a）、（c）、（e）三种方式。

（2）高频环节变换方式 UPS 的特征。高频环节变换方式 UPS 如图 5-13 所示。图 5-13（a）中，交流输入电压通过二极管整流，获得直流电压，并对蓄电池浮充电，通过 LC 滤波变成稳定的直流电压，经高频逆变器变换成高频方波交流电压，经变压器隔离变压，高频二极管整流，高频 LC 滤波变成稳定的直流电压，最后经高频 PWM 逆变器和 LC 滤波器，变成 50Hz 的正弦波输出。由于中间接入直流环节，高频逆变器与 PWM 逆变器的换流与输出电压的控制可分别进行。另外高频变压器的漏感与布线的分布电感中积蓄的能量容易处理，设计方便简单。图 5-13（b）中，交流输入电压通过二极管整流，获得直流电压，并对蓄电池浮充电，通过 LC 滤波变成稳定的直流电压，经高频 PWM 逆变器变换成高频 SPWM 脉冲电压，经变压器隔离变压，最后经高频循环换流器和 LC 滤波器，直接变成 50Hz 的正弦波输出，结构简单。然后，循环换流器的换流与高频逆变器的换流分别进行，对于高频变压器的漏感与布线的分布电感在换流时积蓄的能量要进行必要的处理，设计比较麻烦。

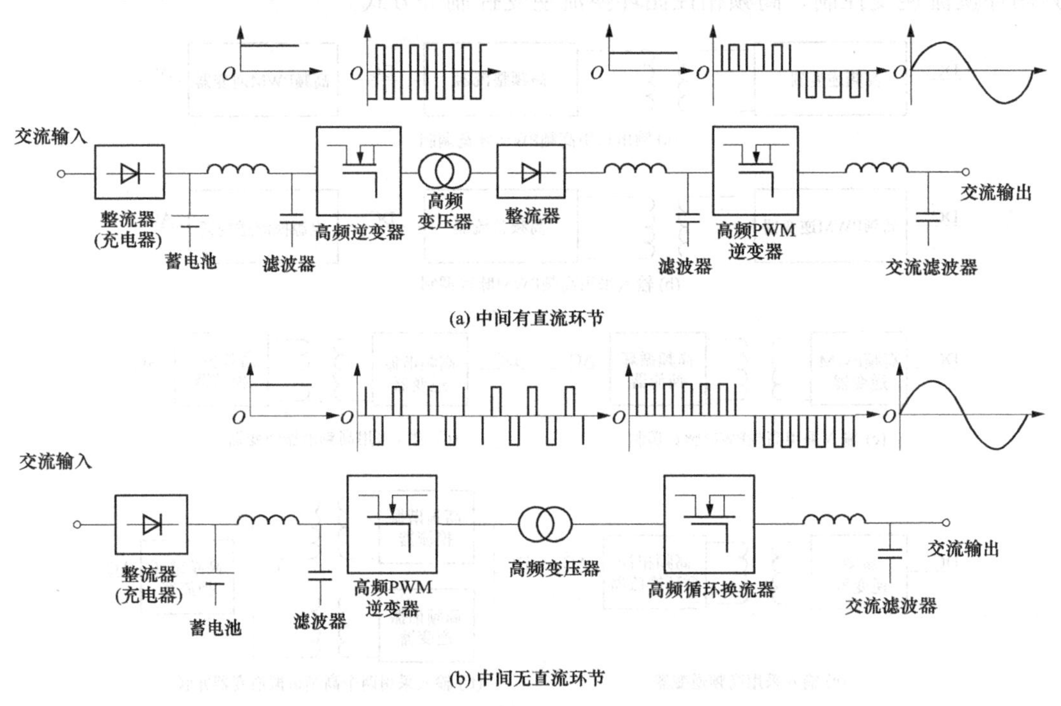

图 5-13　高频环节变换方式 UPS 框图

2. 中间有直流回路的高频环节变换方式 UPS

中间有直流回路的高频环节变换方式 UPS 主电路形式如图 5-14 所示。功率由 DC 到 AC 单向传送，高频逆变器输出电压经高频变压器、二极管整流变为直流，由高频 PWM 逆变器变为正弦波输出。从负载来看，它具有电压变换器的特性。电路中的 DC/DC 变换有两种功能，其一是对输入回路和输出回路有隔离作用，其二是可对逆变输出电压进行升压。为了减小变压器的体积，逆变器的工作频率一般在 20kHz 以上。PWM 逆变器的斩波频率一般在 25kHz。

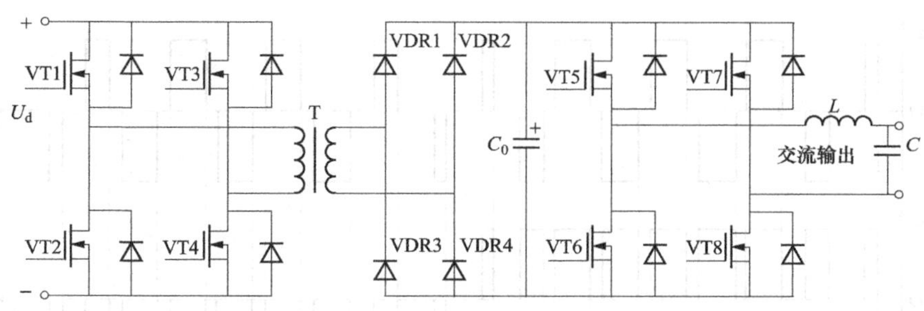

图 5-14　中间有直流回路的 UPS 主电路

3. 中间无直流回路的高频环节变换方式 UPS

中间无直流回路的高频环节变换方式 UPS 主电路如图 5-15 所示。高频输入逆变部分和图 5-14 相同，但是控制采用正弦波脉宽调制（SPWM），逆变器输出正弦波脉宽调制的高频交流脉冲电压，通过隔离高频变压器传送给循环换流器。循环换流器选择交流脉冲电压的极性，变换为正弦波 PWM 电压，通过交流滤波器变换为工频交流正弦波电压，因此它具有功率变换级数少、变换效率高的特点。输入高频逆变器采用谐振式逆变器，减小开关器件的损耗，EMI 噪声也小。图 5-15 中，利用循环换流器的输入短路方式限制输出，从而控制输出电压波形。

循环换流器实际上是两套逆变器反并联连接而成的双向逆变器。图 5-15 中，VT5、VT6、VT7、VT8 组成一组正向逆变器，当高频变压器输出为上正下负时工作；VT9、VT10、VT11、VT12 组成一组反向逆变器，当高频变压器输出为上负下正时工作。二极管 VD5～VD12 用来隔离两组逆变器。当正向逆变器工作时，VD5～VD8 导通，VD9～VD12 截止；当反向逆变器工作时，VD9～VD12 导通，VD5～VD8 截止。工作波形如图 5-16 所示。

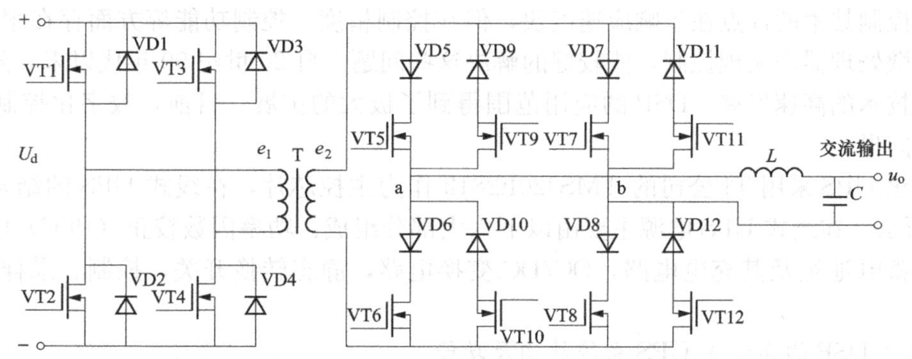

图 5-15　中间无直流回路的 UPS 主电路

循环换流器开关的通断由高频变压器的次级电压 e_2、输出电压 u_o、循环换流器的输出电流 i_o 决定。在 u_o 的正半波，输出电压 u_o 的极性需要与 e_2 的极性相同时，选择开关 VT5 和 VT8，与 e_2 的极性相反时，选择开关 VT10 和 VT11；在 u_o 的负半波，输出电压 u_o 的极性需要与 e_2 的极性相同时，选择开关 VT9 和 VT12，与 e_2 的极性相反时，选择开关 VT6 和 VT7。双向逆变器的各开关的通断控制由电流 i_o 的流向决定。这样可以从循环换流器的输出经滤波直接获得所需的工频电压。

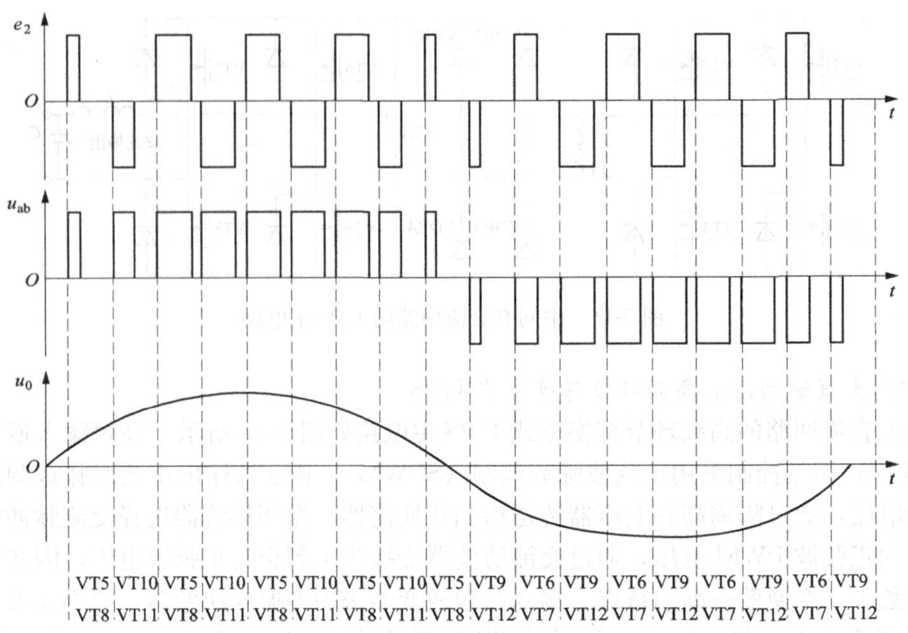

图 5-16 循环换流器工作波形

5.2.3 基于 DSP 的在线式 UPS

微电子技术的发展为 UPS 的控制提供了新的思路，使得对 UPS 的新的要求能够实现。例如，能够满足各种不同负载的要求（如非线性负载、三相不平衡负载），在达到很高的可靠性的同时又能具备多种智能功能，而这些传统的模拟技术难以实现，这就使得数字技术成为必然的发展趋势。

模拟控制技术的优点在于响应速度快，但在控制精度、控制功能等方面存在很多缺点。采用高速微处理器来实现控制，能较好的解决这些问题。自 20 世纪 90 年代以来，随着数字信号处理技术的高速发展，DSP 的应用范围得到了极大的扩展。目前，数字化控制的 UPS 产品已经问世。

数字化 UPS 采用 TI 公司的 TMS320F2812 作为主控芯片，在线式 UPS 的结构原理如图 5-17 所示。在线式 UPS 电源主要由以下六大部分组成：功率因数校正（PFC）电路，逆变电路，蓄电池组及其充电电路，DC/DC 变换电路，静态转换开关，控制、采样、检测、保护电路。

1. 基于 DSP 的在线式 UPS 系统结构及功能

（1）功率因数校正（PFC）电路。功率因数校正（PFC）电路完成了整流、升压、功率因数校正三个功能。整流电路的作用是将市电整流成直流电，为逆变器、蓄电池和控制电路提供稳定的直流电源，同时还具有抑制电网干扰的作用。逆变器需输出 220V 的交流电，其输入直流电压必须大于 311V，市电整流后无法达到这种要求，因此整流后要进行升压，以满足逆变器的需求。

功率因数校正（PFC）电路的主要作用是使 UPS 的输入电流和输入电压的波形相位基本一致，从而使输入电流为正弦波。PFC 电路提高了输入端功率因数，减小了电流谐波，保证了电网供电质量，提高了电网的可靠性。

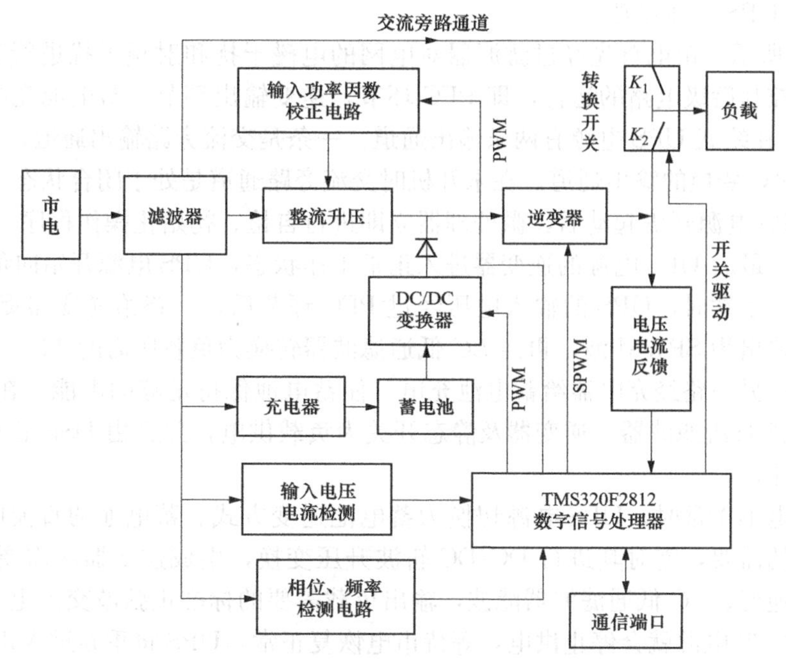

图 5-17　数字化在线式 UPS 的结构原理图

(2) 逆变电路。在线式 UPS 电源的核心是逆变器。逆变器的作用是将市电整流后的直流电压或者蓄电池的直流电压变换为交流电压，在线式 UPS 逆变器的实际输出是 SPWM 波，经 *LC* 低通滤波后得到负载所需要的正弦波。

(3) 蓄电池组及其充电电路。蓄电池组是 UPS 电源的心脏，没有蓄电池的 UPS 电源只是一个交流稳压稳频电源。在市电供电正常时，蓄电池由充电器对其进行充电，将电能转化为化学能储存起来；在市电供电故障或者停电时，UPS 利用蓄电池中储存的能量维持逆变器的正常工作，此时蓄电池将化学能转化为电能。UPS 电源的充电电路的作用是将蓄电池放电损失的能量给予重新补充，一般充电电路和逆变器的工作是相互独立的。

(4) DC/DC 变换电路。当电网停电时，在线式 UPS 电源利用蓄电池组为逆变器提供能量，再由逆变器对负载进行供电。逆变器的输入端所需要的直流电压必须大于 311V，才能输出 220V 的正弦波交流电，但蓄电池的电压仅为 24V，所以必须经过 DC/DC 变换器将蓄电池电压变换为较高的直流电压，供逆变器使用。

(5) 静态转换开关。静态转换开关是 UPS 电源的供电转换器件和保护设备，它一方面作为逆变器供电和交流旁路供电的转换器件，另一方面用来保护 UPS 和负载。当 UPS 电源输出过载时，为了保护 UPS 的逆变器，此时 UPS 通过静态转换开关将输出从逆变器端切换到旁路；当逆变器故障时，为了保证负载正常运行，UPS 也将通过静态转换开关把输出切换到旁路，即市电。

(6) 控制、采样、检测、保护电路。控制电路主要由 SPWM 产生电路、驱动电路、闭环调节电路、A/D 采样电路组成。它决定了输出电压的精度、波形的失真度和整个系统的可靠性。保护电路是为了保证 UPS 电源工作安全可靠。UPS 电源内还设有检测电路、显示电路和报警电路，便于用户随时了解 UPS 电源的工作状态和运行情况。

2. 在线式 UPS 工作原理

如图 5-17 所示，市电首先经过滤波器对电网的电磁干扰和射频干扰进行衰减、抑制处理后，分四路控制后级电路的运行，即 PFC 环节，逆变输出环节，蓄电池充电环节和 DC/DC 升压环节。在线式 UPS 电源有两条输出通道，一条是交流旁路输出通道，另一条是经过 AC/DC、DC/AC 变换的输出通道。在未开机时交流旁路通道是处于闭合状态。

在线式 UPS 电源开机起动后，微处理器立即进行自检、初始化操作程序，然后 UPS 进入软起动状态，最后 UPS 电源的逆变器进入正常工作状态，UPS 电源开始向负载供电。

当市电供电正常时，UPS 的输入电压经过 PFC 环节后，一路给逆变器提供直流电压，经逆变器逆变输出为 SPWM 波，再经 LC 低通滤波器转换为负载所需的 220V/50Hz 的标准正弦波交流电；另一路经充电器给蓄电池充电，使蓄电池保持足够的电能。在这种状态下，UPS 是由市电经整流滤波器、逆变器及静态开关为负载供电，并且由 DSP 芯片完成控制和参数显示等功能。

当市电供电不正常时，UPS 电源切换为蓄电池逆变方式。蓄电池的直流电压很低，不能满足逆变器的需要，需对其进行 DC/DC 斩波升压变换，生成逆变器所需要的直流电压，再经过逆变器逆变、LC 低通滤波器滤波，输出负载需要的标准正弦波交流电。当蓄电池组电量耗尽时，UPS 电源就会停止供电，等待市电恢复正常，UPS 将重新进入正常工作状态；如果市电在超过等待时间仍未恢复正常，则 UPS 电源自动关机。

3. UPS 数字控制方法

（1）数字 PID 控制。PID 控制是目前应用最广泛、最成熟的一种控制技术。PID 控制具有简单、参数易整定、发展成熟等特点，它已广泛应用于工程实践之中。这种控制算法具有较强的鲁棒性和较快的动态响应特性，但将其数字化后应用到 UPS 电源中，其稳态输出特性差。

早期的 UPS 电源的控制多采用模拟 PID 控制器，其性能（特别是动态性能和非线性负载时的性能）令人不太满意。随着 DSP 芯片的出现，这个问题迅速得到了解决，如今各种补偿措施已经应用于 UPS 电源的数字 PID 控制中，使 UPS 电源的数字 PID 控制效果得到了改善。

（2）智能控制。智能控制是近几年刚兴起的一种控制技术，主要包括模糊控制及神经网络控制等。智能控制主要是模仿人的智能，控制系统的运行；它的主要特点是不依赖被控对象的精确数学模型。模糊控制主要是从思维的宏观角度，模仿人类的模糊信息处理能力；而神经网络则是从微观角度，模仿人类的大脑神经细胞处理信息的能力。智能控制既适用于线性系统也适用于非线性系统，因此可用于带非线性负载的 UPS 电源的控制系统。在实际应用中，通常将智能控制和其他控制方法相结合，来完成各种性能指标。

（3）鲁棒控制。UPS 电源要能在负载变化的情况下保证输出正弦电压的波形质量好，即波形畸变率（THD）要尽可能小，这就要对逆变器的输出电压及电流采用瞬时、快速、精确的控制方式。采用电压电流双环反馈控制方式，当非线性带载或负载大范围突变时，其控制能力下降，波形畸变严重。随着 UPS 电源对技术特性要求的不断提高，更多的鲁棒控制策略被应用到对 UPS 电源的逆变器控制中来，对降低波形畸变率及改善电源的输出特性等大有帮助。

（4）无差拍控制。无差拍控制是 20 世纪 80 年代末引入逆变电源的控制系统中的。它是一种基于微处理器实现的PWM方案，是根据UPS电源系统的输出反馈信号和状态方程来计算下一采样周期的脉冲宽度。

对于线性负载，无差拍控制具有非常快的暂态响应和非常好的稳态输出特性。无差拍控制输出电压的相位和负载的关系很小。

(5) 重复控制。重复控制是一种控制系统设计理论，它的目的是使系统在跟踪周期性参考信号时，稳态误差为零。它可以根据内模控制原理和周期性参考信号的特点，把周期信号发生器植入闭环控制器内，来实现对参考信号的稳态跟踪。重复控制在UPS电源中应用主要是为了克服输出波形的周期性畸变。

(6) 状态反馈控制。状态反馈控制的优点是可任意配置闭环系统的极点，这样有利于提高系统的动态品质。但是，当采用状态反馈控制建立逆变状态模型时，由于难以考虑负载的动态特性，所以这种控制方式只能针对假定的负载和空载进行建模。状态反馈控制对系统模型的依赖性很强，因此系统在负载发生变化及参数变化时易出现动态特性的改变和稳态偏差。

由上述分析可知，UPS电源逆变器的控制方法种类繁多，每一种控制方案都有其特点。

5.3　串并联调整在线式UPS

串并联调整在线式UPS是当前性能最优越的一种新型在线式UPS。采用Delta逆变的串并联调整原理，使UPS电网输入侧电流无谐波，输入功率因数等于1，负载输出侧保持电压稳定，波形无失真。正常工作时UPS的容量小于负载容量，其相差的容量与电网电压波动和负载的功率因数有关，UPS的过载能力强，效率高。

Delta即物理量的增量，Delta逆变技术就是用电压和电流中的增量进行调制的逆变技术。电压和电流中的增量包括电网电压的波动Δu，谐波分量u_h，负载电流中的无功分量i_q和谐波分量i_h。

串并联调整在线式UPS中的两个Delta逆变器，一个通过变压器接在电路的输入端与负载串联，对电网的输入电能进行连续的监视和补偿，另一个通过滤波器在电路的输出端与负载并联，对输出电能进行连续的监视和补偿，和传统的在线式UPS相比是双在线式调整，把传统UPS的全功率变换变成补偿量变换，使Delta逆变器的容量大大减小，逆变器的容量一般只要负载容量的20%，降低了损耗，提高了效率，也使过载能力大大提高。

5.3.1　Delta变换器的构成和工作原理

当前逆变器正在由全功率电能变换应用方式向部分功率变换的电能参量补偿的应用方式发展，这种发展分离出来了Delta逆变器。它是采用电能参量——电压和电流中的变化增量作为调制波指令信号，对PWM逆变器进行控制，使逆变器按比例复现电压或电流变化增量的数值和波形的一种新型逆变器，目的是对电压和电流中的变化增量进行补偿，提高电能质量。

1. 载波为三角波的单相Delta逆变器主电路

Delta逆变器是用来对电压增量（Δu，u_h）或电流增量（i_q，i_h）进行补偿的，Δu，u_h，i_q，i_h要比正弦波复杂，为了满足比例复现电压增量或电流增量复杂波形的需要，必须要求Delta逆变器是线性高压开关频率的PWM逆变器。在对电网电压波动量Δu进行补偿时有两种情况：一种是电网电压高于参考电压，此时要进行负补偿，逆变器吸收功率并工作在整流状态；另一种是电网电压低于参考电压，此时要进行正补偿，逆变器输出功率并工作在逆变状态。因此要求Delta逆变器能够双向四象限工作。能够满足这种要求的逆变器有载波为三角波的线性高开关频率PWM逆变器和滞环比较跟踪性PWM逆变器。

载波为三角波的单相Delta逆变器如图5-18所示。其中图5-18（a）为主电路，图5-18（b）为控制波形。假定被补偿的电网电压波动的增量$\Delta u=\Delta U_m\sin\omega t$作为调制波，半波三角波为载波，用$\Delta u=\Delta u_m\sin\omega t$与三角波进行比较，得到SPWM波形。对于调制波的正半波，正半波大于三角波的部分VT1、VT4导通，得到正半周的三阶SPWM的正脉冲；正半波小于三角波的部分VT1、VT4关断，得到正半周的三阶SPWM的零电平。对于调制波的负半波，正半波小于三角波的部分VT2、VT3导通，得到负半周的三阶SPWM的负脉冲；负半波大于三角波的部分VT2、VT3关断，得到负半周的三阶SPWM的零电平。完整的三阶SPWM波形就是负载上的电压u_{ab}的波形。u_{ab}有$+U_d$、0、$-U_d$三个电平，故称作三阶SP-WM波形，其开关频率与载波三角波相同。

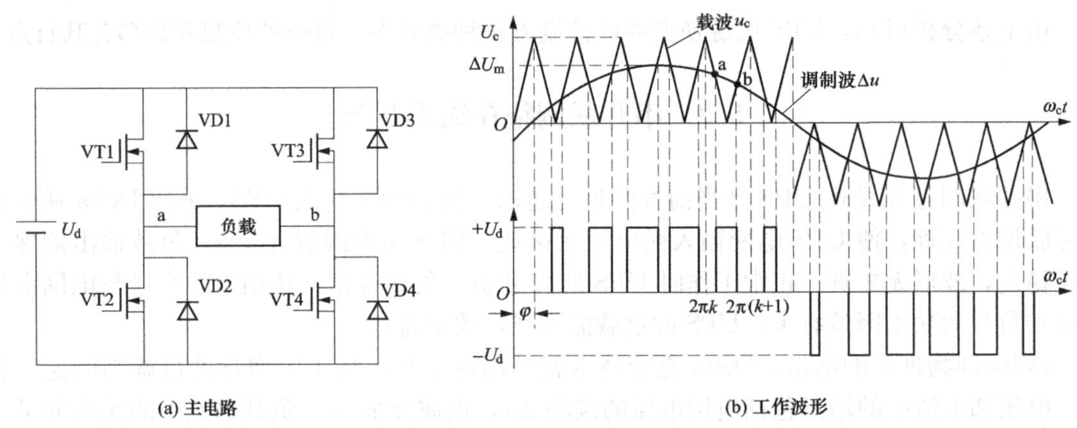

图5-18 载波为三角波的单相Delta逆变器

2. 载波为三角波的三相Delta逆变器主电路

载波为三角波的三相Delta逆变器主电路和工作波形如图5-19所示。其中图5-19（a）为主电路，图5-19（b）为控制波形。假定被补偿的电网电压波动的增量$\Delta u=\Delta U_m\sin\omega t$作为调制波，三角波为载波，用$\Delta u=\Delta U_m\sin\omega t$与三角波进行比较，得到SPWM波形。以图5-19（a）主电路中A相桥臂为例，在正弦波u_A大于三角波u_C的部分VT1导通，产生二阶SPWM的正脉冲；正弦波u_A小于三角形u_O的部分VT4导通，产生二阶SPWM的负脉冲。完整的二阶SPWM波形就是负载上的电压u_{aN}的波形。u_{aN}有$+U_{d/2}$、$-U_{d/2}$两个电平，故称作二阶SPWM波形，其开关频率与载波三角波相同。

5.3.2 Delta变换型UPS的工作原理

图5-20是Delta变换型UPS的结构图。Delta逆变器是一个正弦波电流源，串接在主电路中，功能是提供正弦波电流，监控蓄电池组的充电电平，调整输入功率因数，以及补偿输出电压的差值。从结构上来讲，Delta逆变器是一个双向变换器，逆变时输出功率，在主电路中对输入电压进行正补偿；整流时吸收功率，对输入电压进行负补偿。这种双变换电路拓扑把交流稳压技术中的电压补偿原理应用到UPS的主电路拓扑中。在主调压的基础上叠加一个可大可小、可正可负的电压，来补偿UPS输出电压与电网电压的差值，使UPS拓宽了

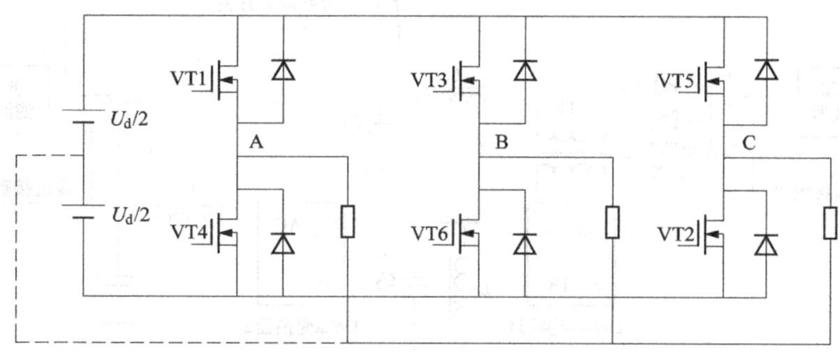

(a) 三相Delta逆变器主电路

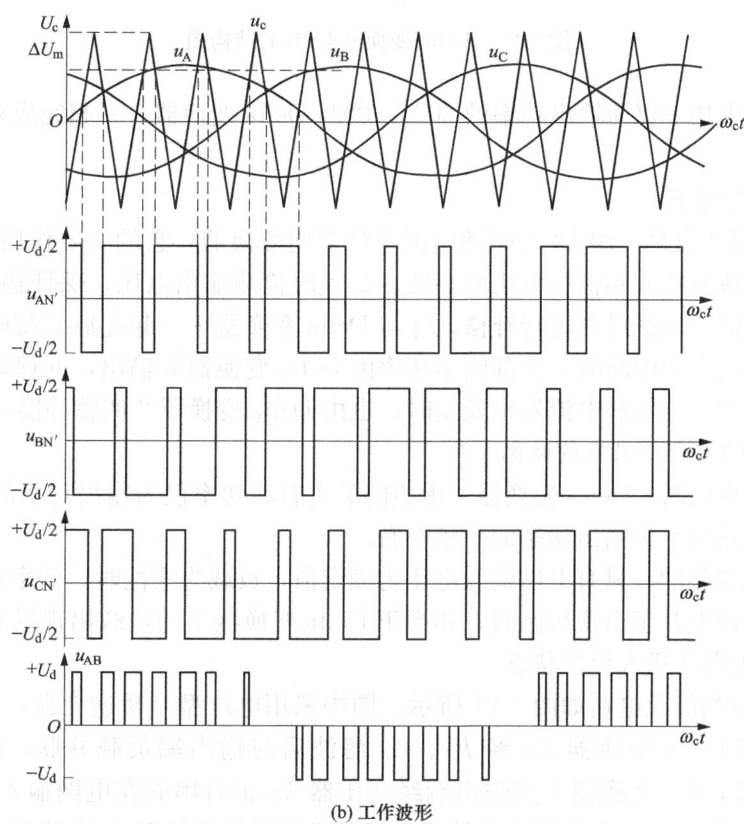

(b) 工作波形

图 5-19　三相 Delta 逆变器主电路和工作波形

电网电压的输入范围，提高了输出稳压精度。

1. Delta 变换器 1

Delta 变换器 1 是一组 DC/AC 和 AC/DC 双向变换器，它的主要作用是：①对 UPS 输入端进行输入功率因数补偿，使输入功率因数等于 1，输入谐波电流降到 3%以下。②当电网供电时与 Delta 变换器 2 一起完成对输入电压的补偿。当输入电压高于输出电压额定值时，Delta 变换器 1 吸收功率，反极性补偿输入、输出电压的差值；当输入电压低于输出电压额定值时，Delta 变换器 1 输出功率，正极性补偿输入、输出电压的差值，是串联补偿。

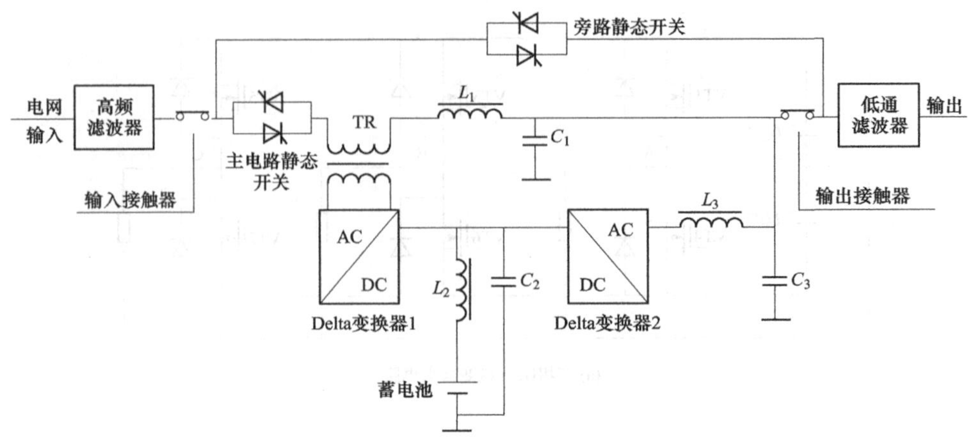

图 5-20 Delta 变换型 UPS 的结构图

变换器承担的最大功率仅为输出功率的 20%。③与 Delta 变换器 2 一起完成对蓄电池的充电和浮充功能。

2. Delta 变换器 2

Delta 变换器 2 也是一组 DC/AC 和 AC/DC 双向变换器，它的主要作用是：①同 Delta 变换器 1 一起完成对输入和输出电压的补偿。②随时检测输出电压，保证输出电压的稳定，并对输出负载电流的谐波成分进行补偿。③与 Delta 变换器 1 一起完成对蓄电池的充电和浮充功能。④当电网电源中断时，全部输出功率由 Delta 变换器 2 输出，并保证输出电压不中断，转换时间为零。当负载电流发生畸变时，也由 Delta 变换器 2 调整补偿。

3. 串并联调整结构 UPS 的缺陷

(1) 在电网供电时，Delta 变换器 1 承担的最大有功功率仅为输出功率的 20%，但两个变换器承担的无功功率为输出功率的 1 倍左右。

(2) 效率是变化的，只有电网输入电压为额定值，负载为线性时，效率才达到最高值。

(3) 当电网停电甚至出现短路时，相当于 Delta 变换器 1 的负载出现过载或短路，将会断电，Delta 变换器 1 进入保护状态。

Delta 变换器的简化电路如图 5-21 所示。图中采用电压型半桥逆变器，由 VT3、VT4、VD3、VD4 构成 Delta 变换器 2，经 L_4、C_3 滤波后与输出端负载并联；由 VT1、VT2、VD1、VD2 构成 Delta 变换器 1 其输出端经变压器 T_R 耦合串联在电网输入端，经 L_3、C_4 滤波后输出到负载。Delta 变换器 2 受输出电压基准和反馈信号 U_f 经比较产生的偏差信号的控制，组成电压闭环，通过直流环节反馈到 Delta 变换器 1，在 T_R 上形成相应的补偿电压，以保证输出电压的稳定。Delta 变换器 1 受输入电流基准和反馈信号 I_f 经比较产生的偏差信号的控制形成电流闭环，其控制量是输入交流电流 i_i。

当电网输入电源中断或不可用时，Delta 变换器 1 停止工作，使电网输入回路断开，负载由 Delta 变换器 2 利用蓄电池的能量来维持工作。这时 Delta 变换型 UPS 和传统的双变换型 UPS 是一样的。

由上述分析可知，当输入电网电压在额定的范围内工作时，Delta 变换器 1 在 Delta 变换器 2 的协调下，使 UPS 的交流输入电流满足 $i_i=i_m\sin\omega t$，UPS 的输入回路中含有一个与电网交

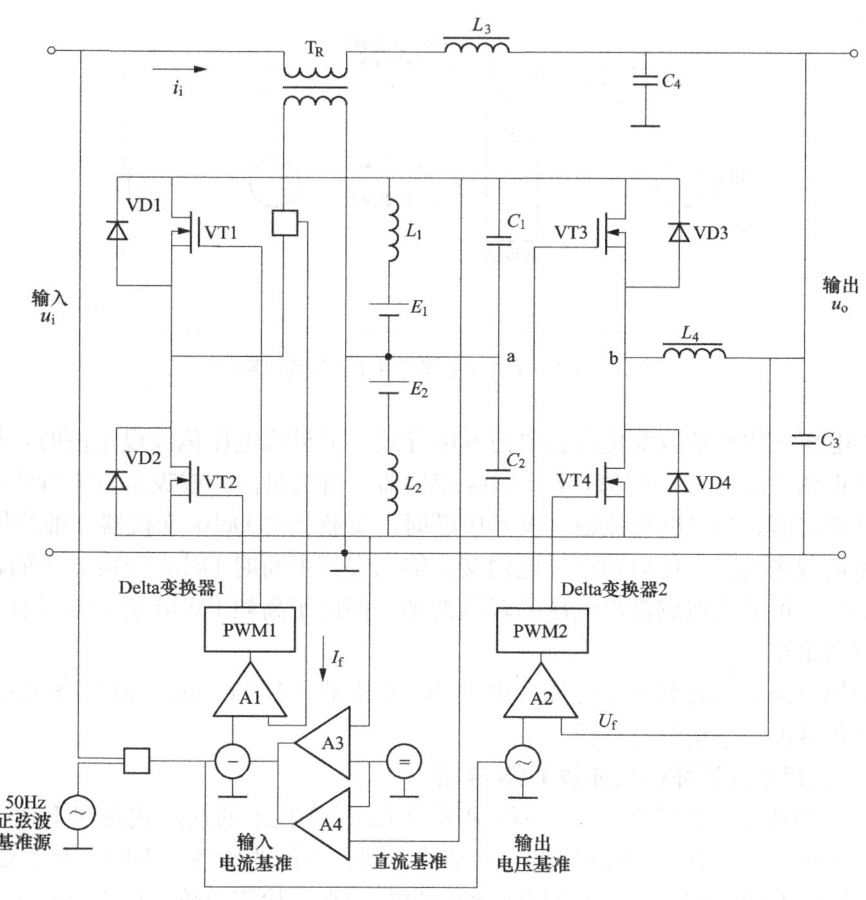

图 5-21　Delta 变换器的简化电路

流输入电压同频同相的受控电流源 $i_{\mathrm{i}}=I_{\mathrm{m}}\sin\omega t$，与 Delta 变换器 2 并联后共同支持负载。

图 5-21 的等效电路如图 5-22 所示。输入交流电源能量在 Delta 变换器 1 的控制下，产生与输入交流电压同频率同相位的正弦波电流，注入 Delta 变换器 2 与负载的并联电路，直接向负载提供所需的有功电流，并在蓄电池需要充电或 Delta 变换器 1 需要从直流母线吸入能量时，通过 Delta 变换器 2 的 PWM 整流作用向直流母线注入所需的能量。

由于交流输入电流 i_{i} 是与电压同频同相的正弦波，因此 Delta 变换型 UPS 输入功率因数接近 1，且输入电流中谐波含量极低。Delta 变换器 1 对负载电流中的谐波分量呈高阻抗，迫使这部分电流流经 Delta 变换器 2，Delta 变换器 2 起到负载谐波电流与无功电流的并联补偿器作用。输入交流电压的幅值偏差和波形畸变被 delta 变换器 1 自动补偿，不会对输出电压造成影响。Delta 变换器 1 工作在升压补偿状态时，需从直流母线吸入能量；Delta 变换器 1 工作在降压补偿状态时，向直流母线输出能量。这两种情况下，流经直流环节的功率与电压幅值补偿量成正比，一般不超过负载总功率的 20%。UPS 输入正弦波电流 i_{i} 的幅值受直流母线电压的控制，达到稳定值时，负载所需能量和 UPS 自身的消耗将全部由输入交流电源提供，不需要蓄电池提供能量。此时直流母线电压稳定在设定值，蓄电池处于浮充状态。

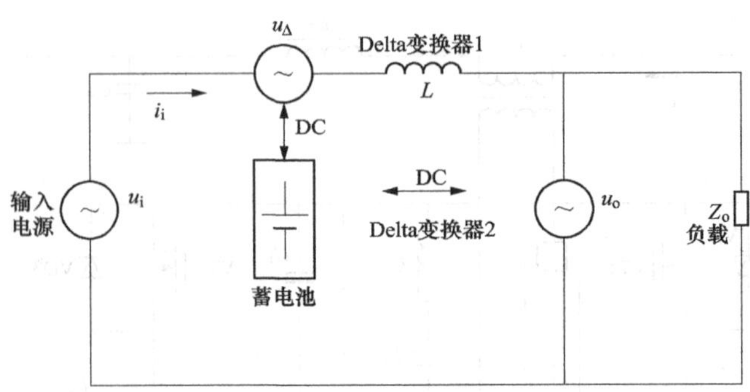

图 5-22 Delta 变换型 UPS 等效电路

当输入交流电压变化或负载变化或蓄电池亏电导致直流母线电压偏离设定值时，控制电路将改变输入的正弦波电流 i_i 的幅值，经 Delta 变换器 2 将能量注入或吸出直流母线，使直流母线电压恢复设定值。当电网交流输入突然中断时，负载将由 Delta 变换器 2 继续供电，Delta 变换器 2 和负载之间没有任何切换。电网交流输入突然中断时 Delta 变换器 2 的输出电流发生阶跃性变化，可能会造成输出电压的轻微波动。但由于高频 PWM 逆变器具有快速的动态响应，故波动很小。

三相变换电路采用公共直流母线，由 Delta 变换器 2 控制实现三相电路间的能量交换，从而可以对负载的不平衡进行补偿。

5.3.3 三相串并联补偿式在线 UPS 电路

三相串并联补偿式在线 UPS 是一种利用 Delta 逆变技术的最新式在线 UPS，采用三相四线制。和传统 UPS 相比，电路的组成和结构不同，应用的原理也不同。其主要特点如下。

(1) 能同时对输入端和输出端的电能参数进行双在线检测补偿，使电网输入侧达到无谐波电流和无功电流，输入功率因数等于 1，负载侧不管是哪种负载都能达到稳定纯净的正弦波三相对称电压。

(2) 可以对电能质量进行全面综合补偿，使电能质量大大提高，电压精度优于±1%，电压和输入电流波形失真度小于 3%。

(3) 能够消除电网和负载之间的谐波相互干扰。

(4) 能对电网电压三相不对称和三相负载不对称进行补偿。

三相串并联补偿式在线 UPS 电路如图 5-23 所示。两个逆变器采用双向四象限工作的、直流侧带中性点电压抽头的三相半桥式高频 PWM 逆变器，两个逆变器按串并联电路组合连接。和单相串并联补偿式在线 UPS 相比，增加了对输入电网电压不对称的补偿和三相负载不对称引起的三相负载电流不对称的补偿等。Delta 逆变器 1（由 VT11～VT16 组成）通过其输出变压器 T_{Ra}、T_{Rb}、T_{Rc}在电路的输入端与负载串联，作为串联有源滤波器和交流稳压器用，T_{Ra}、T_{Rb}、T_{Rc}既是 Delta 逆变器 1 的输出变压器，又是电流互感器。当 Delta 逆变器 1 对电网电压波动进行补偿时，T_{Ra}、T_{Rb}、T_{Rc}作为 Delta 逆变器 1 的输出变压器，当 Delta 逆变器 1 对电网输入电流进行补偿时，T_{Ra}、T_{Rb}、T_{Rc}作为 Delta 逆变器 1 的输出互感器。Delta 逆变器 2 通过其低通滤波器 L_f、C_f在电路的输出端与负载并联，作为交流净化电源，对无功电流、谐波电流和不对称负载电流进行补偿。

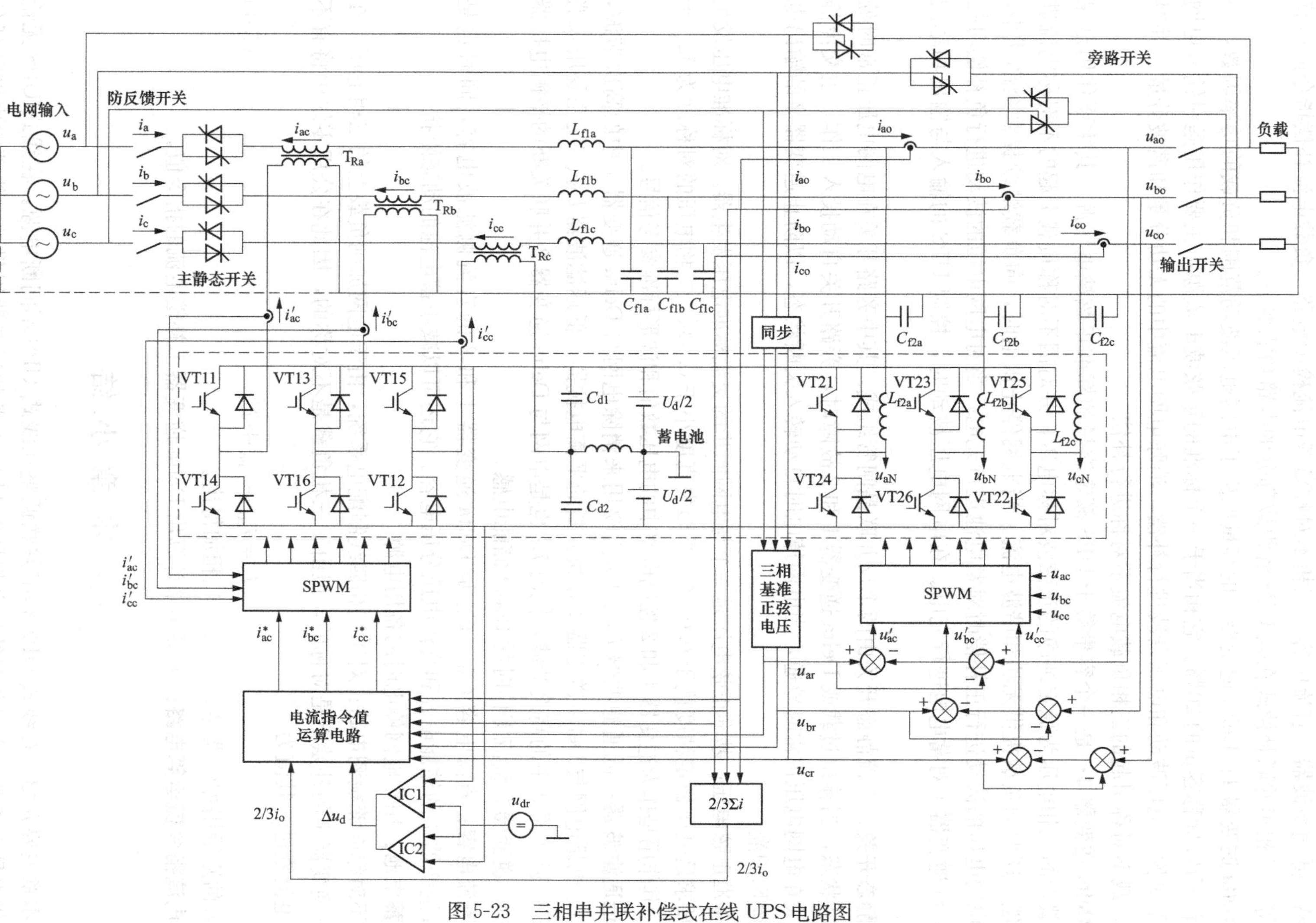

图 5-23　三相串并联补偿式在线 UPS 电路图

除了两个 Delta 三相半桥逆变器外，在 UPS 电路中还有交流静态开关、基准正弦电压发生器、低通滤波器、直流电容、三相不对称负载电流检测电路、负载电流补偿指令值运算电路等。三相串并联补偿式在线 UPS 各组成部分的电路功能如下。

Delta 逆变器 1：Delta 逆变器 1 的容量取决于电网电压波动范围和负载的功率因数，一般只有 UPS 标称容量的 20%。它相当于一个标准的正弦波电流源，主要作用是对输入电网电压不对称、电压波动和电压谐波进行补偿，消除电网电流中的无功分量和谐波分量，并对三相负载不对称引起的三相负载电流不对称进行补偿。

Delta 逆变器 2：是一个容量等于 UPS 额定容量的标准正弦波电压源。其主要作用是保持负载上的三相电压为稳定纯净的正弦波对称电压，并对因不对称负载引起的不对称电流进行补偿。还要向负载提供无功和谐波电流。当电网停止供电时，向负载继续提供全部功率。当对电网电压的波动进行正补偿时对蓄电池进行充电，当对电网电压的波动进行负补偿时控制 Delta 逆变器 1 对蓄电池进行充电。在电网电压波动时，控制 UPS 的输入与输出功率的平衡。

静态开关：交流静态开关由两个反并联晶闸管组成。其中旁路开关在电网电压正常时处于关断状态，当输出过载或 Delta 逆变器 1 和 2 故障时，旁路开关自动投入工作。主交流静态开关在电网电压正常时导通，当电网掉电时自动转入关断状态，以防止逆变器 2 的输出电流向电网倒灌。

基准正弦电压：基准正弦电压是一个与电网同步的交流标准电压发生器。对标准电压发生器的要求是电压稳定精度优于 0.02%，波形失真度小于 0.5%，三相电压的对称度为 120°±0.5°，其作用是作为逆变器 1 和 2 控制电路中的电压数值和波形标准参考信号。

低通滤波器：低通滤波器 L_{f1}、C_{f1} 主要用来消除电网与 Delta 逆变器 1 中的高次谐波，同时 L_{f1} 也是电网与 Delta 逆变器 2 并联关断的平衡电抗器；低通滤波器 L_{f2}、C_{f2} 主要用来消除 Delta 逆变器 2 中的高次谐波，同时 L_{f2} 也是电网与 Delta 逆变器 2 并联关断的平衡电抗器和 Delta 逆变器 2 整流工作时的 Boost 储能电感。

直流电容：直流电容 $C_{d1}=C_{d2}$ 是 Delta 逆变器 1 和 2 的直流侧滤波电容，同时也是 Delta 逆变器 1 的储能电容和直流电压分压电容。它还可以减小蓄电池的动态阻抗。

蓄电池：用作电网停电时的备用电源。

不对称电流检测电路：对于三相四线制配电系统，由于电网加到负载上的三相电压，在 Delta 逆变器 1 的补偿下是对称的，但由于三相负载是不对称的，因此在公用零线中将有不对称电流流过，其值为

$$i_o=i_{ao}+i_{bo}+i_{co} \tag{5-1}$$

i_o的测量用加法器将 i_{ao}、i_{bo}、i_{co}相加得出。

电流指令值运算电路：主要用来计算出 Delta 逆变器 1 补偿电流的指令值。

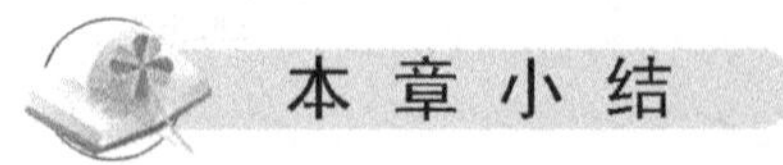

本章小结

本章主要介绍了在线式 UPS 和串并联调整在线式 UPS 不间断电源。在线式 UPS 无论电网供电是否正常，它对负载的供电都是由 UPS 电源的逆变器提供的，能消除电网的任何电压波动和干扰对负载工作的影响。从电网正常供电到电网中断时，UPS 内部没有产生任

何转换动作，能真正实现不间断供电。

在线互动式 UPS 电源使用工频变压器，采用变压器抽头切换实现由电网供电到电池供电的切换过程。

在线互动式 UPS 中的双向变换器，既可作为逆变器使用，又可用作蓄电池充电器。当电网电压正常时，在线互动式 UPS 供给负载的是经过改善的电网电压；当电网故障时，负载完全由蓄电池提供的电能经逆变器变换后供电。在线互动式 UPS 和传统在线式的主要区别有：省去了过细的稳压环节，提高了可靠性；在线互动式小功率 UPS 有 2ms 切换时间；在线互动式 UPS 当电网正常时不启动逆变器。

串并联调整在线式 UPS 不间断电源其核心就是采用了有两个 Delta 逆变器组成的串并联补偿技术，它与传统的 UPS 相比有两个根本的区别：一是电路的组成与结构形式与传统的 UPS 不同，采用了两个双向四象限工作的 PWM Delta 逆变器组成的串并联结构电路形式。串并联调整在线式 UPS 中的两个 Delta 逆变器，一个通过变压器接在电路的输入端与负载串联，作为有源滤波器使用，工作在正弦电流源状态，用来消除电网的输入电流中的无功与谐波电流，使输入功率因数等于 1，并对负载的不对称电流进行补偿，使 UPS 的输入电流始终为对称的三相正弦波有功电流。另一个通过滤波器在电路的输出端与负载并联，作为交流净化稳压电源使用，工作在正弦电压源状态，用来使负载上的电压成为稳定纯净的正弦波对称电压，并向负载提供无功电流、谐波电流和负载不对称电流，在电网掉电时提供 100%的负载功率。二是电路的工作原理与传统的 UPS 不同，将传统的 UPS 全功率变换工作方式改变成对电能质量进行全面综合补偿的部分功率变换工作方式。在电网供电正常时，用 20%的功率来控制在线 UPS 100%的负载功率。降低了功耗，提高了效率，大大提高了过载能力。

习题与思考题

1. 比较在线式 UPS 的特点，分析后备式、在线互动式、在线式 UPS 适合于哪些应用场合。

2. 图 5-3 中在线式 UPS 蓄电池的充电和放电，用哪些变换电路比较合适？

3. 图 5-6 传统在线式双变换 UPS 主电路中，二极管 VD5 和 VD6 有什么作用？如果去了 VD5 和 VD6，会出现什么问题？

4. 图 5-9 小功率高频单功率因数校正半桥在线式 UPS 的主电路中，L_1、VDR1、VDR2、VDR3、VDR4、VT0、VD5、VD6 如何组成整流加功率因数校正电路？画出等效电路。

5. 图 5-11 为什么采用双功率因数校正电路？有何特点？

6. 分析图 5-15 中循环换流器的工作原理。

7. 总结串并联调整在线式 UPS 的补偿原理。

第 6 章　负载谐振式逆变电源

工频电源通过变换可变换成需要的中频、超音频或高频电源，这类电源主要应用于金属冶炼、金属热处理、金属焊接等领域。本章介绍串联谐振式逆变电源的几种主电路形式、功率控制方式和串联谐振式逆变电源的工作原理，并联谐振逆变电源的几种主电路形式、功率控制方式和并联谐振式逆变电源的工作原理，介绍控制电路组成和频率跟踪电路，通过实例详细分析电路的组成、工作原理和典型波形。

6.1 概　　述

6.1.1 交流电源分类及应用

在电力电子领域，交流电源分为工频电源、中频电源、超音频电源、高频电源，各类电源频率范围如表 6-1 所示。工频电源主要用于大型熔炼炉等领域，中频电源主要用于中小型熔炼炉、大型金属工件热处理和焊接等领域，超音频电源主要用于中型金属工件热处理和焊接领域，高频电源主要用于金属工件的热处理和焊接等领域。

表 6-1　　交流电源分类

电源类型	频率范围	主要工业应用领域
工频电源	50Hz	有色金属冶炼等
中频电源	50Hz～1kHz	有色金属冶炼，变频调速等
	1～10kHz	有色金属冶炼，金属热处理，焊接等
	10～20kHz	超声波加工，金属热处理，焊接等
超音频电源	20～50kHz	超声波加工，金属热处理，焊接等
高频电源	50～100kHz	金属热处理，焊接等
	100～500kHz	金属热处理，焊接等
	500～1MHz	金属热处理，焊接等
	1MHz 以上	金属热处理，焊接等

交流电源在冶金、金属热处理、焊接等领域主要应用交变电流在金属材料中产生涡流而发热的感应加热原理。感应加热实质是电磁感应电流产生热能的一种电加热，它是依靠感应器通过电磁感应把电能传递给被加热的金属，再在金属内部将电能转化为热能，达到加热金属的目的。可见，感应加热的基本原理可以用电磁感应定理和焦耳-楞次定理来描述。电磁感应定理可以描述为：当穿过任何闭合回路所限制的面的磁通量随时间发生变化时，在回路上就会产生感应电势，如图 6-1（a）所示。

而金属工件可视为一短路的导体，于是在感应电势的作用下，金属内就有电流产生，此电流称为感应电流或涡流，当然也是交变的。交变的电流同样产生交变的磁通，此磁通总是

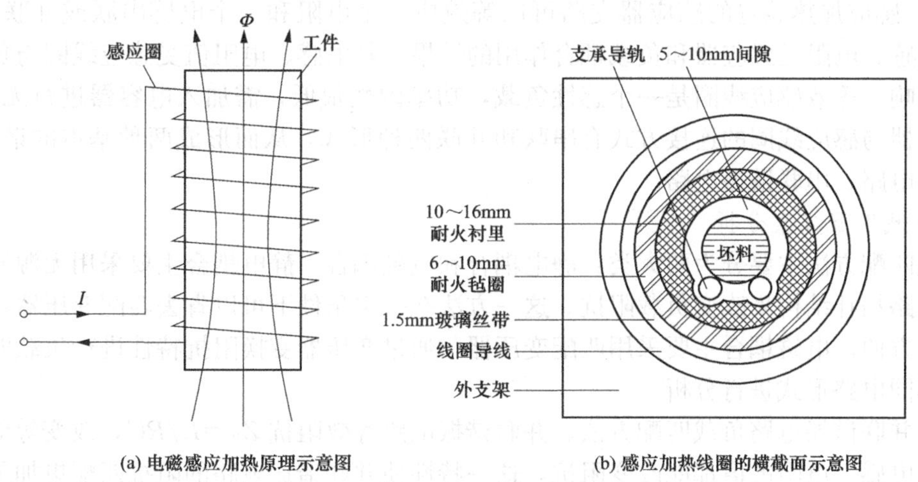

图 6-1　电磁感应原理

试图补偿原线圈中磁通量的变化。任何金属都有一定的电阻，根据焦耳-楞次定律，涡流在具有一定电阻的金属内流动就会产生热量，从而使金属被加热，这就是感应加热。图 6-1（b）是感应加热线圈的横截面。

另外，若处于感应圈内的金属是导磁的，则除了涡流发热外，由于金属内部存在磁滞现象，在交变磁场中被反复磁化的过程中也会由于磁滞损耗而发热。但相对感应电流发热来说，磁滞损耗发热量较小，且仅对于导磁材料才会存在，而对非导磁材料或导磁材料的温度超过居里点后，由于失磁均失去磁滞损耗。

从以上分析可知，金属若被感应加热必须具备两个条件：①在感应圈中通以交变电流；②被加热材料必须是能导电的，或用导体作为发热体，利用其发出的热量间接加热非导电体。

另外交流电流有集肤效应的特性。当交流的电流流过导体的时候，会在导体中产生感应电流，从而导致电流向导体表面扩散。也就是导体表面的电流密度会大于中心的电流密度。这也就无形中减少了导体的导电截面，从而增加了导体交流电阻，损耗增大。工程上规定从导体表面到电流密度为导体表面的 $1/e=0.368$ 的距离 δ 为集肤深度。在常温下可用以下公式来计算集肤深度：

$$\delta=\sqrt{\frac{2\rho}{\mu\omega}} \tag{6-1}$$

式中，ρ 为工件材料的电阻率；μ 为工件材料的磁导率；ω 为电源的角频率，等于 $2\pi f$。从式（6-1）可以看到，被加热工件的加热深度 δ 越小，要求的电源频率 f 越高；被加热工件的加热深度 δ 越大，要求的电源频率 f 越低。在工业上冶炼、退火热处理属于透热加热，要求 δ 大，因此要求的电源频率低；焊接、淬火热处理属于表面加热，要求 δ 小，因此要求的电源频率高。

6.1.2　谐振式负载的特点与负载匹配

1. 谐振负载电路

谐振负载电路主要有串联谐振型（SLR）、并联谐振型（PLR）和串并联谐振型

(SPLR)。感应加热装置的感应器支路可以等效成一个电阻和一个电感串联或并联的形式，等效的电感、电阻是感应器和负载耦合作用的结果，其电感、电阻值受感应线圈与负载耦合程度的影响。等效感应线圈是一个感性负载，功率因数很低，需加入电容器进行无功补偿，补偿电容器与感应线圈的连接方式有串联和并联两种形式，从而形成两种基本的谐振电路：并联谐振电路、串联谐振电路。

2. 负载匹配方案分析

负载匹配方法主要分为两大类：静电耦合和电磁耦合。静电耦合主要采用无源元件，通过改变电路拓扑结构来改变负载阻抗。这一方法在一定条件下可以省去匹配变压器，因此更加经济、方便。电磁耦合主要采用匹配变压器，通过变压器变换阻抗特性进行负载匹配。下面针对不同电路形式进行分析。

(1) 并联谐振电路负载匹配方法。并联谐振电路等效阻抗 $Z_0=L/RC$，改变等效电路中的电容、电感、电阻的值都能改变阻抗，这一特性使并联谐振电路的阻抗匹配更加灵活。

①匹配电容元件。根据电容元件加入的位置不同，可以分为以下 3 种方法，如图 6-2 所示。图 6-2 (a) 等效阻抗 $Z_0=L/RC_0$，其中 $C_0=C_1+C_2+C$，通过开关的开、合可以改变电容值，从而改变负载电路等效阻抗，此法简单易行，是实践中常用的方法之一，但属于有级调节，调节时要求断电。另外，C 的变化会引起电路谐振频率发生变化，负载谐振频率受工艺要求限制，当频率超出范围时应配合匹配电感的方法来抵消频率的变化。注意，所有匹配方法都应考虑频率的变化。图 6-2 (b) 等效阻抗 $Z_0=LC_s/[RC_s(C_s+C)]$，可见加入 C_s后，阻抗成 $C_s/(C+C_s)$ 倍变化，可使原来的等效阻抗变小，适用于阻抗相对电源来说高的负载。图 6-2 (c) 串并联负载电路，电路仍工作在并联谐振状态，工作情况与并联谐振电路类似，C_s 的加入使容性阻抗增加。该电路的优点是起动容易，通常作为晶闸管感应加热电源的起动电路，单纯作为负载匹配措施则较少使用。

②匹配电感元件。一般加入电抗器改变感应线圈支路的电感，进而改变等效阻抗值，如图 6-2 (d) 所示。并联谐振属于电流谐振，并联支路中流过谐振电流，达到电源电流的 Q ($Q=\omega_0 L/R$) 倍，谐振电路等效电感增加会增加铜损。

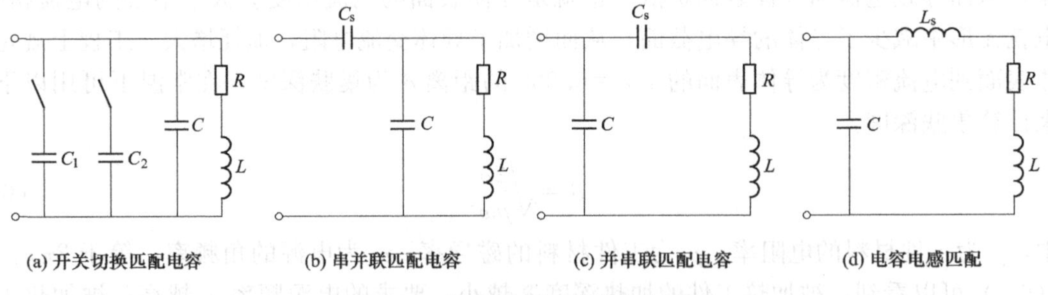

图 6-2 并联谐振匹配电容电感

感应加热电源负载匹配方法中利用电感匹配的方法可以归纳为以下几种：利用带铁芯的多抽头电抗器，改变抽头调节电抗值，属于有级调节，调节时要求断电；采用动铁芯电抗器，移动铁芯与线圈的相对位置来改变电抗值，属于无级调节；采用动圈式变压器的形式，一次线圈与感应线圈并联，二次侧绕组自身短接，移动一次绕组与二次绕组的相对位置，便可以改变一次侧的等值电抗，属于无级调节；用磁饱和电抗器通过调节直流激磁电流来改变电抗值，属于无级调节，无移动、旋转部件，也无触点控制，安全可靠，维护工作量小；增减感应线圈的匝数。在感应线圈的几何形状不变的条件下（感应线圈的长度和直径不变），感应线圈的电感与其匝数 N 的平方成正比，当匝数 N 增减时，感应线圈的电感 L 和工件的等效阻抗也会相应增减，从而改变负载的等效阻抗，改变感应线圈与被加热工件的耦合情况。感应器与被加热工件耦合的紧密程度直接影响感应器支路等效阻抗，从而影响谐振电路等效阻抗，但是，当感应器与工件的间隙增大耦合较松时，会降低加热效率，匹配效果有限。

③匹配变压器。利用电磁耦合进行负载匹配是通过变压器的变阻抗特性实现的，这在感应加热中非常普遍，采用的电路形式主要有两种，如图 6-3（a）、（b）所示。变压器变阻抗特性以图 6-3（b）为例说明如下：变压器副边电路工作在谐振状态，等效阻抗 $Z_0=L/RC$，通过变比为 n：1 的变压器后，变压器原边的等效阻抗 $Z_0=n^2L/RC$（忽略变压器漏抗的影响），可见阻抗成 n^2 倍变化。

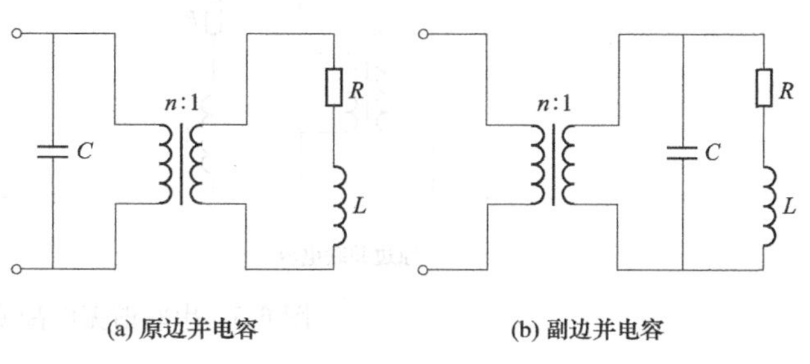

图 6-3　并联谐振匹配变压器

图 6-3（b）电路中感应器支路所需无功容量由并联电容器提供，负载电路工作在准谐振状态，匹配变压器通过少量无功功率，所需容量较小，匹配变压器原边流过电源电流，损耗不大，可以采用铁芯变压器。图 6-3（a）电路中，匹配变压器中既通过有功功率又通过无功功率，所需变压器容量较大，铁芯变压器容量受铁芯制造水平限制，在传输容量大时难以胜任，所以此电路通常采用空心变压器，匹配变压器原边流过谐振电流，损耗较大。

（2）串联谐振电路负载匹配方法。通过对串联谐振电路负载特性的分析可知，串联谐振电路等效阻抗只与等效电阻 R 有关，改变等效电路中电容和电感值不影响等效阻抗，这一特性大大限制了串联谐振电路的负载匹配措施。

①改变感应器与工件的耦合。在并联谐振电路匹配电感的方法中已经提到，改变感应线圈与被加热工件间的耦合程度可以改变等效电阻，此法也适用于串联谐振电路阻抗匹配。

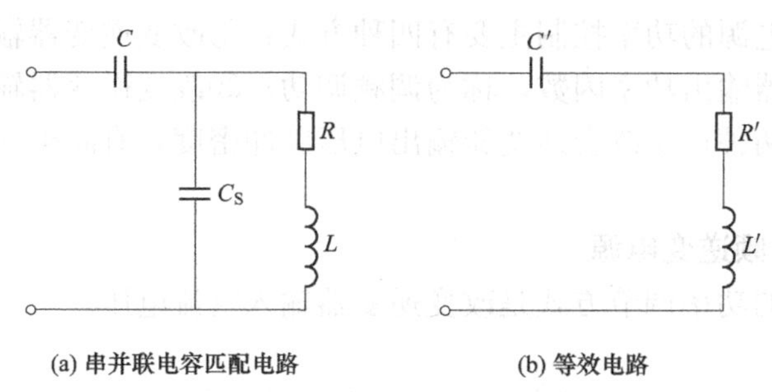

图 6-4　串联谐振匹配电容

②负载串接。当负载阻抗小时，将数个完全相同的感应线圈和被加热工件串接起来可以增大负载等效阻抗。

③匹配电容元件。图 6-4 为电容匹配电路。图 6-4（a）为串并联电容匹配电路，该电路仍工作于串联谐振状态，即谐振时并联部分相当于感性负载，图 6-4（b）为图 6-4（a）的等效电路，其中可见，C_s的加入影响串联谐振电路等效电阻，从而影响串联谐振电路等效阻抗。在一定频率下负载的感性无功功率一定，工作在谐振状态的容性无功功率等于感性无功功率，所以要求补偿的容性无功功率容量也是一定的，C_s的加入只是分担了一部分容性无功功率，不会因增加无功功率容量而增加成本。

④匹配变压器。串联谐振电路受其电路形式的限制，匹配方法单一，所以在实际应用中，串联谐振电路一般利用匹配变压器实现负载匹配。利用变压器进行负载匹配的研究与并联谐振电路类似，不同的是串联谐振属于电压谐振，匹配变压器位置不同所承受电压不同。图 6-5（a）所示电路中匹配变压器原边为谐振电压，对匹配变压器绝缘要求较高。而图 6-5（b）所示电路中匹配变压器承受电源电压，可以降低绝缘要求。

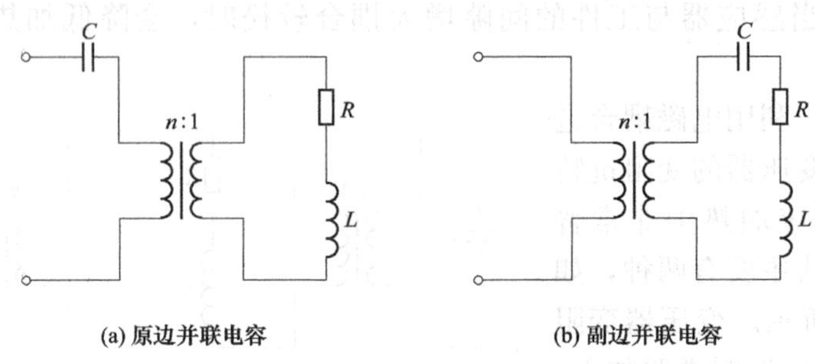

图 6-5 串联谐振匹配变压器

串联谐振电路的特性决定改变等效电容和电感值不能改变谐振状态的等效阻抗，静电耦合负载阻抗匹配方案中许多不适用于串联谐振电路，串联谐振电路一般采用匹配变压器进行负载匹配。

并联谐振电路可用静电耦合和电磁耦合进行负载阻抗匹配，匹配方法灵活，对负载适应性强，这是并联谐振型逆变电源广泛应用的原因之一。利用静电耦合进行负载匹配是一种简单、经济的方法，而利用电磁耦合进行负载匹配也灵活方便，两种方式各有优势，在实际应用中，一种匹配方法有时难以满足多方面的要求，为达到最佳匹配，可以将多种方法配合使用。

6.2 串联谐振式逆变电源

串联谐振式逆变电源的逆变器负载是 R-L-C 谐振电路，主要特点是等效电阻上的电压和电流接近正弦波，逆变器的输出效率比较高、开关损耗小、电磁干扰 EMI 小、容易起动，所以得到了广泛的应用。串联谐振式逆变电源的功率控制主要有四种方式：①改变逆变器输入直流电压，称为调压调功；②改变逆变器输出功率因数，称为调频调功；③改变逆变器输出电压脉冲宽度，有移相调功和脉宽调功两种；④改变逆变器输出电压脉冲密度，有间歇式脉冲密度调功和均匀脉冲密度调功两种。

6.2.1 晶闸管可控整流串联谐振式中频逆变电源

晶闸管可控整流串联谐振式逆变电源的功率调节方式是改变逆变器输入直流电压。

1. 电路组成

晶闸管可控整流电路＋LC 滤波电路＋逆变电路＋串联谐振型负载电路，如图 6-6 所示。图中 VTR1、VTR2、VTR3、VTR4、VTR5、VTR6 组成晶闸管可控整流电路，其中 VDZ 是续流二极管。L_Z、C_Z 组成滤波电路，VT1、VT2、VT3、VT4 组成 IGBT 全桥逆变电路，VD1、VD2、VD3、VD4 为 IGBT 反并联二极管，L 为负载线圈，其等效电路为 R-L 电路，和补偿电容 C_0 组成串联谐振负载。

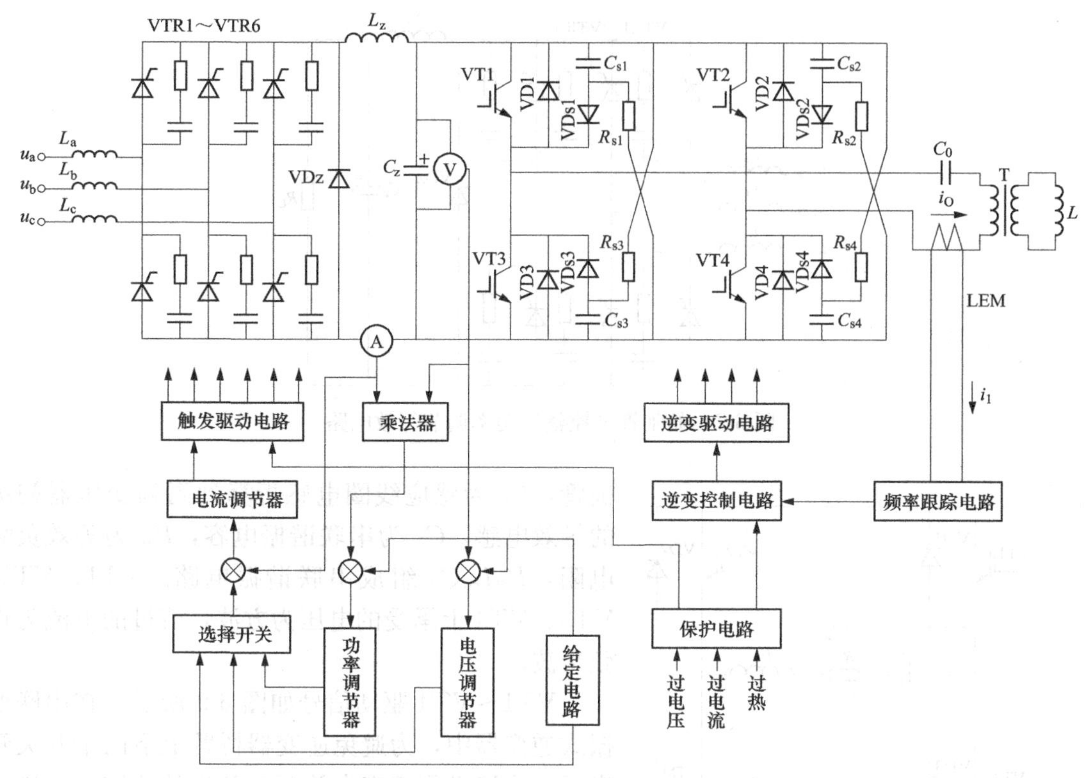

图 6-6　晶闸管可控整流串联谐振型中频电源电路组成

功率控制有三种控制方式：电流控制、电压控制和功率控制。电流控制方式通过采样直流电流传感器 A，和给定电流比较，通过电流调节器产生控制信号，经触发驱动电路控制晶闸管的移相角，实现电流控制；电压控制方式通过采样直流电压传感器 V，和给定电压比较，通过电压调节器产生控制信号，经触发驱动电路控制晶闸管的移相角，实现电压控制；功率控制方式同时采样直流电压和直流电流，通过乘法器变换成功率反馈信号，和给定功率比较，通过功率调节器产生控制信号，经触发驱动电路控制晶闸管的移相角，实现功率控制。逆变电路采用频率跟踪控制，逆变跟踪电路采样逆变电路的电流信号，通过相位检测和逆变控制电路，产生逆变控制驱动信号，经驱动电路控制逆变器开关管的工作。

2. 主电路工作原理

三相工频交流电压通过晶闸管三相桥式可控整流电路，将交流电压变换成幅值可调的直流电压，当三相桥式可控整流电路的触发角 α 从 0～120°变化时，直流平均电压从最大变到最小。续流二极管 VDZ 用来当 VTR1～VTR6 六个晶闸管都处于关断时起续流作用，L_Z 和 C_Z 用来将脉动的直流电压变成稳定的直流电压。当 VT1、VT2、VT3、VT4 组成的 IGBT 全桥逆变电路工作在谐振状态时，逆变电路相对可控整流电路来说等效为一个电阻，其等效电路如图 6-7 所示。

3. 逆变电路工作原理

串联谐振式逆变电源的逆变电路拓扑如图 6-8 所示。逆变电路采用 IGBT 作为主电路开关，用单相桥式结构。图中 VT1～VT4 为 IGBT 开关器件，VD1～VD4 为快恢复反并联二

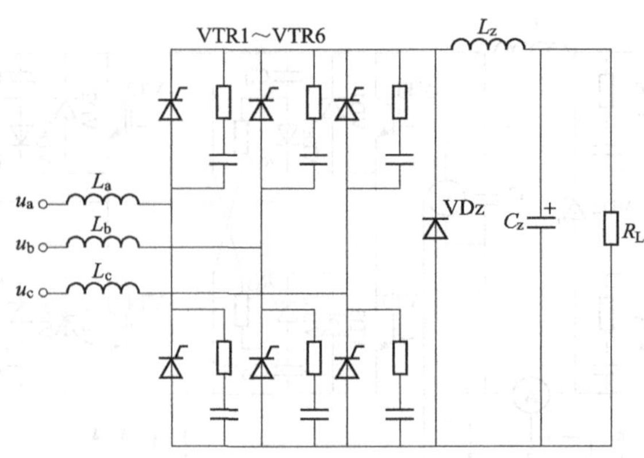

图 6-7 晶闸管可控整流功率调节等效电路

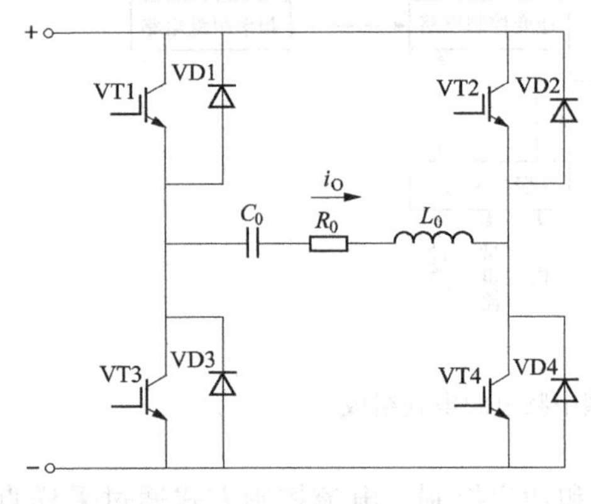

图 6-8 逆变等效电路

极管，L_0 为感应线圈电感折算到高频变压器初级的等效电感，C_0 为串联谐振电容，R_0 为等效负载电阻，$R_0L_0C_0$ 组成串联谐振电路。VT1、VT2、VT3、VT4 上承受的电压为方波，流过的电流为正弦半波。

VT1～VT4 驱动信号如图 6-9 所示。在串联谐振式逆变器中，为避免逆变器桥臂上下两个开关管直通，换流必须遵守先关断后开通的原则，在逆变桥上下两个开关管驱动脉冲之间留有足够的死区时间，如图 6-9 中 t_1 和 t_2 之间的时间间隔。死区时间的长短根据所选开关管的开关时间大小来决定。开关管采用 IGBT 时，一般死区时间设定在 1～2μs。当 VT1、VT4 工作，VT2、VT3 关断时，电流通过电源“+”→VT1→C_0→R_0→L_0→VT4→电源“−”；当 VT2、VT3 工作，VT1、VT4 关断时，电流通过电源“+”→VT2→L_0→R_0→C_0→VT3→电源“−”。如果 VT1～VT4 驱动信号的频率与 $R_0L_0C_0$ 串联谐振频率一致，则负载 L_0C_0 两端的电压 u 和电流 i 的相位差为零，如图 6-10（a）所示。VT1～VT4 在电流为零时进行开关切换（ZCS）。当负载变化时 L_0 增加，谐振频率 f 减小，驱动信号的频率高于谐振频率，电流从正半波过零之前关断 VT1、VT4，原来通过 VT1、VT4 的电流 i 换相到二极管 VD2、VD3，当 VD2、VD3 导通后再触发 VT2、VT3，这时 VT1、VT4 由于 VD2、VD3 的导通而承受负偏压。当 i 过零反向后，VT2、VT3 以零电压导通，VD2、VD3 随后截止。下半周期工作原理相同。这种情况下 VT1～VT4 是以零电压导通（ZVS），如果驱动信号的频率略高于谐振频率，可做到接近零电流关断和开通，负载电流相位差滞后于电压，如图 6-10（b）所示。如果驱动信号的频率高于谐振频率很多，IGBT 切换时电流远离过零点，电流应力较大。为了提高逆变器输出的功率因数，一般驱动信号频率略高于谐振频率。

4. 控制电路

晶闸管可控整流串联谐振式逆变电源的整流控制方式有电压控制、电流控制和功率控制三种，可选择其中一种。当整流控制工作在电流方式时，根据给定电路给定的电流信号和采

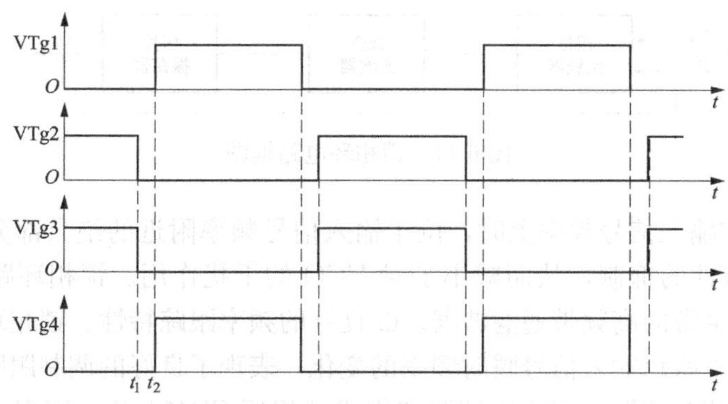

图 6-9　VT1～VT4 驱动信号

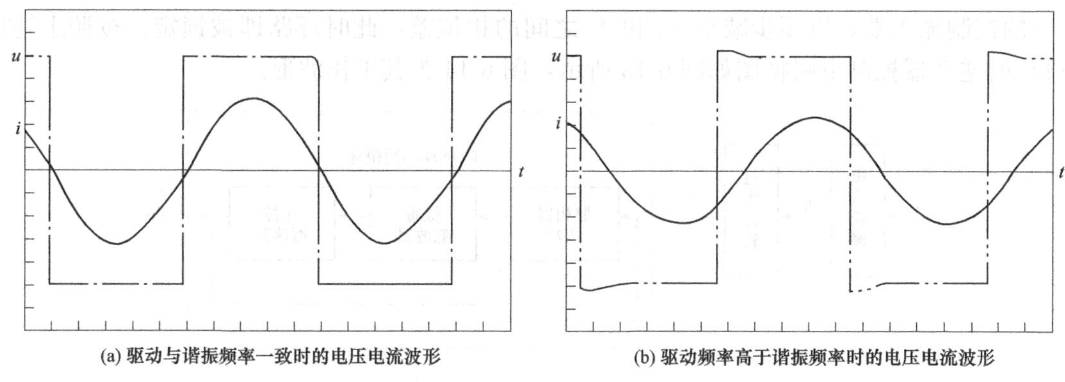

(a) 驱动与谐振频率一致时的电压电流波形　(b) 驱动频率高于谐振频率时的电压电流波形

图 6-10　串联谐振式逆变电路输出电压电流波形

样电流信号比较，其误差通过电流调节器控制触发驱动电路，控制晶闸管的移相角 α，调节直流电流稳定在给定的电流值。当整流控制工作在电压方式时，根据给定电路给定的电压信号和采样电压信号比较，其误差通过电压调节器控制触发驱动电路，控制晶闸管的移相角 α，调节直流电压稳定在给定的电压值。这种控制方式，整流电路工作在电压和电流双闭环控制方式，电流调节器起到加快动态调节过程和限制最大电流的作用。当整流控制工作在功率方式时，根据给定电路给定的功率信号同采样电压信号和电流信号通过乘法器得到的功率信号比较，其误差通过功率调节器控制触发驱动电路，控制晶闸管的移相角 α，调节直流功率稳定在给定的功率值。这种控制方式，整流电路工作在功率和电流双闭环控制方式，电流调节器也起到加快动态调节过程和限制最大电流的作用。

逆变控制电路的主要任务是产生逆变桥的驱动脉冲，实现负载谐振频率和驱动脉冲频率同步，实现频率自动跟踪。要实现频率的自动跟踪，可采用锁相环技术。锁相环电路是一个能够跟踪输入信号相位变化的闭环自动控制系统，如图 6-11 所示。

锁相环电路与其他具有相同功能的电子线路相比有如下特点：①可以实现理想的频率控制。当锁相环路处于锁定状态时，输出信号与输入信号频率相等，即稳态频率差为零。②良好的窄带跟踪特性。压控振荡器（VCO）的输出信号能够跟踪输入信号载频的变化。当

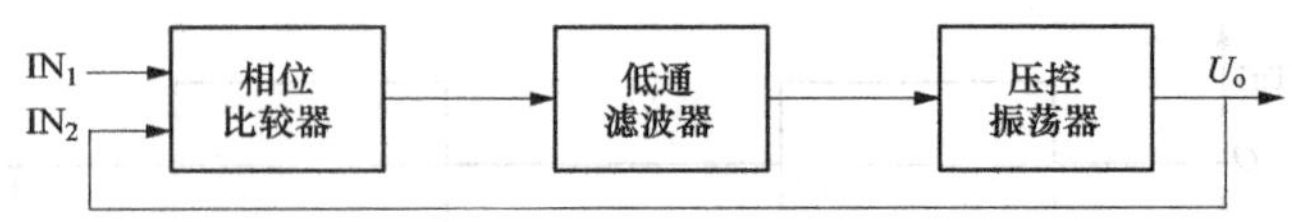

图 6-11 锁相环电路框图

VCO 的频率锁定在输入信号频率上时，位于输入信号频率附近的绝大部分干扰会受到低通滤波器 LPF 低通特性的抑制，从而减小了对 VCO 的干扰作用。锁相环路对干扰的抑制作用，就相当于一个窄带的高频带通滤波器。③良好的频率跟踪特性。锁相环路中的压控振荡器，其输出频率可以跟踪输入信号瞬时频率的变化，表现了良好的调制跟踪性能。

电路中采用电流互感器，高速比较器和集成锁相环 CD4046B 来实现频率跟踪，频率跟踪控制系统框图如图 6-12 所示。压控振荡器的输出频率 f_0 与电流互感器检测的负载谐振频率 f_r 通过鉴相器 PD2 比较，其相位误差电压经低通滤波器 LPF 滤波后送至压控振荡器 VCO 的控制输入端，以逐步减小 f_0 和 f_r 之间的相位差，此时环路即被锁定。按照上述原则设计的逆变器控制电路框图如图 6-13 所示，图 6-14 为其工作波形。

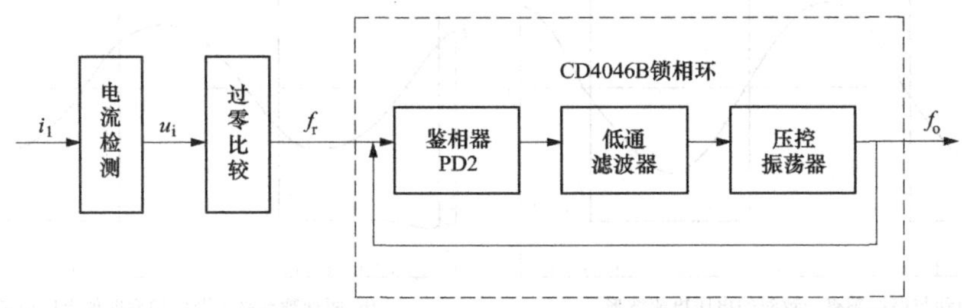

图 6-12 频率跟踪控制系统框图

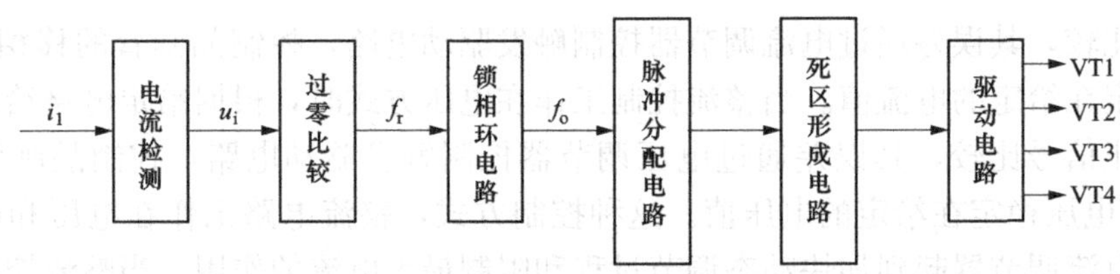

图 6-13 逆变器控制电路框图

5. CD4046 集成锁相环

图 6-15 是 CD4046 逻辑结构图。CD4046 具有两个独立的鉴相器 PC1 与 PC2。PC1 是异或门鉴相器；PC2 是边沿触发型鉴相器，它由受逻辑门控制的四个边沿触发器和三态输出电路组成，它的输出为三态结构。系统一旦入锁，输出将处于高阻态，无源低通滤波器的电容 C 无放电回路，鉴相器相当于具有极高的增益，输入信号与输出信号可严格同步，其最大锁定范围与输入信号波形的占空比无关，而且使用它对环路捕捉范围与低通滤波器的 RC 时间常数无关，一般可以达到锁定范围等于捕捉范围。可见，应用 CD4046 的鉴相器 PC2，可保证锁相环输出与输入信号相位差为零。

线性压控振荡器 VCO（4 脚）产生 1 个输出信号，其频率与 VCO 输入的电压以及连接

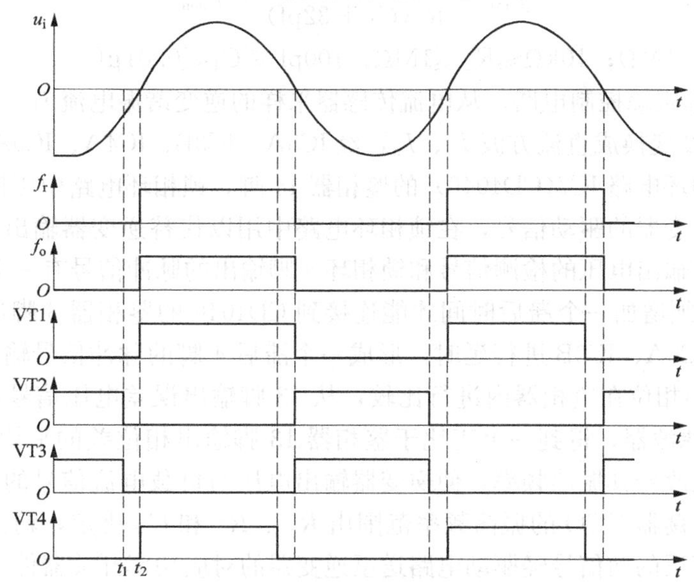

图 6-14　逆变器控制电路工作波形

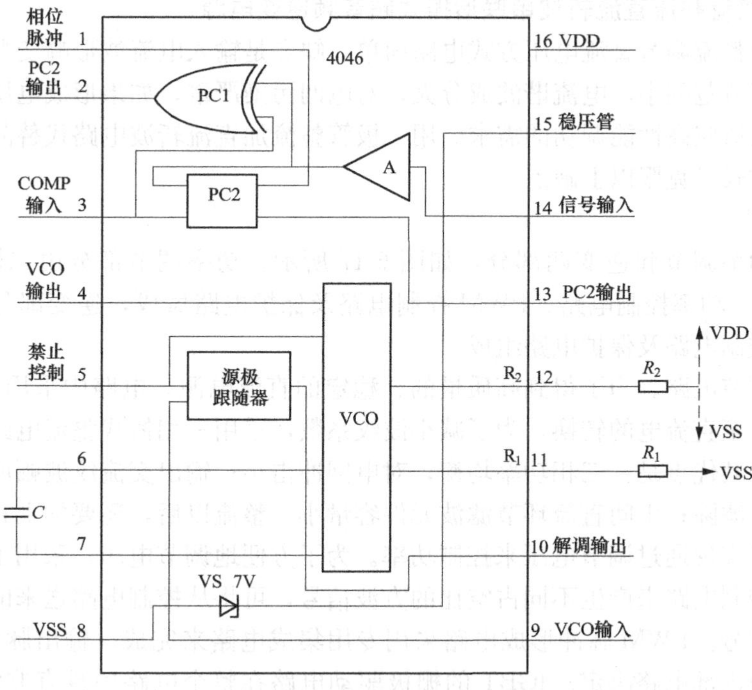

图 6-15　CD4046 逻辑结构图

到引出端的电容 C 值及 R_1 和 R_2 的阻值有关。并且输出频率范围 $f_{min} \sim f_{max}$ 满足以下公式：

$$f_{min} = \frac{1}{R_2(C_1 + 32pf)} \tag{6-2}$$

$$f_{max}=\frac{1}{R_1(C_1+32pf)}+f_{min} \tag{6-3}$$

式中，$10k\Omega \leqslant R_1 \leqslant 1M\Omega$；$10k\Omega \leqslant R_2 \leqslant 1M\Omega$；$100pf \leqslant C_1 \leqslant 0.01\mu f$。

图 6-16 为频率跟踪控制电路。从电流传感器采样的逆变谐振电流 i_1～(转换成电压）通过比较器 IC1、IC2 变换成直流方波 I_p、I_n，经 IC3A、IC3B、IC4A、IC5A 组成的脉冲整形电路，输入到锁相环电路 IC7(CD4046） 的鉴相器 14 脚。锁相环电路中压控振荡器 4 脚输出的脉冲信号作为逆变器的驱动信号，在锁相环电路中用以代替逆变器输出电压的检测信号。由于实际的逆变器输出电压的检测信号和锁相环 4 脚输出的脉冲信号有一个延迟时间，因此 4 脚的脉冲信号必须增加一个滞后时间才能连接到 CD4046 的鉴相器 3 脚进行鉴相。所以 4 脚的脉冲信号经 IC6A、IC6B 进行延时，形成一个滞后 4 脚的脉冲信号输入到 IC7 的 3 脚，3 脚和 14 脚信号的相位在鉴相器内进行比较，从 13 脚输出误差电压信号，再经 R_{12}、R_{13}、C_{16}等组成的低通滤波器，得到一个正比于鉴相器 13 脚输出相位差的平均电压 U_f，这个控制电压从 9 脚输入改变其振荡频率，使逆变器输出电压与负载电流信号的相位差不断减小，直到两者同相。振荡器 VCO 的振荡频率范围由 R_{10}、R_{11}和 C_{15}决定，输出信号 V_O 通过逻辑电路形成相位相反的两信号经驱动电路送至逆变器的对应功率开关器件。

从上面可以看出锁相环是通过改变压控振荡器的频率来减小输入电压和负载电流信号之间的相位差，最终实现逆变器的工作频率跟踪负载的固有谐振频率。

6.2.2 二极管整流直流斩波串联谐振式超音频逆变电源

晶闸管可控整流调节直流电压方式电路简单，缺点是输入电流波形畸变严重，输入功率因数低，功率调节范围小，电流谐波成分大，对电网污染严重，如果形成电压反馈闭环，动态响应慢，难以适应高性能调功的需求。用二极管整流加直流斩波电路代替晶闸管可控整流调节直流电压方式可克服以上缺点。

1. 电路组成

电路分成功率调节和逆变两部分，如图 6-17 所示。功率调节部分由二极管整流电路、PWM 斩波电路、功率控制电路、PWM 控制电路及保护电路做成，逆变部分由逆变器、逆变驱动、逆变控制电路及保护电路组成。

(1) 功率调节电路。为了得到高质量的、稳定的直流电源，电路中采用了二极管整流，以实现从交流电至直流电的转换。为了减小波纹系数，采用三相桥式整流电路。三相整流与单相整流相比，其优点是：三相功率均衡，对电网冲击小；输出交流纹波幅度小，而且纹波频率较高，便于滤除；中间直流环节滤波元件容量小。整流以后，还要加上直流斩波器，加大调压范围，以实现通过调节电压来控制功率。为了方便地调节电压，采用了 PWM 调压方式，运用集成控制电路来产生不同占空比的方波信号，可将从控制电路送来的调节信号转换成相应的斩波信号。PWM 脉冲形成电路采用专用集成电路来完成。输出脉冲的宽度可调，输出脉冲频率由内部电路决定。IGBT 的栅极驱动电路在整个电路中具有非常重要的地位，栅极驱动电路性能不好，常常造成 IGBT 的损坏，电路中采用 IGBT 专用驱动电路。

(2) 逆变电路。逆变器采用 IGBT 为主电路开关，运用单向逆变桥结构和 LC 串联谐振电路，将直流逆变成交流，并用超音频变压器耦合输出。

逆变桥开关管驱动电路有多种，按驱动电路与栅极的连接方式分有直接驱动与隔离驱动。根据实际需要，一般采用高速光电耦合与高速场效应互补对管组成栅极驱动电路。这样

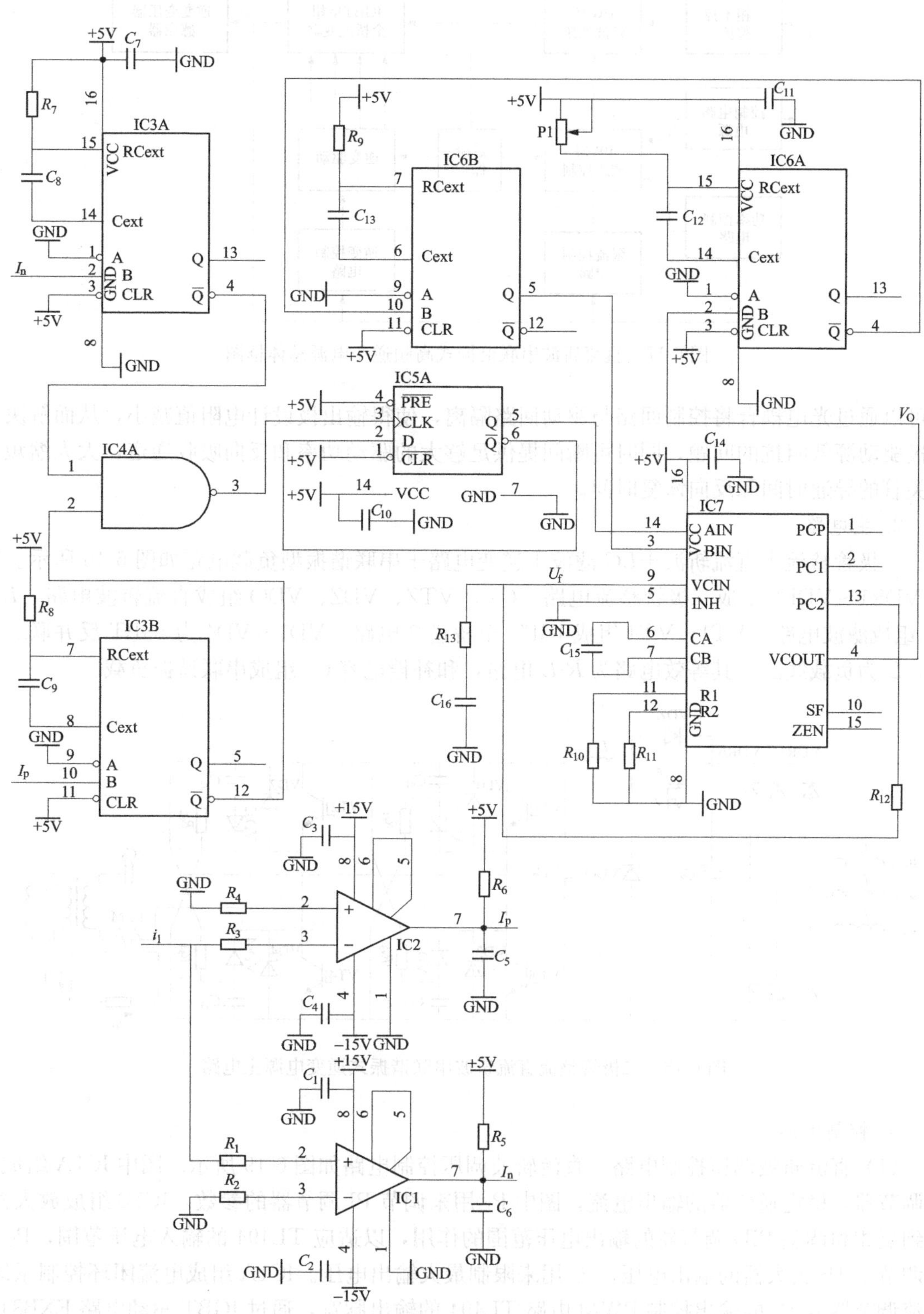

图 6-16　频率跟踪控制电路

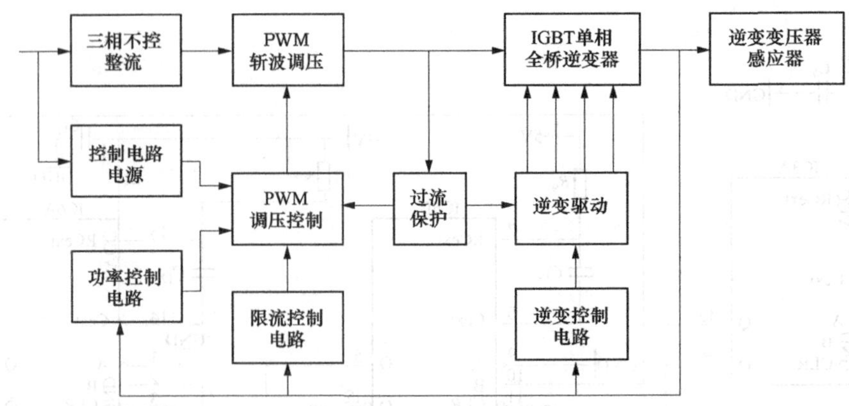

图 6-17 直流斩波串联谐振式高频逆变电源总体框图

就可以通过光电耦合将控制回路与驱动回路隔离，使得输出极设计电阻值减小，从而解决了栅极驱动源低阻抗的问题，同时可瞬间提供足够大的驱动功率和反向吸收通道，大大缩短了开关管的导通时间和反向恢复时间。

2. 主电路

二极管整流＋直流斩波＋LC 滤波＋逆变电路＋串联谐振型负载电路如图 6-18 所示。图中 VDR1～VDR6 组成二极管整流电路。C_{Z1}、VTZ、VDZ、VDO 组成直流斩波电路，L_Z、C_{Z2}组成滤波电路，VT1～VT4 组成 IGBT 全桥逆变电路，VD1～VD4 为 IGBT 反并联二极管，L 为负载线圈，其等效电路为 R-L 电路，和补偿电容 C_0 组成串联谐振负载。

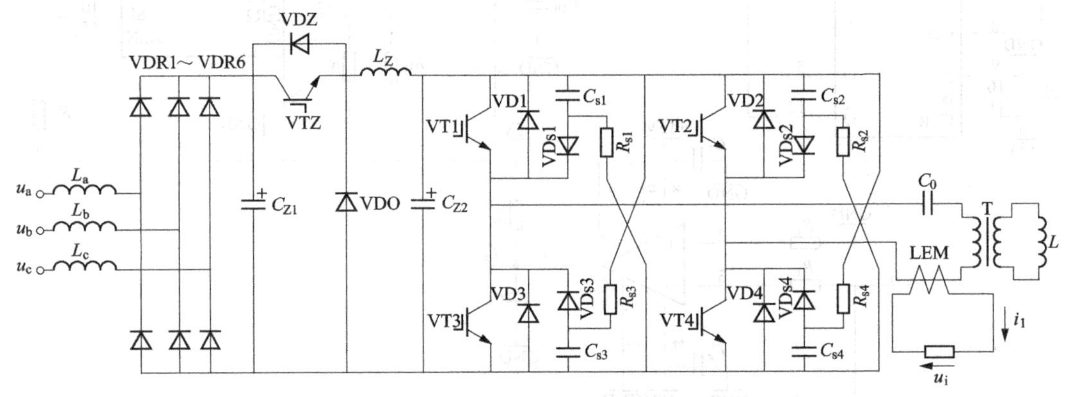

图 6-18 二极管整流直流斩波串联谐振式逆变电源主电路

3. 控制电路

(1) 直流斩波调压控制电路。直流斩波调压控制电路如图 6-19 所示。图中 IC1A 组成电流调节器，稳定逆变器的输出电流，图中 P_1 用来调节 PI 调节器的参数，IC1B 组成放大器，起到反相和调整 PID 调节器的输出电压范围的作用，以适应 TL494 的输入电压范围，P_2 用来调节 IC1B 放大器的输出电压，P_3 用来限制最大输出电压。IC1A 组成电流闭环控制系统。电流调节器 IC1B 的输出控制 PWM 电路 TL494 的输出脉宽，通过 IGBT 驱动电路 EXB841，控制 IGBT 的占空比，达到调节逆变器输入电压的目的。R_{14} 和 C_5 决定 TL494 的输出脉冲频率，R_{11}、R_{12}、R_{13} 和 TL494 内部误差放大器组成比例放大器。

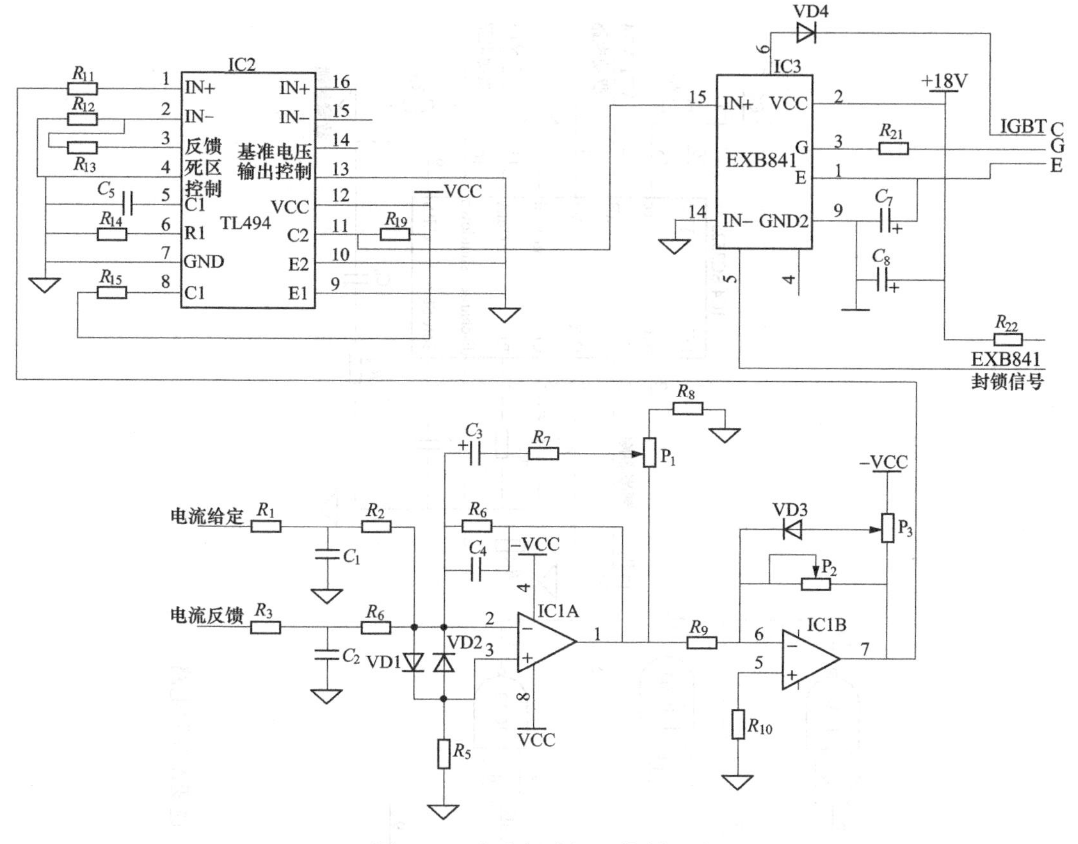

图 6-19 直流斩波调压控制电路

（2）逆变器控制电路。逆变器控制电路如图 6-20 所示。IGBT VT1、VT2、VT3、VT4 上承受的电压 U_{VT1}、U_{VT2}、U_{VT3}、U_{VT4} 为方波，电流是正弦。如果给 VT1、VT2、VT3、VT4 驱动信号的周期与 L、C 谐振周期一致，则电压与电流的相位差为零，IGBT VT1、VT2、VT3、VT4 在电流过零时进行开关切换，可实现 ZCS 动作，IGBT 的开关损耗可大大减小。当驱动信号频率高于谐振频率时，电流相位将滞后于电压，在 IGBT 的电压上升之前可关断 IGBT，实际上是零电压关断。为了使逆变器始终工作在谐振状态，保证 IGBT 触发频率和 L、C 谐振频率始终一致，即谐振回路的电压和电流同相位，必须采取频率跟踪措施。频率跟踪除了采用锁相环技术，还可采用谐振电流过零点跟踪技术。

在图 6-20 中，由 PWM 专用芯片 SG3525 发出起动触发信号，经驱动电路进行功率放大，轮流触发 IGBT VT1、VT3 和 VT2、VT4 导通。互感器 LEM 检测谐振回路的电流，经 R_2、C_1 组成的超前相位补偿电路，到零电压比较器 IC1 进行比较。比较器 IC1 输出的方波脉冲信号频率和谐振频率相同，经 IC2 和 IC3 组成的倍频电路，输出两倍于谐振频率的窄脉冲信号，通过 SG3525 的同步端 SYNC 控制其输出端的驱动脉冲。当谐振回路的电流从负过零到正半波时，比较器 IC1 输出高电平，经倍频电路，通过 SG3525 的同步端，控制其输出端的驱动脉冲，经驱动电路，触发 IGBT VT1、VT4 导通。当谐振回路的电流从负半波过零时，比较器 IC1 输出低电平，经倍频电路，通过 SG3525 的同步端，控制其输出端的驱动脉冲，经驱动电路，触发 IGBT VT2、VT3 导通。这样 IGBT 的驱动频率完全由谐振回路电流的

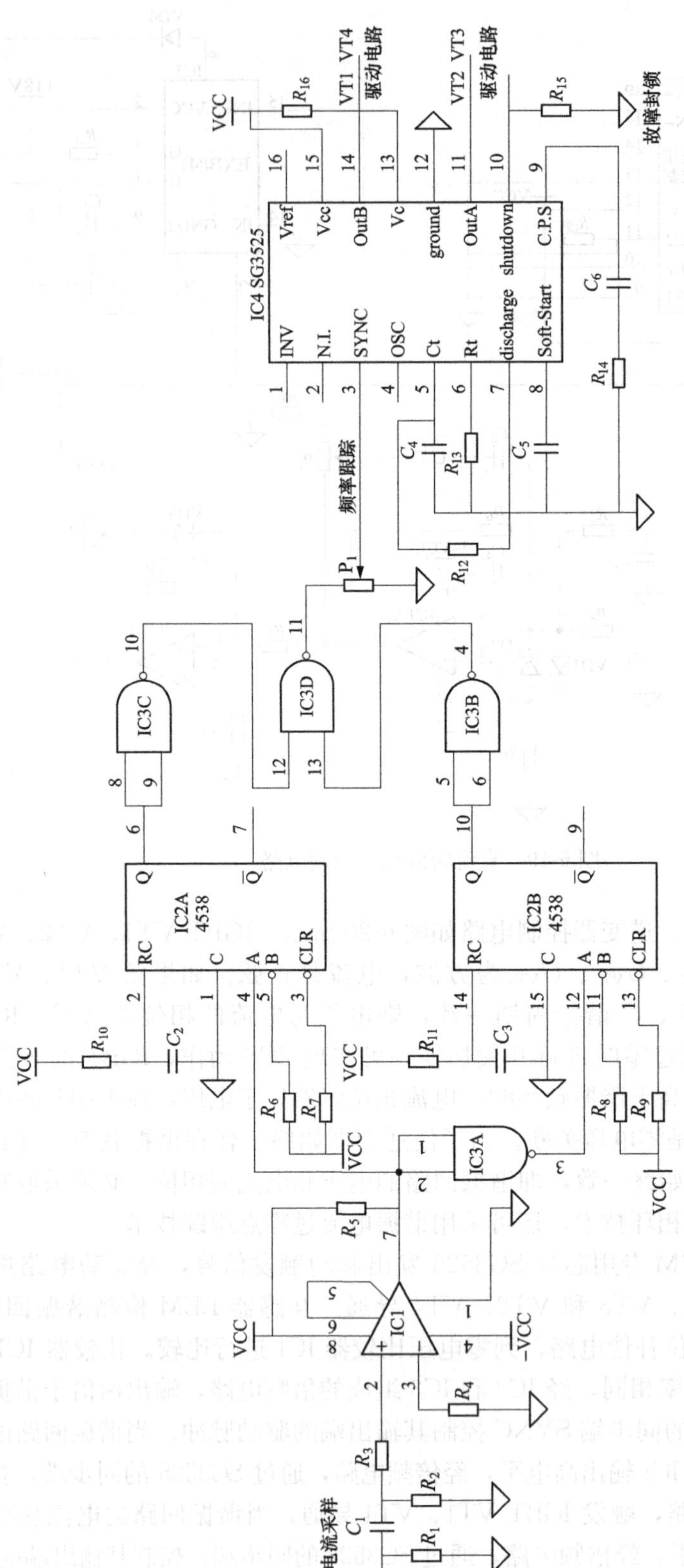

图 6-20　逆变器控制电路

频率决定。当在工作过程中谐振回路的参数发生变化时，振荡频率跟随变化，经电流互感器检测，频率跟踪电路及时调节触发频率，达到频率跟踪的目的。

4. 电路特点

二极管不可控整流加直流斩波调压可提高功率因数，但直流斩波工作在硬开关状态，EMI 较大，虽然已有直流斩波软开关电路的研究，但应用还不成熟。

6.2.3 二极管整流调频功率控制串联谐振式逆变电源

调频控制 PFM(Pulse Frequency Modulation) 功率调节方式通过改变逆变器开关管驱动脉冲的频率达到调节输出功率的目的。

1. 主电路

采用 PFM 功率控制方式的逆变电源主电路拓扑如图 6-21。图中 VDR1～VDR6 组成二极管整流电路。C_1 组成滤波电路，VT1、VT2、VT3、VT4 组成 IGBT 全桥逆变电路，VD1、VD2、VD3、VD4 为 IGBT 反并联二极管，*R*-*L*-*C* 组成串联谐振负载。这种电路去掉功率调节电路，大大简化了电路结构，功率调节由逆变电路来实现。输入电压采用二极管三相桥式不控整流电路，对于电压源型逆变器，直流侧仅采用一个电容储能和滤波，主电路与晶闸管可控整流串联谐振型中频电源和二极管整流直流斩波串联谐振式逆变电源相比，电路更加简单。

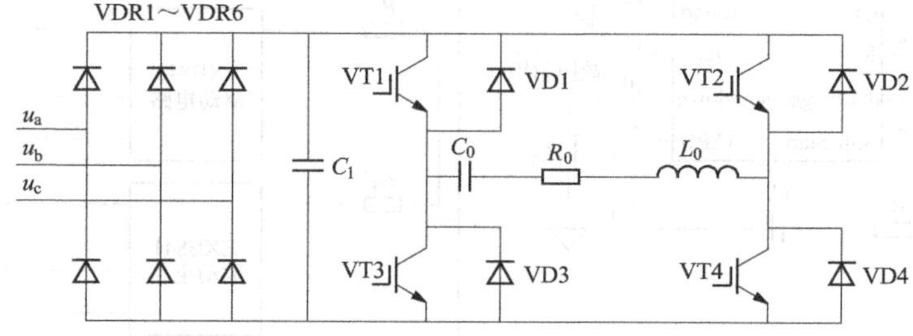

图 6-21　二极管整流串联谐振式逆变电源主电路

逆变桥串联谐振负载电路的等效阻抗为

$$z=R+\mathrm{j}\omega L+\frac{1}{\mathrm{j}\omega C} \tag{6-4}$$

其模值为

$$|z|=\sqrt{R^2+\left(\omega L-\frac{1}{\omega C}\right)^2} \tag{6-5}$$

由式 (6-5) 可知，改变逆变器的工作频率 ω 就可以改变负载等效阻抗，从而达到功率调节的目的。当

$$\omega L-\frac{1}{\omega C}=0 \tag{6-6}$$

时，逆变器的开关频率 ω 等于串联谐振电路固有谐振频率 ω_0，即 $\omega=\omega_0$，负载处于谐振状态，等效阻抗最小，输出电流达到最大值，逆变器的输出功率全部加在负载电阻上，这时输出功率最大，此时输出电压与输出电流相位相同，系统呈现纯阻性；改变逆变器的开关频率，负载离开谐振点，等效阻抗增加，逆变器输出的无功功率储存在电感 L 和电容 C 上，在负载电阻上的有功功率减小，相应功率因数变小。当 $\omega>\omega_0$ 时，出现输出电压超前输出

电流的状况，系统呈现感性，输出电压与输出电流之间存在相位差，输出功率小于处于谐振点状态时的输出功率；当 $\omega<\omega_0$ 时，出现输出电压滞后输出电流的状况，系统呈现容性，输出功率也小于处于谐振点状态时的输出功率。

2. 控制电路

图 6-22 是 PFM 调频功率控制方式的控制电路，由 PWM 集成电路 SG3525 产生驱动脉冲，P_1 和 C_1 决定 SG3525 的输出脉冲频率。调节 P_1 可调节 SG3525 的输出脉冲频率，经过 EXB841 组成的驱动电路，分别驱动逆变桥的四个开关管 VT1、VT2、VT3、VT4。这种控制方式，频率是采用开环控制方式。

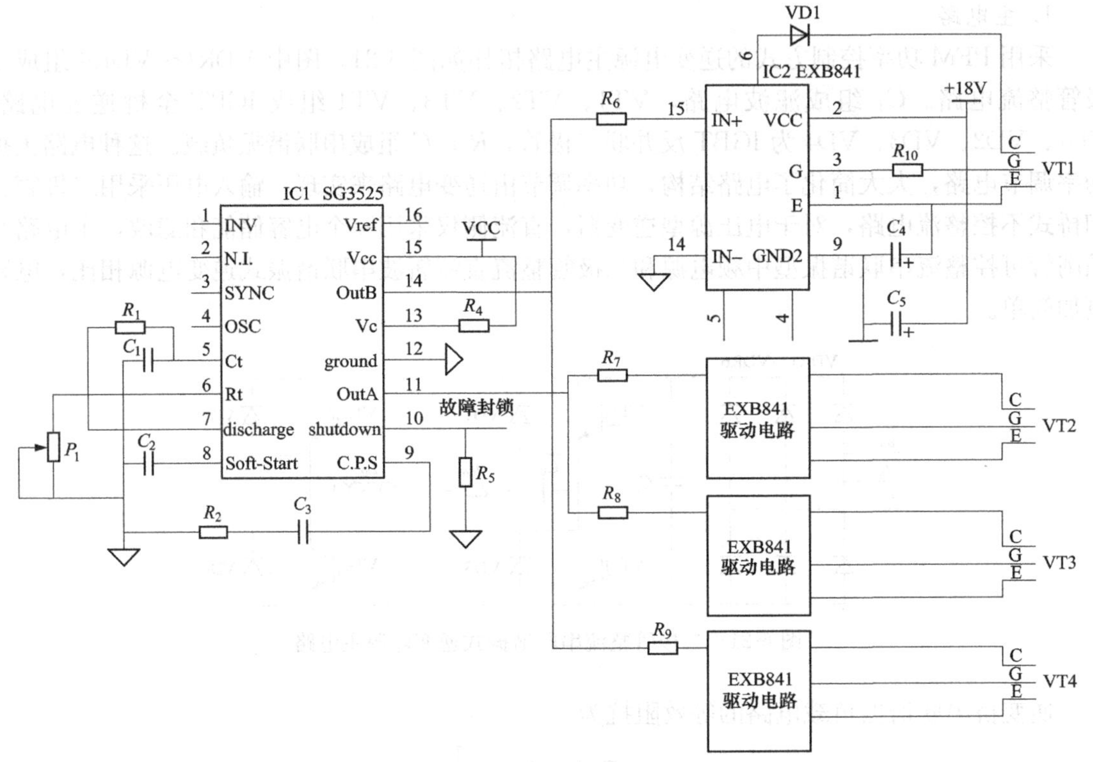

图 6-22 PFM 调频功率控制电路

3. 电路特点

调节 DC/AC 逆变器的开关频率实现功率调节的方式是目前普遍采用的一种功率调节方式，其优点是电路简单，缺点是逆变器的输出功率调节过程实际上是调节输出功率因数，特别是轻载时逆变器输出功率因数很低，输出电压含有较大的谐波成分，会对开关器件造成很大的电压冲击。在实际电路（图 6-21）中，滤波电容 C_1 要求比较大，以防止逆变桥谐振回路的储能通过 IGBT 的反并联二极管向 C_1 反充电，在 C_1 上产生泵升电压，C_1 加大可减小泵升电压幅值。此外，开关器件工作在硬开关状态，开关损耗大。

6.2.4 PWM 移相功率控制串联谐振式逆变电源

PWM 脉宽调制移相控制（Phase-Shifted Control，PSC）功率调节方式，通过改变逆变器开关管驱动脉冲的相位达到调节输出功率的目的。它通过移相使全桥的四个开关轮流导通，在同一桥臂的两个开关管轮流导通过程中，通过开关管的输出寄生电容，保证开关管处于零电压开关状态（ZVS），从而避免了开关工作过程中电压电流的重叠。主电路如图 6-21 所示。

1. PWM 移相控制工作原理

单相全桥逆变电路移相控制可分解为四个阶段，如图 6-23 所示。图 6-24 是移相控制驱动与输出波形。

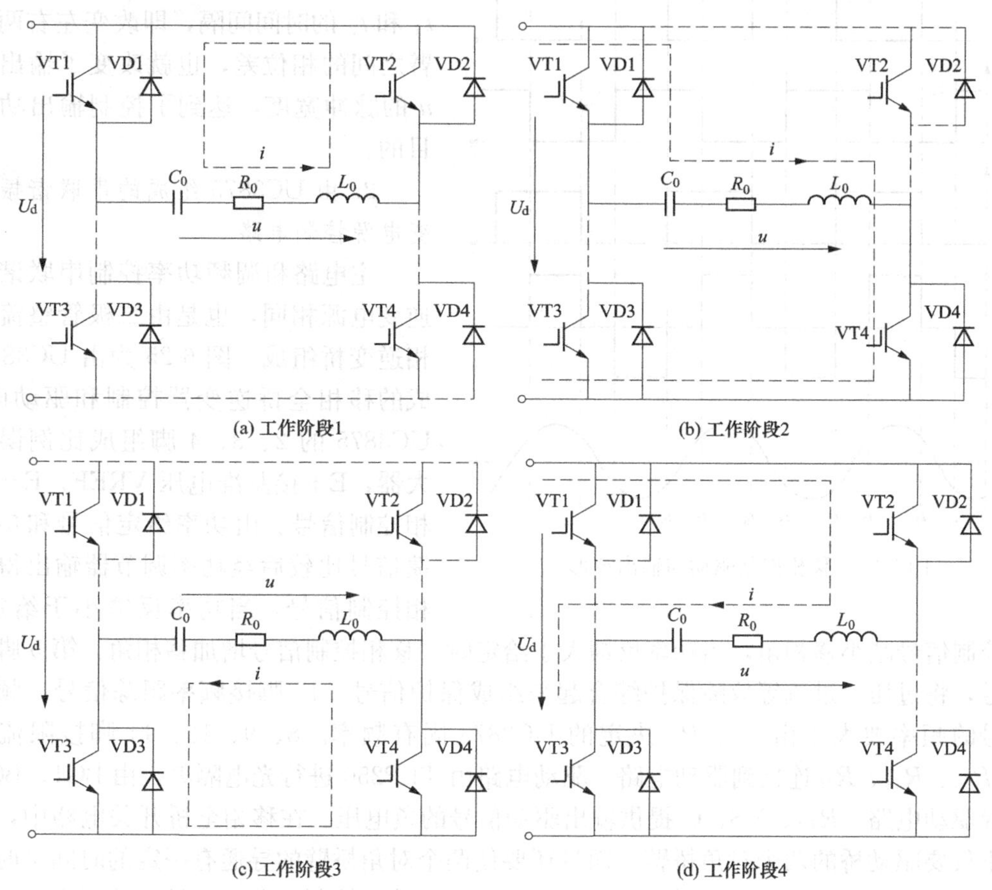

图 6-23 移相控制工作原理电路拓扑图

工作阶段 1(t_1-t_2)：t_1 时刻，VT1 驱动开通、VT2 导通，VT3、VT4 关断。在本阶段的前半段，输出电流 i 为负，电流通过 VT2→L_0→R_0→C_0→VD1 流通；当 i 过零变正时，电流方向改变，电流 i 通过 VT1→C_0→R_0→L_0→VD2 流通。这个阶段，负载上的电压 $u=0$，负载电阻 R_0 上的能量由储能元件 C_0 和 L_0 提供。

工作阶段 2(t_2-t_3) 阶段：t_2 时刻，VT2 在零电压下关断，VT4 导通，输出电流通过 VT1→C_0→R_0→L_0→VT_4 流通，负载上的电压 $u=U_d$。这个阶段，负载电阻 R_0 上的能量由电源 U_d提供。

工作阶段 3(t_3-t_4) 阶段：t_3 时刻，VT1 关断，VT3 驱动开通。在本阶段的前半段，输出电流 i 为正，电流通过 VD3→C_0→R_0→L_0→VT4 流通；当 i 过零变负时，电流方向改变，电流 i 通过 VD4→L_0→R_0→C_0→VT3 流通。这个阶段，负载上的电压 $u=0$，负载电阻 R_0 上的能量由储能元件 C_0 和 L_0 提供。

工作阶段 4(t_4-t_5) 阶段：t_4 时刻，VT4 在零电压下关断，VT2 导通，输出电流通过

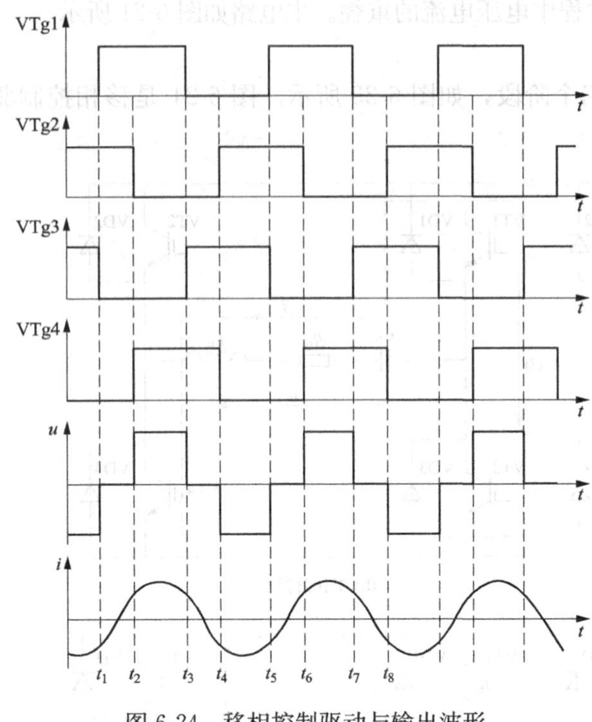

图 6-24 移相控制驱动与输出波形

$VT_2 \to L_0 \to R_0 \to C_0 \to VT_3$ 流通，负载上的电压 $u=-U_d$。这个阶段，R_0 上的能量由电源 U_d 提供。

t_5 时刻，一个工作周期结束。改变 t_1 和 t_2 的时间间隔，即改变左右两个桥臂之间的相位差，也就改变了输出电压 u 的脉冲宽度，达到了控制输出功率的目的。

2. 由 UC3875 组成的串联谐振式逆变电源控制电路

主电路和调频功率控制串联谐振式逆变电源相同，也是由二极管整流加单相逆变桥组成。图 6-25 为由 UC3875 构成的移相全桥逆变器控制和驱动电路。UC3875 的 2、3、4 脚组成比例误差放大器，E+接基准电压 VREF，E−接移相控制信号。由功率给定信号和功率反馈信号比较后经功率调节器输出得到移相控制信号，当功率反馈小于给定时，移相控制信号减小移相角，当功率反馈大于给定时，移相控制信号增加移相角。第 5 脚接保护信号，将过压、过流等故障保护综合起来组成保护信号。17 脚接频率跟踪信号。频率跟踪信号的频率要大于由 C_9、R_{11} 决定的 UC3875 固有频率。8、9、13、14 脚接限流电阻 R_{12}、R_{13}、R_{14}、R_{15} 连接到驱动电路。驱动电路由 TLP250 进行光电隔离，由 BG1、BG2 组成推挽驱动电路，R_{D2}、VS、C 提供输出驱动信号的负电压。在移相全桥开关电路中，驱动信号不仅要驱动桥的两个对角桥臂，而且还要使两个对角桥臂的导通有一定的时间延时，由于两个桥臂的开关元件不是同时被驱动的，所以需要精确控制“移相”导通波形之间的时间间隔。死区时间由 C_7、R_9 和 C_8、R_{10} 决定。

图 6-26（a）为移相全桥串联谐振逆变器移相角等于 20°时的输出电压和电流波形，图 6-26（b）为移相角等于 90°时的输出电压和电流波形。

3. 电路特点

PWM 移相控制逆变器的主要特点是开关损耗小，工作频率较高，控制简单，恒频运行、器件应力小，但当移相角增大时输出电流波形逐步由正弦波向三角波转变，波形失真，高次谐波增加。

6.2.5 脉冲密度调节功率控制串联谐振式逆变电源

脉冲密度调节功率控制串联谐振式逆变电源的主电路如图 6-21 所示。脉冲密度调节有两种功率控制方式，一种称为 PDM（Pulse-Density Modulated），另加一种称为 PSM（Pulse-Symmetrical Modulated）。PDM 脉冲密度调制逆变器利用串联谐振负载的储能，对逆变器的开关进行间断控制。调节间断周期的大小达到功率调节的目的。工作波形如图 6-27 所示。

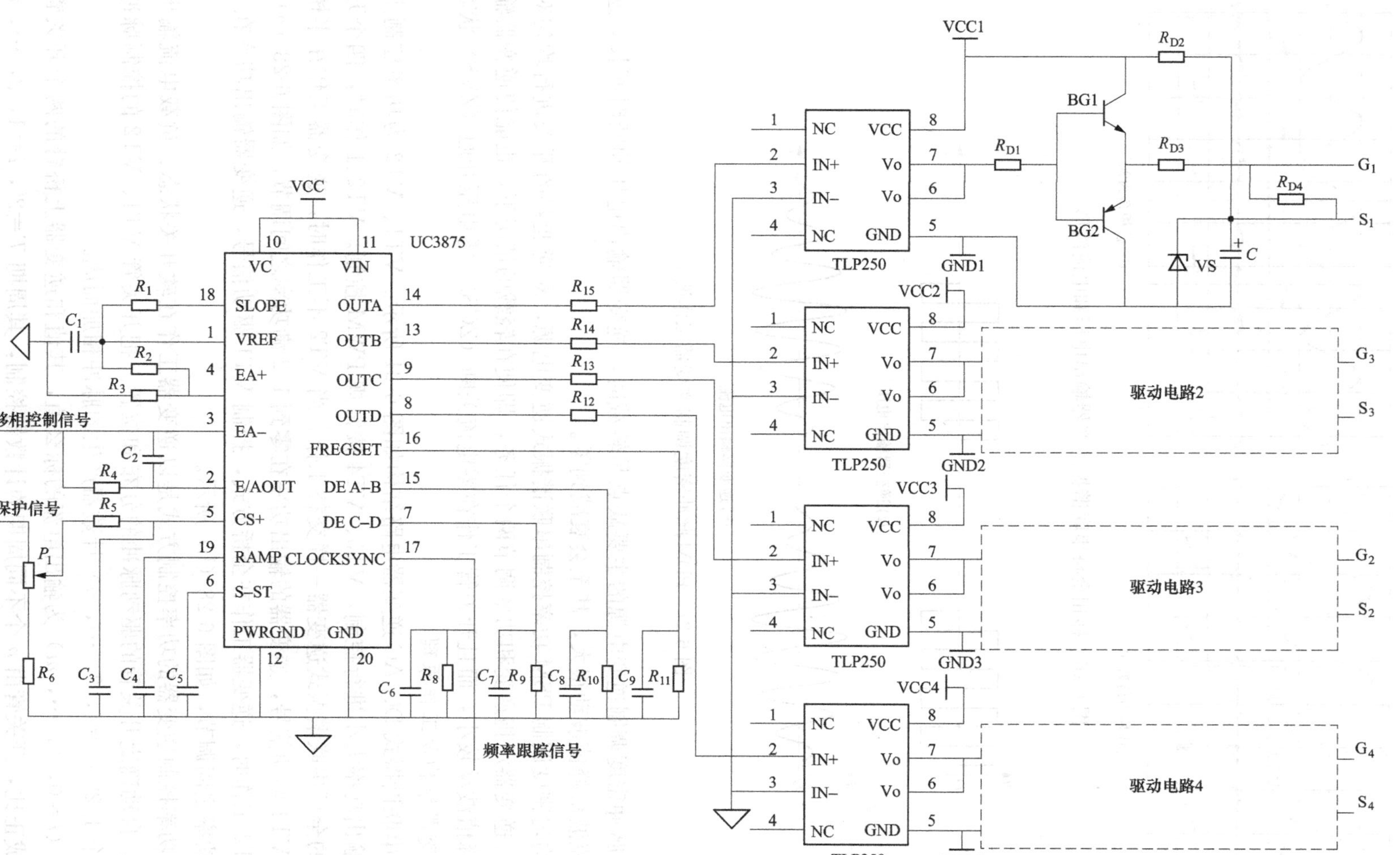

图 6-25　C3875 构成的移相全桥逆变器控制和驱动电路

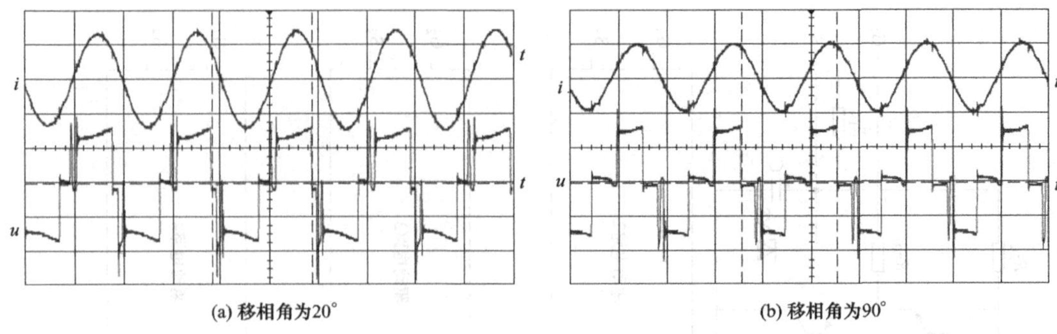

(a) 移相角为20°　　(b) 移相角为90°

图 6-26　移相全桥串联谐振逆变器输出电压和电流波形

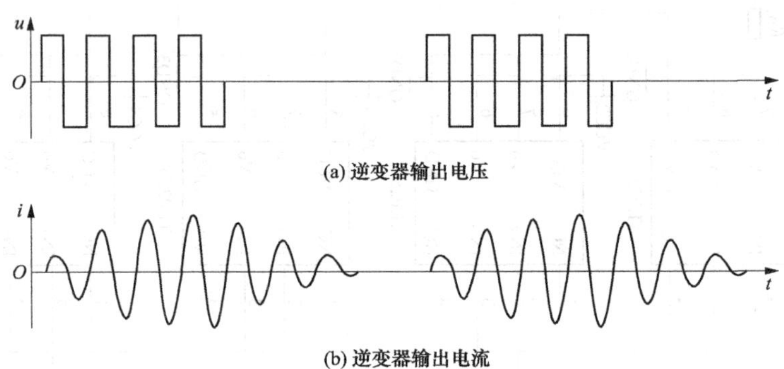

(a) 逆变器输出电压

(b) 逆变器输出电流

图 6-27　PDM 脉冲密度调制逆变器工作波形

PDM 脉冲密度调制逆变电源的主要缺点是轻载时，逆变器输出电压间断时间长，逆变器输出电流波形峰值波动很大，甚至会衰减到零。

脉冲均匀密度调制 PSM 功率控制串联谐振式逆变电源，对逆变器的开关进行均匀对称间隙控制，逆变器承担逆变和功率调节两个任务，即使在轻载的情况下，也能使逆变器输出电流波形峰值波动较小，而且开关管工作在零电流关断（ZCS）、零电压开通（ZVS）状态。

1. 逆变器结构及工作原理

PSM 串联谐振式 DC/AC 逆变器电路结构如图 6-21 所示。VT1、VT2 为功率控制主开关，根据输出功率大小进行控制，VT3、VT4 按常规 PWM 控制。VT2 工作时，四个开关管和常规的全桥串联谐振式逆变器一样交替工作。当 VT2 不工作时，逆变器工作在半桥方式，控制 VT1 驱动信号，逆变器的输出功率在零到 1/2 满功率之间调节，如图 6-28（a）所示。当 VT2 工作时，逆变器工作在全桥方式，控制 VT1 驱动信号，逆变器输出功率在 1/2 功率到满功率之间调节，如图 6-28（b）所示。

PSM 功率控制逆变器的功率控制方式是以逆变器工作在软开关状态、负载电流输出平稳为目标，自动确定开关管的驱动脉冲的分布和位置。把开关管 VT1、VT2 的控制脉冲看成是由 n 个 $1/2^i$（$i=1, 2, \cdots, n$）计数器产生的脉冲相加而成。

设 Y_i（$i=0, 1, \cdots, m$）为输出电流的标幺值，其值和逆变器上桥臂的两个开关管的开关次数成正比，开关管由 n 个不同周期的计数器控制，其周期 $T=2^i$，$i=1, 2, \cdots, n$。

n 个计数器分别为 X_i（$i=1, 2, \cdots, n$），A 为输出电流标幺值与 n 个不同周期计数器

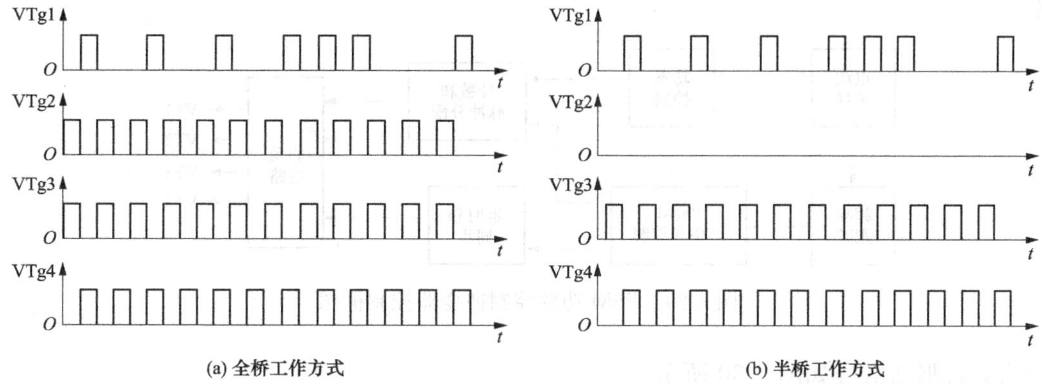

图 6-28　逆变器驱动信号

组合控制的关联矩阵，则有

$$\boldsymbol{Y}=\boldsymbol{A}\boldsymbol{X}$$

或写成

$$\begin{bmatrix} y_1 \\ y_2 \\ \vdots \\ y_m \end{bmatrix} = \begin{bmatrix} a_{11} & a_{12} & \cdots & a_{1n} \\ a_{21} & a_{22} & \cdots & a_{2n} \\ \cdots & \cdots & \cdots & \cdots \\ a_{m1} & a_{m2} & \cdots & a_{mn} \end{bmatrix} \begin{bmatrix} x_1 \\ x_2 \\ \vdots \\ x_n \end{bmatrix} \tag{6-7}$$

对应的输出功率标幺值为

$$\boldsymbol{P}=\boldsymbol{Y}\boldsymbol{Y}^{\mathrm{T}}\boldsymbol{R} \tag{6-8}$$

式中，$\boldsymbol{P}$ 为输出功率标幺值；$\boldsymbol{R}$ 为负载回路等效电阻。

如果取 $m=32$，$n=5$，X_5 为 $1/2^5$，$\boldsymbol{A}$ 矩阵为

$$\boldsymbol{A}=\begin{bmatrix} 0 & 0 & 0 & 0 & 1 \\ 0 & 0 & 0 & 1 & 0 \\ 0 & 0 & 0 & 1 & 1 \\ 0 & 0 & 1 & 0 & 0 \\ \cdots & \cdots & \cdots & \cdots & \cdots \\ 0 & 1 & 1 & 1 & 1 \\ 1 & 0 & 0 & 0 & 0 \\ \cdots & \cdots & \cdots & \cdots & \cdots \\ 1 & 1 & 1 & 1 & 0 \\ 1 & 1 & 1 & 1 & 1 \end{bmatrix} \tag{6-9}$$

这里 5 个计数器分别为 2 分频计数器、4 分频计数器、8 分频计数器、16 分频计数器和 32 分频计数器，5 个计数器的控制按照矩阵 A 由功率设定编码电路实现。图 6-29 是 PSM 功率控制逆变器控制框图。图中用 32 分频计数器控制 VT2 的驱动，2 分频计数器、4 分频计数器、8 分频计数器、16 分频计数器组合控制 VT1 的驱动，当逆变器工作在 50%功率以下时，VT2 不工作，VT1 按 PSM 规律调节，当逆变器工作在 50%功率以上时，VT2 工作，VT1 按 PSM 规律调节，这样，只要控制 VT1 一个开关管，就可实现逆变器的输出功率

控制。

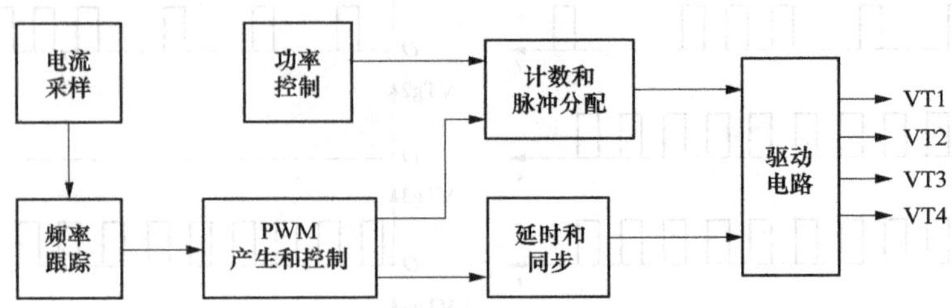

图 6-29 PSM 功率控制逆变器控制框图

VT1 的驱动信号如图 6-30 所示。

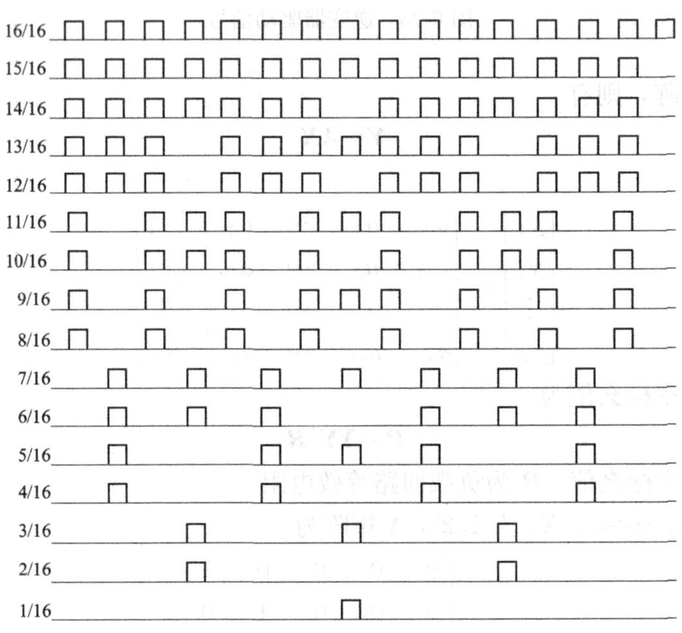

图 6-30 VT1 的驱动信号

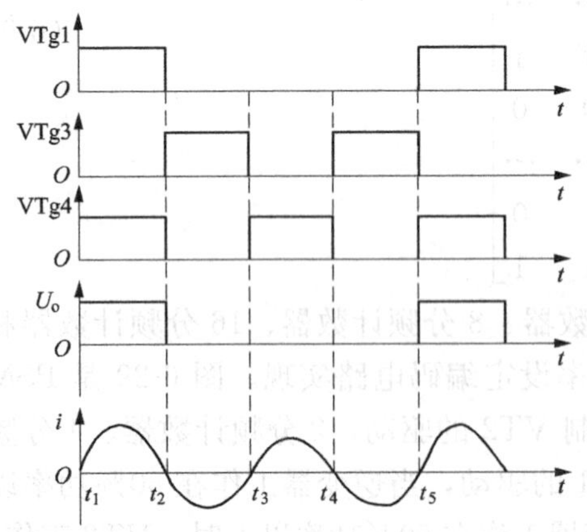

图 6-31 VT1、VT3、VT4 的驱动信号

2. 逆变器工作原理分析

第一种情况：VT2 不工作，VT1 按 PSM 规律工作，VT3、VT4 交替工作。VT1、VT3、VT4 的驱动信号如图 6-31 所示。

$t_1 \sim t_2$ 阶段为工作模态 1，VT1、VT4 工作，C_0、L_0 储能，逆变器的输出功率为感应线圈等效电阻 R_0 上的有功功率，其等效电路如图 6-32（a）所示。

$t_2 \sim t_3$ 阶段为工作模态 2，VT1、VT4 截止，VT3、VD4 工作，C_0 和 L_0 交换能量，电流 i 的回路为 C_0—VT3—VD4—L_0—R_0，其等效电路如图 6-32 所示。

$t_3 \sim t_4$ 阶段为工作模态 3，VT1、VT3 截止，VT4、VD3 工作，C_0 和 L_0 交换能量，电流 i 的回路为 C_0—R_0—L_0—VT4—VD_3，其等效电路如图 6-32（c）所示。

$t_4 \sim t_5$ 阶段为工作模态 4，VT1、VT4 截止，VT3、VD4 工作，C_0 和 L 交换能量，电流 i 的回路为 C_0—VT3—VD4—L_0—R_0，其等效电路如图 6-32（d）所示。

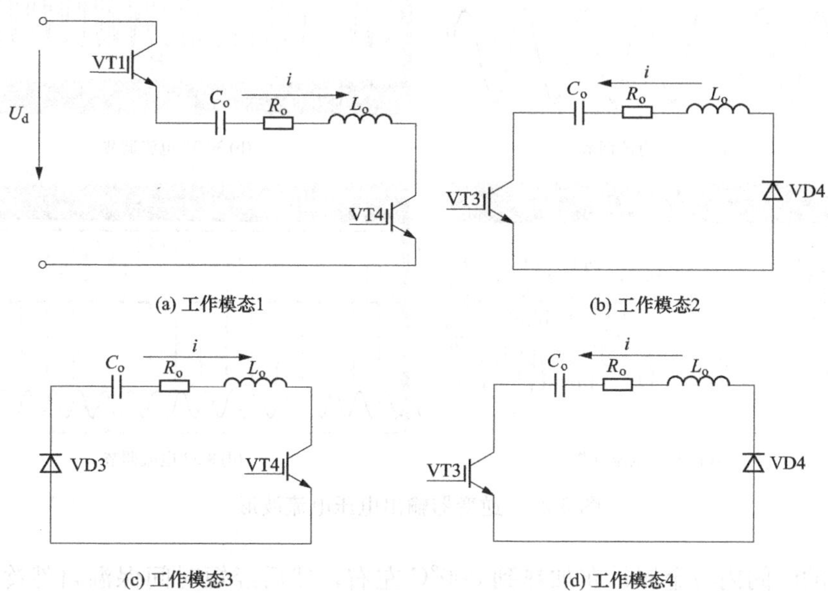

(a) 工作模态1　(b) 工作模态2　(c) 工作模态3　(d) 工作模态4

图 6-32　VT2 截止时 4 种工作模态等效电路

在 $t_1 \sim t_5$ 四个时间段中，只有 $t_1 \sim t_2$ 时间段中电源提供能量，占满功率时的 1/4。

如果把 PSM 周期扩大到 $T=16$、32、64、…，甚至更大，驱动脉冲的密度可按 $1/T$、$2/T$、$3/T$、…、$(T-3)/T$、$(T-2)/T$、$(T-1)/T$、T/T 均匀分布，其输出功率

$$P=\left(\frac{T-N}{T}\right)^2 P_0 \tag{6-10}$$

式中，P_0 为额定功率，$N=0$，1，…，$T-1$，T。

第二种情况：VT2 工作，VT1 按 PSM 规律工作，VT3、VT4 交替工作，其工作过程类似于第一种情况。

3. 逆变器输出电压电流波形

根据 PSM 控制策略，用 PWM 控制电路和逻辑器件组成控制系统，用 IGBT 组成全桥逆变电路，实际 PSM 功率控制逆变电源输出波形如图 6-33 所示。图 6-33（a）是逆变器输出电压电流波形，电压和电流同相位，逆变器输出功率因数为 1；图 6-33（b）是输出最大电流的 30/32 时逆变器输出电流波形；图 6-33（c）是输出最大电流的 24/32 时逆变器输出电流波形，电流峰值有些波动；图 6-33（d）是输出最大电流的 8/32 时逆变器输出电压和电流波形，这时 VT2 全关断，VT1 间隔一个周期开通。

6.2.6　串联谐振式逆变电源电路实例——PSM 高频逆变金属针布热处理电源

1. 金属针布高频感应加热热处理工艺

图 6-34 为金属针布高频感应加热热处理工艺示意图。金属针布毛坯经过冲齿机冲齿后，以 15m/min 左右的线速度通过高频感应加热电源进行基部退火热处理，高频感应加热电源

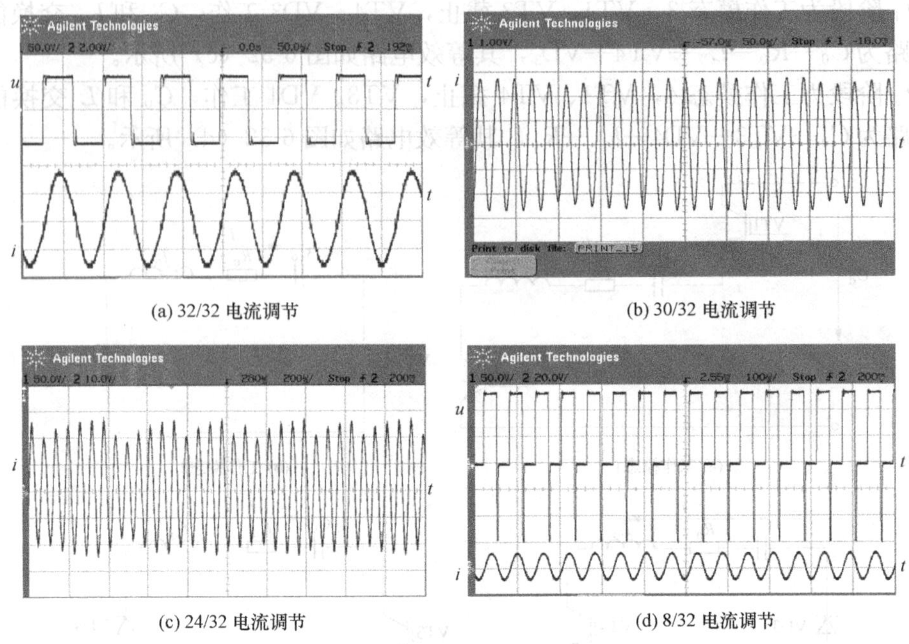

图 6-33 逆变器输出电压电流波形

要在 1s 左右的时间内将金属针布加热到 800°C 左右，然后经短时间保温自然冷却后进行齿尖火焰淬火。为了使金属针布在高频感应加热时温度均匀，保证金属针布基部应力的一致性，要求在金属针布通过感应器时，保证加热功率稳定，并且加热功率跟踪线速度的变化。这就要求高频感应加热电源有较高的频率跟踪性能和功率调节功能。

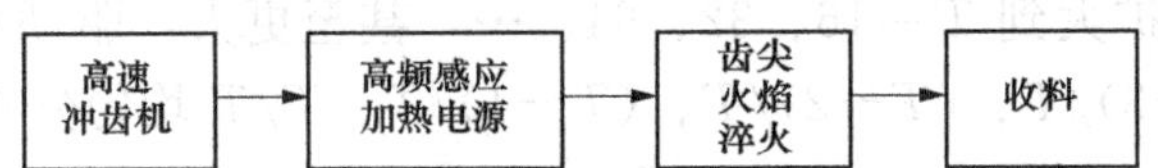

图 6-34 金属针布高频感应加热热处理工艺示意图

2. PSM 功率控制高频感应加热电源工作原理

PSM 功率控制高频感应加热电源主电路分成二极管整流电路和逆变两部分，控制电路由 PSM 功率控制电路、频率跟踪电路、脉冲控制电路和驱动电路等组成，如图 6-35 所示。电路采用单相桥式不可控整流和单相全桥逆变电路。VT1、VT2 为主开关，根据输出功率大小进行均匀密度控制。当 VT1、VT2 交替关断时，VT3、VT4 交替工作，为负载回路提供续流。PSM 均匀密度调制功率控制串联谐振式 DC/AC 逆变器以逆变器工作在软开关状态、负载电流输出平稳为目标，自动确定开关管的驱动脉冲的分布和位置。这种脉冲密度控制方式，脉冲间隔基本上是均匀分布的，只需控制一个开关管，容易实现。采用二进制数脉冲长度作为控制周期，有利于脉冲的均匀分配。

3. 主电路设计

(1) 整流电路设计。主电路整流部分采用二极管单相桥式整流电路，以实现从交流至直流的转换。由于 PSM 功率控制逆变器始终工作在负载谐振状态，负载回路呈阻性。逆变器相对于整流电路可用一个电阻 R_L 来等效，如图 6-36 所示。当逆变器工作在零电流关断零电

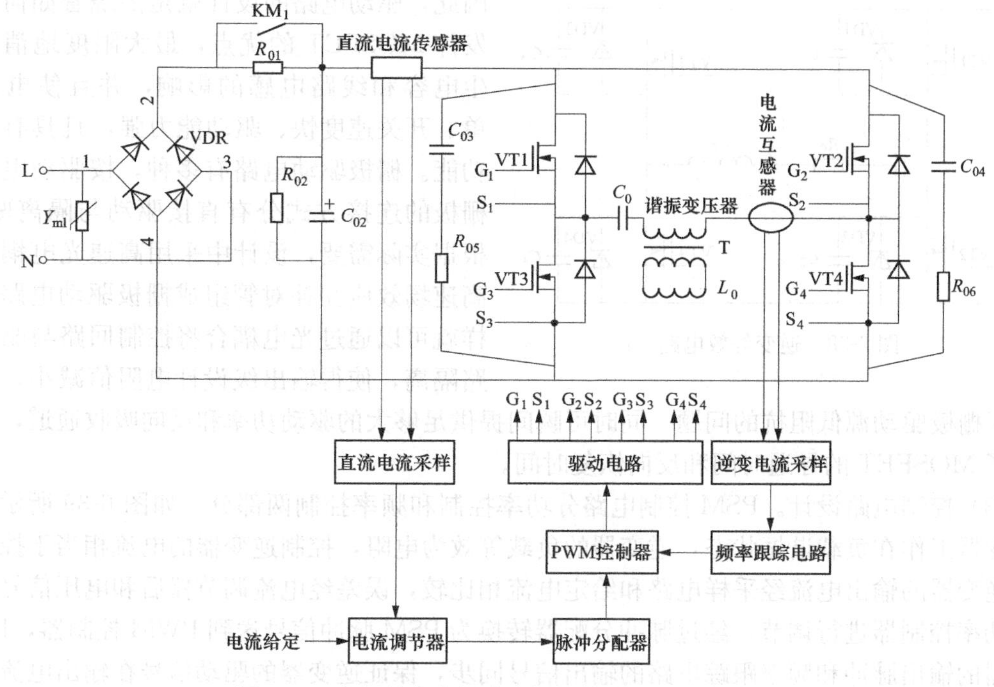

图 6-35　金属针布高频感应加热热处理电源主电路

压开通的 ZCS、ZVS 软开关状态时，逆变电路中的 $\mathrm{d}i/\mathrm{d}t$、$\mathrm{d}v/\mathrm{d}t$ 很小，这时 C_0 可取几个 μF，这样可以大大提高二极管整流电路的输入功率因数。

图 6-37 是交流输入电压和电流波形。其中 $i_{\sim2}$ 是逆变器输出高频电流波形，$i_{\sim1}$ 是输入电流经 L_0 滤波后的平均电流波形。当逆变器输出频率达到 100kHz 时，L_0 可以很小。

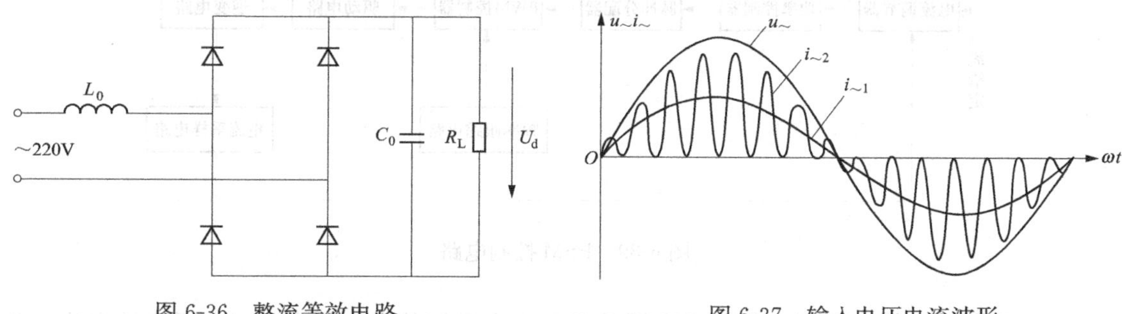

图 6-36　整流等效电路　　图 6-37　输入电压电流波形

（2）逆变电路设计。逆变器采用 MOSFET 场效应管作为主电路开关，采用单向逆变桥结构和 LC 串联谐振电路，将直流变换成交流，并用高频变压器耦合输出，将电能转换成为热能，图 6-38 为等效电路。其中 C_0 为谐振电容，L_0 为输出感应线圈折算到高频变压器初级的等效电感，R_0 为输出感应线圈折算到高频变压器初级的等效电阻，VT1、VT2、VT3、VT4 为 MOSFET 开关器件，VD1、VD2、VD3、VD4 为快恢复续流二极管。MOSFET 驱动电路的设计是一个关键的难题，因为 MOSFET 寄生有较大的极间电容，包括有输入电容（栅源极电容）、输出电容（漏源极电容）和反馈电容（栅漏极电容），因此极间电容较大，驱动 MOSFET 相当于驱动一个电容抗网络，器件电容与驱动源阻抗都直接影响开关速度。

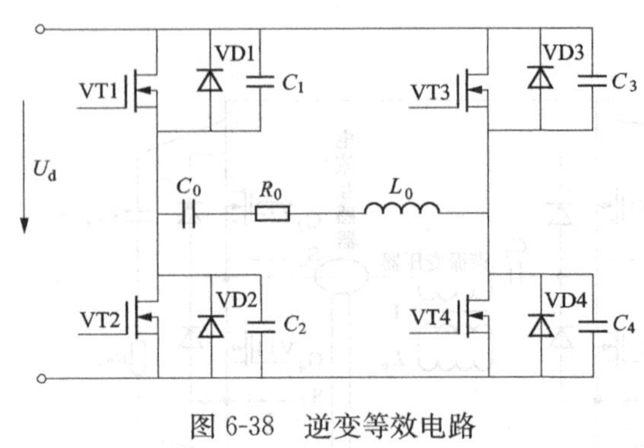

图 6-38 逆变等效电路

因此，驱动电路的设计就是围绕着如何充分发挥 MOSFET 的优点，最大限度地消除寄生电容和线路电感的影响，并且使电路简单、开关速度快、驱动能力强，且具有保护功能。栅极驱动电路有多种，按驱动电路与栅极的连接方式分有直接驱动与隔离驱动。根据实际需要，设计中采用高速光电耦合与高速场效应互补对管组成栅极驱动电路。这样就可以通过光电耦合将控制回路与驱动回路隔离，使得输出级设计电阻值减小，从而解决了栅极驱动源低阻抗的问题，同时可瞬间提供足够大的驱动功率和反向吸收通道，大大缩短了 MOSFET 的导通时间和反向恢复时间。

（3）控制电路设计。PSM 控制电路分功率控制和频率控制两部分，如图 6-39 所示。由于逆变器工作在负载谐振状态，逆变器的负载等效为电阻，控制逆变器的电流相当于控制功率。逆变器的输出电流经采样电路和给定电流相比较，误差经电流调节器后和电压信号一起送到功率控制器进行调节，经过脉冲分配器转换为 PSM 脉冲信号送到 PWM 控制器，PWM 控制器的输出脉冲和频率跟踪电路的输出信号同步，保证逆变器的驱动信号在输出电流的过零点发出，实现零电流、零电压开关。

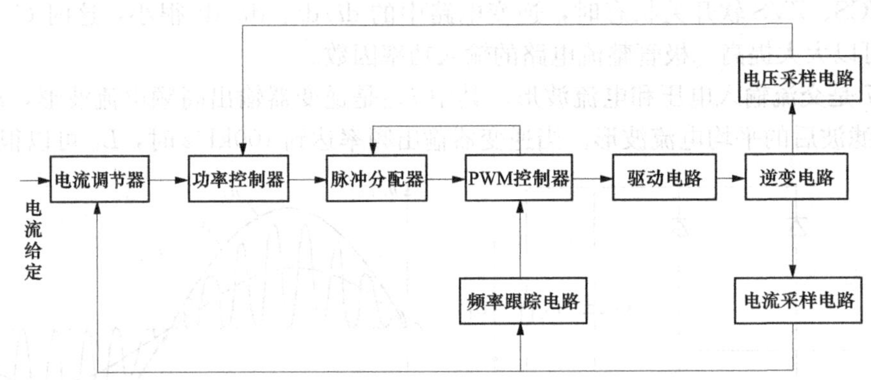

图 6-39 PSM 控制电路

在加热的过程中，串联谐振型逆变器总是工作在谐振状态，但由于工件温度的变化，负载线圈的电参数将改变，这将使逆变器偏离最佳谐振工作点，因而不仅使逆变桥上 MOSFET 关断电流增加，引起关断损耗增大，而且当逆变器工作点高于负载谐振点较远时，在一定的 Q 值下，还会使负载阻抗增大，逆变器的功率容量不能充分利用，但此时逆变控制电路具备频率跟踪功能，使逆变器的工作在谐振点附近，从而实现合理利用逆变器的功率容量。

4. 实际波形

谐振回路参数选择：$C_0=0.022\mu F$，感应器折算到变压器初级的等效电感 $L_0=115\mu H$，等效电阻 $R_0=16\Omega$，谐振频率为 100kHz，整流电路的输入交流电压为单相 220V/50Hz，输入交流电压和交流电流波形如图 6-40 所示。由图 6-40 可以看出，输入交流电压和交流电流的相位为零，输入电源功率因数为 1。图 6-41（a）为逆变器满功率输出时的电压和电流波形，电压和电流的相位接近零，输出功率因数接近 1，图 6-41（b）为满功率 $(31/32)^2$ 时的输出电流波形，图 6-41（c）为满功率 $(9/32)^2$ 时的电流波形，可见在轻载时，逆变器输出电流的波动比较小。

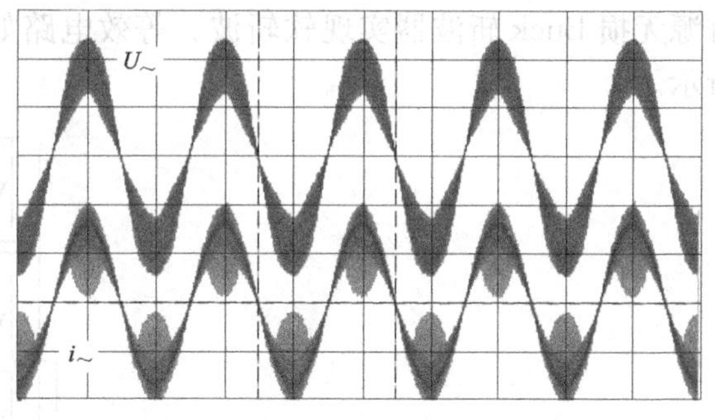

图 6-40　输入交流电压 $V\sim$ 和交流电流 $i\sim$ 波形

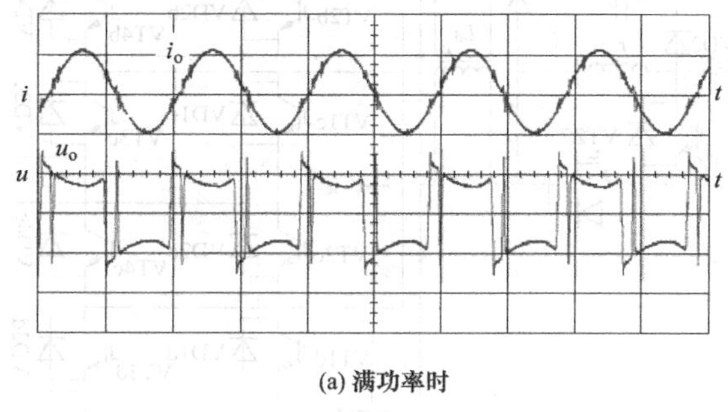

(a) 满功率时

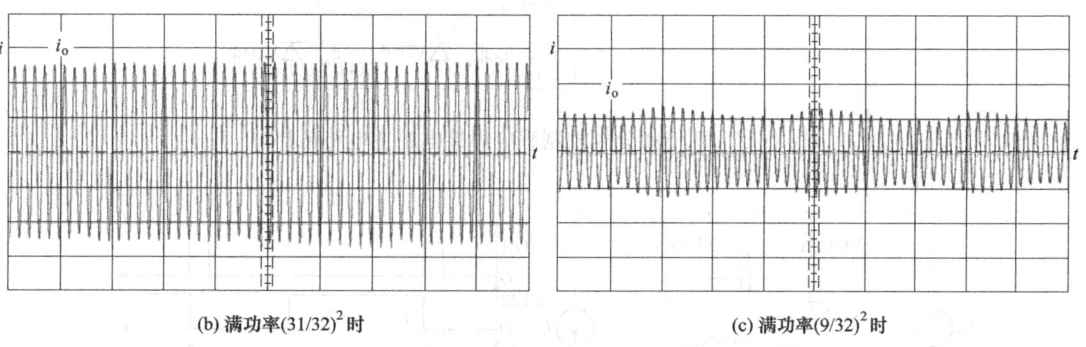

(b) 满功率 $(31/32)^2$ 时　　(c) 满功率 $(9/32)^2$ 时

图 6-41　逆变器输出电压电流波形

6.2.7　软斩波功率控制四倍频 300kHz/50kW 感应焊接电源

1. 四倍频分时控制感应焊接电源主电路拓扑

四倍频分时控制感应焊接电源主电路拓扑如图 6-42 所示。该拓扑主要包括 3 部分：不控整流器及滤波器、软斩波器和逆变器。L_a、L_b、L_c 为输入滤波电抗器，VDR1～VDR6 为三相不控整流桥，软斩波由基本 Buck 斩波器加上由 VD1、VD2、主二极管 VDF 的辅助开关 VTZ1 构成缓冲电路组成，用于控制逆变器的输入电压，实现逆变器输出功率的调节，C 为隔直电容，L 为谐振电感。T 为高频变压器，用于负载匹配，R_0、L_0 为感应线圈等效电感和电阻，和补偿电容 C_0 组成变压器二次侧谐振槽路。三相交流电源通过不控整流，经电容 C_a 滤波得到直流电压；通过调节斩波器主开关管 VTZ2 的占空比，可以调节斩波器输出电压，进而调节电源的输出功率。

（1）有源无损 Buck 斩波器工作原理。图 6-42 中功率调节由二极管三相桥式整流电路、有源无损 Buck 斩波器实现软斩波。等效电路如图 6-43（a）所示，工作波形如图 6-43（b）所示。

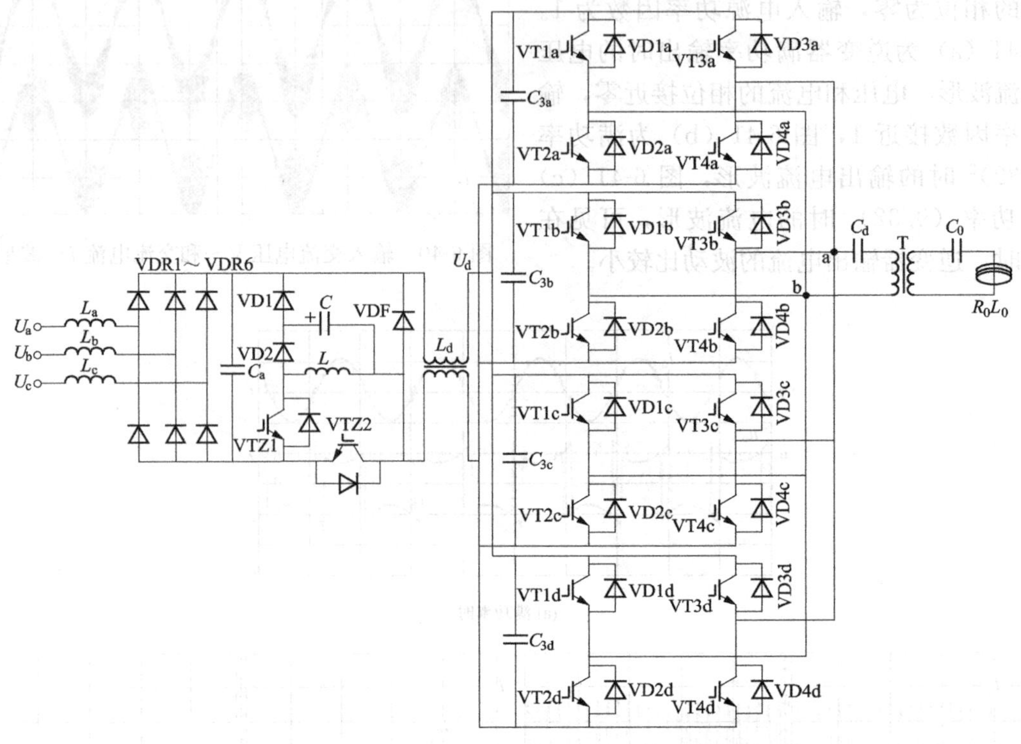

图 6-42　四倍频分时控制感应焊接电源主电路拓扑

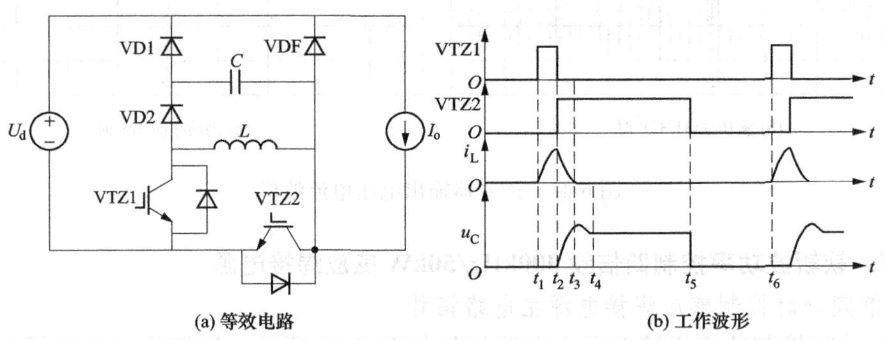

图 6-43　有源无损 Buck 斩波器等效电路和工作波形

模态 1($t_1<t<t_2$)，t_1 时刻，VTZ1 导通，负载电流 I_o 通过 L 和 VTZ1，i_L 从零上升。t_2 时刻 i_L 上升到 I_o。$t_1 \sim t_2$ 时间段取 2μs。

模态 2($t_2<t<t_3$)，t_2 时刻 VTZ1 截止，电感 L 的电流 i_L 从 VTZ1 转向 VD2 并向 C 充电，LC 谐振，i_L 下降，u_C 上升。同时 VTZ2 零电流导通。t_3 时刻，i_L 下降到零，u_C 上升到最大值。

模态 3($t_3<t<t_4$)，t_3 时刻，当 $u_C>U_d$，VD1 导通，u_C 通过 VD1 放电。

模态 4($t_4<t<t_5$)，t_4 时刻，u_C放电到U_d，VD1 截止，u_C保持 $u_C=U_d$。VTZ2 保持导通，PWM 工作方式。u_C 上的电压和U_d 大小相等方向相反，VTZ2 的 ce 两端的电压为零。

模态 5($t_5<t<t_6$)，t_5 时刻，VTZ2 零电压关断，C 迅速通过 VD1 放电，当 u_C放电到零，VD1 截止，VDF 导通续流。t_6 时刻 VTZ1 导通，进入下一个周期。

(2) 逆变器结构及控制策略。四倍频分时控制逆变器工作波形如图 6-44 所示，传统的逆变器工作方式是每个桥臂并联的 IGBT 在每个开关周期同时工作。在散热条件一定的情况下，为了提高输出频率，IGBT 必须增加电流定额，而且由于 IGBT 的导通电阻具有负的温度系数，并联器件的均流也是一个问题，输出频率的提高也有限。将四组逆变器进行分时控制，可实现输出频率的提高，而且没有均流问题。图 6-42 中有 4 个 IGBT 逆变桥，每个逆变桥分时交替工作。一个周期中，每一组逆变桥轮流工作，每个 IGBT 工作 1/4 时间。设负载电流从 a 流到 b 为起始点，16 个 IGBT 的工作顺序为：VT1a VT4a→VT2a VT3a→VT1b VT4b→VT2b VT3b→VT1c VT4c→VT2c VT3c→VT1d VT4d→VT2d VT3d。如果逆变器输出 300kHz，每一个 IGBT 的开关频率为 75kHz。设 $C_1\sim C_4$ 是 IGBT 的 CE 极间结电容，以 a 组逆变器为例，工作过程可分为如下 4 个模态。

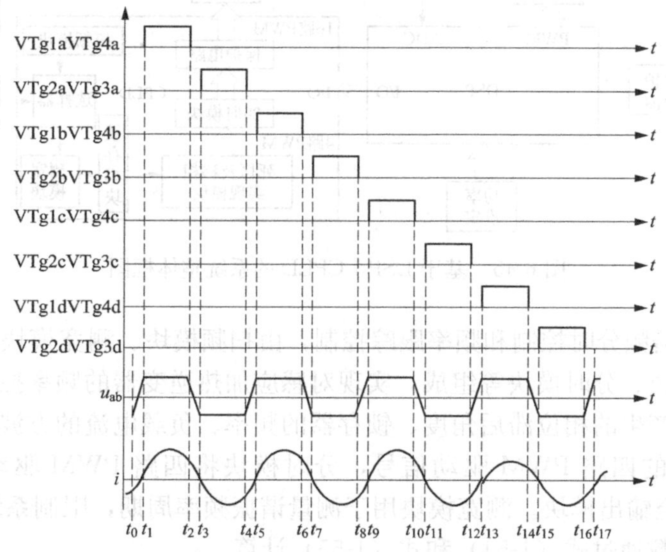

图 6-44　逆变器分时控制工作波形

模态 1($t_0<t<t_1$)：16 个 IGBT 全部关断，负载谐振电流 i 为负，电感 L 和 C 及 IGBT 的结电容 C_1、C_2、C_3、C_4 共同谐振，C_1、C_4 和 C_2、C_3 分别以谐振电流 i 充电和放电。当结电容充放电结束，b 点的电压上升到 U_d，a 点电压下降到零，谐振电流 i 通过反并联二极管 VD1a、VD4a 导通，并向 C_2 反充电。

模态 2($t_1<t<t_2$)：t_1 时刻，电流 i 反向，VT1a、VT4a 在零电流零电压（ZVZCS）下导通，负载电流 i 为正，从 b 流向 a，谐振负载由电源 U_d 提供能量。

模态 3($t_2<t<t_3$)：t_2 时刻，VT1a、VT4a 在其 C-E 结电容 C_1、C_4 的作用下零电压（ZVS）下关断。负载谐振电流 i 为正，电感 L_0 和 C_0 及 IGBT 的结电容 C_1、C_2、C_3、C_4 共同谐振。当 b 点的电压下降到零，a 点电压上升到 U_d时，VD2a、VD3a 导通，并向 C_2 反充电。

模态 4($t_3<t<t_4$)：t_3 时刻，电流 i 反向，VT2a、VT3a 在零电流零电压（ZVZCS）下

导通，负载谐振电流 i 为负，从 a 流向 b，负载由电源 U_d 提供能量。

在紧接着的后三个周期里 b 组、c 组、d 组逆变桥轮流导通，其导通过程和 a 组相同。通过并联的 IGBT 逆变桥分时导通，拓宽 IGBT 的使用范围，提高输出频率。

2. 系统设计

(1) 控制及驱动电路。图 6-45 为四倍频分时控制感应加热的硬件系统整体框图。以 TMS320F2812 型 DSP 和 EPM1270T144C 型 CPLD 为控制核心，实现对电源的驱动信号控制、频率跟踪控制、功率闭环调节控制、逻辑保护等功能。DSP 实现数据的采集处理、PI 数字调功、保护及软斩波器的驱动等功能控制。

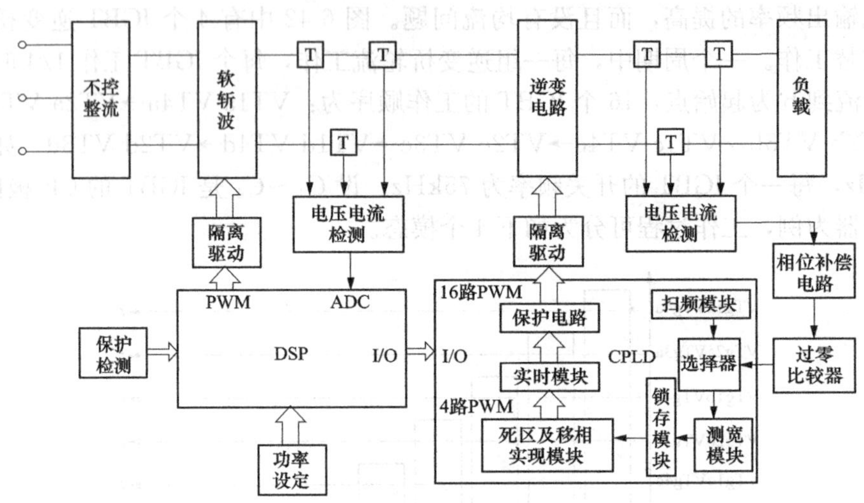

图 6-45 基于 DSP+CPLD 的系统整体框图

CPLD 实现四倍频分时控制和频率跟踪控制，由扫频模块、测宽模块、选择器、锁相模块、死区及移相模块、分时模块等组成，实现对感应加热逆变器的频率控制，死区实现及移相模块将电路延时产生的相位滞后角度、锁存器的频率、负载电流的方波脉冲信号进行运算处理后得到带死区的四路 PWM 驱动信号，分时模块将四路 PWM 驱动脉冲分为十六路 PWM 驱动脉冲送至输出模块。测宽模块用于测量谐振频率周期，限制系统工作频率范围。

驱动电路的参数通过式 (1-54) 和式 (1-55) 计算。

(2) 负载参数设计。谐振槽路的参数决定了输出频率、谐振槽路的补偿电容、感应器的结构和高频变压器的参数。设逆变器的谐振频率为 f，谐振回路的品质因数为 Q，谐振回路等效电阻为 R_0。感应器的结构决定了感应器的等效电感 L_0 和等效电阻 R_0，谐振频率 f 决定了补偿电容 C_0，等效电阻 R_0 决定高频变压器的变比，本例中高频变压器 T 的变比为 7∶1。

由 $f=1/(2\pi\sqrt{L_0C_0})$，$Q=\sqrt{L_0/C_0}/R_0$，得 $L_0=QR_0/(2\pi f)$，$C_0=1/(2\pi fQR)$，由此计算出谐振槽路感应线圈等效电感 $L_0=0.43\mu\text{H}$，等效电阻 $R_0=0.14\Omega$，补偿电容 $C_0=0.65\mu\text{F}$。

3. 实验结果

电路参数：输入电源为 380V/50Hz 三相交流电源，考虑到安全裕量，选取整流二极管模块 DF200AA120-160，软斩波器中主副开关管的开关频率均为 20kHz，$L=2.2\mu\text{H}$，$C=0.06\mu\text{F}$，C_{3a}(C_{3b}、C_{3c}、C_{3d}) $=0.01\mu\text{F}$，逆变桥模块选用 1200V/300A 的 FF300R12KS4

型 IGBT 高速模块作为功率开关器件。

IGBT 驱动电路选取专用集成驱动芯片 IXDD430，匹配高频变压器 T 的变比为 7∶1，变压器副边参数 $L_0=0.43\mu H$，等效电阻 $R_0=0.14\Omega$，补偿电容 $C_0=0.65\mu F$，负载为串联谐振负载。图 6-46（a）为软斩波 Buck 电路中辅助开关管 Q_1 和主开关管 Q_2 的驱动波形，图 6-46（b）为软斩波电路中谐振电容 C 和电感 L 上的电压波形，通过 L 和 C 的谐振从而实现开关管的软开通和软关断。从实验波形可以看出，和理论分析一致，基本实现主辅开关管的软开通和软关断。图 6-46（c）为 a 组逆变器的驱动实验波形，可以看出每个开关管的工作频率约为 75kHz，两个开关管合起来的工作频率约为 150kHz。图 6-46（d）是逆变器的输出电压和电流波形，频率为 313kHz，逆变器输出方波电压为 350V，输出电流峰值为 200A。

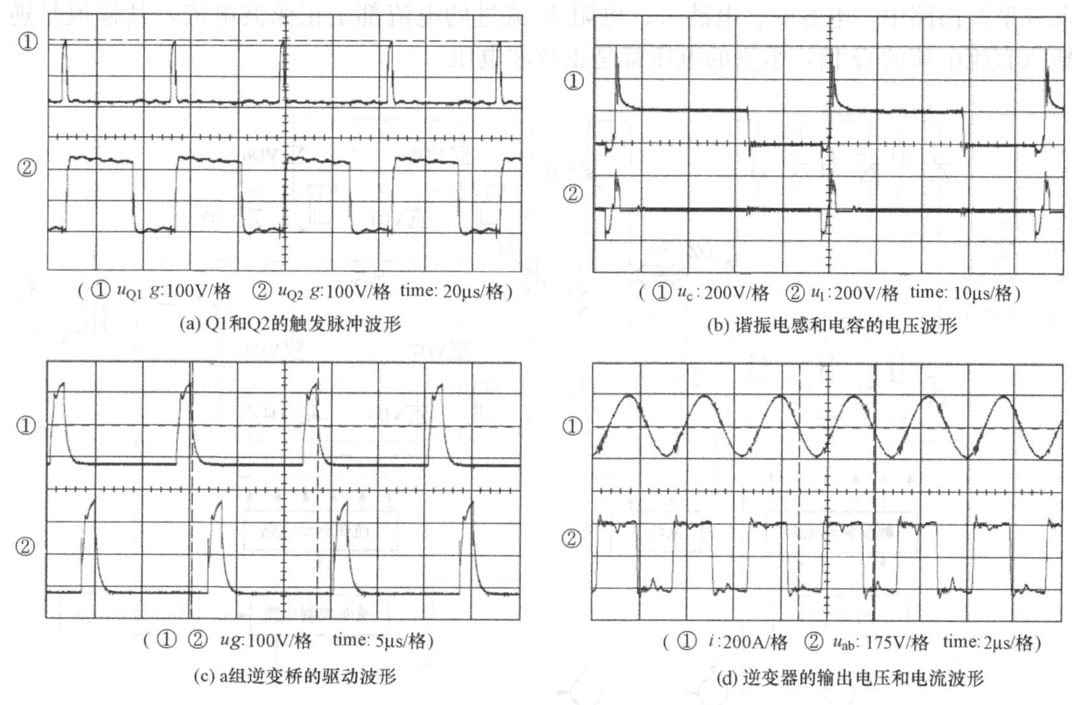

(a) Q1和Q2的触发脉冲波形

(b) 谐振电感和电容的电压波形

(c) a组逆变桥的驱动波形

(d) 逆变器的输出电压和电流波形

图 6-46　分时控制四倍频加热电源实验波形

6.3　并联谐振式逆变电源

目前在工业上，频率在 10kHz 以下的中频电源常用晶闸管并联谐振式逆变器。但由于晶闸管没有自关断能力，除了需要设置起动电路和强制换流电路外，还存在效率低及起动易失败等问题。如果采用 IGBT 代替晶闸管，可以使逆变电源提高效率的同时实现小型化、轻量化。本节介绍并联式谐振逆变电路的结构、工作原理、功率控制和逆变器频率跟踪控制。

6.3.1　晶闸管可控整流并联谐振式逆变电源

1. 电路结构

晶闸管可控整流并联谐振式逆变电源电路组成如图 6-47 所示。功率调节采用晶闸管三相全控整流电路，通过滤波电感 L_z 组成输出电压可调的直流电流源，IGBT 单相逆变桥将直流电流源变换成中频方波电流，供给并联谐振负载电路。为了不使 IGBT 在换流重叠时间承受负电压或在逆变桥内形成环流，每个 IGBT 串联了相同电压、电流等级的快速二极管 VD5～VD8。为了防止逆变桥在非正常停机时四个 IGBT 全部关断，直流电抗器 L_z 释放储存的电能而产生过电压，在逆变桥的直流侧并接了压敏电阻 YM 和晶闸管 VTR、L、R 组成的过压保护电路。负载回路采用并联谐振，感应线圈 L 等效到变压器 T 的一次侧为 R、L 电路，和谐振电容 C 组成并联谐振电路。流过并联谐振电路的电流为方波，并联谐振电路两端的电压也是电容 C 两端的电压，是正弦波。电路谐振时在谐振回路 R、L、C 内部形成谐振电流，谐振电流的幅值为 $i=Qi_0$，其中 i_0 为流过并联谐振电路方波电流的幅值，该方波电流也是逆变桥输入的直流电流；Q 为并联谐振电路的品质因数，其值为 $Q=\omega L/R$。因此在谐振回路中，电容 C、电感 L、电阻 R 流过的电流都是正弦波电流，其幅值是逆变桥输入直流电流的 Q 倍，承受的电压都是正弦波电压。

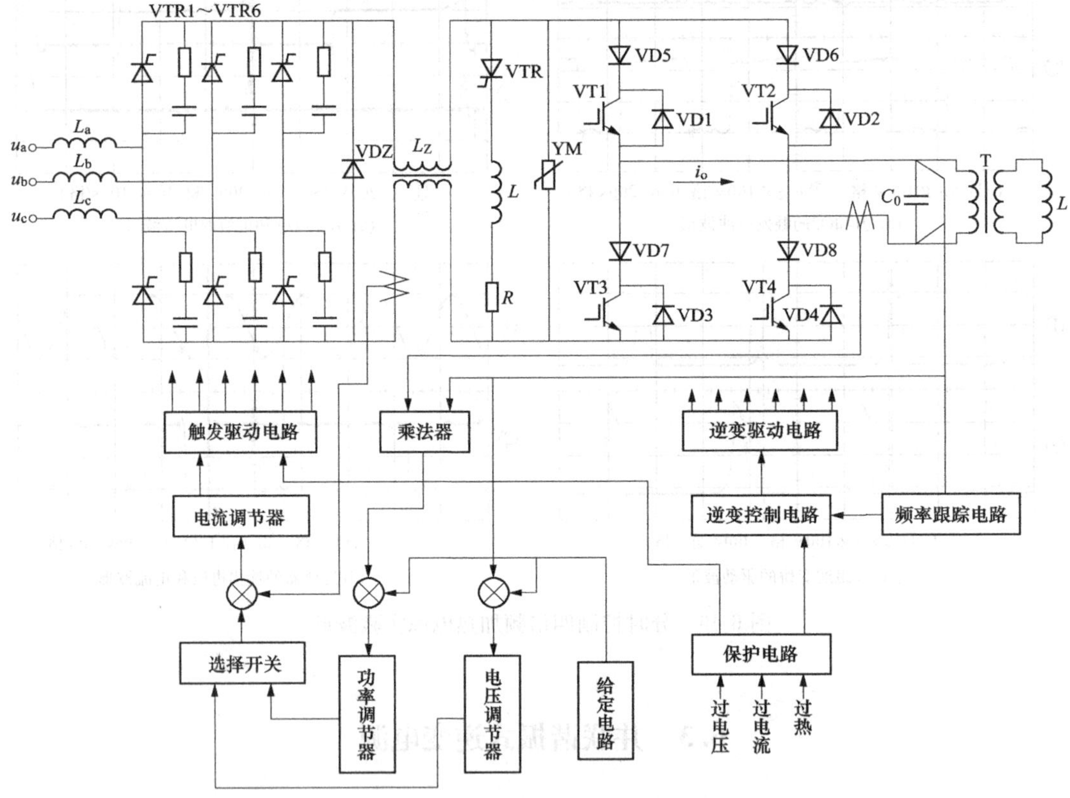

图 6-47　晶闸管可控整流并联谐振式逆变电源电路组成

输出功率控制有以下三种方式。

(1) 功率反馈控制方式，通过检测并联谐振负载两端的电压和流过并联谐振电路的电流，由乘法器转换成功率信号，和功率给定信号比较，误差信号通过功率调节器、选择开关，和电流调节器组成功率电流双闭环控制，控制晶闸管整流桥的触发角 α，使输出功率调节到给定值。

（2）电压反馈方式，通过检测并联谐振负载两端的电压，和电压给定信号比较，误差信号通过电压调节器、选择开关，和电流调节器组成电压电流双闭环控制，经触发驱动电路，控制晶闸管整流桥的触发角α，使输出电压调节到给定的电压值。

（3）电流反馈方式，通过检测直流电流，和电流给定信号比较，误差信号通过电流调节器，经触发驱动电路，控制晶闸管整流桥的触发角α，使输出电流调节到给定的电流值。

逆变控制采用谐振电压频率跟踪技术，将谐振电容两端的电压通过检测变压器变换成低压信号，经过零比较器转换成方波信号，送到由锁相环电路、换流重叠时间产生电路组成的频率跟踪电路，产生驱动脉冲信号，通过逆变控制电路，将驱动脉冲分配成四个信号，经逆变驱动电路进行功率放大，触发逆变桥的四个 IGBT 工作。四个驱动信号的触发波形如图 6-48 所示。图中 VT1 和 VT3、VT2 和 VT4 触发波形相位各互补 180°，VT1 和 VT4、VT2 和 VT3 触发波形同相位。

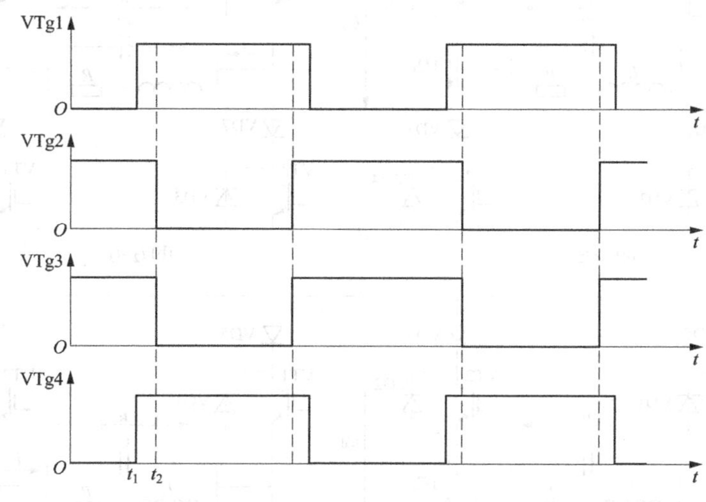

图 6-48　逆变桥触发波形

t_1、t_2 时间间隔为 IGBT 换流重叠时间。换流重叠时间的长短与引线电感的大小有很大关系。工作频率越高，引线电感要求越小，因此必须采用特殊的配线技术，以尽量减小引线电感。一般采用屏蔽线减小电感。

2. 电路工作原理

逆变桥的输入直流电源中串联了大电感 L_z，因而负载电流是恒定的，不受负载阻抗变化的影响。当负载功率因数不是 1 时，负载的无功分量便加在开关器件上，从而使开关器件承受反压。为了避免 IGBT 承受反向电压而损坏，必须用快速二极管与 IGBT 串联。

逆变桥在一个周期分为 4 个工作阶段，如图 6-49 所示。

初始状态，VT2、VT3 导通。

$t_1 \sim t_2$ 阶段，t_1 时刻，VT1、VT4 导通，四个 IGBT 同时导通，并开始换流，由 VT2、VT3 换到 VT1、VT4。这时流过谐振负载的电流等于零，谐振电路两端的电压由负变正，如图 6-49（a）所示。

$t_2 \sim t_3$ 阶段，t_2 时刻，VT2、VT3 关断，VT1、VT4 继续导通，负载电流通过电源正“＋”→VD5→VT1→*RLC* 负载→VD8→VT4→“－”流通。这时流过谐振负载的电流幅值等于直流电流，谐振电路两端的电压为正半波，如图 6-49（b）所示。

t_3～t_4 阶段，t_3 时刻，VT2、VT3 导通，这样加上 VT1、VT4，四个 IGBT 同时导通，并开始换流，由 VT1、VT4 换到 VT2、VT3。这时流过谐振负载的电流等于零，谐振电路两端的电压由正变负，如图 6-49（c）所示。

t_4～t_5 阶段，t_4 时刻，VT1、VT4 关断，VT2、VT3 继续导通，负载电流通过电源正“+”→VD6→VT2→*RLC* 负载→VD7→VT3→“−”流通。这时流过谐振负载的电流幅值等于直流电流，谐振电路两端的电压为负半波，如图 6-49（d）所示。

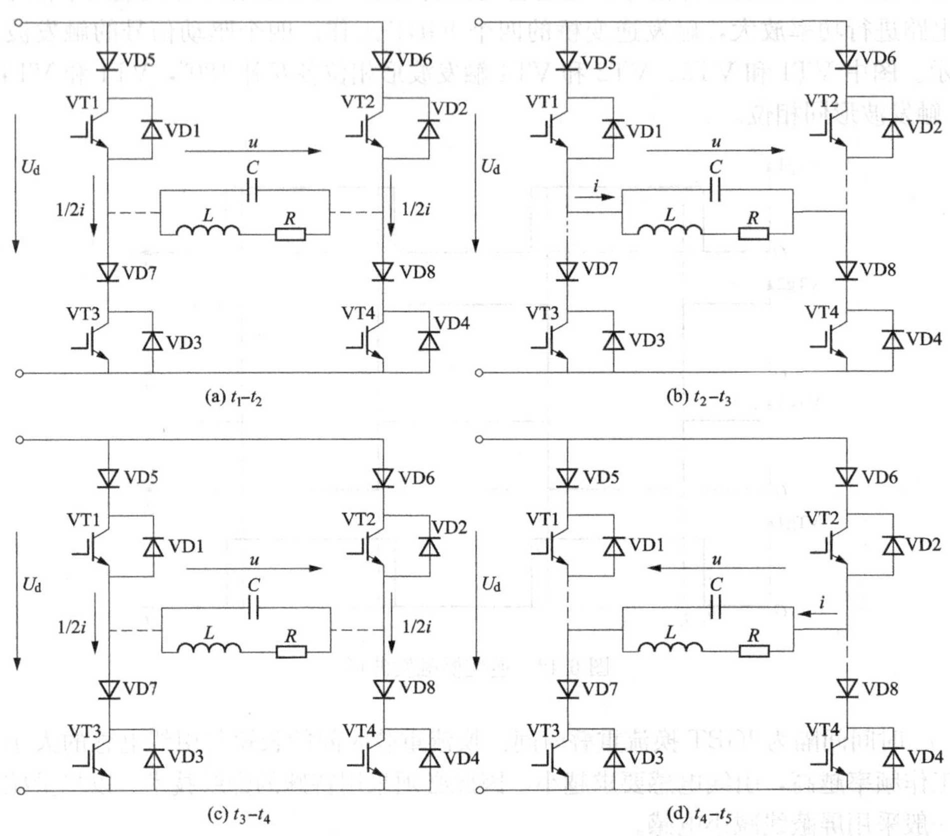

(a) t_1–t_2　(b) t_2–t_3

(c) t_3–t_4　(d) t_4–t_5

图 6-49　逆变器四个工作阶段电路拓扑图

逆变器各点波形如图 6-50 所示。

6.3.2 二极管整流直流斩波并联谐振式逆变电源

晶闸管可控整流并联谐振式逆变电源采用晶闸管整流电路提供逆变桥直流电流源，电路比较成熟，功率可达到几百到几千千瓦。晶闸管可控整流电路有一个很大的缺点，就是功率因数低，特别是在功率从大到小调节的过程中，功率因数变得越来越小，高次谐波越来越严重，对电网造成很大的电磁干扰。另外晶闸管整流电路输出的电压经滤波电抗器转换成电流源，由于晶闸管整流电路输出的电压的脉波频率是电网频率的两倍，脉波频率比较低，滤波电抗器很笨重，故在中小功率领域，目前逐步被二极管整流加直流斩波代替。

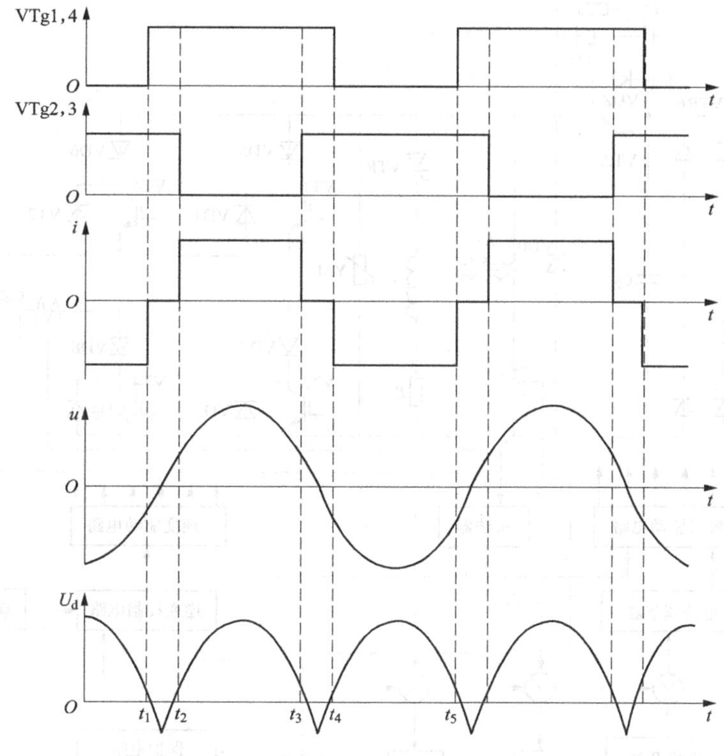

图 6-50　逆变器各点波形

1. 电路结构

图 6-51 是二极管整流加直流斩波并联谐振的电路图，电容 C_Z 有滤波作用，使整流后的电压保持恒定，VT_Z 为斩波器的 IGBT，通过控制 IGBT 的导通来控制输出电流的大小。L_Z 为恒流电抗器，保持输出电流恒定。逆变电路是通过控制四个 IGBT 管的导通使直流转化为交流。为防止反向电流，在逆变回路中串联二极管进行保护。

(1) 功率调节电路。为了得到高质量的、稳定的直流电流源，电路中采用了二极管整流，以实现从交流电到直流电的转换。为了减小波纹系数，采用三相桥式整流电路。整流以后经直流斩波器和滤波电抗器将直流电压变换成电流可调的直流电流源，以实现通过调节电压来控制输出功率的目的。为了方便地调节电压，采用 PWM 脉宽调制方式，运用集成控制电路来产生不同占空比的方波信号，可将从控制电路送来的调节信号转换成相应的斩波信号。PWM 脉冲形成电路采用专用集成电路来完成，其控制原理参照本章 6.2.2 节斩波控制部分。

(2) 逆变电路。逆变器采用 IGBT 为主电路开关，运用单相逆变桥结构，和 LC 并联谐振电路，将直流逆变成交流，并用功率变压器耦合输出。

逆变桥开关管驱动电路有多种，按驱动电路与栅极的连接方式分有直接驱动与隔离驱动。根据实际需要，一般采用高速光电耦合与高速场效应互补对管组成栅极驱动电路。这样就可以通过光电耦合将控制回路与驱动回路隔离，使得输出极设计电阻值减小，从而解决了栅极驱动源低阻抗的问题，同时可瞬间提供足够大的驱动功率和反向吸收通道。

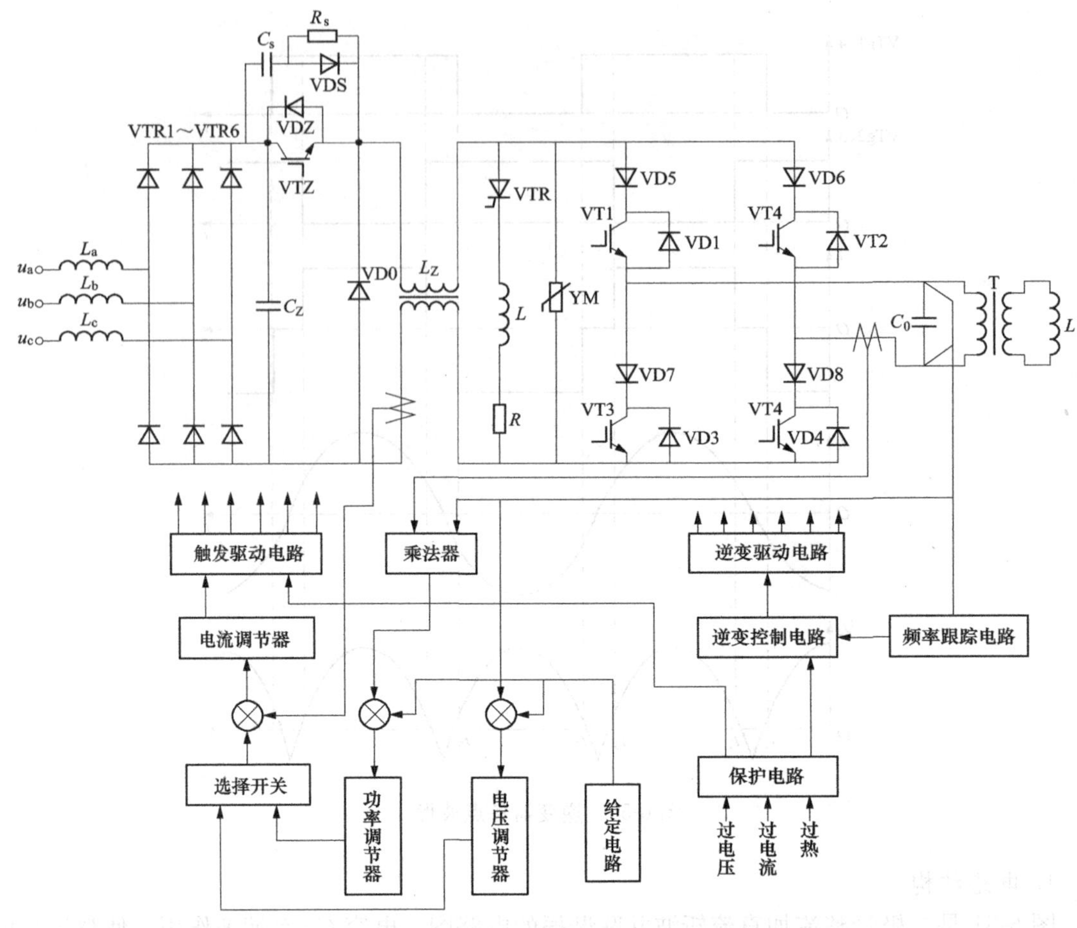

图 6-51　二极管整流直流斩波并联谐振式逆变电源结构框图

2. 电路工作原理

三相 50Hz 输入电压经过整流器滤波成为直流电流源，采用 PWM 直流斩波电路进行功率调节，斩波电路用 IGBT 作为主开关器件，用电流反馈、电压反馈或功率反馈调节闭环控制电路，控制 PWM 电路的驱动信号，通过 PWM 调节斩波电路输出脉冲宽度来调节逆变电源的输出功率。采用并联谐振式 DC-AC 逆变电路，控制逆变器的工作频率，使逆变器工作在谐振状态，负载等效阻抗呈电阻性，因而逆变器的输出功率因数接近 1。工作过程中参数变化会造成负载特性的变化，导致谐振频率发生变化，使逆变器偏离谐振工作点。针对这种情况，在逆变电路中采用频率跟踪电路，将检测到的正弦信号经过零比较器转换为方波信号，经锁相环电路进行相位锁定，控制 PWM 电路的驱动信号，这样 IGBT 能始终工作在零电压附近开通和断开。

3. 斩波电路的 PWM 生成电路

所谓 PWM(Pulse Width Modulation) 技术，即脉宽调制技术，就是通过 PWM 电路产生固定频率的控制信号，控制功率开关器件对电源电压进行斩波，转换为脉冲电压。通过 PWM 电路可以调节脉冲宽度，从而控制输出电流的平均值，实现对电流的连续调节。TL494 芯片就是一种应用广泛的 PWM 控制芯片。为减小噪声，选择斩波频率时，最好是超音频 20kHz 以上。

4. 逆变器频率跟踪

在电力电子电路中，对于逆变器的控制方式有两种：一是近 20 年来发展起来的脉宽调制 PWM 硬开关控制，二是近几年来兴起的谐振软开关控制，它是零电压、零点流和谐振电路相结合的产物，是一种高性能的控制方式。在 PWM 电路中，电力电子开关器件在高电压下开通，大电流时关断，处于强迫开关过程，因此称之为硬开关。这种电路结构简单，但电磁干扰比较严重。而谐振软开关是指开关器件在零电压或零电流条件下开关，在理论上开通或关断损耗为零，即不存在硬开关受结温限制而不能提高工作频率的现象。因此与硬开关电路相比，在采用同一类开关器件的条件下，谐振软开关电路可以很轻松地在高出一个数量级开关频率下工作。这时，开关器件的开关频率不受开关损耗的限制而受其他参数的影响。高开关频率使谐振软开关电路具有很多明显的优点，如低噪声、低电磁干扰（EMI）、输出波形中的谐波成分少等。另外，由于开关器件在零电压或零电流条件下动作，开关器件的动态开关轨迹大为改善，散热器尺寸大为减小。

由于谐振软开关电路具有如此多的优点，故在逆变器控制方式的选择上，采用谐振软开关技术，即采用零电压开关控制，保证 IGBT 在电压过零附近开关。但是，对于实际工作系统，负载参数发生变化时，谐振频率随之发生变化，电压相位也发生变化。如果逆变器的控制工作频率不随之发生变化，逆变器的电压、电流的相角就会发生变化，逆变器就会失去谐振软开关工作方式，因此引入锁相环控制频率跟踪。

6.4 串并联谐振式逆变电源

6.4.1 串并联谐振式逆变电源主电路结构及工作原理

逆变电源负载一般是电阻电感型负载，功率因数很低，需加入电容器进行无功补偿，补偿电容器与电阻电感型负载的连接方式有串联和并联两种形式，从而形成两种基本的谐振电路：并联谐振电路、串联谐振电路。但在有些情况下，为了改变负载阻抗，采用串并联谐振式负载形式。串并联谐振式负载电路仍工作于串联谐振状态，即谐振时并联部分相当于感性负载，并联电容的加入改变了串联谐振电路的等效电阻，从而影响了串联谐振电路的等效阻抗。在一定频率下负载的感性无功功率一定，工作在谐振状态的容性无功功率等于感性无功功率，所以要求补偿的容性无功功率容量也是一定的，并联电容的加入只是分担了一部分容性无功功率，不会因增加无功功率容量而增加成本。

图 6-52 为串并联谐振式逆变电源主电路。输入采用单相桥式二极管整流电路，经滤波

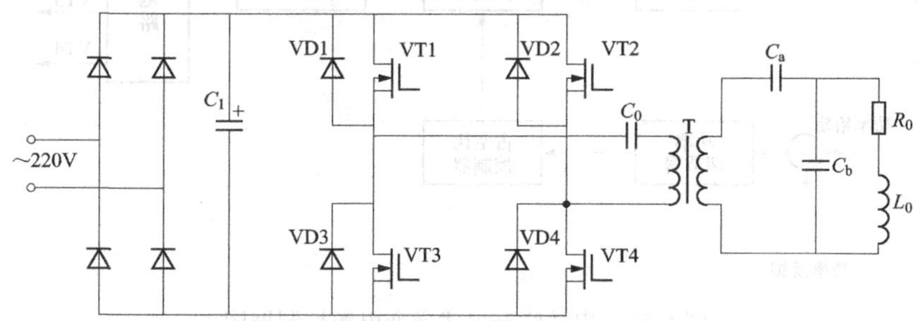

图 6-52　串并联谐振式逆变电源主电路

电容 C_1 变成稳定的直流电压，经单相桥式逆变电路给串并联谐振负载提供高频交流电流。

串并联谐振负载由 C_a、C_b、L_0、R_0 组成，C_0 为隔直电容，变压器 T 用来匹配逆变器的输出功率。串并联谐振负载电路的等效阻抗为

$$Z=\frac{1}{j\omega C_a}+\frac{\frac{1}{j\omega C_b}(R_0+j\omega L_0)}{\frac{1}{j\omega C_b}+R_0+j\omega L_0}$$

$$=\frac{R_0}{(1-\omega^2L_0C_b)^2+\omega^2R_0^2C_b^2}+j\left[\frac{\omega L_0(1-\omega^2L_0C_b)-\omega R_0^2C_b}{(1-\omega^2L_0C_b)^2+\omega^2R_0^2C_b^2}-\frac{1}{\omega C_a}\right]$$

$$=\frac{R_0}{(1-\omega^2L_0C_b)^2+\omega^2R_0^2C_b^2}+j\frac{\omega C_a[\omega L_0(1-\omega^2L_0C_b)-\omega R_0^2C_b]-[(1-\omega^2L_0C_b)^2+\omega^2R_0^2C_b^2]}{\omega C_a[(1-\omega^2L_0C_b)^2+\omega^2R_0^2C_b^2]}$$

$$=\frac{R_0}{(1-\omega^2L_0C_b)^2+\omega^2R_0^2C_b^2}+j\frac{(1-\omega^2L_0C_b)(\omega^2L_0C_a-1)+\omega^2R_0^2C_b(\omega C_a^2+C_b)}{\omega C_a[(1-\omega^2L_0C_b)^2+\omega^2R_0^2C_b^2]}\tag{6-11}$$

当 R_0 很小时，负载谐振的条件为

$$(1-\omega^2L_0C_b)(\omega^2L_0C_a-1)\approx 0\tag{6-12}$$

$$\omega_1\approx\frac{1}{\sqrt{L_0C_b}}$$

$$\omega_2\approx\frac{1}{\sqrt{L_0C_a}}$$

式中，ω_1 为并联谐振频率；ω_2 为串联谐振频率。负载等效电阻为

$$R=\frac{R_0}{(1-\omega^2L_0C_b)^2+\omega^2R_0^2C_b^2}\tag{6-13}$$

当 $(1-\omega^2L_0C_b)^2+\omega^2R_0^2C_b^2\leqslant 1$ 时，负载等效电阻增加；当 $(1-\omega^2L_0C_b)^2+\omega^2R_0^2C_b^2\geqslant 1$ 时，负载等效电阻减小。

6.4.2 串并联谐振式逆变电源控制电路

串并联谐振式逆变电源的控制包括频率控制和功率控制，其控制框图如图 6-53 所示。谐振回路的电流经频率采样电路、频率跟踪电路控制 PWM 控制器的输出控制频率，同时功率调节器根据功率给定和功率反馈的误差输出偏差信号控制占空比控制器，实现脉冲周期密

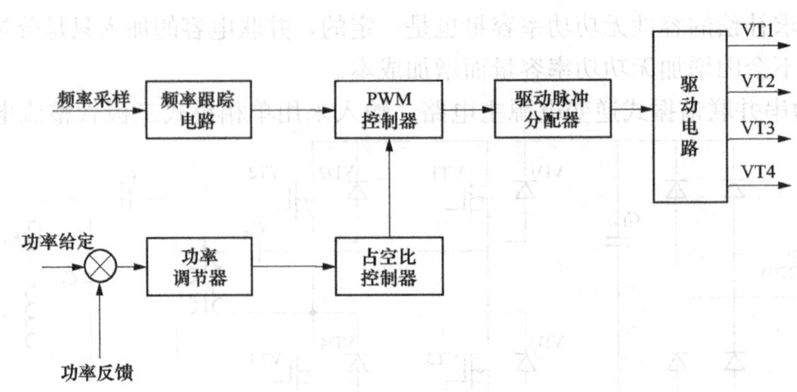

图 6-53 串并联谐振式逆变电源控制框图

度间隙控制（间断式 PDM），通过 PWM 控制器输出间断式 PDM 驱动信号，驱动脉冲分配器将其分成四路控制信号，通过驱动电路分别控制逆变桥的四个开关管 VT1、VT2、VT3、VT4，逆变器实现频率和功率双重控制。

6.5 超声波电源

人的耳朵能感受到振荡频率在 20～20000Hz 范围的声波，人耳能感受到的声波频率以上的声波叫做超声波。超声波有许多实际应用，有超声波清洗、超声波钻孔、超声波振动等。超声波清洗是近几十年兴起的新事物。随着人们对超声波研究的不断深入，超声波的应用也日益广泛，不仅应用于工业生产中，也开始应用在家庭日常生活中，如超声波洗衣机、洗碗机已经面市。在化学实验室中可以用超声波清洗器去除玻璃仪器内壁沾染的顽固污垢。有研究表明，钢铁零件以及汽车外壳在喷涂之前，如果先进行一次超声波处理，不仅可以使喷漆效果更鲜艳美观，而且也提高了它的外观质量。

6.5.1 超声波发生器的工作原理

超声波发生器的种类很多，大致可分为两种类型，机械型和电声型。机械型超声波发生器直接用机械方法使物体振动而产生超声波。常见的机械型超声波都是流体动力式的，即利用每秒几万次的频率断续从喷口喷出，撞击放在喷口前的空腔或簧片，引起共振在媒质中产生超声波。电声型超声波发生器是应用最广泛的。它是利用电磁能量转换成机械波能量。这种能量的转换是通过电声换能器来完成的。电声换能器的作用是将高频率电源的电磁振荡能量转换成机械振动能量而产生超声波。换能器是将一种物理能量变为另一种物理能量的器件。凡能将其他物理能量转变为超声能量的器件均称为换能器。超声诊断仪的探头里安装着具有压电效应性质的晶体片，能将电能转变为声能，完成物理能量的转变。换能器将高频电能转换成机械能之后，会产生振幅极小的高频震动并传播到负载上。

换能器一般选择压电陶瓷换能器，频率、功率视具体机型而定。

1. 超声波发生器系统结构

超声波发生器系统框图如图 6-54 所示。单相交流 220V 电源经整流滤波电路变换成直流电源，经开关变换组成的逆变电路变换成超声波交流电源，经高频变换电路和换能器匹配在换能器上输出有功功率。频率跟踪电路跟踪换能器回路的谐振频率，经比较电路产生频率脉冲信号，通过 PWM 形成电路和控制驱动电路，控制开关变换电路的逆变频率，使得换能器回路始终工作在谐振状态。

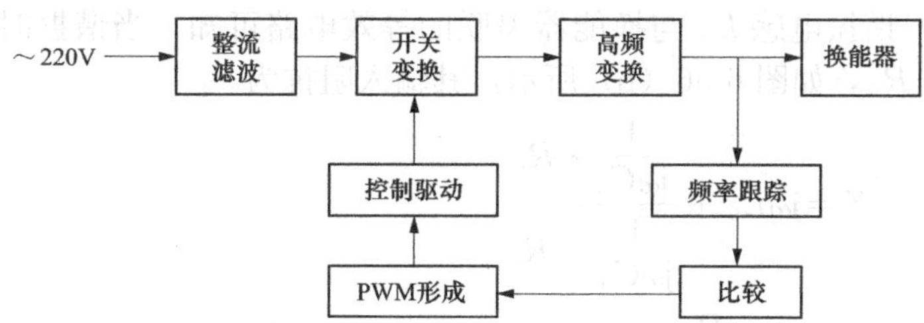

图 6-54　超声波发生器系统框图

2. 换能器负载匹配的等效电路

换能器的等效电路如图 6-55 所示。图 6-55（a）虚线部分为压电陶瓷型换能器等效电路，6-55（b）虚线部分为磁致伸缩型换能器等效电路。由图 6-55（a）可以看出，压电陶瓷型换能器为容性负载，为了在换能器两端得到正弦波电压，常常将谐振电感 L_0 与换能器串联，使谐振电感 L_0 与换能器极板电容 C_0 产生串联谐振。但这样会使次级无功分量电流过大，因而流过功率元件的电流也很大。若将谐振电感与换能器并联，不但可在换能器两端得到正弦电压，而且在负载得到同样功率的脉冲时，次级电流无功分量大大减少。谐振电感 L_0 与换能器串联的等效电路和谐振时的等效电路电路分别如图 6-56（a）和（b）所示。谐振电感 L_0 与换能器并联的等效电路和谐振时的等效电路分别如图 6-57（a）和（b）所示。

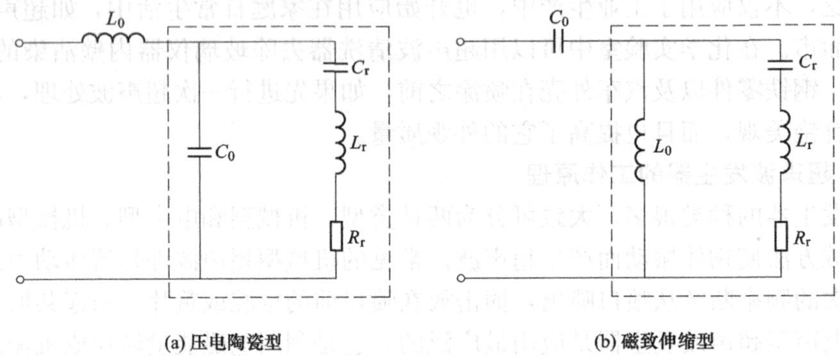

图 6-55　换能器的等效电路

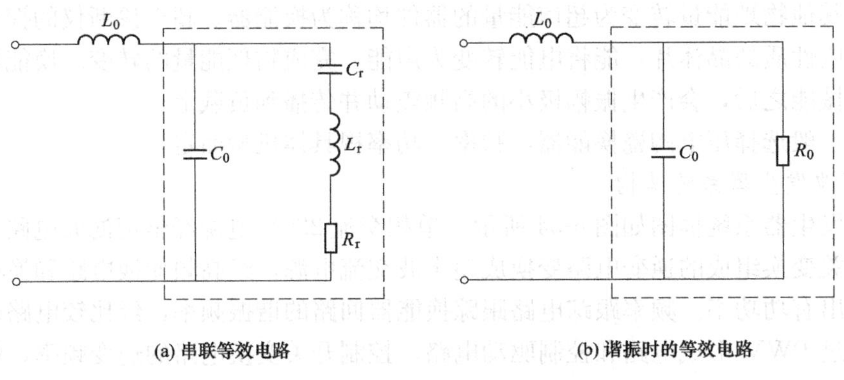

图 6-56　谐振电感 L_0 与换能器串联的等效电路

由图 6-56（a）谐振电感 L_0 与换能器串联的等效电路可知，当谐振时，L_r、C_r、R_r 支路等效为一个电阻 R_0，如图 6-56（b）所示，其输入阻抗为

$$Z=j\omega L_0+\frac{\dfrac{1}{j\omega C_0}\cdot R_0}{\dfrac{1}{j\omega C_0}+R_0}$$

$$=\frac{R_0}{1+\omega^2R_0^2C_0^2}+j\left(\omega L_0-\frac{1}{\omega C_0\dfrac{1+\omega^2R_0^2C_0^2}{\omega^2R_0^2C_0^2}}\right)$$

$$=R_Q+j\left(\omega L_0-\frac{1}{\omega C_Q}\right) \tag{6-14}$$

式中，$R_Q=\frac{R_0}{1+\omega^2R_0^2C_0^2}=\frac{R_0}{1+K}$；$C_Q=C_0\frac{1+\omega^2R_0^2C_0^2}{\omega^2R_0^2C_0^2}=\frac{C_0(1+K)}{K}$。

如果 $K\gg 1$，则有

$$R_Q=\frac{R_0}{K}\quad C_Q=C_0 \tag{6-15}$$

可见，谐振电感 L_0 与换能器串联的等效负载电阻减小了 K 培。若 L_0 与换能器并联，如图 6-57（a）所示，当谐振时，L_r、C_r、R_r支路等效为一个电阻 R_0，等效电路如图 6-57（b）所示，其输入导纳为

$$Y=\frac{1}{R_0}-j\left(\frac{1}{\omega L_0}-\omega C_0\right) \tag{6-16}$$

谐振时，有

$$R_Q=R_0\qquad C_Q=C_0 \tag{6-17}$$

可见，谐振电感 L_0 与换能器并联的等效负载电阻不变。同样，L_0 与换能器并联时逆变器的输出电流比 L_0 与换能器串联小 K 倍。

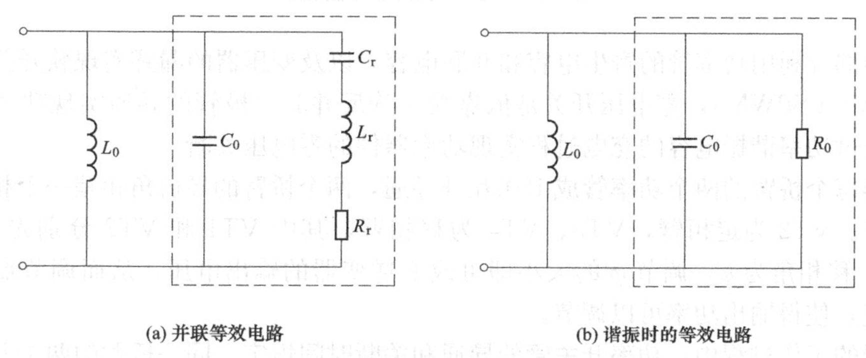

图 6-57 谐振电感 L_0 与换能器并联的等效电路

6.5.2 逆变器移相功率控制超声电源

超声电源的输出功率调节方案主要有整流侧、直流侧和逆变侧三种方式调功。整流侧调功是指调节整流输出电压，主要采用晶闸管可控整流电路，其缺点是输出的直流电压中含有较大的脉动成分，使输出滤波困难，另外，相控整流使得交流侧的谐波含量高，输入功率因数低，对电网有严重的谐波电流污染。直流侧调功以直流斩波为主，调节逆变器的输入电压来改变输出功率。这种方案与不控整流相结合，降低了系统对电网的污染，且提高了输入功率因数，斩波工作在硬开关状态，开关损耗大，EMI 也较大。逆变侧调功有脉宽调制（PWM）、调频（PFM）、移相调制（PSPWM）、脉冲密度调制（PDM）、脉冲均匀调制（PSM）等方式。硬开关 PWM 可以应用于超声电源，特点是控制容易，成本低，但因其缺点是开关损耗大、效率低、EMI 大，故高频时不能实现调功；对 PFM 方式而言，因负载为超声换能器，其谐振频率范围较窄，也不能用来实现调功；PDM、PSM 属于有级调功，输出的正弦波幅度不是恒定的，不利于负载换能器的稳定工作，因此 PDM、PSM 方式同样不能用来实现调功。

移相控制（PSPWM）方式通过改变全桥逆变器的桥臂脉冲的移相角来调节输出功率，逆变器承担着逆变和调功两种功能，并且采用软开关技术，使功率开关器件工作在零电压开通和关断状态，开关损耗小，可以实现输出功率调节。

1. 逆变器移相软开关功率控制原理

超声电源的主电路采用全桥逆变拓扑结构，如图 6-58 所示，VT1～VT4 为功率主开关管，VD1～VD4 为 VT1～VT4 的内部反并联寄生二极管，C_1～C_4 为外接并联的电容或者功率管的寄生电容，T 为高频脉冲变压器，L_0 为串联调谐匹配电感，PZT 为超声换能器。

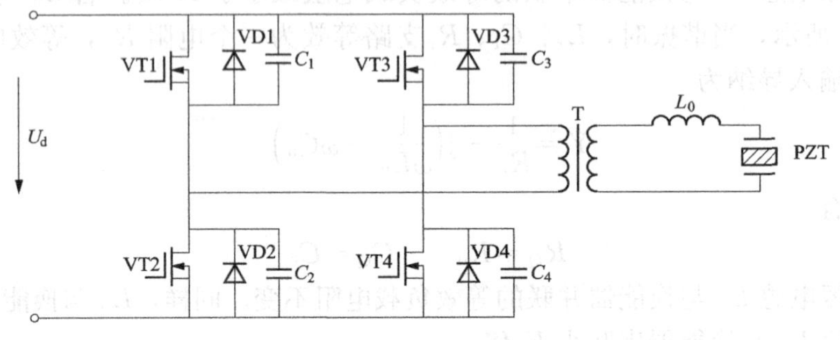

图 6-58 超声电源的主电路图

逆变器部分利用功率管的寄生电容和并联电容，以及变压器的漏感实现软开关零电压移相控制（ZVS-PSPWM），零电压开关是依靠功率管反并联二极管的导通实现功率器件零电压开通，通过功率谐振电容的充电过程实现功率器件的零电压关断。

逆变器每个桥臂的两个功率管成 180°互补导通，两个桥臂的导通角相差一个相位，即移相角。VT1、VT2 为定相臂，VT3、VT4 为移相臂，其中 VT1 和 VT2 分别先于 VT4 和 VT3 导通，移相角为 φ，调节 φ 的大小即可改变逆变器的输出电压，从而调节输出的正弦波电流幅值，使得输出功率可以调节。

逆变器的工作过程中，功率开关管的导通和关断时间恒定。同一桥臂的两个开关管导通和关断需要一定的延时时间，以防止上下桥臂直通，保证开关管的安全。

2. 逆变器移相功率控制超声电源系统结构

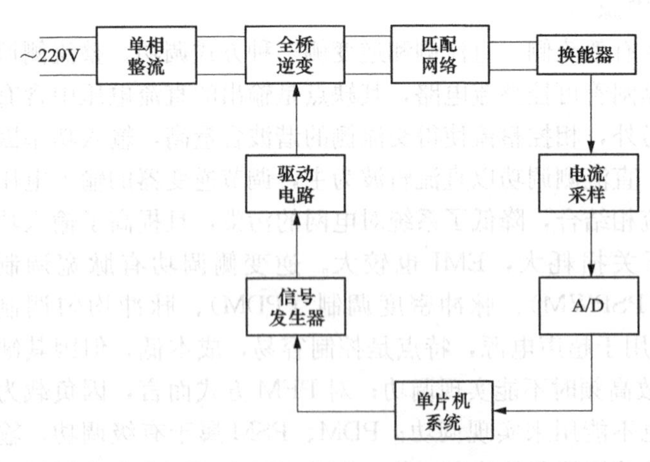

图 6-59 超声波电源系统设计框图

图 6-59 所示为超声电源的系统设计框图。其工作原理如下：单相交流电经过不可控整流和滤波形成直流电，通过全桥逆变器实现将直流电压转换为频率与换能器谐振频率一致的交变电压，逆变器输出正弦交流电流，将其通过匹配网络，送至负载换能器。当逆变器工作在负载谐振状态时，负载换能器就可以获得最大的输出功率。电流采样环节采样高频电流信号，通过 A/D

转换器送入单片机系统，经过数据处理，做出判断后，送出一频率固定、占空比可变的脉冲信号，经过 D/A 转换送到信号发生器，以改变其信号频率，通过驱动电路隔离驱动，使全桥逆变器的工作频率随负载的谐振频率变化而改变，从而实现频率自动跟踪过程，使换能器工作于最佳状态。

本 章 小 结

本章介绍了串联谐振式负载、并联谐振式负载及串并联谐振式负载的特点和对应的负载匹配电路，分析了串联谐振型逆变电源电路、并联谐振型逆变电源电路和串并联谐振型逆变电源电路的组成、工作原理和控制过程。

谐振式负载有高频、中频和低频之分，对于频率高于 100kHz 的电源基本上都是采用 MOSFET 作为开关管，但其功率器件容量小。IGBT 功率器件容量大，高速的 IGBT 开关频率在零电流开关状态下可工作在 100kHz，采用 IGBT 并联分时的控制方法可以提高逆变器的输出频率。

串联谐振型逆变电源的功率调节方式主要有：

（1）改变逆变器的输入直流电压实现输出功率调节，包括：①采用晶闸管可控整流调压；②直流斩波调压。

（2）逆变器输入电压不变，逆变器本身实现输出功率调节，包括：①改变逆变器开关频率实现输出功率调节；②PWM 移相实现输出功率调节；③改变逆变器的脉冲宽度调节输出功率；④对逆变器的开关进行间断控制的脉冲密度调制实现输出功率的调节；⑤对逆变器的开关驱动脉冲进行均匀密度调制的 PSM 实现输出功率的调节。

并联谐振型逆变电源的功率调节方式主要有：

（1）采用三相晶闸管整流的可控调压实现输出功率调节；

（2）采用二极管不控整流加斩波电路实现输出功率调节。

三相晶闸管整流虽然电路成熟，成本低，但负载电压的谐波分量大，整流的直流电压中含有较大的脉动，使输出的滤波困难，交流电源的电流并非正弦波形，功率因数低，交流侧的谐波含量高。

二极管不控整流加斩波电路在高频大功率情况下开关损耗大，可采用软斩波 Buck 变换电路减小开关损耗。

串并联谐振电路可改变负载阻抗匹配。对于逆变器输出来说，串并联谐振电路工作于串联谐振状态，即谐振时并联部分相当于感性负载，并联电容的加入改变串联谐振电路等效电阻，从而影响串联谐振电路等效阻抗。

要实现负载谐振，达到逆变器开关频率自动跟踪负载谐振频率，常采用锁相环频率跟踪技术，使输出驱动脉冲频率和负载谐振频率同步。

习题与思考题

1. 为什么对电阻电感型负载采用加补偿电容匹配组成谐振负载？谐振负载有哪些优点？

2. 图 6-8 中，如果有一个开关管短路，逆变电路会出现什么后果？如果一个开关管开路，结果又如何？

3. 为什么电压型逆变器一个桥臂的上下两个开关管的驱动脉冲要设置死区时间，而电流型逆变器一个桥臂的上下两个开关管的驱动脉冲要设置重叠时间？

4. 写出图 6-19 直流斩波调压控制电路中 PI 调节器的传递函数。

5. 分析图 6-20 逆变器频率跟踪控制电路的工作原理。

6. 图 6-21 采用 PFM 功率控制方式的逆变电源主电路中，当逆变器的开关频率大于谐振频率时，逆变器的无功功率向电源侧逆向输送，滤波电容上出现泵升电压，分析其工作过程。泵升电压会引起什么后果？可采取什么措施？

7. 为什么移相全桥串联谐振逆变器当移相角增大时输出电流波形逐步由正弦波向三角波转变？

8. 从能量的角度比较脉冲均匀密度调制 PSM 功率控制逆变器、脉宽调制 PWM 功率控制逆变器、逆变器输入电压幅值调节的功率调节原理和它们的优缺点。

9. 为什么并联谐振负载要采用电流源供电？如果采用电压源供电结果如何？

10. 图 6-47 二极管整流直流斩波并联谐振式逆变电源主电路中，晶闸管 VTR 支路有何作用？分析其工作过程。

第 7 章　无线电能传输与电源变换技术

7.1 概　　述

无线电能传输（Wireless Power Transfer，WPT）又称为无接触式电能传输（Contactless Power Transfer，CPT），指的是电能从电源到负载的一种没有经过电气直接接触的能量传输方式。早在 1893 年的哥伦比亚世博会上，美国科学家 Nikola Tesla 就展示了他的无线磷光照明灯。利用无线电能传输原理，在没有任何导线连接的情况下点亮了灯泡。1968 年，美国航空工程师 Peter Glaser 提出了建立空间太阳能电站的概念，利用在外太空的卫星，收集太阳能并传输到地球表面上来。随后，美国和日本等主要发达国家相继开展了空间太阳能电站的研究。

2007 年，美国麻省理工学院的 Soljačić M，Kurs A，Karalis A 等人在中等距离无线电能传输方面取得了新进展，他们隔空点亮了 2m 外的 60W 的电灯，效率达到了 40%。随后在无线电能传输领域，世界各地开展了越来越多的研究。

电能无线传输主要有以下几种方式：电磁感应式、磁耦合谐振式、辐射式和无线电波式，其中无线电波式又包括微波式、激光式、超声波式。

电磁感应式：电能传输电路的基本特征就是变压器一次侧和二次侧电路分离。一次侧电路与二次侧电路之间有一段空隙，通过磁场耦合进行电能传输。根据无接触变压器初、次级之间所处的相对运动状态，新型无接触电能传输系统可分为分离式、移动式和旋转式三种，分别给相对于初级绕组保持静止、移动和旋转的电气设备供电。特点：较大气隙存在，使得一次侧和二次侧无直接电气接触，弥补了传统接触式电能传输的固有缺陷；较大气隙的存在，使得系统构成的耦合关系属于松耦合，漏磁与励磁相当，甚至比励磁高；传输距离较短，实用上多在毫米级。

磁耦合谐振式：系统采用两个线圈及补偿电容器，共同组成谐振电路，实现能量的无线传输。特点：利用磁场通过近场传输，辐射小，具有方向性；中等距离传输，传输效率较高；能量传输不受空间障碍物（非磁性）的影响；传输效果与频率及线圈尺寸关系密切。

辐射式：先通过磁控管将电能转变为微波能形式，再由发射天线将微波束送出，接收天线接收后由整流设备将微波能量转换为电能。特点：传输距离远，频率越高，传播的能量越大。在大气中能量传递损耗很小，能量传输不受地球引力差的影响。但微波是波长介于无线电波和红外线辐射的电磁波，容易对通信造成干扰，能量束难以集中，能量散射损耗大，定向性差，传输效率低。

无线电波式：主要由微波发射装置和微波接收装置组成，接收电路可以捕捉到从墙壁弹回的无线电波能量，在随负载做出调整的同时保持稳定的直流电压。特点：电波接收型的最大发送距离长达 10m，但是由于磁通向空间全方位辐射，能够接收的功率很小，只有几毫瓦至 100 毫瓦。因此，其主要用途是在便携式终端中提供待机时消耗的功率。

电动汽车无线充电主要采用电磁感应式和磁耦合谐振式无线充电方式，储能方式主要有蓄电池和超级电容。

1. 电磁感应式无线充电技术

感应式无线电能传输将变压器初级、次级绕组分置，通过高频磁场的耦合传输电能，传输距离短。目前变压器低耦合系数是制约其高效化的主要因素，而移动充电系统中存在的“磁通分布不均”问题则是影响其能量耦合效率的重要原因。改变磁芯和绕组形状，是提高非接触变压器耦合系数的基本手段。相比于传统磁芯，同样体积，平面磁芯的横向尺寸更大，有助于提高变压器的耦合系数。采用平面绕组配合平面磁芯，可增大漏磁通闭合的磁路长度和相应的磁阻，有利于减小漏感，可采用分布式平面绕组结构。除了平面化的方法，提高变压器全耦合磁通比例来提高变压器耦合系数的新思路，为一定体积重量限制下优化变压器提供了一种有效的途径。使用空心变压器替代有磁芯的变压器，会增加变压器的体积，对耦合系数也会有影响。

2. 磁耦合谐振式无线充电技术

感应式无线充电在大气隙条件下，变压器耦合效率可提高的空间十分有限，靠提高变压器耦合系数来进一步提高变压器和系统的效率比较困难。磁耦合谐振式无线电能传输技术打破了变压器传输效率依赖于耦合系数的传统思路，给无线充电技术带来了突破。磁耦合谐振式无线充电为低耦合系数下的高效能量传输提供了全新的思路。相对于感应式移动充电系统，磁耦合谐振式的传输距离更远，可达到几米，且可实现空间全方位的电能传输。与传统的感应式无线电能传输系统相比，“变压器”并非由磁芯及绕组构成，而是由两个螺旋绕组组成，两绕组的谐振频率要求相同，以产生共振耦合。磁耦合谐振式无线电能传输是常规电磁感应式无线充电的特例，用互感模型对“变压器”建模。

3. 电能储能方式

铅酸电池是目前常规的储能电池，但其循环寿命较短，充电时间长，一般的蓄电池充满一半需要充电半小时，完全充满则要 8h 以上，且在制造过程中存在一定环境污染；镍镉电池效率高、循环寿命长，但随着充放电次数的增加容量会减少；锂离子电池由于工艺和环境温度差异等因素的影响，系统指标往往达不到单体水平，使用寿命较单体缩短数倍甚至几十倍。与常规电容器相比，超级电容器具有更高的介电常数、更大的表面积或者更高的耐压能力。超级电容器功率密度大，充放电时间短，大电流充放电特性好，寿命长，低温特性优于蓄电池，这些优异的性能使它在电动汽车上有很好的应用前景。目前，基于活性炭双层电极与锂离子插入式电极的第四代超级电容器正在开发中。

由于超级电容器寿命长、充电时间短，并且没有化学反应所带来的污染及蓄电池的记忆问题，加之可瞬时提供大功率电流，因此被许多专家誉为是纯电动汽车的理想高功率提供者。作为介于传统电容器与电池之间、具有特殊性能的电源，超级电容器主要利用活性炭多孔电极和电解质组成的双电层结构获得超大的容量，因而不同于传统的化学电源。由于具有庞大的表面积及非常小的电荷分离距离，超级电容器较传统电容器具有惊人的静电容量。同时，由于其储能的过程可逆，超级电容器可以反复充放电数十万次，并具有功率密度大、容量大、使用寿命长、免维护、经济环保等优点。

7.2 电磁感应式无线电能传输系统

电磁感应式无线电能传输系统主要由传输变换器、松耦合变压器的一次侧回路和二次侧回路三部分组成，其中传输变换器包括整流电路和高频逆变电路，一次侧回路包括一次侧补偿装置和松耦合变压器的一次侧线圈，二次侧回路包括松耦合变压器的二次侧绕组、二次侧补偿电路和负载等。其主要功能是将输入电源变换成高频电源，通过松耦合变压器传输到负载。电磁感应式无线电能传输系统结构如图 7-1 所示。系统中供电电源、整流和高频逆变、一次侧补偿电路与变压器的一次侧绕组属于固定不变部分，松耦合变压器二次侧绕组、二次侧补偿电路和负载是可移动部分。

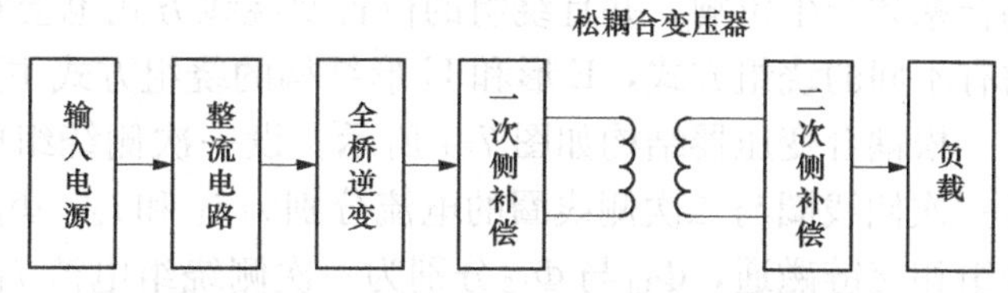

图 7-1　电磁感应式无线电能传输系统结构

7.2.1　电磁感应式无线电能传输模型

由于松耦合变压器具有较大的气隙或其他较低导磁特性的介质，变压器初、次级之间的耦合程度较小。为了提高系统的功率传输能力，松耦合变压器一次侧绕组通常采用高频交流电压驱动。松耦合变压器有较大的绕组空间，相应的有较大的漏感，增加了绕组损耗，而且由于变压器一次和二次绕组分别绕制在被气隙分割的铁芯上，励磁电感明显降低，励磁电流增加，从而使导通损耗增大。系统工作时，在输入端将工频交流电经过整流和滤波后，送入逆变装置转换成高频交流电流供给松耦合变压器一、二次绕组。输入能量经过变压器感应耦合后，二次侧端口输出的是高频电压，根据负载具体需求，若为直流负载，则将二次侧高频电压经过整流滤波环节后为负载供电，若为交流负载，则还需对整流后的直流再逆变为所需频率和幅值的交流电压。作为非接触电能传输系统的主要组成部分，松耦合变压器结构与常规变压器主要不同之处就是一次侧电路与二次侧电路没有物理电气接触，物理结构是可分离的，其磁芯材料、绕线方式、气隙大小、空间结构都影响变压器耦合系数，从而对整个无线传输系统的功率传输产生较大影响。各种类型的松耦合变压器实质上与常规理想变压器的功能是一样的，都是把一次侧能量通过磁场传递给二次侧负载，实现能量的转换与传输。

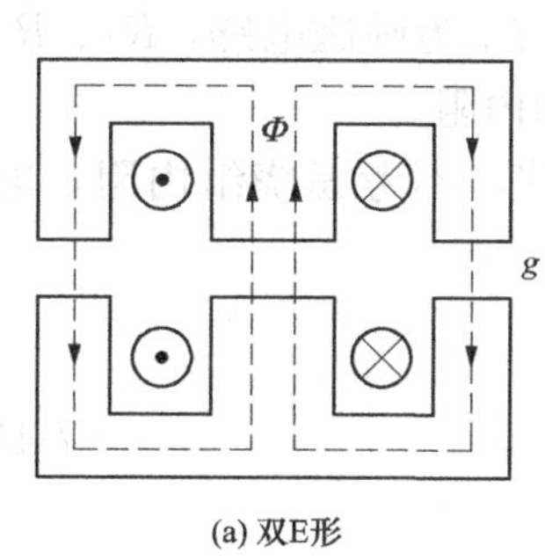

(a) 双E形

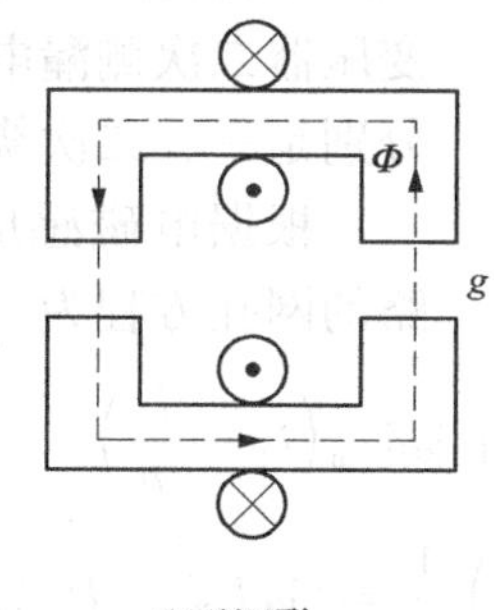

(b) 双U形

图 7-2　松耦合变压器类型

松耦合变压器根据一次侧线圈与二次侧线圈相互运动的情况主要分为相对滑动性、相对静止型、相对转动型。松耦合变压器还可以分为有磁芯型、无磁芯型；根据负载情况还可分为单负载型及对应的多负载型；根据外形分还可分为双 U 形、双 E 形，如图 7-2 所示。图 7-2（a）采用双 E 形磁芯结构，图 7-2（b）采用双 U 形磁芯结构。

磁芯材料目前主要有铁氧体、硅钢片、铁粉芯、非晶合金等。铁氧体材料是复合氧化物烧结体，具有电阻率和磁导率高、磁感应强度中等、损耗少、价格便宜的特点，适合用于高频电路，作为松耦合变压器的磁芯材料；硅钢片电阻率低，一般用于低频电路；铁粉芯磁感应强度高，磁导率低，损耗少；非晶合金价格高，居里温度高，磁感应强度高。

除了变压器类型对系统传输功率的影响外，变压器线圈绕组方式也会对松耦合变压器的耦合系数产生影响，并且绕组的位置及绕线方式也会对整个磁路造成影响。不同的变压器结构有不同的绕组方式，E形和U形结构的绕组方式主要如图7-3所示。

松耦合变压器结构如图7-4所示。设一次侧绕组电压为u_1，二次侧绕组电压为u_2，流经一次侧线圈与二次侧线圈的电流分别为i_1和i_2，Φ_{11}与Φ_{22}分别是电流i_1和i_2所产生的与绕组相交链磁通，Φ_{L1}与Φ_{L2}分别为一次侧绕组电流i_1和二次侧绕组电流i_2产生的漏磁通，Φ_m为一次侧、二次侧绕组之间经闭合磁路产生的互感磁通，故有

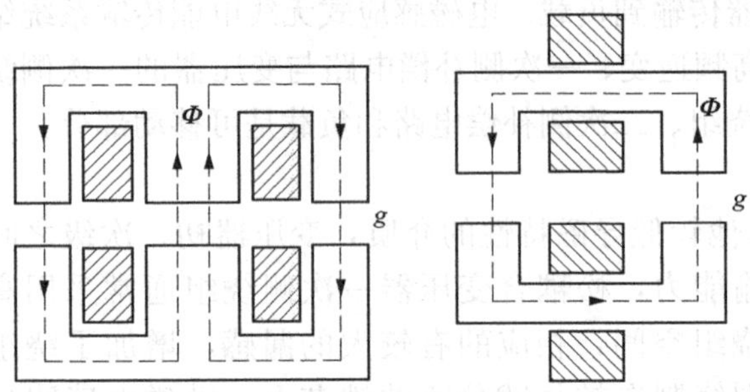

图7-3 松耦合变压器绕组方式

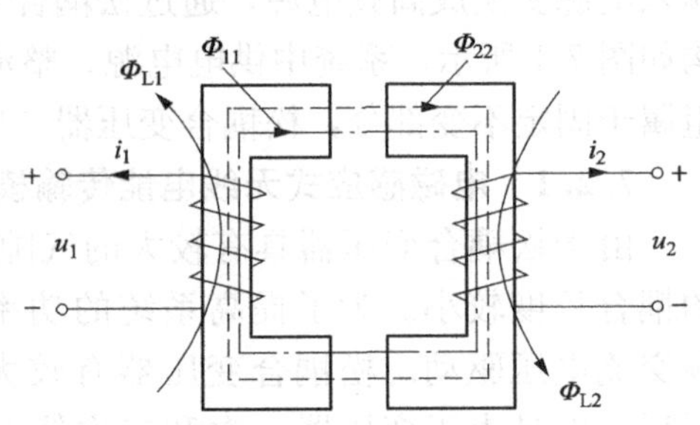

图7-4 松耦合变压器结构

$$\Phi_m = \Phi_{11} + \Phi_{22} \tag{7-1}$$

i_1和i_2所产生的磁通分别为

$$\begin{aligned} \Phi_1 &= \Phi_{11} + \Phi_{L1} \\ \Phi_2 &= \Phi_{22} + \Phi_{L2} \end{aligned} \tag{7-2}$$

其同一次线圈和二次线圈相交链总磁通关系式为

$$\begin{aligned} \Phi_{1\Sigma} &= \Phi_1 + \Phi_{22} \\ \Phi_{2\Sigma} &= \Phi_2 + \Phi_{11} \end{aligned} \tag{7-3}$$

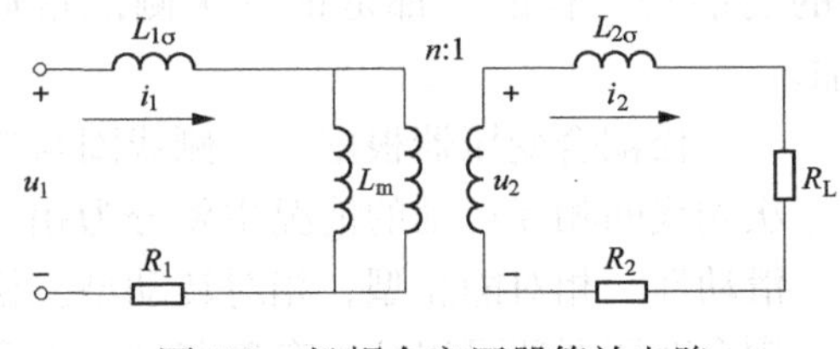

图7-5 松耦合变压器等效电路

松耦合变压器等效电路如图7-5所示。图中$L_{1\delta}$为松耦合变压器一次侧漏电感，$L_{2\delta}$为松耦合变压器二次侧漏电感，L_m为励磁电感，R_1、R_2分别是一、二次绕组的内阻。

根据电磁感应定律，不考虑绕组内阻，电路的网孔方程为

$$\begin{aligned} u_1 &= j\omega L_{1\sigma} i_1 + j\omega L_m \left(i_1 - \frac{i_2}{n}\right) \\ j\omega L_m \left(i_1 - \frac{i_2}{n}\right)\frac{1}{n} &= (j\omega L_{2\sigma} + R_L) i_2 \end{aligned} \tag{7-4}$$

解得二次侧电流为

$$i_2 = \frac{\dfrac{u_1 L_m}{n}}{R_L(L_{1\sigma} + L_m) + j\omega\left(L_{1\sigma}L_{2\sigma} + \dfrac{1}{n^2}L_{1\sigma}L_m + L_{2\sigma}L_m\right)} \tag{7-5}$$

输出电压为

$$u_o = R_L i_2 \tag{7-6}$$

$$|u_o| = |R_L i_2| = \frac{u_1 L_m R_L}{n\sqrt{(L_{1\sigma}+L_m)^2 R_L^2 + \omega^2\left(L_{1\sigma}L_{2\sigma}+\frac{1}{n^2}L_{1\sigma}L_m + L_{2\sigma}L_m\right)^2}} \tag{7-7}$$

输出功率为

$$P_O = |u_o i_2| = |R_L i_2^2| = \frac{u_1^2 L_m^2 R_L}{n^2(L_{1\sigma}+L_m)^2 R_L^2 + \omega^2\left(L_{1\sigma}L_{2\sigma}+\frac{1}{n^2}L_{1\sigma}L_m + L_{2\sigma}L_m\right)^2} \tag{7-8}$$

对于松耦合变压器，由于气隙较大，耦合较差，变压器一、二次绕组漏感很大，与励磁电感处于同样的数量级，由式（7-7）可以看出电压传输比大大减小，由式（7-8）可以看出功率传输效率大大减小，并且负载大小影响明显。

为了改善系统传输性能，提高效率，可对系统在一、二次绕组回路进行补偿，有单端补偿和双端补偿两种形式。

图 7-6 所示为松耦合变压器单端补偿方式，其中图 7-6（a）为一次绕组回路串联补偿，图 7-6（b）为一次绕组回路并联补偿，图 7-6（c）为二次绕组回路串联补偿，图 7-6（d）为二次绕组回路并联补偿。图 7-7 所示为松耦合变压器双端补偿方式。

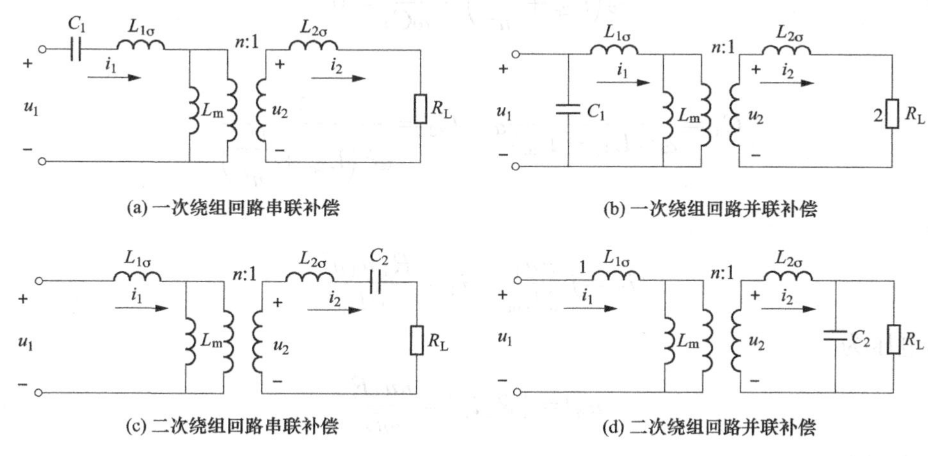

图 7-6　松耦合变压器单端补偿电路

图 7-7（a）一、二次绕组回路串联补偿电路的网孔方程为

$$\begin{aligned} u_1 &= j\omega L_{1\sigma} i_1 + \frac{i_1}{j\omega C_1} + j\omega L_m\left(i_1 - \frac{i_2}{n}\right) \\ j\omega L_m\left(i_1 - \frac{i_2}{n}\right)\frac{1}{n} &= \left(j\omega L_{2\sigma} + \frac{1}{j\omega C_2} + R_L\right) i_2 \end{aligned} \tag{7-9}$$

式（7-9）还可写为

$$\begin{aligned} u_1 &= j\left(\omega L_{1\sigma} + \omega L_m - \frac{1}{\omega C_1}\right) i_1 - j\omega L_m \frac{i_2}{n} \\ j\omega L_m \frac{1}{n} i_1 &= j\left(\omega L_{2\sigma} + \omega L_m \frac{1}{n^2} - \frac{1}{\omega C_2}\right) i_2 + R_L i_2 \end{aligned} \tag{7-10}$$

式（7-10）中令

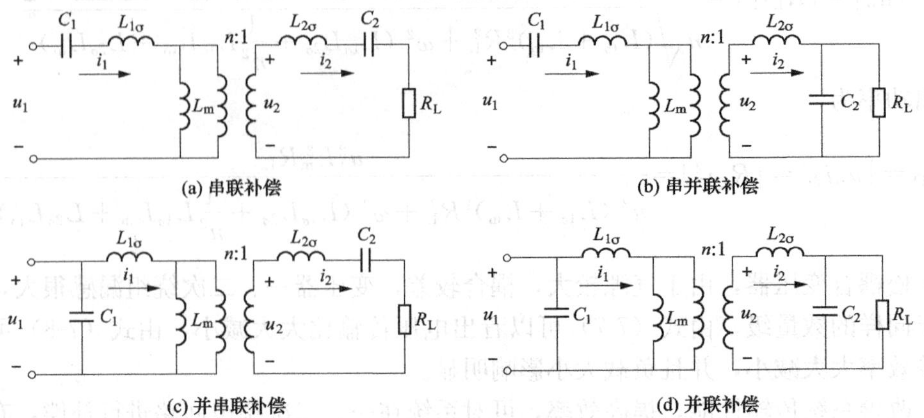

图 7-7 松耦合变压器双端补偿电路

$$\begin{gathered}\omega(L_{1\sigma}+L_{\mathrm{m}})-\frac{1}{\omega C_1}=0\\ \omega\left(L_{2\sigma}+\frac{L_{\mathrm{m}}}{n^2}\right)-\frac{1}{\omega C_2}=0\end{gathered}\tag{7-11}$$

即

$$C_1=\frac{1}{\omega^2(L_{1\sigma}+L_{\mathrm{m}})}\alpha \quad C_2=\frac{1}{\omega^2\left(L_{2\sigma}+\frac{L_{\mathrm{m}}}{n^2}\right)}\tag{7-12}$$

则有

$$i_2=j\frac{nu_1}{\omega L_{\mathrm{m}}} \quad i_1=\frac{R_{\mathrm{L}}u_1n^2}{\omega^2L_{\mathrm{m}}}\tag{7-13}$$

输出电压为

$$|u_{\mathrm{o}}|=|R_{\mathrm{L}}i_2|=\frac{nu_1R_{\mathrm{L}}}{\omega L_{\mathrm{m}}}\tag{7-14}$$

输出功率为

$$P_{\mathrm{O}}=|u_{\mathrm{o}}i_2|=|R_{\mathrm{L}}i_2^2|=\frac{n^2u_1^2R_{\mathrm{L}}}{\omega^2L_{\mathrm{m}}^2}\tag{7-15}$$

一次回路的反射阻抗为

$$R_{\mathrm{r}}=\frac{u_1}{i_1}=\frac{\omega^2L_{\mathrm{m}}}{R_{\mathrm{L}}n^2}\tag{7-16}$$

经过式（7-12）的补偿，系统输出电压及输出功率得到明显提高，并且二次侧回路电流恒定，为恒流源输出。如果式（7-10）中令

$$\begin{gathered}\omega L_{1\sigma}-\frac{1}{\omega C_1}=0\\ \omega L_{2\sigma}-\frac{1}{\omega C_2}=0\end{gathered}\tag{7-17}$$

即

$$C_1=\frac{1}{\omega^2 L_{1\sigma}} \quad C_2=\frac{1}{\omega^2 L_{2\sigma}} \tag{7-18}$$

则有

$$i_2=\frac{u_1}{nR_L} \quad i_1=\frac{u_1\left(1+\mathrm{j}\,\dfrac{\omega L_m}{n^2 R_L}\right)}{\mathrm{j}\omega L_m} \tag{7-19}$$

输出电压为

$$|u_o|=|R_L i_2|=\frac{u_1}{n} \tag{7-20}$$

输出功率为

$$P_O=|u_o i_2|=|R_L i_2^2|=\frac{u_1^2}{n^2 R_L} \tag{7-21}$$

一次回路的反射阻抗为

$$R_r=\frac{u_1}{i_1}=\frac{\mathrm{j}\omega L_m}{1+\mathrm{j}\,\dfrac{\omega L_m}{n^2 R_L}} \tag{7-22}$$

经过式（7-18）的补偿，系统输出可以等效为普通变压器，一次侧电压与二次侧电压比为变比 n，输出电压恒定，为恒压源输出。同样可以导出其他三种补偿电路的网孔方程和参数关系。

7.2.2 电磁感应式无线电能传输实例

电磁感应式无线电能传输系统如图 7-8 所示，系统主要由三个部分组成：全桥逆变电路，松耦合变压器 T 和整流滤波电路。开关管 VT1～VT4 和反并联二极管 VD1～VD4 构成全桥逆变电路，为松耦合变压器提供方波电压源，经过二极管 VDr1～VDr4 构成全桥整流电路把恒定的直流电提供给负载。

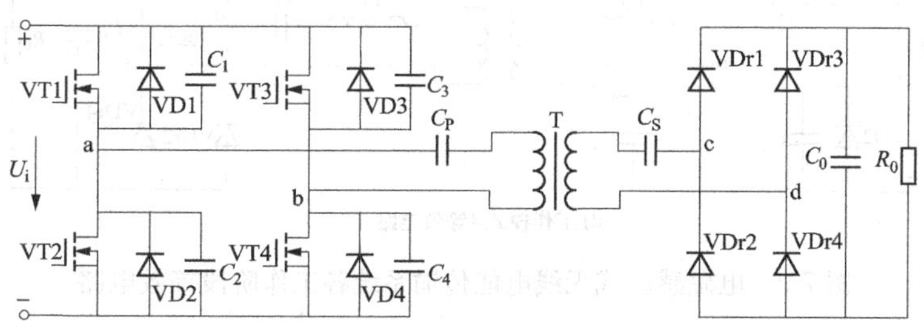

图 7-8　电磁感应式无线电能传输系统电路拓扑

如果按式（7-11）的补偿方式，将松耦合变压器等效为理想变压器，一次侧总电感等效为 L_P，二次侧总感等效为 L_S，工作模态等效电路如图 7-9 所示。电磁感应式无线电能传输系统一个工作周期可分为 5 个工作模态，工作波形如图 7-10 所示。

工作模态 1［$0\sim t_0$］：在 t_0 时刻之前，VT2 和 VT3 导通，一次侧 $L_P C_P$ 谐振，电流 i_P 以正弦形式反向减小，二次侧 $L_S C_S$ 谐振，电流 i_S 流过 VDr2 和 VDr3 给负载供电，如图 7-9（a）所示。

工作模态 2［$t_0\sim t_1$］：t_0 时刻，VT2、VT3 在 C_2 和 C_3 的缓冲作用下近似零电流关断，一次侧电流 i_P 转移到 C_2 和 C_3 支路中充电到 U_i，而 C_1、C_4 放电至零后，反并联二极管 VD1

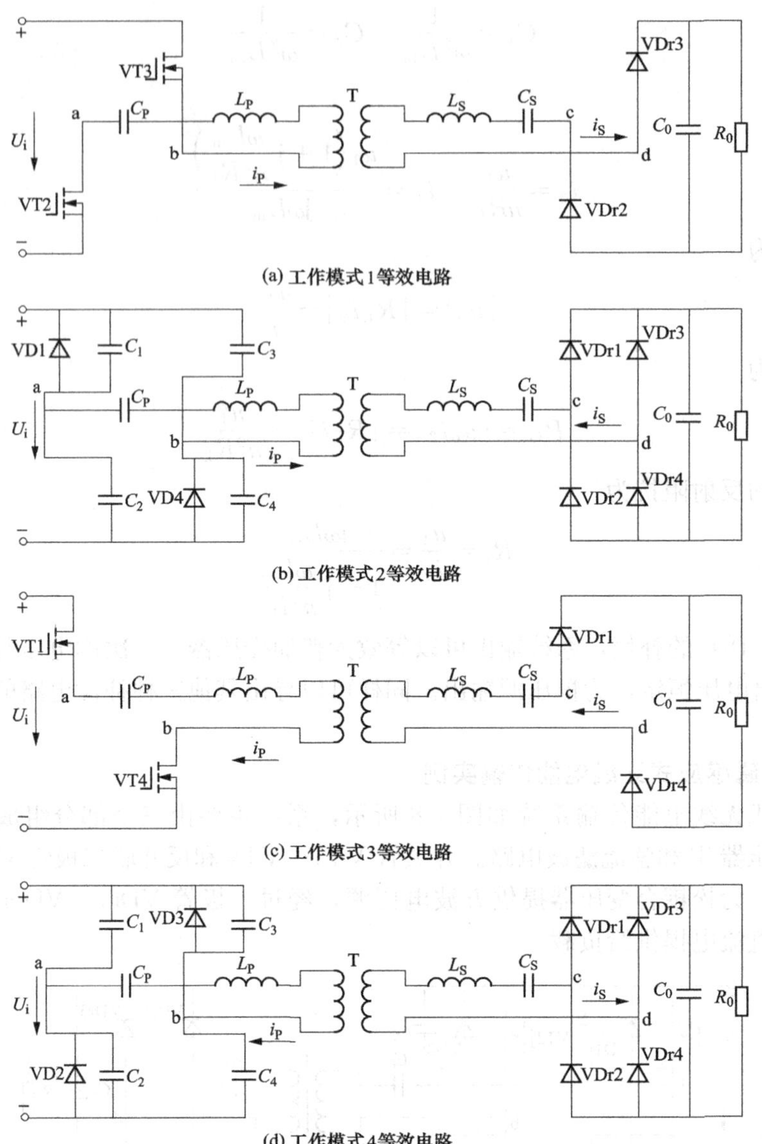

图 7-9　电磁感应式无线电能传输系统各工作阶段等效电路

与 VD4 导通，t_1 时刻 $u_{ab}=+U_i$；二次侧二极管 VDr2、VDr3 换流到 VDr1、VDr4，如图 7-9（b）所示。

工作模态 3［t_1～t_2］：t_1 时刻，在 VD1、VD4 的导通的情况下的，VT1、VT4 零电流导通，一次侧 L_PC_P谐振，i_P以正弦形式从零正向上升。二次侧 L_SC_S谐振，谐振电流 i_S以正弦形式正向上升，二极管 VDr2、VDr3 关闭，VDr1、VDr4 导通，如图 7-9（c）所示。

工作模态 4［t_2～t_3］：t_2 时刻，开关器件 VT1、VT4 在 C_1 和 C_4 的缓冲作用下近似零电流关断，一次侧电流 i_P对 C_1、C_4 充电，同时使 C_2、C_3 放电。C_1、C_4 充电至 U_i，C_2、C_3 放电至零，VT2、VT3 反并联二极管 VD2 与 VD3 导通，t_3 时刻 $u_{ab}=-U_i$；变压器二次侧电流 i_S反向增加，二极管 VDr1、VDr4 换流到 VDr2、VDr3，如图 7-9（d）所示。

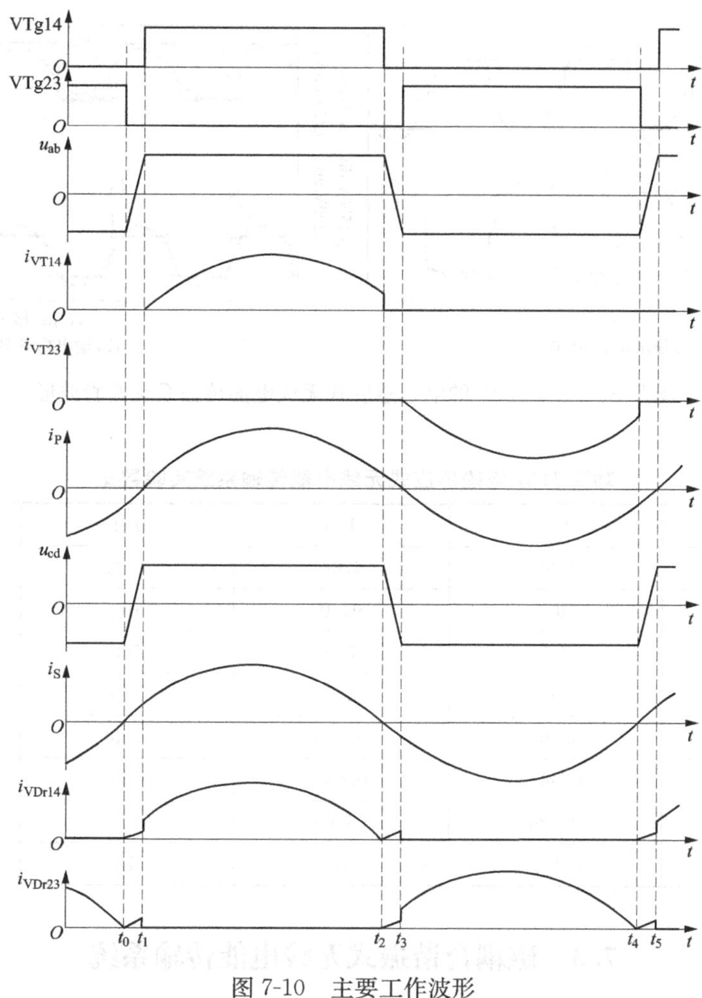

图 7-10　主要工作波形

工作模态 5［t_3～t_4］：t_3 时刻，VT2、VT3 在反并联二极管的作用下零电压导通，一次侧电流 i_P负向增大，二次侧电流 i_S经 VDr2、VDr3 谐振续流，t_4 时刻 i_s减小至零，如图 7-9（a）所示。

t_0～t_4 的一个工作周期结束。

图 7-11 是功率 1kW 的电磁感应式无线电能传输系统实验波形，图中 U_S为图 7-9 和图 7-10 中的 u_{cd}，系统中逆变器功率管采用型号为 IRF460 的功率 MOSFET，二次侧整流桥采用 SKBPC5016 二极管整流，变压器一次侧和二次侧变比 n 为 10∶6。图 7-11（a）是输出功率 800W 时松耦合变压器一次侧和二次侧电压电流波形图，图 7-11（b）是输出功率 1kW 时松耦合变压器一次侧和二次侧电压电流波形图。

由实验波形可以看出电磁感应式无线电能传输系统输出电压近似方波电压，输出电流近似正弦波，由于开关频率大于谐振频率，电路工作在感性负载状态，因此一次侧电压相位超前电流一个角度。

电磁感应式无线电能传输系统实验数据如表 7-1 所示，其中 P_p是输入功率，P_s是输出功率。

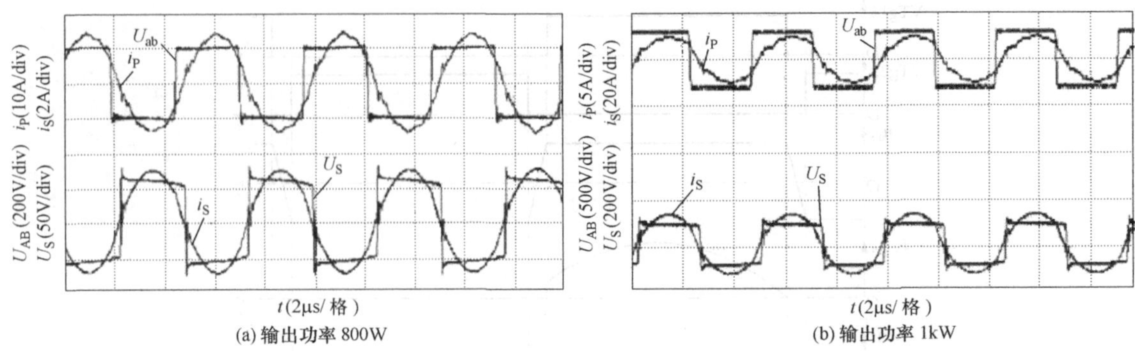

(a) 输出功率 800W (b) 输出功率 1kW

图 7-11 功率 1kW 的电磁感应式无线电能传输系统实验波形

表 7-1 功率 1kW 电磁感应式无线电能传输系统实验数据

U_{AB}/V	100	150	171	216
I_P/A	4.93	4.44	4.89	4.88
U_S/V	59.4	91.0	103	134
I_S/A	7.5	7.0	7.8	7.7
f/kHz	194	208	210	223
P_p/kW	0.493	0.666	0.836	1.054
P_s/kW	0.446	0.637	0.803	1.031
η (%)	90.36	95.65	96.10	97.89
R_0/Ω	8	13	13	17

7.3 磁耦合谐振式无线电能传输系统

磁耦合谐振式无线电能传输系统分为发射端和接收端，通过发射线圈和接收线圈进行能量传输，两个线圈具有相同的谐振频率，线圈之间的介质一般为空气。

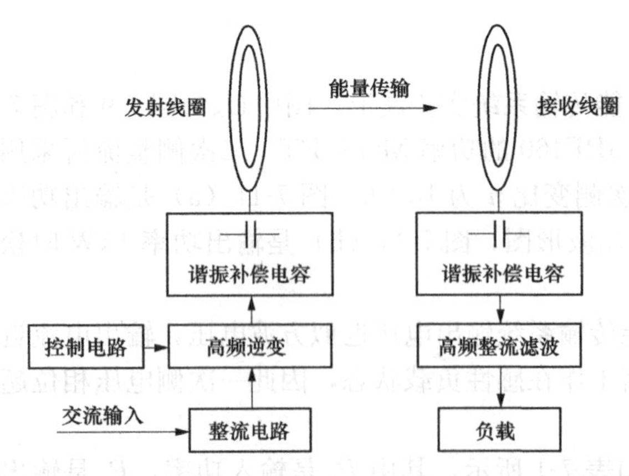

图 7-12 磁耦合谐振式无线电能传输系统结构

任何两个电磁系统在相隔一定的距离下都会产生耦合现象，但由于距离、耦合谐振频率等因素，使得其传递能量的效率很低。如果发射线圈和接收线圈工作在谐振状态，具有相同的谐振频率，此时发射端和接收端的回路阻抗为阻性，可以实现最大的传输效率。

磁耦合谐振式无线电能传输结构如图 7-12 所示。传输系统分为接收端和发射端两部分。发射端采用交流输入，可以分为发射部分和能量调理部分，其中发射部分由发射线圈和谐振补偿电路组成，能量调理部分包括整流环节、功率调控环节、高频逆变环节。接收端分为接收部分、能量调理部分和负载，接受电路由接收线圈和谐振补偿电路组成，接收端能量调理部分为高频整流滤波环节。

7.3.1　传输线圈及互感模型

磁耦合谐振式无线电能传输线圈包括发射线圈和接收线圈，如图 7-13 所示，一般采用平面螺旋形绕制，其几何形状有矩形或圆形。两圆形平面线圈的互感系数 M 可以根据电磁场理论进行计算。

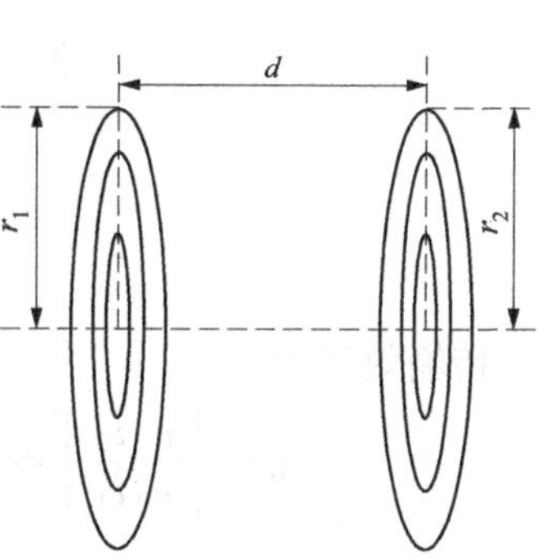

图 7-13　两圆形平面发射线圈和接收线圈的结构

设两圆形平面发射线圈和接收线圈的匝数分别为 n_1 和 n_2，平均半径分别为 r_1 和 r_2，距离为 d，由电磁场理论可得

$$M=n_1 n_2 \mu_0 \sqrt{r_1 r_2}\, f(k) \tag{7-23}$$

其中

$$f(k)=\left(\frac{2}{k}-k\right)K(k)-\frac{2}{k}E(k) \tag{7-24}$$

$$k=2\sqrt{\frac{r_1 r_2}{h^2+(r_1+r_2)^2}} \tag{7-25}$$

$$K(k)=\frac{\pi}{2}\left[1+\left(\frac{1}{2}\right)^2 k^2+\left(\frac{1\times 3}{2\times 4}\right)^2 k^4+\left(\frac{1\times 3\times 5}{2\times 4\times 6}\right)^2 k^6+\cdots\right] \tag{7-26}$$

$$E(k)=\frac{\pi}{2}\left[1-\left(\frac{1}{2}\right)^2 k^2-\left(\frac{1\times 3}{2\times 4}\right)^2 \frac{k^4}{3}-\left(\frac{1\times 3\times 5}{2\times 4\times 6}\right)^2 \frac{k^6}{5}-\cdots\right] \tag{7-27}$$

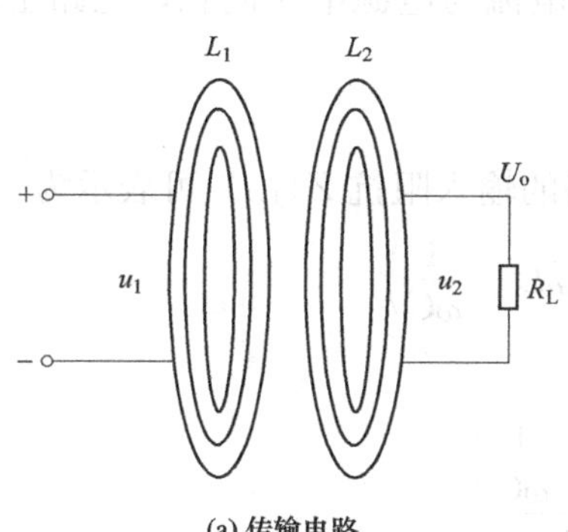

(a) 传输电路

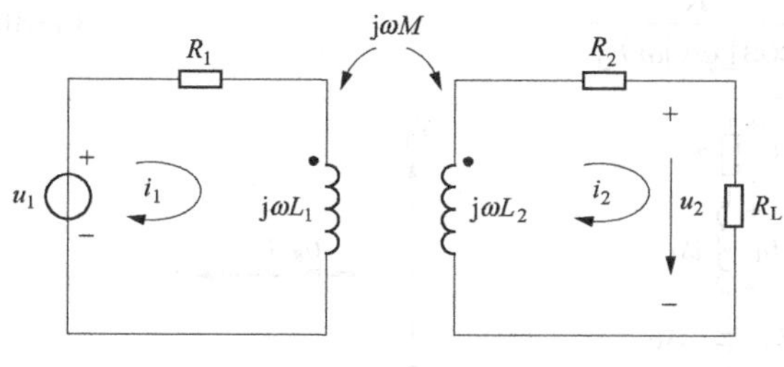

(b) 互感电路模型

图 7-14　传输线圈的互感模型

磁耦合谐振式无线电能传输线圈一般采用互感模型表示，如图 7-14 所示。图 7-14 (a) 是传输电路，图 7-14 (b) 是互感电路模型。

互感模型电路的网孔方程为

$$\begin{aligned}(R_1+\mathrm{j}\omega L_1)i_1-\mathrm{j}\omega M i_2&=u_1\\ \mathrm{j}\omega M i_1-(R_2+j\omega L_2)i_2&=u_2\end{aligned} \tag{7-28}$$

或写成如下形式

$$\begin{aligned}Z_{11}i_1-Z_M i_2&=u_1\\ Z_M i_1-Z_{22}i_2&=u_2\end{aligned} \tag{7-29}$$

式中，$Z_{11}=R_1+\mathrm{j}\omega L_1$；$Z_{\mathrm{M}}=\mathrm{j}\omega M$；$Z_{22}=R_2+\mathrm{j}\omega L_2$。

解得发射端输入阻抗为

$$Z_{\mathrm{i}}=\frac{u_1}{i_1}=Z_{11}+Z_{\mathrm{f}}=R_1+\mathrm{j}\omega L_1+\frac{\omega^2 M^2}{R_2+\mathrm{j}\omega L_2} \tag{7-30}$$

式中，$Z_{\mathrm{f}}=\omega^2 M^2/Z_{22}$，为反射组抗。电流传输比为

$$\frac{\dot{i}_2}{\dot{i}_1}=\frac{Z_M}{Z_{22}}=\frac{\mathrm{j}\omega M}{R_2+\mathrm{j}\omega L_2} \tag{7-31}$$

电压传输比为

$$\begin{aligned}\frac{u_2}{u_1}&=\frac{i_2R_L}{u_1}=\frac{Z_MR_L}{Z_{22}(Z_{11}+Z_f)}\\&=\frac{\mathrm{j}\omega MR_L}{(R_2+\mathrm{j}\omega L_2)\left(R_1+\mathrm{j}\omega L_1+\dfrac{\omega^2M^2}{R_2+\mathrm{j}\omega L_2}\right)}\end{aligned} \tag{7-32}$$

传输效率为

$$\begin{aligned}\eta=\frac{|u_2i_2|}{|u_1i_1|}&=\frac{\mathrm{j}\omega M}{R_{+}\mathrm{j}\omega L_2}\frac{\mathrm{j}\omega MR_L}{(R_2+\mathrm{j}\omega L_2)\left(R_1+\mathrm{j}\omega L_1+\dfrac{\omega^2M^2}{R_2+\mathrm{j}\omega L_2}\right)}\\&=\frac{(\omega M)^2R_L}{(R_2+\mathrm{j}\omega L_2)[(R_1+\mathrm{j}\omega L_1)(R_2+\mathrm{j}\omega L_2)+\omega^2M^2]}\\&=\frac{(\omega M)^2R_L}{(R_2+\mathrm{j}\omega L_2)[R_1R_2+\mathrm{j}\omega(L_1R_2+L_2R_1)-\omega^2L_1L_2+\omega^2M^2]}\end{aligned} \tag{7-33}$$

7.3.2 磁耦合谐振式无线电能传输补偿原理

为了提高传输效率，一般采用补偿电容与传输线圈电感产生谐振来提高传输效率，减小系统的无功功率。最基本的电容补偿方式有两种：串联补偿和并联补偿。由于补偿回路中存在电感和电容，当电源频率变化时，电路的感抗和容抗将跟着频率变化，从而导致电路的工作状态跟着频率变化。在含有电阻、电感和电容的交流电路中，传输电路的两端电压与其电流一般是不同相的，如果调节电路参数或电源频率使电流与电源电压同相，电路呈电阻性，则电路工作在谐振状态。

1. 串联补偿原理

串联补偿电路如图 7-15 所示。根据向量法，电路的输入阻抗 $Z(\mathrm{j}\omega)$ 可表示为

$$Z(\mathrm{j}\omega)=R+\mathrm{j}X=R+\mathrm{j}\left(\omega L-\frac{1}{\omega C}\right) \tag{7-34}$$

串联谐振的频率特性为

$$\varphi(\mathrm{j}\omega)=\arctan\left(\frac{\omega L-\dfrac{1}{\omega C}}{R}\right) \tag{7-35}$$

$$|Z(\mathrm{j}\omega)|=\frac{R}{\cos[\varphi(\mathrm{j}\omega)]} \tag{7-36}$$

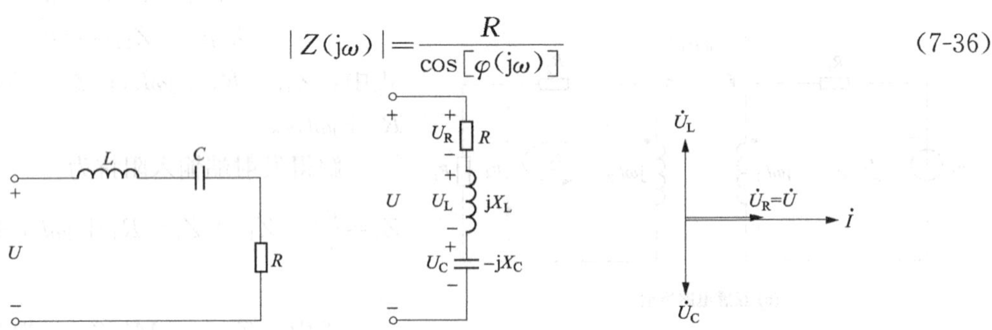

图 7-15 *RLC* 串联补偿电路

串联谐振电路存在着电感 L 和电容 C，两者频率特性相反，容抗与 ω 成反比，而感抗与 ω 成正比。两者电抗角相差 180°。所以一定存在着一个角频率 ω_o 使容抗与感抗相抵消，即 $X_L(j\omega_o)=X_C(j\omega_o)$，$\omega_o=1/\sqrt{LC}$，当 $\dot{I}(j\omega_o)$ 与 $\dot{U}_s(j\omega_o)$ 同相时，容抗与感抗相互抵消，电路谐振。

2. 并联补偿原理

并联补偿电路如图 7-16 所示。电路中各支路的电流为

$$I_L=\frac{U}{Z_1}=\frac{U}{R+j\omega L} \tag{7-37}$$

$$I_C=\frac{U}{Z_2}=j\omega CU \tag{7-38}$$

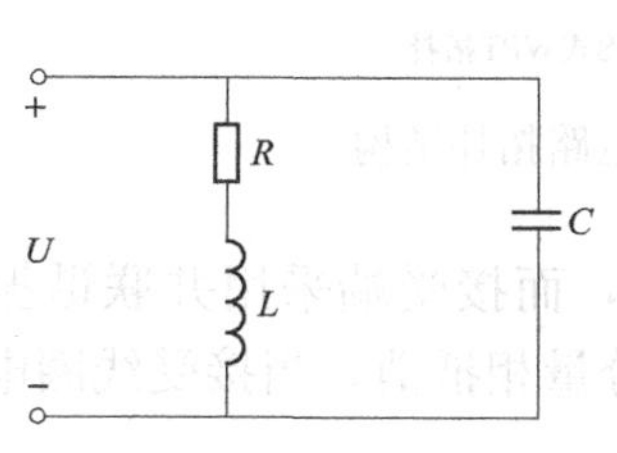

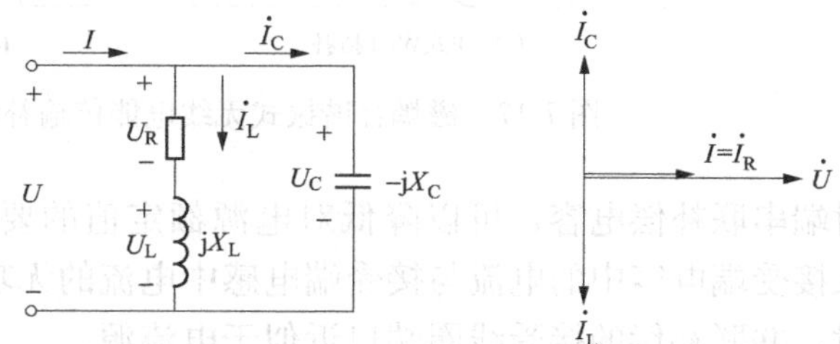

图 7-16　*RLC* 并联补偿电路

其中 Z_1 为 R 和 L 串联的支路阻抗；Z_2 为电容所在支路的阻抗，则干路电流可表示为

$$\begin{aligned}I&=I_L+I_C\\&=\frac{U}{R+j\omega L}+j\omega CU\\&=\frac{R+j\omega(\omega^2L^2C+R^2C-L)}{\omega^2L^2+R^2}U\end{aligned} \tag{7-39}$$

并联电路的总阻抗为

$$Z=\frac{U}{I}=\frac{\omega^2L^2+R^2}{R+j\omega(\omega^2L^2C+R^2C-L)} \tag{7-40}$$

电路谐振时，输入导纳最小，式（7-40）虚部项为零，即

$$\omega^2L^2C+R^2C-L=0 \tag{7-41}$$

得谐振时电路的角频率 ω_o 为

$$\omega_o=\sqrt{\frac{1}{LC}-\frac{R^2}{L^2}} \tag{7-42}$$

一般线圈电阻 $R\ll L$，$R^2/L^2\ll 1/LC$，故式（7-42）近似为

$$\omega_o=\sqrt{\frac{1}{LC}} \tag{7-43}$$

3. 磁耦合谐振式无线电能传输补偿电路结构

磁耦合谐振式无线电能传输电路大多数是基于线圈两端加补偿电容的形式，根据补偿电容的连接方式不同分别是：发射端和接收端同时串联电容，称为串联谐振方式（S/S）；发射端串联电容，接收端并联电容，称为串并联谐振方式（S/P）；发射端和接收端同时并联

电容，称为并联谐振方式（P/P）；发射端并联电容，接收端串联电容，称为并串联谐振方式（P/S），如图 7-17 所示。

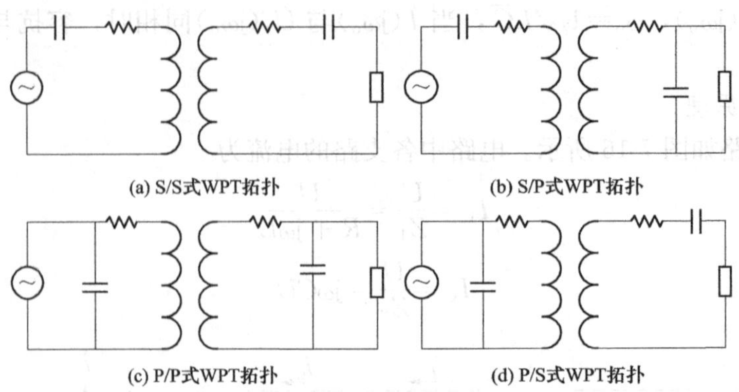

图 7-17 磁耦合谐振式无线电能传输补偿电路拓扑结构

发射端串联补偿电容，可以降低对电源额定值的要求，而接受端采用并联谐振电容方式，流入接受端电容中的电流与接受端电感中电流的无功分量相抵消，当接受线圈电阻值忽略不计时，并联补偿的接受线圈端口近似于电流源。

7.3.3 磁耦合串联谐振式无线电能传输互感模型

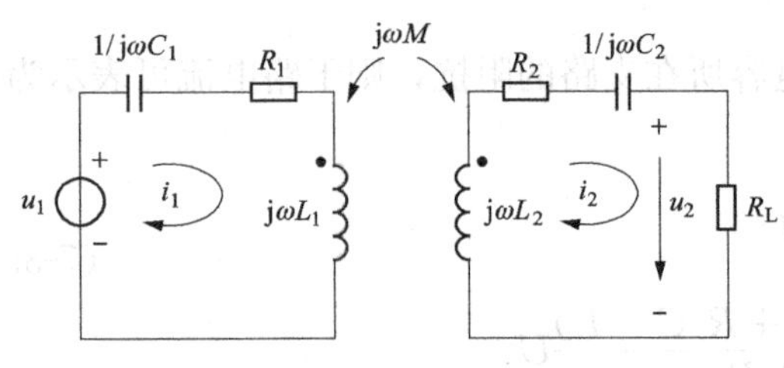

图 7-18 磁耦合串联谐振式无线电能传输互感模型

磁耦合串联谐振式无线电能传输互感模型如图 7-18 所示。图中 C_1 是发射端谐振补偿电容，R_1 是发射回路等效电阻，C_2 是接收端的谐振补偿电容，R_2 是接收端等效电阻，R_L 是负载电阻，u_1 是发射端输入电压，u_2 是接收端输出电压，L_1、L_2 分别是发射线和接收线圈自感，M 是互感。

电路的网孔方程为

$$\begin{aligned}&\left(R_1+\mathrm{j}\omega L_1+\frac{1}{\mathrm{j}\omega C_1}\right)i_1-\mathrm{j}\omega M i_2=u_1\\&\mathrm{j}\omega M i_1-\left(R_2+\mathrm{j}\omega L_2+\frac{1}{\mathrm{j}\omega C_2}+R_L\right)i_2=0\end{aligned}\tag{7-44}$$

或写成

$$\begin{aligned}Z_{11}i_1-Z_M i_2&=u_1\\Z_M i_1-Z_{22}i_2&=0\end{aligned}\tag{7-45}$$

解得发射端输入阻抗为

$$Z_i=\frac{u_1}{i_1}=Z_{11}+Z_f\tag{7-46}$$

式中，$Z_f=\omega^2M^2/Z_{22}$ 为反映组抗。电流传输比为

$$\frac{i_2}{i_1}=\frac{Z_M}{Z_{22}}\tag{7-47}$$

电压传输比为

$$\frac{u_2}{u_1}=\frac{i_2R_{\rm L}}{u_1}=\frac{Z_{\rm M}R_{\rm L}}{Z_{22}(Z_{11}+Z_{\rm f})} \tag{7-48}$$

传输效率为

$$\eta=\frac{\omega^2M^2R_{\rm L}}{Z_{22}[Z_{11}Z_{22}+\omega^2M^2]}\times 100\% \tag{7-49}$$

传输系统谐振时，有

$$\mathrm{j}\omega L_1+1/\mathrm{j}\omega C_1=0$$
$$Z_{11}=R_1$$

同时有

$$\mathrm{j}\omega L_2+1/\mathrm{j}\omega C_2=0$$
$$Z_{22}=R_2+R_{\rm L}$$

代入式（7-46）～式（7-49），得

$$\frac{u_1}{i_1}=R_1+\frac{\omega^2M^2}{R_2+R_{\rm L}} \tag{7-50}$$

$$\frac{i_2}{i_1}=\frac{\mathrm{j}\omega M}{R_2+R_{\rm L}} \tag{7-51}$$

$$\frac{u_2}{u_1}=\frac{i_2R_{\rm L}}{u_1}=\frac{\mathrm{j}\omega MR_{\rm L}}{(R_2+R_{\rm L})R_1+\omega^2M^2} \tag{7-52}$$

$$\eta=\frac{\omega^2M^2R_{\rm L}}{(R_2+R_{\rm L})[R_1(R_2+R_{\rm L})+\omega^2M^2]} \tag{7-53}$$

7.4　磁耦合谐振式电动汽车无线充电系统

12kW/70kHz电磁共振式电动汽车无线充电系统采用共振线圈增加导磁结构，增强发射线圈和接收线圈的互感及耦合程度，降低传输频率，提高传输功率和效率；逆变电源采用频率跟踪的控制方式，在MCR-WPT系统的传输距离、传输功率和负载发生变化的情况下，始终保持最佳谐振工作状态。

7.4.1　具有导磁结构的传输线圈结构

如果电动汽车按0.18kWh/km的耗电量计算，充完一次电行驶300km，需要54kWh的电能，按6h充电，需要平均充电电源功率为9kW。当设计的无线充电电源传输功率为12kW，MCR-WPT系统发射端设计输入电压u_1为500V时，输入电流要求达到24A，对应的输入阻抗为20.8Ω。当$R_1 \ll Z_{\rm i}$，$R_2 \ll R_{\rm L}$，且$R_1=R_2$时，输入阻抗$Z_{\rm i}\approx\omega^2M^2/R_{\rm L}=$20.8Ω，按式（7-53）最大传输效率的条件要求，$R_{\rm L}\approx\omega M=20.8\Omega$，在传输系统谐振频率70kHz时，计算得互感$M=47\mu$H。

理想的条件下，在空气中两平行共轴正方形线圈的几何参数和匝数相同，互感可用下式计算为

$$M=\frac{2n^2\mu_0}{\pi}\left\{a\ln\left[\frac{(a+d)d}{(a+D)x}\right]+(D-2d+x)\right\} \tag{7-54}$$

式中，a是两正方形线圈的平均边长；x是两线圈的距离；n是两线圈的匝数；μ_0是空气中的磁导率；$d=\sqrt{a^2+x^2}$；$D=\sqrt{2a^2+x^2}$。

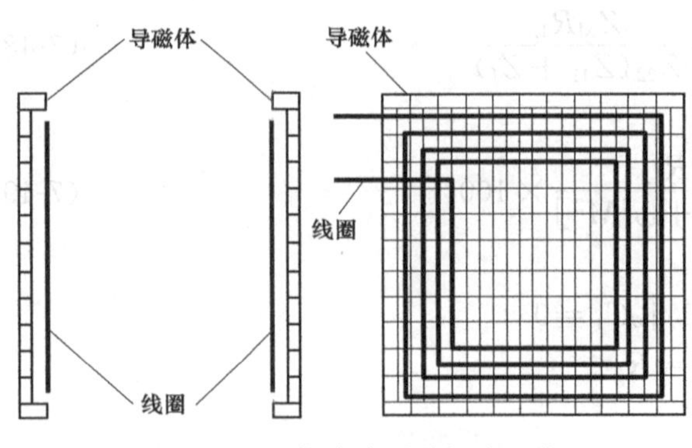

图 7-19　磁耦合串联谐振式无线电能传输导磁线圈结构

根据电动汽车电能传输线圈几何尺寸的要求，现设计发射线圈和接收线圈为正方形平面线圈，匝数为10匝，平均边长为0.68m，传输距离为0.3m时，根据式（7-54）计算得两线圈互感为25.7μH，和设计要求的互感47μH还有很大差距。虽然可通过增加线圈匝数增加互感，但一方面受到几何面积的限制，容纳不下增加的线圈匝数，另一方面大功率下线圈磁场向外扩散会造成电磁辐射。为了解决这些问题，在低频大功率MCR-WPT发射线圈和接收线圈的结构设计中，线圈的两个背面加导磁体，减小磁场的扩散，把磁场集中到两线圈之间，在相同线圈几何尺寸的情况下，增加互感，提高传输效率，如图7-19所示。这种磁耦合谐振线圈结构可以看作可分离变压器的变异，磁芯部分用导磁片组合的平面代替E形磁芯，线圈用平面结构代替螺旋结构。

在线圈背面加导磁体的情况下，两线圈的互感除了和两线圈距离、几何参数有关外，还与磁性材料物理参数有关，两线圈的互感计算比较复杂。

7.4.2　磁耦合谐振式电动汽车无线充电系统设计

磁耦合谐振式无线电能传输系统如图7-20所示。交流输入电压u_i经二极管整流、电容滤波变换成直流电压U_{d1}，直流斩波电路根据输出负载功率要求控制全桥逆变器输入端直流电压U_{d2}，经全桥逆变电路变换成高频方波电压输送给电磁共振式无线电能传输发射端，谐振补偿电容C_1和发射线圈电感L_1形成发射端谐振回路，通过电磁耦合，在接收端回路谐振补偿电容C_2和接收线圈L_2形成电磁共振，接收端的电能经高频整流、电容滤波变换成直流电压U_o，提供给负载R_L。控制部分分为直流电压控制和频率跟踪逆变控制两部分。直流电压控制采用PWM脉宽调制技术，逆变器频率跟踪采用锁相环电压电流相位控制技术，当发射端和接受端谐振回路参数变化时，及时改变共振频率，保持逆变器输出电压和电流的相位稳定在设定的值，保证传输有功功率最大。控制电路有电压电流检测电路、逆变电流检测电路、直流电压控制电路、锁相环频率跟踪与逆变控制电路、直流电压控制电路和驱动电路组成。

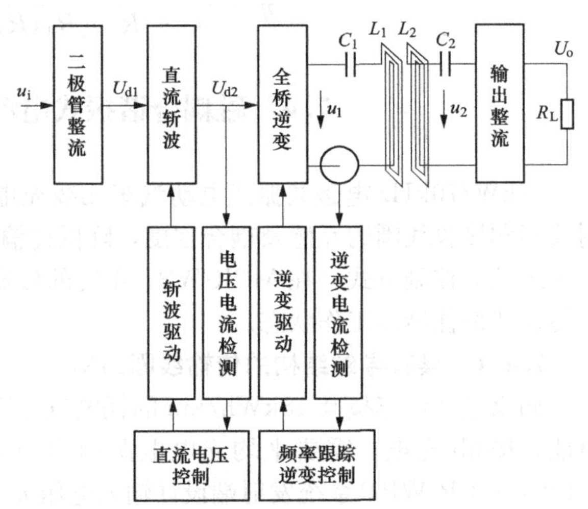

图 7-20　磁耦合谐振式无线电能传输系统

磁耦合谐振式电动汽车无线充电系统如图7-21所示。交流输入电压$u_i(i=a、b、c)$经二极管整流变换成直流电压U_{d1}，直流斩波电路根据输出负载功率要求控制全桥逆变器输入端直流电压U_{d2}，经全桥逆变电路变换成高频方波电压输送给电磁耦合无线电能传输发射端，谐振补偿电容 C_1 和发射线圈电感 L_1 形成发射端谐振回路，通过电磁耦合，在接收端回路谐振补偿电容 C_2 和接收线圈 L_2 形成电磁共振，接收端的电能经输出整流变换成直流电压，提供储能装置充电。控制部分分为直流电压控制和逆变控制两部分。直流电压控制采用 PWM 脉宽调制技术，逆变器频率跟踪采用锁相环电压电流相位控制技术，当发射端和接受端谐振回路参数变化时，及时改变逆变频率，保持逆变器输出电压和电流的相位稳定在逆变电路允许的最小相位角，功率因数最大。控制电路由斩波驱动电路、逆变电流检测电路、频率跟踪和控制电路等组成。

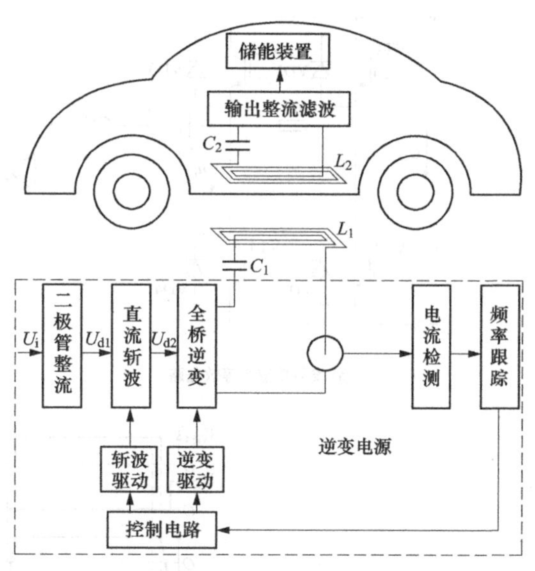

图 7-21　磁耦合谐振式电动汽车充电系统

磁耦合谐振式电动汽车无线充电电源主电路如图 7-22 所示，三相工频交流电压 u_a、u_b、u_c经 VDR1～VDR6 组成的三相全桥二极管整流电路、电容 C_{d1} 滤波变换成直流电压 U_{d1}，经 VT0、VDZ、L_0、C_{d2}组成直流斩波电路，实现逆变器输入直流调压 U_{d2}的调节，由 IGBT 开关管 VT1～VT4 组成单相桥式逆变电路将直流电压逆变为交流方波电压，C_1、L_1 组成发射端串联谐振回路，将电能通过磁耦合谐振方式传输。C_2、L_2 组成接收端串联谐振回路，通过磁耦合谐振方式接收电能，输出的交流电压经高频二极管 VDr1-4 组成的单相桥式整流电路变换成直流电压 U_o。提供给储能装置等效负载 R_L。C_{d3}是输出滤波电容，i_1 和 i_2 分别是发射回路和接收回路的电流。

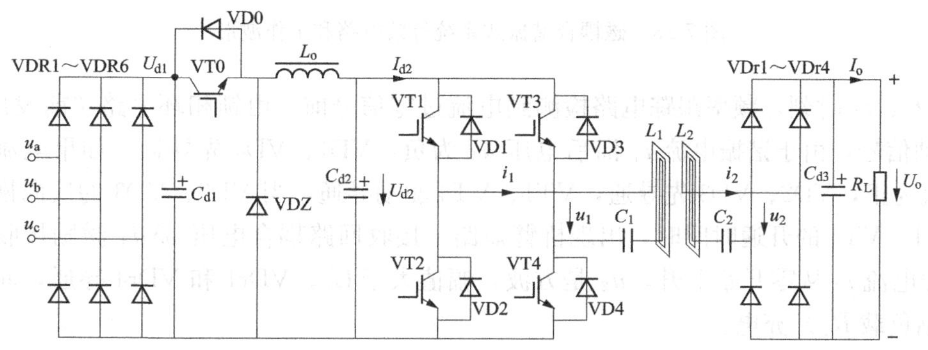

图 7-22　磁耦合谐振式电动汽车无线充电系统主电路

磁耦合谐振式电动汽车无线充电系统等效电路如图 7-23 所示。图 7-23（a）是发射端逆变等效电路，图 7-23（b）是接收端等效电路，当输出滤波电容 C_{d3}很大时，储能装置等效负载 R_L和 C_{d3}并联电路用恒压源 U_o等效。图 7-23（c）是电路工作波形，其中 V_{G14}和 V_{G23}分别是 VT1、VT4 及 VT2、VT3 的驱动波形。

为了保证逆变电路的安全工作，要求逆变器输出电流 i_1 滞后电压 u_1 一个相位角，采用锁相环频率跟踪控制这个相位角达到最小，同时又能使传输系统工作在最佳谐振状态。下面对传输系统主电路的工作过程进行分析。

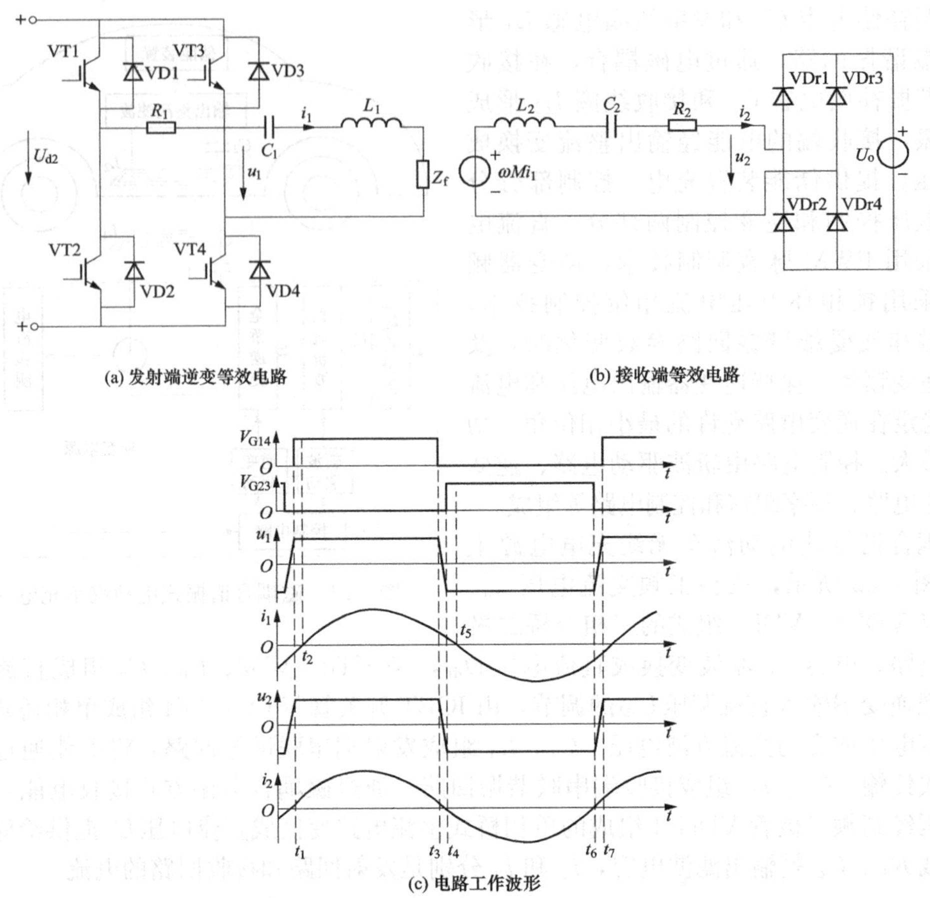

图 7-23　磁耦合谐振式系统等效电路和工作波形

$t_1 \sim t_2$：t_1 时刻，频率跟踪电路检测到电流过零信号前，由锁相环电路超前发出 VT1、VT4 驱动信号，由于谐振电流 i_1 滞后电压 u_1 为负，VD1、VD4 先导通。如果电流超前电压，电流为正，VD2、VD3 先导通，VT1、VT4 驱动导通，当 VD2、VD3 的反向恢复时间大于 VT1、VT4 的开通时间时，出现桥臂短路。接收回路耦合电压 ωMi_1 激励接收回路谐振，谐振电流 i_2 从零开始上升，u_2 是方波，幅值大于 U_o，VDr1 和 VDr4 导通，向恒压源 U_o（包括负载 R_L）充电。

$t_2 \sim t_3$：t_2 时刻，发射回路谐振电流 i_1 为正，VT1、VT4 导通，VD1、VD4 关断。接收回路耦合电压 ωMi_1 激励接收回路继续谐振，VDr1 和 VDr4 继续导通，向恒压源 U_o充电。

$t_3 \sim t_4$：t_3 时刻，发射回路 VT1、VT4 关断，进入死区时段，谐振电流 i_1 通过 VT1、VT2 的结电容继续谐振。

$t_4 \sim t_5$：t_4 时刻，发射回路 VT2、VT3 驱动，谐振电流 i_1 为正，VD2、VD3 先导通。接收回路耦合电压 ωMi_1 激励接收回路谐振，谐振电流 i_2 从零开始向负方向谐振，VDr2 和 VDr3 导通，向恒压源 U_o充电。

$t_5 \sim t_6$：t_5 时刻，发射回路谐振电流 i_1 为负，VT2、VT3 导通，VDr2 和 VDr3 导通。

$t_6 \sim t_7$：t_6 时刻，VT2、VT3 关断，进入死区时段。一个周期结束。

7.4.3 磁耦合谐振式电动汽车无线充电系统实例

系统参数：逆变电源设计功率为12kW，设计频率50～90kHz频率自动跟踪，逆变器功率管采用IGBT。发射线圈和接收线圈为正方形平面线圈，平均边长为0.68m，线圈导线截面积为7.854mm²，线圈背面导磁体平面平均边长为1m，发射线圈和接收线圈均为10匝，谐振补偿电容 $C_1=C_2=20nF$。

电能传输效率随两线圈距离变化曲线如图7-24所示。图7-25是两线圈距离为0.4m，输入功率为10.9kW时发射端输入电压、电流和接收端输出电压、电流的波形，此时谐振频率为71.86kHz。

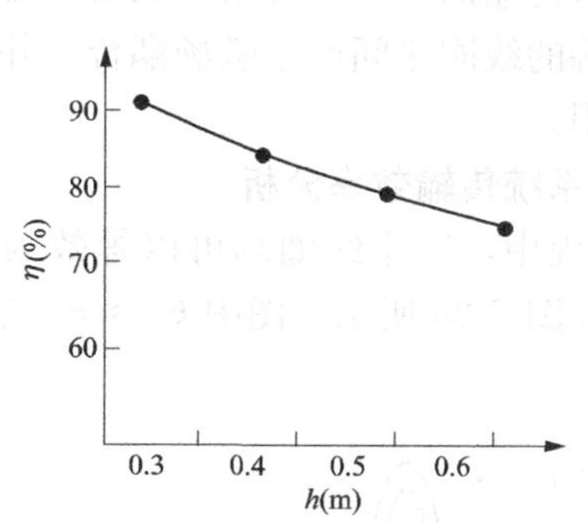

图7-24 电能传输效率随两线圈距离变化曲线

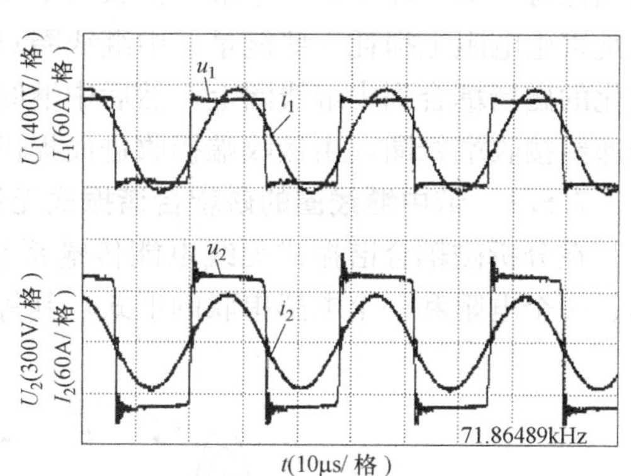

图7-25 输入功率为10.9kW时输入输出电压电流波形

两线圈加导磁体的情况下，即使两线圈的距离不变，随着负载变化，电流和磁通都在变化，这是一个非线性变化过程。根据互感定义

$$M_{21}=\frac{N_2\Phi_{21}}{i_1} \quad M_{12}=\frac{N_1\Phi_{12}}{i_2}$$

互感也是变化的。图7-26是两线圈的距离保持0.4m不变，负载 R_L 和两线圈的互感 M 的变化关系曲线。图7-27是发射端输入电压、电流和接收端输出电压、电流的波形。

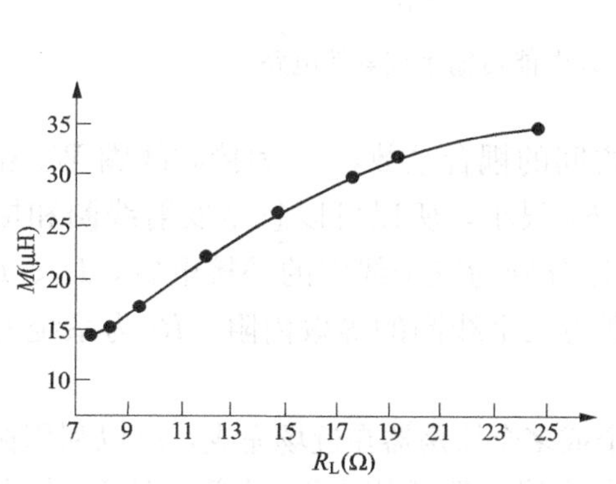

图7-26 两线圈保持距离0.4m互感 M 随 R_L 的变化曲线

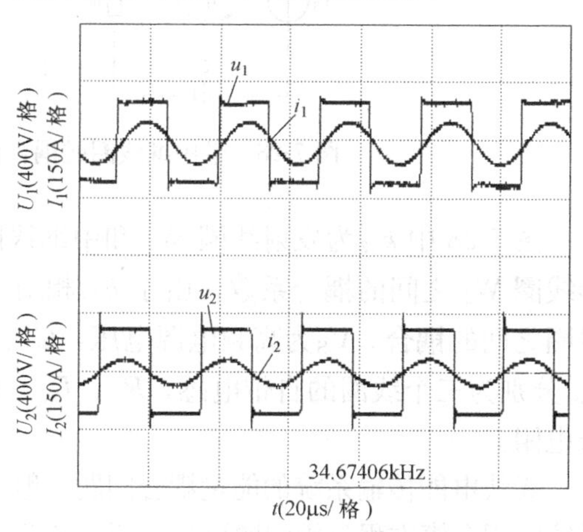

图7-27 频率为34.67kHz时输入输出电压电流波形

7.5 带中继线圈的磁耦合谐振式无线电能传输系统

磁耦合谐振式两线圈结构的无线电能传输距离和传输性能受到限制，加入中继线圈是增加传输距离提升传输性能的一种有效的方法。加入中继线圈，就是在原来的两线圈基础之上，在发射端和接收端之间加入中继线圈，此中继线圈放置在发射端和接收端线圈中间的位置，且三线圈的位置处于同轴平行。中继线圈回路同样加补偿电容，谐振频率与发射和接收线圈保持一致，即发射—中继—接收三个线圈都处在谐振的状态。中继线圈上不含有负载，只是寄生电阻上损耗一些能量。中继线圈只是作为能量传输的一个中转站，从发射端发出的变化的磁场耦合到中继线圈上，然后中继线圈与接收端的线圈之间产生磁场耦合，并将能量传递给接收端线圈，由接收端接收进而提供给负载使用。

7.5.1 带中继线圈的磁耦合谐振式无线电能传输系统传输效率分析

在分析磁耦合谐振式无线电能传输系统工作的过程中，三个线圈均可以等效为一个电容、一个电阻和一个电感串联的形式，其等效电路图如图 7-28 所示，图中 $k_{12} \approx k_{23} \gg k_{13}$。

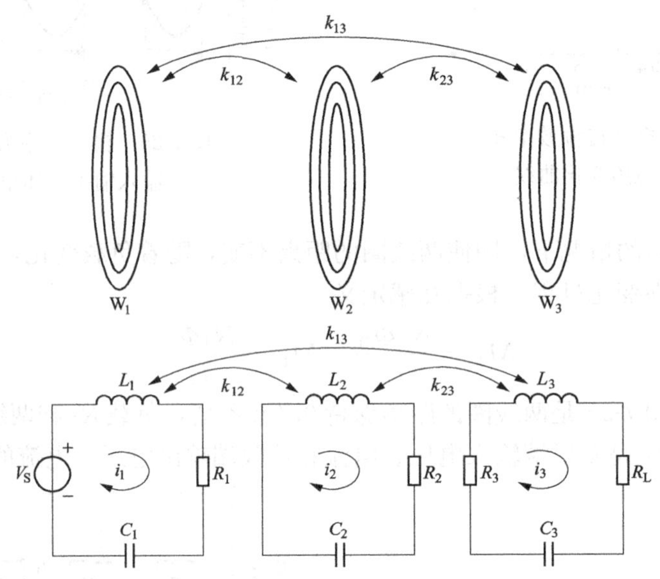

图 7-28 带中继线圈磁耦合谐振式无线电能传输系统等效电路

图 7-28 中 k_{12}为发射线圈 W_1 和中继线圈 W_2 之间的耦合系数，k_{23}为接收线圈 W_3 和中继线圈 W_2 之间的耦合系数，由于 k_{13}相对于 k_{12}、k_{23}很小，所以可以忽略发射线圈和接收线圈之间的耦合。V_S为高频电源电压，C_1、C_2、C_3 分别为三个线圈的外接电容，L_1、L_2、L_3 分别为三个线圈的自带电感，R_1、R_2、R_3 分别为三个线圈的等效内阻，R_L为系统的负载电阻。

无线电能传输系统的能量耦合问题一般通过两个或多个振荡器在近场完成，所以利用振荡系统的耦合模方程分析问题更为方便。图 7-28 中的每个线圈都可以看成一个简单的 LC 振荡电路，等效如图 7-29 所示，其中 V、I、L、C 分别是振荡电路的电压、电流、电感和电容。

由基本电路定理可得

$$\begin{cases} L\dfrac{\mathrm{d}i}{\mathrm{d}t}=-V \\ C\dfrac{\mathrm{dV}}{\mathrm{d}t}=i \end{cases}$$

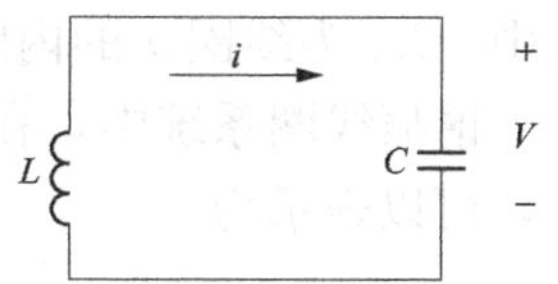

图 7-29　传输线圈 LC 振荡等效电路

通过利用哈密顿形式的线性组合去掉 L 和 C 的耦合，可以得到去耦合的模式运动方程为

$$\begin{cases} \left(\dfrac{\mathrm{d}}{\mathrm{d}t}-\mathrm{j}\omega\right)a=0 \\ \left(\dfrac{\mathrm{d}}{\mathrm{d}t}+\mathrm{j}\omega\right)a^{*}=0 \end{cases} \tag{7-55}$$

式中

$$\begin{cases} a=\dfrac{1}{2}\sqrt{L}\,(I+\mathrm{j}\omega CV) \\ a^{*}=\dfrac{1}{2}\sqrt{L}\,(I-\mathrm{j}\omega CV) \end{cases} \tag{7-56}$$

a 和 a^* 称为振荡单元的简正模，它们是由 L 和 C 线性组成的，可以看成是两个长度固定的朝相反方向旋转的矢量。代表系统中所存储的总能量的模平方为

$$W=\frac{1}{2}(CV^2+LI^2)=|a|^2+|a^*|^2 \tag{7-57}$$

如果 LC 振荡电路存在损耗为 Γ，则系统运动方程的简正模形式可以表示为

$$\begin{cases} \dfrac{\mathrm{d}a}{\mathrm{d}t}=\mathrm{j}\omega a-\Gamma a \\ \dfrac{\mathrm{d}a^{*}}{\mathrm{d}t}=-\mathrm{j}\omega a^{*}-\Gamma a^{*} \end{cases} \tag{7-58}$$

功率损耗 P 可以表示为

$$P=-\frac{\mathrm{dW}}{\mathrm{d}t}=2\Gamma(|a|^2+|a^*|^2)=2\Gamma W \tag{7-59}$$

由于每组振荡模互为共轭，而且正向与反向旋转的振荡模互相影响很小，同时无论选取振荡模的正向还是反向旋转，均不会影响结论的正确性，因此选取振荡器中正向旋转的振荡模 a_1、a_2、a_3。运用耦合模原理，得到如下方程

$$\begin{cases} \dfrac{\mathrm{d}a_1}{\mathrm{d}t}=-(\mathrm{j}\omega+\Gamma_1)a_1+k_{12}a_2+S \\ \dfrac{\mathrm{d}a_2}{\mathrm{d}t}=k_{12}a_1-(\mathrm{j}\omega+\Gamma_2)a_1+k_{23}a_3 \\ \dfrac{\mathrm{d}a_3}{\mathrm{d}t}=k_{23}a_2-(\mathrm{j}\omega+\Gamma_3+\Gamma_\omega)a_3 \end{cases} \tag{7-60}$$

式中，a_1、a_2、a_3 分别为发射线圈、中继线圈、接收线圈的耦合模幅度；S 为系统电源对谐振系统的作用；ω 为三个线圈的固有谐振频率；Γ_1、Γ_2、Γ_3 分别为发射线圈、中继线圈、接收线圈的固有衰减率，其值为

$$\Gamma_n=R_n/(2L_n),n=1,2,3 \tag{7-61}$$

式中，R_n 为线圈 n 的内阻；L_n 为线圈 n 的电感；Γ_n 为负载的固有衰减率。

谐振线圈系统中，在稳态情况单频率激励源作用下，三个线圈的内部场的振幅保持恒定，可以表示为

$$\begin{cases} a_1(t)=A_1\mathrm{e}^{-\mathrm{j}\omega t} \\ a_2(t)=A_2\mathrm{e}^{-\mathrm{j}\omega t} \\ a_3(t)=A_3\mathrm{e}^{-\mathrm{j}\omega t} \end{cases} \tag{7-62}$$

由式（7-59）可以得到以下功率的平均值

$$\begin{cases} P_{\text{total}}=P_\omega+P_1+P_2+P_3 \\ P_\omega=2\Gamma_\omega\mid A_3\mid^2 \\ P_1=2\Gamma_1\mid A_1\mid^2 \\ P_2=2\Gamma_2\mid A_2\mid^2 \\ P_3=2\Gamma_3\mid A_3\mid^2 \end{cases} \tag{7-63}$$

式（7-63）中 P_{total} 表示无线电能传输系统的总功率；P_ω 表示无线电能传输系统中负载消耗的功率；P_1、P_2、P_3 分别为无线电能传输系统中三个线圈损耗和向外辐射的功率。

由此可以得出此无线电能传输系统的传输效率为

$$\eta=\frac{P_\omega}{P_{\text{total}}}=\frac{2\Gamma_\omega\mid A_3\mid^2}{2\Gamma_\omega\mid A_3\mid^2+2\Gamma_1\mid A_1\mid^2+2\Gamma_2\mid A_2\mid^2+2\Gamma_3\mid A_3\mid^2} \tag{7-64}$$

假设 $\Gamma_1=\Gamma_3=\Gamma$，进一步整理可以得出

$$\eta=\frac{1}{1+\dfrac{\Gamma}{\Gamma_\omega}\left[1+\left|\dfrac{A_1}{A_3}\right|^2+\dfrac{\Gamma_2}{\Gamma}\left|\dfrac{A_2}{A_3}\right|^2\right]} \tag{7-65}$$

将式（7-62）代入式（7-60）可得

$$\begin{cases} \dfrac{A_1}{A_3}=\dfrac{\Gamma_2(\Gamma+\Gamma_\omega)-k_{23}^2}{k_{12}k_{23}} \\ \dfrac{A_2}{A_3}=\dfrac{\Gamma+\Gamma_\omega}{k_{23}} \end{cases} \tag{7-66}$$

将式（7-66）代入式（7-65）可得

$$\eta=\frac{1}{1+\dfrac{1}{\chi}\left[1+\dfrac{1}{m^2n^2}(1+\chi)^2-\dfrac{2}{m^2}(1+\chi)+\dfrac{n^2}{m^2}+\dfrac{1}{n^2}(1+\chi)^2\right]} \tag{7-67}$$

式中，$m=k_{12}/\sqrt{\Gamma\Gamma_2}$；$n=k_{23}/\sqrt{\Gamma\Gamma_2}$ 表示谐振能量交换过程中的品质因数；$\chi=\Gamma_\omega/\Gamma$ 表示阻抗匹配情况。一般情况下，χ 为一定值，传输效率 η 是关于 m、n 两个参数的函数，而 m、n 的大小与系统的耦合系数有关，受距离、方向等因素的影响。

当 m、n 为定值，利用 MATLAB 对式（7-67）进行函数仿真，如图 7-30 所示。从图中可以看出随着 χ 的增大，系统传输效率先增大后减小，在某个特定 χ 值处传输效率取最大值。该图表明了阻抗对传输效率的影响，为系统阻抗优化设计提供了参考。

当 χ 为一定值，利用对式（7-67）进行函数三维图仿真，如图 7-31 所示，从图中可以看出，当 $m<20$ 时，传输效率 η 随着 m 的增大而增大，当效率达到一定程度时，再增加 n，

对效率基本就没有影响了。但是当 $m>20$，$n<20$ 时，即线圈两两距离过近时，会发生频率分裂现象，会严重影响系统的传输功率，所以 m、n 要尽量取两个合适的值。

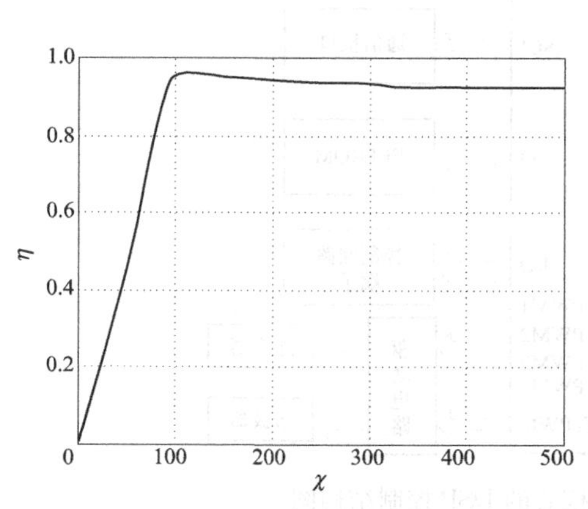

图 7-30　传输效率与 χ 的函数关系

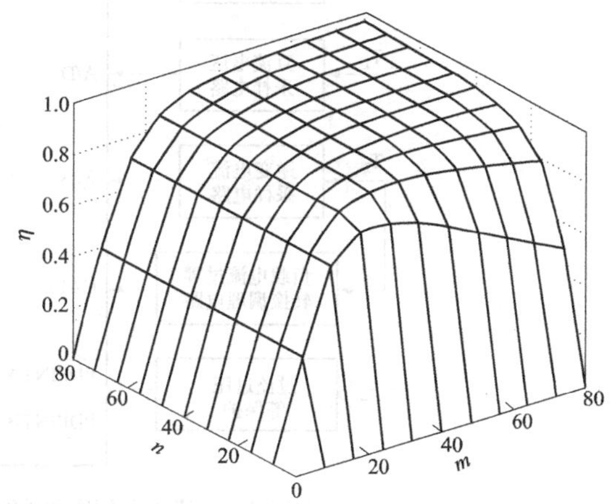

图 7-31　传输效率 η 与 m、n 的函数关系

7.5.2　带中继线圈磁耦合谐振式无线电能传输系统实验分析

带中继线圈磁耦合谐振式无线电能传输系统主电路如图 7-32 所示。图中一次侧主要包括 3 部分：二极管三相桥式整流及滤波电路、直流斩波电路和单相全桥逆变电路。三相交流电源通过二极管三相桥式整流，经电容 C_0滤波得到直流电压；通过调节斩波器主开关器件 VT_0的占空比，可以调节斩波器输出电压，进而调节电源的输出功率；逆变器由 IGBT 开关管及负载电路构成，IGBT 反并联二极管作为逆变器反向续流使用；逆变器负载包括补偿电容 C_1 和发射线圈，补偿电容 C_2 和中继线圈，补偿电容 C_3 和接收线圈，二次侧接收线圈上的电能再次通过二极管单相桥式整流后提供给负载。

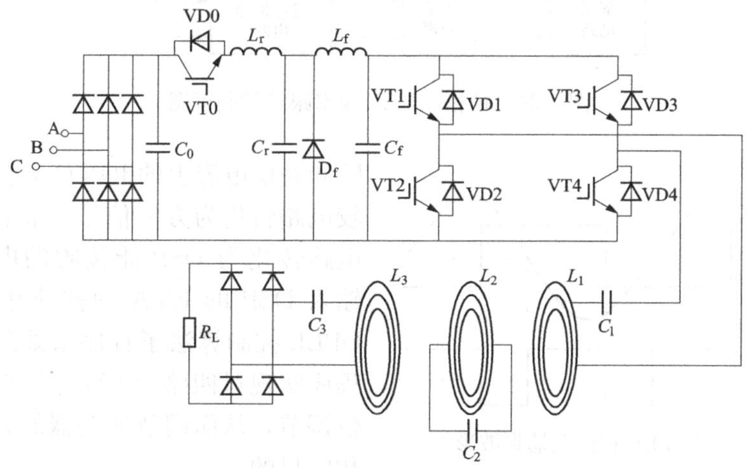

图 7-32　带中继线圈磁耦合谐振式无线电能传输系统主电路图

根据图 7-32 带中继线圈的主电路，采用基于 TMS320F2812 为核心的 DSP 控制电路，控制电路结构主要包括采样电路、保护电路、驱动电路等，如图 7-33 所示。

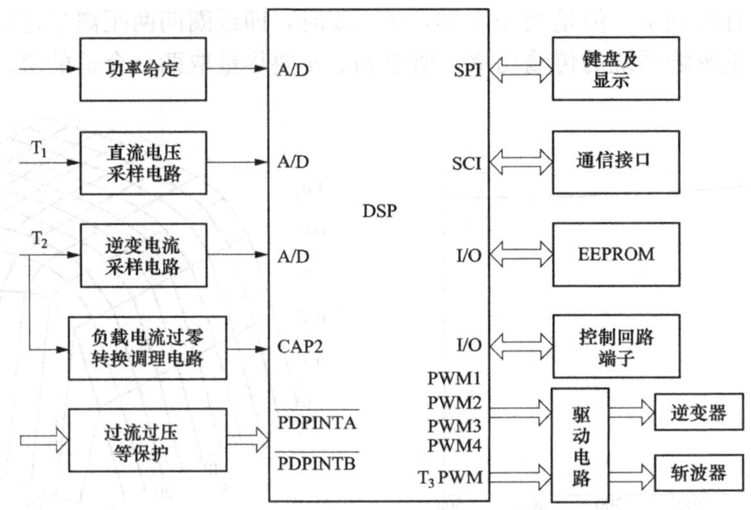

图 7-33 基于 TMS320F2812 为核心的 DSP 控制结构图

基于 DSP 的控制系统中包括斩波器输出电压、逆变器的输出电流、二次侧电流以及其他保护信号的检测。对交流电流信号采用高频互感器实现隔离和检测；对直流电压信号采用 LV25-P 型电压传感器实现隔离和检测，通过电压跟随器及限幅环节将信号限制在 0～3V 之内，最后输送给 DSP 的 CAP 单元。

频率跟踪控制采用基于 DSP 的锁相环 PLL 来实现，控制系统的结构框图如图 7-34 所示。其基本原理如下：由图 7-35 锁相环 PLL 相位差捕捉到的波形，采集逆变器的输出电压

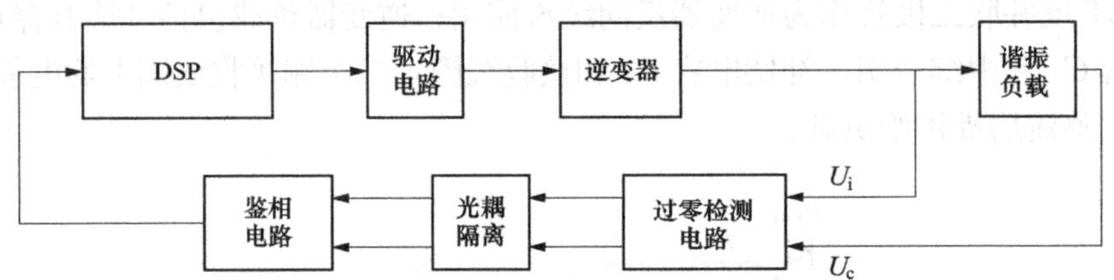

图 7-34 锁相环 PLL 频率跟踪控制框图

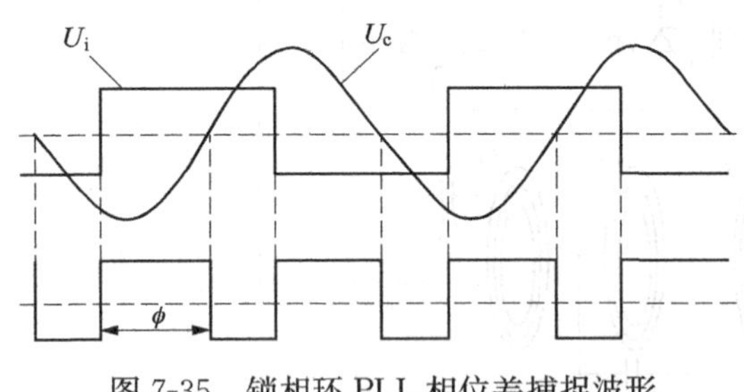

图 7-35 锁相环 PLL 相位差捕捉波形

U_i和补偿电容上的电压U_c，然后再由过零比较电路转化为方波信号，最后经过电平匹配电路转化为 DSP 能接收的电平（0～3V），输入 DSP 的 EVA 的捕获单元中；软件由 DPLL 控制算法子程序来处理，通过锁相环程序实现对四路 PWM 输出信号的频率和相位调节，从而调节逆变器的开关频率达到锁相的目的。

由图 7-32 带中继线圈无线电能传输系统设计的实验系统，中继线圈位置不同时系统传输功率实验结果如图 7-36 所示。图中 L 代表中继线圈与发射线圈之间的距离，P 代表系统的输出功率。将发射线圈和接收线圈之间的距离固定为 80cm，当中继线圈与发射线圈之间的距离发生变化时，测量计算系统输出功率。

通过实验可以看出中继线圈的位置对传输功率影响很大。由图 7-36 可以看出，中继线圈的位置在发射线圈和接收线圈中心处附近输出功率大，在非常接近发射线圈或者接收线圈时，会出现频率分裂现象，系统传输功率降低。

当中继线圈在中间位置附近时，系统输出电压和输出电流波形如图 7-37 所示。

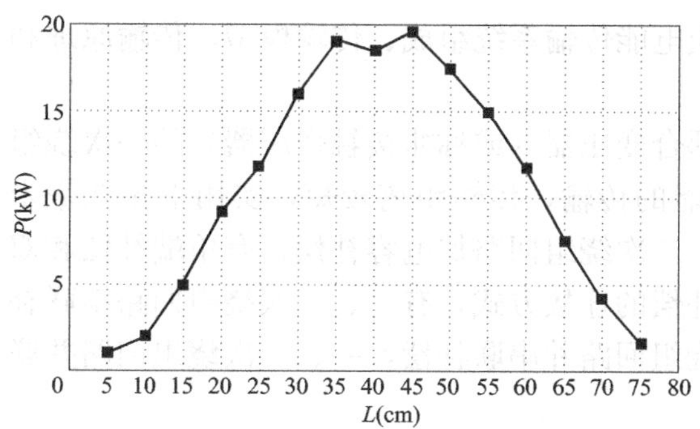

图 7-36　中继线圈位置不同时系统传输功率

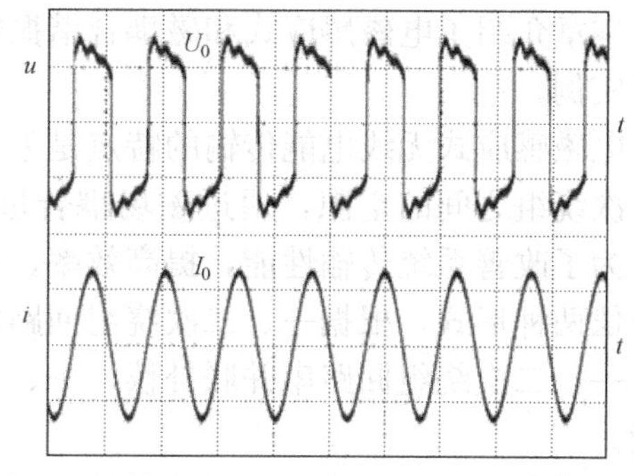

图 7-37　传输系统输出电压、电流实验波形

由式（7-66）绘制出系统的传输效率随着距离变化的曲线如图 7-38 所示。

由图 7-38 可以看出，加入中继线圈后，效率大大增加。随着距离的越来越远，效率值也开始逐渐变小。但同等距离下，带中继线圈磁耦合谐振式无线电能传输结构的效率要远远大于传统两线圈结构。理论值和实际测量值基本保持一致。

将发射线圈和接收线圈之间的距离固定为 80cm，当中继线圈距发射线圈 5cm，且未进行频率匹配时，由于频率分裂的影响，系统的输出电压和输出电流非常小，导致系统整个输出功率也非常小，对此需要对整个系统进行新的频率匹配。

要进行新的频率匹配，必须改变发射线圈和中继线圈的固有谐振频率，即改变两个线圈的谐振电容，也就是将发射线圈和中继线圈的谐振电容降低 $1+k_{12}$倍。由此计算出新的谐振电容值进行频率匹配后，系统的输出电压和电流波形如图 7-39 所示。

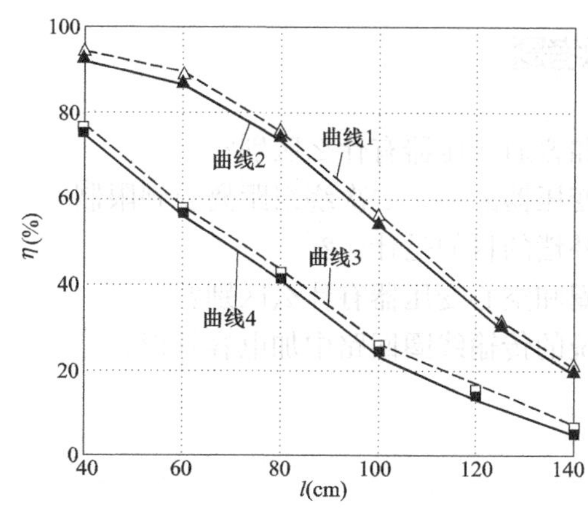

图 7-38　不同距离时系统传输效率

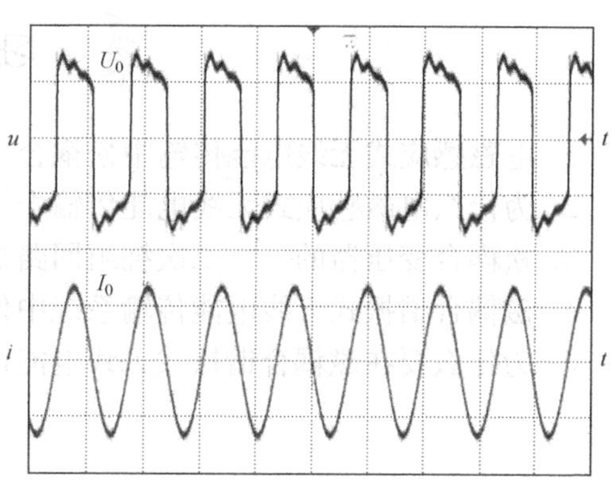

图 7-39　进行频率匹配后输出电压、电流波形

由图 7-39 可以看出，进行频率匹配之后，系统输出电压和输出电流大大增加。由于频

率分裂对系统输出功率的影响基本可以消除，所以相比于传统两线圈结构，其传输效率也得到进一步提高。

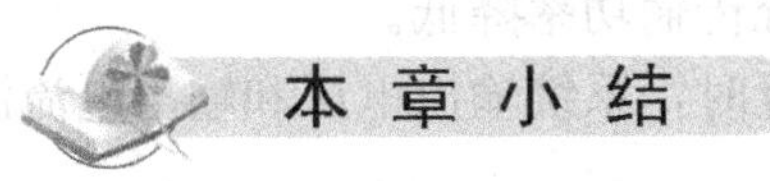

本章小结

本章介绍了电磁感应式和磁耦合谐振式无线电能传输系统组成、传输模型、传输原理和应用实例。

电磁感应式无线电能传输的特点是采用松耦合变压器（或称非接触变压器）的一次绕组与二次绕组之间的空隙，通过磁场耦合进行电能的传输，传输距离较短，实用上多在毫米级。为了改善系统传输性能，提高效率，在一、二次绕组回路加电容补偿，有单端补偿和双端补偿两种形式，根据一、二次绕组回路电容补偿的连接方式，有一、二次绕组回路串联补偿，一、二次绕组回路串并联补偿，一、二次绕组回路并串联补偿，一、二次绕组回路并联补偿。

磁耦合谐振式无线电能传输的特点是采用两个平面线圈及补偿电容组成谐振电路，实现能量的无线传输，传输距离相对较长，实用上多在厘米级。电容补偿方式有多种，本章介绍了串联补偿和并联补偿，根据补偿电容的连接方式不同可以组合成四种方式：串串联谐振方式（S/S）；串并联谐振方式（S/P）；并串联谐振方式（P/S）；并联谐振方式（P/P）。磁耦合谐振式无线电能传输可以用以电动汽车无线充电系统中。

带有中继线圈的磁耦合谐振式无线电能传输系统，是增加传输距离提升传输性能的一种有效的方法，就是在原来的两线圈基础之上，在发射端和接收端之间加入中继线圈，且三线圈的位置处于同轴平行的位置。

由于补偿回路中存在电感和电容，当电源频率变化时，电路的感抗和容抗将跟着频率变化，从而导致电路的工作状态跟着频率变化。在含有电阻、电感和电容的传输电路中，传输电路的两端电压与其电流一般是不同相的，如果调节电路参数或电源频率使电流与电源电压同相，电路呈电阻性，电路工作在谐振状态。

习题与思考题

1. 电磁感应式无线电能传输中松耦合变压器和普通变压器有什么区别？
2. 为什么电磁感应式无线电能传输中松耦合变压器的一、二次绕组距离受到限制？
3. 松耦合变压器的一、二次绕组回路加电容补偿的目的是什么？
4. 磁耦合谐振式无线电能传输系统中传输线圈和空心变压器有什么区别？
5. 为什么要在磁耦合谐振式无线电能传输系统的传输线圈回路中加电容补偿？

第 8 章　新能源发电与电源变换技术

随着生态和环境保护形势日趋严峻，发展新能源已成为我国乃至世界能源战略的主流。新能源不仅包括风能、太阳能和生物质能等传统可再生能源，还包括页岩气和小型核电等新型能源或资源。

8.1　太阳能光伏发电与电源变换技术

太阳能的转换利用方式有光-热转换、光-电转换和光-化学转换三种方式。光伏发电是将太阳光的光能直接转换成电能的一种发电形式。

1839 年，法国物理学家 A. E. 贝克勒尔（Becqurel）意外地发现，用两片金属浸入溶液构成的伏打电池，光照时会产生额外的伏打电势，他把这种现象称为光生伏打效应。1873 年英国科学家 Wilough B. Smith 观察到对光敏感的硒材料，并推断出在光的照射下硒导电能力的增加正比于光通量。1880 年 Charles Fritts 开发出以硒为基础的光伏电池。以后人们把以硒为基础的光伏电池称为光伏器件，而把半导体 P-N 结器件在太阳光作用下的光电转换称为光伏电池。

8.1.1　太阳能光伏电池工作原理

太阳能光伏电池是以半导体 P-N 结上接收太阳光照产生光电伏特效应为基础，直接将光能转换为电能的能量转换元件。当太阳光照射到半导体表面时，半导体内部的 N 区和 P 区中原子的价电子受到太阳光子的冲击，通过光辐射获得超过禁带宽度 E_g 的能量，脱离共价键的束缚从价带激发到导带，在半导体材料内部产生很多处于非平衡状态的电子-空穴对。这些被激发的电子和空穴或者自由碰撞，或者在半导体中复合恢复到平衡状态。复合过程不存在对外界的导电作用，为光伏电池能量自动消耗部分。光激发中的少数载流子运动到 P-N 结区，通过 P-N 结对少数载流子的牵引作用而漂移到对方区域，对外形成与 P-N 结势垒电场方向相反的光生电场。当光伏电池和外电路接通时，就有电能输出。把很多个太阳能光伏电池以串并联的形式组合在一起，可构成光伏电池阵列，在太阳光的作用下输出需要的电功率。图 8-1 为照射到光伏电池表面的太阳光线的作用示意图。图中：①是指在光伏电池表面被反射回去的部分光线；②是指在刚进入光伏电池表面被吸收生成电子-空穴对的部分光线，其中大部分是吸收系数较大的短波光线，但它们来不及达到 P-N 结就很快地被复合还原，所以它们不能产生光生电动势；③是指在进入光伏电池 P-N 结附近被吸收生成电子-空穴对的部分光线，它们产生光生电动势，使光伏电池能够有效发电。这些光生非平衡少数载流子在 P-N 结特有的漂移作用下产生光生电动势；④是指进入光伏电池深处距离 P-N 结较远的地方才被吸的部分光线，它们与光线②情况一样能产生电子-空穴对，它们来不及达到 P-N 结就被复合，只有极少部分能产生光生电动势；⑤是被光伏电池吸收，但是能量太小不能产生电子-空穴对的部分光线，它们的能量只能使光伏电池加热，温度上升；⑥是指没有被电池吸收而透射过去的少部分光线。

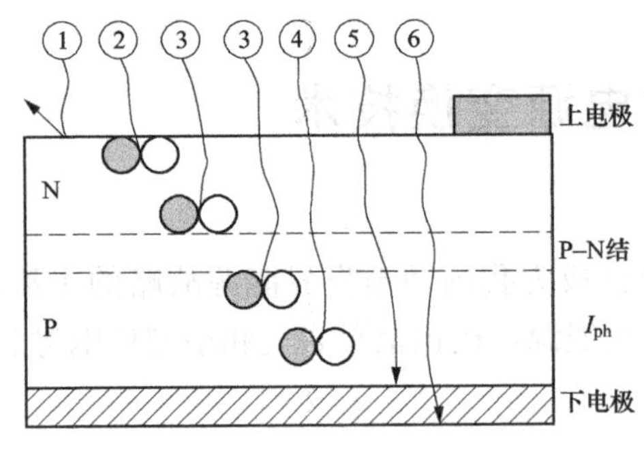

图 8-1 光伏电池受光照情况

由此可见，能够产生光生电动势的主要是光线③。增加光线③的比例，可提高光伏电池的光电转换效率，即受光照的光伏电池输出功率与全部光辐射功率的百分比。

图 8-2 说明当光伏电池的上下电极接上负载电路后，光线③在外电路中形成电流的过程。正是由于靠近 P-N 结的光生少数载流子，在 P-N 结的作用下，N 区的电子留在 N 区，空穴流向 P 区；P 区的空穴留在 P 区，电子流向 N 区，构成光生电场。从外电路来看，P 区为正，N 区为负，一旦接通负载，N 区的电子通过外电路负载流向 P 区形成电子流，电子进入 P 区后与空穴复合，变回中性，直到另一个光子再次分离出电子-空穴对为止。而电流的方向是从 P 区流出，通过负载从 N 区流回光伏电池。

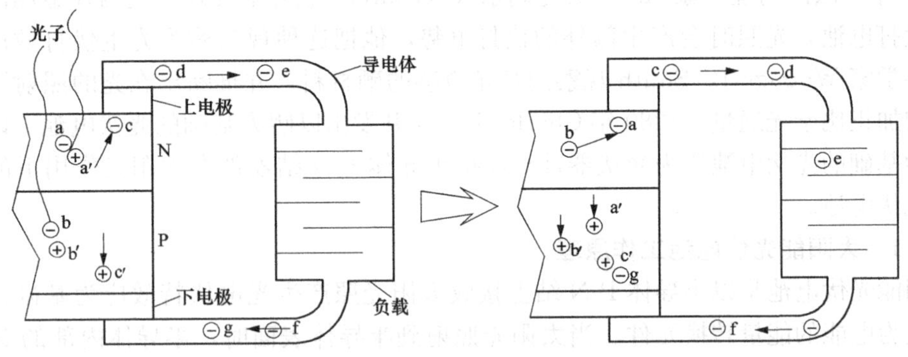

图 8-2 光伏电池接负载后产生电流的过程

半导体材料在不同的温度和光辐射下，产生的电子-空穴对的数量是不同的。利用光伏效应原理制成的光伏电池，P-N 结是其工作原理的核心。光伏电池可制成 P+/N 型结构或 N+/P 型结构。其中第一个符号 P+和 N+表示光伏电池正面光照层半导体材料的导电类型；第二个符号 N 和 P 表示光伏电池的背面衬底半导体材料的导电类型。光伏电池的电性能与半导体材料的特性有关。在太阳光照射时，光伏电池输出电压的极性 P 型侧电极为正，N 型侧电极为负。

8.1.2 硅型光伏电池的电特性

1. 等效电路

光伏电池的等效电路的理想形式和实际形式分别如图 8-3 (a)、(b) 所示。其中 I_{ph}为光生电流，I_{ph}值正比于光伏电池的面积和入射光的辐照度。1cm^{2}光伏电池的 I_{ph}值为 16～30mA。环境温度升高 I_{ph}值也会略有上升，通常温度每升高 1℃，I_{ph}值升高 78μA。无光照下的硅光电池的基本特性类似普通二极管。I_D为暗电流，暗电流指光伏电池在无光照时，由外电压作用下 P-N 结流过的单向电流。I_L为光伏电池输出的负载电流。U_{oc}为光伏电池的开路电压。光伏电池的开路电压与入射光辐照度的对数成正比，与环境温度成反比。单晶硅光伏电池的开路电压一般为 500mV 左右，最高可达 690mV。R_L为外负载电阻，R_s为串联电阻，一般小于 1Ω，主要由电池的体电阻、表面电阻、电极导体电阻、电极与硅表面间接触电阻和金属导体电阻等组成。R_{sh}为旁路电阻，一般为几千欧姆，主要由电池表面污浊和半导体晶体缺陷引起的漏电流所对应的 P-N 结漏泄电阻和电池边缘漏泄电阻等组成。R_s和R_{sh}均为硅光伏电池本身固有的电阻，相当于光伏电池的内阻。一个理想的光伏电池，因串联的R_s很小，并联的R_{sh}很大，在进行理想电路计算时可忽略不计。此外硅型光伏电池等效电路还应包含由 P-N 结形成的结电容和其他分布电容。由于光伏电池是直流电源，没有高频交流分量，故这些电容也可忽略。

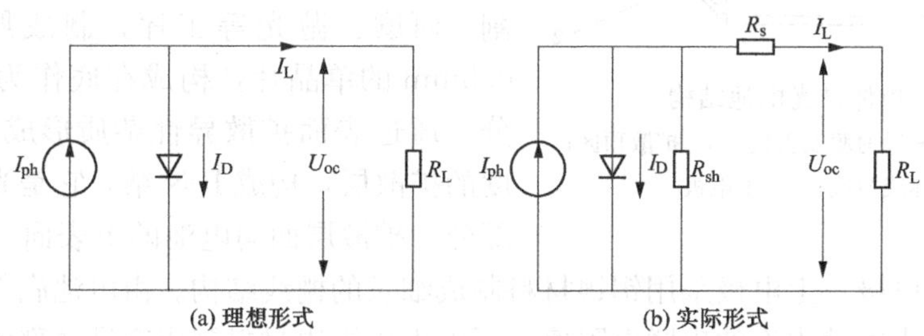

图 8-3　光伏电池的等效电路

2. 伏安特性

光伏电池的电压-电流关系曲线称为伏安特性曲线，如图 8-4 所示。图中曲线 1 为暗特性曲线，即在无光照时光伏电池的伏安特性曲线，曲线 2 是有光照时光伏电池的伏安特性曲线。其中I_o是光伏电池内部等效二极管 P-N 结反向饱和电流，一般I_o是常数，不会受光照强度的影响。I_{sc}为短路电流，即将光伏电池置于标准光源的照射下，输出短路时流过光伏电池两端的电流。U_m和I_m为光伏电池最大输出功率时对应的最大电压和电流。光伏电池在不同光照下的伏安特性曲线如图 8-4 所示。

3. 负载特性

图 8-5 为无外加偏压的光伏电池电路在不同光照强度下的伏安特性曲线。由图 8-5 可见，对于同一负载R_L，在不同的入射光照下输出可以是恒流的 P_1 点，也可以是恒压的 P_2 点。

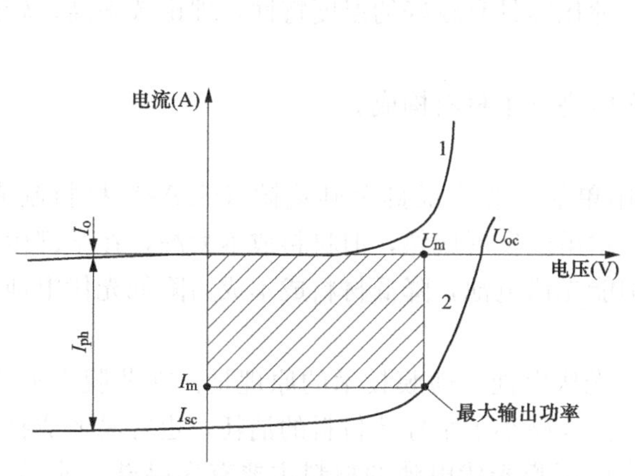

图 8-4　光伏电池伏安特性曲线

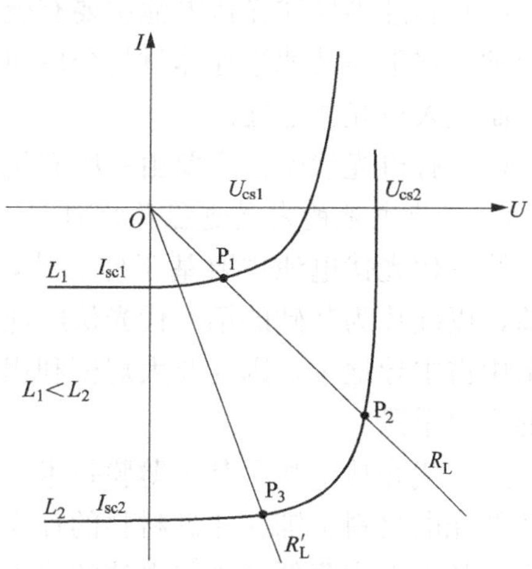

图 8-5　光伏电池负载伏安特性

而在同一光照强度下，改变负载大小，可使输出改成恒流形式或恒压形式，如 P_3 点。对于负载的变化，可通过光伏发电控制系统来完成。

8.1.3 光伏电池的结构与分类

1. 硅型光伏电池的结构

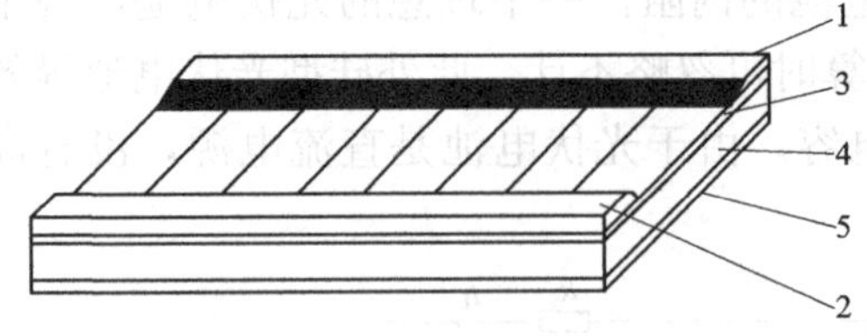

图 8-6 单体硅光电池结构

1—上电极；2—减反射膜及盖板；3—扩散顶区；4—基体或衬底；5—下电极

单体光伏电池是指具有正负电极，并能把光能转换成电能的最小光伏电池单元。典型的单体硅光电池结构如图 8-6 所示。硅光电池的主体材料是纯度较高的 N 型或 P 型单晶硅棒，经过切割、研磨、抛光等工序，制成厚度为 0.25～0.5mm 的单晶片，构成存底作为电池的基体部分。通过表面扩散异性杂质形成大约 0.3μm 厚度的扩散层，构成 P-N 结，它是光伏电池的核心部分。扩散层面向电池的上表面，从电池的表面引出的电极为上电极。上电极采用铝银材料制成细长的栅线结构。由电池底部引出的电极为下电极，为了减小电池内部的串联电阻值，下电极用镍锡材料制成充满底部的板型结构。电池表面镀敷一层用二氧化硅等材料组成的减反射膜。

由于一个单体光伏电池只能输出 0.45～0.5V 的电压，20～25mA 的电流，不论工作电压还是电流都远远低于实际供电电源的需要，所以在实际应用时，要根据需要将多个单体电池经过串并联组合起来，并封装在透明的外壳内，形成特定的电池组件。一般一个电池组件由 36 个单体电池组成，产生约 16V 电压。

2. 光伏电池的组态分类

（1）硅型光伏电池包括单晶硅光伏电池、多晶硅光伏电池和非晶硅光伏电池。

其中单晶硅材料结晶完整，载流子迁移率高，串联电阻小，光电转换效率高，可达 20%左右，但成本很高。多晶硅材料晶体方向无规律性，效率一般比单晶硅光伏电池低，但成本较低。非晶硅光伏电池是采用内部原子排列的非晶体硅材料制成，基本被制成薄膜电池形式，光电转换效率比较低，目前主要用于弱光性电池，如手表、计算器等的电池。

（2）非硅半导体光伏电池主要有硫化镉光伏电池和砷化镓光伏电池。硫化镉分单晶和多晶两种，它常与其他半导体材料合成使用。砷化镓具有较好的温度特性，理论效率高，较适用于制成太空光伏电池。

（3）有机光伏电池主要由一些有机的光电高分子材料构成。

3. 光伏电池的发展进程及趋向

第一代光伏电池主要基于硅晶片，采用单晶硅和多晶硅及砷化镓（GaAs）材料制成。目前，以硅片为基础的第一代光伏电池其技术虽已发展成熟，但材料成本太高，在全部生产成本中占主导地位，因此要大规模利用太阳能光伏电池，降低材料成本成为降低光伏电池成本的主要手段。

第二代光伏电池是基于薄膜技术的一种光伏电池。薄膜技术的原理是：在薄膜电池中，很薄的光电材料被铺在非硅材料的存底上，大大减小了半导体材料的消耗，也容易形成批量生产，从而大大降低了光伏电池的成本。构成薄膜光伏电池的材料主要有多晶硅、非晶硅、碲化镉等，其中以多晶硅薄膜光伏电池性能最优，其光电转换效率接近晶体硅光伏电池，具有光电性能稳定的特点。

第三代光伏电池是21世纪以来的主要发展方向。由于太阳能光伏电池光电转换效率可达90%以上，远远高于标准光伏电池的理论上限33%，表明光伏电池的性能还有很大的发展空间。第三代光伏电池发展的主要目标是提高光伏转换效率，降低生产成本。目前投入应用的主要有叠层光伏电池、纳米光伏电池、玻璃窗式光伏电池等。

8.1.4 光伏发电系统

光伏发电是指利用光伏电池板将太阳光辐射能量转换为电能的直接发电形式，光伏发电系统是由光伏电池板、控制器、储能等环节组成。

1. 光伏发电系统的构成

典型的光伏发电系统是由光伏阵列、电缆、电力电子变换器、负载等构成，如图8-7所示。

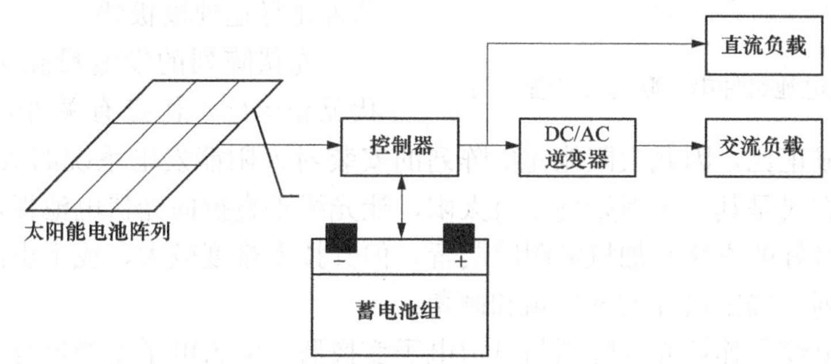

图8-7 太阳能光伏发电系统组成

(1) 光伏阵列。实际光伏发电系统可根据实际需要，将若干个光伏电池组件经串并联排列组成光伏阵列，满足光伏系统实际电压和电流的需要。光伏电池组件的串联，要求所串联组件具有相同的电流容量；光伏电池的并联，要求所并联组件具有相同的电压等级。常用的光伏电池组件或模块内部标准串联数量是36个或40个，1个光伏电池额定输出电压大约为0.45V，组件额定电压为16～18V。有些大容量的光伏电池组件内部标准串联数量更多，其额定输出可达20多伏。光伏电池组件受光伏电池板耐压和绝缘限制，光伏电池串联最大数量有限制。常用光伏电池串并联如图8-8所示。

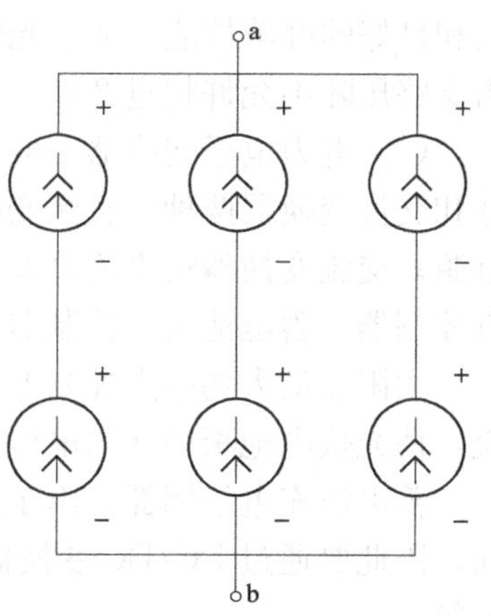

图8-8 常用光伏电池串并联示意图

在光伏电池组件和阵列中，二极管是很重要的元件。二极管有三方面的作用，一是在储能的蓄电池或逆变器与光伏阵列之间要串联一个屏蔽二极管，以防止夜间光伏电池板不发电或白天光伏电池所发电压低于其供电电压时，蓄电池或逆变器反向向光伏阵列倒送电流而消耗蓄电池或逆变器的能量，并导致光伏电池板发热。二是当若干光伏电池组件串联成光伏电池阵列时，需要在光伏电池组件两端并联二极管，其中某组件被阴影遮挡或出现故障而停止发电时，在该二极管两端形成正向偏压，不影响其他组件的正常发电，同时也保护光伏

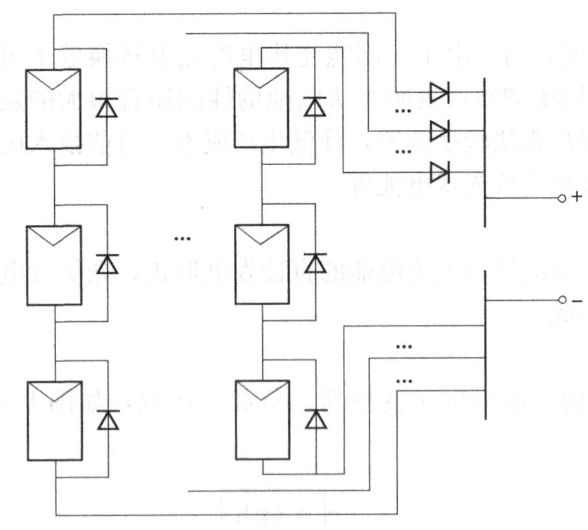

图 8-9 光伏电池组件串并联与二极管应用

电池免受较高的正向偏压或发热而损坏。并联二极管平时不工作，正常运行时不存在功率损耗。三是当光伏阵列由若干串阵列并联时，在每一串联阵列中也要串联二极管，随后再并联，以防某串阵列出现遮挡或故障时消耗能量和影响其他正常阵列的输出，如图 8-9 所示。

稳压管一般并联于光伏阵列的输出终端，安装在与逆变器或充电器相连的输入端，其作用是限制光伏电池板其后的负载过电压。现更多的使用金属氧化物变阻器，其过压导通速度极快。

光伏阵列的发电量除了与光伏电池板状况和运行工作点有关外，还与其接收的太阳能辐射能量成正比，因此太阳能光伏阵列的安装对太阳能发电系统的效率影响非常大。最佳的阵列安装方式是其受光面始终正对太阳，让光线垂直投向光伏电池板，否则将会造成太阳能的损失。最好的方法是加机械跟踪装置，但其技术难度较大，成本也高。最常用的还是固定式光伏阵列，确定最佳的方位角和倾角。

(2) 电缆。电缆是连接光伏阵列与电力电子变换器、电力电子变换器与负载的媒介，是传输电能的载体。对电缆的要求如下：导电能力，绝缘能力，物理化学特性。导电能力的选择应考虑电阻率、截面积、长度和温度系数；绝缘性能的选择应考虑良好的绝缘能力、不漏电和良好的屏蔽性能。通常光伏阵列到光伏发电控制器的输电线路压降不允许超过 5%，输出支路压降不允许超过 2%。

(3) 电力电子变换器。电力电子变换器是光伏发电系统的关键部分。变换器分直流变换器和交流变换器两种，直流变换器类似于开关电源，将直流电源变换为不同电压等级的直流电源；交流变换器将直流电源逆变成交流电源。光伏发电系统中变换器包括太阳能最大功率点控制器、蓄电池充电控制器、光伏直流输电用升降压变换器、逆变器等。

太阳能最大功率点控制器：通过变换器调节输出功率，改变光伏电池板的输出电压和电流，使光伏电池板的输出电压工作在最大功率点电压处，实现光伏功率输出最大化。

蓄电池充电控制器：由于蓄电池充电电压和太阳能光伏电池板输出电压的等级不一定相同，因此要通过 DC/DC 变换器改变电压，实现不同策略的充电控制，如恒流充电、恒压充电等。

光伏直流输电用升降压变换器：由于光伏电池板输出电压等级和蓄电池输出直流电压等级与配电房直流输电电压等级不同，一般在光伏电池板输出电压和蓄电池输出电压后加升压 DC/DC 变换器进行升压，向高电压用电器供电。在光伏电池板输出后加降压 DC/DC 变换器，用于对蓄电池充电和提供控制器工作电压。

DC/AC 逆变器：包括无源逆变器和有源逆变器。无源逆变器用于孤立型发电系统，通过逆变器输出方波或正弦波交流电压，正弦波交流电压一般采用 PWM 调制产生。有源逆变器用于光伏发电系统并网，通过有源逆变器，以 PWM 方式产生调制的正弦交流电压。

(4) 光伏发电系统分类。光伏发电系统按电力系统关系分为孤立光伏发电系统和并网光伏发电系统。

孤立光伏发电系统通常建立在远离电网的偏远地区或作为野外移动式便携电源，由光伏阵列储能装置、电能变换装置、控制系统和配电设备等组成。光伏阵列接收太阳能并转换为电能，经变换器变换成用电负载所需要的电源，经配电设备向负载供电，并将剩余电能通过充电器向蓄电池充电。控制系统采用光伏电池最大功率点跟踪、能量管理、变换器输出控制。

并网光伏发电分集中式和分散式两种并网系统。集中式并网发电系统一般容量较大，通常在几百千瓦到兆瓦级，而分散式并网发电系统一般容量较小，在几千瓦到几十千瓦，目前并网光伏发电系统大多采用分散式并网系统。并网光伏发电系统由光伏阵列、变换器和控制器等组成。光伏电池输出的直流电压经变换器变换成与电网同频率、幅值相同的交流电压，其中控制器控制并网电源的频率、相位、波形、光伏电池的最大功率点等。并网系统不需要蓄电池，减少了蓄电池投资与损耗。并网光伏发电系统是最合理的发展方向。

2. 独立光伏发电系统

(1) 户用光伏发电系统。户用光伏发电系统主要指办公楼、住宅等安装的自身供电的小型光伏发电系统，一般由光伏电池板、蓄电池、充放电变换器和控制器等组成，如图 8-10 所示。白天，光伏发电系统对蓄电池充电，晚上蓄电池通过电源变换器进行逆变放电。户用光伏发电系统的容量一般在几十瓦到几百瓦，主要用于照明、小型家用电器等负载。

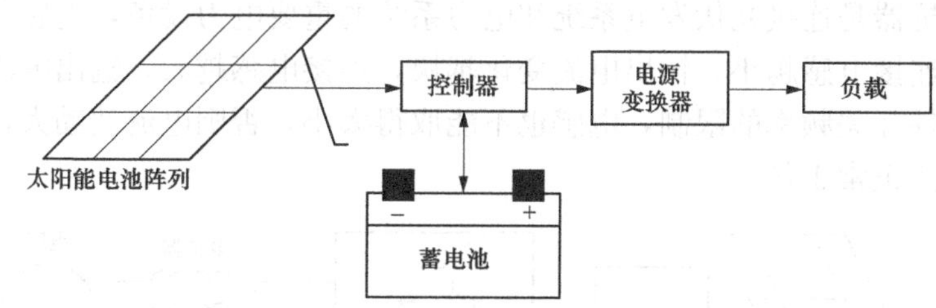

图 8-10　户用光伏发电系统

(2) 独立光伏发电站。独立光伏发电站也称为孤立光伏发电站，一般建立在负荷需求量相对较大的无电村镇、海岛和在几公里范围内用户相对集中的无电区域。电站由光伏电池板阵列、蓄电池、变换器、控制器和输配电系统组成。发电系统白天完成对蓄电池的充电，同时也对用电负载供电，晚上蓄电池通过电源变换器进行逆变放电，实现对负载的供电。

光伏照明系统：光伏照明系统是最典型的光伏-储能发电系统。有些照明负载是直流负载，有的负载是交流负载。直流负载省去了逆变器，结构简单，交流负载要加逆变器。

高压气体放电灯是一种高效电光源，包括金属卤化物灯、高压钠灯等。高压钠灯具有发光效率高、耗电少、寿命长以及透雾能力强等优点，目前已被广泛用于市政路灯系统中，常用功率有 150W、250W、400W。高压钠灯采用高频供电方式，可消除灯光的工频闪烁，提高发光效率也可延长灯的寿命。该光伏照明系统由直流升压电路、高频逆变电路、电子镇流和起辉电路等组成，整个系统包括光伏电池、蓄电池、控制器。

庭院光伏照明系统主要使用节能灯和金属卤化物灯。节能灯照明功率相对较小，多用于景观、庭院等的低亮度照明。每只节能灯功率在几瓦到十几瓦。

光伏照明系统是小功率的光伏照明系统，控制较为简单。蓄电池充电电路可采用 Buck 直流降压斩波电路，通过控制开关管的占空比，控制蓄电池的充电电流，从而改变逆变器的直流输入电压，也改变光伏电池的输出电流，从而实现光伏电池的输出功率点控制。照明供电电路可采用 Boost 直流升压电路、Cúk 电路、半桥电路、全桥电路以及推挽电路。

光伏水泵系统：光伏水泵系统由光伏发电系统和水泵系统组成。为了便于水泵功率控制，在水泵和光伏发电系统之间加变频器进行功率调节，用于平衡水泵用电和光伏发电系统的功率。当光伏发电功率较高时，调节变频器控制水泵运行在高速状态；当光伏发电功率较低时，调节变频器控制水泵运行在低速状态。光伏水泵系统接入蓄电池，平时对蓄电池进行浮充电，一旦光伏发电系统输出功率有波动，就由蓄电池补充。同时可将早晚低值时段的光伏发电功率作为蓄电池充电能量进行利用，这样可提高系统的总体效率。

（3）风力、光伏和柴油发电机互补一体化发电系统。一般来说，白天光伏发电系统发电运行，夜间光伏发电系统停止运行；而风力发电系统白天风力比夜间相对要小，因此这两种发电系统可构成互补关系。从稳定性考虑，大中型风力发电机组采取并网方式，小型风力发电机组采取并网或与其他发电设备互补运行，如光伏发电系统或柴油发电机组等。

3. 光伏并网系统

并网光伏发电系统由光伏阵列、变换器和控制器组成，如图 8-11 所示。图中加入 DC/DC 变换器可根据电网电压的大小提升光伏阵列的电压，同时可作为光伏发电的最大功率点跟踪器；逆变器将直流电能变换成交流电能；继电保护系统可保证光伏系统和电网的安全。并网系统中的电抗器是连接光伏发电系统和电力系统的重要电力设备，电感量的大小影响电流的变化速度，连接电感越小，输出电流变化越快，连接电感越大，输出电流变化越慢。由于装置受开关器件开关频率的限制，电感也不能取得太小，否则电流波动大，输出谐波含量大，主电路将无法正常工作。

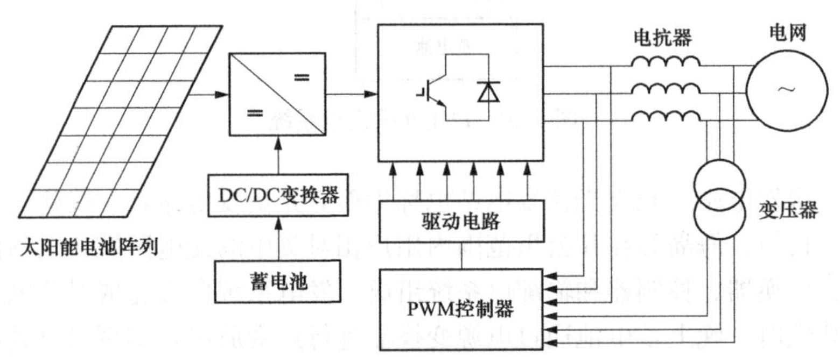

图 8-11　典型光伏并网系统

（1）光伏逆变器电流源并网。图 8-12 是典型的电流源逆变电路。并网逆变器一般采用桥式电路，逆变器输出以电流源方式并网，其基本原理就是将电流源桥式逆变电路的交流侧并联在电网上，适当调节桥式逆变电路输出电流的相位和幅值，就可以使光伏发电系统输出有功功率，实现并网目的。

（2）光伏逆变器电压源并网。典型的电压源逆变电路如图 8-13 所示，大容量光伏并网逆变器（兆瓦级）可采用 GTO 的多重化或多电平结构，中小容量光伏并网逆变器（几百千瓦及以下）采用 IGBT 的 PWM-VSC（脉宽调制-电压源变换器）结构，即采用电压源逆变

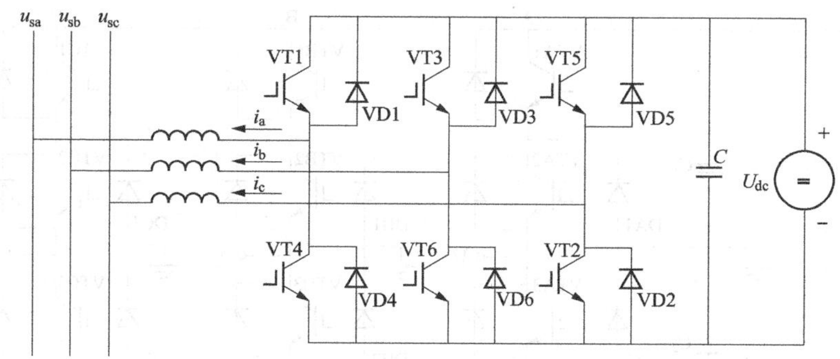

图 8-12　典型电流源逆变电路

器经连接电感并入电力系统。

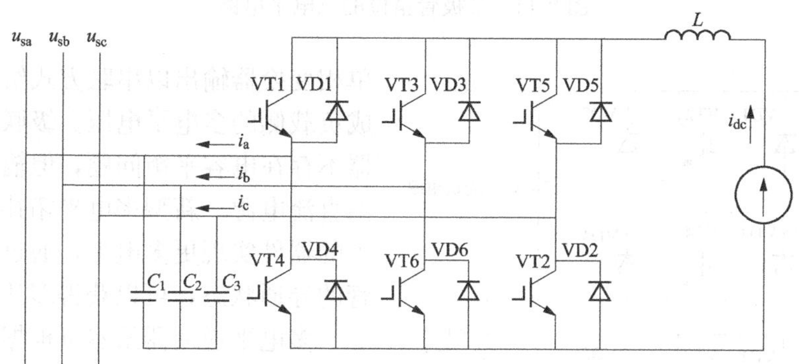

图 8-13　典型电压源逆变电路

4. 光伏逆变电路

（1）常用逆变电路。方波逆变器，输出电压波形为方波，缺点是方波电压中含有大量高次谐波成分，会产生附加损耗，并对通信等设备产生较大的干扰，需要外加滤波器，一般用在几百瓦的小容量的逆变器中。

阶梯波逆变器，输出电压为阶梯波，优点是输出波形接近正弦波，高次谐波含量少。当阶梯达到 16 以上时，输出波形为准正弦波，整机效率较高；缺点是需要多组直流电源供电，需要的功率开关管较多，给光伏阵列分组和蓄电池分组带来不便。

正弦波 PWM 逆变器，输出波形基本为正弦波，谐波损耗小，对通信设备干扰小，整机效率高，缺点是设备复杂。

（2）复杂逆变电路。箝位型多电平逆变器起源于三电平中性点箝位电路。图 8-14 显示了二极管箝位的三电平电路。A 相桥臂中的 IGBT 管由上而下为 VTA1、VTA2、VTA3、VTA4，二极管为 DA1、DA2，B 相和 C 相也依次命名。以 A 相为例，当 VTA1 和 VTA2 导通时，U 端输出对地电压为 $+U_{dc}/2$；当 VTA3 和 VTA4 导通时，U 端输出对地电压为 $-U_{dc}/2$；当 VTA2 或 VTA3 导通时，U 端输出对地电压为零。这种箝位形式称为中性点箝位形式。在需要多电平时，可以使用多级二极管箝位变换器。一个 m 级二极管箝位变换器在直流母线侧包含 $m-1$ 个稳压电容，从而产生每相 m 个电平。

级联式逆变器拓扑结构如图 8-15，每个独立直流电源和一个单相全桥变换器相连，各个

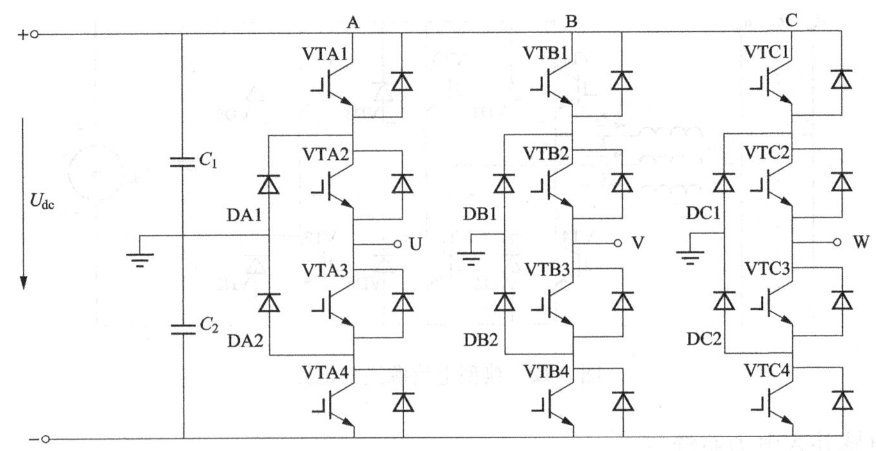

图 8-14 二极管箝位的三电平电路

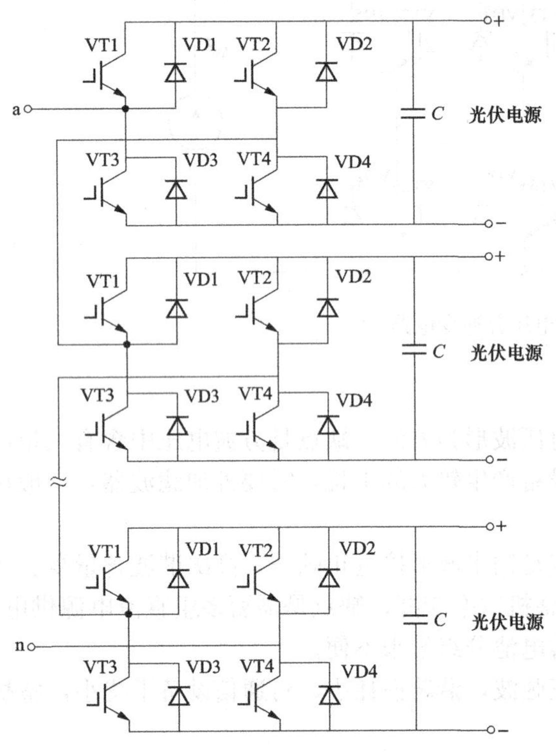

图 8-15 级联式逆变器拓扑结构

单相变换器输出以串联方式给负载供电，形成负载侧的多电平电压。级联式多电平变换器不存在电容平衡问题，但输入需要多个隔离直流电源。新型多电平拓扑结构能够以较少的器件实现更多电平，通过合理选择开关管的导通状态，可以获得多达九级电压。

多电平逆变器虽然可根据光伏阵列的组合，方便地组合成多电平光伏逆变器，但由于与各级电平对应的光伏阵列可能存在不均衡，电平平衡控制仍然是一个难题，限制了其广泛应用。

8.1.5 小型光伏发电并网系统

1. 系统硬件电路

为了实现最大功率点跟踪控制，应尽可能提高直流输入电压，提高逆变器的转换效率，可采用无变压器的两级结构的光伏并网逆变器。小型光伏并网发电系统的主电路拓扑结构如图 8-16 所示。

逆变器的直流侧输入电压必须在 400V 左右，因此，一般采用升压型 DC/DC 变换器来满足后级逆变器的要求，Boost 电路以其结构简单、驱动电路设计方便的优点广泛应用于光伏发电并网系统中，但其开关管是工作在硬开关状态下。采用软开关 Boost 变换器，在不增加设计复杂度的前提下，能减少开关管的开关损耗和电压电流应力，提高了系统的传输效率；后级 DC/AC 逆变环节采用单相全桥逆变电路，并网逆变器输出的正弦电流与电网的相电压同频同相，使整个并网逆变器的功率因数为 1；滤波电路采用电感滤波，将逆变电路输出的脉冲方波电压滤成正弦交流电并入电网。

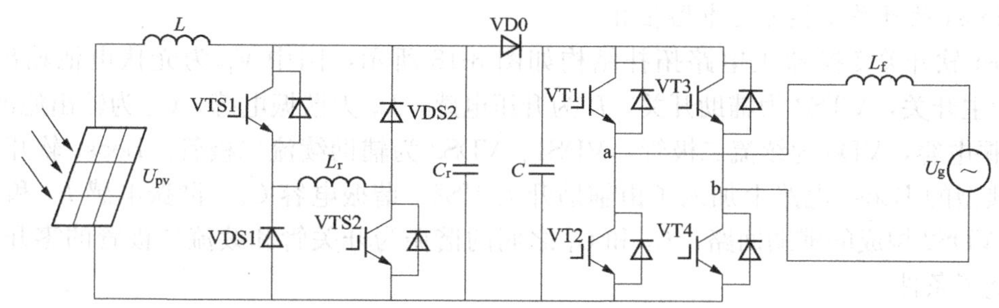

图 8-16　系统的主电路拓扑结构图

2. 系统控制框图

系统的总体控制框图如图 8-17 所示。小型光伏发电并网控制系统分为两部分，一部分由软开关 Boost 变换器实现光伏阵列 MPPT 控制，另一部分是并网逆变控制。这两部分都是由 TMS320LF2812 型 DSP 芯片为控制核心，直流电流采样、直流电压 U_{d1} 采样、直流电压 U_{d2} 采样、逆变输出电流采样输出频率相位检测、DC/DC 驱动电路、DC/AC 驱动电路、故障保护、液晶显示、键盘输入、通信接口电路作为外围辅助电路，完成采样、驱动与上位机的通信和故障报警等功能。

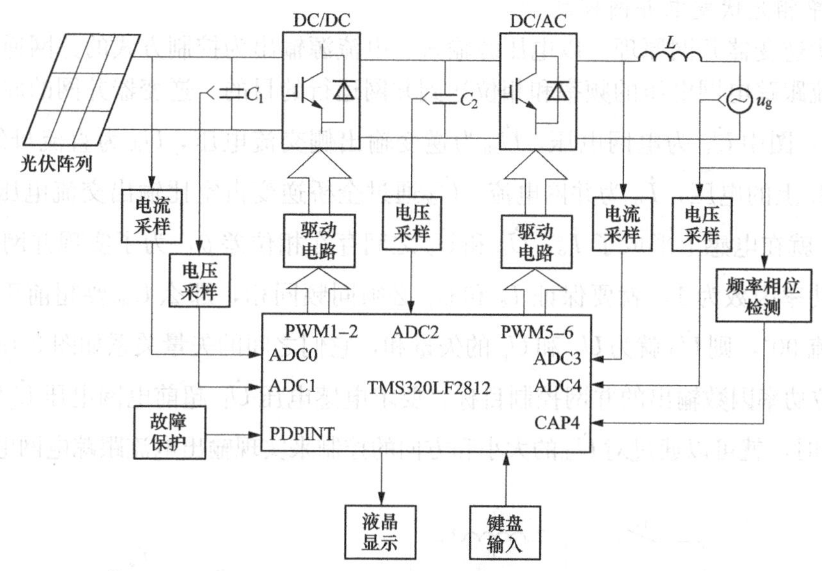

图 8-17　光伏并网控制系统整体结构框图

控制系统主要功能如下。

（1）采样光伏阵列输出电压和输出电流，并对数据进行处理，实现对光伏阵列输出电压的升压控制和 MPPT 控制。

（2）进行同步锁相控制，产生与电网电压同步的正弦信号。

（3）采样逆变器输出电流和电网电压，对数据进行处理后与三角波比较后输出 PWM 信号，实现逆变器的 SPWM 控制。

（4）对光伏并网逆变系统进行故障检测和处理。

3. Boost 软开关变换器主电路拓扑

Boost 软开关变换器主电路拓扑结构如图 8-18 所示，图中 V_{pv} 为光伏电池输出电压，VTS1 为主开关，VTS2 为辅助开关，L 为升压电感，L_r 为谐振电感，C_o 为输出滤波电感，C_r 为谐振电容，VD0 为续流二极管，VDS1、VDS2 为辅助续流二极管。Boost 软开关变换器是在典型的 Boost 电路上加入了由辅助开关 VS2、谐振电容 C_r、谐振电感 L_r 和二极管 VDS1、VDS2 构成的辅助回路，L_r 和 C_r 之间的谐振为开关管和续流二极管的零开通、零关断创造了条件。

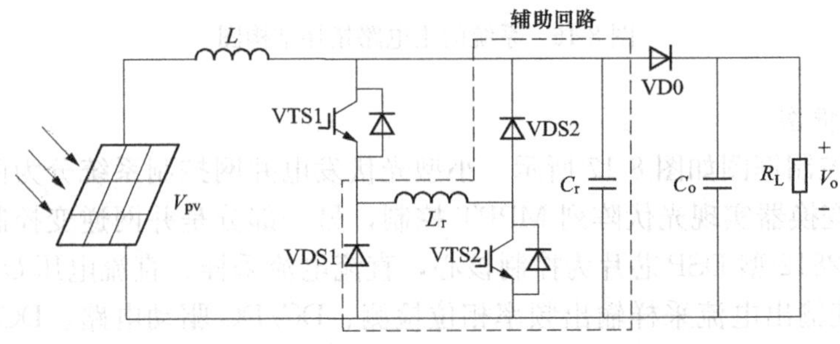

图 8-18 Boost 软开关变换器主电路拓扑结构

4. 小型单相光伏发电并网控制

(1) 光伏逆变器并网原理。以电压源输入、电流源输出为控制方式的并网逆变器，通过控制并网电流跟踪电网电压的频率和相位达到并网运行的目的。逆变器并网的原理图如图 8-19 (a) 所示，图中 $\dot{U}_g$ 为电网电压，$\dot{U}_{ab}$ 为逆变输出侧交流电压，$\dot{U}_{dc}$ 为直流母线电压，$\dot{U}_L$ 为滤波电感 L 上的电压，$\dot{I}_o$ 为并网电流。$\dot{U}_{dc}$ 通过全桥逆变占空比输出交流电压，$\dot{U}_{ab}$ 和 $\dot{U}_g$ 的电压差 $\dot{U}_L$ 就在电感上形成了 $\dot{I}_o$，$\dot{U}_{ab}$ 和 $\dot{U}_g$ 之间存在相位差 θ，为了实现并网控制目标使系统输出的功率因数为 1，就要保证 I_o 和 U_g 必须同频同相，那么 $\dot{U}_{ab}$ 要超前于 $\dot{U}_g$，而 $\dot{U}_L$ 超前电感电流 90°，则 $\dot{U}_{ab}$ 就为 $\dot{U}_L$ 和 $\dot{U}_g$ 的矢量和，它们之间的矢量关系如图 8-19 (b) 所示。为了实现单位功率因数输出的并网控制目标，要求电感电压 $\dot{U}_L$ 超前电网电压 $\dot{U}_g$ 90°，当电网电压 $\dot{U}_g$ 一定时，就可以通过对 $\dot{U}_{ab}$ 的大小和方向的控制来实现输出电流跟踪电网电压。

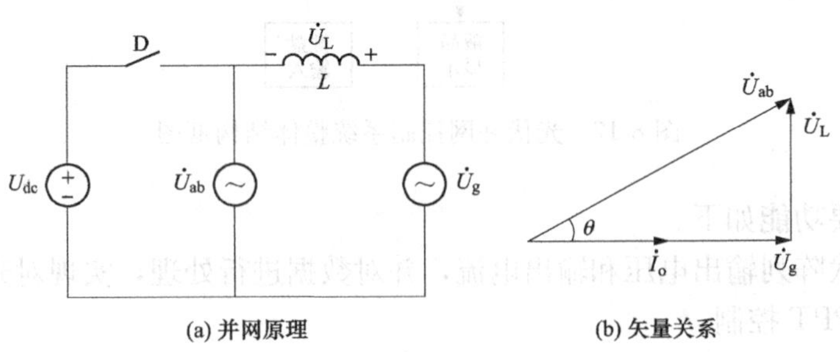

图 8-19 逆变器并网原理和矢量图

(2) 基于电网电压前馈的电压电流双环控制。根据图 8-19 逆变器并网原理图，逆变器输出回路方程为

$$L\frac{\mathrm{d}i_o}{\mathrm{d}t}=DU_{dc}-u_g \tag{8-1}$$

式中，U_{dc}是逆变器输入端直流母线电压；u_{ab}是逆变电路输出交流电压；u_g 是电网电压；i_o 是输出电流；D 是逆变电路占空比；L 是滤波电感。

从式（8-1）可以看出，通过控制逆变电路占空比 D 就可以控制输出电流使其跟踪电网电压，还能看出输出功率跟输出电流和直流母线电压有关，因此外环控制不再是电压反馈控制了，而是逆变器输出功率的反馈控制。

根据上述分析，为了实现并网逆变器输出单位功率因数，同时又能稳定直流母线电压，采用基于电网电压前馈的电压外环稳定直流母线电压、电流内环跟踪控制的双闭环控制结构，图 8-20 给出了整个并网逆变系统的双环控制结构图。

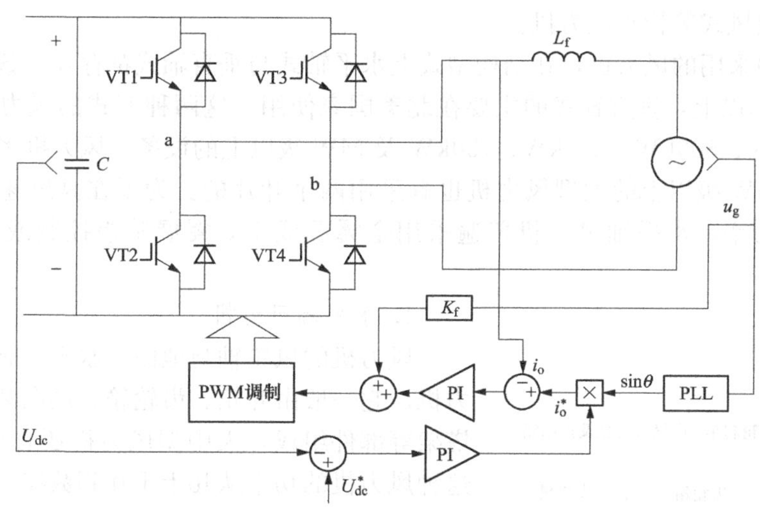

图 8-20　双环控制主电路结构

图中，U_{dc}是直流母线电压，U_{dc}^*是直流母线参考电压，u_g 是电网电压，i_o 是输出电流，i_o^* 是参考电流，K_f 为电网电压前馈系数，PLL 为锁相环。整个的双环控制电路，外环以母线电压 U_{dc}为控制目标，内环以输出电流 i_o 为控制目标，当 U_{dc}大于 400V 时，应增加 i_o 使系统输出功率增大、U_{dc}减小，当 U_{dc}小于 400V 时，应减小 i_o 使系统输出功率减小、U_{dc}增大，这种电压反馈使 U_{dc}稳定在 400V 左右，达到控制系统的稳定。直流母线电压外环将 U_{dc}^* 与 U_{dc}比较后的误差值乘以由同步锁相环 PLL 产生和电网电压同步的正弦波信号，经 PI 调节器后得到参考电流 i_o^*，参考电流 i_o^* 与 i_o 比较，所得信号经 PI 调节后，加上前馈的电网电压值与三角波比较产生 SPWM 信号。

并网逆变器采用双环控制，外环为直流母线电压反馈，内环为电流反馈，反馈可以在逆变器工作过程中实时地调整输出电压的波形，提高电压波形质量。

8.2　风力发电与电源变换技术

在新能源发电技术中，风力发电是其中最接近实用和推广最广泛的一种。风力发电是一个综合性较强的系统，涉及空气动力学、机械、电机和控制技术等技术。

8.2.1 风力发电设备

从能量转换的角度来看，风力发电机组包括两大部分：一部分是风力机，由它将风能转换为机械能；另一部分是发电机，由它将机械能转换为电能。

一切在气流中能产生旋转或摆动的机械运动都是风能转换成机械能的形式，可用于这类机械转换的系统就叫风能转换系统，其中以旋转运动为特征的风力机得到了最广泛的应用。风力机的种类繁多，根据它收集风能的结构形式及在空间的布置可分为水平轴式和垂直轴式；从塔架位置分为上风式和下风式；按桨叶数量分为单叶片、双叶片、三叶片、四叶片和多叶片式；从桨叶和形式上分，分为螺旋桨式、H形、S形等。

风力机由风能收集器、控制机构、传动和支撑部件等组成。现代风能转换系统还包括发电、蓄能等辅助系统。当然，随着技术的不断发展，风力机的形式还会增加，国外正在研究的是扩压式和旋风式等特殊风力机。

风力发电中采用的风力机，在结构型式上水平轴式与垂直轴式都存在，数量上水平轴式的风力机占98%以上，垂直轴式的主要在北美国家使用。这两种型式的风力机都已制出单机容量为300kW、500kW、600kW、750kW及MW级以上的设备，风力机多为三叶片，采用下风向式。MW级以上的大型风力机也有采用两个叶片的。为了在高风速时控制风力机的转速及输出功率，水平轴风力机普遍采用全翼展或1/3翼展桨距控制或叶片失速控制技术。

1. 水平轴风力机

风力机的风轮轴与地面呈水平状态，称水平轴风力机。它一般由叶轮、齿轮箱、调向装置、发电机和塔架等部件组成，大中型风力机还有自动控制系统。这种风力机的功率从几十千瓦到数兆瓦，是目前最具有实际开发价值的风力机。图8-21是典型的水平轴并网风力机。

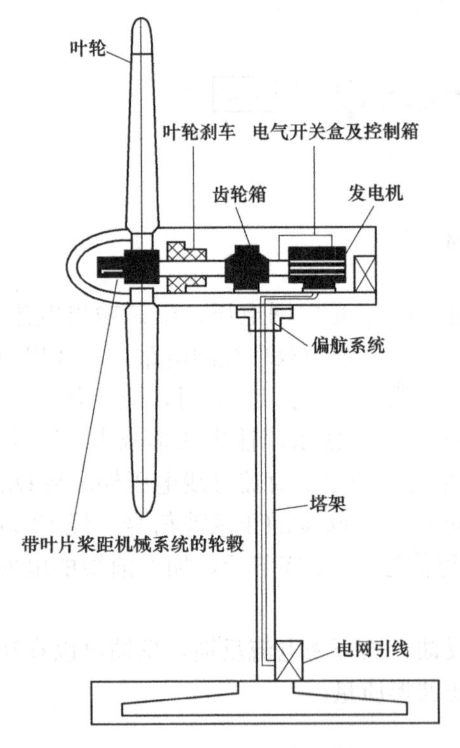

图8-21 典型并网风力机剖面图

水平轴风力机有传统风车、低速风力机及高速风力机三大类型。传统风车的年代久远，结构原始。低速风力机在美洲及欧洲尚有部分存在。其风轮有12～24片，几乎覆盖了整个旋转平面，此类风力机适用于低风速地区。高速风力机风轮叶片仅2～4片，质量远比低速风力机轻得多，它所能够承受的离心力也较低速风力机大得多，转速较高；不足之处是起动困难。高速风力机很适合于风力发电，其轮轴还可以通过变速齿轮箱与发电机匹配。

为了保持风力机在不同风况下稳定运行，风轮安装有调速装置。调速装置主要有两种：一种是叶片桨距固定，当风速增加时，通过辅助侧翼或倾斜铰接的尾翼或其他气动机构使风轮绕垂直轴回转，以偏离风向，减少迎风面，从而达到调整的目的；另一种是叶片的桨距可以变化，当风速变化时，利用气动压力或风轮旋转产生的离心力，使桨距改变，实现调速。大型风力机常用伺服电动机驱动改变桨距。

当风向改变时，为了充分利用风力，风轮也要随时调向对风。通常直径 6m 以下的小型风轮可以用尾翼调向，而大中型风力机多采用辅助风轮调向。近年来出现了一种下风的风力机，可以利用风轮本身所受的压力进行调向对风。大型风力机也有采用电动调向的，测定风向与电动调向用微机自动控制技术实现。

风轮轴输出的动力通过变速器增速后驱动发电机，发电机安装在塔架的顶部。发电机的型式可根据实际要求来选择，一般小型风力机都是独立运行，通过蓄电池供电，所以多采用永磁或励磁直流发电机，也有的采用交流发电机。

水平轴风力机的技术参数主要有：风轮直径，通常风力机的功率越大，直径越大；叶片数目，高速发电用风力机为 2～4 片，低速风力机为 4 片以上；叶片材料，现在通常采用高强度低密度复合材料；风能利用系数；起动风速，一般为 3～5m/s；停机风速，通常为 15～35m/s；输出功率，目前风力机一般为几百千瓦～几兆瓦；发电机，分为直流发电机和交流发电机；另外还有塔架高度等。

2. 风力发电系统及装置

风力发电系统是将风能转换为电能的系统，是机械、电气及控制系统的组合，包括风轮、发电机、变速器及有关控制器和储能装置。

典型的风力发电系统通常由风能资源、风力发电机组、控制装置、蓄能装置、备用电源及电能用户组成。风力发电机组是实现由风能到电能转换的关键设备。由于风能是随机性的，风力的大小时刻变化，所以必须根据风力大小及电能需要量的变化及时通过控制装置来实现对风力发电机组的起动、调节（转速、电压、频率），停机，故障保护（超速、振动、过负荷）等的控制，以及对电能用户所接负荷的接通、调整及断开等操作。在小容量的风力发电系统中，一般采用由继电器、接触器及传感元件组成的控制装置。在容量较大的风力发电系统中，普遍采用微机控制系统。储能装置是为了保证电能用户在无风期间内可以不间断地获得电能而配备的设备。在有风期间，当风能急剧增加时，储能装置可以吸收多余的风能。为了实现不间断供电，有的风力发电系统配备了备用电源，如柴油发电机组。

（1）调向机构。水平轴风力机的调向机构是用来调整风力机的风轮叶片旋转平面与空气流动方向相对位置的机构。因为当风轮叶片旋转平面与气流方向垂直时，风力机从流动的空气中获取的能量最大，因而输出功率最大，所以调向机构又称为迎风机构（国外通称为偏航系统）。小型水平轴风力机常用的调向机构有尾舵和尾车，两者皆属于被动对风调向。风电场中并网运行的中大型风力机则采用由伺服电动机（也有用液压马达）驱动的齿轮传动装置来进行调向，伺服电动机（也称偏航电动机）则是在风信标给出的信号下转动。伺服电动机可以正反转，因此可以实现两个方向的调向。

（2）发电机。容量在 10kW 以下的小型风力发电机组，采用永磁式或自励式交流发电机，经整流后向负载供电及向蓄电池充电；容量在 100kW 以上的并网运行的风力发电机组，一般用同步发电机或异步发电机。

同步发电机所需励磁功率小，仅为额定功率的 1%，通过调节励磁可以调节电压及无功功率，可以向电网提供无功功率，从而改善电网的功率因数。但同步发电机在阵风时因输入功率有强烈的起伏，瞬态稳定性是个严重问题，通常需要采用变桨距风力机，以使得瞬态扭矩能被限制在同步发电机的牵出扭矩之内。同步发电机还需要严格的调速及同步并网装置。

在具有大容量同步发电机装机容量和低感抗的网络中，采用异步发电机的风力发电机组与电网并联运行有较大的优点。异步发电机由于结构简单、价格便宜且不需要严格的并网装置，可以较容易地与电网连接，因此允许其转速在一定限度内变化，可吸收瞬态阵风能量。但异步发电机需借助电网获得励磁，加重了对电网的无功功率的需求。

现代中型及大型风电场中的风力发电机组采用双馈异步发电机，其主要特点是在变频器中仅流过转差功率，其容量小，通常按发电总功率的25%左右选取，投资和损耗小，发电效率能提高2%～3%，谐波吸收方便。

(3) 升速齿轮箱。风力机属于低速旋转机械，所采用的变速齿轮箱是升速的。其作用是将风力机轴上的低速旋转输入转变为高速旋转输出，以便与发电机运转所需要的转速相匹配。

(4) 塔架。水平轴风力发电机组需要通过塔架将其置于空中，以捕捉更多的风能。广泛使用的有两种类型塔架，即由钢板制成的锥形筒状塔架和由角钢制成的桁架式塔架。

(5) 控制系统。100kW以上的中型风力发电机组及1MW以上的大型风力发电机组配有由微机或可编程控制器（PLC）组成的控制系统来实现控制、自检和显示功能。其主要功能是：①按预先设定的风速值自动起动风力发电机组，并通过软起动装置将异步发电机并入电网。②借助各种传感器自动检测风力发电机组的运行参数及状态，包括风速、风向、风力机风轮转速、发电机转速、发电机温升、发电机输出功率、功率因数、电压、电流以及齿轮箱轴承的油温、液压系统的油压等。③当风速大于最大运行速度时实现自动停机。④故障保护。当出现恶劣气象（如强风、台风、低温等）情况，电网故障（如缺相、电压不平衡、断电等），发电机温升过高，发电机转子超速，齿轮及轴承油温过高，液压系统压力降低以及机舱振动剧烈等情况时，机组也将自动停机，并且只有在准确检查出故障原因并排除后，风力发电机组才能再次自动起动。⑤通过调制解调器与电话线连接。现代大型风电场还可实现多台机组的远程监控，从远离风电场的地点读取风电场中风力发电机组的运行数据及故障记录等，也可远程起动及停止机组的运行。

8.2.2 风力发电独立运行方式

独立运行的风力发电机组，又称离网型风力发电机组，是把风力发电机组输出的电能经蓄电池蓄能，再供应用户，如图8-22所示。如用户需要交流电，则需在蓄电池与用户负荷之间加装逆变器。5kW以下的风力发电机组多采用这种运行方式。

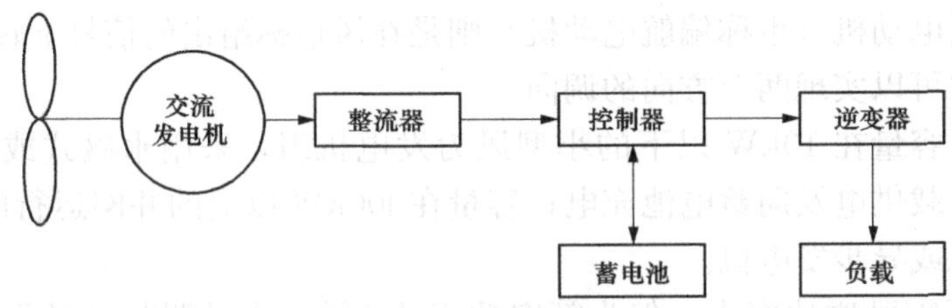

图8-22 独立运行的风力发电系统框图

独立运行方式的储能系统主要包括蓄电池储能还有压缩空气储能、飞轮储能、电解水制氢储能等。

1. 蓄电池蓄能

在风力发电系统中，多采用铅酸蓄电池和碱性蓄电池作为存储电能的装置。铅酸蓄电池的单元电压为2V，碱性蓄电池的单元电压为1.2V。小型风力发电系统中蓄电池组的电压通常为12V、24V或36V。

2. 抽水蓄能

抽水蓄能指当风大而负荷所需电能较少时，利用多余的电能带动抽水机，将低处的水抽到高处的水库中储存起来；当风小或无风时，再释放高处水库中的水来推动水轮机带动发电机发电。

3. 压缩空气储能

在电力负载较小时，将风力发电机组提供的多余电能通过电动机带动空气压缩机，将空气压缩后储存到地下岩洞或废弃的矿坑内；在电力负荷达到高峰、风小或无风时再释放储存的压缩空气作为动力带动涡轮机实现发电的过程称为压缩空气储能。

4. 飞轮储能

在风力机与发电机之间安装一个飞轮，利用飞轮旋转时的惯性储能。当风速高时，风能以动能的形式储存于飞轮中；当风速低时，储存在飞轮中的动能即可带动发电机发电。

5. 电解水制氢储能

在电力负荷减小时，将风力发电多余下来的电能用来电解水，使氢和氧分离，把氢作为燃料储存起来，需要时再把氢和氧在燃料电池中进行反应而产生电能，这就是电解水制氢储能。

8.2.3 风力发电并网运行方式

采用风力发电机组与电网连接，由电网输送电能的方式，是克服风的随机性而带来的蓄能问题的最易行的运行方式，同时可达到节约矿物燃料的目的。10kW以上直至MW级的风力发电机组都可采用这种运行方式。并网运行又可分为两种不同的方式：①恒速恒频方式，即风力发电机组的转速不随风速的波动而变化，始终维持恒转速运转，从而输出恒定额定频率的交流电。这种方式目前已普遍采用，具有简单可靠的优点，但是对风能的利用不充分，因为风力机只有在一定的叶尖速比的数值下才能达到最高的风能利用率。②变速恒频方式，即风力发电机组的转速随风速的波动作变速运行，但仍输出恒定频率的交流电。这种方式可提高风能的利用率，但必须增加实现恒频输出的电力电子设备，同时还应解决由于变速运行而在风力发电机组支撑结构上出现共振现象等问题。

1. 恒速发电

恒速发电采用笼形异步电机，其动力系统如图8-23所示。发电时涡轮机拖动异步发电机转动，转速略超过同步转速后，转差率S和转矩T_e变负，电机工作于发电状态。由于只工作在机械特性的线性区，转差率很小（$S<5\%$），风速变化时转速基本恒定，所以称恒速发电。当风速变化时，通过调整桨叶倾角来控制输出功率和转速。

恒速发电的特点如下。

（1）电气系统简单，适合于在野外缺少维护的环境下工作。由于转速不变，涡轮机只能在某一风速下工作于最大出力点，风速变化时，将偏离最大点，降低发电效率。

（2）转速不变，输出功率和转速的控制全靠倾角控制完成，要求倾角控制响应快，动作

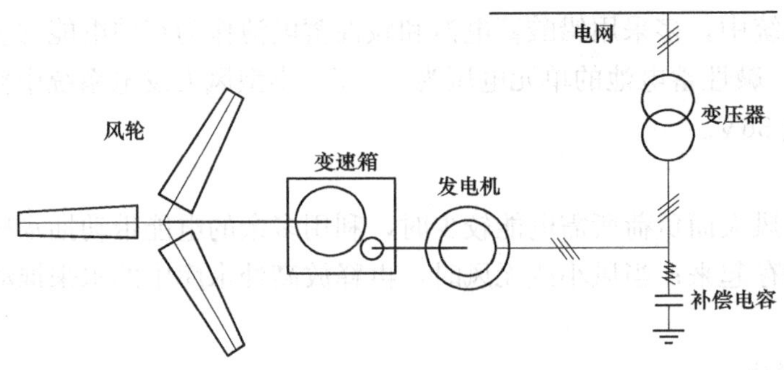

图 8-23 恒速发电系统

次数多，调节机构易疲劳损坏。

(3) 强阵风来时，转速不变，机械承受应力大，要求坚固，所以又称“刚性”风力发电。

综合上述特点，恒速发电适合用于小功率场合，通常不大于 600kW。

2. 变速发电

变速发电采用同步发电机或双馈发电机（绕线异步机），风速变化时，转速也随之变化，通过电力电子变换器，使电机接入恒频（50Hz）、恒压电网发电。通常转速在±33%范围内变化，风速小时调转速，强风来时调桨叶倾角β。由于采用了电力电子变换器，变速发电的电气系统较复杂，但有如下优点。

(1) 在不同风速下，涡轮机都工作在最高效率点，能提高效率 10%。

(2) 强阵风来时，转速适当升高，部分风能储存于机械惯量中（风力发电机组机械惯量很大），电机电磁转矩脉动和机械承受的应力减小，机械强度要求减轻，所以又称“弹性”风力发电。

(3) 由于电磁转矩脉动小，发出电力的波动小，发电质量提高。

(4) 风速小时调转速，倾角维持最小值不变，倾角控制器不工作。在强风来时倾角控制器才工作，且响应可以减缓，动作次数减少，机构寿命延长。

综合上述特点，变速发电适用于大功率场合，通常大于 1000kW。

3. 两种变速发电系统

有两种变速发电系统，采用同步发电机的直接在线系统和采用双馈电机（绕线异步机）的双馈系统。

(1) 同步发电机的直接在线系统，如图 8-24 所示。同步电动机输出频率和电压随转速变化的交流电，经一台单象限 IGBT 电压型交—直—交变频器接至恒压、恒频（50Hz）电网。

直接在线系统的特点如下。

①发电机发出的全部电功率都通过变频器，变频器容量需按 100%功率选取，比双馈系统容量大，投资和损耗大，谐波吸收麻烦。

②可以使用永磁发电机，电机轻，效率高，变换器增加的投资可以从机械结构的节约中得到补偿。

变频器中的交—直变换可以用二极管整流+直流斩波。

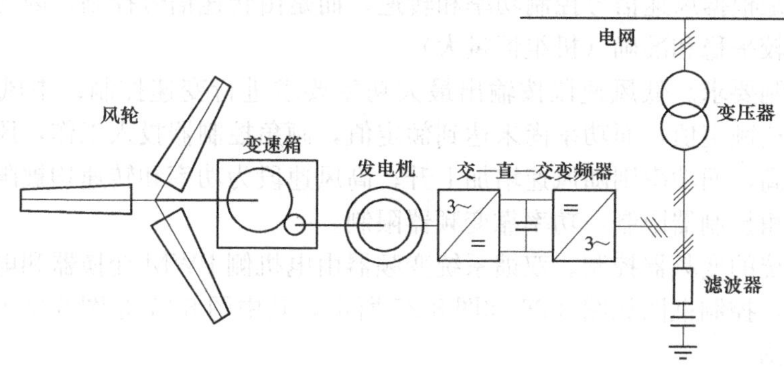

图 8-24　同步发电机的直接在线系统

(2) 采用双馈电机（绕线异步机）的双馈系统，如图 8-25 所示。绕线异步发电机的定子直接连电网，转子经四象限 IGBT 电压型交—直—交变频器接电网。

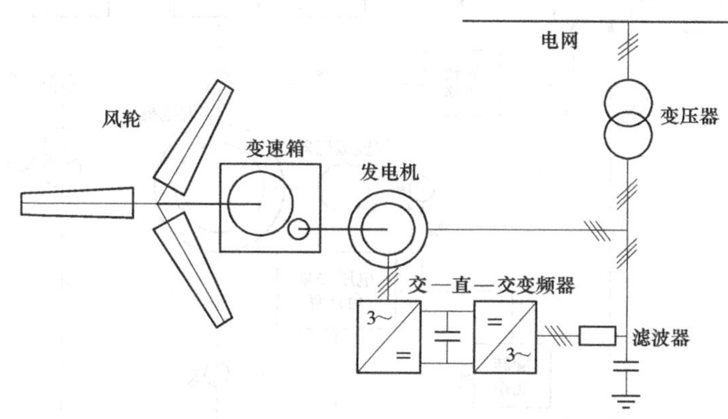

图 8-25　采用双馈电机的双馈系统

转子电压和频率与发电机转差率成比例，随发电机转速变化而变化，变频器把转差频率的转差功率变换为恒压、恒频（50Hz）的转差功率，送至电网。

转速高于同步速时，转差率 $S<0$，转差功率流出转子，经变频送至电网，电网收到的功率为定、转子功率之和，大于定子功率；转速低于同步速时，$S>0$，转差功率从电网经变频器流入转子，电网收到的功率为定、转子输出功率之差，小于定子功率。

双馈系统的特点如下。

①在变频器中仅流过转差功率，其容量小，通常按发电总功率的 25%左右选取（转速变化范围±33%），投资和损耗小，发电效率提高 2%～3%，谐波吸收方便。

②由于要求双向功率流过变频器，变频器是四象限双 PWM 变频器，由两套 IGBT 变换器构成。

③只能使用双馈电机，比永磁电机重，效率低。

综合上述特点，两种变速发电系统都有应用，其中以双馈系统应用较多。

4. 变速发电的控制

变速发电不是根据风速信号控制功率和转速，而是由转速信号控制，因为风速信号扰动大，而转速信号较平稳和准确（机组惯量大）。

（1）三段控制要求。低风速段按输出最大功率要求进行变速控制；中风速段为过渡区段，电机转速已达额定值，而功率尚未达到额定值，倾角控制器投入工作，风速增加时，控制器限制转速升高，而功率则随风速增加上升；高风速段为功率和转速均被限制区段，风速增加时转速靠倾角控制器限制，功率靠变频器限制。

（2）双馈系统的变频器控制。双馈系统变频器由电机侧 PWM 变换器和电网侧 PWM 变换器两部分组成，控制框图如图 8-26 和图 8-27 所示，其中图 8-27 是图 8-26 中电网侧 PWM 变换器的控制框图。

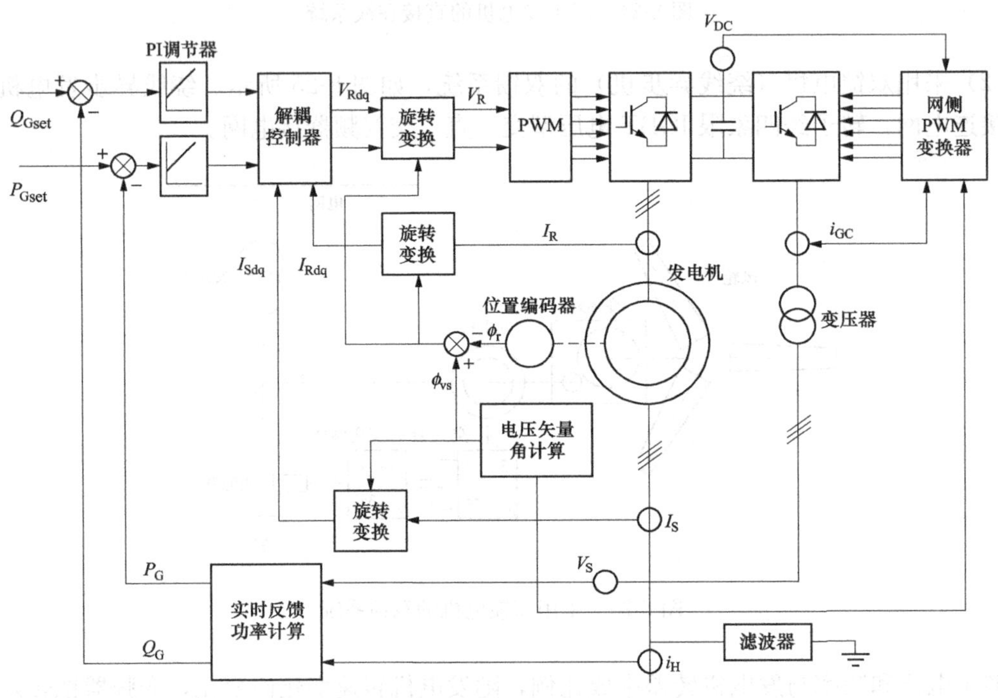

图 8-26　双馈系统变流器控制框图

双馈系统发电机侧 PWM 变换器控制的输入给定量为送至电网的总有功功率设定 P_{Gset} 和总无功功率设定 Q_{Gset}。P_{Gset} 按输出功率 $P_T=f(n)$ 曲线设定（含最大值限制），Q_{Gset} 根据电网所需无功量设定，也可设为零（功率因数=1）。经有功功率及无功功率两个 PI 调节器得总有功电流和无功电流给定值，得定子电流和转子电流的有功和无功分量给定值，通过基于矢量变换的电流控制（解耦和旋转模块），使定子和转子的有功和无功分量实际值（I_{sdq} 和 I_{Rdq}）分别等于其给定值。旋转模块所需角度信号 Φ_{VS} 是定子电压向量 VS 的相位角（用三相电压信号计算得到）。

图 8-27 中，电网侧 PWM 变换器控制的输入给定量为直流母线电压给定信号 $V_{DC(set)}$，经直流电压 PI 调节器，得变换器输入电流的有功分量给定 $I_{GC\text{-}p(set)}$。通常设定 i_{GC} 的无功分量给定 $i_{GC\text{-}q(set)}=0$。通过由两个直流电流 PI 调节器和两个旋转模块构成的基于矢量变换的电

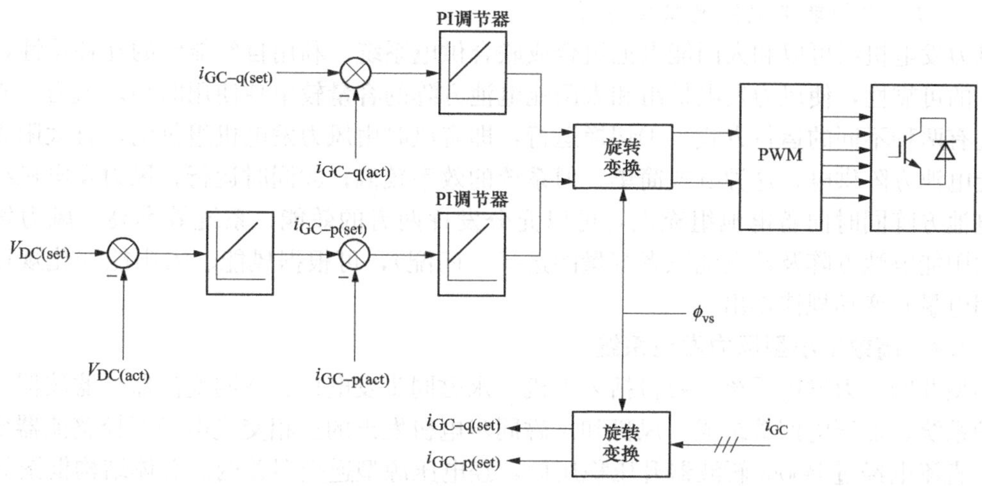

图 8-27　电网侧 PWM 变换器控制框图

流控制，使变换器输入电流 i_{GC}的有功和无功分量实际值分别等于其给定值。旋转模块所需角度信号也是定子电压向量 V_S的相位角 Φ_{VS}。若转速高于同步速，转差率 $S<0$，$i_{GC-p(set)}<0$，表示有功电流从变换器流入电网，这时如果风速增大，更多功率从电机转子流出，直流母线电压 V_{DC}将升高，$i_{GC-p(set)}$的数值将加大（更负），更多的有功电流经电网侧变换器流向电网，V_{DC}回落，直至返回设定值 $V_{DC(set)}$。

(3) 桨叶倾角控制。桨叶倾角控制通过液压执行机构来实现，它在变速控制中的任务是在转速随风速增加升至额定转速后，通过加大倾角 β 来维持转速不变。由于倾角与涡轮机功率、转速之间存在非线性关系，宜采用非线性或智能控制器，但目前工程上使用的大多仍是线性 PID 控制器。要用线性控制器去控制非线性对象，必须使闭环控制限于小信号，输出量的大范围变化宜通过改变开环设定量实现。系统框图如图 8-28 所示。

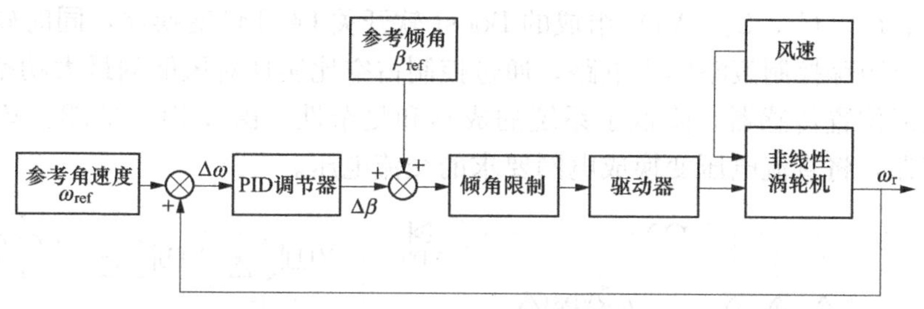

图 8-28　桨叶倾角控制系统框图

图 8-28 中倾角 β 主要由开环给定量 β_{ref}所决定，β_{ref}从维持 $n=n_N$ 要求出发，通过用风速信号和涡轮机特性计算得到。闭环系统的给定是额定角速度 $\omega_{ref}=(2\pi n_N)/60$，反馈量是角速度实际值 ω_r，PID 控制器的输出是倾角给定的校正量 $\Delta\beta$，通过闭环校正开环给定误差，使转速实际值维持在其额定值附近不变。在低风速段，控制器输出置零（$\Delta\beta=0$），β_{ref}设置到最小值，倾角被固定在最小位置。为防止机件疲劳损坏，需减少执行机构的动作次数，因此在控制器中设置了不灵敏区，偏差小于设定值时，执行机构不动作。

5. 风力—太阳能电池发电联合运行

风力发电机组可以和太阳能电池组合成联合供电系统，利用自然能源的互补特性，增加了供电的可靠性，使风力发电机组和太阳能电池方阵的容量较单独使用时小。风力—光伏联合系统有两种不同的运行方式：①切换运行，即有风时由风力发电机组供电，有太阳光时由太阳能电池方阵供电，这种方式简单，但系统的效率较低；②同时运行，风力发电机组与太阳能电池方阵同时向蓄电池组充电，可以充分发挥两者的效能，系统效率高，风力发电机组、太阳能电池方阵及蓄电池三者容量的选择（匹配），可根据风能、太阳能变化规律及负荷（用电量）变动规律得出。

8.2.4 高效率小型风力发电系统

小型并网风力发电系统主要包括风力机、永磁同步发电机、并网变流器、滤波器、控制及保护系统、低压电网等组成。风机和永磁同步电机发出的三相交流电经不控整流器变为直流电，直流电经过 Boost 斩波器升压稳压后，经电压源型逆变器并网。总体结构框图如图 8-29 所示。

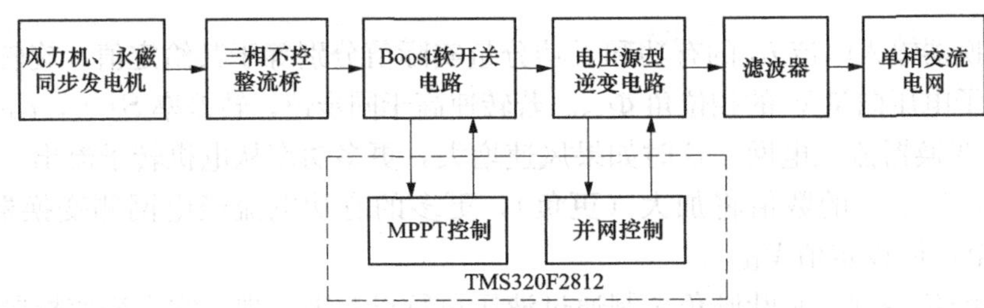

图 8-29 小型风力发电并网系统主电路结构框图

1. 高效率并网逆变器拓扑结构

主电路拓扑结构包括风力机和永磁同步电机、软开关 DC-DC 变换器、并网逆变器，如图 8-30 所示。风力机和永磁同步电机发出的交流电经过不控整流器后传递给由 L、VS、VDS1、VDS2、L_r、C_a、C_r、VD0 组成的 Boost 软开关 DC-DC 变换器，同时软开关变换器作为最大功率点跟踪控制策略的主电路，通过控制占空比实现对风能的最大功率点跟踪，避免了使用速度或位置传感器，降低了系统的成本和复杂性。由 VT1、VT2、VT3、VT4 组成的并网逆变器，将直流电压变换成电网要求的交流电压。

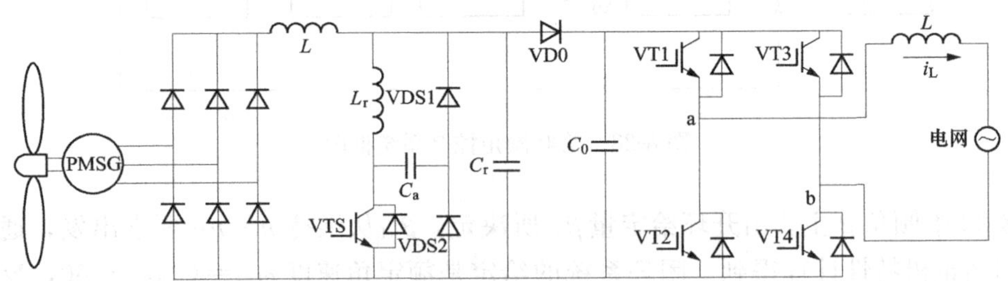

图 8-30 小型风力发电并网系统主电路拓扑结构

2. 软开关 DC-DC 变换器

Boost 软开关变换器是在传统的 Boost 斩波电路基础上，加入电感 L_r 和电容 C_r、C_a 以及二极管 VDS1、VDS2 构成的辅助回路。电感 L_r 和电容 C_r、C_a 之间的谐振为开关管和续流二极管的零开通和零关断创造了条件。等效电路如图 8-31 所示。

软开关工作过程分为 7 个阶段，具体分析如下。

模式 1：开关管 VTS 处于关断状态，主电感 L 中的能量通过二极管 VD0 传递给负载，主电感 L 中的电流 i_L 线性减少。

模式 2：开关管 VTS 导通，因流过电感 L_r 中的电流不能突变，开关管 VTS 是在零电流状态（ZCS）下导通的。能量传递给谐振电感 L_r，谐振电感 L_r 的电流线性增加，当流过谐振电感和主电感的电流相同时，流过二极管 VD0 的电流变为零。

模式 3 ：VD0 截止，L_r 和 C_r 发生谐振，C_r 两端电压下降到零，电流经过主电感 L 流入电感 L_r 和开关管 VTS。此时，滤波电容 C_0 给负载供电。

模式 4 ：C_r 两端的电压为零，此时二极管 VDS1 和 VDS2 导通；谐振电感中的电流 i_{Lr} 分成两部分，一部分经过 VDS1 和 VDS2，另一部分流入电感 L；电感 L 中的电流线性增加。当开关管 VTS 关断时，该阶段结束。

此阶段系统工作在 PWM 方式，由 MPPT 控制算法控制开关管工作，控制策略如图 8-32 所示。检测电路对电流电压进行采样，由 DSP 芯片 TMS320F2812 进行计算。当系统运行在区间 Ⅰ 和 Ⅱ 时，即 $dP/dD<0$ 时，需减小占空比；当系统工作在区间 Ⅲ 和 Ⅳ 时，即 $dP/dD>0$ 时，需增大占空比。

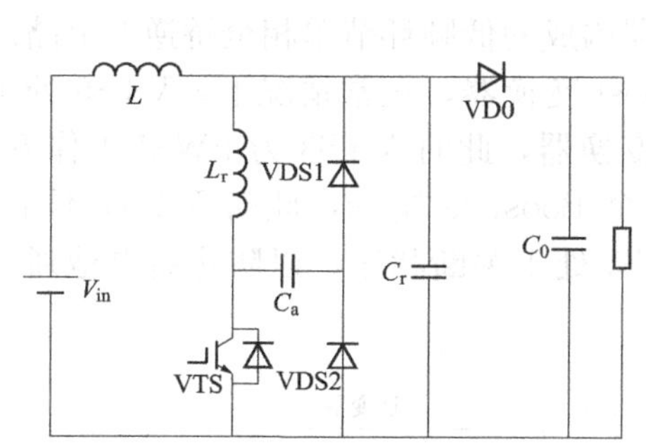

图 8-31　软开关变换器等效电路

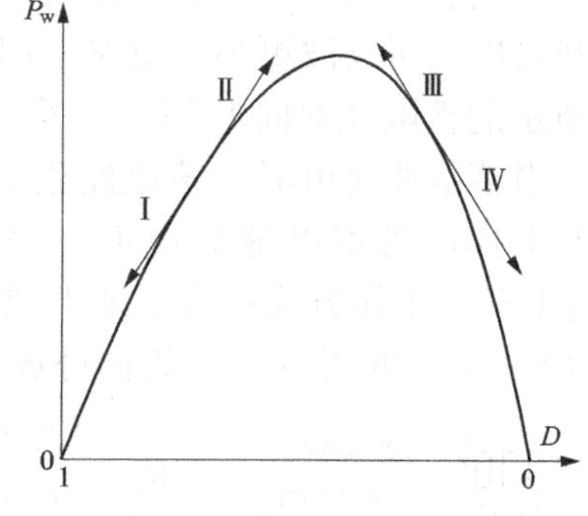

图 8-32　MPPT 控制策略

模式 5：开关管关断，因 C_r 两端电压为零，VTS 在零电压状态（ZVS）下关断。此时电路中存在两个回路。一个是 L-C_r-V_{in}，L 向 C_r 充电，C_r 两端电压由零线性增加；另一个回路是 L_r-C_a-VDS1，此时发生第二次谐振，能量由 L_r 传递给 C_a。充电结束后，i_L 降为零，u_{ca} 达到最大值。

模式 6：u_{ca} 开始减少，能量由 C_a 传递给 L_r。当 u_{ca} 降为零时，开关管 VTS 并联的二极管导通，进入下一阶段。

模式 7：L 和 L_r 中的能量通过 VD0 转移给负载，当 i_{Lr} 降为零时，该阶段结束，进入下一循环。

3. 小型风电并网逆变器及控制方式

小型风电并网逆变器分为电压源电流控制、电压源电压控制、电流源电流控制和电流源电压控制 4 类。电流源输入的逆变器直流侧串联一大电感，但是大电感会导致系统动态响应差，因此很少使用。电压源输入的逆变器以电容作为储能器件，在直流侧并联大电容用作无功功率缓冲环节。

并网逆变器分为电压控制和电流控制两种。电网可以看作是一个容量无穷大的交流电压源，如果逆变器输出采用电压控制，就相当于两个电压源并联运行。这种情况下，要保证系统的稳定，必须采用锁相环技术实现与电网同步。但是锁相回路响应较慢，输出电压不易准确测量，可能出现环流，性能较差。如果输出采用电流控制，只需要控制逆变器输出电流跟踪电网电压，控制使其与电网同频同相，即可达到并网的目的。

常用的电流型并网控制方式主要有以下两种。

(1) 电流滞环比较方式，电路简单易控，电流响应快，输出电压中不含特定频率的谐波分量。

(2) SPWM 电流控制比较方式，SPWM 电流控制输出电流所含的谐波少。

8.2.5 PWM 双输入风光互补发电系统

1. PWM 双输入风光互补发电系统的主电路

风光互补发电系统主电路如图 8-33 所示，当蓄电池充电已达 100%，风力发电机和光伏电池板发出的电大大超过负载消耗电能时，三相固态继电器导通，多余的能量消耗在卸荷负载上。整流电路采用三相桥式不控整流电路，滤波电路为 LC 滤波。电路采用双输入 PWM DC/DC 变换器，它有两个输入端一个输出端，两个输入电源的电压可以不相等，可以同时向负载输送电能也可以单独输送，两个开关管通过同时开通或者关断同步频率使开关频率相同，这种风电和光电交替导通工作的方法，可以降低储能电感 L 上的电压，并且使得 L 上的电流和输出电压纹波更小。电路采用由工频变压器构成的低频环节单相全桥逆变电路。图 8-33 中所示的蓄电池双向 PCS 是一个双向 Buck-Boost 变换器，正常情况下，VTS5 处于导通状态，当蓄电池充电时，该电路就是一个 Buck 变换器，此时 VTS3 为 PWM 工作方式，VTS4 不工作；当蓄电池放电时，该电路就是一个 Boost 变换器，此时 VTS3 不工作，VTS4 为 PWM 工作方式；当系统出现异常时，VTS5 处于关断状态，以防止蓄电池通过电感 L_3 和 VTS3 的反并联二极管向外放电。

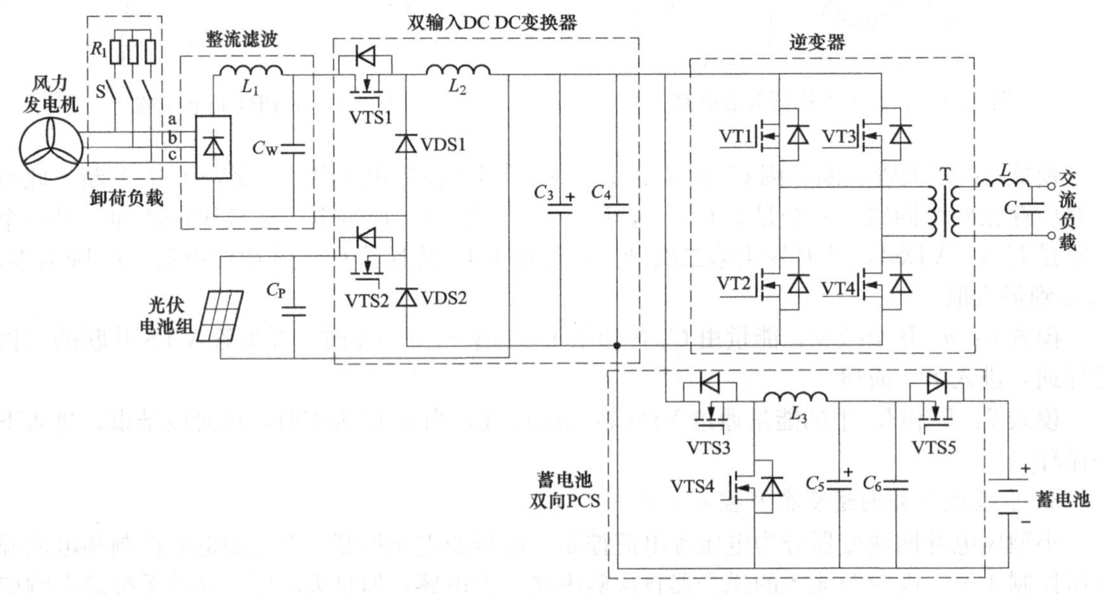

图 8-33 主电路拓扑结构

2. 双输入 PWM DC/DC 变换器

双输入 PWM DC/DC 变换器主电路如图 8-34 所示，双输入 PWM DC/DC 变换器有两个电源输入端 V_W、V_P 和一个输出端 V_O。开关管 VTS1 和 VTS2 分别与电源 V_W、V_P 连接。二极管 VDS1 和 VDS2 在对应的开关管关断之后起到续流的作用。电源 V_W 和 V_P 可以同时向负载供电也可以分别供电，V_W 单独工作时，电路相当于一个 Buck 电路，而 V_P 单独工作时，相当于一个 Boost 电路。

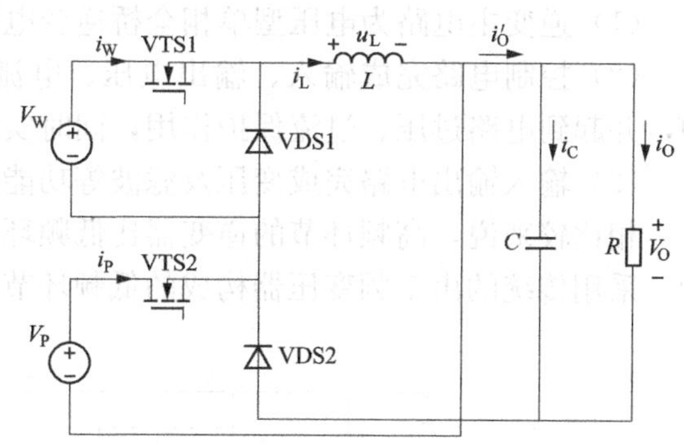

图 8-34　双输入 PWM DC/DC 变换器等效电路

通过 PWM 方式对开关管 VTS1 和 VTS2 的控制，调节 V_W 和 V_P 的功率分配。两个开关管开关频率相同，通过 VTS1 和 VTS2 交替开通的方法进行同步频率控制，这种方法可以降低电感 L 上的电压，并且使得 L 上的电流更加平稳。

根据开关管的导通状态，电路运行状态有以下四种。

状态 A：VTS1 和 VTS2 都导通，二极管都处于反偏关断状态，电源 V_W 和 V_P 向电感 L 储能，负载由电容 C 供电。

状态 B：VTS1 导通，VTS2 关断，二极管 VDS1 处于反偏关断状态，VDS2 处于导通状态。

状态 C：VTS1 关断，VTS2 导通，二极管 VDS1 处于导通状态，VDS2 处于反偏关断状态，电源 V_P 向电感 L 储能，负载由电容 C 供电。

状态 D：VTS1 和 VTS2 都关断，二极管都处于导通状态。

3. 风光互补逆变器

风光互补逆变器基本硬件电路如图 8-35 所示，其以 DSP 为控制核心组成控制电路，通过电压、电流信号采集电路采集数据计算出 PWM 驱动信号，再通过驱动电路驱动逆变器功率管完成 DC-AC 的功能；同时通过信号采样电路监测系统的状态，对系统进行保护；通过 SCI 口实现与外部通讯等功能。风光互补逆变器硬件主要包括以下几个部分。

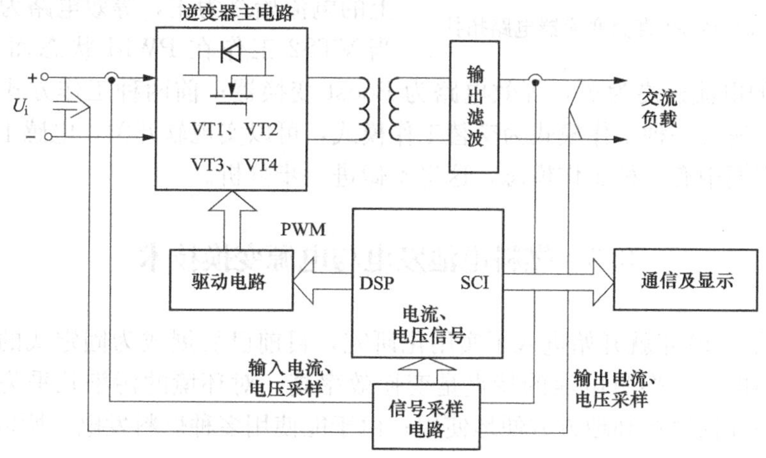

图 8-35　离网型逆变器基本结构

（1）逆变主电路为电压型单相全桥逆变电路，完成DC/AC能量转换。

（2）控制电路完成输入、输出电压、电流的采样，经过计算产生和调节PWM驱动脉冲，并起到电路过压、过流保护作用，同时实现逆变器运行状态的显示及通信。

（3）输入输出电路完成变压及滤波等功能。

相比较来说，高频环节的逆变器比低频环节的逆变器技术难度高，造价高，拓扑结构复杂。采用传统的由工频变压器构成的低频环节全桥逆变器，拓扑结构如图8-36所示。

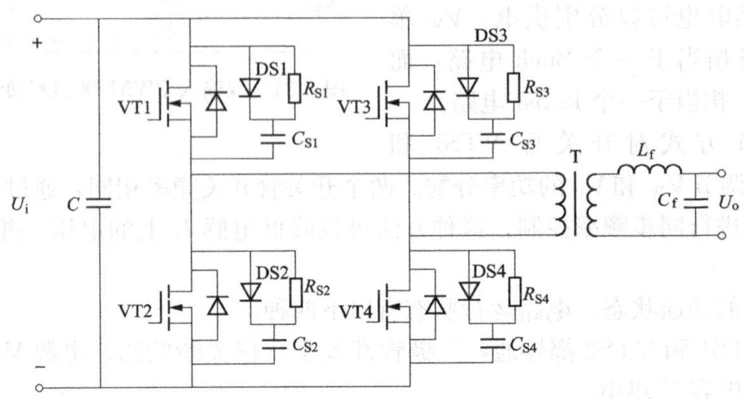

图8-36 逆变器主电路

4. 蓄电池双向PCS

蓄电池双向PCS采用的主电路为Bi Buck-Boost直流变换器，通过在单相直流变换器的开关管上反并联二极管构成基于半桥电力电子装置的双向Buck-Boost变换器，其原理图如图8-37所示。

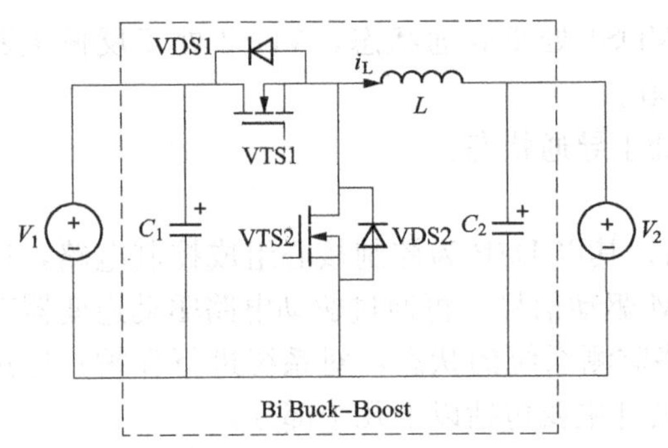

图8-37 Bi Buck-Boost直流变换器电路拓扑

Bi Buck-Boost有三种工作方式。当VTS1工作在PWM状态而VTS2不工作时，电感L上的电流始终为正，等效电路为Buck变换器；当VTS2工作在PWM状态而VTS1不工作时，电感L上的电流始终为负，等效电路为Boost变换器；前两种工作方式开关管均工作在硬开关状态，还有一种工作模式为交替工作模式，可以实现软开关，电感上的电流有正有负，每个开关周期中有6种工作模态，这里不做进一步分析。

8.3 燃料电池发电与电源变换技术

燃料电池从1940年就开始进入了实用化研究，目前已发展成为固定式的燃料电池和专用的汽车用燃料电池。燃料电池的特点是变换效率高，对环境的污染几乎为零；由于体积小，所以可以在任何时候和地方方便地使用；由于能使用多种燃料发电，所以还可以代替火力发电。

8.3.1　燃料电池基础

电解的法拉第法则：英国 Grove 研制的单电池是在稀硫酸溶液中放入两个铂箔作电极，一边供给氧气，另一边供给氢气。这种燃料电池是电解水的逆反应，消耗了的是氢气和氧气，产生水的同时得到电能。让氢气和氧气反应得到电的燃料电池称为氢—氧燃料电池。氢气进入的电极称为燃料极（也称为氢极或阳极），氧气进入的电极称为空气极（也称为氧极或阴极）。氢—氧燃料电池中的化学反应如图 8-38 所示。

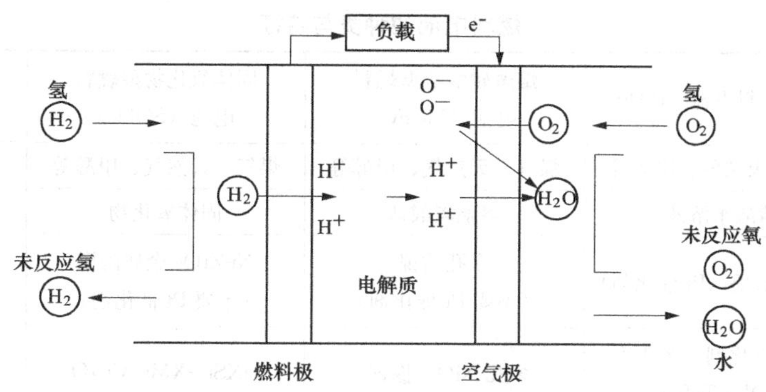

图 8-38　氢—氧燃料电池反应原理

这个反应是电解水的逆过程。电极应为：

燃料极：
$$H_2 \longrightarrow 2H^+ + 2e^- \tag{8-2}$$

空气极：
$$2H^+ + 2e^- + \frac{1}{2}O_2 \longrightarrow H_2O \tag{8-3}$$

电池反应：
$$H_2 + \frac{1}{2}O_2 \longrightarrow H_2O \tag{8-4}$$

因此氧气进入的电极一侧为正极，氢气进入的电极一侧为负极，将两侧外部连接起来就可以得到电流。在电极与电解质的界面上，当表面上电流不流动而处于平衡状态时，电极上发生氧化-还原反应，其电极的平衡电压可由能斯特式得到：

$$E = E_0 + \frac{2.03RT}{nF}\log\frac{(a_0)^a}{(a_R)^b} \tag{8-5}$$

式中，R 为气体常数（$8.31\text{mol}^{-1}\text{K}^{-1}$）；$T$ 为绝对温度（K）；F 为法拉第常数（96500c/mol）；a_0 为氧化体的活性；a_R 为还原体的活性；E_0 为 $a_0 = a_R = 1$ 时的标准平衡电压；n 为氢的原子数。

根据计算，发电时的开路电压约为 1.23V。

8.3.2　燃料电池的种类及应用

1. 燃料电池的分类

燃料电池的种类与特征如表 8-1 所示。燃料电池的种类可以从用途、使用燃料、工作温度来分。从构成电解质的种类分类，它们有：碱性燃料电池（AFC），磷酸型燃料电池（PAFC），熔融碳酸盐燃料电池（MCFC），固体氧化物燃料电池（SOFC），质子交换膜燃料电池（PEMFC）。按其工作温度分类，它们是：碱性燃料电池（AFC，工作温度为 100℃），固体高分子型质子膜燃料电池（PEMFC，也称为质子膜燃料电池，工作温度为

100℃以内)、磷酸型燃料电池（PAFC，工作温度为200℃，也称为低温燃料电池），熔融碳酸盐型燃料电池（MCFC，工作温度为650℃）和固体氧化型燃料电池（SOFC，工作温度为1000℃，也称为高温燃料电池），并且高温燃料电池又被称为面向高质量排气而进行联合开发的燃料电池。另一种分类是按其开发早晚顺序进行的，把PAFC称为第一代燃料电池，把MCFC称为第二代燃料电池，把SOFC称为第三代燃料电池。这些电池均需用可燃气体作为其发电用的燃料。

表 8-1　燃料电池的种类与特征

类型		磷酸型燃料电池（PAFC）	熔融碳酸盐型燃料电池（MCFC）	固体氧化物型燃料电池（SOFC）	质子交换膜燃料电池（PEMFC）
燃料		煤气、天然气、甲醇等	煤气、天然气、甲醇等	煤气、天然气、甲醇等	纯 H_2、天然气
电解质		磷酸水溶液	熔融碳酸盐	固体氧化物	离子（Na离子）
电极	燃料极	多孔质石墨（Pt催化剂）	多孔质镍（不要Pt催化剂）	$Ni\text{-}ZrO_2$ 金属陶瓷（不要Pt催化剂）	多孔质石墨或Ni（Pt催化剂）
	空气极	含Pt催化剂+多孔质石墨+Tefion	多孔NiO（掺锂）	$LaXSr_1\text{-}XMn(Co)O_3$	多孔质石墨或Ni（Pt催化剂）
工作温度		～200℃	～650℃	800～1000℃	～100℃

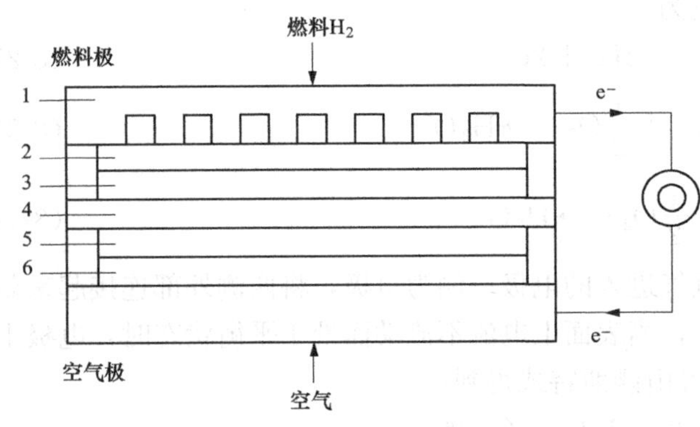

图 8-39　磷酸型燃料电池原理图

1—通道板；2—燃料极；3—催化剂层；4—电解质；5—催化剂层；6—空气极

2. 磷酸型燃料电池（PAFC）

PAFC的电解质是酸性物质，不会因二氧化碳引起电解质变质，其重要特征是可以使用化石燃料改质得到的含有二氧化碳的气体，工作温度为200℃，在电极反应中反应气体和电解液共存。

PAFC的基本组成和反应原理是：燃料气体或城市煤气添加水蒸气后送到改质器，把燃料转化成 H_2、CO和水蒸气的混合物，CO和水进一步在移位反应器中经触媒剂转化成 H_2 和 CO_2。经过如此处理后的燃料气体进入燃料堆的负极（燃料极），同时将氧输送到燃料堆的正极（空气极）进行化学反应，借助触媒剂的作用迅速产生电能和热能。图8-39是磷酸型燃料电池原理图。PAFC反应中与氢离子（H^+）相关，发生的反应为：

燃料极：
$$H_2 \longrightarrow 2H^+ + 2e^- \tag{8-6}$$

空气极：
$$2H^+ + 2e^- + \frac{1}{2}O_2 \longrightarrow H_2O \tag{8-7}$$

电池反应：
$$H_2 + \frac{1}{2}O_2 \longrightarrow H_2O \tag{8-8}$$

PAFC作为一种中低温型（工作温度180～210℃）燃料电池，不但具有发电效率高、清洁、无噪声等特点，而且还能以热水形式回收大部分热量。PAFC 用于发电厂（包括分散型发电厂），容量在 10～20MW，安装在配电站，中心电站型发电厂，容量 100MW 以上，可作为中等规模热电厂。

3. 熔融碳酸盐燃料电池（MCFC）

MCFC 工作温度 600～700℃，因为高温，不需要贵金属催化剂也可以进行快速电化反应，特征之一是一氧化碳进入电池内也能有效工作。这样除碳氢化合物外也可使用其他燃料，如煤气化气体，而且使用天然气、石脑油、甲醇作燃料时，可以采用内部改质方式。MCFC 不仅发电效率高，其高温余热可用作蒸汽机、燃气机的热源，而且可以回收和强制循环在燃料极生成的二氧化碳气体。

MCFC 主构成部件含有电极反应相关的电解质（通常是为 Li 与 K 混合的碳酸盐）和上下与其相接的 2 块电极板（燃料极与空气极），以及两电极各自外侧流通燃料气体和氧化剂气体的气室、电极夹等，电解质在 MCFC 约 600～700℃ 的工作温度下呈现熔融状态的液体，形成了离子导电体。电极为镍系的多孔质体，气室的形成采用抗蚀金属。熔融碳酸盐燃料电池的原理如图 8-40 所示。

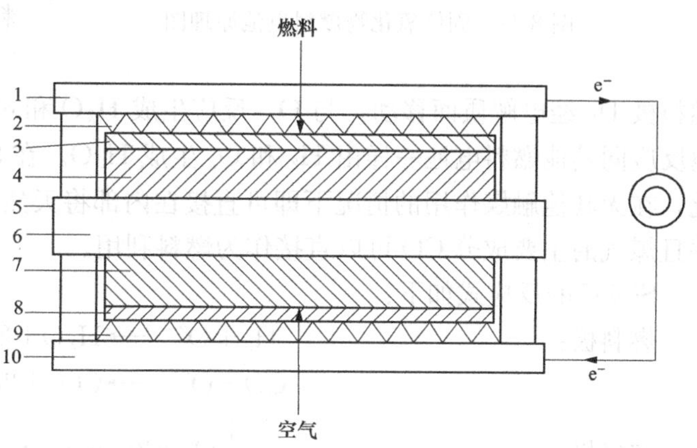

图 8-40　熔融碳酸盐燃料电池的原理

1—隔板；2—波伏板；3—集电板；4—阳极；5—电解质板；6—电解质；7—阴极；8—集电板；9—波伏板；10—隔板

空气极的 O_2（空气）和 CO_2 与电子 e^- 相结合，生成 CO_3^{2-}（碳酸离子），电解质将 CO_3^{2-} 移到燃料极侧，与作为燃料供给的 H^+ 相结合，放出 e^-，同时生成 H_2O 和 CO_2。化学反应式如下：

燃料极：
$$H_2+CO_3^{2-}\longrightarrow CO_2+H_2O+2e^- \tag{8-9}$$

空气极：
$$\frac{1}{2}O_2+CO_2+2e^-\longrightarrow CO_3^{2-} \tag{8-10}$$

全体：
$$H_2+\frac{1}{2}O_2\longrightarrow H_2O \tag{8-11}$$

在这一反应中，e^- 和在 PAFC 中的情况一样，它从燃料极被放出，通过外部的回路返回到空气极，由 e^- 在外部回路中不间断的流动实现了燃料电池发电。另外，MCFC 的最大特点是，必须要有有助于反应的 CO_3^{2-} 离子，因此，供给的氧化剂气体中必须含有碳酸气体。为了获得更大的效率，隔板通常采用 Ni 和不锈钢来制作。

4. 固体氧化物燃料电池（SOFC）

SOFC 工作温度为 1000℃，电极反应非常迅速，和 MCFC 一样不需要铂催化剂，而且可利用高温余热，变换效率在 50% 以上，与燃气轮机形成混合发电系统，发电效率高达 70%。

SOFC 是以陶瓷材料为主构成的，电解质通常采用 $ZrO_2+Y_2O_3$（氧化锆）。电极中燃

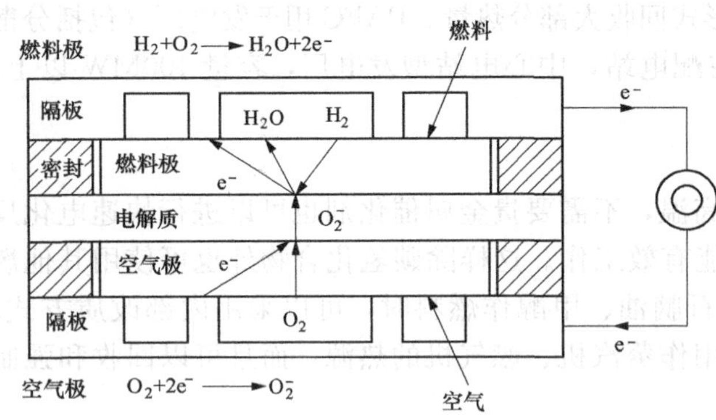

图 8-41　固体氧化物燃料电池原理图

料极采用 Ni 与 YSZ 复合多孔体构成金属陶瓷，空气极采用 $LaMnO_3$（氧化镧锰）。隔板采用 $LaCrO_3$（氧化镧铬）。为了避免因电池的形状不同，电解质之间热膨胀差产生裂纹等，开发了在较低温度下工作的 SOFC。电池形状除了有同其他燃料电池一样的平板形外，还开发出了为避免应力集中的圆筒形。图 8-41 为固体氧化物燃料电池原理图。

固体氧化物燃料电池工作原理：燃料极 H_2 经电解质而移动，与 O^{2-} 反应生成 H_2O 和 e^-；空气极由 O_2 和 e^- 生成 O^{2-}；电池反应同其他燃料电池一样由 H_2 和 O_2 生成 H_2O。在 SOFC 中，因其属于高温工作型，因此，在无其他触媒作用的情况下即可直接在内部将天然气主成分 CH_4 改质成 H_2 进行利用，并且煤气的主要成分 CO 可以直接作为燃料利用。

SOFC 的反应式如下：

燃料极：
$$H_2+O^{2-} \longrightarrow H_2O+2e^-$$
$$CO+O^{2-} \longrightarrow CO_2+2e^- \tag{8-12}$$

空气极：
$$\frac{1}{2}O_2+2e^- \longrightarrow O^{2-} \tag{8-13}$$

电池反应：
$$H_2+\frac{1}{2}O_2 \longrightarrow H_2O$$
$$CO+\frac{1}{2}O_2 \longrightarrow CO_2 \tag{8-14}$$

SOFC 由用氧化钇稳定氧化锆（YSZ）那样的陶瓷给氧离子通电的电解质和由多孔质给电子通电的燃料和空气极构成。空气中的氧在空气极和电解质界面被氧化，在空气和燃料之间，氧的作用是在电解质中向燃料极侧移动，与燃料极/电解质界面和燃料中的氢或一氧化碳产生反应，生成水蒸气或二氧化碳，放出电子。电子通过外部回路，再次返回空气极，此时产生电能。SOFC 的特点如下。

（1）由于是高温动作（600～1000℃），故通过设置底面循环，可以获得超过 60%效率的高效发电。

（2）由于氧离子是在电解质中移动，所以也可以用 CO、煤气化的气体作为燃料。

（3）由于电池本体的构成材料全部是固体，所以没有电解质的蒸发、流淌。另外，燃料极空气极也没有腐蚀。

（4）与其他燃料电池比，发电系统简单，可以期望从容量比较小的设备发展到大规模设备，具有广泛用途。

5. 质子交换膜燃料电池（PEMFC）

PEMFC 和其他燃料电池相比最大特点是可以在常温～100℃工作，因此可以在常温下起动，起动时间短。其采用固体离子交换膜作为电解质不会引起电解质损失，采用阻抗低的离子交换膜和高活性催化剂，只要能加压操作，就可以得到比除AFC之外的燃料电池大5～10倍的输出功率密度。此外，PEMFC又一特征是耐二氧化碳，这样可直接使用含有二氧化碳的燃料气体和含有二氧化碳的空气作为催化剂气体。图8-42为质子交换膜燃料电池原理图。

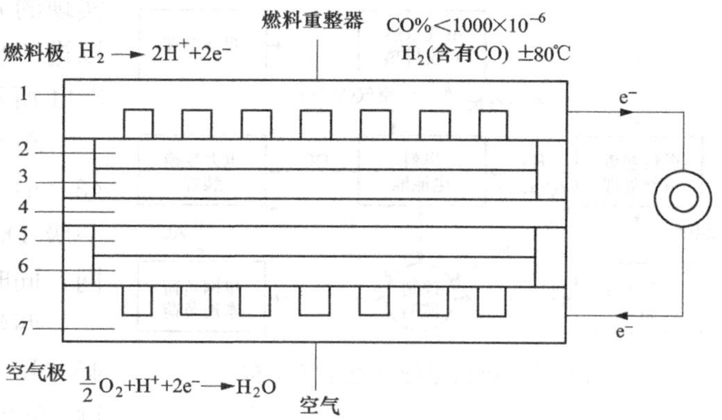

图8-42 质子交换膜燃料电池原理图

质子交换膜燃料电池工作原理：燃料极供给氢气，空气极供给空气或氧气，利用水电气分解的逆反应，每单体可得到1V左右的直流电压。反应式为：

燃料极：
$$H_2 \longrightarrow 2H^+ + 2e^- \tag{8-15}$$

空气极：
$$\frac{1}{2}O_2 + 2H^+ + 2e^- \longrightarrow H_2O \tag{8-16}$$

电池反应：
$$H_2 + \frac{1}{2}O_2 \longrightarrow H_2O \tag{8-17}$$

6. 燃料电池的应用

PAFC利用余热提供暖气和热水，可大幅增加能源综合利用效率。200kW级的发电系统可以应用于各种场合，发电效率在输出端为45%，通常以供热、供冷的热电联供作为用户主体。

PEMFC的发电效率在输出端只有35%～45%，但同时能获得热水，综合效率能达到60%～70%，可以在低温下工作，功率输出密度高，可以小型化，操作容易。

MCFC工作温度高，余热温度也变得非常高，可以和燃气机、蒸汽机等组合构成联合发电系统。大型发电系统以天然气代替贵金属催化剂也可以进行快速电化反应，特征之一是一氧化碳进入电池内也能有效工作，这样除碳氢化合物外也可使用其他燃料。

SOFC是工作温度最高的燃料电池，可以在没有催化剂的条件下，在电池内部进行天然气的改质反应，可望用于不需要改质器的电源，此外也可以用于煤气化气体的大规模发电。若用于大型发电系统，以天然气为燃料的燃料电池输出端发电效率为65%～70%，以煤为燃料时为55%～60%。

8.3.3 燃料电池发电系统

1. 燃料电池发电系统结构

燃料电池发电系统结构如图8-43所示，由多个（组）单体FC构成的燃料电池堆FC，在控制监测系统的管理下，粗燃料（如石油、天然气、煤气等）由“燃料发生储存”装置送至“燃料变质重整处理”装置，产生氢气（有的包括CO气体）作为直接燃料，在FC堆中，燃料和来自空气（或氧气罐）的氧化剂进行电化学反应，产生直流电，经电力变换后送至电网或直接供给负荷；FC堆同时产生的热量和余气，经回收后可以再利用，也可进入联合循环，驱动蒸汽或燃气轮机。

2. 电力变换器结构分类

根据是否实现电气隔离，可以将电力变换器结构分为隔离型和非隔离型，隔离结构根据

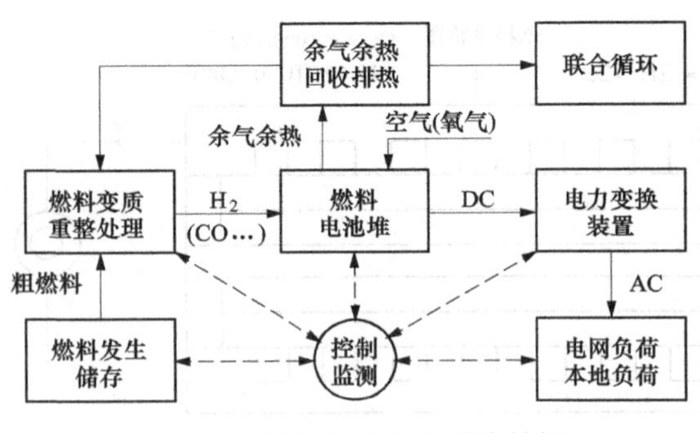

图 8-43 燃料电池发电系统结构

实现的方式分为工频隔离和高频隔离，还可以进一步细分为单级结构和两级结构，如图 8-44 所示。

单级燃料电池电力变换器结构如图 8-45（a）所示，燃料电池输出直流功率通过一级 DC/AC 变换转化为交流电能并入电网，同时向本地负载供电。

两级燃料电池电力变换器结构如图 8-45（b）所示，燃料电池输出通过直流 DC/DC 变换调整输出电压，达到和交流电压的

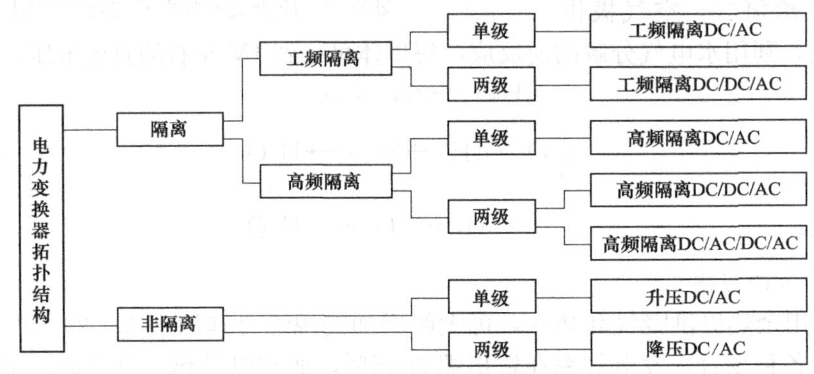

图 8-44 电力变换器结构分类

幅值匹配，通过一级 DC/AC 变换转化为交流电能并入电网。

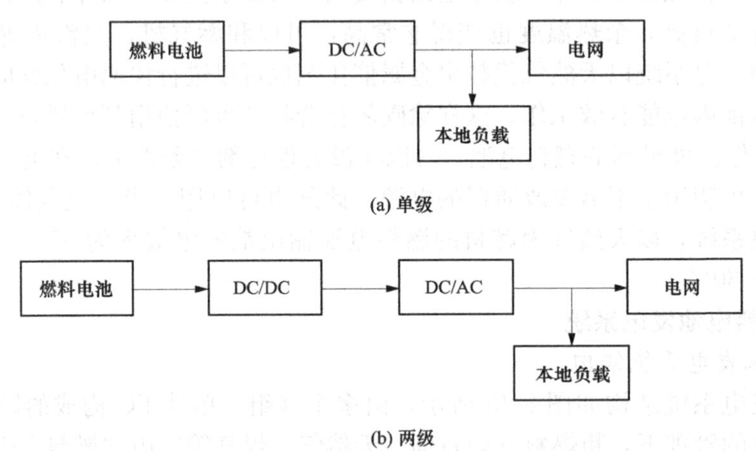

图 8-45 燃料电池电力变换器结构框图

3. 储能元件接入方式

储能元件接入方式如图 8-46 所示。图 8-46（a）将储能元件直接并入燃料电池发电系统的直流输出端或直流母线。这种接入方式结构简单，但对储能元件的电压等级要求苛刻。图 8-46（b）将储能元件通过双向直流变换器（Bi-DC/DC）并联接入燃料电池发电系统的直流

输出端或直流母线，可由双向直流变换器实现电压的匹配。当燃料电池发电系统中前级直流变换器采用高频隔离结构时，储能元件还可以采用隔离变压器绕组接入方式，如图 8-46（c）所示，这种方式储能元件通过高频变压器绕组和燃料电池耦合。

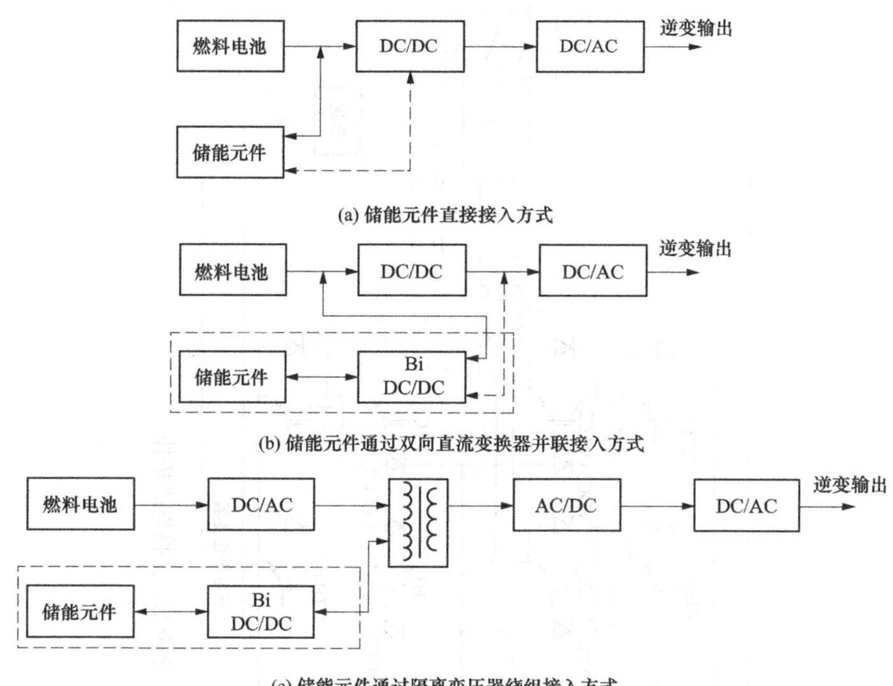

图 8-46　储能元件接入方式

4. 燃料电池发电电力变换系统结构

图 8-47 是基于质子交换膜燃料电池（PEMFC）的发电系统，系统主要包括燃料电池堆、功率变换系统、本地负载和储能单元四个部分。

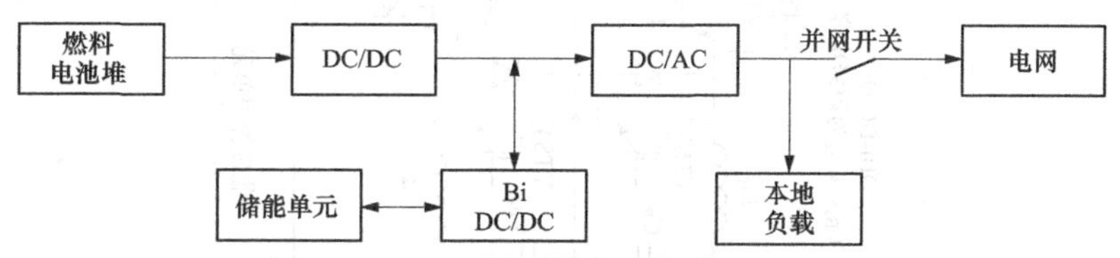

图 8-47　燃料电池发电电力变换系统结构

5. 燃料电池发电三电平电力变换电路拓扑

燃料电池发电三电平电力变换电路拓扑如图 8-48 所示，图中能量管理单元采用并联于直流母线的结构，功率变换电路选用三电平拓扑，燃料电池 FC 输出端并联薄膜电容 C_1 滤除电力变换系统的纹波电压，直流变换器采用三电平 Boost 电路将燃料电池输出端口电压提升到逆变器直流母线电压，以满足逆变输出要求。能量管理单元由两个双向 Buck-Boost 直流变换电路串联而成（DBi-DC/DC），其输入端的储能元件为两组超级电容 C_{B1} 和 C_{B2}，输出端并联于直流母线上、下两电容 C_1 和 C_2 上。逆变器部分为三相四线制中点，箝位型三

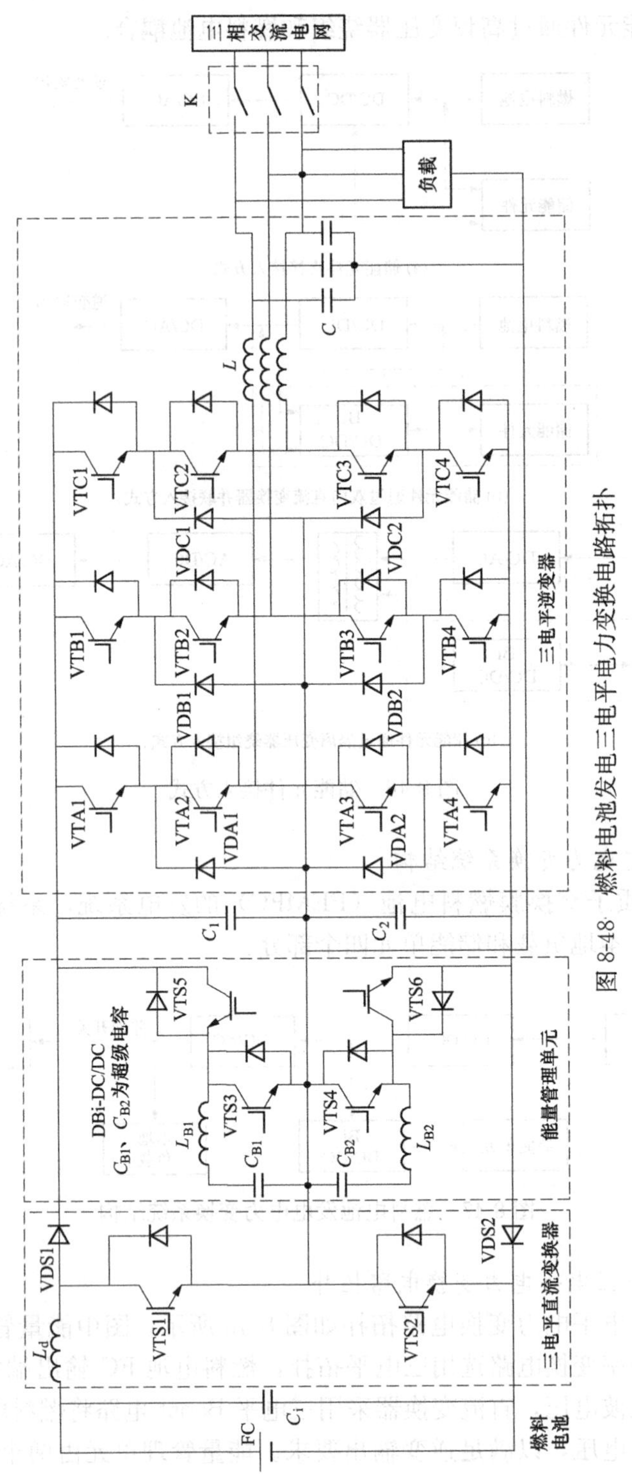

图 8-48 燃料电池发电三电平电力变换电路拓扑

电平拓扑，通过一个 LC 滤波器与本地负载和电网相连。由交流电网侧的三相并网开关 K 实现并网与独立运行的切换控制。

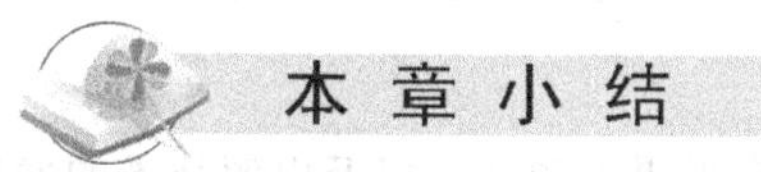

本章小结

本章介绍了太阳能光伏发电技术，风力发电技术，燃料电池发电技术。

光伏发电利用光伏电池板将太阳光辐射能量转换为电能的直接发电形式，光伏发电系统是由光伏电池板、控制器、储能等环节组成，将太阳能转换为可利用的电能。光伏发电系统按电力系统关系分为孤立光伏发电系统和并网光伏发电系统。孤立光伏发电系统通常建立在远离电网的偏远地区或作为野外移动式便携电源，由光伏阵列储能装置、电能变换装置、控制系统和配电设备等组成。光伏并网系统分集中式和分散式两种。集中式并网发电系统一般容量较大，通常在几百千瓦到兆瓦级，而分散式并网发电系统一般容量较小，在几千瓦到几十千瓦，目前并网光伏发电系统大多采用分散式并网系统。

风力发电是一个综合性较强的系统，涉及空气动力学、机械、电机和控制技术等领域。风力发电机组包括两大部分；一部分是风力机，由它将风能转换为机械能；另一部分是发电机，由它将机械能转换为电能。独立运行的风力发电机组，又称离网型风力发电机组，是把风力发电机组输出的电能经蓄电池蓄能，再供应用户使用。风力发电机组与电网连接，由电网输送电能的方式，是克服风的随机性而带来的储能问题的最易行的运行方式。并网运行有两种方式：①恒速恒频方式，即风力发电机组的转速不随风速的波动而变化，始终维持恒转速运转，从而输出恒定额定频率的交流电。②变速恒频方式，即风力发电机组的转速随风速的波动作变速运行，但仍输出恒定频率的交流电。

燃料电池是电解水的逆反应，消耗氢气和氧气，产生水的同时得到电能。让氢气和氧气反应得到电的燃料电池称为氢-氧燃料电池。燃料电池发电系统由多个单体 FC 构成的燃料电池堆 FC，在控制监测系统的管理下，粗燃料（如石油、天然气、煤气等）由“燃料发生储存”装置送至“燃料变质重整处理”装置，产生氢气（有的包括 CO 气体）作为直接燃料，在 FC 堆中，燃料和来自空气（或氧气罐）的氧化剂进行电化学反应，产生直流电，经电力变换后送至电网或直接供给负荷；FC 堆同时产生的热量和余气，经回收后可以再利用。也可进入联合循环，驱动蒸汽或燃气轮机。

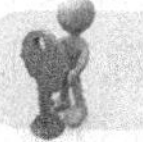

习题与思考题

1. 简述太阳能转换利用三种方式的基本原理。
2. 分析图 8-5 光伏电池伏安特性曲线，当负载变化时，如何通过光伏发电控制系统实现输出恒压或恒流。
3. 并网光伏发电系统主要解决哪些问题?
4. 分析图 8-22 独立运行的风力发电系统中各部分框图中采用哪些电路形式。
5. 分析图 8-24 同步发电机的直接在线系统的工作原理。
6. 分析图 8-25 采用双馈电机的双馈发电系统的工作原理。
7. 简述对燃料电池发电的认识。

参 考 文 献

[1] 赵建统，薛红兵，梁树坤．当今世界电源产业以及电源技术的发展趋势［J］．电源技术应用．2006（3）．

[2] 王兆安，黄俊．电力电子技术［M］．4版．北京：机械工业出版社，2003.

[3] 沈锦飞．电源变换应用技术［M］．北京：机械工业出版社，2007.

[4] 陶海敏，何湘宁．大功率可控硅整流器滤波电感设计方法研究［J］．电源世界，2002，（6）．

[5] 陈坚．电力电子学［M］．北京：高等教育出版社，2002.

[6] 阮新波，严仰光．直流开关电源的软开关技术［M］．北京：科学出版社，2000.

[7] 王兆安，等．谐波抑制和无功功率补偿［M］．北京：机械工业出版社，1998.

[8] 吴刚．基于单周控制的有源电力滤波器的研究［D］．江南大学，2009.

[9] 陈国呈．PWM变频调速及软开关电力变换技术［M］．北京：机械工业出版社，2001.

[10] 刘胜利．现代高频开关电源实用技术［M］．北京：电子工业出版社，2001.

[11] 张崇巍，张兴．PWM整流器及其控制［M］．北京：机械工业出版社，2003.

[12] 何希才，张明莉．新型稳压电源及应用实例［M］．北京：电子工业出版社，2004.

[13] 徐祖平．模块化软开关大功率电镀电源研究［D］．无锡：江南大学，2014.

[14] 王树．变频调速系统设计与应用［M］．北京：机械工业出版社，2006.

[15] 曾毅，王效良，等．变频调速控制系统的设计与维护［M］．2版．济南：山东科学技术出版社，2004.

[16] 王晓明．电动机的单片机控制［M］．北京：北京航空航天大学出版社，2003.

[17] 李忠文，安生辉．实用电机控制电路［M］．北京：化学工业出版社，2003.

[18] 王任祥．通用变频器选型与维修技术［M］．北京：中国电力版社，2004.

[19] 胡崇岳．现代交流调速技术［M］．北京：机械工业出版社，2001.

[20] 张乃国．UPS供电系统应用手册［M］．北京：电子工业出版社，2003.

[21] 周志敏，周纪海．UPS实用技术［M］．北京：人民邮电出版社，2003.

[22] 赵静．在线式UPS的研究［D］．镇江：江苏科技大学，2012.

[23] 刘凤君．Delta逆变技术及其在交流电源中的应用［M］．北京：机械工业出版社，2003.

[24] 约翰．戴维斯，彼得．辛普森．感应加热手册［M］．张淑芳等译．北京：国防工业出版社，1985.

[25] 高迎慧，彭咏龙．感应加热电源的负载匹配方案［J］．电源技术应用，2005（1）．

[26] 沈锦飞，颜文旭，惠晶，等．PSM功率控制超音频逆变焊接电源［J］．焊接学报，2005，26（12）．

[27] 沈锦飞，惠晶，吴雷．串联谐振式高频感应焊接逆变电源［J］．焊接学报，2003，24（5）．

[28] 沈锦飞，颜文旭，惠晶，等．PSM高频逆变电源在金属针布热处理中的应用［J］．电力电子技术，2005，39（5）．

[29] 沈锦飞，赵慧，杨磊．软软波功率控制IGBT四倍频300kHz/50kW焊接电源［J］．焊接学报，2012，33（11）．

[30] 邓国健．基于非接触电磁耦合电能传输功率变换器研究［D］．长沙：湖南大学，2013.

[31] 陈月．大功率串并式磁共振无线电能传输系统研究［D］．无锡：江南大学，2015.

[32] 蔡涛．电磁共振无线电能传输系统功率控制研究［D］．无锡：江南大学，2015.

[33] 方楚良．基于嵌入式磁共振无线电能传输控制系统研究［D］．无锡：江南大学，2015.

[34] 袁易全．近代超声原理与应用［M］．南京：南京大学出版社，1996.

[35] 赵争鸣，刘建政，孙晓瑛，等．太阳能光伏发电及其应用［M］．北京：科学出版社，2005.

[36] 王长贵，崔容强，周篁．新能源发电技术［M］．北京：中国电力出版社，2003．
[37] 王承煦，张源．风力发电［M］．北京：中国电力出版社，2003．
[38] 电气学会·燃料电池发电21世纪系统技术调查专门委员会．燃料电池技术［M］．谢晓峰，范星河译．北京：化学工业出版社，2004．
[39] 杨平，谢小荣．燃料电池发电技术现状及其在电力系统中的应用前景［J］．内蒙古科技，2012（24）．
[40] 徐德鸿，李海津，李霄，等．燃料电池发电系统研究综述［J］．电源学报，2012（6）．
[41] 李霄，张文平，李海津，等．30kW燃料电池发电系统［C］．第五届中国高校电力电子与电力传动学术年会论文集，2011．